高等职业教育规划教材

机械设计基础

孙占刚 主编

邹克武 主审

第二版

JIXIE SHEJI JICHU

·北京·

内 容 简 介

《机械设计基础》（第二版）分四篇共18章。第一篇为构件的静力分析与承载能力分析，内容包括构件的静力分析以及构件受轴向拉伸与压缩、剪切、扭转、弯曲等变形后的强度、刚度、稳定性分析。第二篇为常见平面机构，内容包括平面机构的运动简图、平面连杆机构、凸轮机构以及间歇运动机构。第三篇为常用机械传动，内容包括带传动、链传动、齿轮传动、蜗杆传动和轮系。第四篇为常用机械零部件，内容包括螺纹连接与螺旋传动、轴和轴毂连接、轴承、联轴器和离合器。

本书包含丰富的教学资源，通过扫描书中的二维码即可获取讲解视频、动画等教学资源。同时，本教材是省级精品在线开放课程的配套教材，网址：https://mooc.icve.com.cn/course.html?cid=JXSCD101416，读者可在线进行相关内容的学习。

本书有配套的电子教案和课件，请发电子邮件至cipedu@163.com获取，或登录www.cipedu.com.cn免费下载。

本书主要适用于职业技术大学，应用型本科院校和高职高专院校机械类、近机械类和非机械类专业的教学，推荐教学时数为60～100学时，同时可作为广大自学者的自学用书及相关技术人员的参考用书。

图书在版编目（CIP）数据

机械设计基础/孙占刚主编．—2版．—北京：化学工业出版社，2022.2

高等职业教育规划教材

ISBN 978-7-122-40347-6

Ⅰ.①机… Ⅱ.①孙… Ⅲ.①机械设计-高等职业教育-教材 Ⅳ.①TH122

中国版本图书馆CIP数据核字（2021）第241954号

责任编辑：高　钰　　文字编辑：徐　秀　师明远

责任校对：田睿涵　　装帧设计：刘丽华

出版发行：化学工业出版社（北京市东城区青年湖南街13号　邮政编码100011）

印　　装：三河市双峰印刷装订有限公司

787mm×1092mm　1/16　印张20　字数474千字　2022年3月北京第2版第1次印刷

购书咨询：010-64518888　　售后服务：010-64518899

网　　址：http://www.cip.com.cn

凡购买本书，如有缺损质量问题，本社销售中心负责调换。

定　价：58.00元

前 言

本书按照高等职业教育教学要求，以生产实际所需的基本知识、基本理论和基本技能为基础，以应用设计为主线，结合第1版教材的使用体会，在总结多年来从事机械设计基础学科的教学改革和参与生产实践经验的基础上修订而成。主要适用于职业技术大学，应用型本科院校和高职高专院校机械类、近机械类和非机械类专业的教学，推荐教学时数为60～100学时，各专业可根据需要进行取舍。

本书将机械工程设计所涉及的理论力学、材料力学、机械原理和机械设计等课程的相关内容进行了规划整合，全部内容被划分为四篇，共18章（除绪论外）。本书的主要特点如下：

① 整合并精选教学内容，结构编排合理，知识体系清晰，突出综合性、实用性，力学和机械设计知识紧密联系、有机融合。

② 根据学生实际情况，把握理论深度，在强调基本概念、基本原理的同时，尽量略去某些次要的证明与烦琐的数学推导，着重强调问题分析和理论应用。

③ 加强实际问题的引入和分析，采用与工程问题密切相关的例题和习题，对视频、图片等进行精心筛选，强化设计、安装、维护、保养等内容，突出工程应用。

④ 在例题的安排上，围绕附录中“带式运输机传动装置的设计”的相关内容进行选取，有较强的针对性，便于学生更好地掌握机械设计的程序和方法。

⑤ 以立体化的形式呈现，配有88个二维码，通过扫描二维码即可获取讲解视频、动画等教学资源。同时，本书是省级精品在线开放课程的配套教材，网址：https://mooc.icve.com.cn/course.html? cid=JXSCD101416，读者可在线进行相关内容的学习。

本书的内容已制作成用于多媒体教学的PPT课件，并将免费提供给采用本书作为教材的院校使用。如有需要，请发电子邮件至cipedu@163.com获取，或登录www.cipedu.com.cn免费下载。

参加本书编写修订工作的有：河北石油职业技术大学孙占刚（绪论、第3章、第7章）、李大伟（第1章、第6章、第15章、第16章）、郭姝萌（第2章）、赵海贤（第4章、第5章、第11章11.1节～11.5节、第12章）、陈文娟（第17章），崔盟军（附录），河北工业职业技术大学宣钢分院耿丽霞（第8章，第18章），河北水利电力学院李国芹（第9章）、王文成（第11章11.6节、第14章），邯郸职业技术学院陈春颖（第13章），唐山冀东石油机械有限责任公司刘兆海（第10章）。本书由孙占刚任主编，并负责全书统稿，赵海贤、李大伟、王文成任副主编。

本书中的讲解视频主讲人为赵海贤、陈文娟，动画教学资源由孙占刚、李巍杭、赵海贤共同设计制作。

本书经河北石油职业技术大学邹克武教授细心审阅，并提出了很多宝贵意见和建议；河北宣工机械发展有限责任公司高继明高级工程师，结合生产实际对本书提出了很多建设性的意见，在此编者谨致诚挚的谢意。

由于编者水平所限，书中难免会有不妥之处，恳请广大读者批评指正。

编　者

2021年11月

目 录

第二篇 常用平面机构 / 114

第三篇 常用机械传动 / 160

第四篇 常用机械零部件 / 234

绪　论

0.1　引言

在日常生活和生产活动中，人们广泛使用着各种各样的机械，如汽车、起重机、机床、机器人等。机械的使用起到降低人们的劳动强度、提高工作效率和产品质量的作用，在某些场合，机械承担人力所不能或不便进行的工作。

我国对机械的发明和使用有着悠久的历史。早在三千年前就出现了简单的纺织机械。东汉七年（公元 31 年）发明了由“水轮—绳带传动—曲柄拉杆—鼓风器”等组成的水排，用以鼓风炼铁。汉代以后的指南车及记里鼓车中利用了齿轮和轮系传动。晋朝时的连机椎和水碾中应用了凸轮原理。另外，秦始皇陵铜车马、雷台汉墓铜奔马等出土文物无不闪耀着我国古代技术发明的历史光芒，但是由于长期的封建制度和近代历史上的常年战乱，阻碍了我国机械工业的发展。

新中国成立后，我国的机械工业有了很大的发展，在一些科技门类上已接近和赶上工业先进国家水平，甚至处于领先地位。国产航母山东舰、大型客机 C919、嫦娥五号探测器、中国高铁复兴号电力动车组等均代表了现阶段我国的科技水平。

随着科学技术的迅速发展，对机械的自动化、智能化要求越来越高，机械产品向高效、精密、自动、智能和绿色化方向发展。

机械设计是机械产品生产的重要步骤，是生产高质量产品的核心工作，产品设计的优劣对产品的销售情况和竞争能力有很大的影响。统计结果表明，产品成本的 80%左右在设计阶段就已基本确定。因此，对于现代工程技术人员，学习和掌握一定的机械设计基础知识是极为必要的。

0.2　本课程的研究对象、内容与任务

0.2.1　研究对象

本课程的研究对象为机械。如图 0-1 所示的单缸内燃机，由活塞 1、连杆 2、曲轴 3、齿轮 4 与 5、凸轮 6、顶杆 7 及气缸体 8 等组成。其工作原理如下：燃气通过进气阀被下行的活塞 1 吸入气缸，然后进气阀关闭，活塞 1 上行压缩燃气，点火使燃气在气缸中燃烧，燃烧的气体膨胀产生压力，推动活塞下行，通过连杆 2 带动曲轴 3 转动。当活塞再次上行时，排气阀打开，废气通过排气阀排出。经过燃气在气缸内的进气→压缩→燃烧→排

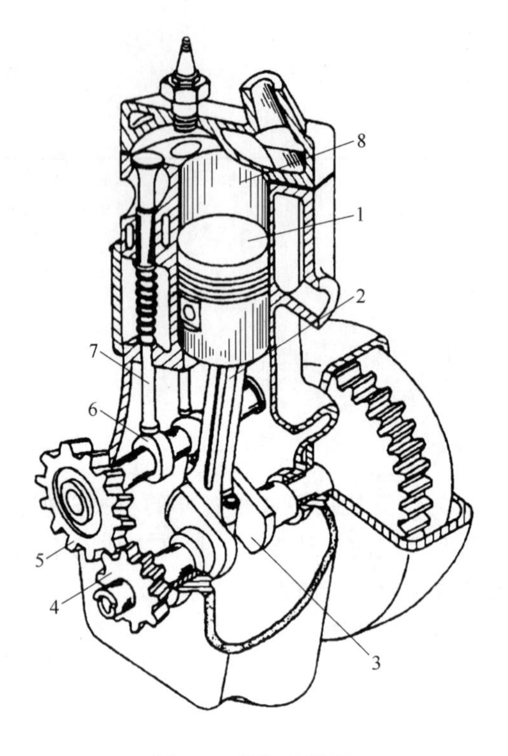

M0-1 单缸内燃机动画

图 0-1 单缸内燃机

1—活塞；2—连杆；3—曲轴；4，5—齿轮；6—凸轮；7—顶杆；8—气缸体

气的循环过程，将燃烧产生的热能转换为机械能，从而使活塞的往复运动转换为曲轴的连续转动。

又如图 0-2 所示的游梁式抽油机，由底座 1、支架 2、悬绳器 3、驴头 4、游梁 5、横梁轴承座 6、横梁 7、连杆 8、曲柄销装置 9、曲柄 10、减速器 11、刹车保险装置 12、刹车装置 13、电动机 14、配电柜 15 等组成。其工作原理如下：电动机 14 通过带传动把运

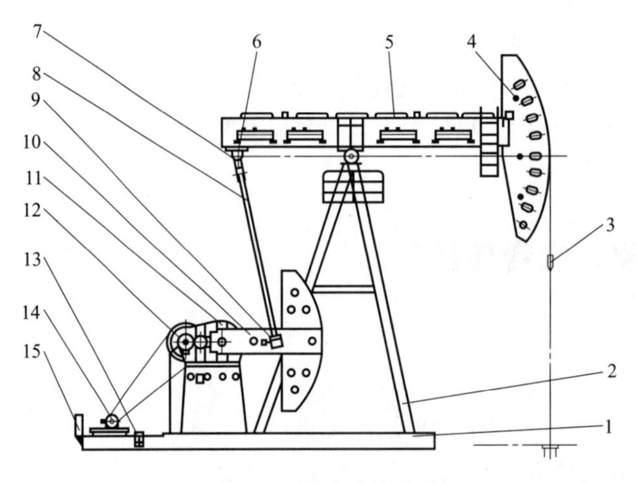

M0-2 游梁式抽油机讲解

图 0-2 游梁式抽油机

1— 底座；2—支架；3—悬绳器；4—驴头；5—游梁；6—横梁轴承座；7—横梁；
8—连杆；9—曲柄销装置；10—曲柄；11—减速器；12—刹车保险装置；
13—刹车装置；14—电动机；15—配电柜

动传递给减速器 11 的输入轴，经减速后，由减速器 11 的输出轴驱动曲柄 10 作匀速圆周运动，曲柄 10 通过连杆 8 带动四杆机构的游梁 5，以支架上的中央轴承为支点作上下摆动，再通过固定在游梁前端的驴头 4 及其上悬绳器 3 带动抽油杆柱、油泵柱塞做上下往复直线运动，从而实现机械采油。

另外，在日常生活和生产中，人们使用复印机、计算机来传递或变换信息，起重运输机来传递物料等。这些装置具有以下三个共同的特征：

① 人为的实体组合；

② 通过实体形成运动单元，各运动单元之间都具有确定的相对运动；

③ 可以实现能量、物料及信息的转换或完成有用的机械功。

同时具备以上三个特征的实体组合称为机器；只具备前两个特征的实体组合称为机构。综上所述，机器是一种根据某种使用要求而设计的执行机械运动的装置，可用来变换或传递能量、物料和信息，以代替或减轻人的体力和脑力劳动。

机器与机构的重要区别在于：机构只反映各运动单元之间的相对运动关系，着重研究运动的传递，没有能量的转换和信息的传递。机器通常由一个或若干个机构所组成，如指甲刀中只有杠杆机构，而内燃机中则包含曲柄滑块机构、齿轮机构和凸轮机构。但从结构和运动的观点来看，机器与机构并无区别，因此通常将机器和机构统称为机械。

机器一般由以下几部分组成：动力部分、传动部分、执行部分、控制部分及辅助部分。各部分的组成及相互关系如图 0-3 所示。

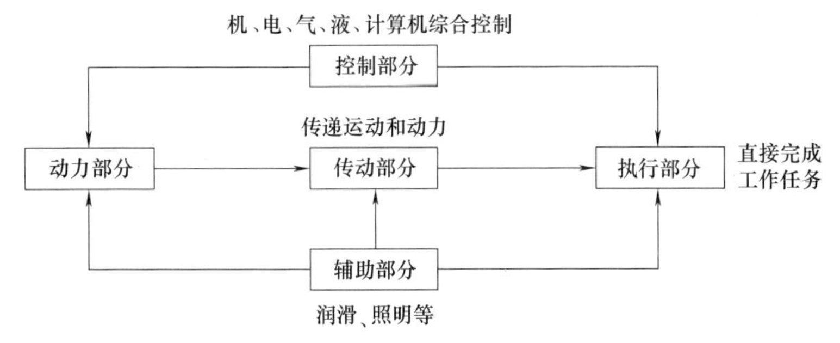

图 0-3　机器的组成及相互关系

M0-3　机器与机构讲解

任何机器都是由若干零件组合而成的，零件是组成机器的最基本的结构单元，也是加工制造的单元。

机构中的独立运动单元称为构件，它是组成机器的最基本的运动单元。构件可以是一个零件，如内燃机中的曲轴；也可以是多个零件的刚性组合体，如图 0-4 所示的内燃机连杆，它由连杆体 1、螺栓 2、连杆盖 3 和螺母 4 等零件组成，这些零件之间没有相对运动，构成了不可分割的运动单元。

在机械中，对于一套协同工作且共同完成任务的零件组合，通常称为部件，如减速器、滚动轴承、联轴器等。

0.2.2　课程的内容

本课程主要讲述机械中的构件静力分析与承载能力分析，常用机械传动及零部件的工作原理、结构特点、运动特性、基本设计理论和计算方法，同时介绍一些零部件的选用原

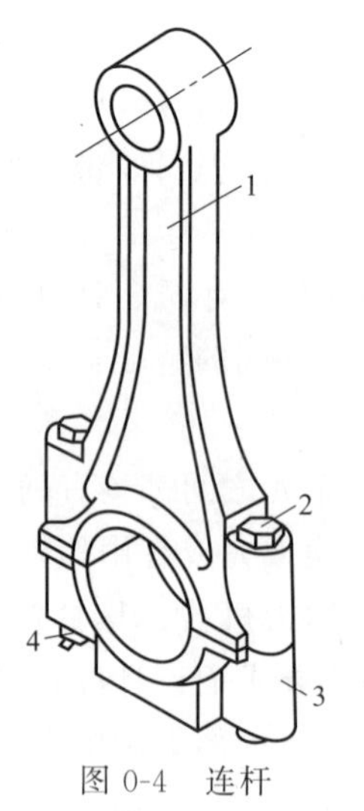

图 0-4 连杆

1—连杆体；2—螺栓；3—连杆盖；4—螺母

M0-4 构件讲解

则、国家标准、机器设备的使用和维护等。

0.2.3 课程的任务

本课程是一门重要的专业基础课程。通过对本课程的学习，使学生达到以下基本要求：

① 掌握构件静力分析与承载能力分析的基本理论和基本计算方法，初步具备分析和解决工程实际问题的能力。

② 了解常用机构和机械传动以及零部件的工作原理、特点、类型及应用等基本知识。

③ 掌握常用机构和机械传动以及零部件的基本设计理论和设计方法。

④ 具有运用标准、规范、手册、图册等有关技术资料的能力。

⑤ 获得机械设计实验技能，并初步具有设计机械传动装置的能力。

0.3 机械设计的基本要求和一般程序

0.3.1 机械设计的基本要求

机械设计是指从社会需要出发，创造性地设计出具有特定功能的新机械或改进原有机械性能的全过程。设计机械时应满足以下基本要求：

① 使用功能要求：实现预定的使用功能是设计机器的基本出发点。通过正确选择机器的工作原理、机构的类型、机械传动方案以及合理配置必要的辅助部分来实现。

② 可靠性要求：可靠性是指产品在规定的条件下和规定的时间内，完成规定功能的能力。机器的可靠性取决于设计、制造、管理、使用等各阶段。其中，产品的固有可靠性是由设计、制造阶段确定的。

③ 操作使用要求：所设计的机器操作方便和安全，操作方式要符合人们的心理、生理特征和习惯；改善操作者的工作环境，根据工程美学的原则，美化机器的外形及外部色

彩等；同时要降低机器运转时的噪声，防止有毒、有害介质的渗漏。

④ 经济性要求：机器的经济性体现在设计、制造和使用的全过程中，是一个综合的技术指标。为此，设计者要正确使用材料，采用合理的结构尺寸和加工工艺，以降低产品的成本；设计机械系统和零部件时，应尽可能标准化、通用化、系列化，以提高设计质量、降低制造和维护成本。

⑤ 其他要求：某些机器还有一些特殊的要求。例如：机床有长期保持精度的要求；飞机有质量小、飞行阻力小而运载能力大的要求；食品机械有不得污染产品的要求等。

0.3.2 机械设计的一般程序

机械设计并无固定的程序，视具体情况而定。以下是机械设计的一般程序。

(1) 计划阶段

在此阶段，首先应根据用户的需要和要求，对同类或相近产品进行调查研究，然后进行可行性分析，最后制定出设计任务书。在设计任务书中应规定机器的功能、主要参数、工作环境、生产批量、预期成本、设计完成期限以及使用条件等。

(2) 方案设计

方案设计是在功能分析的基础上，确定机器的工作原理和技术要求，拟定机器的总体设计方案；进行运动和动力分析，绘制机构简图等。方案设计是影响机械产品结构、性能、工艺、成本的关键环节，是实现机械产品创新的重要阶段。为此，常须从多种方案中，选取较理想的方案。

(3) 技术设计

在总体方案设计的基础上，确定机器各部分的结构和尺寸，绘制总装配图、部件装配图和零件图。这个过程一般是边设计、边计算、边修改，最后还应编制技术文件，包括设计计算说明书、使用说明书、标准件明细表等。

(4) 样机的试制与技术鉴定

样机试制是通过样机制造、使用、试验，检查及修正设计图纸，完善设计方案，更好地满足设计要求。然后对机器组织鉴定，从技术、经济上做出全面评价。

(5) 产品定型

在样机的试制与鉴定基础上，将机器的全套设计图纸和全套技术文件提交产品定型鉴定会评审。在评审通过后，才可进行批量生产。

0.4 机械零件的设计

0.4.1 机械零件的失效形式

机械零件由于某种原因丧失正常工作能力或达不到设计要求的性能时，称为失效。零件的失效将直接影响机器的正常工作。下面介绍几种常见的失效形式。

① 断裂：零件在载荷作用下，其危险截面上的应力超过零件的强度极限而导致的过载断裂，或在变应力作用下，危险截面处发生的疲劳断裂。

② 过大的变形：机械零件受载时即发生变形，当变形量超过许用值时，将使零件或

机器不能正常工作。

③ 表面破坏：零件在长期工作中，由于腐蚀、磨损和接触疲劳（点蚀）等原因，造成零件尺寸的变化量超过了允许值而失效。腐蚀是指在金属表面发生的化学或电化学反应，金属表面产生锈蚀的现象。磨损是指由于摩擦而造成的物体表面材料的损失或转移的现象。接触疲劳是指在接触变应力长期作用下，材料表面疲劳而产生微粒剥落的现象。

④ 破坏正常工作条件引起的失效：有些零件只有在一定的工作条件下才能正常地工作，若破坏了这些必备条件，将会发生不同类型的失效。如：带传动只有在传递的有效圆周力小于临界摩擦力时才能正常工作，否则将会发生打滑失效；高速转动的零件，只有在其转速与转动件系统的固有频率避开一个适当的频率间隔时才能正常工作，否则会使高速转子发生共振从而使振幅增大，甚至引起断裂失效。

0.4.2 机械零件的设计准则

机械零件的设计准则是与零件的失效形式紧密联系在一起的，通常采用以下几种准则。

(1) 强度准则

强度是零件抵抗破坏的能力，是保证零件工作能力的最基本要求。强度准则针对零件的断裂失效、塑性变形失效和点蚀失效，要求零件的工作应力 σ 不得超过许用应力 $[\sigma]$，即

$$\sigma \leqslant [\sigma]$$

(2) 刚度准则

刚度是零件抵抗弹性变形的能力，确保零件不发生过大的弹性变形。刚度准则要求零件在实际工作中产生的弹性变形量 y 不超过许用变形量 $[y]$，即

$$y \leqslant [y]$$

式中 y——零件在载荷作用下的弹性变形量，可以是挠度、转角或扭转角。

(3) 寿命准则

影响零件寿命的主要失效形式有腐蚀、磨损和疲劳，它们产生的机理和发展规律完全不同，目前尚无广泛接受的设计准则。对于疲劳寿命的计算相对成熟，已经可以较为定性地进行计算，但要在一定可靠度的前提下进行。

(4) 振动稳定性准则

振动稳定性准则就是使机器中各零件本身的固有频率 f 与激振源的激振频率 f_p 错开，即满足

$$f_p < 0.85f, \quad f_p > 1.15f$$

0.4.3 机械零件的设计方法

通常分为传统（或常规）设计方法和现代设计方法。

(1) 传统设计方法

① 理论设计：理论设计是指根据长期研究与实践总结出来的传统理论和实践数据进行的设计。在机械设计中，多数机构的尺寸设计和重要零部件的工作能力设计均采用理论设计。

② 经验设计：根据长期使用中总结出来的经验公式或设计者本人的经验用类比法所进行的设计。其优点是简便、快捷，避免复杂计算。

③ 模型实验设计：对于尺寸很大，结构复杂，工况条件特殊，又难以进行理论计算和经验设计的重要零件，可将初步设计的零部件或机器制作成小模型或小尺寸样机，通过实验手段对其各方面特性进行检验，再根据实验结果对原始设计进行修改，从而获得尽可能完善的设计结果。这种方法费时、费钱，只用于特别重要的设计。

(2) 现代设计方法

现代设计方法是近几十年发展起来的设计方法，是运用现代应用数学、应用力学、微电子学及信息科学等方面的最新成果与手段进行的设计。目前，机械零件常用的现代设计方法有计算机辅助设计、优化设计、可靠性设计、有限元法等。设计者通过开发程序和使用相关应用软件，在计算机及其外围设备的辅助下进行设计，如利用计算机进行计算、绘图、模拟以及其他作业。市场上有很多通用和专用的应用软件，包括绘图软件（如AutoCAD）、工程分析和计算软件（如MATLAB）、有限元分析软件（如ANSYS、Abaqus）、集成化的CAD/CAM/CAE软件（如SolidWorks、UG、CAXA）等。

思考题与习题

0-1 机器的特征是什么？

0-2 机器和机构有何区别？

0-3 机械设计的一般程序是什么？

0-4 何谓失效？机械零件常见的失效形式有哪几种？

0-5 机械零件的设计准则是如何得出的？

0-6 机械零件的设计方法通常分哪两大类？

第一篇 构件的静力分析与承载能力分析

构件的静力分析是分析构件的受力情况，研究物体在力作用下的平衡规律。静力学的研究对象是刚体，即在力的作用下不变形的物体。

构件的承载能力包括构件的强度、刚度和稳定性。稳定性是指构件在载荷作用下保持其原有平衡状态的能力。

在对构件进行承载能力分析时，把研究对象视为受力后会变形的固体——变形固体。由于构件材料的物质结构及其性质的复杂性，为便于理论分析，只保留它的主要特征，忽略其次要属性，因此，对变形固体采用以下假设：

① 连续均匀假设：认为整个体积内无间隙地充满了材料，材料各点的力学性质完全相同。

② 各向同性假设：认为材料在各个方向具有相同的力学性质。

另外，绝大多数工程构件在载荷作用下的变形都极其微小，比构件本身尺寸要小得多，在分析构件的受力平衡及相对变形时，通常不考虑变形的影响，而仍采用变形前的尺寸。

在构件的承载能力分析时，所研究的物体仅限于杆、轴、梁等，其几何特征是纵向尺寸远大于横向尺寸，这类构件统称为杆或杆件。大多数工程结构的构件都可以简化为杆件。

杆件受力后，发生的变形是多种多样的，其基本变形形式有轴向拉伸与压缩［图（a）］、剪切［图（b）］、扭转［图（c）］、弯曲［图（d）］四种。其他复杂的变形形式，均可看成是上述基本变形形式的组合。

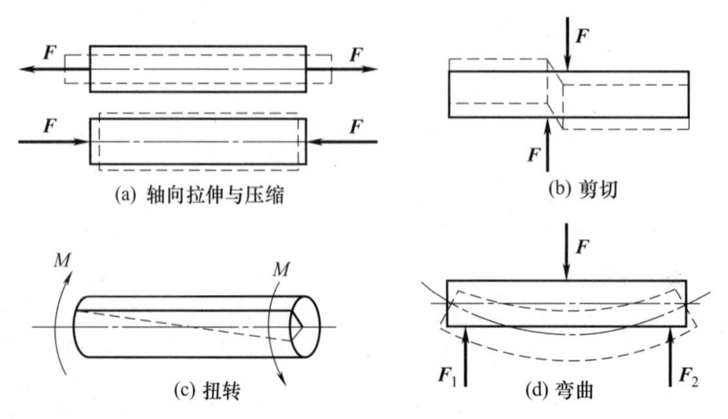

本篇首先研究刚体的平衡问题，然后研究构件受力后发生基本变形时的强度、刚度问题，再通过点的应力状态和强度理论，研究复杂变形形式下杆件的强度问题，最后研究压杆的稳定性问题。

第1章

构件的静力分析

1.1 静力学基础

1.1.1 静力学基本概念

(1) 力与力系

力是物体之间的相互机械作用。其作用效应是使物体的机械运动状态发生变化以及形状发生改变，前者称为力的外效应，后者称为力的内效应。

实践证明，力对物体的作用效应取决于力的大小、方向和作用点，这三个因素通常称为力的三要素。

力是矢量，常用有向线段表示，如图 1-1 所示。其中，线段的长度表示力的大小，箭头的指向表示力的方向，线段的起点或终点表示力的作用点。用英文字母表示力时，常以黑斜体字母表示力的矢量，白斜体大写字母表示力的大小。在国际单位中，力的单位是 N 或 kN。

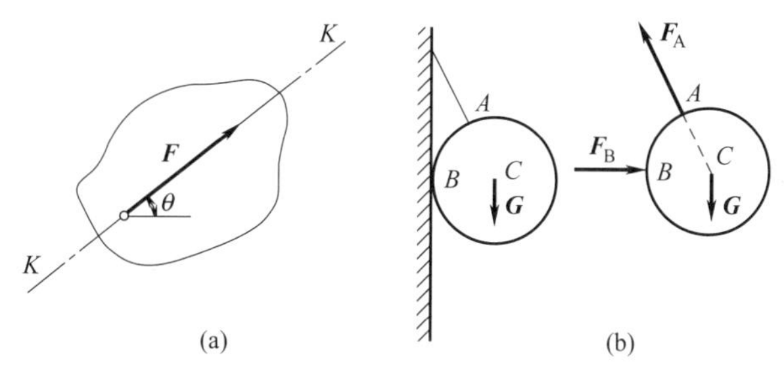

图 1-1　力的表示

力系是指作用于同一物体上的一群力。若两个力系分别作用于同一物体，且其作用效应相同，则称这两个力系为等效力系。当一个力与一个力系等效时，则称该力为这一力系的合力，而该力系中的每一个力称为此合力的分力。

(2) 平衡

物体相对于参考系保持静止或做匀速直线运动的状态称为平衡。即当物体处于平衡状态时，其加速度必为零。根据牛顿第二定律公式 $\boldsymbol{F}=m\boldsymbol{a}$ 可知，当加速度 a 为零时，$F=0$。即当作用在物体上的力系满足一定条件时，物体就可保持平衡，这种条件称为力的平衡条件。满足平衡条件的力系称为平衡力系。

(3) 刚体

在力的作用下不变形的物体称为刚体。实际上，任何物体受力后都会产生不同程度的变形。但在大量的工程实际问题中，物体的变形是很微小的，这种微小的变形对物体平衡状态并无明显影响，如果考虑这种变形，将会使问题的研究一开始就变得很复杂，甚至难以解决，因此常将受力的物体视为刚体。这种在实际工作中着重把握主要矛盾，将物体理想模型化的方法是科学的抽象，符合辩证法的重点论。在对构件进行静力分析时，除绳索、胶带、链条等柔性体以外的物体，全部视为刚体。

1.1.2 静力学基本公理

(1) 二力平衡公理

刚体只受两个力作用且处于平衡状态的充分必要条件是：这两个力大小相等、方向相反、作用在同一条直线上。

工程上，把只受两个力作用且处于平衡状态的刚体称为二力构件或二力杆。如图 1-2 所示。

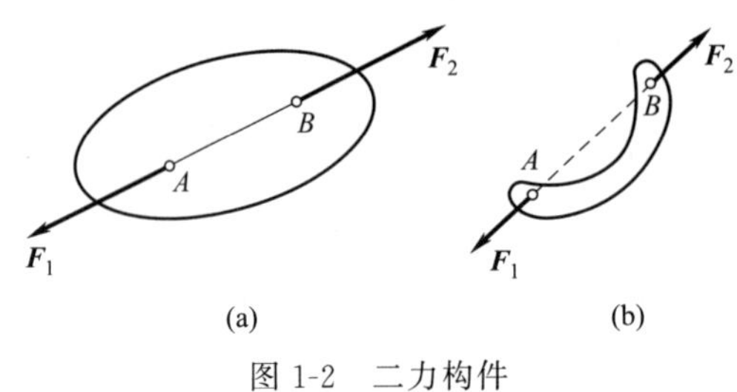

图 1-2 二力构件

(2) 加减平衡力系公理

在作用于刚体的已有力系基础上增加或减去任意一个平衡力系，并不改变原力系对刚体的作用效应。

根据此公理可得如下有用推论——力的可传性原理，即作用在刚体上的力，可以沿其作用线移动到刚体上的任一点，而不改变该力对刚体的作用效应。

该原理的简要说明过程如图 1-3 所示，其中图 1-3（b）中的三个力 $\boldsymbol{F}$、$\boldsymbol{F}_1$、$\boldsymbol{F}_2$ 等值并共线。

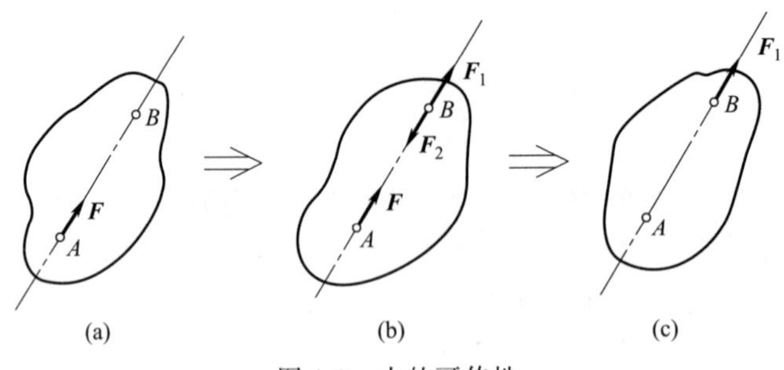

图 1-3 力的可传性

(3) 力的平行四边形法则

作用于物体上同一点的两个力，可以用一个合力来等效代替，合力的作用点仍在该点，合力的大小和方向可由这两个力为邻边所作的平行四边形的对角线确定。

如图 1-4（a）所示，$\boldsymbol{F}_1$ 和 $\boldsymbol{F}_2$ 的合力为 $\boldsymbol{F}_R$，用矢量式表达为

$$\boldsymbol{F}_R=\boldsymbol{F}_1+\boldsymbol{F}_2 \tag{1-1}$$

显然，用平行四边形法则也可以对一个力进行分解。若无其他附加条件，可以有无数种分解结果，如图1-4（b）所示。在实际计算中，通常将力进行正交分解，即将一个力分解成互相垂直的两个分力。

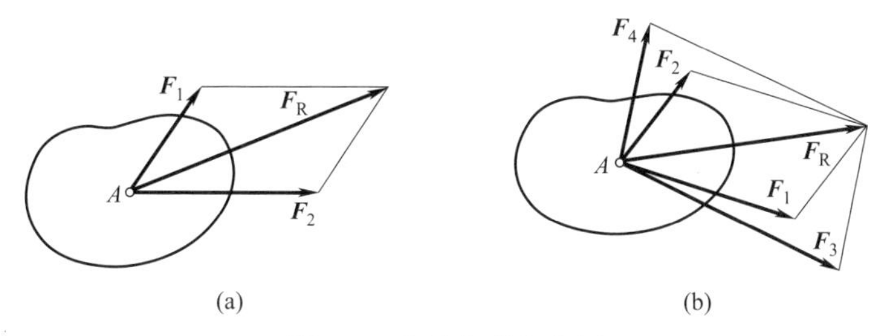

图1-4 力的合成与分解

根据平行四边形法则，可得如下重要推论——三力平衡汇交定理，即当刚体受到三个不平行的力的作用且处于平衡状态时，则这三个力必定共面且其作用线汇交于一点。

证明：如图1-5所示，在刚体的 A_1、A_2、A_3 三点上，分别作用着三个力 $\boldsymbol{F}_1$、$\boldsymbol{F}_2$ 和 $\boldsymbol{F}_3$，且刚体处于平衡状态，其中，$\boldsymbol{F}_1$ 与 $\boldsymbol{F}_2$ 的作用线交于点 B。根据力的可传性原理，把力 $\boldsymbol{F}_1$ 和 $\boldsymbol{F}_2$ 沿其各自作用线移到汇交点 B，再根据力的平行四边形法则，得合力 $\boldsymbol{F}$。因此刚体的平衡可视为在力 $\boldsymbol{F}$ 与 $\boldsymbol{F}_3$ 作用下的二力平衡，所以 $\boldsymbol{F}$ 与 $\boldsymbol{F}_3$ 必等值、反向、共线，故 $\boldsymbol{F}_3$ 的作用线也必过 B 点，且 $\boldsymbol{F}_1$、$\boldsymbol{F}_2$、$\boldsymbol{F}_3$ 共面。

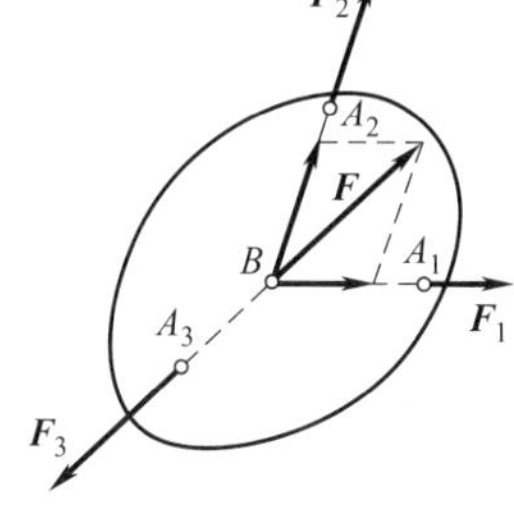

图1-5 三力平衡汇交

(4) 作用与反作用定律

两物体间相互作用的力（称作用力和反作用力）总是同时存在，而且这两个力等值、反向、共线，分别作用在两个相互作用的物体上。

1.1.3 约束与约束反力

能在空间自由运动的物体称为自由体。例如，天空中飞行的飞机、人造卫星等。若物体的某些运动受到周围物体的限制，则称该物体为非自由体。对非自由体的某些运动起限制作用的周围物体称为约束，如气缸体是活塞的约束，连杆是曲轴的约束等。

约束限制了被约束物体本来可能产生的某些运动，因此，约束必然对被约束物体有力的作用，这种力称为约束反力。约束反力的方向总是与该约束所能阻碍物体的运动或运动趋势的方向相反，其作用点在约束与被约束物体的接触处。

下面介绍几种工程实际中常见的约束类型及相应约束反力的形式。

(1) 柔性体约束

工程实际中，常见的柔性体主要包括各种绳索、皮带、链条等，这些柔性体所形成的约束称为柔性体约束。

因为柔性体本身只能承受拉力，不能承受压力，因此，它给物体的约束反力也只能是拉力，作用点为柔性体与被约束物体的连接点，方向沿着柔性体拉直的轴线背离被约束物体。

如图 1-6（a）所示，重物被钢丝绳吊起，两条绳索对重物的约束反力 $\boldsymbol{F}_{TA}$、$\boldsymbol{F}_{TB}$ 分别作用于 A、B 两点，作用线沿钢丝绳中心线，方向背离重物；如图 1-6（b）所示的带传动，带对大小带轮的约束反力分别为 $\boldsymbol{F}'_{T1}$、$\boldsymbol{F}'_{T2}$ 和 $\boldsymbol{F}_{T1}$、$\boldsymbol{F}_{T2}$。

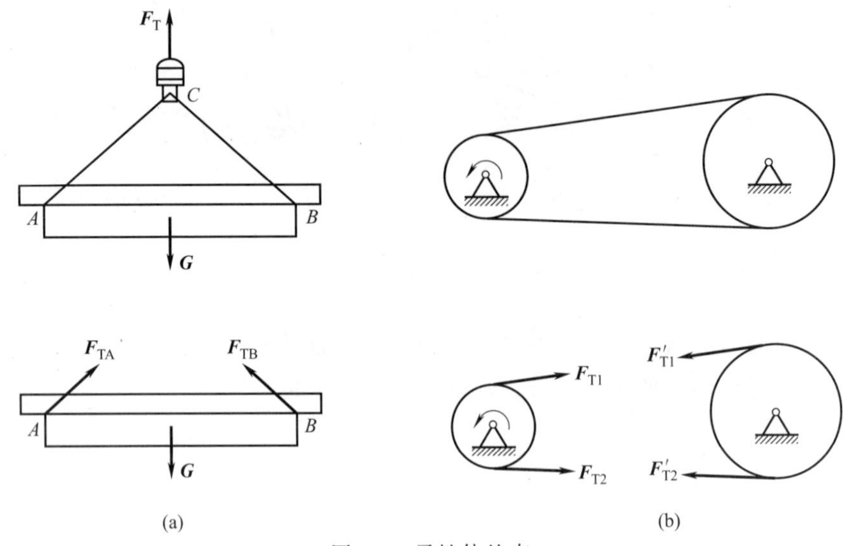

图 1-6 柔性体约束

（2）光滑接触面约束

当约束与被约束物体的接触面非常光滑（即摩擦力可忽略不计）时，它们之间所形成的约束称为光滑接触面约束。这种约束限制的是被约束物体沿其接触面公法线方向且指向被约束物体的运动，而不限制其沿公法线背离被约束物体方向的运动，也不限制其沿接触面切线方向的运动。所以光滑接触面约束的约束反力是沿接触面公法线方向并指向被约束物体，作用点在接触点，通常用 $\boldsymbol{F}_N$ 表示，如图 1-7 所示。

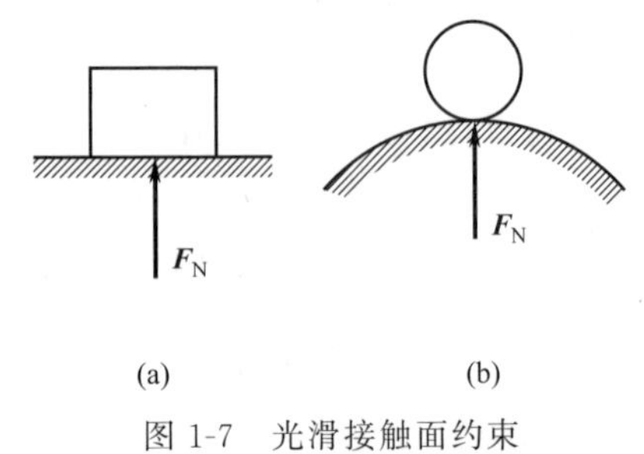

图 1-7 光滑接触面约束

（3）光滑圆柱铰链约束

约束与被约束物体以光滑圆柱面相连接所构成的约束称为光滑圆柱铰链约束，简称铰链。其结构就是在两物体连接处开圆孔，再用圆柱形销钉把两物体连接起来，如图 1-8（a）、（b）所示。其简图如图 1-8（c）所示。

若忽略了销钉和被连接件孔之间的摩擦，光滑圆柱铰链约束属于光滑接触面约束，其约束反力作用在接触点处，沿两物体接触表面的公法线方向并通过销钉中心，指向被约束物体。在一些特定条件下，由铰链所产生的约束反力的作用线是可以确定的。例如，两端均通过铰链与其他构件相连接的二力杆，杆两端约束反力的作用线一定就是两铰接点的连线。但一般情况下，随构件所受主动力的不同，销钉与圆孔间接触点的位置也随之变化，所以铰链的约束反力方向不能预先确定。此时，可将该约束反力 $\boldsymbol{F}$ 用两个正交分力 $\boldsymbol{F}_x$ 和 $\boldsymbol{F}_y$ 表示。如图 1-8（d）所示。

在分析铰链处的约束反力时，通常将销钉固连在其中任意一个构件上。当然也可将销钉视为一个独立构件进行受力分析。

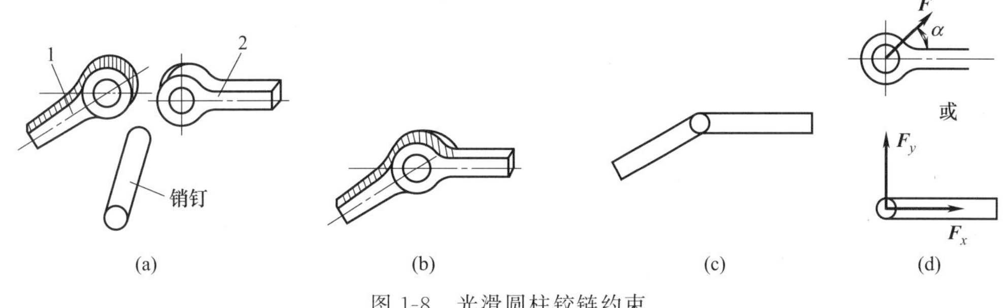

图 1-8　光滑圆柱铰链约束

(4) 固定铰链支座

固定铰链支座可认为是光滑圆柱铰链约束的演变形式，即铰链连接中的一个构件固定在地面或机架上作为支座，其结构如图 1-9（a）所示，图 1-9（b）为固定铰链支座的简图。固定铰链支座的约束反力与光滑圆柱铰链约束相类似，如图 1-9（c）所示。

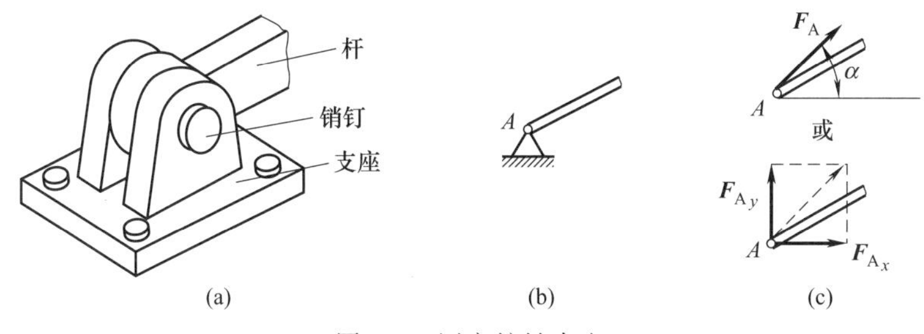

图 1-9　固定铰链支座

(5) 可动铰链支座

在固定铰链支座与光滑接触面之间，装上几个辊轴构件的铰链支座，称为可动铰链支座，或滚动铰链支座，如图 1-10（a）所示，图 1-10（b）为其简图。可动铰链支座仅限制构件沿支承面垂直方向的移动，不限制构件沿支承面平行方向的移动和绕销钉轴线的转动。因此，可动铰链支座的约束反力通过销钉中心线垂直于支承面，指向被约束构件，如图 1-10（c）所示。

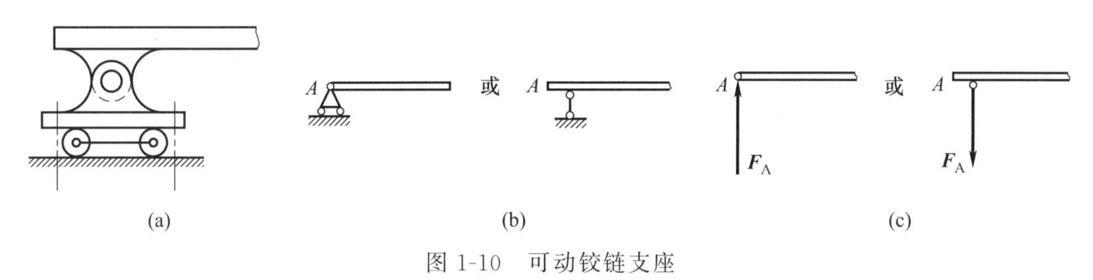

图 1-10　可动铰链支座

1.1.4　受力分析与受力图

在对结构进行受力分析时，首先要确定研究对象。研究对象可以是结构中的一个节点；也可以是一个构件；或者是其中几个构件的组合，即保持这几个构件间的连接不变，仅将它们与其他构件的连接解除；还可以是整个构件系统，即将除机架以外的所有构件看作一个整体。

然后，要将研究对象从相互联系的结构中分离出来，单独画出其轮廓简图，称为取分离体。

最后，在分离体上画出全部的主动力及根据约束类型画出的相应约束反力，这就得到了研究对象的受力图。其中，主动力主要有重力、流体压力、风载和其他驱动力等；约束反力要根据所解除的约束类型来确定。

画受力图时，常用二力平衡公理、三力平衡汇交定理等确定某些约束反力作用线的方位。作图时应先画主动力，后画约束反力，并注意构件系统中的作用力和反作用力。

工程实际中，通常根据受力图，应用平衡方程求解未知力。因此，画受力图是静力学分析的关键步骤，必须反复练习，熟练掌握。

[例 1-1] 画出图 1-11（a）所示杆 AB 的受力图，假设所有接触处均为光滑接触。

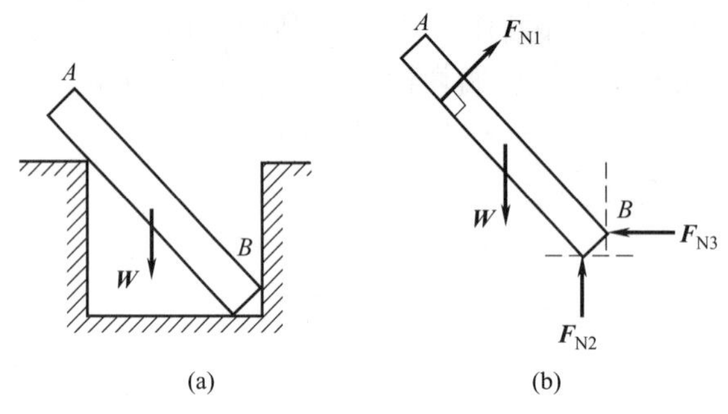

图 1-11 例 1-1 图

解： 取杆 AB 为研究对象。主动力为重力 $\boldsymbol{W}$，杆 AB 与固定壁的三个接触处均为点与线接触，每一处的约束反力均通过接触点且与接触线垂直并指向杆 AB。杆 AB 的受力图如图 1-11（b）所示。

[例 1-2] 如图 1-12（a）所示，水平梁 AB 两端用固定铰链支座 A 和可动铰链支座 B 支承，梁在 C 点处承受一斜向力 $\boldsymbol{F}$，$\boldsymbol{F}$ 与梁成 α 角。若不考虑梁的自重，试画出梁 AB 的受力图。

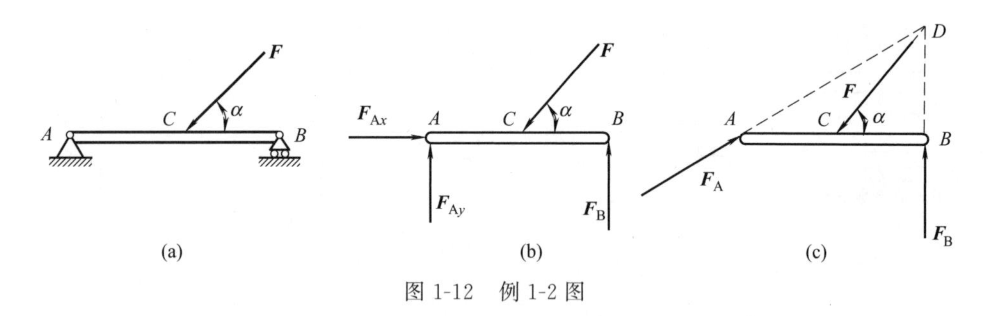

图 1-12 例 1-2 图

解： 取梁 AB 为研究对象。主动力为作用于 C 处的力 $\boldsymbol{F}$；约束反力作用在 A 处和 B 处，其中，B 处为可动铰链支座，约束反力 $\boldsymbol{F}_B$ 铅垂向上，A 处为固定铰链支座，其约束反力可用一对正交分力 $\boldsymbol{F}_{Ax}$、$\boldsymbol{F}_{Ay}$ 表示，受力图如图 1-12（b）所示。若根据三力平衡汇交定理，应先延长力 $\boldsymbol{F}$ 与 $\boldsymbol{F}_B$ 的作用线交于 D 点，再连接 AD 就是 A 处约束反力的作用线方位，在假定 $\boldsymbol{F}_A$ 的方向后，则可画成如图 1-12（c）所示的另一种情形的受力图。

[例 1-3] 画出如图 1-13（a）所示的整体及各构件的受力图。

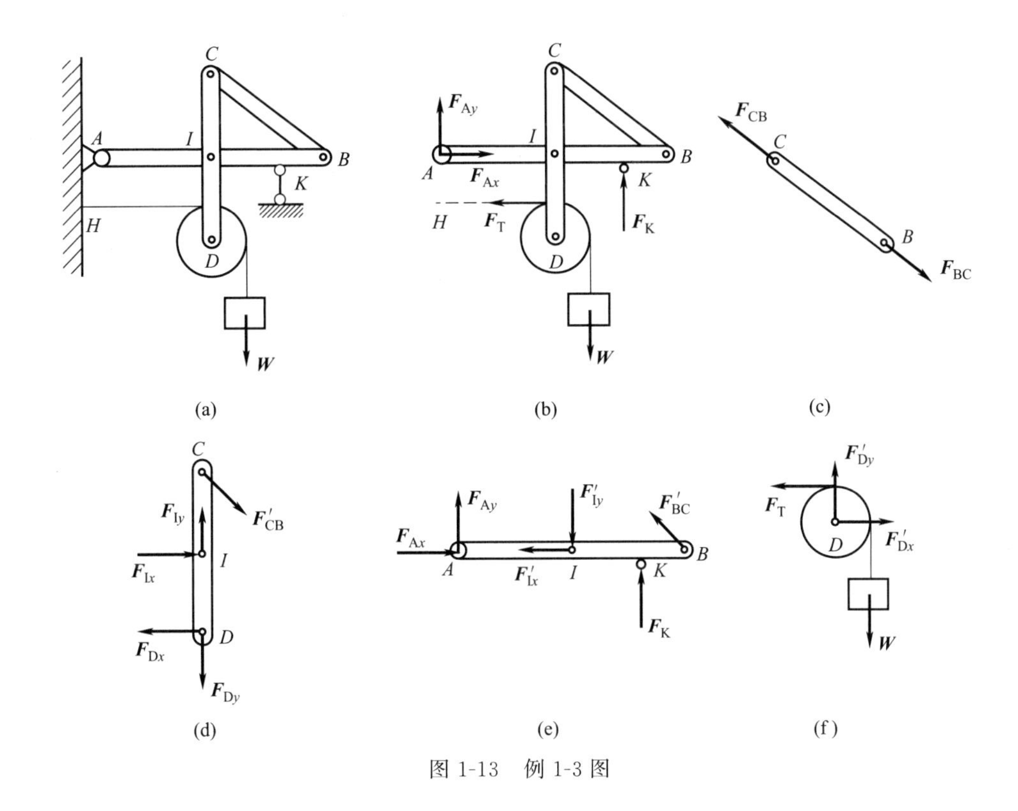

图 1-13 例 1-3 图

解：① 整体受力如图 1-13（b）所示。*A* 处为固定铰链支座，用一对正交力 $\boldsymbol{F}_{Ax}$、$\boldsymbol{F}_{Ay}$ 表示其约束反力；*K* 处为可动铰链支座，约束反力 $\boldsymbol{F}_K$ 铅垂向上；*H* 处为柔性体约束，画拉力 $\boldsymbol{F}_T$。

② 杆 *CB* 为二力杆，*B*、*C* 两处铰链的约束反力作用线在 *B*、*C* 两点连线上，受力图如图 1-13（c）所示。

③ 杆 *CID* 受力如图 1-13（d）所示。*I*、*D* 两处为中间铰链，分别画出两个正交分力；*C* 处的约束反力与图 1-13（c）中 *C* 处所受的力为作用力与反作用力。

④ 杆 *AB* 受力如图 1-13（e）所示，*A*、*K* 两处的约束反力应与图 1-13（b）所示的相一致；*I* 处所受的力与图 1-13（d）中 *I* 处所受的力为作用力与反作用力；*B* 处所受的力与图 1-13（c）中 *B* 处所受的力为作用力与反作用力。

⑤ 轮 *D* 与重物一起为研究对象的受力如图 1-13（f）所示。主动力为重物的重力 $\boldsymbol{W}$；柔性体的拉力与图 1-13（b）相一致，*D* 处所受的力与图 1-13（d）中 *D* 处所受的力为作用力与反作用力。

注意：在绘制受力分析图时，要分析分离体（个体）与整体的关系，一定要将分离体上约束反力的作用点画在被解除的约束所在位置处，而不能将其画在物体的其他部位，例如物体的重心上。

1.2 平面力系

若作用于研究对象上各力的作用线和各力偶的作用面均在同一平面内，则该力系称为平面力系。平面力系可分为以下几种：

① 平面汇交力系：各力的作用线汇交于一点的平面力系。

② 平面力偶系：由平面力偶组成的平面力系。

③ 平面平行力系：各力的作用线均相互平行的平面力系。

④ 平面任意力系：各力的作用线任意分布的平面力系。

上述力系中，前三种是最后一种的特例。下面分别介绍平面汇交力系、平面力偶系和平面任意力系的简化和平衡问题。

1.2.1 平面汇交力系

(1) 平面汇交力系合成与平衡的几何法

① 平面汇交力系合成的几何法：如图 1-14（a）所示，设刚体上作用有平面力系 $\boldsymbol{F}_1$、$\boldsymbol{F}_2$、$\boldsymbol{F}_3$、$\boldsymbol{F}_4$，各力的作用线汇交于 A 点。根据力的可传性原理，将这些力的作用点沿其作用线移到 A 点，得到一个平面汇交力系，如图 1-14（b）所示。

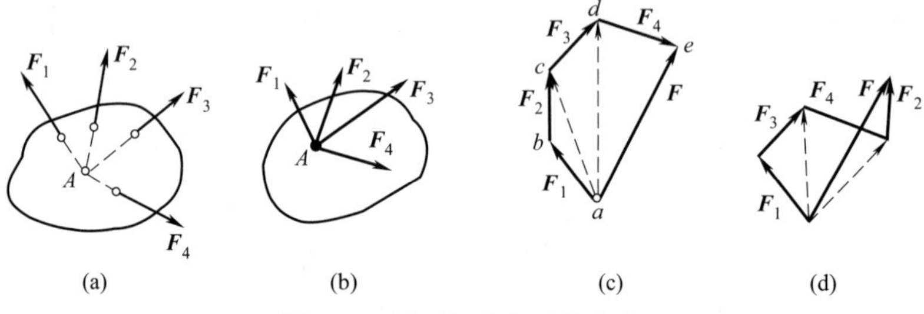

图 1-14 平面汇交力系的合成

连续应用力的平行四边形法则，可以将各力依次合成，如先将 $\boldsymbol{F}_1$ 和 $\boldsymbol{F}_2$ 合成，再将其合力与 $\boldsymbol{F}_3$ 合成，最后与 $\boldsymbol{F}_4$ 合成，从而得到此平面汇交力系的合力 $\boldsymbol{F}$，即

$$\boldsymbol{F}=\boldsymbol{F}_1+\boldsymbol{F}_2+\boldsymbol{F}_3+\boldsymbol{F}_4$$

在实际应用中，可用平行四边形的一半，即力三角形进行矢量相加，称为力多边形法则。具体做法是：将汇交力系中各力矢量首尾相接，得到一个开口力多边形，而开口力多边形的封闭边（从第一个力矢量起点指向最后一个力矢量终点）则对应平面汇交力系的合力，如图 1-14（c）所示。需要说明的是，用力多边形法则求合力时，力的次序可以任意选择，选择不同的次序，力多边形的形状不同，但得到的合力都是一样的，如图 1-14（d）所示。

上述方法可以推广到由若干个力 $\boldsymbol{F}_1$、$\boldsymbol{F}_2$、$\boldsymbol{F}_3$、…、$\boldsymbol{F}_n$ 组成的平面汇交力系中，这些力可以合成为一个合力，此合力的作用线通过各力的汇交点，其大小和方向等于各分力的矢量和，即

$$\boldsymbol{F}=\boldsymbol{F}_1+\boldsymbol{F}_2+\boldsymbol{F}_3+\cdots+\boldsymbol{F}_n=\sum \boldsymbol{F}_i \tag{1-2}$$

式中，$\sum$ 是 $\sum\limits_{i=1}^{n}$ 的简写，以下章节中均采用简写形式。

② 平面汇交力系平衡的几何条件：应用几何法对平面汇交力系进行合成时，合力与力多边形的封闭边对应，若该汇交力系为平衡力系，则其合力必为零，即力多边形的封闭边长度为零。因此，平面汇交力系平衡的几何条件是：由各力矢首尾相接组成的力多边形

自行封闭。

［例 1-4］ 如图 1-15（a）所示的支架，横梁上有重为 $\boldsymbol{G}$ 的电动机，不计各杆自重，试求支撑杆 BC 与销钉 D 的受力。

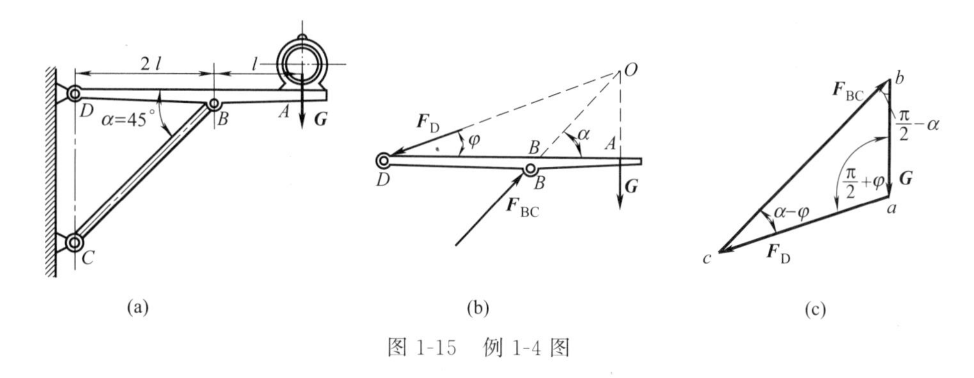

图 1-15 例 1-4 图

解： 取横梁为研究对象，主动力为电动机的重力 $\boldsymbol{G}$。约束反力有：二力杆 BC 在铰链 B 处对横梁的约束反力 $\boldsymbol{F}_{\mathrm{BC}}$；铰链 D 处销钉对横梁的约束反力 $\boldsymbol{F}_{\mathrm{D}}$。由于横梁处于平衡状态，按三力平衡汇交定理，可通过重力 $\boldsymbol{G}$ 和约束反力 $\boldsymbol{F}_{\mathrm{BC}}$ 的作用线的交点 O 确定约束反力 $\boldsymbol{F}_{\mathrm{D}}$ 的作用线。横梁的受力图如图 1-15（b）所示。

根据汇交力系平衡的几何条件可知，作用于横梁上的三个力应组成力封闭三角形。若已知重力 $\boldsymbol{G}$ 的大小，可以选择适当的比例尺，根据三个力的方向画出力矢量三角形 abc，如图 1-15（c）所示，从图中可量出力 $\boldsymbol{F}_{\mathrm{BC}}$ 和 $\boldsymbol{F}_{\mathrm{D}}$ 的大小，求解比较直观，但结果不够精确。

实际中，往往先画出力矢量三角形，再通过几何关系求得未知量的精确解。即

根据图 1-15（b），有 $\qquad \tan\varphi=\dfrac{1}{3} \qquad \varphi=18°26'$

再由图 1-15（c），按正弦定理有

$$\frac{F_{\mathrm{BC}}}{\sin\left(\dfrac{\pi}{2}+\varphi\right)}=\frac{G}{\sin(\alpha-\varphi)} \qquad F_{\mathrm{BC}}=2.12G$$

$$\frac{G}{\sin(\alpha-\varphi)}=\frac{F_{\mathrm{D}}}{\sin\left(\dfrac{\pi}{2}-\alpha\right)} \qquad F_{\mathrm{D}}=1.58G$$

因此，支撑杆 BC 中 B 点的受力是 F_{BC} 的反作用力，即 BC 杆受压；销钉 D 所受的力是 F_{D} 的反作用力。

(2) 平面汇交力系合成与平衡的解析法

① 力在坐标轴上的投影：如图 1-16（a）所示，力 $\boldsymbol{F}$ 作用于点 A，在力 $\boldsymbol{F}$ 作用线所在的平面内建立直角坐标系 Oxy，从力矢 $\boldsymbol{F}$ 的起点 A 和终点 B 分别向 x 轴作垂线，垂足记作 a_1、b_1，分别称作力 $\boldsymbol{F}$ 的起点垂足和终点垂足，线段 a_1b_1 的长度冠以相应的正负号称为力 $\boldsymbol{F}$ 在 x 轴上的投影，用 F_x 表示。同理，从力矢 $\boldsymbol{F}$ 的起点 A 和终点 B 分别向 y 轴作垂线，所得线段 a_2b_2 的长度冠以相应的正负号称为力 $\boldsymbol{F}$ 在 y 轴上的投影，用 F_y 表示。正负号的规定：从起点垂足到终点垂足的走向与相应坐标轴正向一致时投影为正，反之为负。

力 $\boldsymbol{F}$ 在坐标轴上的投影为代数量，其值与力 $\boldsymbol{F}$ 的大小及方向有关。若力 $\boldsymbol{F}$ 与 x、y

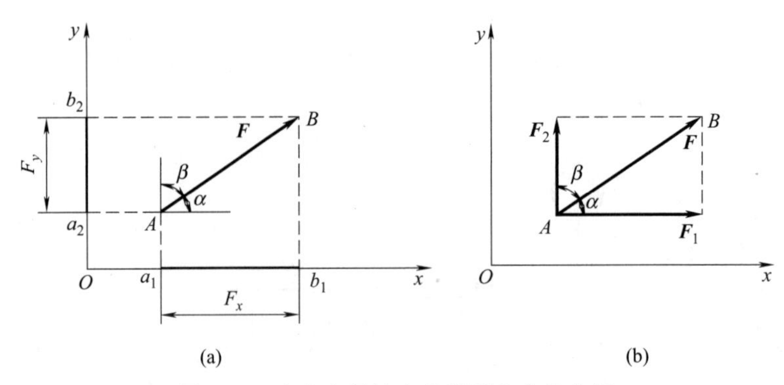

图 1-16 力在坐标轴上的投影和力的分解

轴正向所夹的角分别为α、β，则力在坐标轴上的投影的表达式为

$$F_x = F\cos\alpha \qquad F_y = F\cos\beta \tag{1-3}$$

反之，若已知力 $\boldsymbol{F}$ 在 x 轴和 y 轴上的投影 F_x 和 F_y，则力 $\boldsymbol{F}$ 的大小和方向余弦分别为

$$\left.\begin{aligned} &F=\sqrt{F_x^2+F_y^2} \\ &\cos\alpha=\frac{F_x}{F} \qquad \cos\beta=\frac{F_y}{F} \end{aligned}\right\} \tag{1-4}$$

由图 1-16（b）还可知，若将力 $\boldsymbol{F}$ 沿坐标轴的方向进行正交分解，则所得两分力 $\boldsymbol{F}_1$、$\boldsymbol{F}_2$ 的大小分别等于投影 F_x 和 F_y 的绝对值，分力的方向与坐标轴同向时，其投影为正值；反之，投影为负值。但应注意：投影是代数量，而分力是矢量，二者不能混淆。

② 合力投影定理：在平面直角坐标系 Oxy 中考察平面汇交力系的力多边形 $abcde$，如图 1-17 所示，从几何关系可得出合力的投影与各分力投影之间的关系

$$\left.\begin{aligned} F_{Rx} &= F_{1x}+F_{2x}+F_{3x}+F_{4x}=\sum F_{ix} \\ F_{Ry} &= F_{1y}+F_{2y}+F_{3y}+F_{4y}=\sum F_{iy} \end{aligned}\right\} \tag{1-5}$$

式（1-5）表明，合力在任一轴上的投影，等于各分力在同一轴上投影的代数和，此为合力投影定理。

③ 汇交力系合成的解析法：设有平面汇交力系 $\boldsymbol{F}_1$、$\boldsymbol{F}_2$、…、$\boldsymbol{F}_n$，其合力为 $\boldsymbol{F}_R$，合力及各分力在 x、y 轴的投影分别 F_{Rx}、F_{Ry}、F_{1x}、F_{1y}、F_{2x}、F_{2y}、…、F_{nx}、F_{ny}（参考图 1-17），根据合力投影定理有

$$F_{Rx}=F_{1x}+F_{2x}+\cdots+F_{nx}=\sum F_{ix}$$

$$F_{Ry}=F_{1y}+F_{2y}+\cdots+F_{ny}=\sum F_{iy}$$

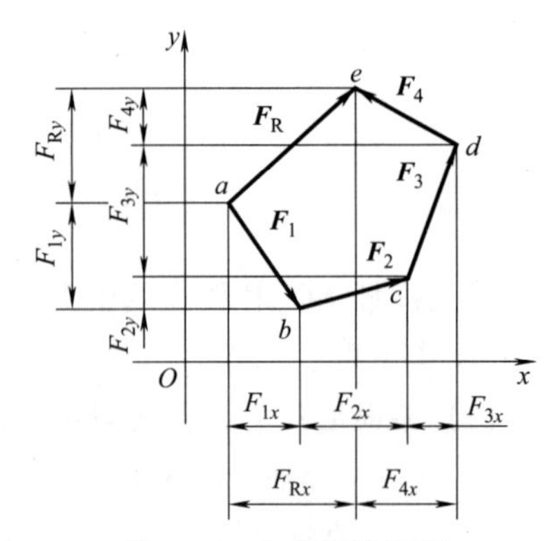

图 1-17 合力投影定理

合力的大小和方向分别为

$$\left.\begin{aligned} &F_R=\sqrt{F_{Rx}^2+F_{Ry}^2}=\sqrt{\left(\sum F_{ix}\right)^2+\left(\sum F_{iy}\right)^2} \\ &\cos\alpha=\frac{F_{Rx}}{F_R} \qquad \cos\beta=\frac{F_{Ry}}{F_R} \end{aligned}\right\} \tag{1-6}$$

④ 平面汇交力系平衡的解析法：平面汇交力系平衡的充要条件是该力系的合力 F_R 等于零，即

$$F_R=\sqrt{F_{Rx}^2+F_{Ry}^2}=\sqrt{\left(\sum F_{ix}\right)^2+\left(\sum F_{iy}\right)^2}=0$$

要使上式为零，必须是

$$\left.\begin{aligned}\sum F_{ix}=0\\ \sum F_{iy}=0\end{aligned}\right\}\tag{1-7}$$

式（1-7）是平面汇交力系的平衡方程，两个方程互相独立，可以求解两个未知量。为书写方便，式（1-7）中等号左边的下标 i 可以省略不写。

［例 1-5］ 如图 1-18（a）所示，压路机的碾子重 $G=20\text{kN}$，半径 $r=60\text{cm}$。欲将此碾子拉过高 $h=8\text{cm}$ 的障碍物，在其中心 O 处作用一水平拉力 $\boldsymbol{F}$，求此拉力 $\boldsymbol{F}$ 的最小值和碾子对障碍物的压力。

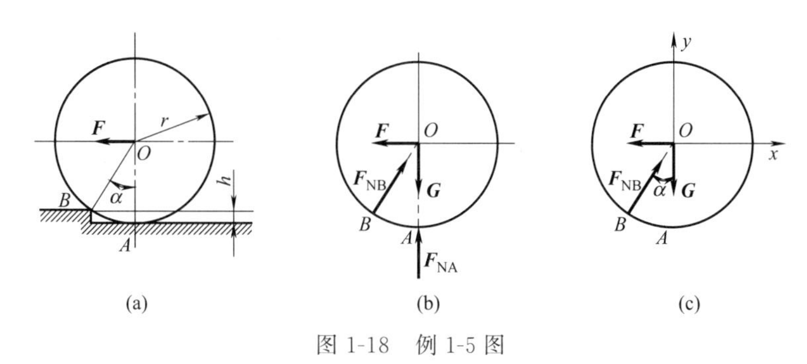

图 1-18　例 1-5 图

解：① 取碾子为研究对象。

② 画受力图。碾子受重力 $\boldsymbol{G}$、水平拉力 $\boldsymbol{F}$、地面约束反力 $\boldsymbol{F}_{NA}$、障碍物约束反力 $\boldsymbol{F}_{NB}$ 的作用，此四力构成平面汇交力系，其受力图如图 1-18（b）所示。当碾子刚离开地面，即图示位置且 $F_{NA}=0$ 时，拉力 $\boldsymbol{F}$ 是碾子能越过障碍物的最小值，此时碾子的受力图如图 1-18（c）所示。

③ 建立如图 1-18（c）所示的坐标系，列平衡方程

$$\sum F_x=0 \quad -F+F_{NB}\sin\alpha=0$$

$$\sum F_y=0 \quad -G+F_{NB}\cos\alpha=0$$

由图 1-18（a）中的几何关系有

$$\tan\alpha=\frac{\sqrt{r^2-(r-h)^2}}{r-h}=0.576，\alpha=29.94°$$

再将 G、α 值代入方程，解得

$$F_{NB}=23.1\text{kN}，F=11.5\text{kN}$$

［例 1-6］ 简易起重装置如图 1-19（a）所示，支架由杆 AB 与 BC 铰接而成，通过固定支座与机架相连。铰链 B 处装有定滑轮，绞车 D 通过定滑轮 B 匀速提升重物 Q。已知重物 Q 的重量 $G=4\text{kN}$，$\alpha=15°$，$\beta=45°$，不计杆及定滑轮的重量、摩擦及滑轮的半径，试求杆 AB 和 BC 所受的力。

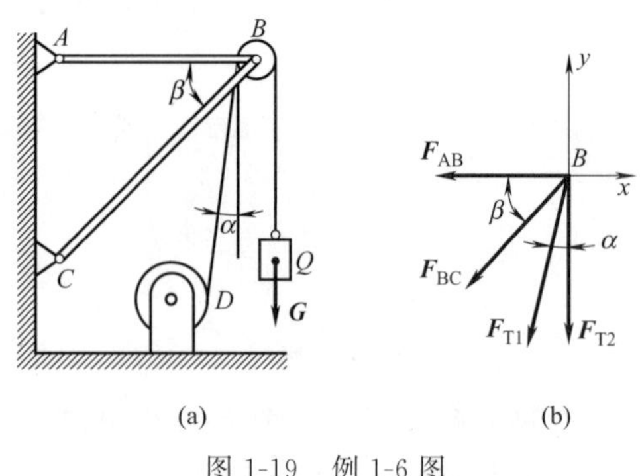

图 1-19 例 1-6 图

解：① 取定滑轮 B 为研究对象。

② 画受力图。滑轮两边受绳子拉力 $\boldsymbol{F}_{T1}$ 和 $\boldsymbol{F}_{T2}$ 作用，由于不计摩擦和滑轮尺寸，$\boldsymbol{F}_{T1}$ 和 $\boldsymbol{F}_{T2}$ 可视为作用在滑轮中心 B 点，且 $F_{T1}=F_{T2}=G$；此外滑轮还受到来自二力杆 AB 和二力杆 BC 的约束反力 $\boldsymbol{F}_{AB}$ 和 $\boldsymbol{F}_{BC}$ 的作用，作用点均位于滑轮中心 B 点。滑轮 B 的受力图如图 1-19（b）所示。显然，滑轮所受的力系为平面汇交力系。

③ 建立如图 1-19（b）所示的坐标系，列平衡方程并求解

$$\sum F_x=0 \quad -F_{AB}-F_{BC}\cos\beta-F_{T1}\sin\alpha=0$$

$$\sum F_y=0 \quad -F_{T2}-F_{BC}\sin\beta-F_{T1}\cos\alpha=0$$

代入已知数据 $\alpha=15°$，$\beta=45°$和 $F_{T1}=F_{T2}=4\text{kN}$，解得

$$F_{AB}=6.83\text{kN}，F_{BC}=-11.12\text{kN}$$

F_{BC} 为负值，表示力 $\boldsymbol{F}_{BC}$ 的实际方向与假定的方向相反。

注意：$\boldsymbol{F}_{AB}$ 表示 AB 杆对轮 B 的力，而 AB 杆在 B 点处所受的力是 $\boldsymbol{F}_{AB}$ 的反力，即 AB 杆受拉。同理，根据 F_{BC} 的计算结果，由分析得知 BC 杆受压。

1.2.2 平面力偶系

(1) 力对点的矩（力矩）

不通过质心的力作用于物体时，不但使物体产生移动效应，还会有转动效应。例如打乒乓球削球时，球拍施加给球的作用力不通过球心，则乒乓球在移动的同时还会产生转动。物体的这种转动效应用力对点的矩来度量。

如图 1-20 所示，在力 $\boldsymbol{F}$ 作用下，物体绕 O 点转动，力 $\boldsymbol{F}$ 对 O 点的矩（简称力矩）以 M_O（$\boldsymbol{F}$）表示，即

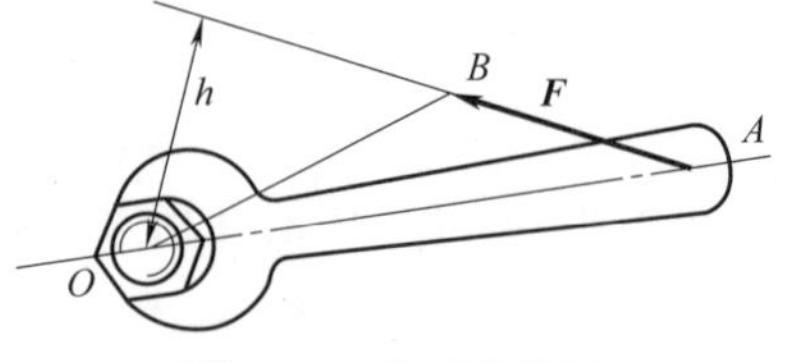

图 1-20 力对点的矩

$$M_O(\boldsymbol{F})=\pm Fh \tag{1-8}$$

式中，点 O 称为矩心；h 为矩心 O 到力 $\boldsymbol{F}$ 作用线的距离，称为力臂；正负号表示力矩的转向：力矢量绕矩心逆时针转动时为正，反之为负。

力矩是一个代数量，其单位为 N·m 或 kN·m。

(2) 力偶

① 力偶的基本概念：作用于同一物体上的两个大小相等、方向相反但不共线的平行

力组成的特殊力系，称为力偶，如图 1-21 所示，记作（$\boldsymbol{F}$，$\boldsymbol{F}'$）。

例如，用两个手指拧水龙头时，两个手指施加给水龙头手柄的两个力构成力偶，如图 1-21（a）所示；用双手转动方向盘或用丝锥攻螺纹时，两手施加给方向盘或丝锥手柄的两个力均构成力偶，如图 1-21（b）、（c）所示。

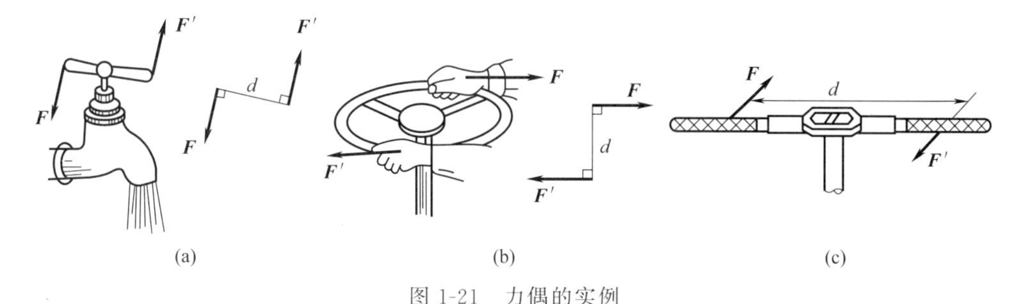

图 1-21　力偶的实例

由于力偶中的两个力等值、反向且不共线，所以力偶不是平衡力，也不能合成为一个力，或用一个力等效代替。同时，单个力与力偶的作用效应是不同的，力偶对刚体只有转动效应，没有移动效应。因此，力偶是一种不能再简化的力系，它与力一样，是一种基本力学量。

力偶只能使物体产生转动效应，其转动效应的强弱用力偶矩来度量。在平面问题中，力偶矩 M 是代数量，计算公式为

$$M=\pm F\cdot d \tag{1-9}$$

式中，d 为构成力偶的两个力作用线之间的垂直距离，称为力偶臂；$F\cdot d$ 为力偶矩的大小；正负号表示力偶的转向：使物体逆时针转动时取正号，顺时针转动时取负号。如图 1-22 所示。

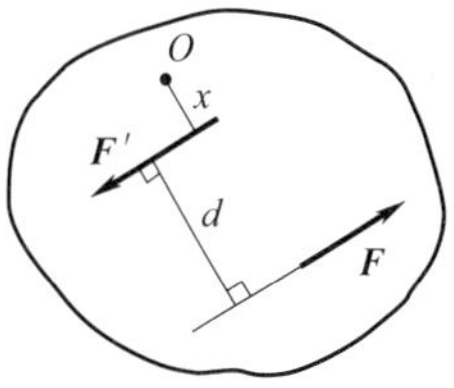

图 1-22　力偶矩

力偶矩的单位为 N·m 或 kN·m。

力偶对物体的转动效应取决于力偶的三要素：力偶矩的大小、力偶的转向和力偶的作用面（即构成力偶的两个平行力作用线所在的平面）。

② 力偶的性质。

a. 力偶对其所在平面内任一点的矩（即构成力偶的两个力对这一点的矩的代数和）恒等于该力偶的力偶矩，而与矩心的位置无关。

如图 1-22 所示力偶的力偶矩为 $F\cdot d$，在该力偶所在的平面内任选一点 O，设 O 点与力 $\boldsymbol{F}'$的垂直距离为 x，将力偶中的两个力分别对此点取力矩再求和，有

$$M_O(\boldsymbol{F})+M_O(\boldsymbol{F}')=F\cdot(d+x)-F'\cdot x=F\cdot d$$

由此可知，力偶对任一点取矩都等于该力偶的力偶矩，而与矩心位置无关。

b. 在保持力偶矩的大小和力偶的转向不变情况下，力偶可以在其作用面内任意移转，且移转时可以同时改变力的大小和力偶臂的长短，而不改变力偶对刚体的转动效应。

由于力偶具有这样的性质，同时也为画图方便，常用如图 1-23 所示符号表示力偶与力偶矩。

(3) 力偶的合成和平衡条件

设在刚体上作用有三个力偶组成的平面力偶系，其力偶矩分别为 M_1、M_2、M_3，其中，M_2 为顺时针方向（为负），如图 1-24（a）所示。在此平面内任选一段距离 $AB=$

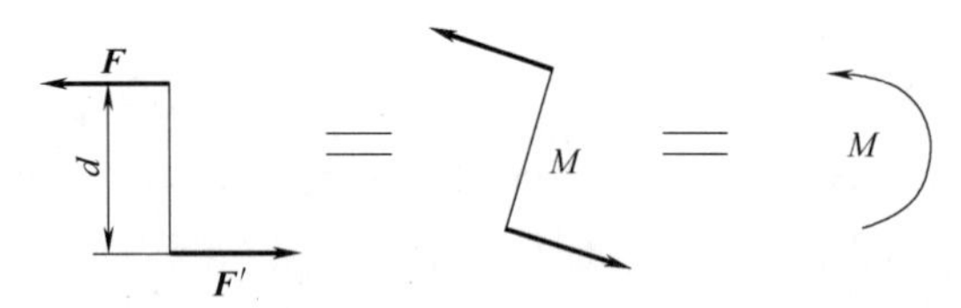

图 1-23 力偶的表示

d，令

$$F_1=\frac{|M_1|}{d},\ F_2=\frac{|M_2|}{d},\ F_3=\frac{|M_3|}{d}$$

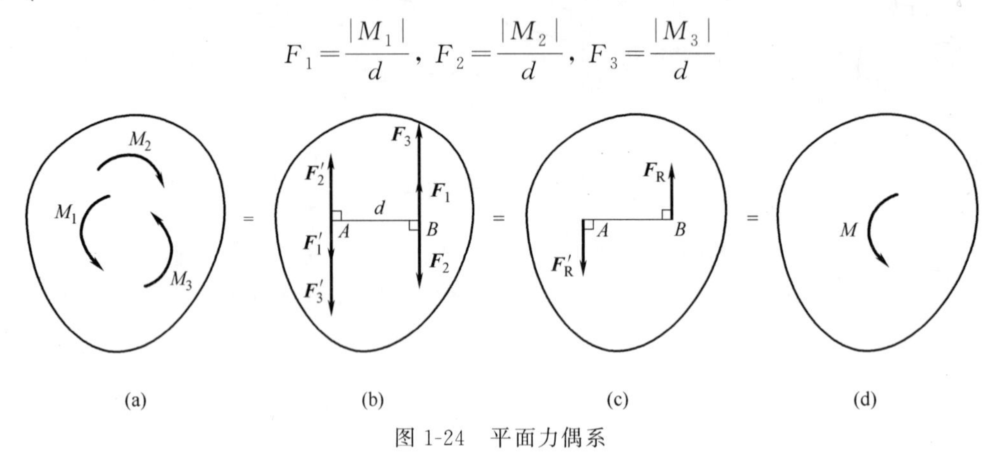

图 1-24 平面力偶系

则图 1-24（b）与图 1-24（a）所示的力偶系等效。再将作用于点 B 的力系合成，用 $\boldsymbol{F}_{\mathrm{R}}$ 表示合力，有

$$F_{\mathrm{R}}=F_1-F_2+F_3=\frac{|M_1|}{d}-\frac{|M_2|}{d}+\frac{|M_3|}{d}$$

显然 $F_{\mathrm{R}}=F'_{\mathrm{R}}$，如图 1-24（c）所示。此两力合成为一个合力偶，用 M 表示，如图 1-24（d）所示。把上式进一步整理，有

$$M=F_{\mathrm{R}}d=F_1d-F_2d+F_3d=|M_1|-|M_2|+|M_3|=M_1+M_2+M_3$$

上述方法可以推广到由 n 个力偶组成的平面力偶系中，这些力偶可以合成为一个合力偶，该合力偶的力偶矩等于各个力偶矩的代数和。

$$M=\sum M_i \tag{1-10}$$

显然，构件受平面力偶系作用时，其平衡条件是合力偶的力偶矩等于零，即

$$M=\sum M_i=0 \tag{1-11}$$

式（1-11）是平面力偶系的平衡方程。

［例 1-7］ 如图 1-25（a）所示，梁 AB 的跨度 $l=5\mathrm{m}$，在梁上作用有一力偶，其力偶矩为 $M=100\mathrm{kN\cdot m}$，不计梁自重，求支座 A、B 的约束反力。

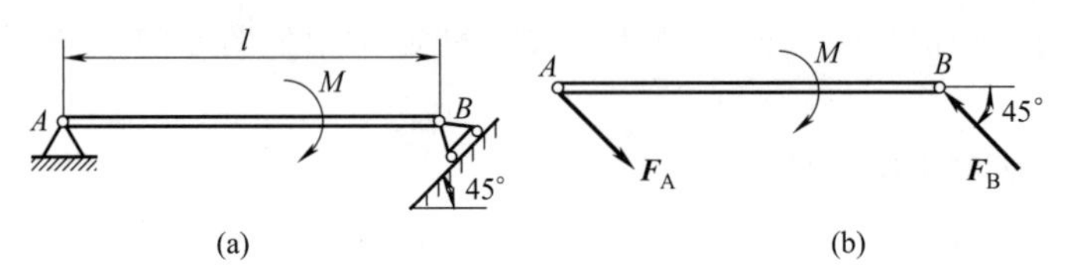

图 1-25 例 1-7 图

解：① 取梁 AB 为研究对象。

② 画受力图。在梁上作用有力偶 M 和支座 A、B 的约束反力 $\boldsymbol{F}_A$、$\boldsymbol{F}_B$。根据力偶只能与力偶等效的性质，可知约束反力 $\boldsymbol{F}_A$、$\boldsymbol{F}_B$ 必组成一个力偶，由此可根据可动铰链支座 B 的约束反力 $\boldsymbol{F}_B$ 的方向，确定另一约束反力 $\boldsymbol{F}_A$ 的方向。梁 AB 的受力图如图 1-25（b）所示。

③ 列平衡方程并求解

$$\sum M_i = 0 \quad -M + F_A \sin 45^\circ \cdot l = 0$$

代入已知数据，解方程得

$$F_A = F_B = 28.3\text{kN}$$

1.2.3 平面任意力系

(1) 力的平移定理

设力 $\boldsymbol{F}$ 作用于刚体上的 A 点，如图 1-26（a）所示。现将力 $\boldsymbol{F}$ 等效平行移动到刚体内任意指定的一点 O，过程如下。

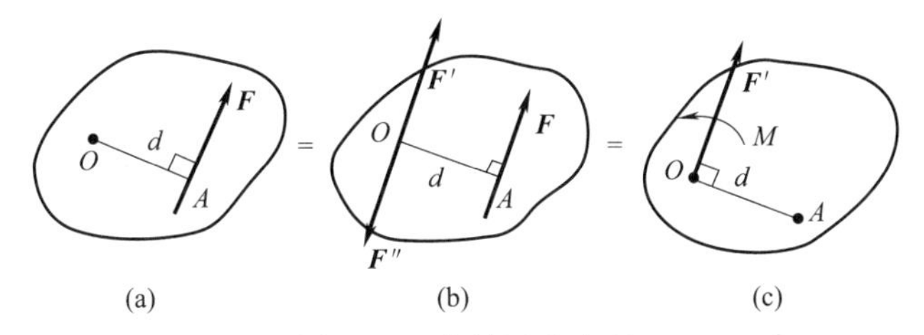

图 1-26　力的平移定理

先在 O 点加上一对平衡力 $\boldsymbol{F}'$、$\boldsymbol{F}''$，使 $\boldsymbol{F}'$、$\boldsymbol{F}''$ 与力 $\boldsymbol{F}$ 平行且大小相等，如图 1-26（b）所示。依据加减平衡力系公理，$\boldsymbol{F}'$、$\boldsymbol{F}''$、$\boldsymbol{F}$ 三个力的共同作用，与原来一个力 $\boldsymbol{F}$ 单独作用时等效。显然，力 $\boldsymbol{F}$ 和 $\boldsymbol{F}''$ 组成一个力偶，因此可认为刚体受一个力 $\boldsymbol{F}'$ 和一个力偶（$\boldsymbol{F}$，$\boldsymbol{F}''$）的作用，如图 1-26（c）所示。由于 $\boldsymbol{F}'$ 与 $\boldsymbol{F}$ 大小相等，方向一致，因此相当于将原力 $\boldsymbol{F}$ 由点 A 平移到点 O。附加的力偶（$\boldsymbol{F}$，$\boldsymbol{F}''$）用 M 表示，其力偶矩为 $F \cdot d$，此力偶矩等于原力 $\boldsymbol{F}$ 对 O 点的矩 M_O（$\boldsymbol{F}$）。

由以上分析可知，作用在刚体上的力可以平行移动到刚体上的任一点，但必须同时附加一个力偶，这个附加力偶的力偶矩等于原力对新作用点的矩，此即力的平移定理。

下面是用力的平移定理解释工程问题的案例。

钳工攻螺纹时，应该用双手分别在丝锥手柄上的两端均匀加力，即施加一个力偶。若只用单手在丝锥手柄的 A 点加力 $\boldsymbol{F}$，如图 1-27（a）所示，该情形与图 1-27（b）中作用于 O 点的力 $\boldsymbol{F}'$（$\boldsymbol{F}'$ 与 $\boldsymbol{F}$ 平行且相等）及附加力偶 M 共同作用是等效的，其中力偶 M 使

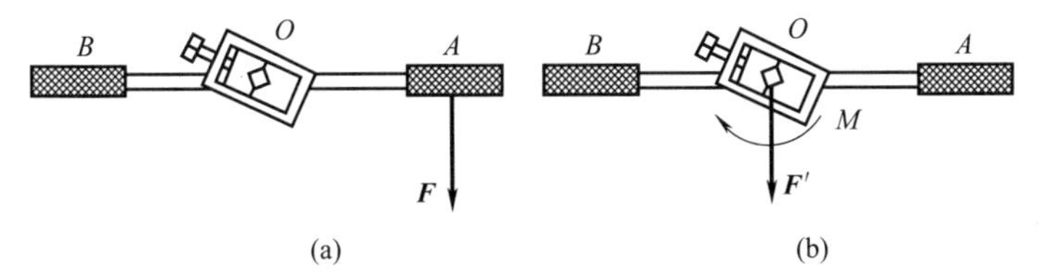

图 1-27　力的平移定理在攻螺纹中的应用

丝锥转动完成攻螺纹，但力 $\boldsymbol{F}'$ 会使丝锥产生弯曲变形，易造成丝锥折断。

(2) 平面任意力系的简化及简化结果分析

① 平面任意力系的简化。设在刚体上作用有由 $\boldsymbol{F}_1$、$\boldsymbol{F}_2$、…、$\boldsymbol{F}_n$ 组成的平面任意力系，如图 1-28（a）所示。在该力系作用平面内任取一点 O 作为简化中心，将各力都等效平移到 O 点后，得到一个平面汇交力系 $\boldsymbol{F}'_1$、$\boldsymbol{F}'_2$、…、$\boldsymbol{F}'_n$ 和一个附加的平面力偶系 M_1、M_2、…、M_n，如图 1-28（b）所示。根据力的平移定理，有

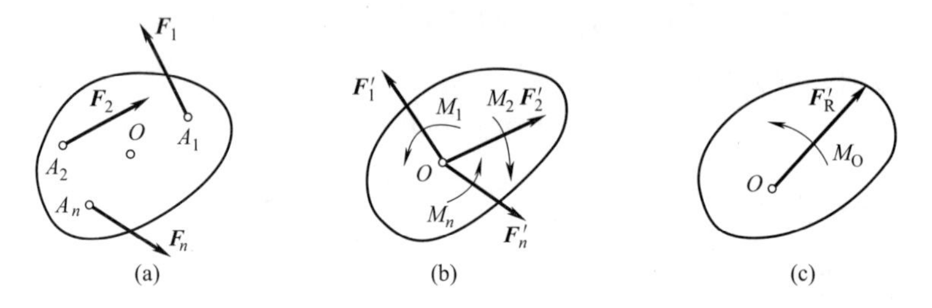

图 1-28 平面任意力系的简化

$$F'_1=F_1,\ F'_2=F_2,\ \cdots,\ F'_n=F_n$$

$$M_1=M_O(\boldsymbol{F}_1),\ M_2=M_O(\boldsymbol{F}_2),\ \cdots,\ M_n=M_O(\boldsymbol{F}_n)$$

分别对平面汇交力系和平面力偶系进行合成，得到作用于简化中心 O 点的一个合力 $\boldsymbol{F}'_R$ 和一个合力偶 M_O，如图 1-28（c）所示，并有

$$\boldsymbol{F}'_R=\sum \boldsymbol{F}'_i=\sum \boldsymbol{F}_i \tag{1-12}$$

$$M_O=\sum M_i=\sum M_O(\boldsymbol{F}_i) \tag{1-13}$$

由以上分析可知，平面任意力系向任意选定的简化中心 O 点简化后，得到一个作用线通过简化中心 O 的一个力 $\boldsymbol{F}'_R$ 和一个力偶 M_O。力 $\boldsymbol{F}'_R$ 等于原力系中各力的矢量和，其大小和方向与简化中心 O 点位置无关，$\boldsymbol{F}'_R$ 称为原力系的主矢；力偶 M_O 等于原力系中各力对简化中心的矩的代数和，其值与简化中心 O 点的位置有关，力偶 M_O 的力偶矩称为原力系对简化中心 O 点的主矩。

利用平面任意力系的简化结果，此处再介绍一种类型的约束。如图 1-29 所示，建筑物上的阳台、车床上的刀具、固定在地基上的电线杆等，它们的一端分别与建筑物的墙体、车床刀架、地基紧紧固连在一起，构件端部受到的这种约束称为固定端约束。其简图一般如图 1-30（a）所示。固定端约束的约束反力的分布情况非常复杂，但在平面问题中，这些约束反力可用一个力（主矢）和一个力偶（主矩）与之等效。一般情况下，常采用两个正交分力 $\boldsymbol{F}_{Ax}$ 和 $\boldsymbol{F}_{Ay}$ 和一个力偶 M_A 表示，如图 1-30（b）所示。两个正交分力 $\boldsymbol{F}_{Ax}$、$\boldsymbol{F}_{Ay}$ 分别表示对构件两个方向移动的限制，约束反力偶 M_A 则表示对构件绕固定端转动趋势的限制。

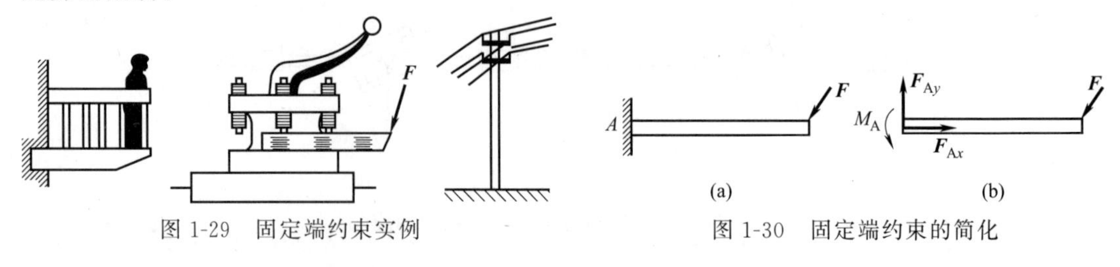

图 1-29 固定端约束实例　　图 1-30 固定端约束的简化

② 简化结果分析。平面任意力系向力系所在平面内任意一点 O 简化，可能出现以下四种结果。

a. $\boldsymbol{F}'_{\mathrm{R}} \neq 0$，$M_{\mathrm{O}}=0$。即力系简化为一个力，该力称为原力系的合力。

b. $\boldsymbol{F}'_{\mathrm{R}}=0$，$M_{\mathrm{O}} \neq 0$。即力系简化为一个力偶。此种情形下，原力系向任意一点简化都是同样的结果，即简化结果与简化中心的位置无关。

c. $\boldsymbol{F}'_{\mathrm{R}} \neq 0$，$M_{\mathrm{O}} \neq 0$。即力系简化为一个力和一个力偶。此种情形下，$\boldsymbol{F}'_{\mathrm{R}}$ 和 M_{O} 可以进一步合成为一个力，变成 a 种情形。

d. $\boldsymbol{F}'_{\mathrm{R}}=0$，$M_{\mathrm{O}}=0$。即原力系为平衡力系，刚体处于平衡状态。

(3) 平面任意力系的平衡条件及应用

由上述分析可知，平面任意力系的平衡条件是：该力系的主矢 $\boldsymbol{F}'_{\mathrm{R}}$ 和主矩 M_{O} 必须同时为零。即

$$\boldsymbol{F}'_{\mathrm{R}}=\sum \boldsymbol{F}'_i=\sum \boldsymbol{F}_i=0$$

$$M_{\mathrm{O}}=\sum M_i=\sum M_{\mathrm{O}}(\boldsymbol{F}_i)=0$$

此平衡条件用解析式表示为

$$\left.\begin{aligned}\sum F_{ix}&=0\\ \sum F_{iy}&=0\\ \sum M_{\mathrm{O}}(\boldsymbol{F}_i)&=0\end{aligned}\right\} \tag{1-14}$$

式（1-14）称为平面任意力系的平衡方程。也就是说，在平面任意力系作用下，受力对象处于平衡状态的充要条件是：各力在平面内任选的两个坐标轴上投影的代数和均等于零，且各力对平面内任一点的矩的代数和也等于零。为书写方便，式（1-14）中等号左边的下标 i 可以省略不写。该组方程中，前两个方程称为投影方程，第三个方程为力矩方程。列力矩方程时，矩心可以任意选取，但所选定的矩心要以下标的形式讲清楚。

平面任意力系的平衡方程，除上述的基本形式外，还有如下两种形式。

① 两矩式。

$$\left.\begin{aligned}\sum F_x&=0(\text{或}\ F_y=0)\\ \sum M_{\mathrm{A}}(\boldsymbol{F})&=0\\ \sum M_{\mathrm{B}}(\boldsymbol{F})&=0\end{aligned}\right\} \tag{1-15}$$

应用该组方程时，注意：A、B 是平面内任意两点，但 AB 连线不能垂直于 x 轴（或 y 轴）。

② 三矩式。

$$\left.\begin{aligned}\sum M_{\mathrm{A}}(\boldsymbol{F})&=0\\ \sum M_{\mathrm{B}}(\boldsymbol{F})&=0\\ \sum M_{\mathrm{C}}(\boldsymbol{F})&=0\end{aligned}\right\} \tag{1-16}$$

应用该组方程时，注意：A、B、C 是平面内任意三点，但这三点不能共线。

根据具体问题合理选择恰当形式的平衡方程，可使计算简化。但不论选用哪一种形

式，均只有三个独立的平衡方程，只能求解三个未知数。

[例 1-8] 如图 1-31（a）所示梁 AB，其 A 端为固定铰链支座，B 端为可动铰链支座。梁的跨度 $l=4a$，梁的左半部分作用有集度为 q 的均布载荷，在 D 点作用有力偶 M_e，梁的自重及各处摩擦均不计。试求 A、B 处支座的约束反力。

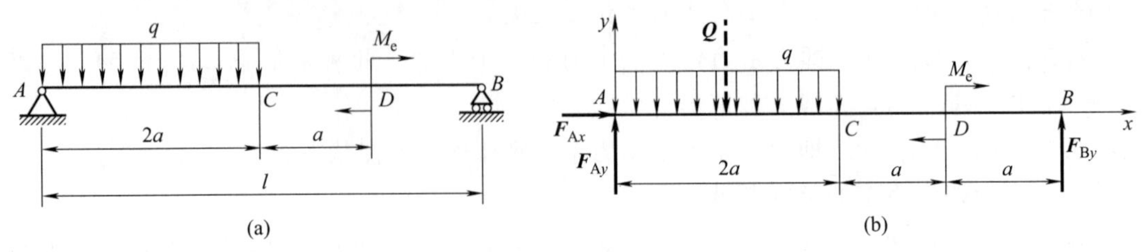

图 1-31 例 1-8 图

解： ① 取梁 AB 为研究对象。

② 画受力图。在梁上 D 点作用有力偶 M_e；AC 段上作用有均布载荷 q，均布载荷中单位长度上力的大小，称为集度，其单位为 N/m，对于刚体，该均布载荷可以用一大小为 $Q=q\times 2a$、作用在 AC 段中点的集中力等效代替。梁所受的约束反力有固定铰链支座 A 处的 $\boldsymbol{F}_{Ax}$、$\boldsymbol{F}_{Ay}$ 以及可动铰链支座 B 处的 $\boldsymbol{F}_{By}$，它们的假设方向如图 1-31（b）所示。

③ 建立坐标系，列方程并求解。平衡方程选择两矩式。

$$\sum F_x=0 \qquad F_{Ax}=0$$

$$\sum M_A(\boldsymbol{F})=0 \qquad F_{By}\times 4a-M_e-q\times 2a\times a=0$$

$$\sum M_B(\boldsymbol{F})=0 \qquad -F_{Ay}\times 4a+q\times 2a\times 3a-M_e=0$$

解得：$F_{Ax}=0$，$F_{By}=\dfrac{1}{2}qa+\dfrac{M_e}{4a}$，$F_{Ay}=\dfrac{3}{2}qa-\dfrac{M_e}{4a}$

注意：在列平衡方程时，要做到内容和形式的统一，即方程的左侧为具体算式，右侧一定为零。

[例 1-9] 承受均布载荷的三角架结构如图 1-32（a）所示，A 处为固定端，已知：$P=200$N，$q=200$N/m，$a=2$m。求固定端 A 的约束反力。

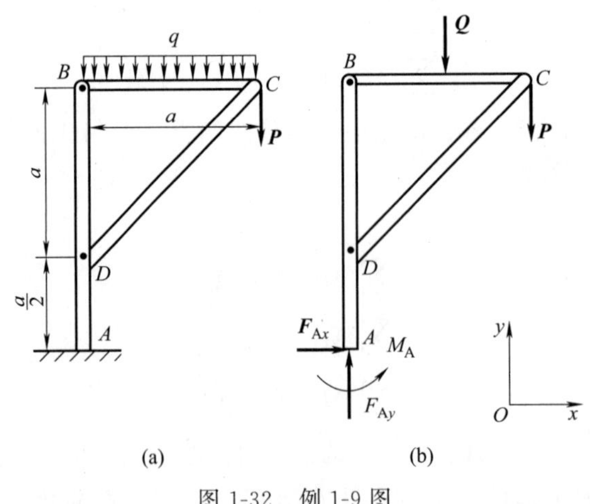

图 1-32 例 1-9 图

解： ① 取整体为研究对象，即以解除固定端约束后的三角架为研究对象。

② 画受力图：主动力有 $\boldsymbol{P}$ 和作用在 BC 杆上的均布载荷，该均布载荷可以用一大小为 qa、作用于 BC 杆中点的集中力 Q 等效代替。固定端 A 处的约束反力包括正交分力 $\boldsymbol{F}_{Ax}$、$\boldsymbol{F}_{Ay}$ 和约束反力偶 M_A。受力图如图 1-32（b）所示。

③ 建立如图 1-32（b）所示的坐标系，列方程并求解

$$\sum F_x=0 \qquad F_{Ax}=0$$

$$\sum F_y=0 \qquad F_{Ay}-P-Q=0$$

$$\sum M_A(\boldsymbol{F})=0 \qquad M_A-Pa-Q\left(\frac{a}{2}\right)=0$$

将 $P=200\text{N}$，$q=200\text{N/m}$，$a=2\text{m}$ 代入，解上述方程得

$$F_{Ax}=0,\ F_{Ay}=600\text{N},\ M_A=800\text{N}\cdot\text{m}$$

［例 1-10］ 图 1-33 所示为一桥梁桁架简图。已知 $F_Q=400\text{N}$，$F_P=1200\text{N}$，$a=4\text{m}$，$b=3\text{m}$。求 1、2、3、4 四根杆件所受的内力。

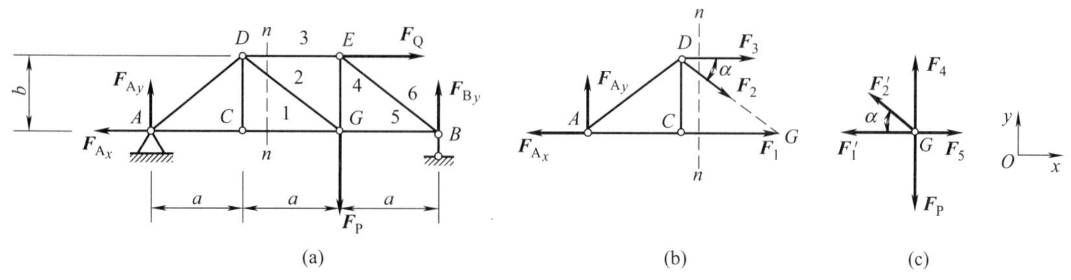

图 1-33　例 1-10 图

分析： 桁架为工程上比较常见的一类结构，工程计算时，通常假设：桁架中各杆的两端均为铰链约束，而且载荷均作用在铰链处（称为节点），杆自重不计，故所有杆均为二力杆。计算桁架各杆内力的方法有两种：一种是取节点为研究对象，称为"节点法"；另一种是截取桁架的一部分为研究对象，称为"截面法"。

解： ① 由整体平衡求约束反力。

建立如图 1-33 所示的 Oxy 坐标系，根据图 1-33（a）所示的受力图，列平衡方程

$$\sum F_x=0 \qquad -F_{Ax}+F_Q=0$$

$$\sum F_y=0 \qquad F_{Ay}+F_{By}-F_P=0$$

$$\sum M_A(\boldsymbol{F})=0 \qquad -F_P\times 2a-F_Qb+F_{By}\times 3a=0$$

将 $F_Q=400\text{N}$，$F_P=1200\text{N}$，$a=4\text{m}$，$b=3\text{m}$ 代入，解上述方程得

$$F_{Ax}=400\text{N},\ F_{By}=900\text{N},\ F_{Ay}=300\text{N}$$

② 应用截面法求杆 1、2、3 的内力。

首先用假想的 $n-n$ 截面从 1、2、3 杆处将桁架截开，假设各杆均受拉力。于是，以左部分桁架为研究对象的受力图如图 1-33（b）所示。取未知力的交点 D 和 G 为矩心，列出平衡方程

$$\sum F_y=0 \qquad F_{Ay}-F_2\sin\alpha=0$$

$$\sum M_D(\boldsymbol{F})=0 \qquad F_1b-F_{Ax}b-F_{Ay}a=0$$

$$\sum M_G(\boldsymbol{F})=0 \qquad -F_3b-F_{Ay}\times 2a=0$$

由图 1-33（a）可得 $\sin\alpha=\frac{3}{5}$，将 a、b 及 F_{Ax}、F_{Ay} 代入后解方程得

$$F_1=800\text{N}，F_2=500\text{N}，F_3=-800\text{N}$$

F_3 为负号，表示 F_3 的实际方向与假设方向相反，而所假设的是各杆均受拉力，故杆 3 实际为受压。

③ 应用节点法求杆 4 的内力。

取节点 G 为研究对象，假设 4、5 杆受拉，于是，节点 G 的受力图如图 1-33（c）所示，列一个平衡方程

$$\sum F_y=0 \quad F_4-F_P+F_2'\sin\alpha=0$$

其中，$F_2'=F_2$，由此解得

$$F_4=F_P-F_2\sin\alpha=900\text{N}$$

［**例 1-11**］ 图 1-34（a）所示为一桥梁 AB，A 端为固定铰链支座，B 端为可动铰链支座。桥身长为 l（m），每单位长重为 q（N/m），C 点作用有集中载荷 $\boldsymbol{F}_P$（N），求支座 A、B 处的反力。

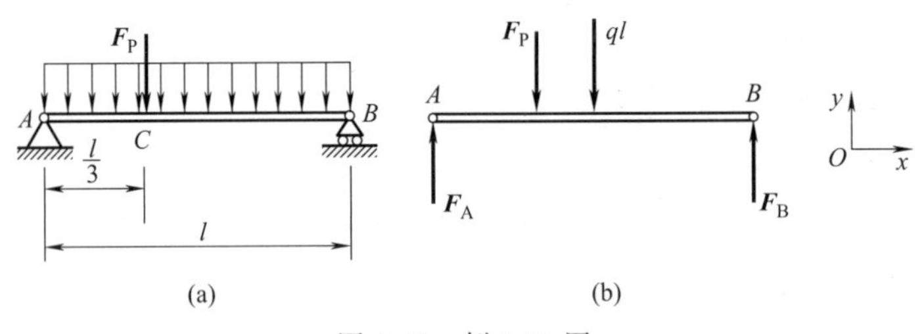

图 1-34 例 1-11 图

解： ① 以桥梁为研究对象，画受力图。桥上 C 点作用有集中力 $\boldsymbol{F}_P$；桥身自重为均布力 q，它可以用一个作用于桥梁中点、大小为 ql 的集中力来代替；另外，在桥梁的两端 A、B 处还作用有约束反力 $\boldsymbol{F}_A$、$\boldsymbol{F}_B$，受力图如图 1-34（b）。由于作用于桥梁上的四个力互相平行，所以这是一个由四个力组成的平面平行力系的平衡问题。平面平行力系是平面一般力系的特殊情形，只有两个独立的平衡方程，通常列一个投影方程和一个力矩方程。

② 建立坐标系，列平衡方程

$$\sum F_y=0 \qquad F_A+F_B-F_P-ql=0$$

$$\sum M_A(\boldsymbol{F})=0 \qquad F_Bl-F_P\times\frac{l}{3}-ql\times\frac{l}{2}=0$$

③ 求未知量。解上述方程，得

$$F_B=\frac{1}{3}F_P+\frac{ql}{2}，F_A=\frac{2}{3}F_P+\frac{ql}{2}$$

［**例 1-12**］ 图 1-35（a）所示的曲柄压力机由飞轮、连杆和滑块组成。飞轮在驱动转矩 M 的作用下，通过连杆推动滑块在水平导轨中移动。已知：滑块受到工件的阻力为 $\boldsymbol{F}$，连杆 AB 长为 l，曲柄半径 $OB=r$，飞轮重为 $\boldsymbol{G}$，曲柄、连杆和滑块的重量及各处摩擦均

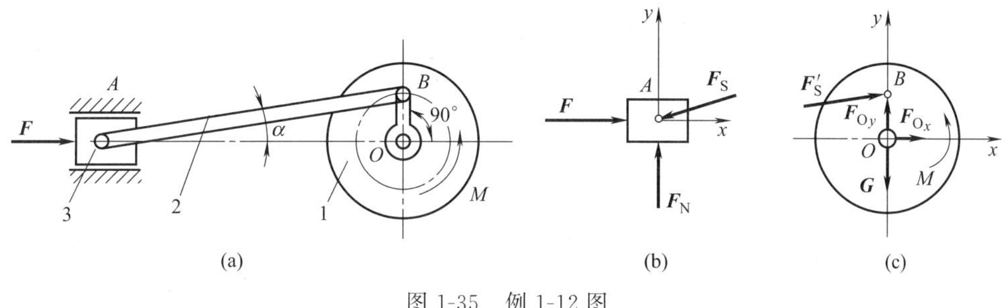

图 1-35　例 1-12 图

不计。求在图示位置（$\angle AOB=90°$）时，作用于飞轮的驱动转矩 M，以及连杆、轴承 O 和导轨所受到的力。

解：① 先取滑块为研究对象。滑块所受的力有工件的阻力 $\boldsymbol{F}$、连杆（为二力构件）的作用力 $\boldsymbol{F}_S$ 和导轨的约束反力 $\boldsymbol{F}_N$，其受力图如图 1-35（b）所示。作用于滑块 3 上的各力组成平面汇交力系。

取坐标系 A_{xy}，列平衡方程为

$$\sum F_x=0 \qquad F-F_S\cos\alpha=0$$

$$\sum F_y=0 \qquad F_N-F_S\sin\alpha=0$$

由图中直角三角形 OAB 可知：$\sin\alpha=\dfrac{r}{l}$，$\cos\alpha=\dfrac{\sqrt{l^2-r^2}}{l}$，代入平衡方程得

$$F_S=\frac{Fl}{\sqrt{l^2-r^2}}，F_N=\frac{Fr}{\sqrt{l^2-r^2}}$$

② 再以飞轮为研究对象。飞轮受到重力 $\boldsymbol{G}$、驱动转矩 M、连杆作用力 $\boldsymbol{F}'_S(F'_S=F_S)$、轴承约束反力 $\boldsymbol{F}_{Ox}$ 和 $\boldsymbol{F}_{Oy}$ 的作用，其受力图如图 1-35（c）所示。作用于飞轮上的各力组成平面任意力系。

取坐标系 Oxy，列平衡方程为

$$\sum F_x=0 \qquad F'_S\cos\alpha+F_{Ox}=0$$

$$\sum F_y=0 \qquad F'_S\sin\alpha-G+F_{Oy}=0$$

$$\sum M_O(\boldsymbol{F})=0 \qquad M-rF'_S\cos\alpha=0$$

解上述方程，得

$$F_{Ox}=-F\text{（负号表示与假设方向相反）}，F_{Oy}=G-\frac{Fr}{\sqrt{l^2-r^2}}，M=Fr$$

根据作用力和反作用力的关系，不难确定连杆、轴承和导轨所受的力。

［例 1-13］　电工攀登电线杆用的套钩如图 1-36（a）所示。若套钩与电线杆间的摩擦因数 $f_s=0.5$，套钩尺寸 $b=100\text{mm}$，套钩重量不计。试求电工安全操作时脚蹬处到电线杆中心的最小距离 l。

分析：若套钩与电线杆间没有摩擦，则套钩无法正常工作。因此，该题属于考虑摩擦的平衡问题。考虑摩擦的平衡问题与不考虑摩擦的平衡问题在分析方法上基本相同，所不同的是：前者在画受力图时必须考虑物体接触面上的静摩擦力。由于静摩擦力的数值在一

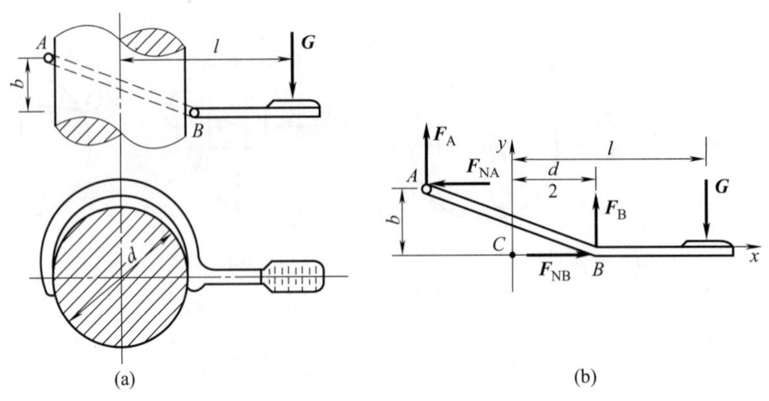

图 1-36 例 1-13 图

定范围内变化，因此，物体的受力也应该是在一定的范围内保持平衡，称为平衡范围。当物体处于从静止到运动的临界状态时，静摩擦力将达到最大值，考虑摩擦的静力平衡问题，大多数都是针对这种临界平衡状态，此时可列出补充方程：$F_{max}=f_sF_N$，其中 $\boldsymbol{F}_{max}$ 为最大静摩擦力；$\boldsymbol{F}_N$ 为接触面间的正压力；f_s 为静摩擦因数，其大小与两接触面的材料及表面情况有关，而与接触面的大小无关。

解：① 取套钩为研究对象。由于套钩与电线杆之间只在 A、B 两点接触，又因套钩有下滑趋势，故 A、B 两处的摩擦力均向上。设电工重为 $\boldsymbol{G}$，由此可以画出套钩的受力图如图 1-36（b）所示。

② 求静摩擦力。设 l 为最小值，当套钩处于临界状态，此时 A、B 两处的静摩擦力均达到最大值，即补充方程为

$$F_A=f_sF_{NA} \tag{a}$$

$$F_B=f_sF_{NB} \tag{b}$$

③ 建立坐标系，列平衡方程。

$$\sum F_x=0 \quad F_{NB}-F_{NA}=0$$

$$\sum F_y=0 \quad F_A+F_B-G=0$$

$$\sum M_C(\boldsymbol{F})=0 \quad F_{NA}b+F_B\times\frac{d}{2}-F_A\times\frac{d}{2}-Gl=0 \tag{c}$$

方程中，d 为电线杆直径；C 为电线杆中心。将摩擦力 F_A 和 F_B 代入平衡方程，解得

$$l=\frac{b}{2f_s}=\frac{100}{2\times0.5}=100\ (\text{mm})$$

由平衡方程中的第二个方程可知，维持套钩平衡所需的摩擦力（F_A+F_B）是一个固定值，其值等于电工的重量 G。

将方程式（a）、式（b）、式（c）联立，可推得

$$\left(b-\frac{d}{2}f_s\right)F_{NA}+\frac{d}{2}f_sF_{NB}=Gl$$

由上式可知，当 l 越大，即脚蹬处离电线杆中心越远，则法向反力 $\boldsymbol{F}_{NA}$ 和 $\boldsymbol{F}_{NB}$ 越大，所提供的摩擦力也越大，因此越安全。由解得的 l 的表达式可知：当 $l\geqslant100$mm 时，套钩在摩擦力作用下可保持平衡；当 $l<100$mm 时，套钩将下滑。即距离 l 有最小值，且与 G

的大小无关。

1.3　空间力系

若力系中各力的作用线不全在同一平面内，则该力系称为空间力系。按力系中各力作用线的分布情况，空间力系又可分为空间汇交力系、空间平行力系和空间任意力系。工程上经常遇到空间力系问题，例如空间桁架结构、各种轴类零件等。图 1-37（a）所示的起重架、图 1-37（b）所示脚踏拉杆装置所受的力系都属于空间力系。

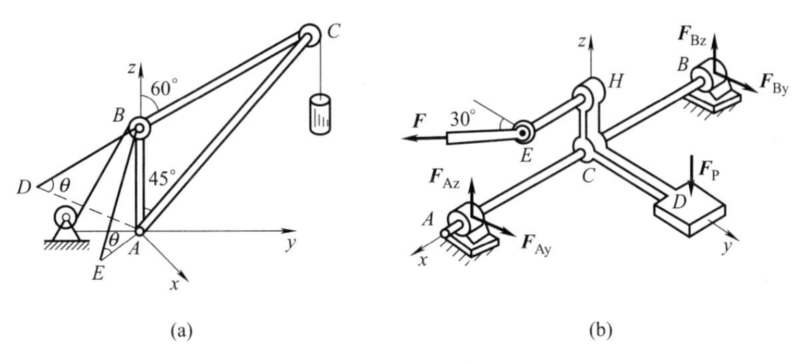

图 1-37　空间力系

1.3.1　力在空间坐标轴上的投影

力在空间坐标轴上的投影与在平面坐标轴上的投影概念相同，求解力在空间坐标轴上的投影主要有以下两种方法。

(1) 直接投影法

已知力 $\boldsymbol{F}$ 及其与空间直角坐标系三个坐标轴正向的夹角 α、β、γ，如图 1-38 所示，则力 $\boldsymbol{F}$ 在三个坐标轴上的投影分别为

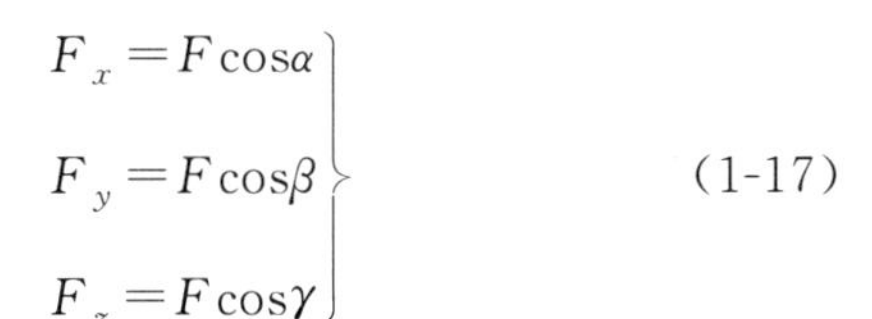

$$\left.\begin{aligned} F_x &= F\cos\alpha \\ F_y &= F\cos\beta \\ F_z &= F\cos\gamma \end{aligned}\right\} \tag{1-17}$$

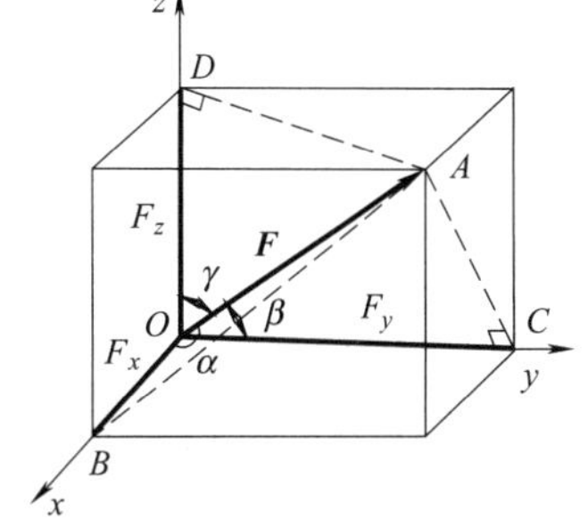

图 1-38　力在空间坐标轴上的投影

显然，当力的作用线与坐标轴垂直相交或垂直交叉时，力在该坐标轴上的投影为零。

(2) 力的分解与投影综合运用法

当力 $\boldsymbol{F}$ 与某两坐标轴（如 x 轴和 y 轴）的夹角不容易确定时，可应用力的分解与投影综合运用法求力 $\boldsymbol{F}$ 在三个坐标轴上的投影。即先把力 $\boldsymbol{F}$ 分解为在平面 Oxy 面上的分力 $\boldsymbol{F}_{xy}$ 和垂直于平面 Oxy 面的分力 $\boldsymbol{F}_z$，然后再将 $\boldsymbol{F}_{xy}$ 投影到 x 轴和 y 轴上，将 $\boldsymbol{F}_z$ 投影到 z 轴上。如图 1-39 所示，已知力 $\boldsymbol{F}$ 的作用线与 z 轴正向的夹角为 γ，$\boldsymbol{F}_{xy}$ 与 x 轴正向的夹角为 φ，则应用力的分解与投影综合运用法得到力在三个坐标轴上的投影分别为

$$\left.\begin{aligned}F_z&=F\cos\gamma\\F_x&=F\sin\gamma\cos\varphi\\F_y&=F\sin\gamma\sin\varphi\end{aligned}\right\}\tag{1-18}$$

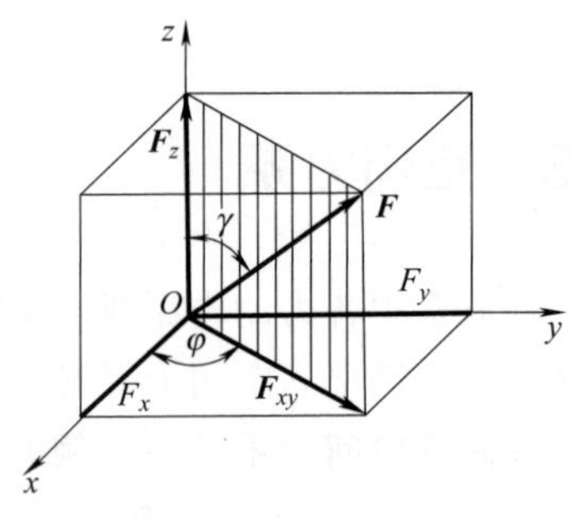

图 1-39 力的分解与投影综合法

反之，若已知力 $\boldsymbol{F}$ 在三个坐标轴上的投影 F_x、F_y、F_z，则可求出力 $\boldsymbol{F}$ 的大小和方向，即

$$\left.\begin{aligned}&F=\sqrt{F_x^2+F_y^2+F_z^2}\\&\cos\alpha=\frac{F_x}{F}\quad\cos\beta=\frac{F_y}{F}\quad\cos\gamma=\frac{F_z}{F}\end{aligned}\right\}\tag{1-19}$$

平面汇交力系的合力投影定理同样适用于空间汇交力系，即空间汇交力系 $\boldsymbol{F}_1$、$\boldsymbol{F}_2$、$\boldsymbol{F}_3$、…、$\boldsymbol{F}_n$ 的合力 $\boldsymbol{F}$ 在某一轴上的投影等于力系中各分力在同一轴上投影的代数和。若将这些力向空间直角坐标系的三个坐标轴上投影，则有

$$\left.\begin{aligned}F_x&=F_{1x}+F_{2x}+\cdots+F_{nx}=\sum F_{ix}\\F_y&=F_{1y}+F_{2y}+\cdots+F_{ny}=\sum F_{iy}\\F_z&=F_{1z}+F_{2z}+\cdots+F_{nz}=\sum F_{iz}\end{aligned}\right\}\tag{1-20}$$

1.3.2 力对轴的矩

力对轴的矩是用来度量力使物体绕轴的转动效应。下面以关门为例来分析力对轴的矩。

如图 1-40（a）所示，门的一边有转轴 z，在门上 A 点作用一力 $\boldsymbol{F}$，该力可分解为两个互相垂直的分力：与转轴平行的分力 $\boldsymbol{F}_z$ 和与转轴垂直交叉的分力 $\boldsymbol{F}_{xy}$。由经验可知，与转轴平行的分力 $\boldsymbol{F}_z$ 不能使门绕 z 轴转动，只有分力 $\boldsymbol{F}_{xy}$ 才能使门绕 z 轴转动。分力 $\boldsymbol{F}_{xy}$ 所在平面与轴 z 的交点为 O，O 点到 $\boldsymbol{F}_{xy}$ 的作用线的垂直距离为 d，则 $\boldsymbol{F}_{xy}$ 对 O 点的矩就可用来度量力 $\boldsymbol{F}$ 对门绕 z 轴的转动效应，即 $\boldsymbol{F}_{xy}$ 对 O 点的矩等于力 $\boldsymbol{F}$ 对 z 轴的矩。于是有

$$\sum M_z(\boldsymbol{F})=\sum M_O(\boldsymbol{F}_{xy})=+F_{xy}d\tag{1-21}$$

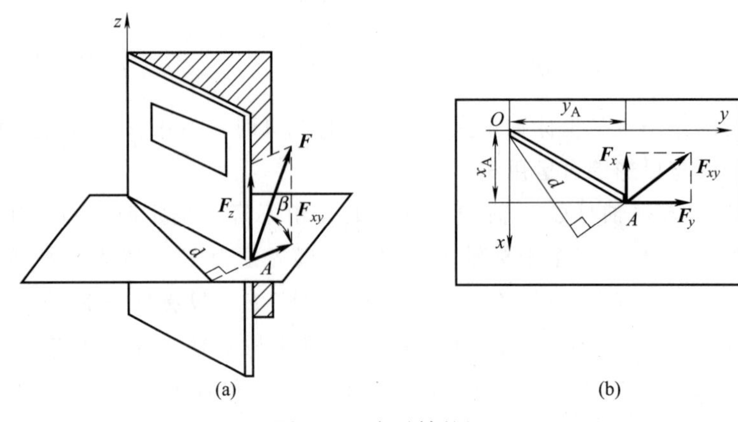

图 1-40 力对轴的矩

力对轴的矩，其值等于此力在垂直于该轴的平面上的分力对该轴与此平面交点的矩，如图 1-40（b）所示。力对轴的矩是代数量，正负号的规定：对着 z 轴的正向看，$\boldsymbol{F}_{xy}$ 对 O 点的矩是逆时针转向时为正，顺时针则为负。力对轴的矩的单位为 N·m 或 kN·m。

显然，当力的作用线与轴平行或与轴相交时，即力的作用线与轴共面时，力对该轴的矩为零。

与平面力系相同，空间力系也有合力矩定理，即一空间力系的合力 $\boldsymbol{F}$ 对某一轴的矩等于该力系中各分力对同一轴的矩的代数和，即

$$M_z(\boldsymbol{F})=\sum M_z(\boldsymbol{F}_i) \tag{1-22}$$

在实际计算中，经常利用合力矩定理来求力对坐标轴的矩。例如，要求 $\boldsymbol{F}$ 对某坐标轴的矩，先将力 $\boldsymbol{F}$ 沿三个坐标轴分解，其三个分力对该坐标轴的矩的代数和即为力 $\boldsymbol{F}$ 对同一坐标轴的矩。因为三个分力的作用线与坐标轴之间为垂直交叉或平行等特殊关系，计算这些分力对坐标轴的矩相对容易。

[例 1-14] 已知圆柱斜齿轮齿面所受的法向力 $F_n=1410\text{N}$，齿轮压力角 $\alpha=20°$，螺旋角 $\beta=25°$，如图 1-41（a）所示。试计算法向力 $\boldsymbol{F}_n$ 在齿轮的切向、轴向和径向的投影 F_t、F_a、F_r。

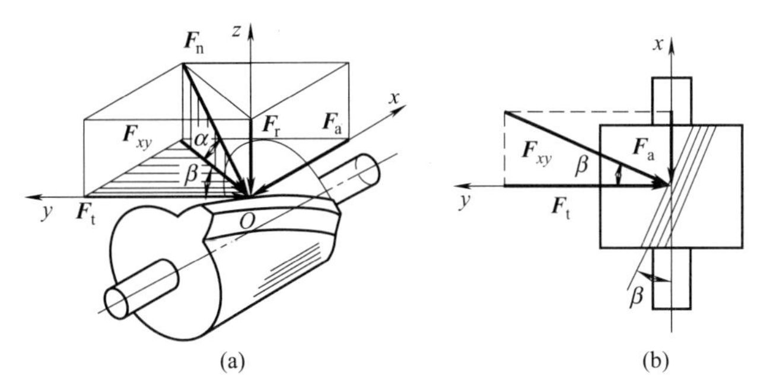

图 1-41 例 1-14 图

解：取坐标系如图 1-41（a）所示，先将法向力 $\boldsymbol{F}_n$ 向 z 轴和 Oxy 坐标平面分解，得到力 $\boldsymbol{F}_n$ 沿 z 轴的分力 $\boldsymbol{F}_r$ 和在 Oxy 平面上的分力 $\boldsymbol{F}_{xy}$，再将 $\boldsymbol{F}_{xy}$ 分解到 x、y 轴得 $\boldsymbol{F}_a$ 和 $\boldsymbol{F}_t$ [图 1-41（b）]，最后将 $\boldsymbol{F}_a$、$\boldsymbol{F}_t$、$\boldsymbol{F}_r$ 投影到 x、y、z 轴上，有

$$F_a=-F_{xy}\sin\beta=-F_n\cos\alpha\sin\beta=-560\text{N}$$

$$F_t=-F_{xy}\cos\beta=-F_n\cos\alpha\cos\beta=-1201\text{N}$$

$$F_r=-F_n\sin\alpha=-482\text{N}$$

[例 1-15] 计算如图 1-42 所示手摇曲柄上的力 $\boldsymbol{F}$ 对 x、y、z 轴的矩。已知 $F=100\text{N}$，$\alpha=60°$，$AB=200\text{mm}$，$BC=400\text{mm}$，$CD=150\text{mm}$，A、B、C 处于同一水平面上。

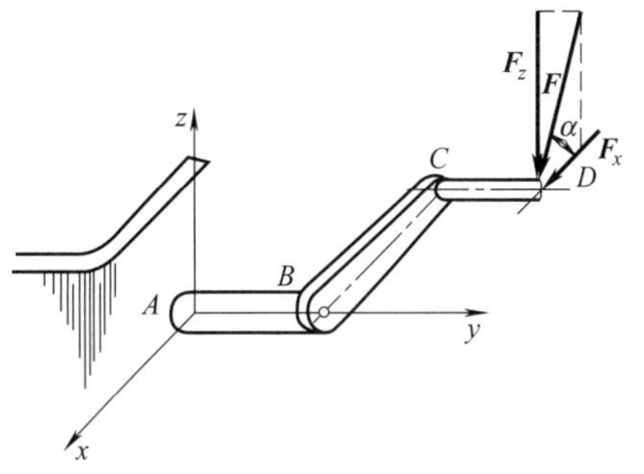

图 1-42 例 1-15 图

解：力 $\boldsymbol{F}$ 是平行于 Axz 平面的力，将力 $\boldsymbol{F}$ 分解为 $\boldsymbol{F}_x$ 和 $\boldsymbol{F}_z$，则分力 $\boldsymbol{F}_x$ 和 $\boldsymbol{F}_z$ 的大小为

$$F_x=F\cos\alpha，F_z=F\sin\alpha$$

于是，力 $\boldsymbol{F}$ 对 x、y、z 轴的矩为

$$M_x(\boldsymbol{F})=M_x(\boldsymbol{F}_z)=-F_z(AB+CD)=-100\times\sin60°\times(0.2+0.15)=-30.31(\mathrm{N\cdot m})$$

$$M_y(\boldsymbol{F})=M_y(\boldsymbol{F}_z)=-F_zBC=-100\times\sin60°\times0.4=-34.64(\mathrm{N\cdot m})$$

$$M_z(\boldsymbol{F})=M_z(\boldsymbol{F}_x)=-F_x(AB+CD)=-100\times\cos60°\times(0.2+0.15)=-17.5\ (\mathrm{N\cdot m})$$

1.3.3 空间力系的平衡条件及应用

物体在空间任意力系作用下处于平衡时，物体既不能沿 x、y、z 三个坐标轴方向移动，也不能绕 x、y、z 三个坐标轴转动，即力系中各力在三个坐标轴上的投影的代数和必须都等于零，且各力对三个坐标轴的矩的代数和也必须都等于零。因此，空间任意力系的平衡方程为

$$\left.\begin{aligned}&\sum F_x=0,\ \sum F_y=0,\ \sum F_z=0\\&\sum M_x(\boldsymbol{F})=0,\ \sum M_y(\boldsymbol{F})=0,\ \sum M_z(\boldsymbol{F})=0\end{aligned}\right\}\tag{1-23}$$

空间汇交力系为空间任意力系的特殊情形，若以其汇交点作为坐标原点，则空间任意力系的六个平衡方程中的三个力矩方程恒等于零。于是，空间汇交力系的独立平衡方程为

$$\sum F_x=0,\ \sum F_y=0,\ \sum F_z=0$$

空间平行力系也是空间任意力系的特殊情形，若选择 z 轴与力系中的力平行，则其三个独立平衡方程为

$$\sum F_z=0,\ \sum M_x(\boldsymbol{F})=0,\ \sum M_y(\boldsymbol{F})=0$$

[例 1-16] 绞车的鼓轮轴如图 1-43 所示。已知 $W=10\text{kN}$，$b=c=300\text{mm}$，$a=200\text{mm}$，齿轮半径 $R=200\text{mm}$，齿面的法向力 $\boldsymbol{F}_\text{n}$ 作用于最高点 E 处，压力角 $\alpha=20°$，鼓轮半径 $r=100\text{mm}$，A、B 两端为向心轴承，求齿面的法向力 $\boldsymbol{F}_\text{n}$ 及 A、B 两轴承处的约束反力。

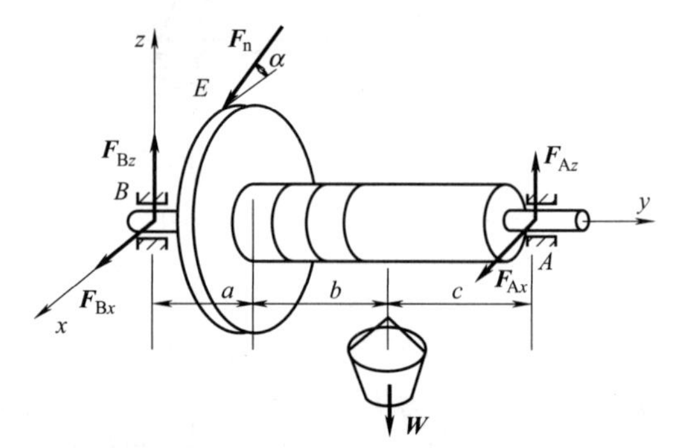

图 1-43 例 1-16 图

解： ① 取鼓轮轴整体为研究对象，并画受力图。作用于研究对象上的主动力有：法向力 $\boldsymbol{F}_\text{n}$、重物的重力 $\boldsymbol{W}$；约束反力有：A、B 两轴承处的约束反力 $\boldsymbol{F}_{\text{A}x}$、$\boldsymbol{F}_{\text{A}z}$、$\boldsymbol{F}_{\text{B}x}$、$\boldsymbol{F}_{\text{B}z}$。如图 1-43 所示。

② 列平衡方程并求解

$$\sum F_x=0 \qquad F_{\text{A}x}+F_{\text{B}x}+F_\text{n}\cos\alpha=0$$

$$\sum F_z=0 \qquad F_{\text{A}z}+F_{\text{B}z}-F_\text{n}\sin\alpha-W=0$$

$$\sum M_x(\boldsymbol{F})=0 \qquad F_{\text{A}z}\cdot(a+b+c)-W\cdot(a+b)-F_\text{n}\sin\alpha\cdot a=0$$

$$\sum M_y(\boldsymbol{F})=0 \qquad F_\text{n}\cos\alpha\cdot R-W\cdot r=0$$

$$\sum M_z(\boldsymbol{F})=0 \qquad -F_\text{n}\cos\alpha\cdot a-F_{\text{A}x}(a+b+c)=0$$

代入已知数值，求解得

$F_{\text{A}x}=-1.25\text{kN}$，$F_{\text{A}z}=6.7\text{kN}$，$F_{\text{B}x}=-3.75\text{kN}$，$F_{\text{B}z}=5.12\text{kN}$，$F_\text{n}=5.32\text{kN}$。

思考题与习题

1-1　二力平衡公理和作用与反作用公理都说二力是等值、反向、共线，这两者有何区别？

1-2　何谓二力构件？在分析二力构件受力时与构件的形状有无关系？

1-3　分力一定小于合力吗？试举例说明。

1-4　图1-44（a）所示的构件受四个力 $\boldsymbol{F}_1$、$\boldsymbol{F}_2$、$\boldsymbol{F}_3$ 和 $\boldsymbol{F}_4$ 的作用，其力多边形封闭且为一平行四边形［图1-44（b）］，试分析该构件是否平衡？

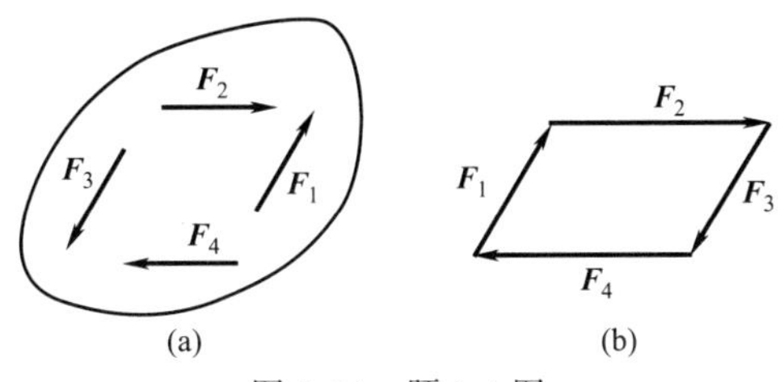

图1-44　题1-4图

1-5　力沿两坐标轴的分力与其在两坐标轴上的投影有何区别？

1-6　力偶是否可以用一个力来平衡？为什么？

1-7　试计算图1-45中各图所示的力 $\boldsymbol{F}$ 对 O 点的矩。

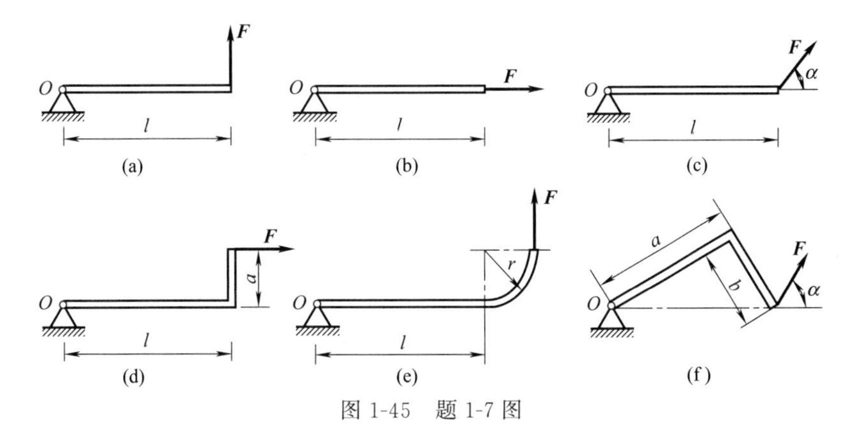

图1-45　题1-7图

1-8　图1-46所示的 A、B、C、D 均为滑轮，绕过 B、D 两个滑轮的绳子两端的拉力为400N，绕过 A、C 两滑轮的绳子两端的拉力 F 为300N，$\alpha=30°$。试求该两力偶的合力偶矩的大小和转向。滑轮大小忽略不计。

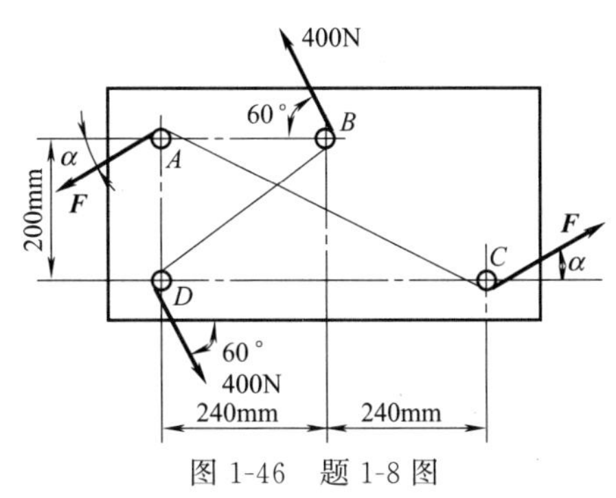

图1-46　题1-8图

1-9 试画出图 1-47 所示的各指定物体的受力图。假设接触处都是光滑的，物体的重量除图上已标明者外，其余均忽略不计。

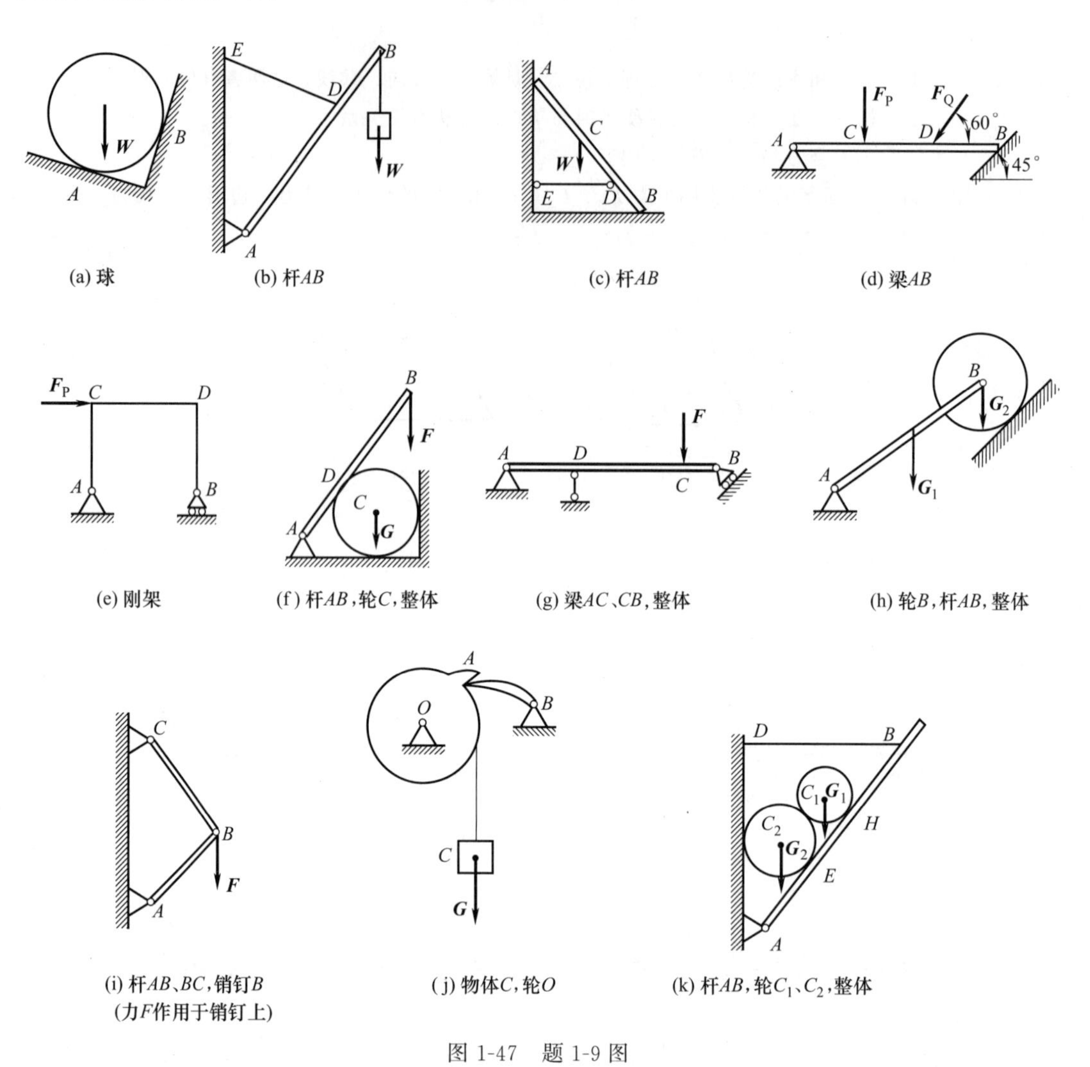

图 1-47 题 1-9 图

1-10 试用解析法求图 1-48 所示的平面汇交力系的合力。

1-11 如图 1-49 所示的简易起重机，用钢丝绳吊起重 $W=2000\text{N}$ 的重物，A、B、C 三处简化为铰链连接，求杆 AB 和 AC 受到的力。(各杆自重不计，滑轮尺寸和摩擦不计)

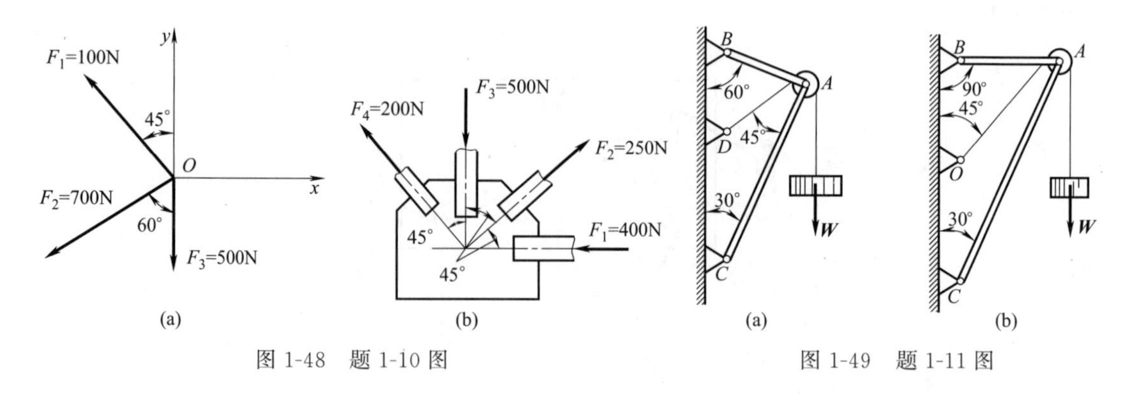

图 1-48 题 1-10 图

图 1-49 题 1-11 图

1-12　求图 1-50 所示各梁的支座反力。其中 q、a、F、M 为已知，且 $F=qa$、$M=qa^2$。

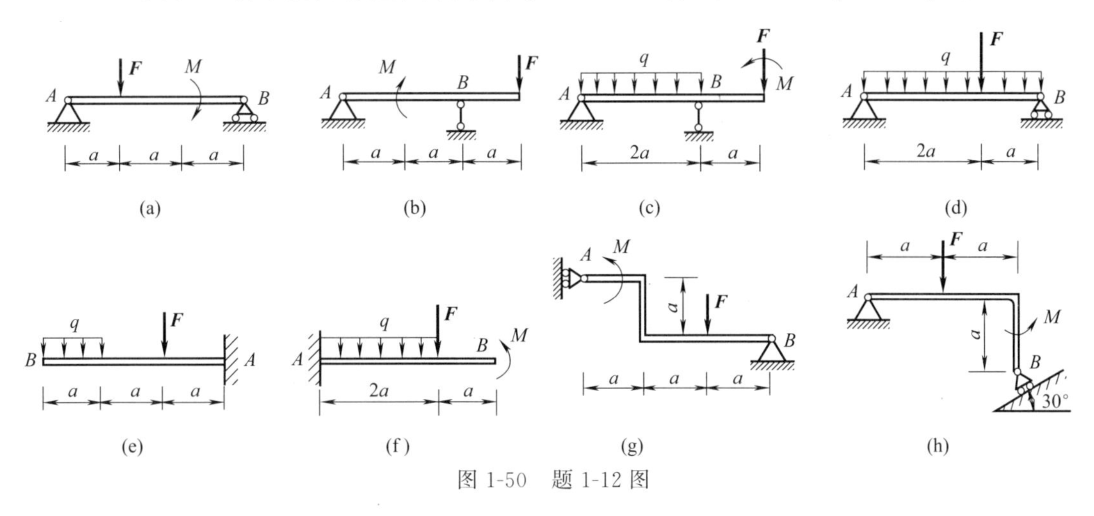

图 1-50　题 1-12 图

1-13　图 1-51 所示的构架由滑轮 D、杆 AB 和杆 CBD 构成，一钢丝绳绕过滑轮，绳的一端挂一重物，重量为 G，另一端系在杆 AB 的 E 处，试求铰链 A、B、C 和 D 处的约束反力。

1-14　图 1-52 所示为汽车台秤简图，BCF 为整体台面，杠杆 AB 可绕轴 O 转动，B、C、D 三处均为铰链，杆 DC 处于水平位置。试求平衡时砝码重 W_1 与汽车重 W_2 的关系。

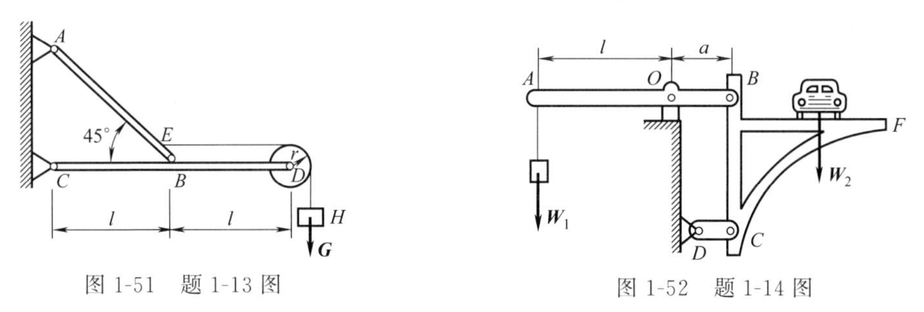

图 1-51　题 1-13 图　　图 1-52　题 1-14 图

1-15　桥梁桁架受力如图 1-53 所示。已知 $P=40\text{kN}$，$a=2\text{m}$，$h=3\text{m}$，求 1、2、3 杆所受的力。

1-16　挂物架如图 1-54 所示，AO、BO、CO 三杆用铰链连结于点 O，平面 BOC 是水平的，且 $BO=CO$，AD 垂直于 BC，$BD=DC$，角度如图所示。若在 O 点挂一重物，其重为 $W=1\text{kN}$，不计杆重，求三杆所受的力。

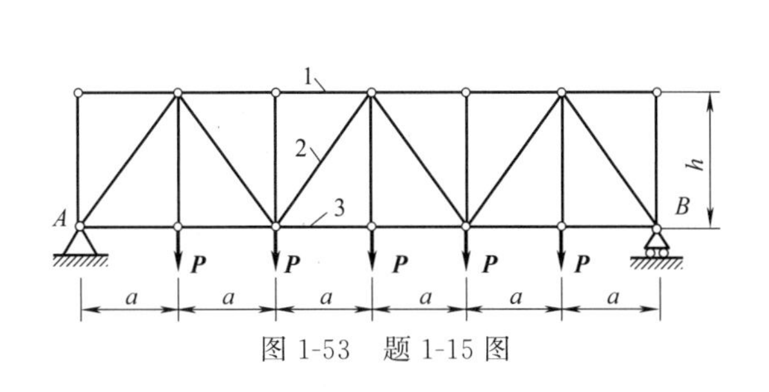

图 1-53　题 1-15 图

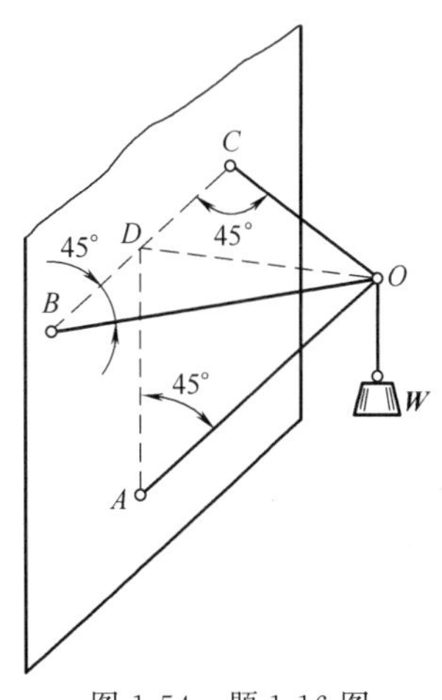

图 1-54　题 1-16 图

1-17 如图 1-55 所示的曲柄上作用有力 $\boldsymbol{F}$，已知：$\alpha=30°$，$F=1\text{kN}$，$d=400\text{mm}$，$r=50\text{mm}$。试求力 F 对三个坐标轴的矩。

1-18 水平传动轴 AB 上装有两个带轮 C 和 D，与轴 AB 一起转动，如图 1-56 所示。带轮的半径分别为 $r_1=200\text{mm}$ 和 $r_2=250\text{mm}$，带轮与轴承间的距离为 $a=b=500\text{mm}$，两带轮间的距离 $c=1000\text{mm}$。套在轮 C 上的皮带是水平的，其拉力为 $F_1=2F_2=5000\text{N}$；套在轮 D 上的皮带与铅垂线的夹角 $\alpha=30°$，其拉力为 $F_3=2F_4$。求在平衡状态下，拉力 F_3 和 F_4 的值，以及由皮带拉力所引起的轴承处的约束反力。

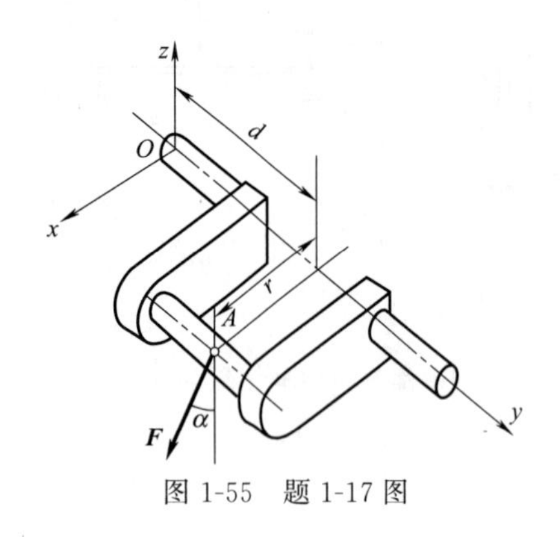

图 1-55 题 1-17 图

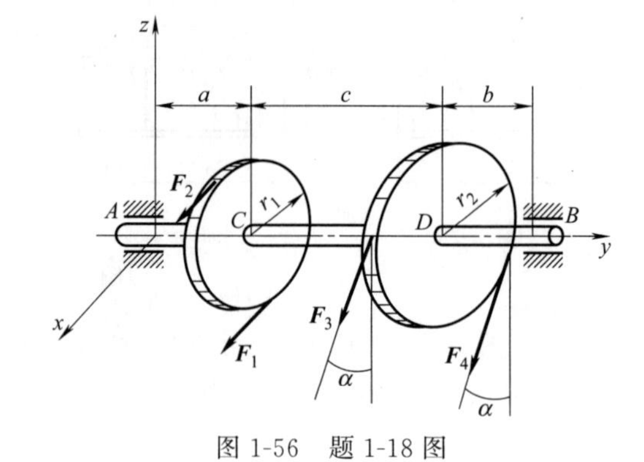

图 1-56 题 1-18 图

第2章 轴向拉伸与压缩

2.1 轴向拉伸与压缩的概念

在工程实际中，经常会遇到承受轴向拉伸或压缩的杆件。例如图 2-1（a）所示的简易起重机，在载荷 F 作用下，杆 AC 受到拉伸［图 2-1（b）］，杆 BC 受到压缩［图 2-1（c）］。此外，如内燃机的连杆、千斤顶的螺杆、桁架中的杆件等，均为承受拉伸或压缩杆件的实例。

上述杆件虽然形状不同，加载和连接方式也各异，但都可以简化成如图 2-2 中虚线所示的变形形状。轴向拉伸和压缩具有如下特点：

① 作用于杆件上的外力合力的作用线与杆件轴线重合。

② 杆件的变形是沿轴线方向伸长或缩短。

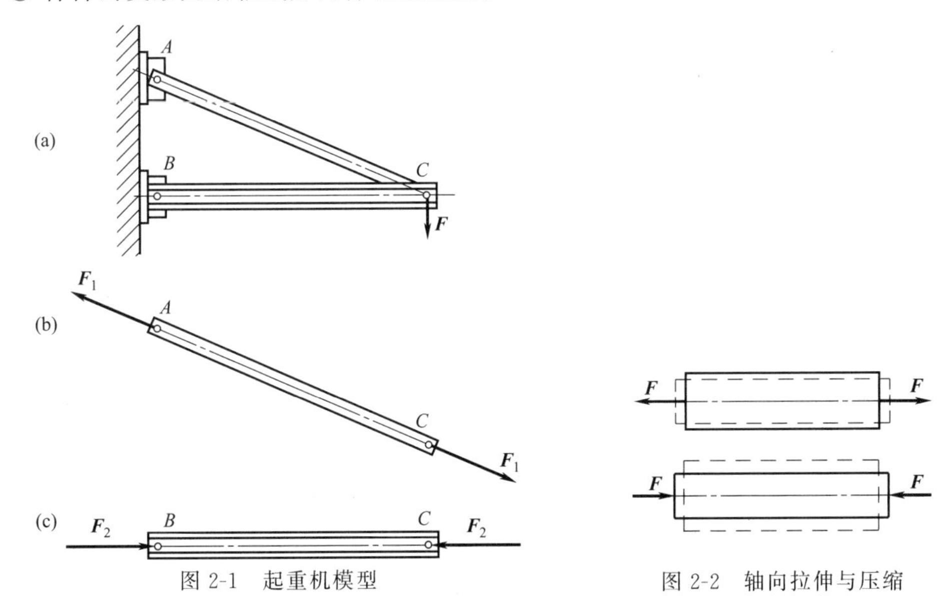

图 2-1　起重机模型

图 2-2　轴向拉伸与压缩

2.2 轴向拉伸与压缩时横截面的内力

2.2.1 内力的概念与轴力的计算

构件在未受到外力作用时，内部各质点之间存在着相互作用的内力，正是这些内力使各质点保持在一定的相对位置，使得构件具有一定的形状。而当构件受到外力作用发生变形时，各质点间的相互位置发生了改变，其相互作用的内力也相应变化。这种因外力作用而引起的内力的改变量，也称附加内力，就是材料力学所研究的内力。

为了显示和计算内力，假想地用一平面把构件切分成两部分，这样内力就转化为外力而显示出来，然后应用静力平衡条件将内力算出，这种方法称为截面法。

当外力的作用线与杆件轴线重合时，杆件截面上就只有一个与轴线重合的内力分量，该内力（分量）称为轴力，一般用 F_N 表示。

以图 2-3 所示的等直杆为例，应用截面法，假想地用一平面在 $m—m$ 处将杆切分成两段，切开后的等直杆的各部分仍然要与原杆初始状态一致，由于原杆初始状态是平衡的，因此切开后的杆件左右两段应各自处于平衡状态。杆左右两段在截面 $m—m$ 上相互作用的内力是一个分布力系，由于外力 F 的作用线与杆轴线重合，因此，该分布力系合力的作用线也必然与杆件轴线重合，即轴力 F_N 通过截面形心并垂直于横截面。由杆左段的静力平衡方程

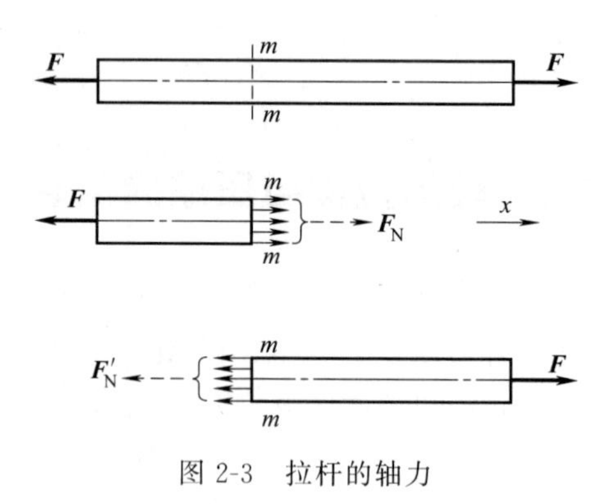

图 2-3 拉杆的轴力

$$\sum F_{ix}=0,\ F_N-F=0$$

得

$$F_N=F$$

若保留右段，同理可出 F'_N。

2.2.2 轴力正负号的规定

以图 2-3 为例，保留杆的左段和右段得到的轴力分别为 F_N 和 F'_N，它们是作用力与反作用力关系，所以必然是等值、反向、共线。为使保留不同杆段仍能得出具有相同正负号的内力，因此规定了轴力的符号：拉伸时轴力为正；压缩时轴力为负。即轴力的符号是由杆件变形决定的，而不是由所设坐标决定的。因此，在以后的讨论中，不必区别 F_N 与 F'_N，一律表示为 F_N。

注意：轴力正负号的规定只适用于轴力本身，列静力平衡方程时，各力（包括轴力）投影的正负应遵从力在坐标轴上投影正负号的规定。

2.2.3 轴力图

当杆件受到多个轴向外力作用时，在不同横截面上轴力不尽相同。这时往往用轴力图表示轴力沿轴线变化的情况。在轴力图中，以平行于杆件轴线的横坐标表示横截面位置，以垂直于杆件轴线的另一坐标表示相应横截面的轴力，并将正的轴力画在横坐标的上侧，负的轴力画在横坐标的下侧。

［例 2-1］ 试画出如图 2-4（a）所示直杆的轴力图。已知：$F_1=10\text{kN}$，$F_2=20\text{kN}$，$F_3=25\text{kN}$。

解： ① 求轴力。首先求 AB 段截面上的轴力。应用截面法，在 AB 段内沿横截面 1—1

截开，并以右段为研究对象，设轴力 F_{N1} 为正，受力图如图 2-4（b）所示。列出此段的平衡方程

$$\sum F_x=0,\ F_1-F_{N1}=0$$

得

$$F_{N1}=F_1=10\text{kN}\ (受拉)$$

F_{N1} 为正号，说明实际方向与假设方向相同，此处杆件受拉。

然后，在 BC 段内沿横截面 2—2 切开，并取右段为研究对象，设轴力 F_{N2} 为正［图 2-4（c）］，列出此段平衡方程

$$\sum F_x=0,\ F_1-F_2-F_{N2}=0$$

$$F_{N2}=F_1-F_2=-10\text{kN}\ (受压)$$

F_{N2} 为负号，说明图示 F_{N2} 的实际方向与假设方向相反，此处杆件受压。

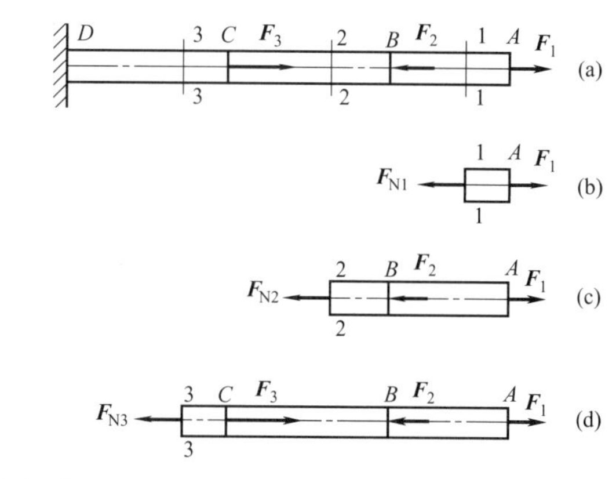

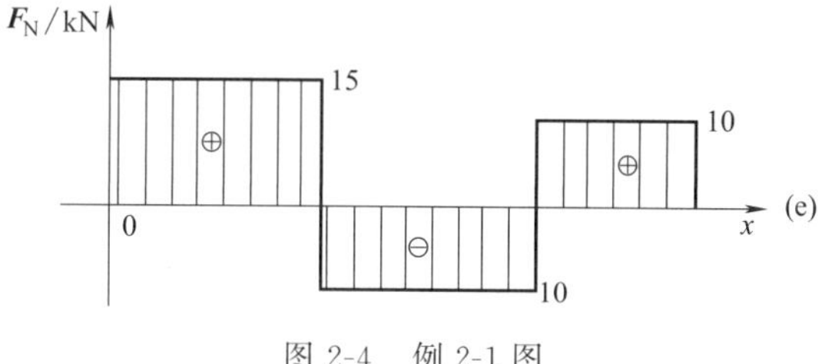

图 2-4　例 2-1 图

同理，可求得 CD 段内横截面 3—3 处的轴力 $F_{N3}=15\text{kN}$。

② 绘制轴力图。根据上述的轴力值，画出轴力图，如图 2-4（e）所示。

注意：上述各图的位置要彼此对应，让人一目了然，在解题过程中培养工程意识和严谨的科学精神。在假设轴力方向时，最好按轴力为正的方向假设，若求出的轴力是负的，则说明实际方向与假设方向相反，即杆件受压。在绘制轴力图时，直接将该截面的轴力画在横坐标的下方。

2.3 轴向拉伸与压缩时的应力

2.3.1 应力的概念

在确定了杆件的内力后，并不知道杆件是否会破坏。例如用同一材料制成粗细不同的两个杆件，在相同的拉力作用下，两杆的轴力自然是相同的。但当拉力逐渐增大时，细的杆件必然先破坏。这说明判断杆件破坏的依据不是内力的大小，而是与内力和横截面面积都相关的应力的大小。应力是指内力的集度，即内力在截面上各点处分布的密集程度。

如图 2-5 所示，在截面 $m—m$ 上取包含任意一点 K 的微小面积 ΔA，并设作用在该微小面积上的内力为 ΔF，则在 ΔA 上的内力平均集度 p_m 为

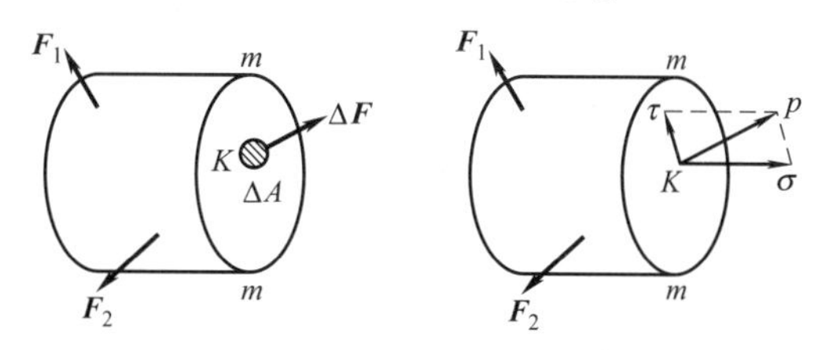

图 2-5　应力模型

$$p_{\mathrm{m}}=\frac{\Delta F}{\Delta A}$$

一般情况下，内力在截面上的分布并不均匀，为了更真实地描述内力的实际分布情况，应使面积 ΔA 缩小并趋于零，则平均应力 p_{m} 的极限值称为 m—m 截面上 K 点的应力，并用 p 表示，即

$$p=\lim_{\Delta A\to 0}p_{\mathrm{m}}=\lim_{\Delta A\to 0}\frac{\Delta F}{\Delta A}$$

p 可分解为垂直于截面的分量 σ 和切于截面的分量 τ，σ 称为正应力，τ 称为切应力。

在国际单位中，应力的单位是 Pa（帕），$1\mathrm{Pa}=1\mathrm{N/m^2}$。由于此单位太小，使用不便，常用 MPa（兆帕）或 GPa（吉帕），其关系为 $1\mathrm{MPa}=10^6\mathrm{Pa}$，$1\mathrm{GPa}=10^3\ \mathrm{MPa}=10^9\mathrm{Pa}$。

2.3.2 轴向拉伸与压缩时横截面的应力

应力在横截面上的分布不能直接观察到，考虑到内力与变形有关，一般从分析现象入手，即研究杆件的变形入手，以揭示应力分布规律。

取一等截面直杆，在杆表面画出与杆轴线垂直的横向线和与杆轴线平行的纵向线，如图 2-6（a）所示，然后在杆的两端施加一对轴向拉力 F。从实验中可观察到：所有纵向线仍保持为直线，各纵向线都伸长了，但仍互相平行；所有横向线也保持为直线，并仍与纵向线垂直，如图 2-6（b）所示。

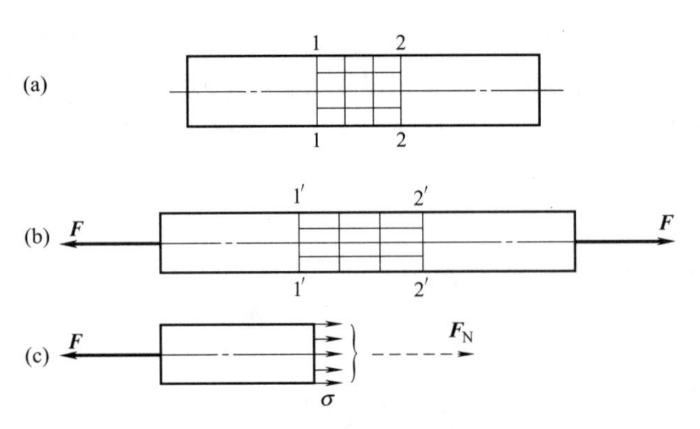

图 2-6 横截面上的正应力

根据上述现象，可作如下假设：

① 平面假设：变形前为平面的横截面在变形后仍保持为平面，且仍然垂直于杆件的轴线。

② 设想杆件是由无数纵向纤维组成，根据各纤维的伸长都相同，可知它们所受的力也相等。

根据上面的现象和假设，可推知内力在横截面上是均匀分布的［图 2-6（c）］，也就是横截面上各点的应力相等。由于拉（压）杆的轴力是垂直于横截面的，故与它相对应的分布内力也必然垂直于横截面，由此可知，轴向拉（压）杆横截面上只有正应力，而无切应力。即

$$\sigma=\frac{F_{\mathrm{N}}}{A} \tag{2-1}$$

式中，F_N 为杆件横截面的轴力，N；A 为杆件的横截面面积，m^2；σ 为横截面上的正应力，Pa。

由式（2-1）可知，应力与轴力具有相同的正负号，即拉应力为正，压应力为负。

必须指出，实验中杆件表面所画的纵向线和横向线要与力的作用点有一定距离。因为在力的作用点附近，应力分布很复杂。根据圣维南原理，杆端载荷的作用方式将显著地影响作用区附近的应力分布规律，但距杆端较远处，上述影响逐渐趋近均匀，其影响深度与1～2倍的横向尺寸相当。即离开载荷作用处一定距离，应力分布与应力大小不受外载荷作用方式的影响。

2.3.3 斜截面的应力

前面分析了拉（压）杆横截面的应力。然而，横截面只是一个特殊方位的截面，而且有些构件沿斜截面发生破坏，因此，还需要进一步研究其他截面上的应力情况。

设有一受轴向拉伸的等直杆，研究与横截面成 α 角的斜截面 m—m 上的应力情况［图 2-7（a）］。应用截面法，假想将杆件沿 m—m 截面切开，取左段为研究对象，并考虑该段的平衡条件［图 2-7（b）］，可求得此斜截面 m—m 上的内力 F_α 为

$$F_\alpha = F = F_N \tag{a}$$

式中，F_N 为横截面的轴力。

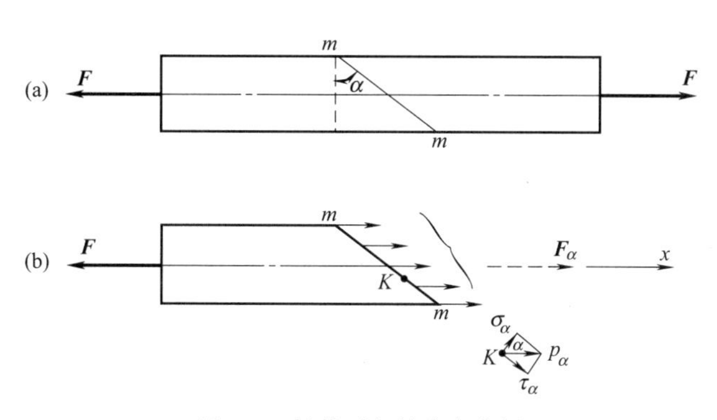

图 2-7 斜截面上的应力分析

仿照证明横截面上正应力均匀分布的方法，可知斜截面上应力也均匀分布。于是有

$$p_\alpha = \frac{F_\alpha}{A_\alpha} = \frac{F_\alpha}{A/\cos\alpha}$$

式中，A_α 为斜截面面积。

利用式（a），可得

$$p_\alpha = \frac{F_\alpha}{A_\alpha} = \frac{F}{A/\cos\alpha} = \frac{F_N}{A}\cos\alpha = \sigma\cos\alpha \tag{2-2}$$

p_α 是斜截面上任一点 K 处的应力。为研究方便，通常将 p_α 分解为垂直于斜截面的正应力 σ_α 和切于斜截面的切应力 τ_α，如图 2-7（b）所示。则

$$\left.\begin{aligned} \sigma_\alpha &= p_\alpha\cos\alpha = \sigma\cos^2\alpha = \frac{\sigma}{2}(1+\cos2\alpha) \\ \tau_\alpha &= p_\alpha\sin\alpha = \sigma\sin\alpha\cos\alpha = \frac{\sigma}{2}\sin2\alpha \end{aligned}\right\} \tag{2-3}$$

从式（2-3）可看出，σ_α 与 τ_α 都是 α 的函数，因此截面的方位不同，截面上的应力也就不同。

由式（2-3）可知：

① 当 $\alpha=0°$时，斜截面 $m—m$ 成为垂直于轴线的横截面，σ_α 最大，其值为 $\sigma_{0°}=\sigma_{\max}=\sigma$，即拉（压）杆的最大应力发生在横截面上。

② 当 $\alpha=45°$时，τ_α 最大，其值为 $\tau_{45°}=\tau_{\max}=\dfrac{\sigma}{2}$，即在与杆件轴线成 45°的斜截面上，切应力达到最大值，且最大切应力在数值上等于最大正应力的一半。

③ 当 $\alpha=90°$时，$\sigma_\alpha=\tau_\alpha=0$，即拉（压）杆在平行于杆件轴线的纵向截面上不存在应力。

［例 2-2］ 在例 2-1 中，若已知 AB、BC、CD 三段的横截面面积分别为 $A_1=A_2=A_3=100\text{mm}^2$，试求各段杆横截面上的应力。

解：在例 2-1 中，已求得杆各段的轴力分别为 $F_{N1}=10\text{kN}$，$F_{N2}=-10\text{kN}$，$F_{N3}=15\text{kN}$，代入正应力计算公式（2-1），可得：

AB 段任一横截面上的应力为

$$\sigma_1=\frac{F_{N1}}{A_1}=\frac{10\times10^3}{100\times10^{-6}}=1\times10^8(\text{Pa})=100(\text{MPa})$$

BC 段任一横截面上的应力为

$$\sigma_2=\frac{F_{N2}}{A_2}=\frac{-10\times10^3}{100\times10^{-6}}=-1\times10^8(\text{Pa})=-100(\text{MPa})$$

CD 段任一横截面上的应力为

$$\sigma_3=\frac{F_{N3}}{A_3}=\frac{15\times10^3}{100\times10^{-6}}=1.5\times10^8(\text{Pa})=150(\text{MPa})$$

2.4 拉（压）杆的变形

当杆件承受轴向载荷时，其轴向与横向尺寸均发生变化。杆件沿轴线方向的变形称为轴向变形或纵向变形；沿垂直于轴线方向的变形称为横向变形。

2.4.1 纵向变形与胡克定律

设有一原长为 l，横截面面积为 A 的等直杆，在轴向拉力 F 的作用下，杆长由 l 变为 l_1（图 2-8），则杆件的纵向变形量为

$$\Delta l=l_1-l$$

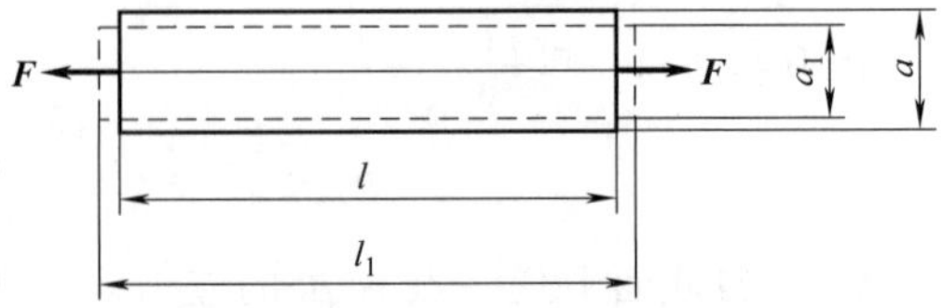

实验表明，当杆件的变形在弹性范围内，杆件的变形量 Δl 与轴力 F_N 成正比，与杆件的原始长度 l 成正比，而与杆件的横截面面积 A 成反比。即

图 2-8 拉（压）杆的变形

$$\Delta l\propto\frac{F_N l}{A}$$

引入比例常数 E，则有

$$\Delta l=\frac{F_{\mathrm{N}}l}{EA} \tag{2-4}$$

这一关系是1687年由英国科学家胡克首先提出的，故称为胡克定律。式中，E为材料的弹性模量，表示材料抵抗弹性变形的能力，它的单位与应力单位相同，其值通过试验确定。

从式（2-4）看出，对长度相同、受力相等的杆件，EA越大则变形Δl越小，所以EA称为杆件的抗拉（或抗压）刚度。

由于杆件沿轴向是均匀伸长的，所以可用单位长度的纵向变形量来反映杆件的变形程度，称为纵向线应变ε。即

$$\varepsilon=\frac{\Delta l}{l}$$

式中，ε是无量纲量，正值表示拉应变，负值表示压应变。

考虑到$\sigma=F_{\mathrm{N}}/A$，故式（2-4）可写为

$$\sigma=E\varepsilon \tag{2-5}$$

式（2-5）是胡克定律的另一表达形式，表明当材料发生弹性变形时，应力与应变成正比。

2.4.2　横向变形与泊松比

在图2-8中，当杆件受拉伸沿纵向伸长时，横向则缩短。若变形前横向尺寸为a，变形后为a_1，则横向变形量为

$$\Delta a=a_1-a$$

若变形均匀，其横向线应变ε'为

$$\varepsilon'=\frac{\Delta a}{a}=\frac{a_1-a}{a}$$

试验结果表明，当拉（压）杆件横截面上的应力不超过材料的比例极限时，横向线应变与纵向线应变之比的绝对值为常数，此比值称为横向变形系数或泊松比，用ν表示，即

$$\nu=\left|\frac{\varepsilon'}{\varepsilon}\right|$$

式中，ν是一个无量纲量，其值随材料而异，可由试验确定。由于ε'与ε的符号总是相反的，故有

$$\varepsilon'=-\nu\varepsilon \tag{2-6}$$

弹性模量E和泊松比ν都是材料的弹性常数。几种常用金属材料的E和ν值见表2-1。

表2-1　常用金属材料的弹性模量E和泊松比ν的数值

材料名称	E/GPa	ν
碳钢	196～216	0.24～0.28
合金钢	186～206	0.25～0.30
灰铸铁	78.5～157	0.23～0.27
铜及其合金	72.6～128	0.31～0.42
铝合金	70	0.33

［例2-3］　如图2-9（a）所示的钢制直杆，已知$F_1=10\text{kN}$，$F_2=20\text{kN}$，$F_3=25\text{kN}$，

$l_1=l_2=l_3=5\text{m}$，AB、BC、CD 三段的横截面面积分别为 $A_1=60\text{mm}^2$，$A_2=80\text{mm}^2$，$A_3=120\text{mm}^2$，材料的弹性模量 $E=200\text{GPa}$。试计算杆件各段的轴向变形并确定截面 A 的位移。

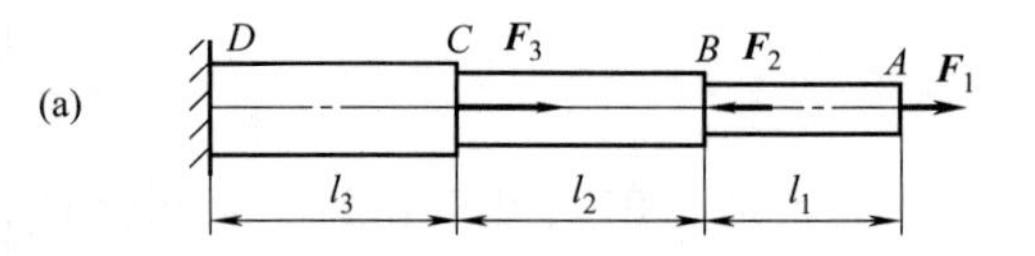

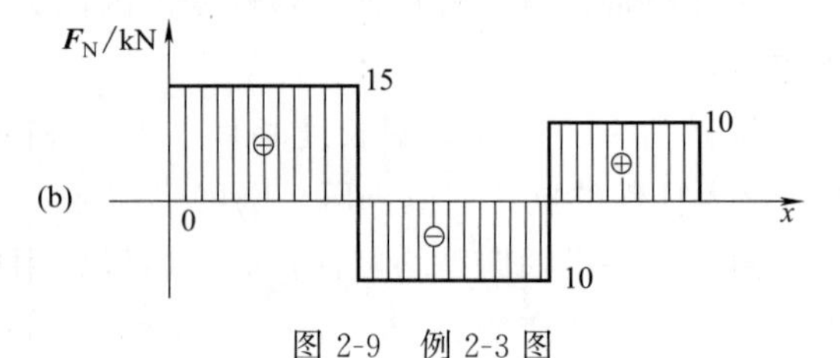

图 2-9 例 2-3 图

解： ① 作杆件的轴力图。根据例 2-1 的结果，其轴力图如图 2-9（b）所示。

② 杆件各段轴向变形量的计算。根据公式（2-5），各段轴向变形为

$$\Delta l_{AB}=\frac{F_{N1}l_1}{EA_1}=\frac{10\times10^3\times5}{200\times10^9\times60\times10^{-6}}=0.0042(\text{m})=4.2\ (\text{mm})$$

$$\Delta l_{BC}=\frac{F_{N2}l_2}{EA_2}=\frac{-10\times10^3\times5}{200\times10^9\times80\times10^{-6}}=-0.0031(\text{m})=-3.1\ (\text{mm})$$

$$\Delta l_{CD}=\frac{F_{N3}l_3}{EA_3}=\frac{15\times10^3\times5}{200\times10^9\times120\times10^{-6}}=0.0031(\text{m})=3.1\ (\text{mm})$$

③ 截面 A 位移的确定。由于杆件左端固定，因此截面 A 的轴向位移为

$$\Delta_A=\Delta l_{AB}+\Delta l_{BC}+\Delta l_{CD}=4.2-3.1+3.1=4.2\ (\text{mm})$$

［**例 2-4**］ 起重吊架结构如图 2-10（a）所示，杆 AC 与杆 BC 均为钢杆，其夹角 $\alpha=30°$，杆的横截面积都为 $A=200\text{mm}^2$，杆 AC 长度 $l_{AC}=2\text{m}$，重物作用于节点 C 处，$F=10\text{kN}$。试计算节点 C 的位移（忽略杆重）。

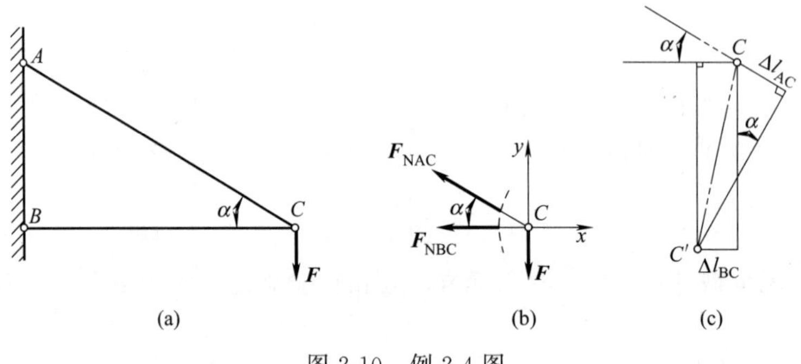

图 2-10 例 2-4 图

解： ① 计算各杆轴力。

围绕节点 C 用一圆弧截面把杆 AB、BC 截开，并取右半部分为研究对象，其受力图如图 2-10（b）所示。列平衡方程

$$\sum F_x=0\quad -F_{NAC}\cos\alpha-F_{NBC}=0$$

$$\sum F_y=0\quad F_{NAC}\sin\alpha-F=0$$

可求得杆 AC 的轴力 F_{NAC} 和杆 BC 的轴力 F_{NBC} 分别为 $F_{NAC}=20\text{kN}$，$F_{NBC}=-17.3\text{kN}$。

F_{NAC} 为正号，说明实际方向与假设方向相同，即 AC 杆受拉；F_{NBC} 为负号，说明图示 F_{NBC} 的方向与实际方向相反，即 BC 杆受压。

② 计算各杆的轴向变形。

由于杆件的材料为钢，查表 2-1，取弹性模量 $E=200\text{GPa}$。根据公式（2-4）

$$\Delta l_{AC}=\frac{F_{NAC}l_{AC}}{EA}=\frac{20\times10^3\times2}{200\times10^9\times200\times10^{-6}}=0.001(\text{m})=1(\text{mm})(\text{伸长})$$

$$\Delta l_{BC}=\frac{F_{NBC}l_{BC}}{EA}=\frac{-17.3\times10^3\times2\times\cos30^\circ}{200\times10^9\times200\times10^{-6}}=-0.00075(\text{m})=-0.75(\text{mm})(\text{负号表示缩短})$$

③ 计算节点 C 的位移。

设想先将结构在节点 C 拆开，使杆件能够自由变形。杆 AC 变形后伸长 Δl_{AC}，而杆 BC 变形后缩短 Δl_{BC}。因此，变形后的节点 C 的新位置应是：以 A 为圆心，（$l_{AC}+|\Delta l_{AC}|$）为半径所作的圆弧，与以 B 为圆心，以（$l_{BC}-|\Delta l_{BC}|$）为半径所作的圆弧的交点。但在小变形情况下，Δl_{AC} 和 Δl_{BC} 与它们的原长相比很小，因而所作圆弧可分别用垂直于 AC 和 BC 的垂线来代替，则 CC'即为 C 点的位移。由图 2-10（c）可知，C 点的水平位移 ΔC_H 和垂直位移 ΔC_V 分别为

$$\Delta C_H=|\Delta l_{BC}|=0.75\text{mm}$$

$$\Delta C_V=\frac{|\Delta l_{AC}|}{\sin\alpha}+\frac{|\Delta l_{BC}|}{\tan\alpha}=3.3\text{mm}$$

最后，可求出 C 点的位移 CC' 为

$$CC'=\sqrt{(\Delta C_H)^2+(\Delta C_V)^2}=3.38\text{mm}$$

2.5　材料在拉伸、压缩时的力学性能

材料的力学性能是指材料在外力作用下表现出的变形、破坏等方面的特性。不同的材料具有不同的力学性能；同一种材料在不同的工作条件下（如加载速度、温度等）也有不同的力学性能。材料的力学性能一般通过试验测定。

2.5.1　试件、设备及方法

试件的尺寸和形状对试验结果有很大影响，为便于比较不同材料的试验结果，将拉伸试样做成国家标准（GB/T 228.1—2010）中规定的标准试件。圆截面的拉伸试件如图 2-11 所示，在试样中间等直部分取一段长度 l 为标距，试样较粗的两端是装夹部分，标距 l 和直径 d 的关系有 $l=10d$ 或 $l=5d$。

金属材料的压缩试样为短圆柱体［图 2-12（a)］，为了避免试样在试验过程中被压弯，其高度 l 和直径 d 关系为 $l=(1\sim3)d$。非金属（如混凝土、石料等）则制成立方体试样［图 2-12（b)］。

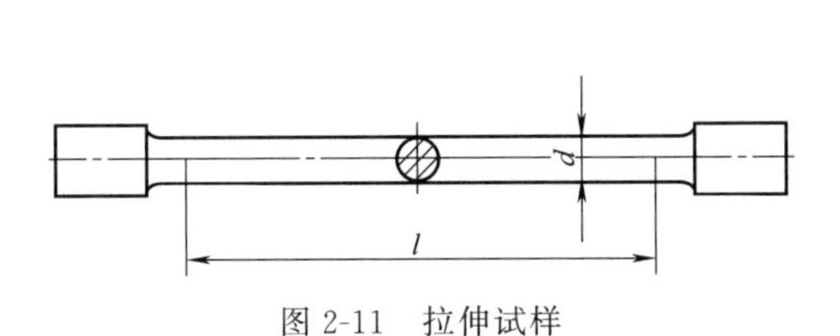

图 2-11　拉伸试样

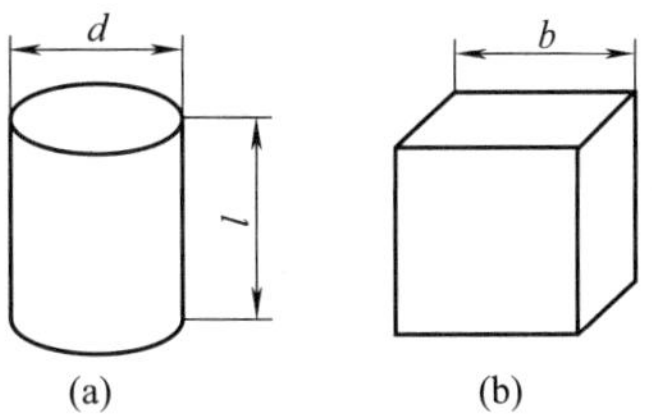

图 2-12　压缩试样

试验设备主要是拉力试验机或万能试验机及相关的测量、记录仪器。

拉伸试验是把标准试样装夹在试验机上，然后开动试验机，缓慢加力，从零开始直至拉断为止。在试验过程中，记录一系列拉力 F 与试样标距对应伸长 Δl 的数据。以 Δl 为横坐标，F 为纵坐标，将 F 和 Δl 按一定比例绘制成曲线，称为拉伸图。拉伸图一般通过试验机上的绘图装置自动绘出。

2.5.2 低碳钢拉伸时的力学性能

(1) 拉伸图与应力-应变图

低碳钢是指含碳量在0.3%以下的碳素钢，是工程上广泛使用的一种材料，其力学性能具有一定的典型性，因此常选择它来阐明塑性材料的一些特性。

图2-13为低碳钢的拉伸图，图中的 F-Δl 曲线与试样的尺寸有关。例如，用同一种材料加工成粗细、长短不同的试样，其拉伸图不同。长度相同的粗试样产生同样的伸长量所需的拉力比细试样大；直径相同的长试样在同样拉力情况下，其伸长比短试样长一些。为了消除尺寸的影响，使试验结果反映材料的力学性能，将拉伸图的纵坐标 F 除以试件原始横截面面积 A，即用应力 $\sigma=F/A$ 表示；将拉伸图的横坐标 Δl 除以试样原始标距 l，即用纵向线应变 $\varepsilon=\Delta l/l$ 表示，这样得到一条应力 σ 与应变 ε 之间的关系图，此图称为应力-应变图或 σ-ε 曲线。

(2) 低碳钢在拉伸过程中的四个阶段

低碳钢的应力-应变图如图2-14所示。根据该曲线特点，可以分为以下四个阶段。

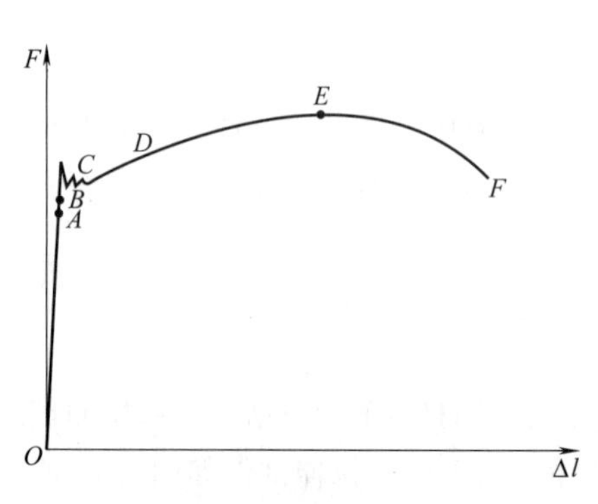

图2-13 低碳钢Q235拉伸图

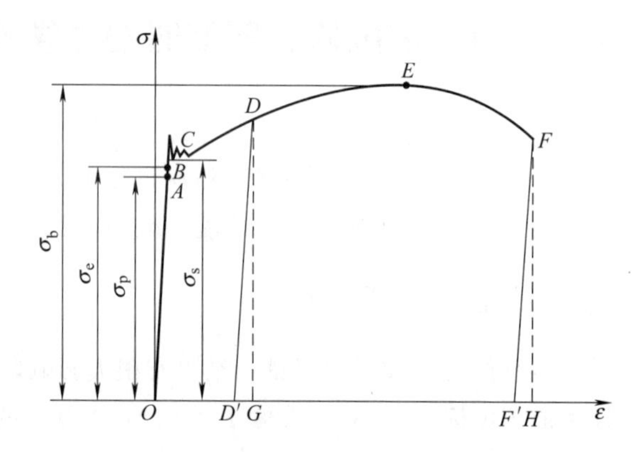

图2-14 低碳钢Q235应力-应变图

① 弹性阶段：在图2-14中，OB 段内材料是弹性的，即卸除载荷后，试样的变形可全部消失，这种变形称为弹性变形。与 B 点对应的应力值 σ_e 称为弹性极限。

在拉伸的初始阶段，OA 为直线，这说明在 OA 范围内应力 σ 与应变 ε 成正比，即满足胡克定律 $\sigma=E\varepsilon$。由此可知，材料的弹性模量 E 由直线 OA 的斜率来确定。与 A 点相对应的应力值称为比例极限，用 σ_p 表示。胡克定律只适用于应力不超过比例极限的范围内。

虽然比例极限与弹性极限二者意义不同，但由试验得出的数值很接近，工程上通常对它们不加严格区分，常近似认为在弹性范围内材料服从胡克定律。

② 屈服阶段：当应力超过弹性极限后继续加载，会出现一种现象，即应力仅在一个

微小的范围内上下波动，应变却很快增加，材料似乎失去了抵抗变形的能力，这种现象称为材料的屈服。在 σ-ε 曲线上 BC 段呈现出一段接近水平的锯齿形，此阶段称为屈服阶段。在屈服阶段，试样发生屈服而力首次下降前的最大应力称为上屈服极限；在屈服期间，最小应力称为下屈服极限。工程上通常取下屈服极限作为材料的屈服极限或屈服强度，以 σ_s 表示。低碳钢 Q235 的屈服极限 $\sigma_s \approx 235\text{MPa}$。经过抛光的试件，在屈服阶段，可以在试样表面上看到大约与试样轴线成 45°的线条，这是由于材料内部晶格之间产生滑移而形成的，通常称为滑移线。

当应力超过弹性极限后，若解除拉力，则试样变形中的一部分随之消失，消失的这部分变形是弹性变形，但还遗留一部分不能消失的变形，这部分变形称为塑性变形。

③ 强化阶段：越过屈服阶段后，若要让试件继续变形，必须继续增大拉力，CE 段称为强化阶段。由于试件在强化阶段中发生的变形主要是塑性变形，所以试件的变形量要比弹性阶段内大得多，在此阶段，可以明显地看到整个试件的横向尺寸在缩小。强化阶段的曲线最高点（E 点）所对应的应力称为抗拉强度或强度极限，以 σ_b 表示。

在强化阶段的某点（如 D 点）卸载，卸载线 DD' 大致平行于 OA 线，此时 $OG = OD' + D'G = \varepsilon_e + \varepsilon_p$，其中 ε_e 为卸载过程中恢复的弹性应变，ε_p 为卸载后的不可恢复的塑性应变（残余应变）。

卸载至 D' 后若再重新加载，加载线仍沿 $D'D$ 线上升，并且到达 D 点后仍遵循着原来的 σ-ε 曲线变化。如果我们用原拉伸曲线 $OABCDEF$ 和 $D'DEF$ 相比较，可以看出，若将材料加载到强化阶段，然后卸载，则再重新加载时，材料的比例极限和开始强化的应力提高了，而塑性变形能力降低了，这种现象称为材料的冷作硬化。工程上常利用冷作硬化来提高某些构件（如钢筋、钢缆绳等）在弹性阶段内的承载能力。不过应指出，冷作硬化虽然提高了材料的弹性极限指标，但材料却因塑性降低而变脆了，这对承受冲击或振动的载荷是不利的。

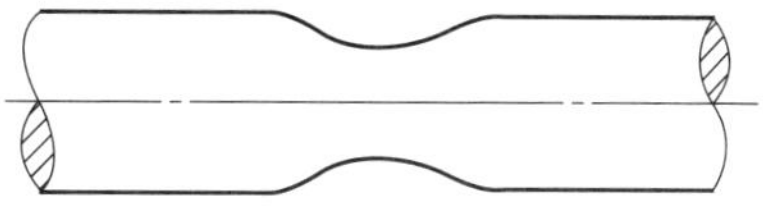

④ 局部变形阶段：当应力达到抗拉强度后，在试样的某一局部区域内，横截面出现显著收缩（图 2-15），形成缩颈现象。由于缩颈处截面面积迅速缩小，试件继续变形所需的拉力反而下降，曲线出现 EF 段的形状，最后当曲线到达 F 点时，试件被拉断，断口粗糙，这一阶段称为局部变形阶段。

图 2-15 低碳钢缩颈现象

综上所述，当应力增大到屈服强度后，材料出现了明显的塑性变形，而某些构件的塑性变形将影响机器的正常工作；当应力增大到强度极限时，材料出现了明显的缩颈现象，最终导致构件发生断裂破坏。所以，屈服强度 σ_s 和强度极限 σ_b 是衡量材料强度性能的主要指标。

(3) 材料的塑性指标

试样断裂后，试样中的弹性变形部分消失了，但塑性变形部分则保留了下来。试样的标距由 L_0 伸长为 L_u，断口处的横截面面积由原来的 A_0 缩减为 A_u，它们的相对残余变形常用来衡量材料的塑性性能。工程中常用的两个塑性指标为

延伸率 δ

$$\delta = \frac{L_u - L_0}{L_0} \times 100\% \tag{2-7}$$

断面收缩率 ψ $$\psi=\frac{A_0-A_u}{A_0}\times 100\% \tag{2-8}$$

低碳钢的延伸率约为20%～30%。

在工程上，通常按延伸率的大小把材料分成两类：$\delta \geqslant 5\%$的材料称为塑性材料，如钢材、黄铜、铝合金等；$\delta < 5\%$的材料称为脆性材料，如铸铁、砖石等。必须指出：上述划分的依据是以材料在常温、静载和简单拉伸为前提，而温度、变形速度、受力状态和热处理等都会影响材料的性质；同时，材料的塑性和脆性在一定条件下还可以相互转化。

工程上常用的轴、齿轮和连杆等零件，由于承受的不是静载荷，因而制造这些零件的材料，除了要有足够的强度外，还需要有足够的塑性指标值。

2.5.3 其他塑性材料拉伸时的力学性能

工程上常用的塑性材料，除低碳钢外，还有中碳钢、某些高碳钢、合金钢、铝合金、青铜、黄铜等。图2-16所示为几种塑性材料的σ-ε曲线，从图中可以看出，有些材料没有明显的屈服阶段。对于这类塑性材料，工程上规定取完全卸载后具有残余应变量0.2%时所对应的应力作为屈服极限，称为名义屈服极限，用$\sigma_{0.2}$表示，如图2-17所示。具体做法是：在横坐标轴ε上取$OC=0.2\%$，自点C作直线平行于弹性阶段的OA，并与σ-ε曲线相交于D，与点D对应的纵坐标轴σ的应力即为$\sigma_{0.2}$。

2.5.4 铸铁拉伸时的力学性能

灰铸铁是工程上广泛应用的一种材料。图2-18所示为灰铸铁的σ-ε曲线，从开始受力直到拉断，变形始终很小，既不存在屈服阶段，也无缩颈现象。在拉断时，其应变仅为0.4%～0.5%，断口平齐并垂直于轴线，这表明破坏是由于横截面上的拉应力造成的。

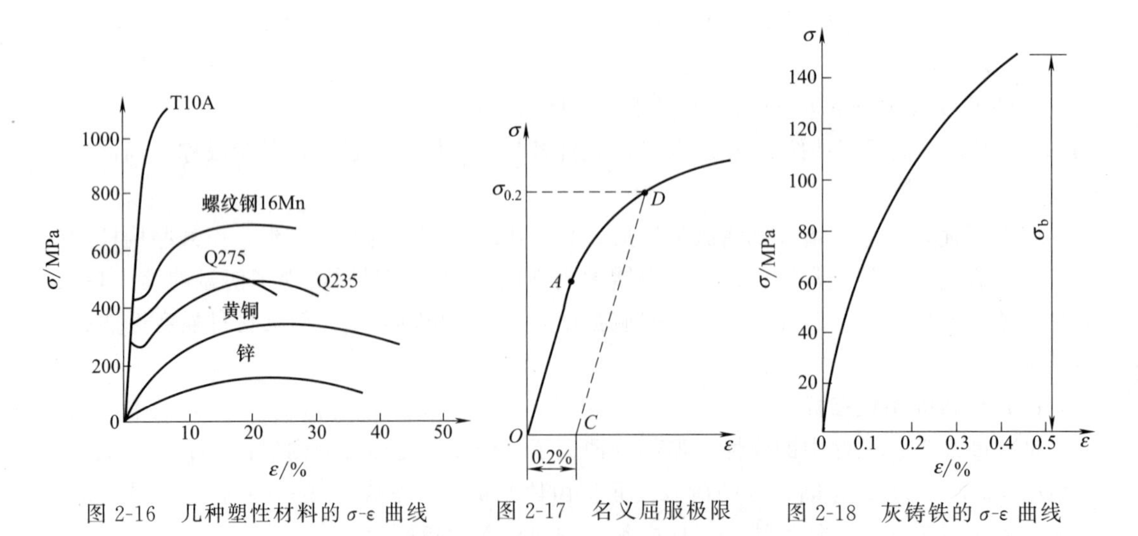

图2-16 几种塑性材料的σ-ε曲线　图2-17 名义屈服极限　图2-18 灰铸铁的σ-ε曲线

灰铸铁拉断时的最大应力即为其抗拉强度，因为没有屈服阶段，抗拉强度σ_b是衡量强度的唯一指标。常用的灰铸铁抗拉强度很低，约为120～180MPa，故不宜作为抗拉构件的材料。

2.5.5 低碳钢压缩时的力学性能

低碳钢压缩时的 σ-ε 曲线如图 2-19 所示。试验证明，低碳钢压缩时的弹性模量 E 和屈服强度 σ_s 都与拉伸时大致相同（为了比较，在图中用虚线绘出了低碳钢拉伸时的 σ-ε 曲线）。当应力超过屈服强度后，试件产生显著的横向塑性变形，且随着压力的不断增加，试件越压越扁。由于承压面的摩擦力使试件两端的横向变形受阻，试件变成鼓形。随着载荷的增加，横向尺寸越压越大，最后压成饼形，因而测不出它的强度极限。

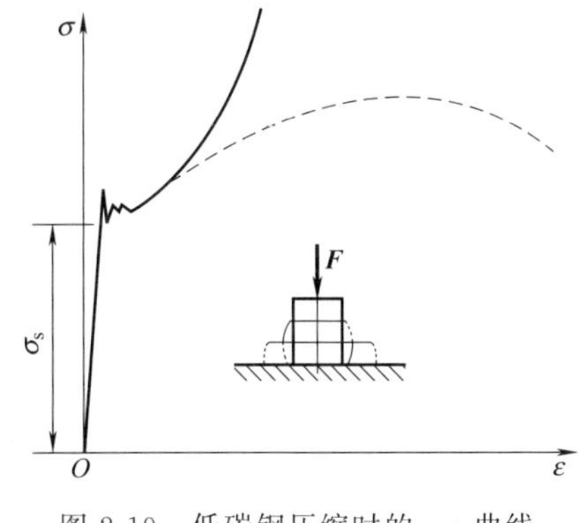

图 2-19　低碳钢压缩时的 σ-ε 曲线

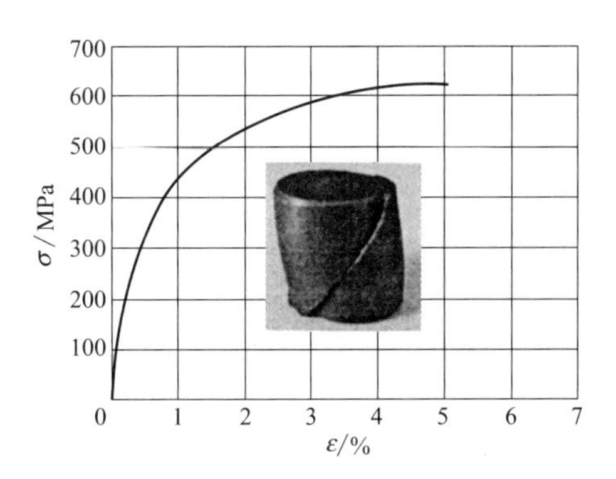

图 2-20　灰铸铁压缩时的 σ-ε 曲线

2.5.6 铸铁压缩时的力学性能

图 2-20 为灰铸铁压缩时的 σ-ε 曲线，试件仍然在较小的变形下突然破坏。破坏断面的法线与轴线大致成 45°～55°的倾角，表明试件沿斜截面因剪切而破坏。铸铁压缩时的强度极限约为拉伸时强度极限的 3～5 倍，故宜作为承压构件的材料。

2.6 拉（压）杆的强度计算

2.6.1 失效与许用应力

由于各种原因使结构丧失其正常工作能力的现象，称为失效。由材料的拉伸和压缩试验可知，当塑性材料的应力达到屈服强度时，材料将产生明显的塑性变形；当脆性材料的应力达到强度极限时，试件断裂。在工程中，构件既不允许断裂，也不允许产生较大的塑性变形。因此，断裂和屈服是构件的主要失效形式。同时，把塑性材料的屈服强度 σ_s 和脆性材料的强度极限 σ_b 作为材料的极限应力。

为了保证构件具有足够的强度，构件的最大工作应力必须小于材料的极限应力。在强度计算中，将材料的极限应力除以一个大于 1 的安全系数 n，作为构件工作时的所允许的最大应力，称为材料的许用应力，用 $[\sigma]$ 表示，即

$$[\sigma]=\frac{\sigma_s}{n}\text{或}[\sigma]=\frac{\sigma_b}{n} \tag{2-9}$$

安全系数是表示构件安全储备的一个参数，在取值时必须体现既安全又经济实用的设

计思想。确定安全系数时应该考虑以下因素：载荷估计的准确程度、简化过程和计算方法的精确性、材料的均匀性和材料性能数据的可靠性、构件的重要性等。

一般情况下，安全系数的取值范围可从有关规范或设计手册中查得。在静强度计算中，安全系数的取值范围为：塑性材料通常取 1.2～2.5；脆性材料通常取 2.0～5.0。

2.6.2 强度条件

为保证受拉（压）杆件在工作时不发生失效，构件的最大工作应力 σ_{max} 不得超过材料的许用应力 $[\sigma]$，强度条件为

$$\sigma_{max} \leqslant [\sigma] \tag{2-10}$$

对于等截面直杆，上式则变为

$$\sigma_{max} = \frac{F_{Nmax}}{A} \leqslant [\sigma] \tag{2-11}$$

利用上式，可解决工程中下列三方面的强度计算问题。

① 强度校核：当杆件的材料、横截面尺寸以及所受载荷均为已知时，可以用式（2-11）判断该构件强度是否足够。

② 设计截面尺寸：当杆件所受载荷及所用材料均为已知时，可将式（2-11）变换成

$$A \geqslant \frac{F_{Nmax}}{[\sigma]} \tag{2-12}$$

从而确定杆件的截面面积。

③ 确定许可载荷：当杆件的材料以及截面尺寸均为已知时，可将式（2-11）变换成

$$F_{Nmax} \leqslant A[\sigma] \tag{2-13}$$

从而确定此杆所能承受的最大轴力，再根据此轴力确定结构的许可载荷。

［例 2-5］ 某铣床工作台的进给液压缸如图 2-21 所示，已知缸内油压 $p=2\text{MPa}$，液压缸的内径 $D=75\text{mm}$，活塞杆直径 $d=18\text{mm}$，活塞杆材料的许用应力 $[\sigma]=50\text{MPa}$，试校核该活塞杆的强度。

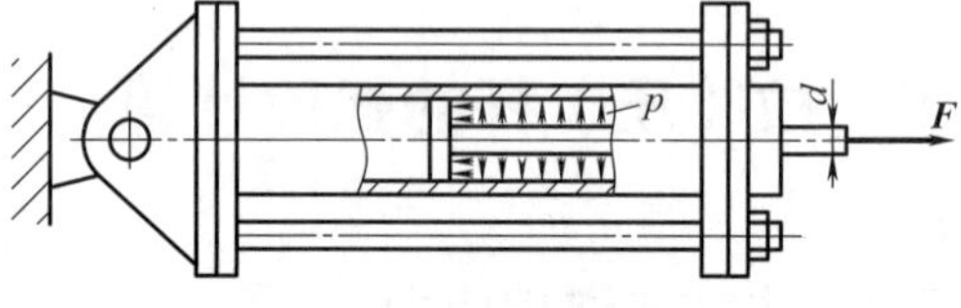

图 2-21 例 2-5 图

解： ① 求活塞杆的轴力。活塞杆发生轴向拉伸变形，其横截面上的轴力为

$$F_N = p\,\frac{\pi}{4}(D^2-d^2) = 2\times10^6\times\frac{3.14}{4}\times(75^2-18^2)\times10^{-6} = 8.32\times10^3(\text{N})$$

② 校核活塞杆强度

$$\sigma = \frac{F_N}{A} = \frac{8.32\times10^3}{\frac{\pi}{4}\times18^2\times10^{-6}} = 32.7\times10^6(\text{Pa}) = 32.7(\text{MPa})$$

由于 $\sigma < [\sigma]$，因此该活塞杆的强度足够。

［例 2-6］ 某冷锻机的曲柄滑块机构如图 2-22（a）所示。锻压工作时，当连杆接近水平位置时锻压力 F 最大，其值 $F=3780\text{kN}$。连杆横截面为矩形，高与宽之比 $h/b=1.4$［图 2-22（b）］，材料的许用应力 $[\sigma]=90\text{MPa}$。试设计连杆的横截面尺寸 h 和 b。

解： ① 计算连杆的轴力。由于锻压时连杆位于水平位置，其轴力为

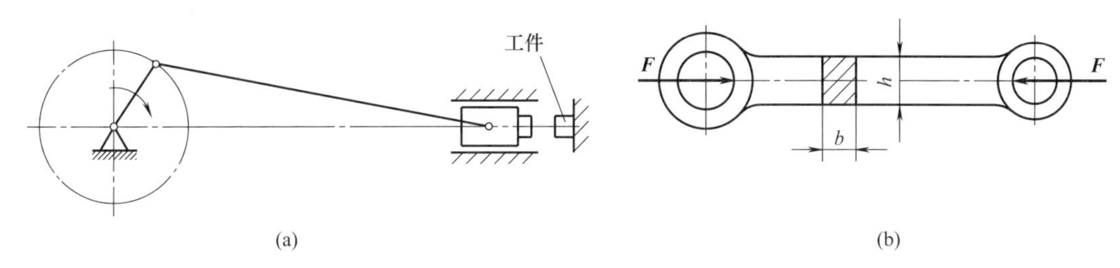

图 2-22　例 2-6 图

$$F_N = F = 3780\text{kN}$$

② 设计截面尺寸 h 和 b。由公式（2-13）得

$$A \geqslant \frac{F_N}{[\sigma]} = \frac{3780\times 10^3}{90\times 10^6} = 0.042\ (\text{m}^2) = 42000\ (\text{mm}^2)$$

由于连杆为矩形截面，所以

$$A = bh \geqslant 42000\text{mm}^2$$

将 $h=1.4b$ 代入上式得

$$1.4b^2 \geqslant 42000\text{mm}^2$$

解得 $b \geqslant 173\text{mm}$。设计时可圆整为 $b=175\text{mm}$，于是 $h=1.4b=245\text{mm}$。

［例 2-7］ 图 2-23（a）所示为一钢木结构吊架，$\alpha=30°$，在铰接点 C 处受载荷 F 的作用。杆 BC 为木杆，其截面积 $A_{BC}=10000\text{mm}^2$，许用应力 $[\sigma]_{BC}=7\text{MPa}$；$AC$ 为钢杆，其截面积 $A_{AC}=600\text{mm}^2$，许用应力 $[\sigma]_{AC}=160\text{MPa}$。试求 B 处可吊的最大许可载荷 $[F]$。

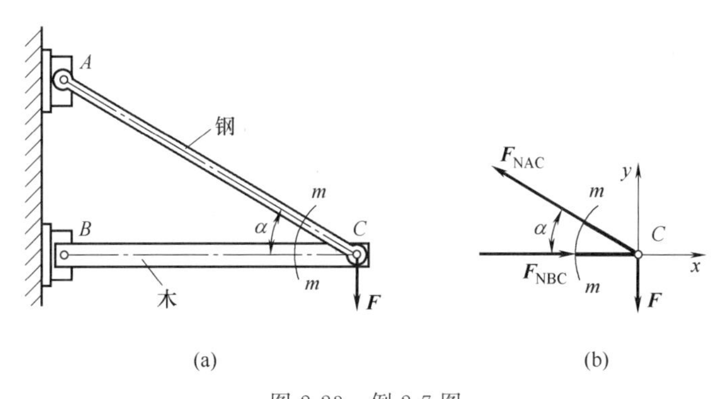

图 2-23　例 2-7 图

解： 方法一

欲求 B 处可吊的最大许可载荷 $[F]$，可考虑当其中一根杆达到材料的许用应力，而另一根杆不超过该材料许用应力的载荷。解题步骤如下。

① 作受力分析图。A、B、C 三处均为铰支［图 2-23（a）］，AC、BC 杆均为二力杆。假想用 m—m 截面将 AC、BC 杆截开，取右部分为研究对象，受力如图 2-23（b）所示。为与方法二中的轴力符号区分，本方法中的轴力用 F_{NAC1}、F_{NBC1} 表示。

② 假设钢杆 AC 达到材料的许用应力，即

$$F_{NAC1} = [\sigma]_{AC} A_{AC} = 160\times 10^6 \times 600\times 10^{-6} = 96000(\text{N})$$

③ 当 AC 杆达到材料的许用应力时，判断 BC 杆是否超过该材料的许用应力。根据

图 2-23（b）所示，有

$$\sum F_x=0 \quad F_{NBC1}-F_{NAC1}\cos\alpha=0$$

求得 $F_{NBC1}=F_{NAC1}\cos\alpha=96000\times\cos30°=8313\ (N)$

因此 $\sigma_{BC1}=\dfrac{F_{NBC1}}{A_{BC}}=\dfrac{83138}{10000\times10^{-6}}=8.3\times10^6\ (Pa)\ =8.3MPa$

根据 $\sigma_{BC1}>[\sigma]_{BC}$，可知 BC 杆的强度不足。

④ 由上述分析可知，当 BC 杆达到材料的许用应力时，AC 杆的强度还会有富裕。当杆 BC 达到材料的许用应力，有

$$F_{NBC}=[\sigma]_{BC}A_{BC}=7\times10^6\times10000\times10^{-6}=70000(N)$$

根据图 2-23（b）所示，有

$$\sum F_x=0 \quad F_{NBC}-F_{NAC}\cos\alpha=0$$

$$\sum F_y=0 \quad F_{NAC}\sin\alpha-F=0$$

求得 $F=40.4kN$

因此，为保证此结构安全，C 点处可吊的最大许可载荷为 $[F]=40.4kN$。

方法二

先求出由于力 **F** 的作用在 AC 杆和 BC 杆中产生的轴力，再确定每根杆均达到材料许用应力时外力 **F** 的大小，并取两者中的最小值作为许可载荷。

① 计算两杆轴力。根据图 2-23（b），考虑静力平衡条件，有

$$\sum F_x=0 \quad F_{NBC}-F_{NAC}\cos\alpha=0$$

$$\sum F_y=0 \quad F_{NAC}\sin\alpha-F=0$$

解得

$$F_{NAC}=2F，F_{NBC}=\sqrt{3}F$$

② 确定各杆允许的最大轴力。

$$F_{NBC}\leqslant[\sigma]_{BC}A_{BC}=7\times10^6\times10000\times10^{-6}=70000(N)$$

$$F_{NAC}\leqslant[\sigma]_{AC}A_{AC}=160\times10^6\times600\times10^{-6}=96000(N)$$

③ 确定结构的许可载荷。根据 BC 杆的轴力，确定的许用载荷为

$$F=\frac{F_{NBC}}{\sqrt{3}}=\frac{70000}{\sqrt{3}}\leqslant40.4(kN)$$

根据 AC 杆的轴力，确定的许用载荷为

$$F=\frac{F_{NAC}}{2}\leqslant48(kN)$$

比较上述两个结果，为保证此结构安全，C 点处可吊的最大许可载荷为 $[F]=40.4kN$。

2.7 应力集中的概念

等截面直杆受轴向拉伸或压缩时，在离开外力作用点一定距离的截面上应力是均匀分布的。但是，实际工程构件常存在切口、切槽、螺纹、制成阶梯形等，致使截面尺寸在这

些部位发生突然变化。由理论研究和实验表明，构件在截面突变处的应力并不是均匀分布的。如图 2-24 所示的开有圆孔的直杆受到轴向拉伸时，在圆孔附近的局部区域内，应力急剧增加；而离开这个区域稍远处，应力迅速降低而趋于均匀。这种由于杆件横截面形状尺寸突然变化而引起局部应力增大的现象，称为应力集中。

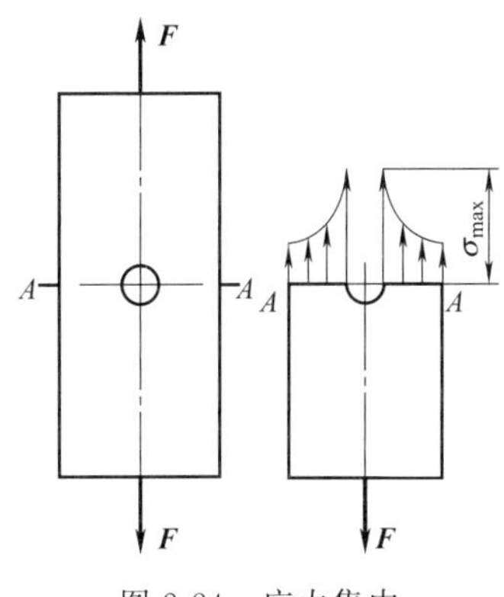

图 2-24　应力集中

截面尺寸变化越急剧，孔越小，角越尖，应力集中的程度就越严重，局部出现的最大应力就越大。鉴于应力集中往往会削弱杆件的强度，因此在设计中应尽可能避免或降低应力集中的影响。

应力集中的强弱程度用理论应力集中系数 K 表示，其值等于应力集中处的最大应力 σ_{max} 与该截面上的平均应力 σ_m 的比值，即

$$K=\frac{\sigma_{max}}{\sigma_m} \tag{2-14}$$

K 值主要通过实验的方法来测定，也可查阅工程设计手册等资料中的图表获得，其值大于 1。

各种材料对应力集中的敏感程度并不相同。低碳钢等塑性材料因存在屈服阶段，当局部的最大应力达到屈服强度时，这部分区域将发生塑性变形，应力基本不再增加。当外力继续增加时，处在弹性变形的其他部分的应力继续增长，直至整个截面上的应力都达到屈服强度时，构件才丧失工作能力。所以，材料的塑性具有缓和应力集中的作用。由于脆性材料没有屈服阶段，当应力集中处的最大应力 σ_{max} 达到材料的抗拉强度 σ_b 时，杆件就会在该处首先开裂，因此必须考虑应力集中对其强度的影响。但对于铸铁等组织不均匀的脆性材料，由于截面尺寸急剧改变而引起的应力集中对其强度的影响并不敏感。

2.8　拉（压）杆连接件的强度计算

工程中的拉（压）杆件有时是由几个部分连接而成的。在连接部位，一般要有起连接作用的构件，这类构件称为连接件。螺栓、销钉、铆钉、销等是常用的连接件。

由于连接件不是杆件，受力和变形都比较复杂，要精确计算其应力和变形也比较困难。工程上通常根据连接件实际破坏的主要形态，对其内力和相应的应力分布作一些合理的简化，采用实用计算法计算其应力。

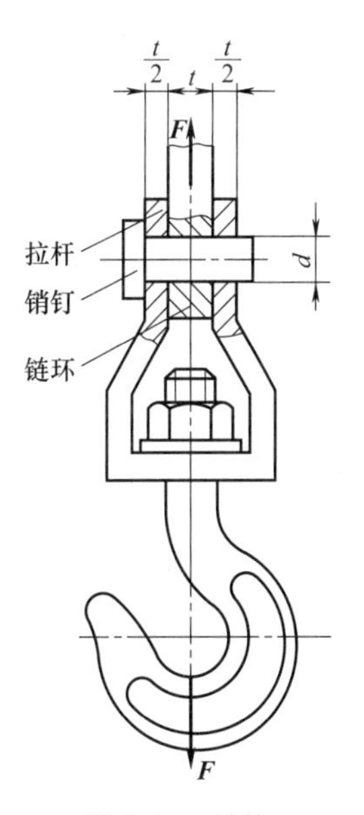

图 2-25　吊钩

2.8.1　剪切的实用计算

如图 2-25 所示的吊钩，链环与拉杆之间用销钉连接，销钉承受剪切作用。图 2-26（a）画出了销钉的受力简图，在外力作用下，销钉沿剪切面 $m—m$ 和 $n—n$ 发生错动。其主要受力特点是：销钉受到与其轴线相垂直的大小相等、方向相反、作用线相距很

近的一对外力的作用。其变形主要表现为沿着与外力作用线平行的剪切面发生相对错动。如图 2-26（b）所示为剪切面 $m—m$ 附近的错动情况。

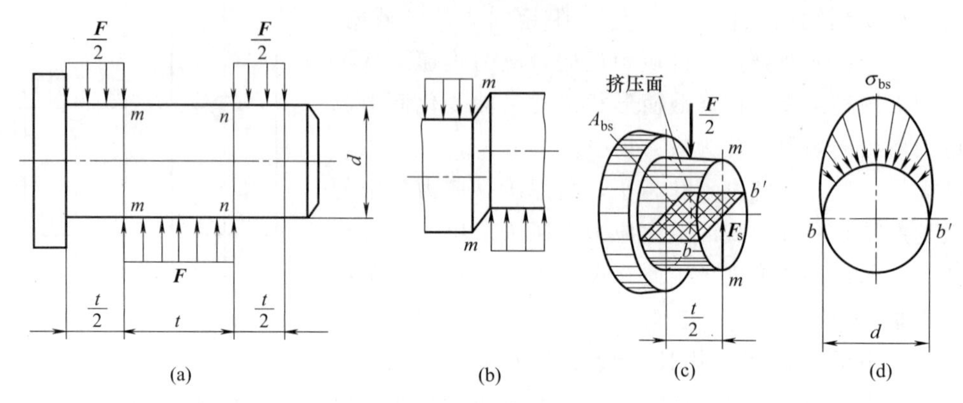

图 2-26 销钉的剪切和挤压

应用截面法，可求得剪切面上的内力——剪力 F_S。将销钉假想沿 $m—m$ 切开，考虑左段［图 2-26（c)］，根据平衡方程可求得

$$F_S = F/2$$

在连接件的实用计算中，假定剪切面上只有切应力且均匀分布，因此，剪切面上的名义切应力为

$$\tau=\frac{F_S}{A_S} \tag{2-15}$$

式中，A_S 为剪切面的面积，这里 $A_S=\pi d^2/4$；d 为销钉直径。

为保证销钉不被剪断，必须使剪切面上的切应力不超过材料的许用切应力［τ］。于是剪切强度条件为

$$\tau=\frac{F_S}{A_S}\leqslant[\tau] \tag{2-16}$$

2.8.2 挤压的实用计算

连接件在承受剪切的同时，连接件与被连接件的接触面因相互压紧而产生挤压力，从而在相互压紧的范围内引起挤压应力。

如图 2-26（c）画出的销钉左段，它的上半个圆柱面与拉杆圆孔表面相互挤压着，这部分表面称为挤压面。挤压应力在挤压面上的分布情况比较复杂，沿半圆周的分布大致如图 2-26（d）所示。在工程上，对于圆柱面挤压，采用圆柱的直径截面面积作为假想的挤压面积 A_{bs}，即 $A_{bs}=dt/2$，将挤压力 F_{bs} 除以挤压面面积，则该截面上均匀分布的挤压应力为

$$\sigma_{bs}=\frac{F_{bs}}{A_{bs}}$$

这与实际挤压面上的最大挤压应力在数值上相近。

为使连接件或被连接件不发生挤压破坏，要求

$$\sigma_{bs}=\frac{F_{bs}}{A_{bs}}\leqslant[\sigma_{bs}] \tag{2-17}$$

式中，$[\sigma_{bs}]$ 为许用挤压应力，是通过挤压破坏试验得到的极限挤压应力除以安全系数得到。也可以在有关手册中查得。如果连接件与被连接件的材料不同，应按许用挤压应力 $[\sigma_{bs}]$ 较小者进行挤压强度的计算。

［例 2-8］ 如图 2-27 所示，附录中减速器的输出轴，轴的直径 $d=70$mm，用平键传递的力偶矩 $M=530$N·m，键的材料为 Q275A，许用切应力 $[\tau]=110$MPa，许用挤压应力 $[\sigma_{bs}]=250$MPa，键的尺寸 $b\times h\times l=20\text{mm}\times12\text{mm}\times80\text{mm}$，键承受挤压和剪切的有效长度 $L=60$mm，试校核键的强度。

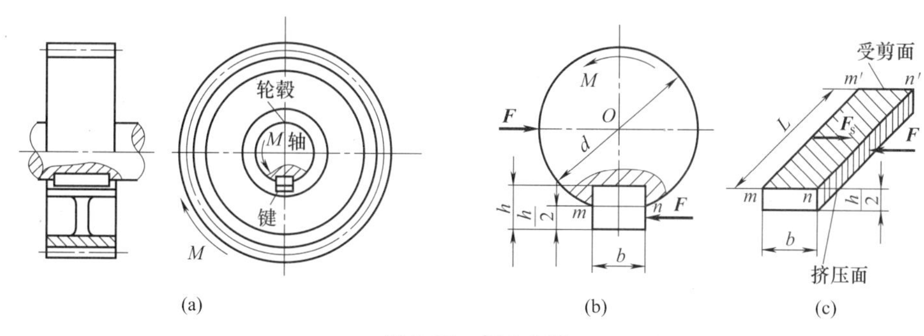

图 2-27　例 2-8 图

解： ① 求外力。取键和轴为研究对象，绘制的受力分析图如图 2-27（b）所示。轮毂对键的作用力为 F，由

$$\sum M_O(\boldsymbol{F})=0 \qquad M-F\frac{d}{2}=0$$

$$F=\frac{2M}{d}=\frac{2\times530}{70\times10^{-3}}=15142.86(\text{N})$$

这里 F 到轴心 O 的距离近似取为 $d/2$。

② 剪切强度校核。键的 $mnn'm'$ 截面为剪切面［图 2-27（c）］，该面上的剪力 $F_S=F=15142.86$N，剪切面面积 $A_S=bL$，于是

$$\tau=\frac{F_S}{A_S}=\frac{15142.86}{20\times60\times10^{-6}}=12.62\times10^6(\text{Pa})=12.62(\text{MPa})$$

可知 $\tau<[\tau]$

③ 挤压强度校核。挤压力 $F_{bs}=F$，挤压面面积 $A_{bs}=Lh/2$［图 2-27（c）］，于是

$$\sigma_{bs}=\frac{F_{bs}}{A_{bs}}=\frac{2F}{Lh}=\frac{2\times15142.86}{60\times12\times10^{-6}}=42.06\times10^6(\text{Pa})=42.06(\text{MPa})$$

可知 $\sigma_{bs}<[\sigma_{bs}]$

根据校核结果，可知键的剪切强度和挤压强度足够。

思考题与习题

2-1　杆件受到轴向拉伸（压缩）时，横截面上轴力和应力的正负号是如何规定的？

2-2 低碳钢在拉伸过程中表现为几个阶段？各有何特点？

2-3 试述胡克定律并写出其表达式，该定律的适用条件是什么？

2-4 用截面法求图 2-28 所示杆件各段的内力，并作轴力图。

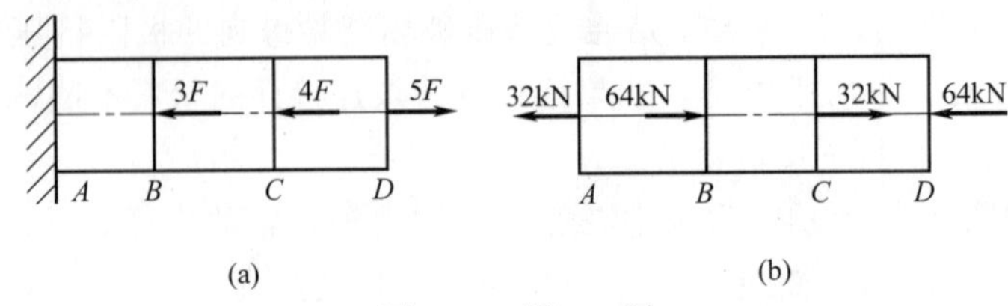

图 2-28 题 2-4 图

2-5 求图 2-29 所示阶梯状直杆横截面 1—1、2—2 和 3—3 上的轴力，并作轴力图。若横截面面积 $A_1=400\text{mm}^2$，$A_2=300\text{mm}^2$，$A_3=200\text{mm}^2$，求各横截面上的应力。

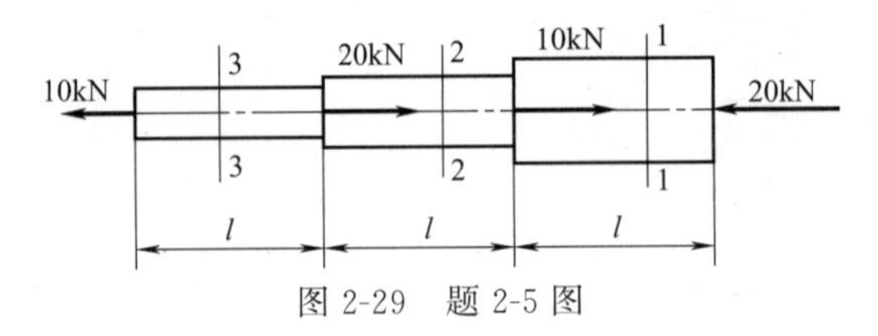

图 2-29 题 2-5 图

2-6 如图 2-30 所示为一阶梯状圆杆，已知：$F=20\text{kN}$，AB 段内的直径 $d_1=50\text{mm}$，BC 段内的直径 $d_2=20\text{mm}$，$l_1=l_2=1\text{m}$，材料的弹性模量 $E=210000\text{MPa}$。试求杆的总伸长量。

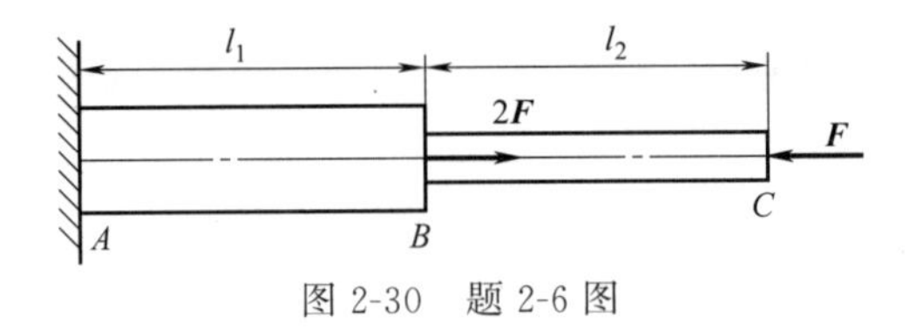

图 2-30 题 2-6 图

2-7 如图 2-31 所示的结构，承受的载荷 $F=128\text{kN}$。杆 AB 为 5 号槽钢，许用应力 $[\sigma]=160\text{MPa}$；杆 BC 为 $h/b=2$ 的矩形截面木杆，其截面尺寸为 $100\text{mm}\times50\text{mm}$，许用应力 $[\sigma]=8\text{MPa}$。

① 试校核该结构的强度。

② 若要求两杆的应力同时达到各自的许用应力，试计算 BC 杆的横截面尺寸。

2-8 悬臂吊车结构如图 2-32 所示，最大起重量 $G=20\text{kN}$，AB 杆为 Q235 圆钢，$[\sigma]=120\text{MPa}$，试设计 AB 杆直径 d。

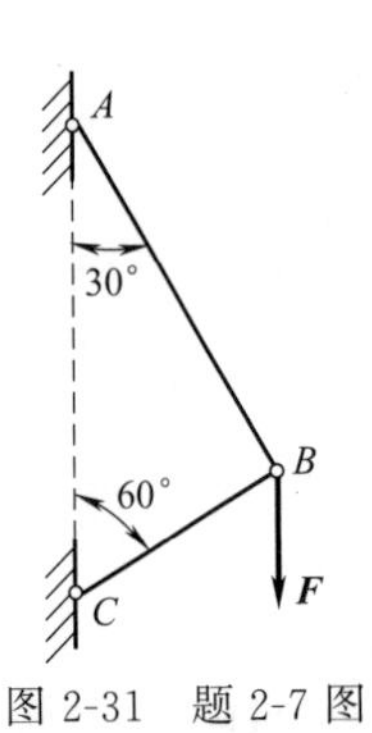

图 2-31 题 2-7 图

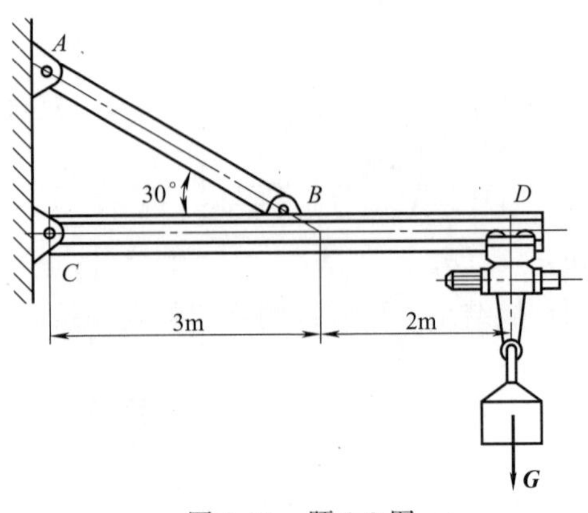

图 2-32 题 2-8 图

2-9　如图 2-33 所示为某型号柴油机的活塞销，材料为 20Cr，$[\tau]=70\text{MPa}$，$[\sigma_{bs}]=100\text{MPa}$。活塞销外径 $d_1=48\text{mm}$，内径 $d_2=26\text{mm}$，长度 $l=130\text{mm}$，$a=50\text{mm}$。活塞直径 $D=135\text{mm}$。气体爆发压力 $p=7.5\text{MPa}$。试校核活塞销的强度。

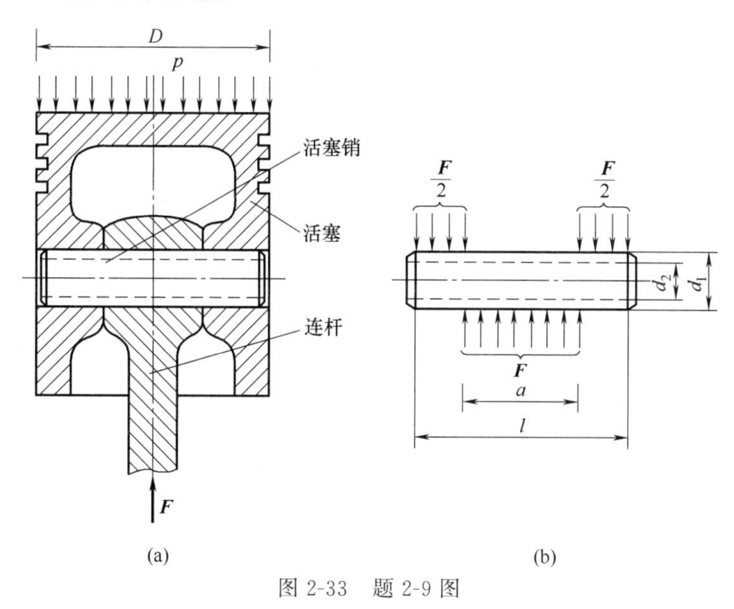

图 2-33　题 2-9 图

第3章 扭转

3.1 扭转的概念

在工程实际中，常遇到承受扭转作用的杆件，如汽车的传动轴［图 3-1（a）］、方向盘的操纵杆［图 3-1（b）］、攻螺纹的丝锥［图 1-21（c）］等。这些杆件的受力特点是：在杆件两端垂直于杆轴线的平面内作用着一对大小相等，方向相反的外力偶。变形特点是：杆件的各横截面绕轴线产生相对转动。这种受力与变形形式称为扭转。

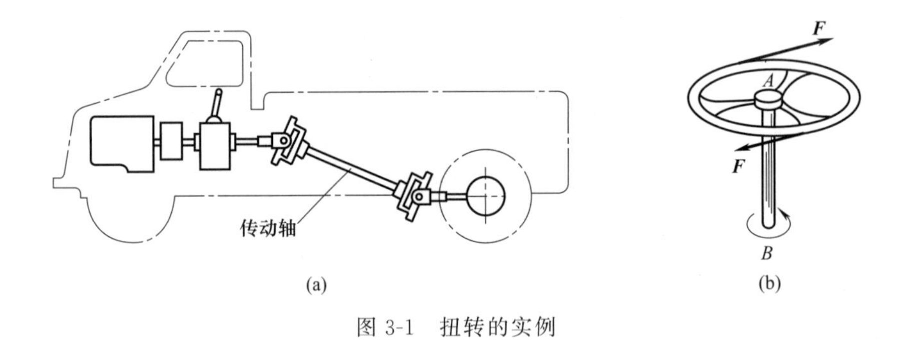

图 3-1 扭转的实例

以扭转变形为主的杆件，工程上统称为轴。

3.2 圆轴扭转时的内力

3.2.1 外力偶矩的计算

在工程实际中，通常并不直接给出作用于轴上的外力偶的力偶矩（简称外力偶矩），而是给出轴的转速和所传递的功率，根据理论推导，可求出作用在轴上的外力偶矩，即

$$M=9550\frac{P}{n} \tag{3-1}$$

式中，M 为外力偶矩，N·m；P 为功率，kW；n 为转速，r/min。

3.2.2 扭转时的内力——扭矩

当作用于轴上的所有外力偶矩都求出后，即可用截面法计算圆轴横截面上的内力。

如图 3-2（a）所示的圆轴，在垂直于轴线的两端面内作用有等值、反向的外力偶 M，轴处于平衡状态。为了求得截面Ⅰ—Ⅰ的内力，采用截面法求解。沿截面Ⅰ—Ⅰ将轴截开，若取左段为研究对象［图 3-2（b）］，由于 A 端有外力偶矩的作用，为保持左段平衡，故在Ⅰ—Ⅰ截面上必有一个内力偶矩 T 与之平衡，此内力偶矩称为扭矩。由平衡方程

$$\sum M_i = 0 \qquad M - T = 0$$

得

$$T = M$$

同理，若取右段为研究对象［图 3-2（c）］，求得的扭矩 T' 与左段的扭矩 T 大小相等、转向相反，它们是作用力与反作用力关系。为使由同一截面的左右两段求得的扭矩具有相同的正负号，对扭矩作如下的符号规定：按右手螺旋法则，用右手的四指弯曲方向表示扭矩的转向，当拇指的指向与截面外法线方向一致时，扭矩为正号，反之为负号。如图 3-3 所示。因此，在以后的讨论中，不必区别 T 与 T'，扭矩一律表示为 T。

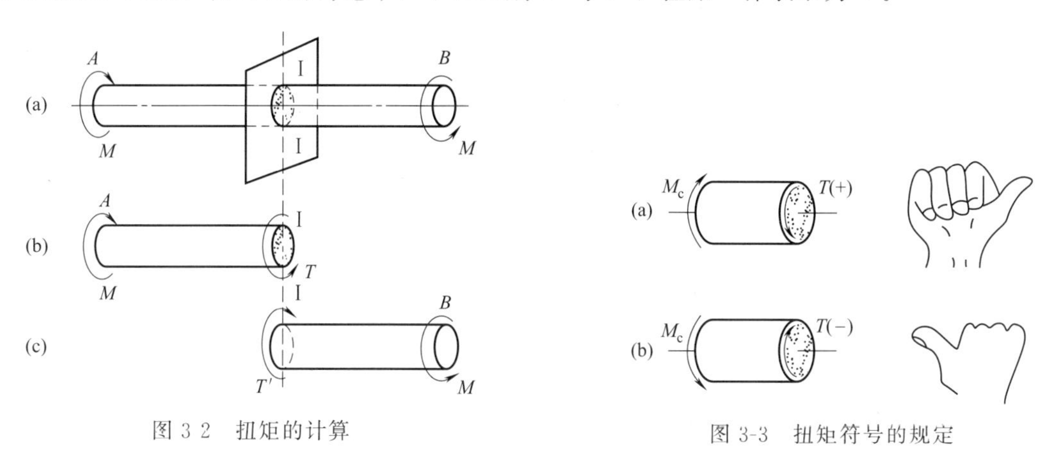

图 3-2　扭矩的计算

图 3-3　扭矩符号的规定

3.2.3 扭矩图

若作用于轴上的外力偶多于两个，外力偶将轴分成若干段，各段横截面的扭矩不尽相同。这时往往用扭矩图形象清晰地表示各横截面上的扭矩沿轴线的变化情况。在扭矩图中，以平行于轴线方向的横坐标表示横截面位置，以垂直于轴线方向的另一坐标表示扭矩，并将正的扭矩画在横坐标的上方，负的扭矩画在横坐标的下方。下面通过例题说明扭矩图的绘制。

［例 3-1］ 某机器的传动轴如图 3-4（a）所示。其转速 $n=300\text{r/min}$，主动轮 A 的输入功率 $P_1=367\text{kW}$，从动轮 B、C、D 的输出功率分别为 $P_2=P_3=110\text{kW}$，$P_4=147\text{kW}$。试求轴上各截面的扭矩，并画扭矩图。

解：① 计算各轮上的外力偶矩。

$$M_1=9550\frac{P_1}{n}=9550\times\frac{367}{300}=11.68\times10^3\ (\text{N}\cdot\text{m})$$

$$M_2=M_3=9550\times\frac{P_2}{n}=9550\times\frac{110}{300}=3.50\times10^3\ (\text{N}\cdot\text{m})$$

$$M_4=9550\times\frac{P_4}{n}=9550\times\frac{147}{300}=4.68\times10^3\ (\text{N}\cdot\text{m})$$

② 应用截面法并根据平衡条件，计算各段内的扭矩。

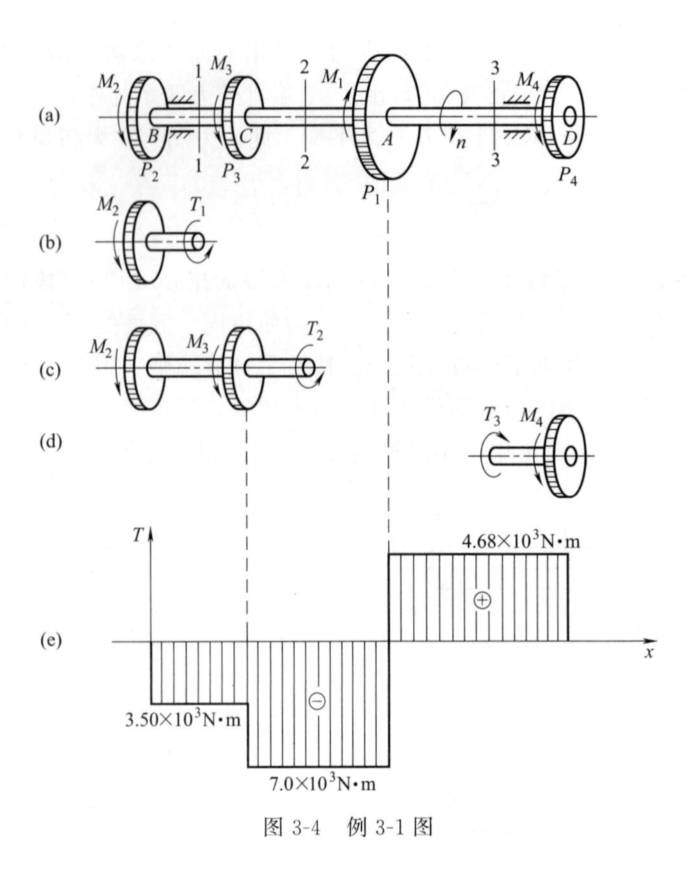

图 3-4 例 3-1 图

在 BC 段内［图 3-4（b）］，以 T_1 表示截面 1—1 上的扭矩，并假定 T_1 的方向如图 3-4（b）所示。由

$$\sum M_i = 0 \qquad T_1 + M_2 = 0$$

得

$$T_1 = -M_2 = -3.50 \times 10^3 \mathrm{N \cdot m}$$

在 BC 段内各截面上的扭矩不变，所以在这一段内，扭矩为一水平线，如图 3-4（e）所示。

同理，在 CA 段内［图 3-4（c）］，由

$$\sum M_i = 0 \quad M_2 + M_3 + T_2 = 0$$

得

$$T_2 = -M_2 - M_3 = -7.0 \times 10^3 \mathrm{N \cdot m}$$

在 AD 段内［图 3-4（d）］，由

$$\sum M_i = 0 \quad M_4 - T_3 = 0$$

得

$$T_3 = M_4 = 4.68 \times 10^3 \mathrm{N \cdot m}$$

③ 画扭矩图　按照上述数据，把各截面上扭矩沿轴线变化的情况，用图 3-4（e）所示的扭矩图表示出来。从图中可以看出最大扭矩值（$|T|_{max} = 7.0 \times 10^3 \mathrm{N \cdot m}$）及其所在截面的位置（$CA$ 段内的各横截面）。

注意：在假设扭矩方向时最好假设扭矩为正号的方向。

3.3 圆轴扭转时的应力和强度计算

3.3.1 圆轴扭转时的应力

为了得到圆轴扭转时横截面上的应力表达式，必须从变形的几何关系、物理关系和静力关系三方面进行综合分析。

(1) 变形几何关系

如图 3-5（a）所示，在圆轴表面上等间距地画出纵向线和圆周线，在轴两端施加一对大小相等、方向相反的外力偶。当扭转变形很小时，可观察到：各圆周线的形状、大小和两相邻圆周线的间距均未改变，仅绕轴线作相对转动；各纵向线则倾斜了同一微小角度 γ［图 3-5（b）］。

根据观察到的表面变形现象，作出关于圆轴扭转时内部变形的假设：变形前为平面的横截面，变形后仍为平面，其形状和大小不变，半径仍保持为直线，且相邻两截面间的距离不变。此假设称为圆轴扭转的平面假设。按照这一假设，在扭转变形时，各横截面就像刚性圆片一样，绕轴线旋转了一个角度。

现取长为 $\mathrm{d}x$ 的微段进行分析，如图 3-6 所示。若右端面对左端面绕轴线转过的相对转角为 $\mathrm{d}\varphi$，根据平面假设，右端面的半径 OC 转到了 OC'，纵向线 AC 倾斜了一个角度 γ。$\mathrm{d}\varphi$ 为相对扭转角。γ 称为剪切角，也称切应变。设距轴线为 ρ 的纵向线 ac 变形后为 ac'，其切应变为 γ_ρ，则由图 3-6（b）可知

$$cc'=\rho\mathrm{d}\varphi$$

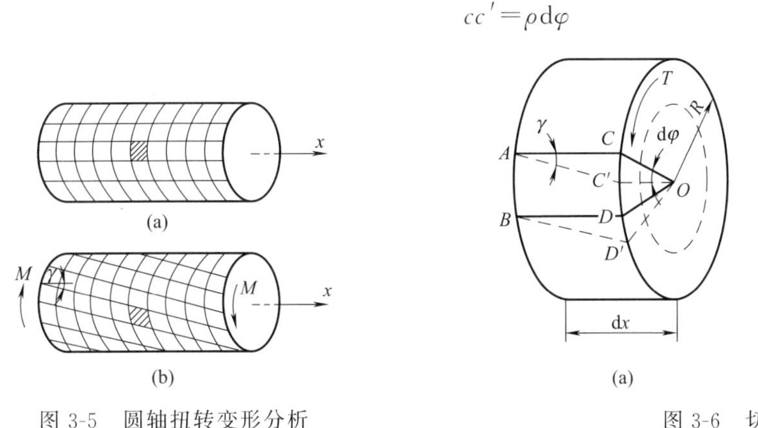

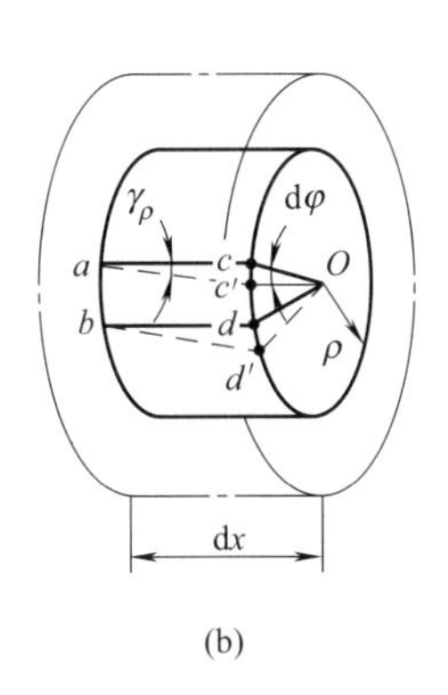

图 3-5 圆轴扭转变形分析

图 3-6 切应力分析

因此，原为直角的$\angle cab$ 的角度改变量 γ_ρ 为

$$\gamma_\rho\approx\tan\gamma_\rho=\frac{\overline{cc'}}{\overline{ac}}=\rho\frac{\mathrm{d}\varphi}{\mathrm{d}x} \tag{a}$$

(2) 物理关系

由试验可知，当切应力不超过材料的剪切比例极限时，切应力与切应变成正比，即

$$\tau=G\gamma \tag{3-2}$$

式（3-2）称为剪切胡克定律。G 称为材料的切变模量，其量纲与弹性模量的量纲相同。G 的数值由试验确定。钢材的 G 值约为 80GPa。

将式（a）代入式（3-2），得

$$\tau_{\rho}=G\gamma_{\rho}=G\rho\frac{\mathrm{d}\varphi}{\mathrm{d}x} \tag{b}$$

对于同一横截面，$\frac{\mathrm{d}\varphi}{\mathrm{d}x}$是一个定值，因此上式表明：横截面上任意点处的切应力 τ_{ρ} 与该点到圆心的距离 ρ 成正比。同时，因为 γ_{ρ} 发生在垂直于半径的平面内，所以 τ_{ρ} 也与半径垂直（图 3-7）。

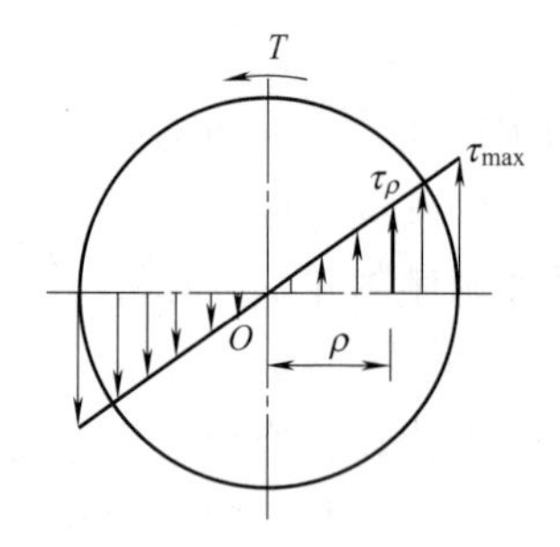

图 3-7 切应力分布规律

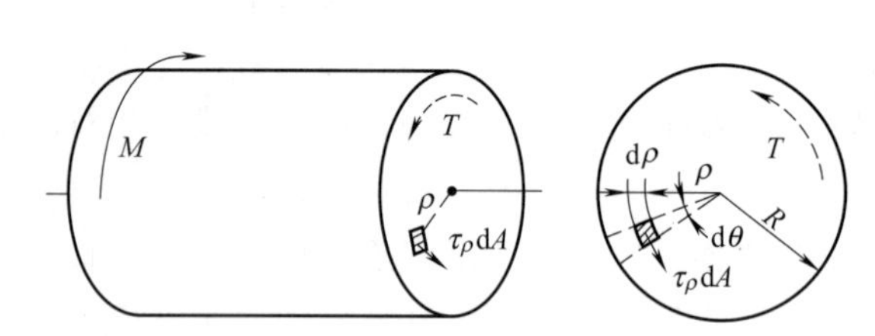

图 3-8 横截面上切应力与扭矩关系

（3）静力关系

在横截面上距圆心为 ρ 的任意点处，取微面积 $\mathrm{d}A$（图 3-8），作用于 $\mathrm{d}A$ 上的微内力为 $\tau_{\rho}\mathrm{d}A$，它对圆心的力矩为 $\rho\tau_{\rho}\mathrm{d}A$。在整个横截面上，所有微内力对圆心的力矩之和应等于该横截面上的扭矩，即

$$\int_A\rho\tau_{\rho}\mathrm{d}A=T$$

式中，A 为横截面面积。将式（b）代入上式，得

$$T=\int_A G\rho^2\frac{\mathrm{d}\varphi}{\mathrm{d}x}\mathrm{d}A \tag{c}$$

注意到 G、$\frac{\mathrm{d}\varphi}{\mathrm{d}x}$均为常量，故式（c）可写成

$$T=G\frac{\mathrm{d}\varphi}{\mathrm{d}x}\int_A\rho^2\mathrm{d}A \tag{d}$$

式中，$\int_A\rho^2\mathrm{d}A$ 是仅与横截面的几何形状、尺寸有关的量，用 I_{p} 表示，即

$$I_{\mathrm{p}}=\int_A\rho^2\mathrm{d}A \tag{3-3}$$

I_{p} 称为横截面对圆心 O 点的极惯性矩，单位为 m^4。于是得

$$\frac{\mathrm{d}\varphi}{\mathrm{d}x}=\frac{T}{GI_{\mathrm{p}}} \tag{3-4}$$

将式（3-4）带入式（b），得

$$\tau_{\rho}=\frac{T\rho}{I_{\mathrm{p}}} \tag{3-5}$$

式（3-5）为圆轴扭转切应力的计算公式。式中，τ_{ρ} 为横截面上距圆心为 ρ 的任意点的切应力，Pa；T 为横截面上的扭矩，N · m；ρ 为横截面上所求点到圆心的距离，m；

I_p 为横截面的极惯性矩，m^4。

实心圆截面和空心圆截面的极惯性矩 I_p 见表 3-1。

表 3-1　实心圆截面、空心圆截面的极惯性矩和抗扭截面系数

	图形	极惯性矩 I_p	抗扭截面系数 W_p
实心圆截面	O D	$\frac{\pi D^4}{32}$	$\frac{\pi D^3}{16}$
空心圆截面	d D	$\frac{\pi D^4}{32}(1-\alpha^4)$ 式中，$\alpha=\frac{d}{D}$	$\frac{\pi D^3}{16}(1-\alpha^4)$ 式中，$\alpha=\frac{d}{D}$

3.3.2　圆轴扭转时的强度条件

由式（3-5）可知，当 $\rho=R$ 时，即在圆轴横截面上周边的各点处，有最大切应力

$$\tau_{max}=\frac{TR}{I_p}=\frac{T}{I_p/R}=\frac{T}{W_p} \tag{3-6}$$

式中，$W_p=I_p/R$ 也是一个仅与横截面尺寸有关的量，称为抗扭截面系数（实心圆截面和空心圆截面的抗扭截面系数见表 3-1），其单位为 m^3。

为了使受扭的等截面圆轴能正常工作，必须使工作时的最大切应力 τ_{max} 不超过材料的许用切应力 $[\tau]$，即圆轴扭转的强度条件为

$$\tau_{max}\leqslant[\tau] \tag{3-7}$$

式中，材料的许用切应力 $[\tau]$ 是由扭转试验测得的极限切应力，再除以安全系数而得到的。根据大量试验可知，材料的许用切应力 $[\tau]$ 与许用拉应力 $[\sigma]$ 之间存在着下列关系：

$$[\tau]=(0.5\sim0.6)[\sigma]\qquad \text{塑性材料}$$

$$[\tau]=(0.8\sim1.0)[\sigma]\qquad \text{脆性材料}$$

对于等截面杆，最大切应力 τ_{max} 发生在最大扭矩 T_{max} 所在横截面上周边的各点处；对于变截面杆，由于其各截面的 W_p 可能不同，τ_{max} 不一定发生在扭矩为 T_{max} 的横截面上，这时应综合考虑 T 和 W_p 两个因素。

[例 3-2]　已知解放牌汽车传动轴传递的最大扭矩 $T=1930\text{N}\cdot\text{m}$，传动轴用外径 $D=89\text{mm}$，壁厚 $\delta=2.5\text{mm}$ 的无缝钢管做成。材料为 20 钢，其许用切应力 $[\tau]=70\text{MPa}$。

① 试校核轴的强度。

② 如果传动轴不用空心钢管而用实心圆轴，要求它与钢管等强度，试确定其直径。

③ 比较空心钢管与实心圆轴的重量。

解：① 由传动轴的内径 $d=D-2\delta=84\mathrm{mm}$，可知 $\alpha=\dfrac{d}{D}=0.944$。因此传动轴的抗扭截面系数为

$$W_p=\frac{\pi D^3}{16}(1-\alpha^4)=\frac{3.14\times(89\times10^{-3})^3}{16}\times(1-0.944^4)=2.85\times10^{-5}(\mathrm{m}^3)$$

根据公式（3-6）得

$$\tau_{max}=\frac{T}{W_p}=\frac{1930}{2.85\times10^{-5}}\ (\mathrm{Pa})\ =67.7\ (\mathrm{MPa})$$

由于 $\tau_{max}<[\tau]$，所以，该轴的强度足够。

② 设实心圆轴的直径为 D_1，所谓与钢管等强度，就是两者的最大切应力相同，由

$$\tau_{max}=\frac{T}{W_p}=\frac{T}{\frac{\pi D_1^3}{16}}=67.7\mathrm{MPa}$$

可得 $$D_1=\sqrt[3]{\frac{16T}{\pi\tau_{max}}}=\sqrt[3]{\frac{16\times1930}{3.14\times67.7\times10^6}}=0.0526\ (\mathrm{m})\ =52.6\ (\mathrm{mm})$$

③ 比较重量。由于两轴长度相同，材料相同，所以两轴的重量之比等于横截面面积之比。即

$$\frac{A_{空}}{A_{实}}=\frac{\frac{\pi}{4}(D^2-d^2)}{\frac{\pi}{4}D_1^2}=\frac{89^2-84^2}{52.6^2}=0.313$$

由此可见，在载荷相同的情况下，空心轴的材料消耗较少。从图 3-7 可知，实心轴中心区域部分的材料受到的切应力很小，所以，这部分材料没有充分发挥作用。

3.4 圆轴扭转时的变形和刚度计算

3.4.1 圆轴扭转时的变形

如图 3-9 所示，轴的扭转变形通常用两个横截面间绕轴线的相对扭转角 φ 来度量。

根据式（3-4），即 $\dfrac{\mathrm{d}\varphi}{\mathrm{d}x}=\dfrac{T}{GI_p}$，就可求得相距为 $\mathrm{d}x$ 的两个截面之间的扭转角为

$$\mathrm{d}\varphi=\frac{T}{GI_p}\mathrm{d}x$$

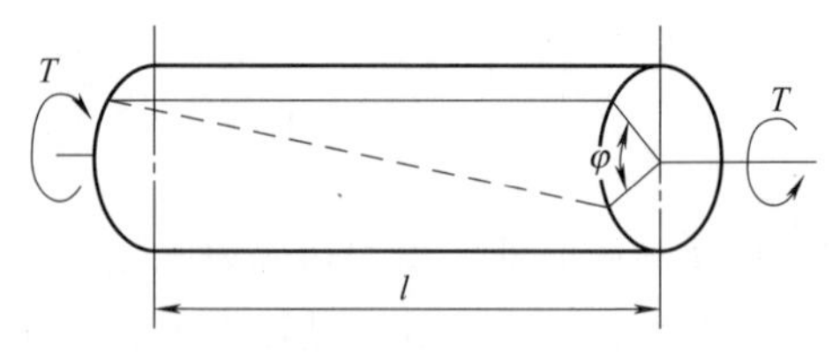

图 3-9 扭转角

所以，相距为 l 的两横截面间的扭转角为

$$\varphi=\int_l \mathrm{d}\varphi=\int_l \frac{T}{GI_p}\mathrm{d}x \tag{3-8}$$

对等直圆轴，若在长 l 的两个横截面之间扭矩 T 为常数，则轴两端横截面间的扭转角为

$$\varphi=\frac{Tl}{GI_p} \tag{3-9}$$

式中，GI_p 反映了截面抵抗扭转变形的能力，GI_p 愈大，则扭转角 φ 就愈小，故 GI_p

称为圆轴的抗扭刚度。

由式（3-9）计算出的扭转角 φ 的单位是 rad，若以（°）计算，则

$$\varphi=\frac{Tl}{GI_{\mathrm{p}}}\times\frac{180}{\pi} \tag{3-10}$$

3.4.2　圆轴扭转时的刚度计算

机器中的某些轴类零件，除应满足强度要求外，对其变形还有一定的限制，即要满足扭转刚度条件。例如，车床中的传动丝杠，其相对扭转角不能太大，否则将会影响车刀进给动作的准确性，降低加工精度。又如，发动机中控制气门动作的凸轮轴，如果相对扭转角过大，会影响气门启闭时间。对于精密机械，刚度要求往往起着主要作用。

在工程实际中，通常采用单位长度内的扭转角 φ' 作为扭转变形指标，要求它不超过规定的许用值 $[\varphi']$。因此，刚度条件可写为

$$\varphi'=\frac{T}{GI_{\mathrm{p}}}\times\frac{180}{\pi}\leqslant[\varphi'] \tag{3-11}$$

其中，φ' 和 $[\varphi']$ 的常用单位为（°）/m。单位长度许用扭转角 $[\varphi']$ 的数值，可查阅有关资料和设计手册。

［例 3-3］ 在例 3-1 中，已知轴的许用切应力 $[\tau]=40\mathrm{MPa}$，单位长度许用扭转角 $[\varphi']=0.3°/\mathrm{m}$，材料的切变模量 $G=80\mathrm{GPa}$。试设计轴的直径。

解： 在例 3-1 中已经绘出了轴的扭矩图，并给出轴的最大扭矩值为 $|T|_{\max}=7.0\times10^{3}\mathrm{N\cdot m}$。

① 按强度条件确定直径 d。

由式（3-7），可推得

$$d\geqslant\sqrt[3]{\frac{16|T|_{\max}}{\pi[\tau]}}=\sqrt[3]{\frac{16\times7.0\times10^{3}}{3.14\times40\times10^{6}}}(\mathrm{m})=96\ (\mathrm{mm})$$

即根据强度要求，轴的直径应选 $d\geqslant96\mathrm{mm}$。

② 按刚度条件确定直径 d。

利用式（3-11），得

$$d\geqslant\sqrt[4]{\frac{|T|_{\max}\times180\times32}{G[\varphi']\pi^{2}}}=\sqrt[4]{\frac{7.0\times10^{3}\times180\times32}{80\times10^{9}\times0.3\times3.14^{2}}}(\mathrm{m})=114\ (\mathrm{mm})$$

即根据刚度要求，轴的直径应选 $d\geqslant114\mathrm{mm}$。

③ 确定轴的直径。

比较前面计算的两个直径值，为了同时满足强度要求与刚度要求，最后确定轴的直径 $d=114\mathrm{mm}$。

思考题与习题

3-1　为什么要绘制扭矩图？扭矩图如何绘制？

3-2　两根材料相同、长度相同及横截面面积相等的圆轴，在两端作用着相同的外力偶，一根是实心的，另一根是空心的，两根轴的最大切应力和单位长度扭转角是否相等？

3-3 受扭转圆轴横截面上扭矩方向如图 3-10 中箭头所示，试分析图中的扭转切应力的分布是否正确。

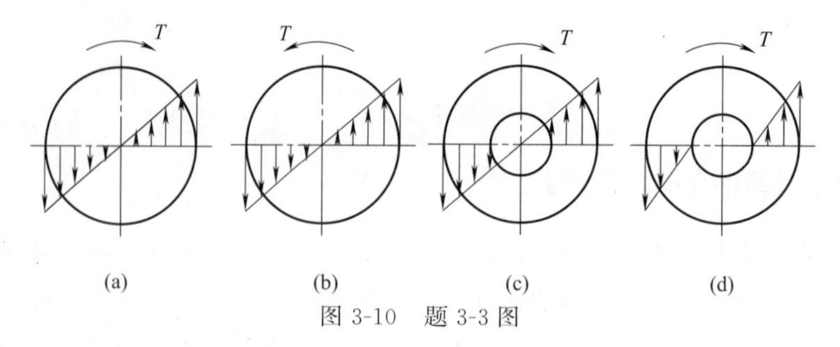

图 3-10 题 3-3 图

3-4 试求图 3-11 所示各轴在指定横截面 1—1、2—2 和 3—3 上的扭矩。

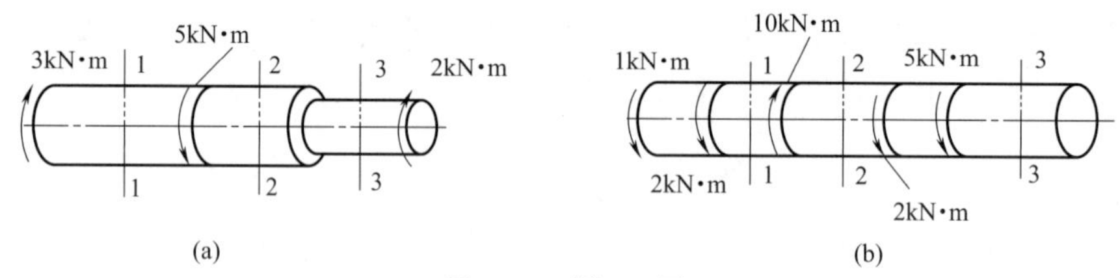

图 3-11 题 3-4 图

3-5 如图 3-12 所示某传动轴，转速 $n=500\text{r/min}$，设轮 A 为主动轮，输入功率 $P_A=70\text{kW}$，轮 B、轮 C 与轮 D 为从动轮，输出功率分别为 $P_B=10\text{kW}$，$P_C=P_D=30\text{kW}$。

① 画扭矩图，并求轴的最大扭矩。

② 若将轮 A 与轮 C 的位置对调，试比较扭矩图的变化，并分析调整后对轴的受力是否有利。

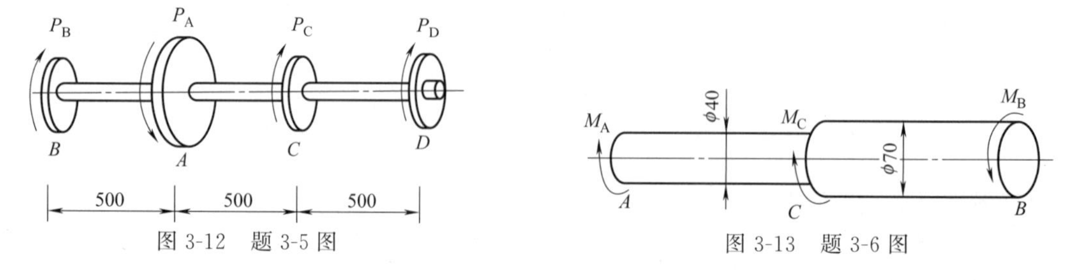

图 3-12 题 3-5 图　　图 3-13 题 3-6 图

3-6 如图 3-13 所示的阶梯轴，已知：$P_A=15\text{kW}$，$P_B=50\text{kW}$，$P_C=35\text{kW}$，$n=200\text{r/min}$，$[\tau]=60\text{MPa}$。试校核阶梯轴的强度。

3-7 如图 3-14 所示的阶梯圆轴，其中 AE 段为空心圆截面，外径 $D=140\text{mm}$，内径 $d=50\text{mm}$；BC 段为实心圆截面，外径 $d_1=80\text{mm}$。外力偶矩分别为 $M_A=20\text{kN}\cdot\text{m}$，$M_B=36\text{kN}\cdot\text{m}$，$M_C=16\text{kN}\cdot\text{m}$。已知轴的许用切应力 $[\tau]=80\text{MPa}$，材料的切变模量 $G=80\text{GPa}$，单位长度许用扭转角 $[\varphi']=1.2°/\text{m}$。

① 试校核轴的强度和刚度。

② 试按强度条件和刚度条件重新设计实心轴部分的最小直径。

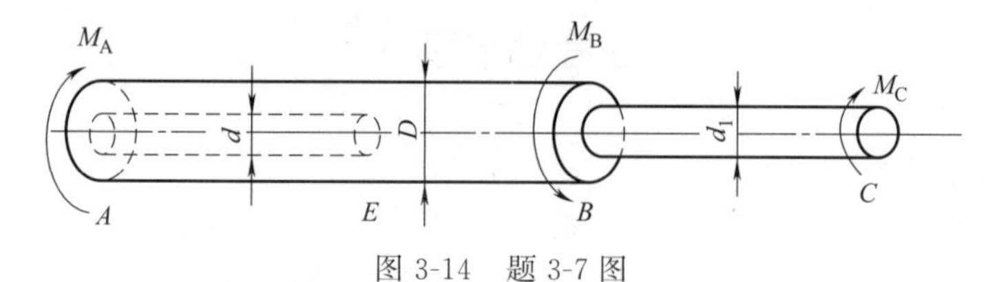

图 3-14 题 3-7 图

第4章

弯　曲

4.1 概述

4.1.1 平面弯曲的概念

弯曲变形是工程中最常见的一种变形形式，如火车轮轴［图 4-1（a）］、桥式起重机的大梁［图 4-1（b）］等杆件。这些杆件均受到垂直于杆件轴线的外力作用，其轴线由直线变成曲线。这种形式的变形称为弯曲变形。把以弯曲变形为主的杆件习惯上称为梁。

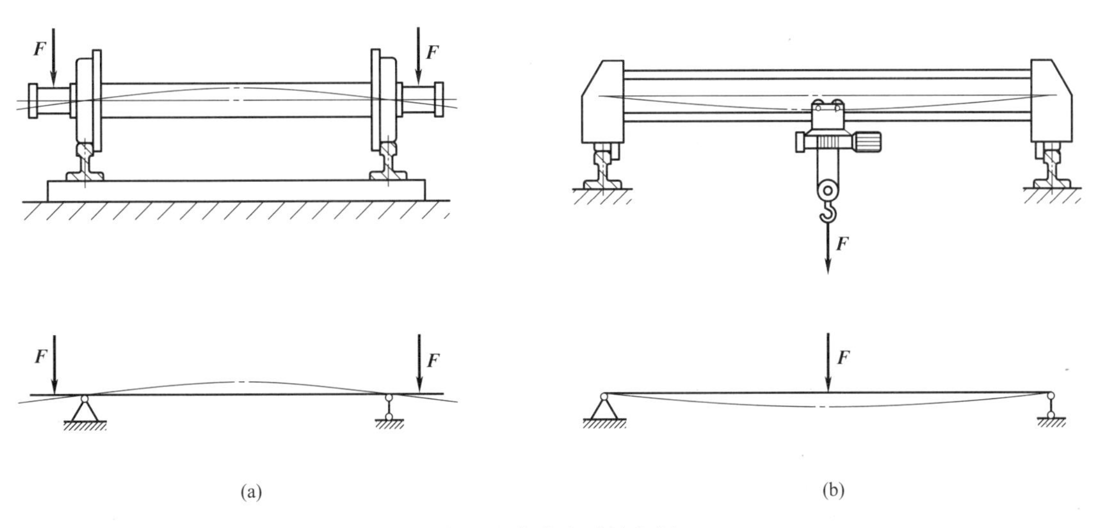

图 4-1　弯曲变形的实例

工程中常见的梁，其横截面大都具有一根对称轴（图 4-2），所有横截面对称轴的集合构成了一个包含轴线的纵向对称面。当梁上的外力（包括外力偶）都作用在纵向对称面时（图 4-3），梁的轴线将弯曲成一条仍位于纵向对称面内的平面曲线，这种变形称为平面弯曲。平面弯曲是弯曲变形中最基本的情况，本章仅研究平面弯曲问题。

图 4-2　梁的横截面

4.1.2 梁的类型

工程中常见的梁，根据约束情况的不同分为下列三种基本形式：

① 简支梁：一端为固定铰链支座，另一端为可动铰链支座的梁［图 4-4（a）］。

② 外伸梁：从简支梁的一端或两端伸出支座之外的梁［图 4-4（b）、图 4-1（a）］。

③ 悬臂梁：一端为固定端，另一端为自由端的梁［图 4-4（c）］。

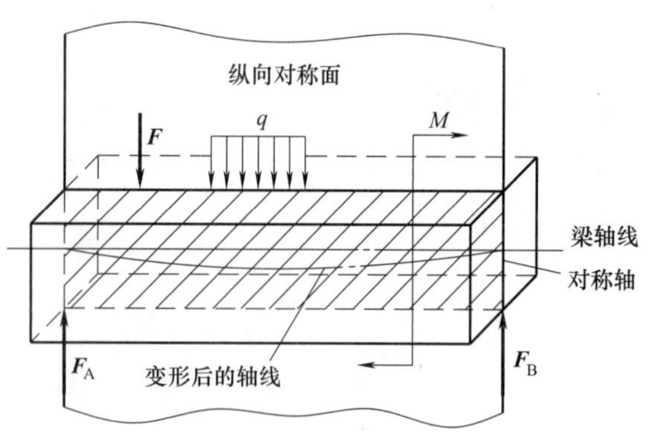

图 4-3 纵向对称面

这三种基本形式梁的约束反力都可由静力平衡条件完全确定，统称为静定梁。

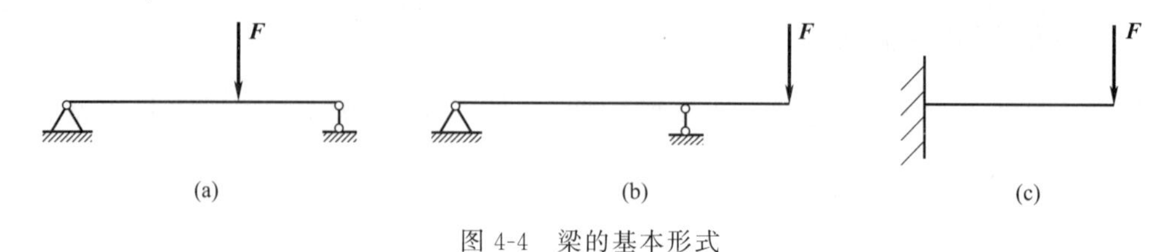

图 4-4 梁的基本形式

4.2 梁的内力——剪力和弯矩

当作用于梁上的全部载荷均为已知时，就可利用截面法求出任一横截面上的内力。以图 4-5（a）所示简支梁为例，求其横截面 1—1 上的内力。假想地沿横截面 1—1 把梁切分成两部分，并以左段为研究对象。由于原来的梁处于平衡状态，因此梁的左段仍应处于平衡状态，由图 4-5（b）可知，为使左段平衡，在横截面 1—1 上必然存在一个切于横截面方向的内力 F_S，由平衡方程

$$\sum F_y=0, F_{Ay}-F_S=0$$

得
$$F_S=F_{Ay}=\frac{F}{2}$$

F_S 称为横截面 1—1 上的剪力，它是与横截面相切的分布内力系的合力。

若把左段上的所有外力和内力对截面 1—1 的形心 C 取矩，其力矩总和应等于零，即在截面 1—1 上还应有一个内力偶矩 M，由平衡方程

(a)

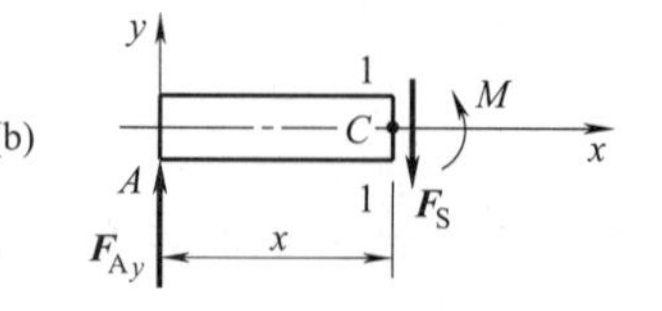

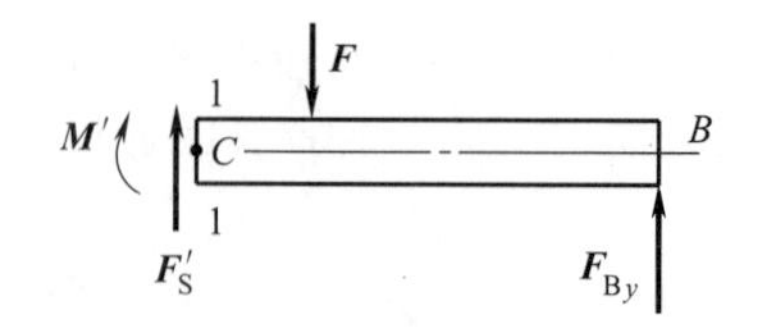

图 4-5 梁的剪力和弯矩

$$\sum M_C(F)=0, M-F_{Ay}x=0$$

得
$$M=F_{Ay}x$$

M 称为横截面 1—1 上的弯矩，它是与横截面垂直的分布内力系的合力偶矩。

如果取梁的右段为研究对象，则同样可求得横截面1—1上的剪力和弯矩［图4-5（c）］，但与左段所计算出的剪力方向和弯矩转向相反，这是因为截面两侧的力系为作用力与反作用力关系。为使取左段或右段为研究对象求得的同一横截面上的剪力和弯矩，不仅大小相等，而且正负号也一致，对内力符号作如下规定：

① 截面上的剪力使截面邻近微段产生顺时针方向转动时为正，反之为负［图4-6（a）］；

② 截面上的弯矩使截面邻近微段产生下凸弯曲变形时为正，反之为负［图4-6（b）］。

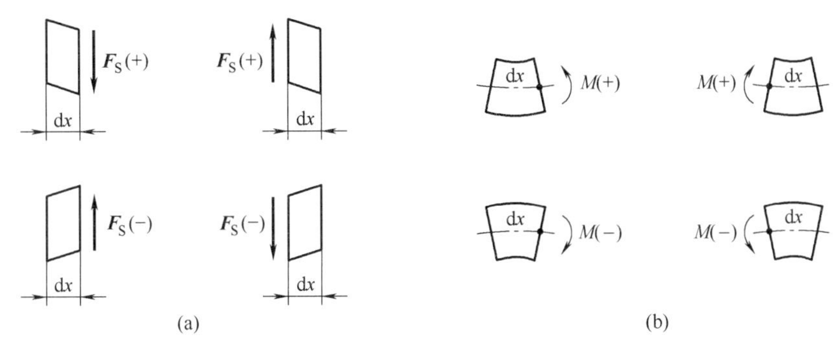

图4-6　剪力和弯矩的符号规定

根据上述正负号规定，在图4-5（b）、（c）两种情况中，横截面1—1上的剪力和弯矩均为正号。在以后的讨论中，不必区分 F_S 与 F'_S，M 与 M'，一律用 F_S、M 表示。

［例4-1］ 如图4-7（a）所示外伸梁，F、m 和 l 均为已知，试计算截面1—1、2—2上的剪力和弯矩。

解： ① 计算约束反力。

支座 A、B 处的约束反力分别用 F_A 和 F_B 表示，并建立坐标系 Axy，如图4-7（a）所示。

由整体平衡得　$F_A=F$，$F_B=2F$

② 计算截面1—1上内力。

假想地在截面1—1处将梁截开，取右段为研究对象，按剪力和弯矩的正方向画出 F_{S1}、M_1，如图4-7（b）所示。由平衡方程

$$\sum F_y=0 \qquad F_{S1}+F_B-F=0$$

$$\sum M_c(\boldsymbol{F})=0 \quad -M_1+F_B\times\frac{l}{2}-F\times\frac{3}{2}l=0$$

求得

$$F_{S1}=-F,\ M_1=-\frac{1}{2}Fl$$

③ 计算截面2—2上内力。

假想地在截面2—2处将梁截开，取左段为研究对象，按剪力和弯矩规定的正方向画出 F_{S2}、M_2，如图4-7（c）所示。由平衡方程

$$\sum F_y=0 \qquad F_A-F_{S2}=0$$

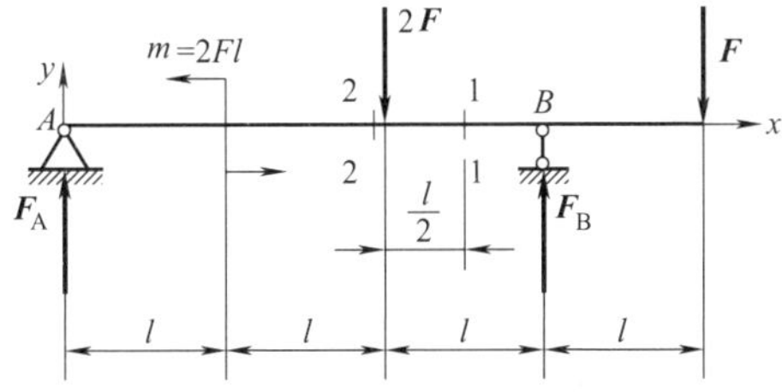

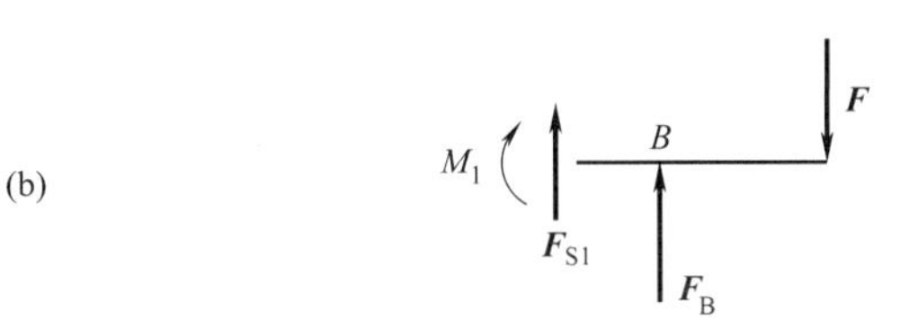

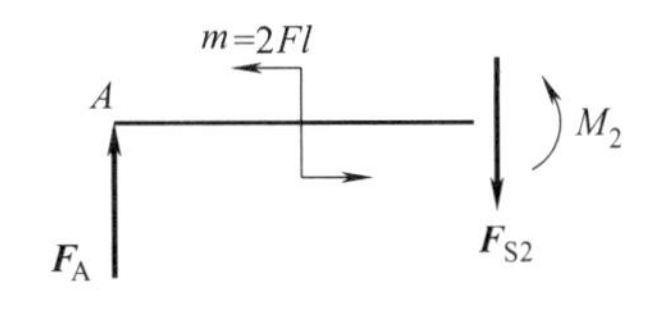

图4-7　例4-1图

$$\sum M_c(\boldsymbol{F})=0 \qquad M_2+m-F_A\times 2l=0$$

求得

$$F_{S2}=F,\ M_2=0$$

4.3 剪力方程和弯矩方程、剪力图和弯矩图

一般情况下，梁横截面上的剪力和弯矩随截面位置不同而变化。若以坐标 x 表示横截面在梁轴线上的位置，则各横截面上的剪力和弯矩均可表达为 x 的函数，即

$$F_S=F_S(x),\ M=M(x)$$

上述函数表达式称为梁的剪力方程和弯矩方程。

为了直观地表示梁横截面上的剪力 F_S 和弯矩 M 随横截面位置而变化的情况，可用剪力图和弯矩图表示。取平行于梁轴线为横坐标 x，表示横截面的位置；以垂直于梁轴线的纵坐标表示相应截面上的剪力或弯矩。下面用例题说明列剪力方程和弯矩方程以及绘制剪力图和弯矩图的方法。

［**例 4-2**］ 图 4-8（a）所示的简支梁承受均布载荷 q 的作用，试写出该梁的剪力方程和弯矩方程，并作剪力图和弯矩图。

解： ① 求约束反力。

由梁的对称关系，可知

$$F_A=F_B=\frac{1}{2}ql$$

② 建立剪力方程与弯矩方程。

建立如图 4-8（a）所示的坐标系，假想地在坐标为 x 的截面处将梁截开，考察左段的平衡［图 4-8（b）］，根据剪力和弯矩的计算方法和符号规则，求得这一截面上的剪力和弯矩分别为

$$F_S(x)=\frac{ql}{2}-qx \qquad (0<x<l) \tag{a}$$

$$M(x)=\frac{ql}{2}x-\frac{q}{2}x^2 \qquad (0\leqslant x\leqslant l) \tag{b}$$

这就是左段的剪力方程和弯矩方程。

③ 作剪力图和弯矩图。

由式（a）可知，$F_S(x)$ 为 x 的一次函数，剪力图为一斜直线。根据区间（$0<x<l$）两端点处的剪力值 $F_S(0)=\frac{ql}{2}$ 和 $F_S(l)=-\frac{ql}{2}$，在 F_S-x 坐标系中标出相应的点并连接该两点，即得该梁的剪力图［图 4-8（c）］。

由式（b）可知，$M(x)$ 为 x 的二次函数，弯矩图为一抛物线。两个端截面 $x=0$，$x=l$ 及跨中截面 $x=\frac{l}{2}$ 的弯矩值分别为 $M(0)=0$，$M(l)=0$ 和 $M\left(\frac{l}{2}\right)=\frac{1}{8}ql^2$。在 $M-x$ 坐标系中标出相应的点，据此可大致绘出该梁的弯矩图［图 4-8（d）］。

［例 4-3］ 图 4-9（a）所示的简支梁在 C 点受外力偶 m 作用，试建立梁的剪力方程和弯矩方程，并绘制剪力图和弯矩图。

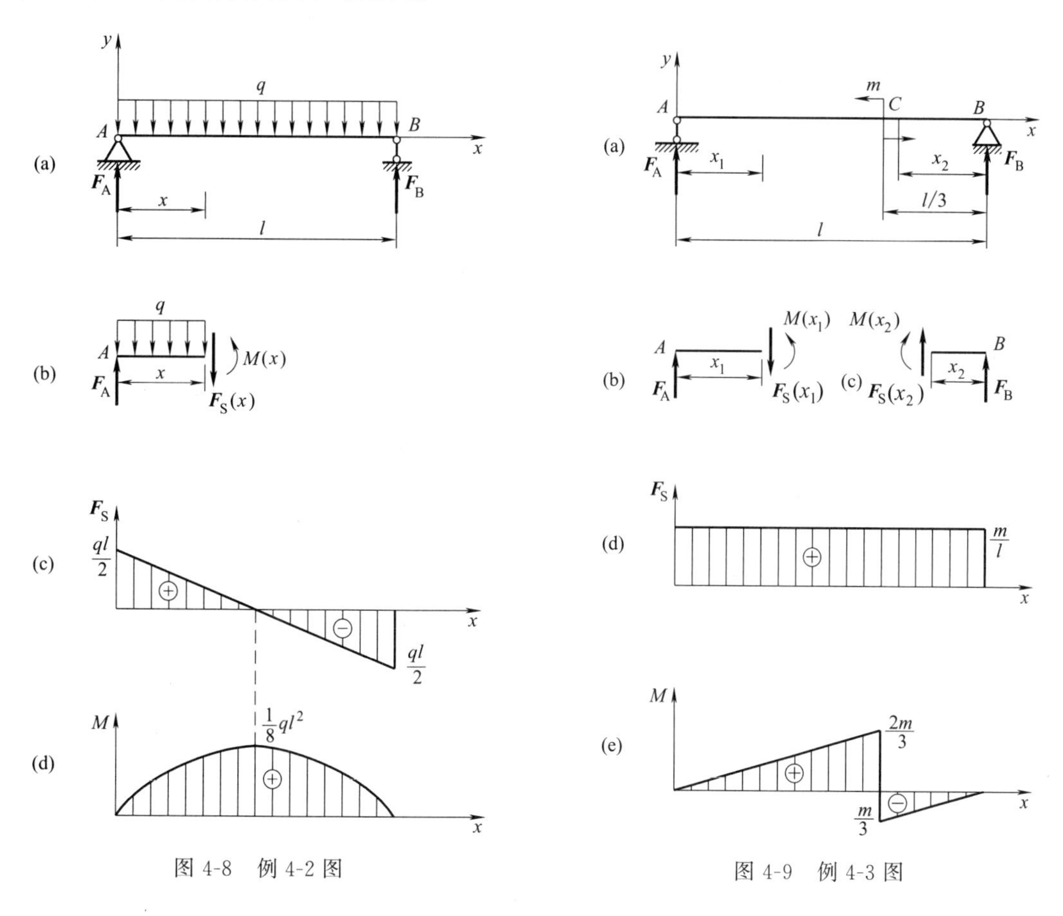

图 4-8 例 4-2 图　　　　图 4-9 例 4-3 图

解： ① 求约束反力。

$$F_A=\frac{m}{l}, F_B=-\frac{m}{l}$$

② 列剪力方程和弯矩方程。

取图 4-9（a）所示的坐标系，由于 C 处有外力偶作用，故 AC 段与 CB 段应分别建立方程。

AC 段：由图 4-9（b）所示分离体的平衡，有

$$F_S(x_1)=\frac{m}{l}\quad\left(0<x_1<\frac{2}{3}l\right)$$

$$M(x_1)=\frac{m}{l}x_1\quad\left(0\leqslant x_1<\frac{2l}{3}\right)$$

CB 段：由图 4-9（c）所示分离体的平衡，有

$$F_S(x_2)=\frac{m}{l}\quad\left(0<x_2<\frac{l}{3}\right)$$

$$M(x_2)=-\frac{m}{l}x_2 \quad \left(0\leqslant x_2<\frac{l}{3}\right)$$

③ 作剪力图和弯矩图。

根据两段的剪力方程和弯矩方程，绘出剪力图和弯矩图，如图 4-9（d）、(e) 所示。

[例 4-4] 图 4-10（a）所示的悬臂梁在 B 点受集中力 F 作用，试建立梁的剪力方程和弯矩方程，并绘制剪力图和弯矩图。

解： ① 列剪力方程和弯矩方程。

建立如图 4-10（a）所示的坐标系，由图 4-10（b）所示分离体的平衡，有

$$F_S(x)=F \quad (0<x<l)$$

$$M(x)=-F(l-x) \quad (0<x\leqslant l)$$

② 作剪力图和弯矩图。

根据剪力方程和弯矩方程，绘出剪力图和弯矩图，如图 4-10（c）、(d) 所示。

[例 4-5] 图 4-11（a）所示的外伸梁受集中力 $F=qa/2$、外力偶 $M=3qa^2/2$ 和均布载荷 q 的作用，试绘制梁的剪力图和弯矩图。

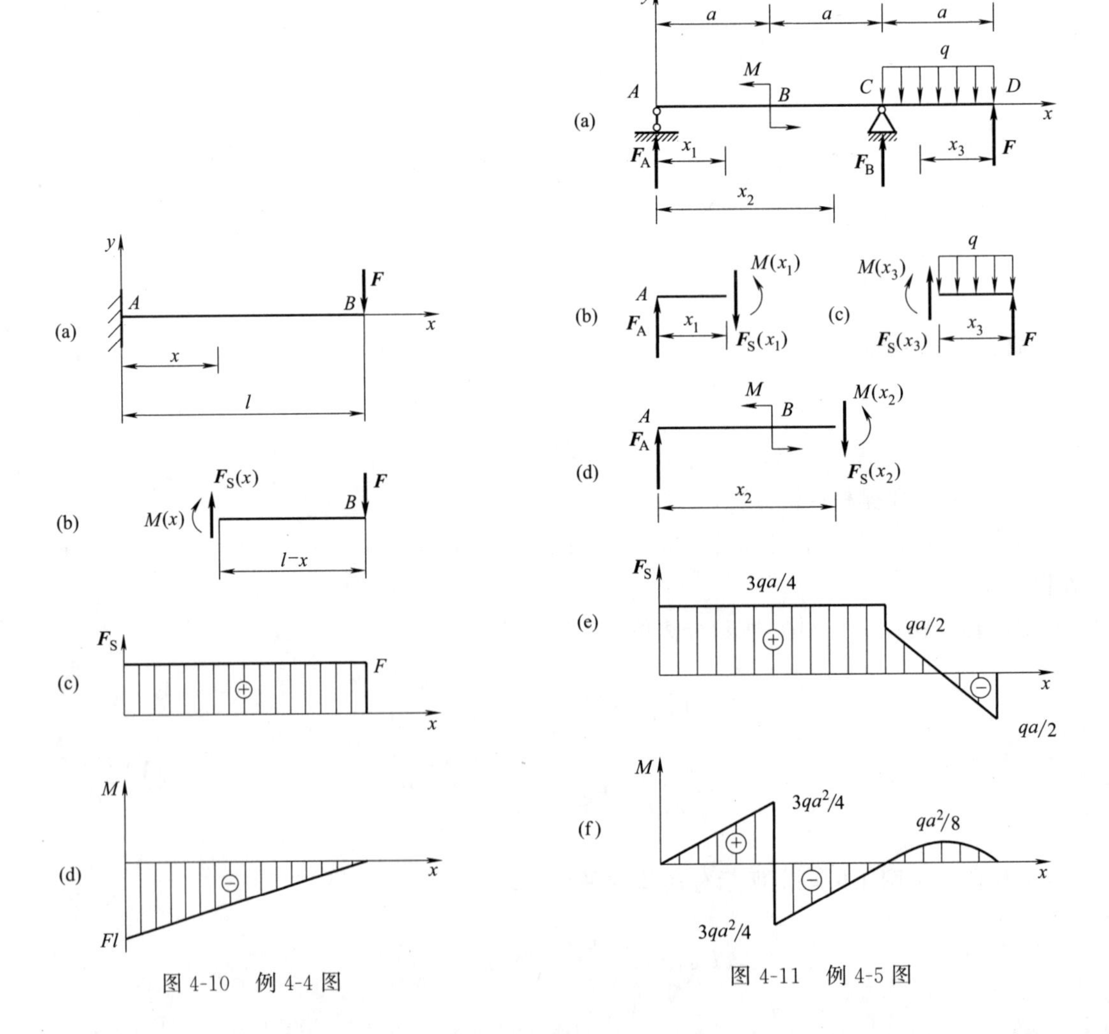

图 4-10 例 4-4 图

图 4-11 例 4-5 图

解：① 计算约束反力。

由梁的平衡方程得

$$F_{A}=\frac{3qa}{4}\ ,\ F_{B}=-\frac{qa}{4}$$

② 列剪力方程和弯矩方程

建立如图 4-11（a）所示的坐标系，分段建立方程。

AB 段：

$$F_{S}(x_{1})=\frac{3qa}{4}\quad (0<x_{1}\leqslant a)$$

$$M(x_{1})=\frac{3qa}{4}x_{1}\quad (0\leqslant x_{1}<a)$$

BC 段：

$$F_{S}(x_{2})=\frac{3qa}{4}\quad (a\leqslant x_{2}<2a)$$

$$M(x_{2})=\frac{3qa}{4}x_{2}-\frac{3}{2}qa^{2}\quad (a<x_{2}<2a)$$

CD 段：

$$F_{S}(x_{3})=-\frac{qa}{2}+qx_{3}\quad (0<x_{3}<a)$$

$$M(x_{3})=\frac{qa}{2}x_{3}-\frac{1}{2}qx_{3}^{2}\quad (0\leqslant x_{3}\leqslant a)$$

③绘制剪力图和弯矩图。

根据剪力方程和弯矩方程，绘出剪力图和弯矩图，如图 4-11（e）、（f）所示。

由以上分析可知：

a. 在集中力作用处，剪力 F_S 图发生突变，突变的值等于集中力的大小。

b. 在外力偶的作用处，弯矩 M 图发生突变，突变的绝对值等于外力偶矩的大小。

4.4 梁横截面上的正应力和强度条件

通过对梁弯曲时横截面上内力的分析可知，梁横截面上存在剪力和弯矩这两种内力。由于剪力是与横截面相切的内力系的合力，故剪力 F_S 只与切应力 τ 相关；而弯矩是与横截面垂直的内力系的合力偶矩，所以弯矩 M 只与正应力 σ 相关。

设有一简支梁如图 4-12（a）所示，梁上作用两个外力 F，其剪力图和弯矩图如图 4-12（b）、（c）所示。在 *CD* 段内，梁横截面上只有弯矩而无剪力，这种情况的弯曲称为纯弯曲；在 *AC* 和 *DB* 段内，梁横截面上既有弯矩又有剪力，这种情况的弯曲称为横力弯曲。

4.4.1 纯弯曲时梁横截面上的正应力

为研究梁的变形，在矩形截面梁的外表面画上平行于轴线的纵向线和垂直于轴线的横向线［图 4-13（a）］。然后在梁两端的纵向对称面内施加一对大小相等、方向相反的力偶，使梁产生纯弯曲变形，如图 4-13（b）所示。这时可观察到下列现象：各横向线仍保持为直线，它们相对旋转了一个角度后，仍与变形后的纵向线垂直；各纵向线变成曲线，但仍保持平行，上、下部分的纵向线分别缩短和伸长。

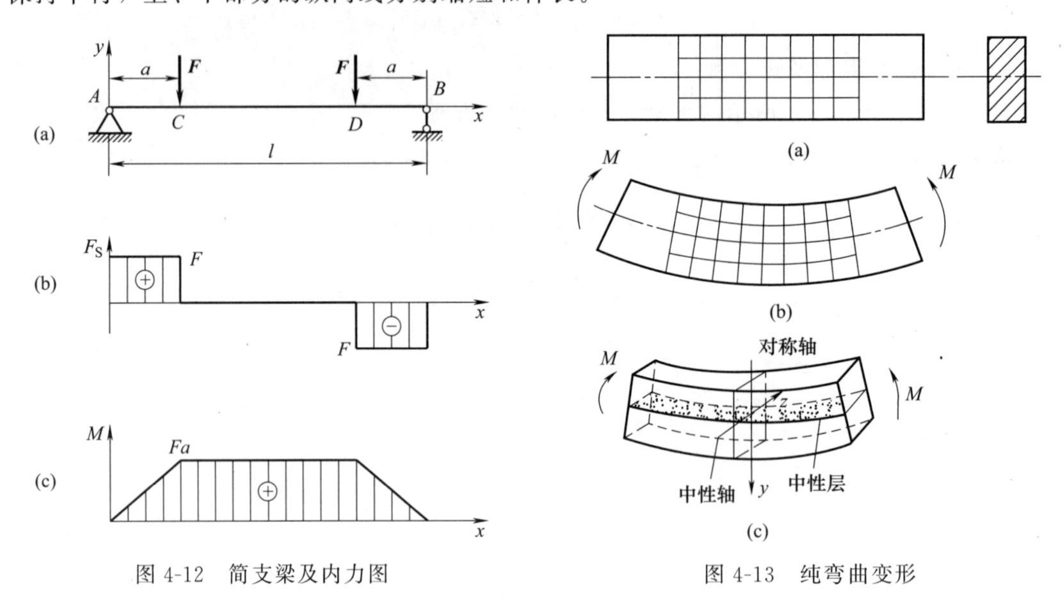

图 4-12 简支梁及内力图

图 4-13 纯弯曲变形

根据上述表面变形现象，推测梁的内部变形，作出如下假设。

① 平面假设：变形前为平面的梁的横截面变形后仍保持为平面，且仍然垂直于变形后的梁轴线。

② 设想梁是由平行于轴线的无数纵向纤维组成，且各纤维只受到单纯的拉伸或压缩，纤维间不存在相互挤压。

根据平面假设，当梁发生纯弯曲时，横截面保持平面并作相对转动，靠顶部的纵向纤维缩短了，靠底部的纵向纤维伸长了。由于变形的连续性，中间必有一层纤维既不伸长也不缩短，这一层称为中性层，如图 4-13（c）所示。中性层与横截面的交线称为中性轴。中性轴两侧的纤维，一侧伸长，另一侧缩短，梁弯曲时横截面绕中性轴旋转。

(1) 变形几何关系

从梁上截取长为 $\mathrm{d}x$ 的微段［图 4-14 (a)］，其变形后的情况如图 4-14（b）所示。设变形后中性层的曲率半径为 ρ，左右两横截面 1—1 和 2—2 的相对转角为 $\mathrm{d}\theta$，则距中性层为 y 的纵向纤维 ab 变形后的长度为

$$\widehat{a'b'}=(\rho+y)\mathrm{d}\theta$$

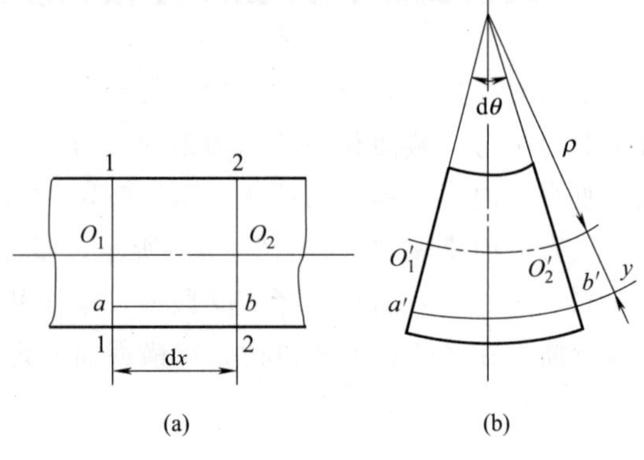

图 4-14 微段梁的变形

纤维 ab 的原长 $\overline{ab}=\mathrm{d}x$，考虑到变形前后中性层纤维 O_1O_2 的长度不变，即

$$\overline{ab}=\mathrm{d}x=\overline{O_1O_2}=\widehat{O_1'O_2'}=\rho\mathrm{d}\theta$$

根据线应变的定义，求得纵向纤维$\overline{ab}$ 的线应变为

$$\varepsilon=\frac{\widehat{a'b'}-\overline{ab}}{\overline{ab}}=\frac{(\rho+y)\mathrm{d}\theta-\rho\mathrm{d}\theta}{\rho\mathrm{d}\theta}=\frac{y}{\rho} \tag{a}$$

由于同一横截面的 ρ 为常数，故式（a）表示纵向纤维的线应变与它到中性层的距离成正比。

(2) 物理关系

根据梁弯曲实验所作的假设，每一纵向纤维都是单向拉伸或压缩。当正应力不超过材料的比例极限时，由胡克定律并考虑式（a），有

$$\sigma=E\varepsilon=\frac{E}{\rho}y \tag{b}$$

对于取定的横截面，$\frac{E}{\rho}$ 为常数，则横截面上任一点的正应力与该点到中性轴的距离 y 成正比。中性轴上各点的正应力为零，离中性轴越远的点，其正应力越大，如图 4-15 所示。

(3) 静力关系

在横截面上坐标为（y，z）处取一微面积，其上作用的微内力为 $\sigma\mathrm{d}A$（图 4-16），横截面上所有微内力组成垂直于横截面的空间平行力系。这一力系只可能简化为三个内力分量，即轴力 $\boldsymbol{F}_{\mathrm{N}}$、弯矩 M_y 和 M_z。它们分别为

$$F_{\mathrm{N}}=\int_A\sigma\mathrm{d}A=0 \tag{c}$$

$$M_y=\int_A z\sigma\mathrm{d}A=0 \tag{d}$$

$$M_z=\int_A y\sigma\mathrm{d}A=M \tag{e}$$

将式（b）代入式（c），得

$$F_{\mathrm{N}}=\int_A\frac{E}{\rho}y\mathrm{d}A=\frac{E}{\rho}\int_A y\mathrm{d}A=\frac{E}{\rho}S_z=0$$

式中，S_z 为横截面对 z 轴的静矩，$S_z=\int_A y\mathrm{d}A=y_CA$。由于 $\frac{E}{\rho}\neq0$，则必有 $S_z=y_CA=0$；又因为横截面面积 A 不能等于零，所以 $y_C=0$，表示中性轴 z 必通过横截面形心。

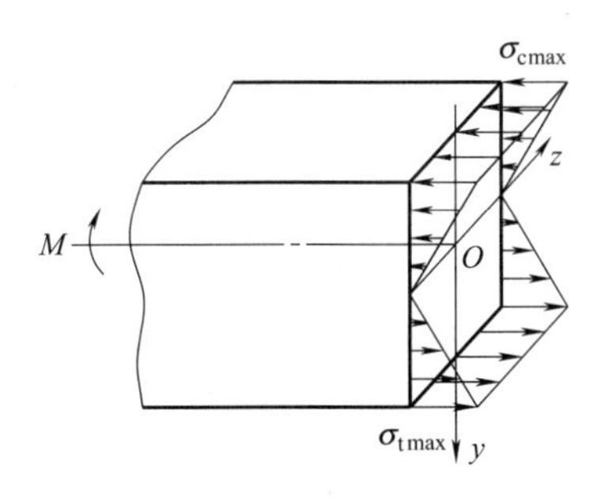

图 4-15 弯曲正应力分布规律

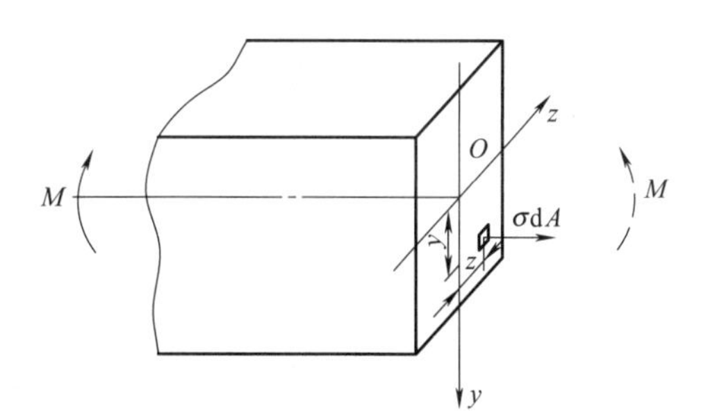

图 4-16 横截面上的弯矩

将式（b）代入式（e），得

$$M=\int_A y\sigma \mathrm{d}A=\int_A y\cdot\frac{E}{\rho}y\mathrm{d}A=\frac{E}{\rho}\int_A y^2\mathrm{d}A$$

引入记号 $I_z=\int_A y^2\mathrm{d}A$，这是一个与横截面的形状和尺寸有关的量，称为横截面对 z 轴（中性轴）的惯性矩，单位为 m^4。于是上式可写成

$$\frac{1}{\rho}=\frac{M}{EI_z} \tag{4-1}$$

式中，$\frac{1}{\rho}$是纯弯曲梁轴线变形后的曲率。上式表明，当弯矩 M 一定时，EI_z 越大，则曲率$\frac{1}{\rho}$越小，即梁的变形越小，故 EI_z 称为梁的抗弯刚度。

将式（4-1）代入式（b），得

$$\sigma=\frac{My}{I_z} \tag{4-2}$$

式（4-2）即为纯弯曲时梁横截面上任一点处的正应力计算公式。式中，σ 为正应力，Pa；M 为横截面上的弯矩，N·m；y 为横截面上所求应力的点到中性轴的距离，m；I_z 为横截面对中性轴 z 的惯性矩，m^4。

应用公式（4-2）计算正应力时，通常 M 和 y 均代以绝对值，根据弯矩的正负及所求点的位置，直接判断 σ 是拉应力 σ_t 还是压应力 σ_c。

由式（4-2）可知，等直梁的最大正应力 $\sigma_{\max}$ 发生在弯矩最大的截面上，且离中性轴最远处（$y=y_{\max}$），即

$$\sigma_{\max}=\frac{M_{\max}y_{\max}}{I_z} \tag{4-3}$$

引入记号 $W_z=\frac{I_z}{y_{\max}}$，W_z 称为抗弯截面系数，它只与横截面的形状和尺寸有关，单位为 m^3。于是横截面上最大正应力的计算公式可写为

$$\sigma_{\max}=\frac{M_{\max}}{W_z} \tag{4-4}$$

表 4-1 列出了几种常用几何图形的截面惯性矩和抗弯截面系数的计算公式。对于复杂截面形状的惯性矩和抗弯截面系数的计算可参考设计手册或其他材料力学教程。

表 4-1　几种常用几何图形的截面惯性矩和抗弯截面系数

图形形状	截面惯性矩	抗弯截面系数
b, h, z, y	$I_y=\frac{hb^3}{12}$ $I_z=\frac{bh^3}{12}$	$W_y=\frac{hb^2}{6}$ $W_z=\frac{bh^2}{6}$

续表

图形形状	截面惯性矩	抗弯截面系数
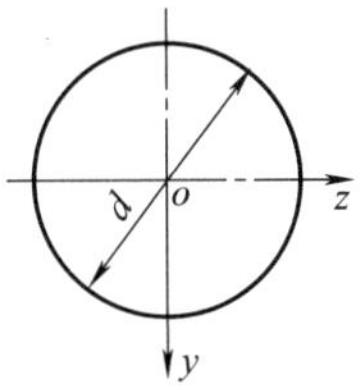 (实心圆截面，直径 d)	$I_y=I_z=\frac{\pi d^4}{64}$	$W_y=W_z=\frac{\pi d^3}{32}$
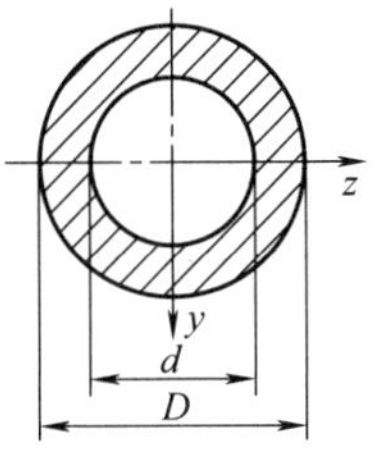 (空心圆截面，内径 d，外径 D)	$I_y=I_z=\frac{\pi}{64}D^4(1-\alpha^4)$ 式中，$\alpha=\frac{d}{D}$	$W_y=W_z=\frac{\pi}{32}D^3(1-\alpha^4)$ 式中，$\alpha=\frac{d}{D}$

4.4.2 横力弯曲时梁横截面上的正应力

在横力弯曲时梁的横截面上不仅有正应力，还有切应力。由弹性理论证明，对于细长梁（例如矩形截面梁，$l/h\geqslant5$，l 为梁长，h 为截面高度），剪力对弯曲正应力分布规律的影响很小，用纯弯曲时的正应力公式计算横力弯曲时的正应力，并不会产生很大误差，能够满足工程要求。

4.4.3 梁的正应力强度条件

为了保证梁能够正常工作，并有一定的安全储备，必须使梁危险截面上的最大正应力不超过材料的许用应力 $[\sigma]$，即梁的正应力强度条件为

$$\sigma_{max}=\frac{M_{max}}{W_z}\leqslant[\sigma] \tag{4-5}$$

应该指出，式（4-5）只适用于抗拉强度 σ_t 和抗压强度 σ_c 相等的材料（如碳素钢）。如果两者不同（如铸铁），则应分别进行强度计算。即

$$\sigma_{tmax}=\frac{M_{max}y_{tmax}}{I_z}\leqslant[\sigma_t] \tag{4-6}$$

$$\sigma_{cmax}=\frac{M_{max}y_{cmax}}{I_z}\leqslant[\sigma_c] \tag{4-7}$$

式中，σ_{tmax} 为最大拉应力的绝对值；σ_{cmax} 为最大压应力的绝对值；$[\sigma_t]$ 为材料的许用拉应力；$[\sigma_c]$ 为材料的许用压应力；y_{tmax} 为拉应力点距中性轴最远的距离；y_{cmax} 为压应力点距中性轴最远的距离。

［例 4-6］ 如图 4-17（a）所示为螺栓压板夹紧装置，已知 $l=50\text{mm}$，压板材料许用应力 $[\sigma]=140\text{MPa}$。试计算压板传给工件的最大允许压紧力。

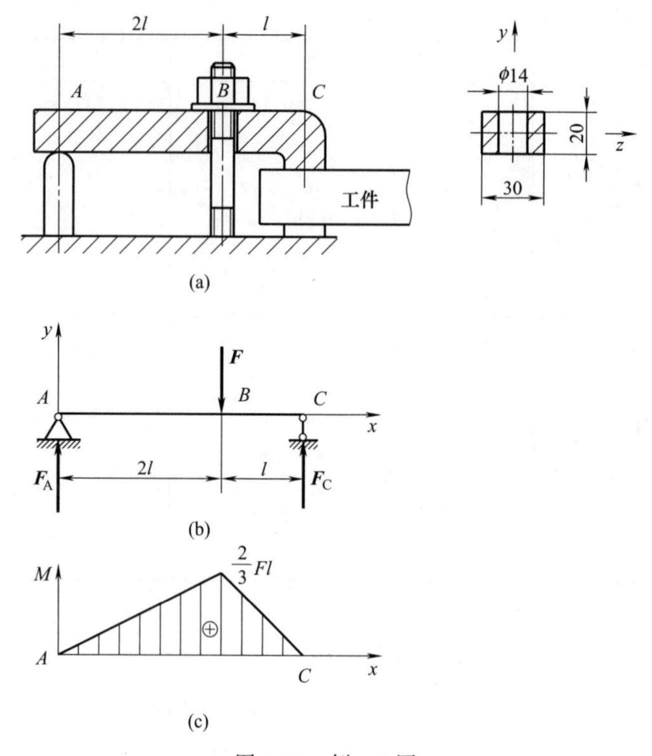

图 4-17 例 4-6 图

解： ① 建立螺栓压板夹紧装置的力学模型。

可把该问题简化为简支梁受一集中载荷 $\boldsymbol{F}$ 的作用，其模型如图 4-17（b）所示。

② 计算约束反力

由梁的平衡方程得

$$F_A=\frac{1}{3}F,\ F_C=\frac{2}{3}F$$

③ 确定梁的最大弯矩。

画弯矩图如图 4-17（c）所示。从图中可知，在截面 B 处弯矩最大，其值为

$$M_{max}=\frac{2}{3}Fl$$

④ 计算梁的抗弯截面系数。

压板在螺栓孔处的抗弯截面系数的值最小，此处截面对中性轴 z 轴的惯性矩为

$$I_z=\left(\frac{30\times20^3}{12}-\frac{14\times20^3}{12}\right)=1.07\times10^4\ (\text{mm}^4)$$

$$W_z=\frac{I_z}{y_{max}}=\frac{1.07\times10^4}{10}=1.07\times10^3\ (\text{mm}^3)$$

⑤ 按正应力强度条件求最大允许压紧力 $\boldsymbol{F}$。

在螺栓孔处压板横截面上的弯矩最大，同时该截面的抗弯截面系数值最小，因此该处应力最大，根据弯曲正应力强度条件，有

$$\sigma_{max}=\frac{M_{max}}{W_z}=\frac{\frac{2}{3}Fl}{W_z}\leqslant[\sigma]$$

代入数值，求得最大允许压紧力 F 为

$$F\leqslant 4494\text{N}$$

⑥ 计算压板传给工件的最大允许压紧力。

$$F_C=\frac{2}{3}F\leqslant 2996\text{N}$$

工件所受的力为 F_C 的反作用力，其大小与 F_C 相等，方向与 F_C 相反，即最大压紧力不超过 2996N。

[例 4-7] 一槽形截面铸铁梁如图 4-18（a）所示，已知 $F_1=32\text{kN}$，$F_2=12\text{kN}$，$a=1\text{m}$，横截面形心距顶边的距离 $y_c=82\text{mm}$，横截面的惯性矩 $I_z=3.97\times10^{-5}\text{m}^4$，铸铁材料的许用拉应力 $[\sigma_t]=40\text{MPa}$，许用压应力 $[\sigma_c]=120\text{MPa}$。试校核该梁的强度。

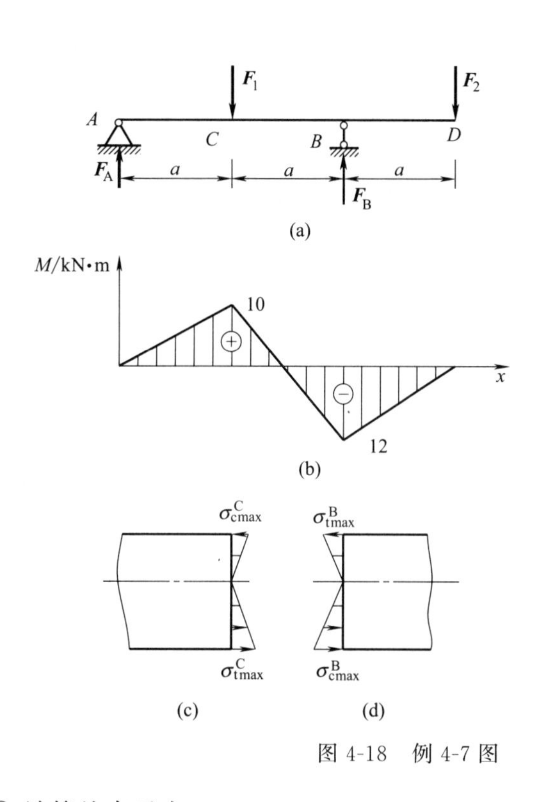

图 4-18 例 4-7 图

解： ① 计算约束反力。

由梁的平衡方程得 $F_A=10\text{kN}$，$F_B=34\text{kN}$。

② 作梁的弯矩图。

梁的弯矩图如图 4-18（b）所示。由弯矩图可见最大正弯矩在横截面 C 上，$M_C=10\text{kN}\cdot\text{m}$。最大负弯矩在横截面 B 上，$M_B=-12\text{kN}\cdot\text{m}$。

③ 计算梁的最大应力。

应力在梁 C、B 横截面上的分布情况如图 4-18（c）、（d）所示。

C 截面：

$$\sigma_{\text{tmax}}^{\text{C}}=\frac{M_{\text{C}}(h-y_{\text{c}})}{I_z}=\frac{10\times10^3\times(200-82)\times10^{-3}}{3.97\times10^{-5}}=29.7\times10^6\ (\text{Pa})=29.7\ (\text{MPa})$$

$$\sigma_{\text{cmax}}^{\text{C}}=\frac{M_{\text{C}}y_{\text{c}}}{I_z}=\frac{10\times10^3\times82\times10^{-3}}{3.97\times10^{-5}}=20.7\times10^6\ (\text{Pa})=20.7\ (\text{MPa})$$

B 截面：

$$\sigma_{\text{tmax}}^{\text{B}}=\frac{M_{\text{B}}y_{\text{c}}}{I_z}=\frac{12\times10^3\times82\times10^{-3}}{3.97\times10^{-5}}=24.8\times10^6\ (\text{Pa})=24.8\ (\text{MPa})$$

$$\sigma_{\text{cmax}}^{\text{B}}=\frac{M_{\text{B}}(h-y_{\text{c}})}{I_z}=\frac{12\times10^3\times(200-82)\times10^{-3}}{3.97\times10^{-5}}=35.7\times10^6\ (\text{Pa})=35.7\ (\text{MPa})$$

通过以上计算可知，对全梁而言，最大拉应力 σ_{tmax} 与最大压应力 σ_{cmax} 分别为

$$\sigma_{\text{tmax}}=\sigma_{\text{tmax}}^{C}=29.7\text{MPa}$$

$$\sigma_{\text{cmax}}=\sigma_{\text{cmax}}^{B}=35.7\text{MPa}$$

④ 校核梁的强度。

由于 $\sigma_{\text{tmax}}<[\sigma_{\text{t}}]$、$\sigma_{\text{cmax}}<[\sigma_{\text{c}}]$，因此，该梁满足强度要求。

4.5 梁的弯曲切应力及弯曲切应力强度条件

梁在横力弯曲时，横截面上既有弯矩又有剪力，所以该截面上既有正应力又有切应力。一般情况下正应力是决定梁强度的主要因素，切应力的影响比较小，常忽略不计。但是对于短梁或薄壁梁，切应力的影响不可忽略。因其计算公式的推导稍复杂，在此只介绍几种常用截面形状的最大切应力。

4.5.1 矩形截面梁

在如图 4-19（a）所示的矩形截面梁上，剪力 F_{S} 与横截面的对称轴 y 重合。对于横截面上切应力的分布规律作如下假设：

① 横截面上各点的切应力 τ 的方向与剪力 F_{S} 平行；

② 横截面上距中性轴等距离的各点处的切应力相等。

从这两个假设出发，可以得到切应力沿横截面高度方向按二次抛物线规律变化，如图 4-19（b）所示。距中性轴为 y 的横线上各点的切应力为

$$\tau=\frac{F_{\text{S}}}{2I_z}\left(\frac{h^2}{4}-y^2\right) \tag{4-8}$$

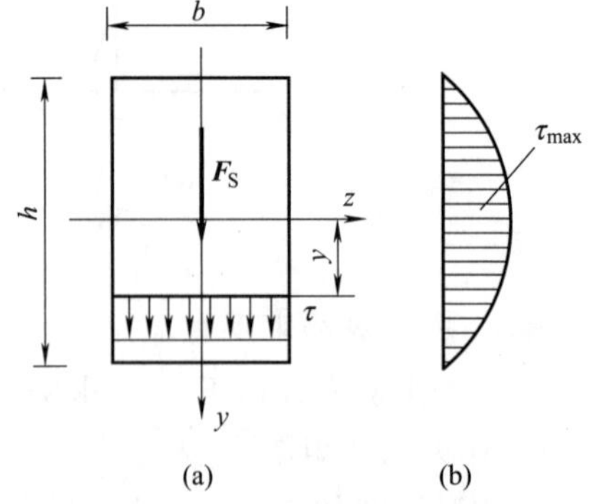

图 4-19 矩形截面梁上的切应力分布

由式（4-8）可知，横截面上、下边缘处切应力为零，而在中性轴上切应力最大，其值为

$$\tau_{\max}=\frac{3}{2}\times\frac{F_{\text{S}}}{A} \tag{4-9}$$

4.5.2　工字形截面梁

工字形截面梁是由上、下翼缘和中间腹板组成，如图 4-20（a）所示。剪力 F_S 主要分布在腹板上，腹板上的切应力沿腹板高度也按抛物线规律分布，在中性轴处切应力最大，在腹板与翼缘的连接处切应力最小［图 4-20（b）］。但最大切应力与最小切应力的差值很小，所以腹板上的切应力可近似视为均匀分布，即

$$\tau_{max} \approx \frac{F_S}{A_{腹板}} = \frac{F_S}{b_0 h_0} \tag{4-10}$$

4.5.3　圆形及圆环形截面梁

对于圆形及环形这两种截面（图 4-21），最大切应力均发生在中性轴处，其值分别为

圆形
$$\tau_{max} = \frac{4}{3} \times \frac{F_S}{A} \tag{4-11}$$

环形
$$\tau_{max} = 2 \times \frac{F_S}{A} \tag{4-12}$$

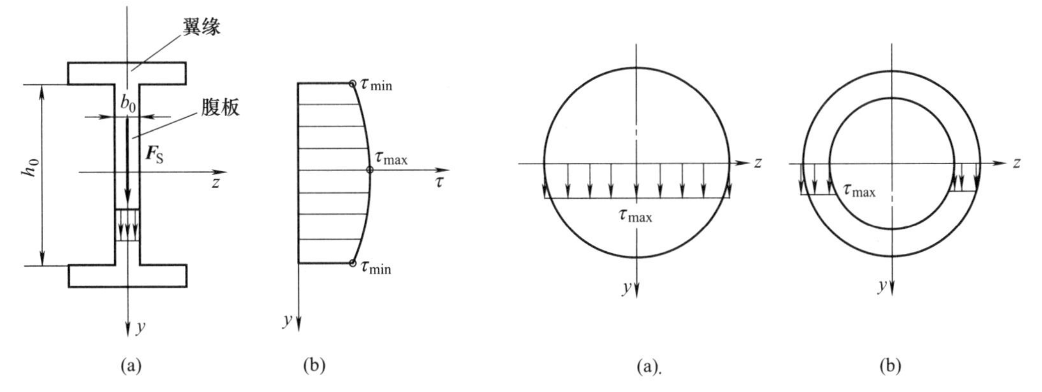

图 4-20　工字形截面梁上的切应力分布　　图 4-21　圆形及圆环形截面梁的切应力分布

4.5.4　弯曲切应力强度条件

梁的最大切应力 τ_{max} 发生在最大剪力所在的横截面的中性轴处，而该处的正应力为零，是纯剪切。所以，梁的切应力强度条件为

$$\tau_{max} \leqslant [\tau] \tag{4-13}$$

式中，$[\tau]$ 为材料的许用切应力。

4.6　梁的变形和刚度条件

在工程中，对某些受弯杆件，不仅要求它具有足够的强度，往往还要有足够的刚度。如图 4-22 所示装有齿轮的轴，若其变形过大，将影响齿轮的啮合，加速齿面和轴承的磨损，产生噪声和振动，降低寿命。但在有些情况下，常常利用弯曲变形以达到某种要求。如图 4-23 所示的叠板弹簧，需要其有较大的弹性变形以利于缓冲减振。

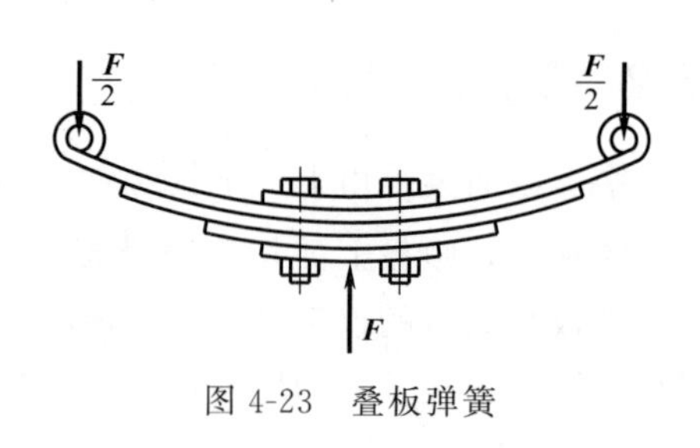

图 4-23 叠板弹簧

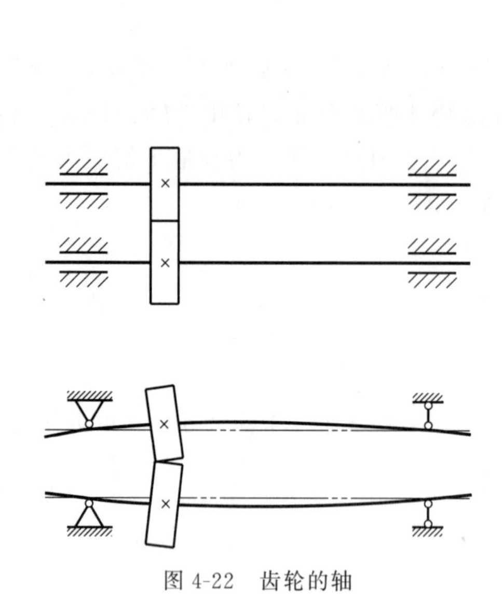
图 4-22 齿轮的轴

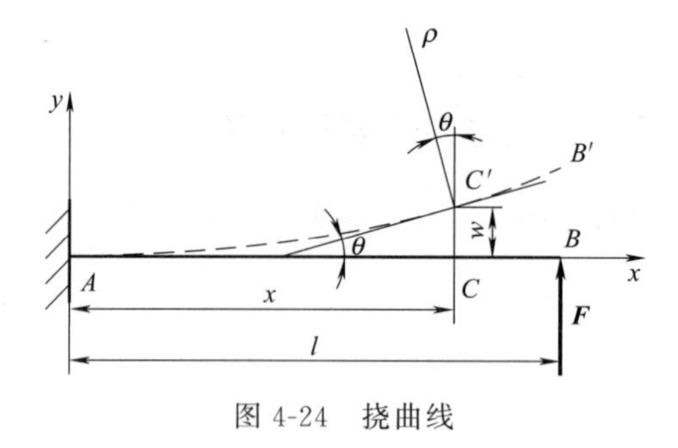

图 4-24 挠曲线

4.6.1 挠度和转角

如图 4-24 所示的悬臂梁，载荷作用在纵向对称面内，发生弯曲变形时，其轴线由直线变成一条光滑的平面曲线，此曲线称为挠曲线。

如图 4-24 所示的弯曲变形，通常由以下两个基本量来度量。

(1) 挠度

梁上任一横截面的形心在垂直于梁轴线方向的线位移，称为挠度，用符号 w 表示，单位为 m 或 mm，并规定向上为正。在不同截面上梁的挠度可能不同，用函数式表示为

$$w=w(x) \tag{4-14}$$

式（4-14）称为挠曲线方程。

(2) 转角

梁上任一横截面相对于变形前初始位置绕中性轴转过的角度，称为转角，用符号 θ 表示，单位为 rad，并规定按逆时针旋转的转角为正。在小变形情况下，有

$$\theta \approx \tan\theta = w' \tag{4-15}$$

上式表明，梁上任一横截面的转角可用挠曲线上该点处的斜率表示，且转角等于该截面处的挠度对 x 坐标的一阶导数。

4.6.2 挠曲线的微分方程

在研究梁的纯弯曲时，弯矩 M 与曲率半径 ρ 间的关系为公式（4-1），即

$$\frac{1}{\rho}=\frac{M}{EI_z}$$

式中，I_z 为截面对中性轴 z 的惯性矩，习惯直接写成 I。

对于发生横力弯曲的细长梁，剪力对弯曲变形的影响可以忽略，式（4-1）便可作为横力弯曲变形的基本方程，但此时弯矩 M 及曲率半径 ρ 皆为 x 的函数，即

$$\frac{1}{\rho(x)}=\frac{M(x)}{EI} \tag{a}$$

另外，由高等数学知，曲线 $w=w(x)$ 上任一点的曲率为

$$\frac{1}{\rho(x)}=\pm\frac{w''}{[1+(w')^2]^{3/2}} \tag{b}$$

比较式（a）与式（b），可得

$$\pm\frac{w''}{[1+(w')^2]^{3/2}}=\frac{M(x)}{EI} \tag{c}$$

式（c）称为挠曲线微分方程，适用于弯曲变形的任何情况。在工程实际中，梁的转角 $\theta=w'$ 是一个很小的量，因此 $(w')^2$ 远小于1，可忽略不计。于是上式可简化为

$$\pm w''=\frac{M(x)}{EI} \tag{d}$$

式（d）中的正负号取决于所取坐标的方向。在图4-25所示的坐标系中，向下凸的挠曲线的二阶导数 w'' 为正；向上凸的挠曲线的二阶导数 w'' 为负。再考虑到对弯矩正负号的规定，即：挠曲线向下凸时，弯矩为正；挠曲线向上凸时，弯矩为负。所以 w'' 与 $M(x)$ 始终同号，于是

$$\frac{\mathrm{d}^2w}{\mathrm{d}x^2}=\frac{M(x)}{EI} \tag{4-16}$$

式（4-16）为挠曲线的近似微分方程。

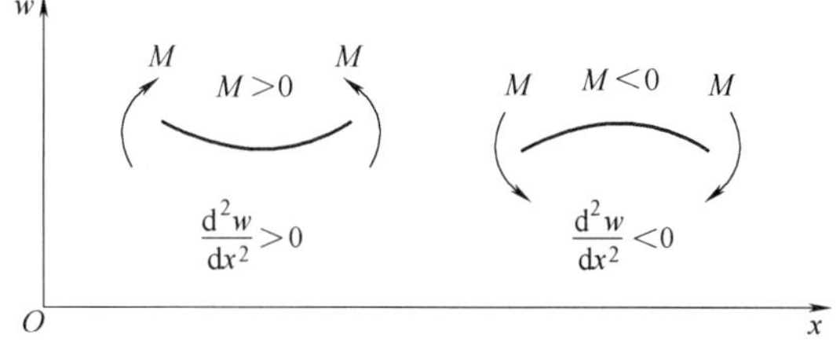

图4-25　w'' 与 $M(x)$ 的关系

4.6.3　用积分法求梁的位移

工程中常用的等直梁，EI 为常量。式（4-16）又可表示为

$$EIw''=M(x)$$

两端积分，得梁的转角方程

$$EIw'=EI\theta=\int M(x)\mathrm{d}x+C \tag{4-17}$$

再次积分，便得到挠曲线方程

$$EIw=\iint M(x)\mathrm{d}x\mathrm{d}x+Cx+D \tag{4-18}$$

式中 C 和 D 均为积分常数。

积分常数可根据梁的支撑约束条件和连续性条件来确定。例如，在固定端处，挠度和转角均为零；在铰支座处，挠度为零。这类条件称为边界条件。

在确定了积分常数后，就可得到梁的挠曲线方程和转角方程，从而可求出梁上任意截面的挠度和转角。这种求挠度和转角的方法称为积分法。

［例4-8］ 如图4-26所示的简支梁 AB，其上作用有均布载荷 q，梁长 l，梁的抗弯刚

度 EI_z 为常数，试列出梁的挠曲线方程和转角方程，并计算最大挠度和最大转角。

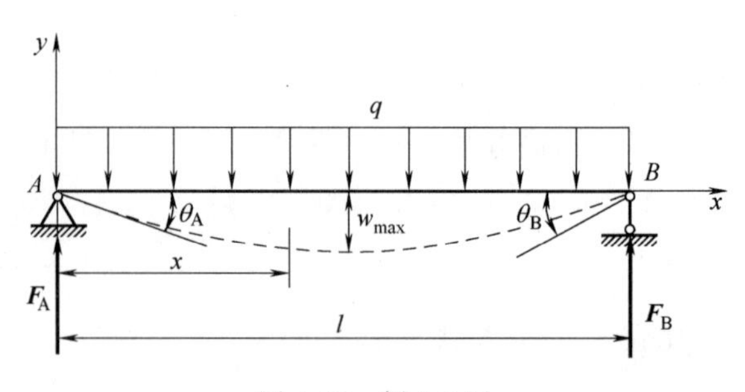

图 4-26 例 4-8 图

解： ① 列弯矩方程。建立如图 4-26 所示的坐标系，由梁的对称关系可知

$$F_A = F_B = \frac{ql}{2}$$

进而写出梁的弯矩方程为

$$M(x) = -\frac{q}{2}x^2 + \frac{ql}{2}x \quad (0 \leqslant x \leqslant l) \tag{a}$$

② 列梁的挠曲线近似微分方程并积分。

将式（a）代入式（4-16），得

$$EIw'' = M(x) = -\frac{q}{2}x^2 + \frac{ql}{2}x \tag{b}$$

式（b）积分一次得

$$EIw' = EI\theta = -\frac{q}{6}x^3 + \frac{ql}{4}x^2 + C \tag{c}$$

再积分一次得

$$EIw = -\frac{q}{24}x^4 + \frac{ql}{12}x^3 + Cx + D \tag{d}$$

③ 确定积分常数。简支梁的边界条件为两端铰支座 A、B 处的挠度均等于零，即当 $x=0$ 时，$w_A=0$；当 $x=l$ 时，$w_B=0$。

代入式（d）得 $C = -\frac{ql^3}{24}$，$D=0$

④ 列转角方程和挠曲线方程。将积分常数 C、D 的值代入式（c）、式（d），得

$$\theta = \frac{q}{24EI}(-4x^3 + 6lx^2 - l^3) \tag{e}$$

$$w = \frac{q}{24EI}(-x^4 + 2lx^3 - l^3 x) \tag{f}$$

⑤ 计算最大挠度和最大转角。AB 梁的挠曲线大致形状如图 4-26 虚线所示。因为梁上的载荷和边界条件都对称于跨度中点，挠曲线也应与该点对称。因此，挠曲线在跨度中点处切线的斜率等于零（$w'=0$），挠度为极值。将 $x=l/2$ 代入式（f）得最大挠度为

$$w_{max} = -\frac{5ql^4}{384EI}$$

在 A、B 两端，截面转角的数值相等，符号相反，且绝对值最大。将 $x=0$ 和 $x=l$ 代入式（e），得

$$\theta_{max} = -\theta_A = \theta_B = \frac{ql^3}{24EI}$$

4.6.4 用叠加法求梁的位移

在弯曲变形很小且材料服从胡克定律的情况下，可用叠加法计算梁的位移。即先分别

计算每一种简单载荷单独作用下梁上同一位置处的挠度和转角，再将它们的代数值分别相加，就得出在复杂载荷作用下梁的挠度和转角。

梁在简单载荷作用下的挠度和转角可从表 4-2 中查得。

表 4-2 简单载荷作用下梁的挠度和转角（挠度以竖直向上为正）

序号	梁的简图	挠曲线方程	端面转角	最大挠度
1	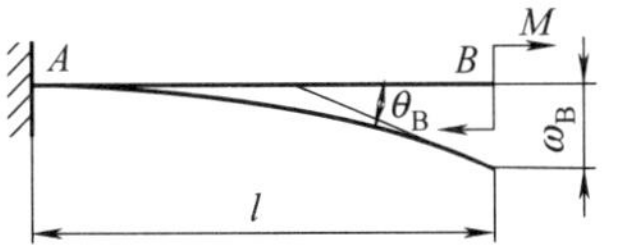	$w(x)=-\frac{Mx^2}{2EI}$	$\theta_B=-\frac{Ml}{EI}$	$w_B=-\frac{Ml^2}{2EI}$
2	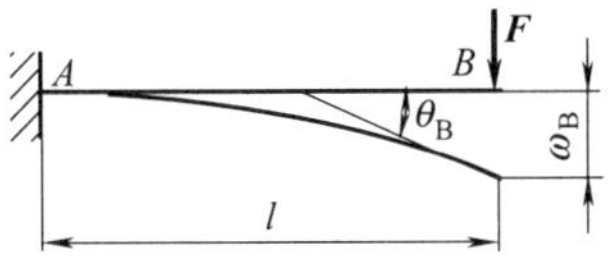	$w(x)=\frac{-Fx^2}{6EI}(3l-x)$	$\theta_B=-\frac{Fl^2}{2EI}$	$w_B=-\frac{Fl^3}{3EI}$
3	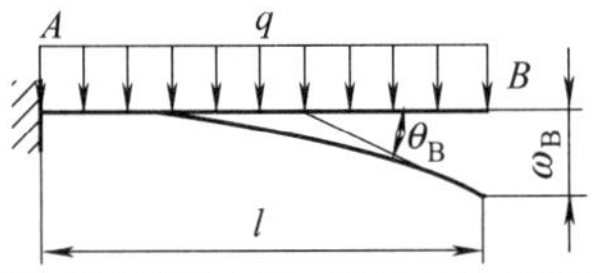	$w(x)=-\frac{qx^2}{24EI}(x^2-4lx+6l^2)$	$\theta_B=-\frac{ql^3}{6EI}$	$w_B=-\frac{ql^4}{8EI}$
4	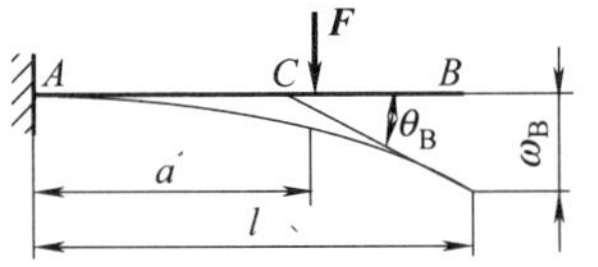	$w(x)=-\frac{Fx^2}{6EI}(3a-x)$ $0\leqslant x\leqslant a$ $w(x)=-\frac{Fa^2}{6EI}(3x-a)$ $a\leqslant x\leqslant l$	$\theta_B=-\frac{Fa^2}{2EI}$	$w_B=-\frac{Fa^2}{6EI}(3l-a)$
5	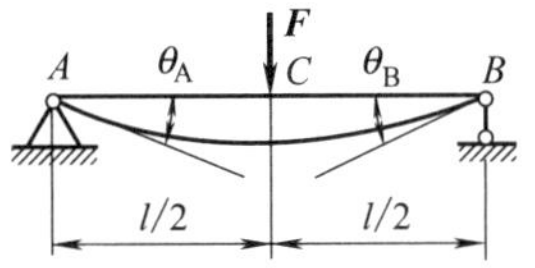	$w(x)=-\frac{Fx}{48EI}(3l^2-4x^2)$ $0\leqslant x\leqslant l/2$	$\theta_A=-\theta_B=-\frac{Fl^2}{16EI}$	$w_C=-\frac{Fl^3}{48EI}$
6	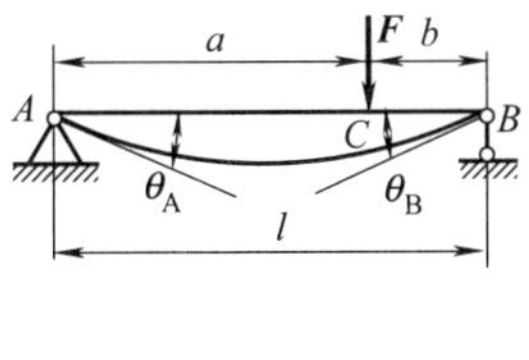	$w(x)=-\frac{Fbx}{6EIl}(l^2-x^2-b^2)$ $0\leqslant x\leqslant a$ $w(x)=-\frac{Fb}{6EIl}\left[\frac{l}{b}(x-a)^3+(l^2-b^2)x-x^3\right]$ $a\leqslant x\leqslant l$	$\theta_A=-\frac{Fab(l+b)}{6EIl}$ $\theta_B=\frac{Fab(l+a)}{6EIl}$	设 $a>b$ $x=\sqrt{\frac{l^2-b^2}{3}}$ 处 $w_{max}=-\frac{Fb\sqrt{(l^2-b^2)^3}}{9\sqrt{3}EIl}$ $x=\frac{l}{2}$ 处 $w_{中}=-\frac{Fb(3l^2-4b^2)}{48EI}$
7	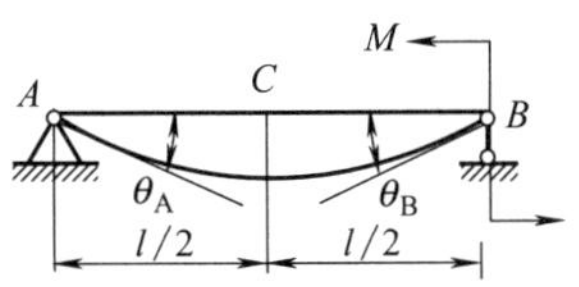	$w(x)=-\frac{Mx}{6EIl}(l^2-x^2)$	$\theta_A=-\frac{Ml}{6EI}$ $\theta_B=\frac{Ml}{3EI}$	$x=\frac{l}{\sqrt{3}}$ 处 $w_{max}=-\frac{Ml^2}{9\sqrt{3}EI}$ $x=\frac{l}{2}$ 处 $w_{中}=-\frac{Ml^2}{16EI}$

续表

序号	梁的简图	挠曲线方程	端面转角	最大挠度
8	q A B θ_A l θ_B	$w(x)=-\frac{qx}{24EI}(l^3-2lx^2+x^3)$	$\theta_A=-\theta_B=-\frac{ql^3}{24EI}$	$w=-\frac{5ql^4}{384EI}$
9	M A B θ_A θ_B a b l	$w(x)=\frac{Mx}{6EIl}(l^2-3b^2-x^2)$ $0\leqslant x\leqslant a$ $w(x)=-\frac{M(l-x)}{6EIl}[l^2-3a^2-(l-x)^2]$ $a\leqslant x\leqslant l$	$\theta_A=\frac{M}{6EIl}(l^2-3b^2)$ $\theta_B=\frac{M}{6EIl}(l^2-3a^2)$	$x=\sqrt{\frac{l^2-3b^2}{3}}$处 $w_{max}=\frac{M(l^2-3b^2)^{3/2}}{9\sqrt{3}EIl}$ $x=\sqrt{\frac{l^2-3a^2}{3}}$处 $w_{max}=\frac{-M(l^2-3a^2)^{3/2}}{9\sqrt{3}EIl}$
10	F A B θ_A θ_B θ_C ω_C l a	$w(x)=\frac{Fax}{6EIl}(l^2-x^2)$ $0\leqslant x\leqslant l$ $w(x)=-\frac{F(x-l)}{6EI}[a(3x-l)-(x-l)^2]$ $l\leqslant x\leqslant(l+a)$	$\theta_A=-\frac{1}{2}\theta_B=\frac{Fal}{6EI}$ $\theta_C=-\frac{Fa}{6EI}(2l+3a)$	$w_C=-\frac{Fa^2}{3EI}(l+a)$ 在 $x=\frac{l}{\sqrt{3}}$处 $w(x)=\frac{Fal^2}{9\sqrt{3}EI}$
11	M A B C θ_A θ_B θ_C ω_C l a	$0\leqslant x\leqslant l$ $w=-\frac{Mx}{6lEI}(l^2-x^2)$ $l\leqslant x\leqslant l+a$ $w=\frac{M}{6EI}(3x^2-4lx+l^2)$	$\theta_A=\frac{-Ml}{6EI}$ $\theta_B=\frac{Ml}{3EI}$ $\theta_C=\frac{M}{3EI}(l+3a)$	在 $x=\frac{l}{\sqrt{3}}$处 $w=\frac{-Ml^2}{9\sqrt{3}EI}$ 在 $x=l+a$ 处 $w_C=\frac{Ma}{6EI}(2l+3a)$
12	q A B C θ_A θ_B θ_C ω_C l a	$0\leqslant x\leqslant l$ $w=\frac{qa^2}{12EI}\left(lx-\frac{x^3}{l}\right)$ $l\leqslant x\leqslant l+a$ $w=-\frac{qa^2}{12EI}\left[\frac{x^3}{l}-\frac{(2l+a)(x-l)^3}{al}+\frac{(x-l)^4}{2a^2}-lx\right]$	$\theta_A=+\frac{qa^2l}{12EI}$ $\theta_B=-\frac{qa^2l}{6EI}$ $\theta_C=-\frac{qa^2}{6EI}(l+a)$	在 $x=\frac{l}{\sqrt{3}}$处 $w=\frac{qa^2l^2}{18\sqrt{3}EI}$ 在 $x=l+a$ 处 $w_C=\frac{qa^3}{24EI}(3a+4l)$

[例 4-9] 图 4-27（a）所示的简支梁受集中载荷 $\boldsymbol{F}$ 和均布载荷 q 作用，已知梁的长度为 l，抗弯刚度 EI 为常数。求梁中点 C 的挠度及截面 A 的转角。

解： 图 4-27（a）相当于图 4-27（b）和图 4-27（c）两种受力情况的叠加。

① 计算分布载荷和集中载荷单独作用下梁中点的挠度和截面 A 的转角

查表 4-2，得

$$w_{Cq}=-\frac{5ql^4}{384EI},\ \theta_{Aq}=-\frac{ql^3}{24EI}$$

$$w_{CF}=-\frac{Fl^3}{48EI},\ \theta_{AF}=-\frac{Fl^2}{16EI}$$

② 应用叠加法求梁跨中点 C 的挠度及截面 A 的转角

$$w_C=w_{Cq}+w_{CF}=-\frac{5ql^4}{384EI}-\frac{Fl^3}{48EI}$$

$$\theta_A=\theta_{Aq}+\theta_{AF}=-\frac{ql^3}{24EI}-\frac{Fl^2}{16EI}$$

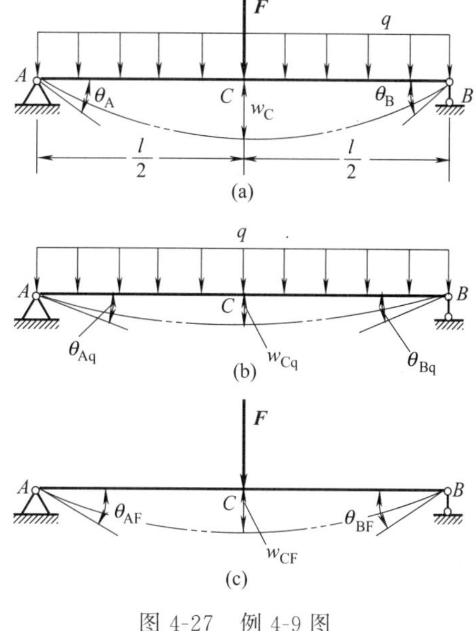

图 4-27 例 4-9 图

4.6.5 梁的刚度条件

在工程实际中，对梁的刚度要求，就是根据不同的技术需要，限制其最大挠度和最大转角（或特定截面的挠度和转角）不超过规定的数值，即

$$|w|_{max}\leqslant[w] \tag{4-19}$$

$$|\theta|_{max}\leqslant[\theta] \tag{4-20}$$

式中，$|w|_{max}$ 和 $|\theta|_{max}$ 为梁产生的最大挠度和最大转角的绝对值；$[w]$ 和 $[\theta]$ 分别为对梁规定的许用挠度和许用转角，其值可从有关手册或规范中查得。

在工程上，通常先按强度条件设计截面尺寸，然后按刚度条件进行校核。也可分别按强度条件和刚度条件设计截面尺寸，然后选择其中的较大者。

[例 4-10] 图 4-28（a）所示的矩形截面悬臂梁承受均布载荷 q 作用，已知 $q=10\text{kN/m}$，$l=3\text{m}$，$E=196\text{GPa}$，$[\sigma]=118\text{MPa}$，最大挠度与梁跨度的比值应不超过 1/250，试设计截面尺寸（$h=2b$）。

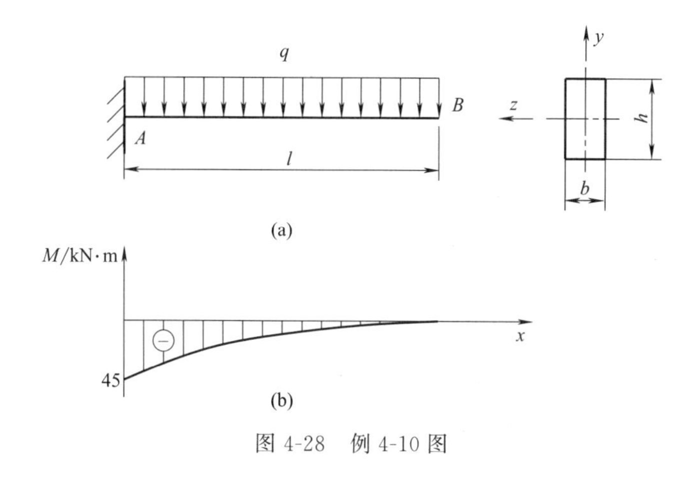

图 4-28 例 4-10 图

解： ① 按强度条件设计。

强度条件为

$$\sigma_{max}=\frac{M_{max}}{W_z}\leqslant[\sigma]$$

绘制梁的弯矩图如图 4-28（b）所示，由弯矩图可知最大弯矩为

$$M_{\max}=\frac{1}{2}ql^{2}=\frac{1}{2}\times10\times3^{2}=45\ (\text{kN}\cdot\text{m})$$

矩形截面抗弯截面系数为

$$W_{z}=\frac{bh^{2}}{6}=\frac{b(2b)^{2}}{6}=\frac{2b^{3}}{3}$$

于是，有

$$b\geqslant\sqrt[3]{\frac{3M_{\max}}{2[\sigma]}}=\sqrt[3]{\frac{3\times45\times10^{3}}{2\times118\times10^{6}}}=83.0\times10^{-3}(\text{m})=83.0\ (\text{mm})$$

$$h=2b=166\text{mm}$$

② 按刚度条件设计。

刚度条件为
$$\frac{w_{\max}}{l}\leqslant\frac{1}{250}$$

由表 4-2 中受均布载荷作用的悬臂梁的计算结果，查得

$$w_{\max}=\frac{ql^{4}}{8EI}$$

矩形截面的惯性矩为

$$I=\frac{bh^{3}}{12}=\frac{b(2b)^{3}}{12}=\frac{2b^{4}}{3}$$

于是，有

$$\frac{ql^{3}}{8EI}\leqslant\frac{1}{250}$$

$$b\geqslant\sqrt[4]{\frac{3\times250ql^{3}}{2\times8E}}=\sqrt[4]{\frac{3\times250\times10\times10^{3}\times3^{3}}{2\times8\times196\times10^{9}}}=89.6\times10^{-3}\ (\text{m})=89.6\ (\text{mm})$$

取 $b=90\text{mm}$，则 $h=2b=180\text{mm}$。

③ 根据强度条件和刚度条件的设计结果，确定截面尺寸。

比较上述设计结果，应取刚度条件设计所得到的尺寸作为梁的最终截面尺寸，即 $b=90\text{mm}$，$h=180\text{mm}$。

4.7 提高梁的弯曲强度和减小梁的弯曲变形的措施

一般情况下，梁的强度是由弯曲正应力控制的，所以提高梁的强度就是在满足梁的承载能力的前提下，尽可能降低梁的弯曲正应力，从而实现既经济又安全的合理设计。根据正应力强度条件 $\sigma_{\max}=M_{\max}/W_{z}\leqslant[\sigma]$ 可以看出，提高梁的强度的主要途径，应从减小最大弯矩 $M_{\max}$ 和增大抗弯截面系数 W_{z} 这两个方面考虑。而梁的变形与梁的跨度 l 的高次方成正比，与梁的抗弯刚度 EI 成反比。

(1) 减小最大弯矩值

① 合理布置载荷。如图 4-29（a）所示的传动轴，当集中载荷位于梁跨中点时，梁因集中载荷 F 而引起的最大弯矩为 $Fl/4$；如果将集中载荷尽量安装在靠近支座的地方，例

如，在距左端支座 $l/6$ 处［图 4-29（b）］，其最大弯矩则为 $5Fl/36$。若在梁的中部设置一根辅梁［图 4-29（c）］，则梁的最大弯矩下降为 $Fl/8$，减小为原来的一半。

② 合理布置支座及增加约束。如图 4-30（a）所示的受均布载荷的简支梁，最大弯矩为 $M_{\max}=ql^2/8$。若将两端支座各向里移动 $0.2l$，如图 4-30（b）所示，则最大弯矩减小为 $M_{\max}=ql^2/40$，这仅是原来最大弯矩的 1/5。卧式压力容器的支承点向中间移动一段距离，就是这个道理。当支座内移后，梁的跨度随之缩短，由于梁的挠度与跨度的高次方成正比，将明显减小其挠度。

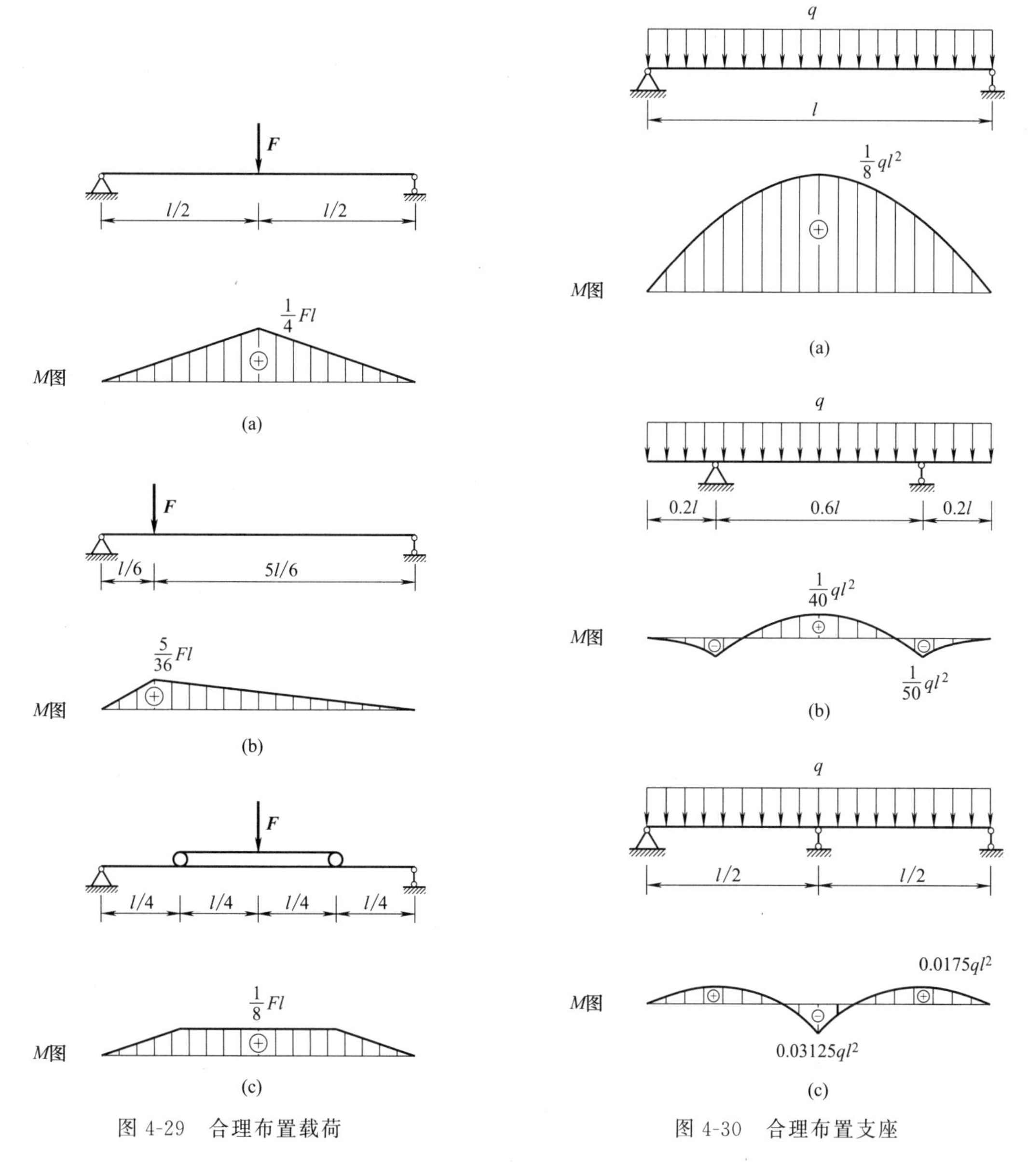

图 4-29　合理布置载荷　　　　图 4-30　合理布置支座

通过增加约束的方法不但可减小梁的弯矩，还可减小梁的挠度，因此可同时提高梁的强度和刚度。如图 4-30（c）在简支梁中间增加一个支座。在车削细长工件时，除用顶尖外，有时还加用中心架或跟刀架，以减小工件的变形，提高加工精度。须注意的是，为提高抗弯刚度而增加支承后，将使杆件由原来的静定梁变为超静定梁。

(2) 提高抗弯截面系数

从弯曲强度方面考虑，比较合理的截面形状是使用较小的横截面面积 A（用料最省）获得较大的抗弯截面系数。对各种不同形状的截面，可用 W_z/A 的值来比较它们的合理性。常用的几种截面形状的 W_z 和 A 的比值见表 4-3。

表 4-3 几种截面的 W_z 和 A 的比值

截面形状	矩形(竖放)	圆形	槽钢	工字钢
W_z/A	$0.167h$	$0.125d$	$(0.27\sim0.31)h$	$(0.27\sim0.31)h$

比较上表数据可见，采用矩形截面比圆形截面合理，而工字形钢又比矩形截面合理，这是因为在距中性轴越远的地方正应力越大。为了更好地发挥材料的作用，应尽可能地将材料放在离中性轴较远的地方。

同理，对于抗拉强度低于抗压强度的脆性材料（如铸铁），宜采用中性轴偏于受拉一侧的截面，如图 4-31 中所示的一些截面。

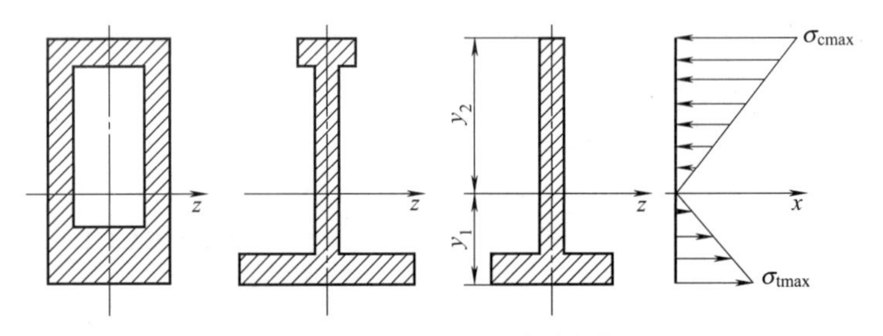

图 4-31 中性轴不是对称轴的截面

为减小弯曲变形，应增大梁的抗弯刚度 EI。显然，弯曲变形与材料的弹性模量 E 有关。因此，可采用弹性模量大的材料，例如用钢梁代替铝梁。但各种钢材的弹性模量 E 大致相同，因此为提高抗弯刚度而采用高强度钢材，并不能达到预期的效果。

(3) 采用变截面梁

等直梁的截面尺寸是根据危险截面上最大弯矩设计的，除危险截面外，其他截面的弯矩都比较小，在这些截面，材料都未得到充分利用。为了节省材料，减轻自重，从强度观点考虑，可以在弯矩较小的截面，采用较小的尺寸。这种横截面尺寸沿着轴线变化的梁称为变截面梁。

当梁的各横截面上的最大正应力均等于材料的许用应力时，该变截面梁称为等强度梁。显然，这种梁的材料消耗最少，重量最轻，也是最合理的。但实际上，由于结构和工艺原因，应用理想的等强度梁是有困难的，一般只能近似地做成等强度要求的形式。例如建筑结构中的鱼腹梁（图 4-32），机械中的阶梯轴（图 4-33）等。

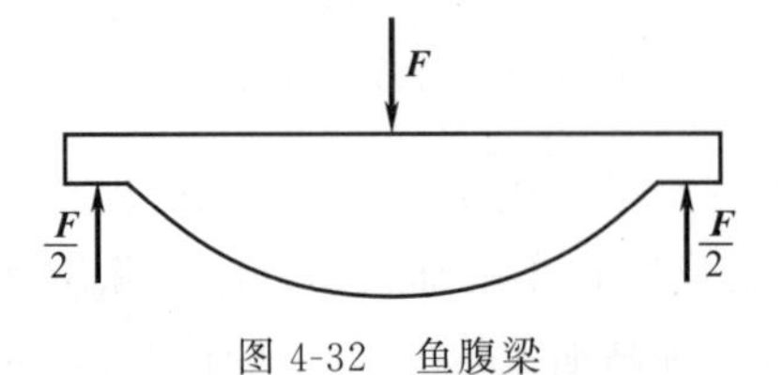

图 4-32 鱼腹梁

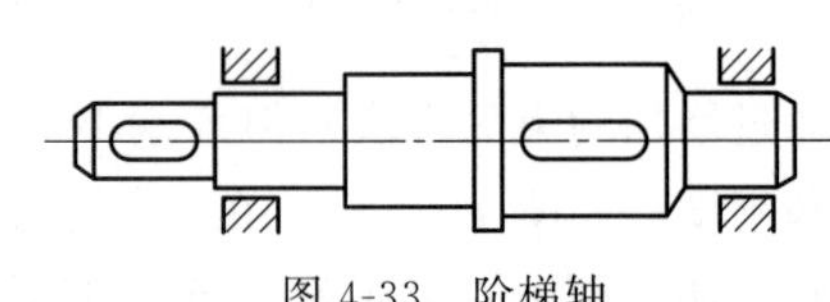

图 4-33 阶梯轴

思考题与习题

4-1　在推导平面弯曲正应力公式时，作了平面假设，试简述其内容。

4-2　试分析梁在纯弯曲时，弯曲正应力公式的适用范围。此公式在何种条件下可推广到横力弯曲中？

4-3　如何提高梁的弯曲强度以及减小梁的弯曲变形？

4-4　试计算图4-34所示各梁指定横截面的剪力和弯矩。

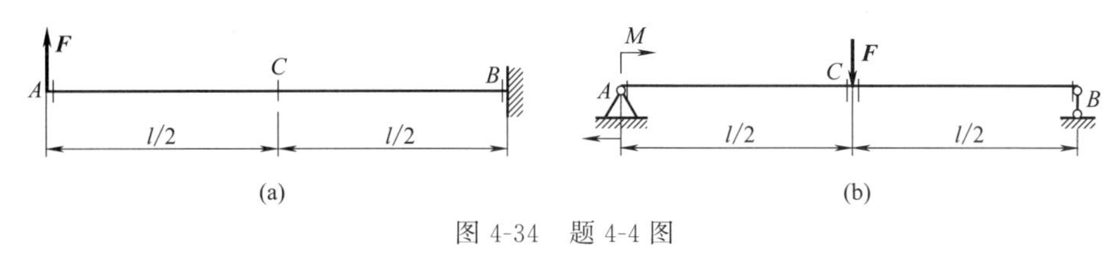

图4-34　题4-4图

4-5　试建立图4-35所示各梁的剪力、弯矩方程，并绘制剪力、弯矩图。

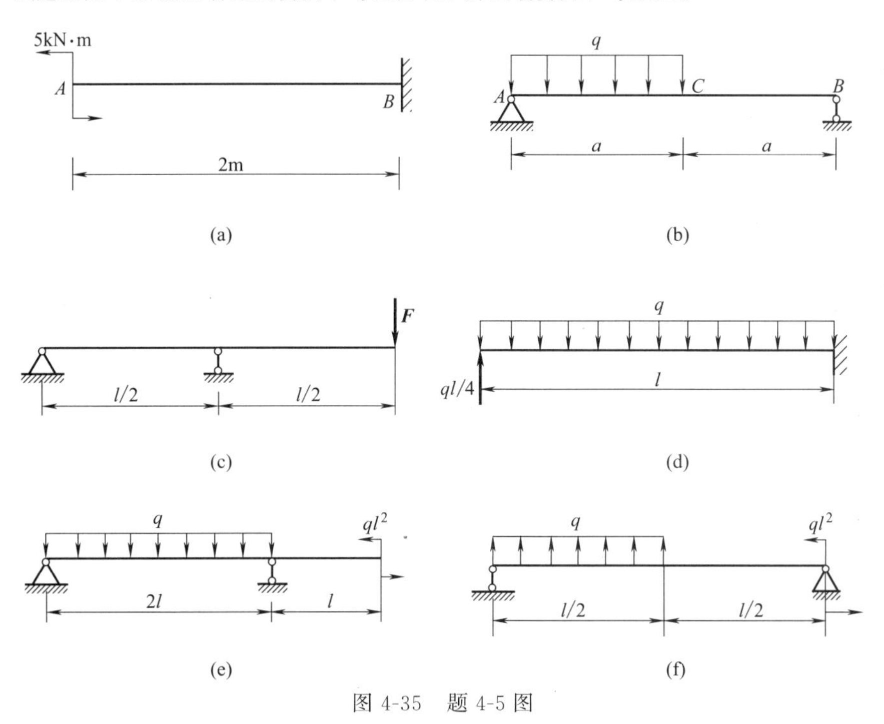

图4-35　题4-5图

4-6　如图4-36所示为一悬臂梁，已知 $q=600\text{N/m}$，$F=1\text{kN}$，$l=2\text{m}$，图中的其余尺寸单位为mm。求：梁的 C 截面上 D、E 两点的正应力。

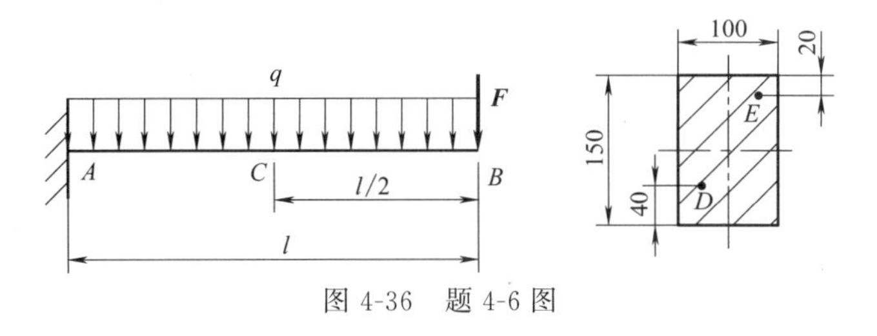

图4-36　题4-6图

4-7　如图 4-37 所示为一工字形钢梁，跨中作用集中力 $F=20\text{kN}$，跨长 $l=6\text{m}$，工字钢的型号为 20a。求梁的最大正应力。

4-8　一矩形截面梁如图 4-38 所示。已知：$F=2\text{kN}$，$h=3b$，$[\sigma]=8\text{MPa}$，试设计截面尺寸。

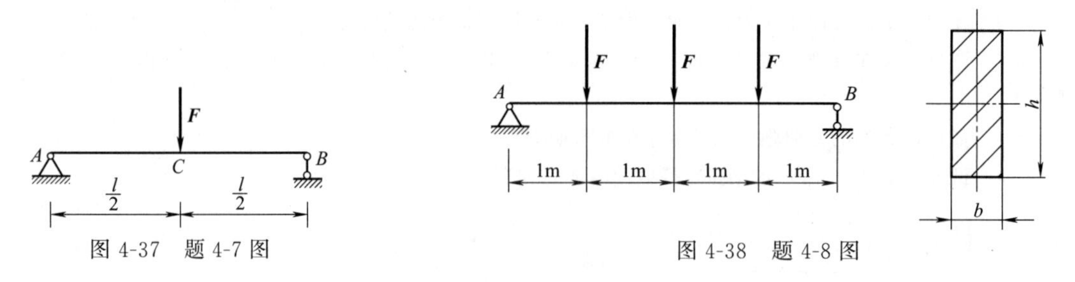

图 4-37　题 4-7 图　　　图 4-38　题 4-8 图

4-9　悬臂梁 AB 受力如图 4-39 所示，其中 $F=10\text{kN}$，$M=70\text{kN}\cdot\text{m}$，$a=3\text{m}$，$C_0$ 为截面形心，截面对中性轴的惯性矩 $I_z=1.02\times10^8\text{mm}^4$，材料的许用拉应力 $[\sigma_t]=40\text{MPa}$，许用压应力 $[\sigma_c]=120\text{MPa}$。试校核梁的强度。

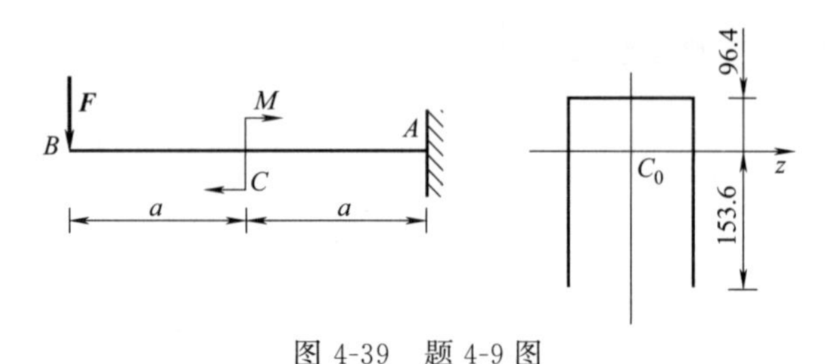

图 4-39　题 4-9 图

4-10　图 4-40 所示的梁 AB 由 10 号工字钢制成，在 C 处用铰链与钢制圆杆 CD 连接，CD 杆在 D 处用铰链悬挂。已知圆杆直径 $d=20\text{mm}$，梁和杆的许用应力均为 $[\sigma]=160\text{MPa}$。试计算载荷 F 的最大值。

4-11　工字钢截面外伸梁 AC 承受载荷如图 4-41 所示，$M=40\text{kN}\cdot\text{m}$，$q=20\text{kN/m}$。材料的许用弯曲正应力 $[\sigma]=170\text{MPa}$。试根据弯曲正应力强度条件选择工字钢的型号。

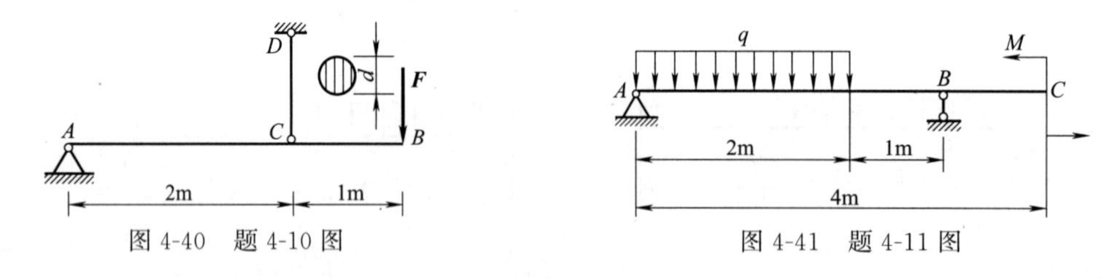

图 4-40　题 4-10 图　　　图 4-41　题 4-11 图

4-12　计算如图 4-42 所示各梁截面 B 的挠度和转角。

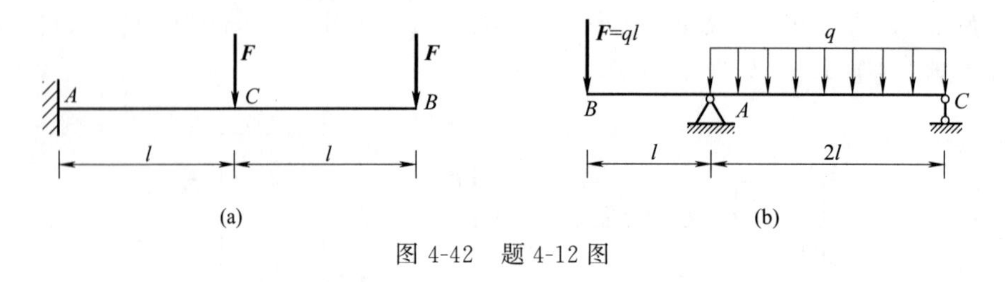

图 4-42　题 4-12 图

第5章 应力状态分析和强度理论

5.1 应力状态的概念

对直杆轴向拉伸的应力分析表明，构件内同一点在不同方位的斜截面上，应力是不同的。又通过材料的力学性能实验可知：低碳钢试样拉伸至屈服时，会出现与轴线成45°的滑移线，而铸铁试样在拉伸时是沿横截面断裂的；低碳钢圆轴扭转时，断口与试样轴线垂直，而铸铁圆轴扭转时断口却为45°螺旋面。为解释这些破坏现象，并建立各种变形情况下的强度条件，必须对构件内某点处的应力进行分析。通过受力构件内一点的所有截面上的应力集合，称为一点的应力状态。

分析一点的应力状态时，通常围绕该点取一个正六面体，称为单元体。当单元体边长趋于零时，它便趋于构件上的一个“点”。由于单元体的尺寸无穷小，所以作用在单元体每个面上的应力可认为是均匀分布的，且可认为相互平行的一对面上的应力大小相等、方向相反。根据单元体的受力平衡，可证明切应力互等定理，即：在相互垂直的一对面上，切应力同时存在，且都垂直于两个平面的交线，切应力的大小相等，方向共同指向或共同背离这一交线。

如图5-1所示，从轴向拉伸杆内 A 点截取单元体，即围绕该点沿杆的横向、纵向及前后截取单元体，左右侧面仅有正应力 $\sigma=F/A$，其他各面上无应力，故该单元体可以充分反映 A 点的应力状态。由于前后侧面应力为零，所以将图5-1（b）单元体用平面单元体表示，如图5-1（c）所示。

若从复杂受力构件内截取单元体，一般情况下单元体各面上均有应力，如图5-2所示。

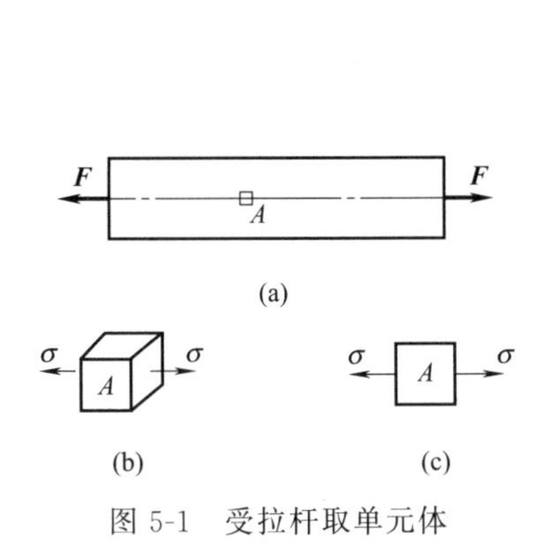

图5-1 受拉杆取单元体

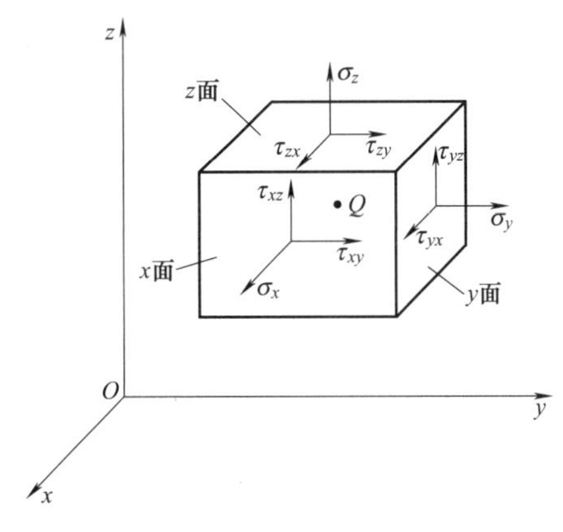

图5-2 复杂受力构件的单元体

在一点处所有方位的截面上，存在三个相互垂直的截面，其上只有正应力而没有切应力，这些截面称为主平面。

主平面上的正应力称为主应力。一点处的三个主应力依次用 σ_1、σ_2、σ_3 表示，且按代数值的大小排列，即 $\sigma_1 \geqslant \sigma_2 \geqslant \sigma_3$。根据主应力情况，应力状态分为三类。

① 单向应力状态：三个主应力中，仅有一个主应力不为零。

② 平面应力状态（二向应力状态）：有两个主应力不为零，另一个主应力为零。

③ 空间应力状态（三向应力状态）：三个主应力都不为零。

单向应力状态也称为简单应力状态，二向和三向应力状态也统称为复杂应力状态。

5.2 平面应力状态分析

平面应力状态是工程中最常见的应力状态。分析平面应力状态的常用方法有两种——解析法和图解法。

5.2.1 解析法

图 5-3（a）所示的单元体处于平面应力状态。σ_x 和 τ_{xy} 是法线与 x 轴平行的面上的应力，σ_y 和 τ_{yx} 是法线与 y 轴平行的面上的应力。z 面为主平面，且对应的主应力为零。τ_{xy} 有两个角标，第一个角标 x 表示切应力作用平面的法线的方向，第二个角标 y 表示切应力的方向平行于 y 轴。若 σ_x、τ_{xy} 和 σ_y 均为已知，现求此单元体任意斜截面 ef 上的应力。

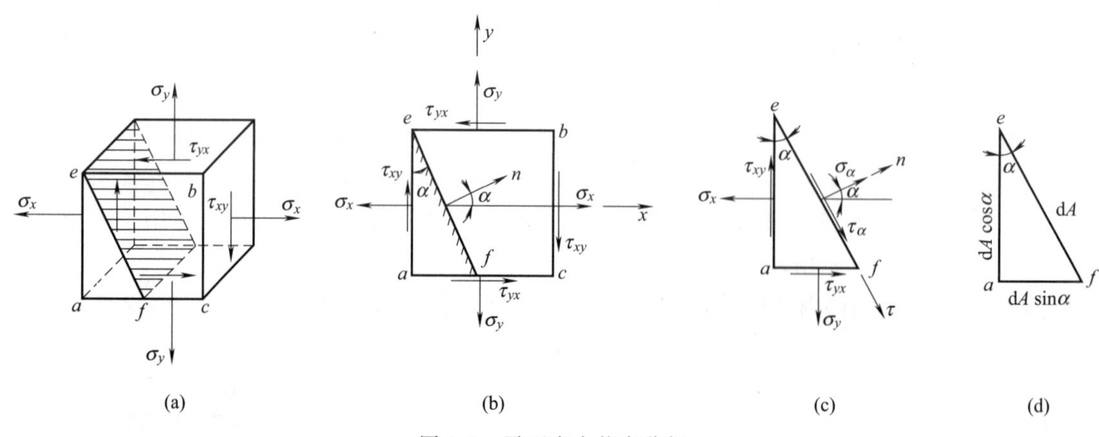

图 5-3 平面应力状态分析

图 5-3（b）为单元体的正投影。任意斜截面 ef 的外法线 n 与 x 轴正向的夹角为 α。规定：由 x 轴转到截面外法线 n 为逆时针转向时，α 为正，反之为负。由截面 ef 把单元体分成两部分，并研究 aef 部分的平衡。斜截面 ef 上的应力用正应力 σ_α 和切应力 τ_α 来表示［图 5-3（c）］。应力的符号规定为：正应力以拉应力为正而压应力为负；切应力对单元体内任意点以顺时针转向时为正，反之为负。设斜截面 ef 的面积为 $\mathrm{d}A$，则 ae 面与 af 面的面积分别为 $\mathrm{d}A\cos\alpha$ 与 $\mathrm{d}A\sin\alpha$［图 5-3（d）］。aef 部分的受力如图 5-3（c）所示，把作用于 aef 部分上的力向 ef 面的外法线 n 和切线 τ 的方向投影并考虑其平衡，所列平衡

方程为

$$\sum F_n=0 \quad \sigma_\alpha dA-(\sigma_x dA\cos\alpha)\cos\alpha+(\tau_{xy} dA\cos\alpha)\sin\alpha$$
$$+(\tau_{yx} dA\sin\alpha)\cos\alpha-(\sigma_y dA\sin\alpha)\sin\alpha=0$$
$$\sum F_\tau=0 \quad \tau_\alpha dA-(\sigma_x dA\cos\alpha)\sin\alpha-(\tau_{xy} dA\cos\alpha)\cos\alpha$$
$$+(\tau_{yx} dA\sin\alpha)\sin\alpha+(\sigma_y dA\sin\alpha)\cos\alpha=0$$

根据切应力互等定理，τ_{xy} 和 τ_{yx} 在数值上相等，以 τ_{xy} 代替 τ_{yx}，并利用三角函数公式

$$\sin^2\alpha=\frac{1-\cos2\alpha}{2}，\cos^2\alpha=\frac{1+\cos2\alpha}{2}，\sin2\alpha=2\sin\alpha\cos\alpha$$

化简上述两个平衡方程得

$$\sigma_\alpha=\frac{\sigma_x+\sigma_y}{2}+\frac{\sigma_x-\sigma_y}{2}\cos2\alpha-\tau_{xy}\sin2\alpha \tag{5-1}$$

$$\tau_\alpha=\frac{\sigma_x-\sigma_y}{2}\sin2\alpha+\tau_{xy}\cos2\alpha \tag{5-2}$$

式（5-1）、式（5-2）是计算平面应力状态下斜截面上应力的公式，它适用于所有平面应力状态。在应用公式时要注意应力及斜截面方位角的正负。

5.2.2 图解法

平面应力状态分析的图解法也称应力圆法。

(1) 应力圆方程

由式（5-1）和式（5-2）可以看出，斜截面上的正应力 σ_α 和切应力 τ_α 随 α 角的改变而变化，即 σ_α 和 τ_α 都是 α 的函数。公式（5-1）和式（5-2）可改写成以下形式

$$\sigma_\alpha-\frac{\sigma_x+\sigma_y}{2}=\frac{\sigma_x-\sigma_y}{2}\cos2\alpha-\tau_{xy}\sin2\alpha$$

$$\tau_\alpha=\frac{\sigma_x-\sigma_y}{2}\sin2\alpha+\tau_{xy}\cos2\alpha$$

将上面两式等号两边平方后相加，便可消去 α，得

$$\left(\sigma_\alpha-\frac{\sigma_x+\sigma_y}{2}\right)^2+\tau_\alpha^2=\left(\frac{\sigma_x-\sigma_y}{2}\right)^2+\tau_{xy}^2 \tag{5-3}$$

因为 σ_x、σ_y、τ_{xy} 皆为已知量，所以式（5-3）是一个以 σ_α 和 τ_α 为变量的圆的参数方程。若以横坐标表示 σ，纵坐标表示 τ，则圆心坐标为 $\left(\frac{\sigma_x+\sigma_y}{2}, 0\right)$，半径为 $\sqrt{\left(\frac{\sigma_x-\sigma_y}{2}\right)^2+\tau_{xy}^2}$，这个圆称为应力圆，或称莫尔（O. Mohr）应力圆。

(2) 应力圆的画法

以图5-4（a）所示的单元体为例说明应力圆的画法。首先建立 σ-τ 直角坐标系，然后按选定的比例尺在 σ-τ 坐标系中定出两点 $D(\sigma_x, \tau_{xy})$ 和 $D'(\sigma_y, \tau_{yx})$，它们分别代表单元体上的 x 截面和 y 截面的应力。再然后连接 D、D' 两点，交 σ 轴于 C 点。最后以 C 点为圆心，CD 为半径作圆，此圆即为图5-4（a）所示单元体的应力圆。

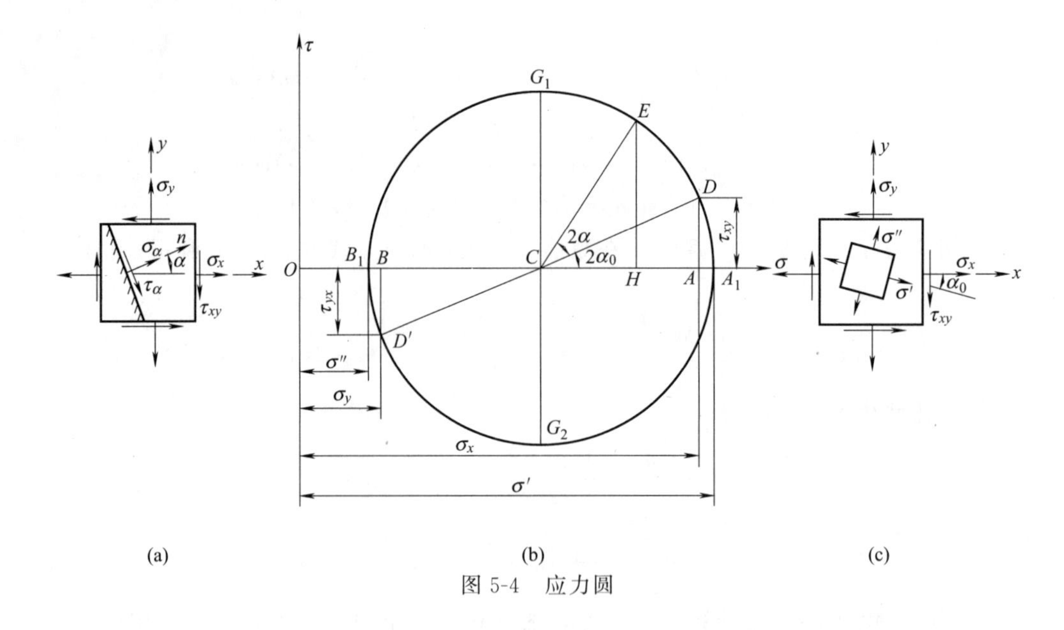

图 5-4 应力圆

应力圆上的点的坐标值与单元体内任意斜截面上应力之间存在着如下的对应关系。

① 应力圆上某个点的横坐标和纵坐标分别对应单元体某截面上的正应力和切应力，这种关系简称为“点面对应”关系。如应力圆上的 D 点的横坐标和纵坐标分别对应单元体上以 x 轴为法线的右侧面或左侧面上的正应力和切应力。

② 从应力圆某一半径线到另一半径线的转向与单元体两对应截面法线的转向相同。

③ 应力圆上半径线转过的角度，等于单元体截面外法线转过角度的 2 倍。从图 5-4 可以看出，在应力圆上 CD 顺时针转至 CD'，转过 180°，对应单元体上右侧面外法线顺时针转至下侧面外法线，转过 90°。

(3) 斜截面上的应力

应力圆确定后，欲求图 5-4（a）所示的单元体 α 斜截面上的应力，可将应力圆的半径线 CD 沿单元体方位角 α 相同的转向旋转 2α 至 CE 处，则 E 点的横坐标 OH 及纵坐标 HE 分别代表 α 斜截面上的正应力 σ_α 和切应力 τ_α。证明如下。

$OH=OC+CH=OC+CE\cos(2\alpha_0+2\alpha)=OC+CE\cos2\alpha_0\cos2\alpha-CE\sin2\alpha_0\sin2\alpha$ 因为 CE 和 CD 都是同一个圆的半径线，所以

$$CE\cos2\alpha_0=CD\cos2\alpha_0=CA=\frac{\sigma_x-\sigma_y}{2}$$

$$CE\sin2\alpha_0=CD\sin2\alpha_0=AD=\tau_{xy}$$

因此

$$OH=\sigma_\alpha=\frac{\sigma_x+\sigma_y}{2}+\frac{\sigma_x-\sigma_y}{2}\cos2\alpha-\tau_{xy}\sin2\alpha$$

同理可以证明

$$HE=\tau_\alpha=\frac{\sigma_x-\sigma_y}{2}\sin2\alpha+\tau_{xy}\cos2\alpha$$

(4) 主应力和最大切应力

利用应力圆可以很方便地求出主应力并确定主平面的方位。从图 5-4（b）可以看出，

A_1 和 B_1 两点的正应力为极值，切应力为零，故 A_1 和 B_1 两点的横坐标 OA_1 和 OB_1 即为单元体的两个不为零的主应力 σ_1 和 σ_2，即

$$\sigma_1=\sigma'=OA_1=OC+CA_1=\frac{\sigma_x+\sigma_y}{2}+\sqrt{\left(\frac{\sigma_x-\sigma_y}{2}\right)^2+\tau_{xy}^2}$$

$$\sigma_2=\sigma''=OB_1=OC-CB_1=\frac{\sigma_x+\sigma_y}{2}-\sqrt{\left(\frac{\sigma_x-\sigma_y}{2}\right)^2+\tau_{xy}^2} \tag{5-4}$$

由图 5-4（b）可知，应力圆上 D 点按顺时针方向转 $2\alpha_0$ 角到 A_1 点。这意味着，在单元体上由 x 轴正半轴顺时针方向转 α_0 角，就可以得到主应力 σ_1 所在主平面的外法线位置，如图 5-4（c）所示。同理，也可确定 σ_2 所在的主平面，它与 σ_1 的主平面互相垂直。

利用应力圆，还可以求出切应力的极值，由图 5-4（b）可知，应力圆上的 G_1 和 G_2 两点的纵坐标即为切应力的极值，其所在截面与主平面的夹角为 45°。

［例 5-1］ 如图 5-5（a）所示的圆轴，试求扭转时表面上任意点的主应力和最大切应力，并分析试样破坏的主要原因。

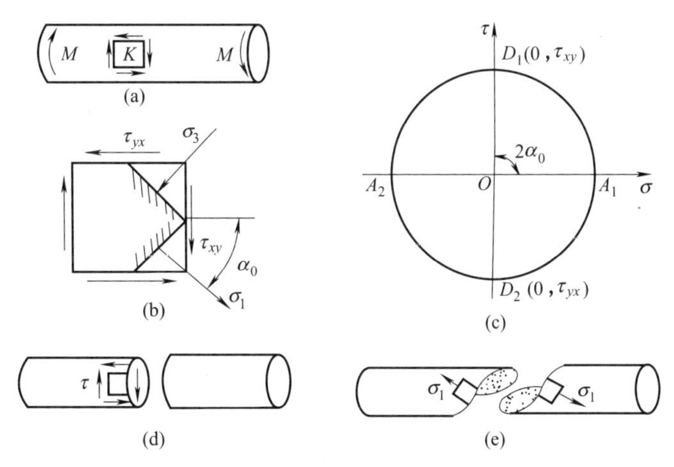

图 5-5　例 5-1 图

解： 在受扭圆轴表面上任选一点 K，围绕该点用横截面和纵截面截取一单元体如图 5-5（b）所示。单元体处于纯剪状态，上下及两侧表面上只作用有切应力 $\tau_{xy}=\tau=M/W_P$。

在 σ-τ 直角坐标系中，按选定的比例尺，根据 x 截面和 y 截面的应力分别作 D_1（0，τ_{xy}）和 D_2(0，τ_{yx}）两点，连接点 D_1 和 D_2，交 σ 轴于 O 点，以 O 为圆心，OD_1（或 OD_2）为半径作圆，此圆即为该单元体的应力圆［图 5-5（c）］。

由应力圆可以看出

$$\sigma_1=\tau,\ \sigma_2=0,\ \sigma_3=-\tau,\ \tau_{\max}=\tau$$

应力圆上从 D_1 到 A_1 为顺时针方向转 $2\alpha_0=90°$，说明主应力 σ_1 所在的主平面外法线应从单元体右侧面外法线顺时针转 $\alpha_0=45°$得到，如图 5-5（b）所示。

低碳钢试样在扭转实验时沿横截面破坏，由于横截面上存在最大切应力，因此，可认为这种破坏是由最大切应力引起的［图 5-5（d）］。铸铁试样在扭转实验时与轴线成 45°的螺旋面断开，由于该斜截面上存在最大拉应力，因此，可认为是由最大拉应力引起的［图

5-5（e）]。

5.3 广义胡克定律

在讨论单向拉伸或压缩时，当 $\sigma \leqslant \sigma_p$ 时，应力与应变之间服从胡克定律，即

$$\sigma = E\varepsilon \text{ 或 } \varepsilon = \frac{\sigma}{E}$$

此外，轴向的变形还将引起横向尺寸的变化，横向应变 ε' 可表示为

$$\varepsilon' = -\nu\varepsilon = -\nu \frac{\sigma}{E}$$

若单元体的六个面皆为主平面［图 5-6（a）］，主应力分别为 σ_1、σ_2 和 σ_3，则在线弹性范围内，可将这种应力状态视为三个单向应力状态的叠加。现分析沿各主应力方向的线应变，即主应变。设 σ_1、σ_2、σ_3 方向的主应变分别记为 ε_1、ε_2、ε_3。每个单向应力作用引起的纵向和横向的应力-应变关系如表 5-1 所示。

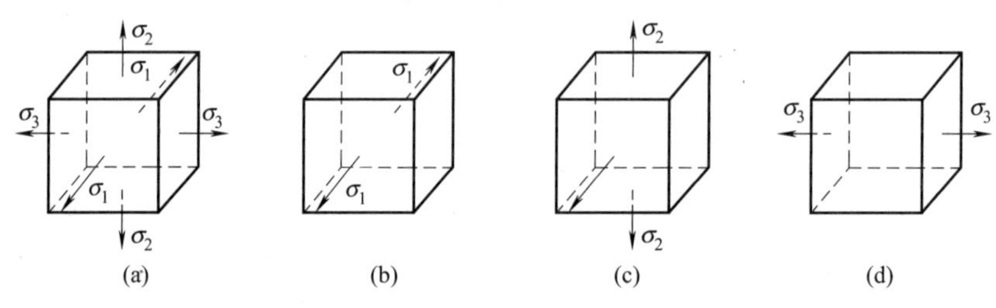

图 5-6 三向应力状态的分解

表 5-1 每个单向应力作用引起的纵向和横向的应力-应变关系

项目	σ_1 方向线应变	σ_2 方向线应变	σ_3 方向线应变
σ_1 单独作用	$\frac{\sigma_1}{E}$	$-\nu\frac{\sigma_1}{E}$	$-\nu\frac{\sigma_1}{E}$
σ_2 单独作用	$-\nu\frac{\sigma_2}{E}$	$\frac{\sigma_2}{E}$	$-\nu\frac{\sigma_2}{E}$
σ_3 单独作用	$-\nu\frac{\sigma_3}{E}$	$-\nu\frac{\sigma_3}{E}$	$\frac{\sigma_3}{E}$

将三个单向主应力引起的线应变在每个方向进行叠加，如 σ_1 方向的主应变为

$$\varepsilon_1 = \frac{\sigma_1}{E} - \nu\frac{\sigma_2}{E} - \nu\frac{\sigma_3}{E} = \frac{1}{E}[\sigma_1 - \nu(\sigma_2 + \sigma_3)]$$

同理，可得到另外两个主应变 ε_2 和 ε_3。于是得到广义胡克定律为

$$\left.\begin{aligned}\varepsilon_1 &= \frac{1}{E}[\sigma_1 - \nu(\sigma_2 + \sigma_3)]\\ \varepsilon_2 &= \frac{1}{E}[\sigma_2 - \nu(\sigma_3 + \sigma_1)]\\ \varepsilon_3 &= \frac{1}{E}[\sigma_3 - \nu(\sigma_1 + \sigma_2)]\end{aligned}\right\} \tag{5-5}$$

5.4 强度理论

严格地讲，在拉伸和弯曲强度问题中所建立的失效判据实际是材料在单向应力状态下的失效判据，而关于扭转强度的失效判据是材料在纯剪应力状态下的失效判据。这些应力状态容易通过试验确定其极限应力，从而直接利用试验结果建立失效判据。在工程实际中的大多数构件的危险点都处于复杂应力状态，且应力状态各式各样，不可能一一通过试验确定其极限应力。为解决此类问题，人们从引起强度失效的形式（塑性屈服和脆性断裂）入手，分析同一种失效形式可能引起的原因及其包含的共同因素，并通过归纳总结，提出各种各样关于失效判据的假说，有些假说经过实践检验，并不断完善，在一定范围内与实际相符合，从而上升为理论，称为强度理论。由于材料性质不同，应力状态不同，工作环境不同，构件会产生不同的失效形式，因此，没有一个强度理论能够全面、准确地概括所有的破坏形式。下面介绍的四种工程中常用的经典强度理论，均是直接应用单向拉伸的试验结果，建立的复杂应力状态下的强度条件。

(1) 最大拉应力理论（第一强度理论）

这一理论认为，最大拉应力是引起断裂失效的主要因素。即认为无论材料处于何种应力状态，只要最大拉应力 σ_1 达到了材料单向拉伸时的强度极限 σ_b，材料就发生断裂。按照这一理论，材料发生断裂失效的条件为

$$\sigma_1=\sigma_b$$

将强度极限 σ_b 除以安全系数得到许用应力 $[\sigma]$，于是，按第一强度理论建立的强度条件是

$$\sigma_1\leqslant[\sigma] \tag{5-6}$$

试验表明这一理论与铸铁、工业陶瓷等脆性材料的实验结果较符合。但这一理论没有考虑其他两个主应力对断裂破坏的影响，且当三个主应力都不大于零的应力状态（如单向压缩、三向压缩等）下无法应用。

(2) 最大伸长线应变理论（第二强度理论）

这一理论认为，最大伸长线应变是引起材料断裂的主要因素。即认为无论材料处于何种应力状态，只要最大伸长线应变 ε_1 达到单向拉伸断裂时的伸长线应变的极限值 ε_u，材料即发生断裂。按照这一理论，材料发生断裂失效的条件为

$$\varepsilon_1=\varepsilon_u \tag{a}$$

对灰铸铁等脆性材料，从开始受力直到断裂，其应力应变关系近似服从胡克定律，因此材料单向拉伸断裂时的最大伸长线应变的极限值为

$$\varepsilon_u=\frac{\sigma_b}{E} \tag{b}$$

由广义胡克定律，复杂应力状态下的主应变 ε_1 为

$$\varepsilon_1=\frac{1}{E}[\sigma_1-\nu(\sigma_2+\sigma_3)] \tag{c}$$

将式（b）和式（c）代入式（a），得到所有应力状态下发生脆性断裂失效的条件为

$$\sigma_1-\nu(\sigma_2+\sigma_3)=\sigma_b$$

将 σ_b 除以安全系数得到许用应力 $[\sigma]$，于是按第二强度理论建立的强度条件为

$$\sigma_1-\nu(\sigma_2+\sigma_3)\leqslant[\sigma] \tag{5-7}$$

虽然第二强度理论考虑了三个主应力的共同影响，形式上比第一强度理论完善，但只与少数脆性材料的实验结果吻合。一般来说，该理论适用于以压应力为主的情况。

(3) 最大切应力理论（第三强度理论）

这一理论认为，最大切应力是引起材料屈服失效的主要因素。即认为无论材料处于何种应力状态下，只要最大切应力 τ_{max} 达到了材料单向拉伸屈服时的最大切应力 τ_u，材料即发生屈服失效。按照这一理论，材料发生屈服失效的条件为

$$\tau_{max}=\tau_u \tag{a}$$

由应力状态分析理论可知，在复杂应力状态下，最大切应力为

$$\tau_{max}=\frac{\sigma_1-\sigma_3}{2} \tag{b}$$

材料单向拉伸屈服时的最大切应力 τ_u 为

$$\tau_u=\frac{\sigma_s}{2} \tag{c}$$

将式（b）和式（c）代入式（a），得到用主应力表示的屈服失效的条件为

$$\sigma_1-\sigma_3=\sigma_s$$

将屈服强度 σ_s 除以安全系数得许用应力 $[\sigma]$，所以按第三强度理论建立的强度条件为

$$\sigma_1-\sigma_3\leqslant[\sigma] \tag{5-8}$$

对于塑性材料，这一理论与实验结果较为接近，因此在工程中得到广泛应用。但这一理论没有考虑到主应力 σ_2 的作用，而试验表明，σ_2 对材料的屈服确有一定影响。

(4) 形状改变能密度理论（第四强度理论）

这一理论认为，形状改变能密度 u_d 是引起材料屈服的主要因素。即认为材料不论处于何种应力状态，只要形状改变能密度 u_d 达到了材料在单向拉伸屈服时的形状改变能密度的极限值 u_{du}，材料即发生屈服破坏。按照这一理论，材料发生屈服破坏的条件为

$$u_d=u_{du} \tag{a}$$

其中，形状改变能密度 u_d 为（可参考有关材料力学书籍）

$$u_d=\frac{1+\nu}{6E}[(\sigma_1-\sigma_2)^2+(\sigma_2-\sigma_3)^2+(\sigma_3-\sigma_1)^2] \tag{b}$$

材料在单向拉伸屈服时，$\sigma_1=\sigma_s$，$\sigma_2=\sigma_3=0$ 时，形状改变能密度的极限值 u_{du} 为

$$u_{du}=\frac{1+\nu}{6E}[(\sigma_S-0)^2+(0-0)^2+(0-\sigma_S)^2]=\frac{1+\nu}{6E}(2\sigma_s^2) \tag{c}$$

将式（b）、式（c）代入式（a），得到用主应力表示的屈服失效的条件为

$$\frac{1}{2}[(\sigma_1-\sigma_2)^2+(\sigma_2-\sigma_3)^2+(\sigma_3-\sigma_1)^2]=\sigma_s^2 \tag{5-9}$$

把 σ_s 除以安全系数得许用应力 $[\sigma]$，于是按第四强度理论建立的强度条件为

$$\sqrt{\frac{1}{2}[(\sigma_1-\sigma_2)^2+(\sigma_2-\sigma_3)^2+(\sigma_3-\sigma_1)^2]}\leqslant[\sigma] \tag{5-10}$$

式（5-10）是米西斯（R. von Mises）首先提出的，因此将其简称为米西斯准则。这

一理论是从能量角度建立材料的屈服失效准则，而且综合考虑了三个主应力的影响。试验证明，对碳素钢、合金钢等塑性材料，这一理论比第三强度理论更符合试验结果。其他大量的试验结果还表明，这一理论能够很好地描述铜、镍、铝等大量工程韧性材料的屈服状态。

在工程实际中，如何选用强度理论是个复杂问题，应具体问题具体分析。一般来说，铸铁、石料、混凝土、玻璃等脆性材料，在常温常压条件下，通常以脆性断裂的形式失效，宜采用第一和第二强度理论。碳钢、铜、铝等塑性材料，通常以屈服的形式失效，宜采用第三和第四强度理论。脆性材料在三向压应力相近的情况下会出现塑性变形，宜采用第三或第四强度理论；塑性材料在三向拉应力相近的情况下会出现断裂失效，这时宜采用第一强度理论。

[例 5-2] 如图 5-7 所示为处于水平位置的曲拐，AB 段为等截面圆杆，A 端固定，在自由端 C 作用有集中载荷 $\boldsymbol{F}$。已知：$F=2\text{kN}$，$a=100\text{mm}$，$l=200\text{mm}$，材料的许用应力 $[\sigma]=60\text{MPa}$。试分别用第三强度理论和第四强度理论设计 AB 杆的直径 d。

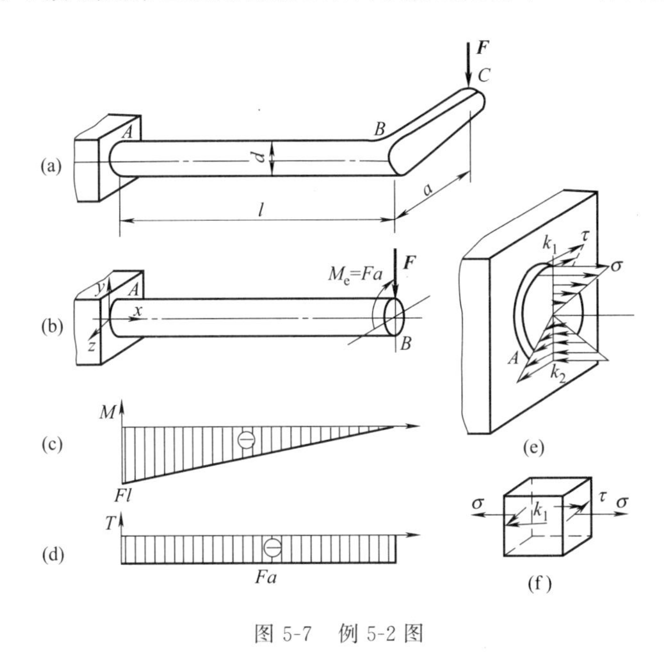

图 5-7 例 5-2 图

解：

(1) 内力分析

将 C 端的集中载荷 F 向截面 B 平移，得到一个作用于截面 B 的横向力 F 和一个力偶矩为 Fa 的附加力偶 M_e，如图 5-7（b）所示。横向力 F 使杆 AB 发生平面弯曲，附加力偶 M_e 使杆 AB 发生扭转，杆 AB 的弯矩图和扭矩图分别见图 5-7（c）、（d）。由图可知，固定端 A 截面上的弯矩最大，最大弯矩的值为 $M=Fl=400\text{N}\cdot\text{m}$；而杆 AB 各截面上的扭矩均相同，其值为 $T=M_e=Fa=200\text{N}\cdot\text{m}$。因此截面 A 为危险截面。

(2) 应力分析

由于截面 A 为危险截面，故分析截面 A 的应力情况。对于弯矩 M，在横截面上有正应力 σ，其分布如图 5-7（e）所示。最大正应力出现在最上边缘点 k_1 和最下边缘点 k_2，其值为

$$\sigma=\frac{M}{W_z} \tag{a}$$

对应扭矩 T，在横截面上有切应力 τ，其分布如图 5-7（e）所示，最大切应力出现在外圆周各点处，其值为

$$\tau=\frac{T}{W_P} \tag{b}$$

由上面分析可知，横截面 A 上的 k_1 和 k_2 点均为危险点。对于由抗拉强度和抗压强度相同的材料（如低碳钢）制成的杆，可取其中任一点来研究。

现取点 k_1 进行研究，围绕该点截取一单元体，该单元体处于平面应力状态［图 5-7（f）］。由式（5-4），有

$$\sigma_1=\frac{\sigma}{2}+\sqrt{\left(\frac{\sigma}{2}\right)^2+\tau^2} \quad \sigma_2=0 \quad \sigma_3=\frac{\sigma}{2}-\sqrt{\left(\frac{\sigma}{2}\right)^2+\tau^2} \tag{c}$$

(3) 设计直径

① 若按第三强度理论，根据式（5-9）

$$\sigma_1-\sigma_3\leqslant[\sigma]$$

将式（c）代入，得

$$\sqrt{\sigma^2+4\tau^2}\leqslant[\sigma] \tag{5-11}$$

将式（a）、式（b）代入式（5-11），并考虑圆截面杆的 $W_P=2W_z$，得

$$\frac{\sqrt{M^2+T^2}}{W_z}\leqslant[\sigma] \tag{5-12}$$

考虑到 $W_z=\frac{1}{32}\pi d^3$，因此

$$d\geqslant\sqrt[3]{\frac{32\sqrt{M^2+T^2}}{\pi[\sigma]}}=\sqrt[3]{\frac{32\times\sqrt{400^2+200^2}}{\pi\times60\times10^6}}=0.04235\ (\text{m})=42.35\ (\text{mm})$$

② 若按第四强度理论，根据公式（5-10）

$$\sqrt{\frac{1}{2}[(\sigma_1-\sigma_2)^2+(\sigma_2-\sigma_3)^2+(\sigma_3-\sigma_1)^2]}\leqslant[\sigma]$$

将（c）代入，得

$$\sqrt{\sigma^2+3\tau^2}\leqslant[\sigma] \tag{5-13}$$

将式（a）、式（b）代入式（5-13），并考虑圆截面杆的 $W_P=2W_z$，得

$$\frac{\sqrt{M^2+0.75T^2}}{W_z}\leqslant[\sigma] \tag{5-14}$$

因此

$$d\geqslant\sqrt[3]{\frac{32\sqrt{M^2+0.75T^2}}{\pi[\sigma]}}=\sqrt[3]{\frac{32\times\sqrt{400^2+0.75\times200^2}}{\pi\times60\times10^6}}=0.04199\ (\text{m})=41.99\ (\text{mm})$$

思考题与习题

5-1　何谓主平面？何谓主应力？

5-2　简述应力圆上的点的坐标值与单元体内任意斜截面上应力之间的对应关系。

5-3　简述根据四个强度理论分别建立的强度条件及其适用范围。

5-4　如图 5-8 所示的应力状态（应力单位为 MPa），试用解析法和图解法分别计算指定斜截面上的正应力与切应力。

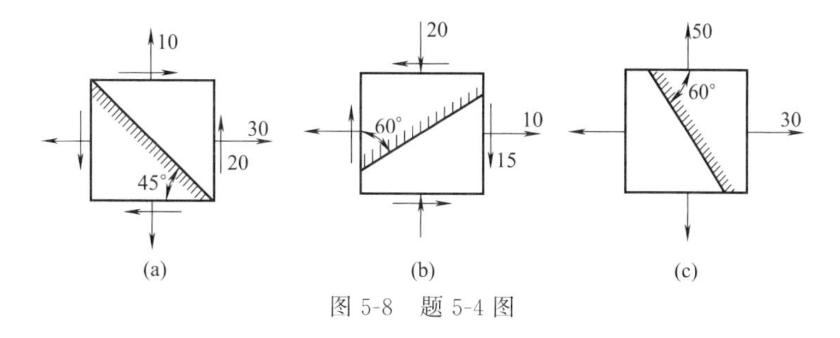

图 5-8　题 5-4 图

5-5　已知单元体的应力状态如图 5-9 所示（应力单位为 MPa），试计算：

① 主应力大小及主平面位置；

② 在单元体上绘出主平面位置及主应力方向；

③ 最大切应力。

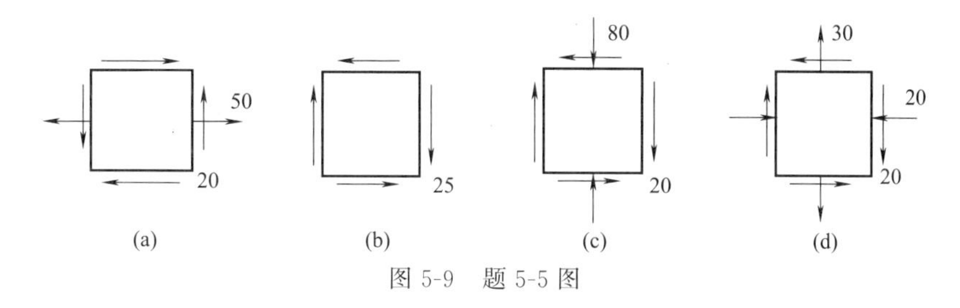

图 5-9　题 5-5 图

5-6　如图 5-10 所示的薄壁圆筒，截面内径 $d=50\text{mm}$，壁厚 $\delta=2\text{mm}$，受轴向力 $F=20\text{kN}$ 和力偶矩 $M=600\text{N}\cdot\text{m}$ 的作用。D 点为筒壁上任一点，求：

① 在点 D 处沿纵横截面取一单元体，求单元体各面上的应力并画出单元体图；

② 点 D 在图示指定斜截面上的应力；

③ 点 D 处的主应力大小及方向（用单元体表示）；

④ 若材料的许用应力 $[\sigma]=150\text{MPa}$，试分别按第三强度理论和第四强度理论校核圆筒的强度。

5-7　28a 工字梁受力如图 5-11 所示，钢材 $E=200\text{GPa}$，$\nu=0.3$。现测得梁中性层上点 K 处与轴线成 45°方向的应变 $\varepsilon=-2.6\times10^{-4}$，求梁承受的载荷 F。

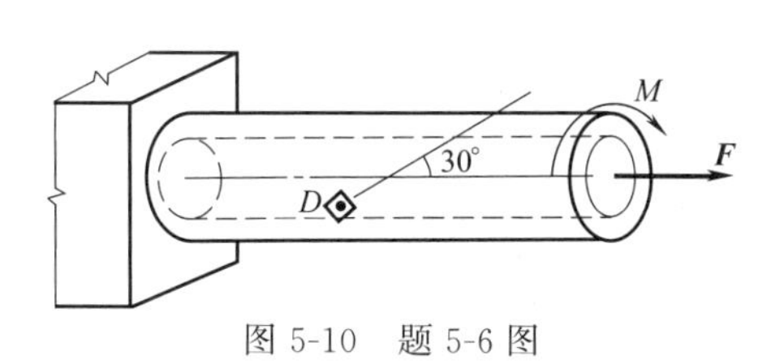

图 5-10　题 5-6 图

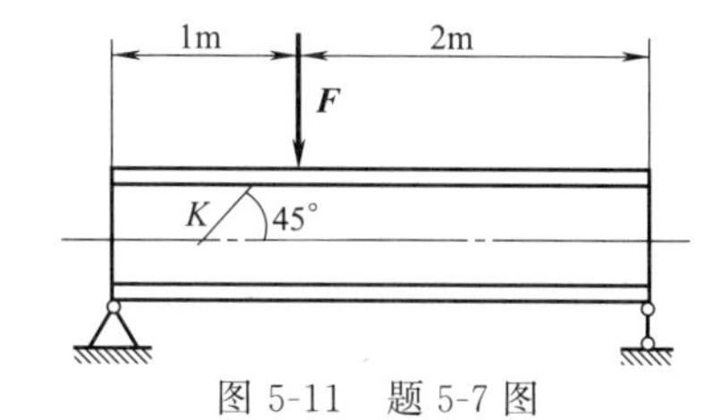

图 5-11　题 5-7 图

第6章
压杆稳定

6.1 压杆稳定的概念

受特定载荷作用而在某一位置处于平衡的构件，当载荷超过某极限值而致使构件在平衡位置处发生破坏，这种破坏是强度破坏。如铸铁短柱被压碎属于强度破坏。但工程中承受轴向压力的细长构件，通常是作用力还远未达到强度破坏的极限力时，构件就因为不能维持直线的平衡形状而破坏了。例如，取两根截面（宽300mm，厚5mm）相同，长度分别为30mm和1000mm的松木杆（抗压强度极限为40MPa）进行轴向压缩实验。实验结果：长为30mm的短杆，承受的轴向压力可高达6kN，属于强度问题；长为1000mm的细长杆，在承受不足30N的轴向压力时就突然发生弯曲，如继续加大压力就会发生折断，从而丧失承载能力。可见对细长压杆而言，必须研究维持其直线平衡状态时的承载能力。压杆突然产生侧向弯曲而失去原有的直线平衡，这种现象称为压杆丧失稳定，简称失稳。

工程结构中有许多细长受压的杆件。例如内燃机配气机构中的挺杆［图6-1（a)］，内燃机的连杆［图6-1（b)］，建筑物中的立柱，都存在压杆稳定性问题。

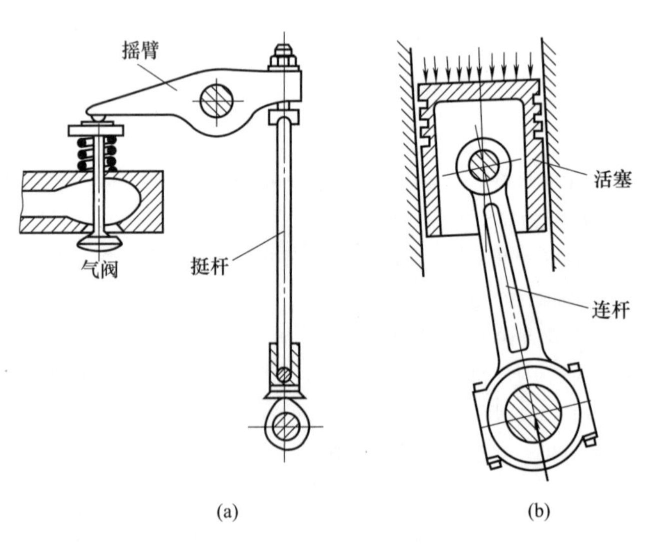

图6-1　压杆稳定性实例

为了研究细长压杆的稳定性问题，取一下端固定、上端自由的理想细长压杆，在上端施加与杆件轴线重合的轴向压力F，如图6-2（a）所示。试验发现：在载荷小于某一极限时，杆件保持直线形状的平衡状态，这时若施加一微小的侧向干扰力使其暂时偏离直线平衡状态［图 6-2（b）］，当干扰力撤除后，杆仍能恢复到原来的直线平衡状态［图 6-2（c）］，这种平衡形式称为稳定平衡。当载荷超过某一极限值时，直杆仍然处于直线平衡状态，但此时在干扰力作用下产生微弯后，即使撤除干扰力，压杆也不能恢复到原有的直线平衡状态，这种平衡形式称为不稳定平衡［图 6-2（d）］。使压杆由稳定平衡过渡到不稳定平衡的轴向压力值，称为临界载荷或临界力，记为 F_{cr}。在临界载荷作用下，压杆既能在直线状态下保持平衡，也能在微弯状态保持平衡。当轴向力达到或超过压杆的临界载荷时，压杆将产生失稳现象。

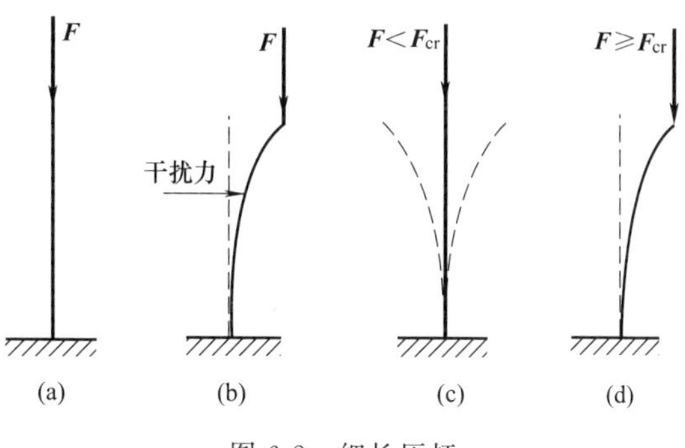

图 6-2　细长压杆

解决压杆稳定性问题的关键是确定临界载荷，只要控制构件的工作载荷小于临界载荷，就可保证构件不会失稳。

6.2　细长压杆的临界载荷

6.2.1　两端铰支细长压杆的临界载荷

如图 6-3 所示，设轴线为直线的细长压杆两端铰接，载荷 $\boldsymbol{F}$ 与轴线重合，在载荷 $\boldsymbol{F}$ 的作用下处于微弯平衡状态。现分析临界载荷 F_{cr}。

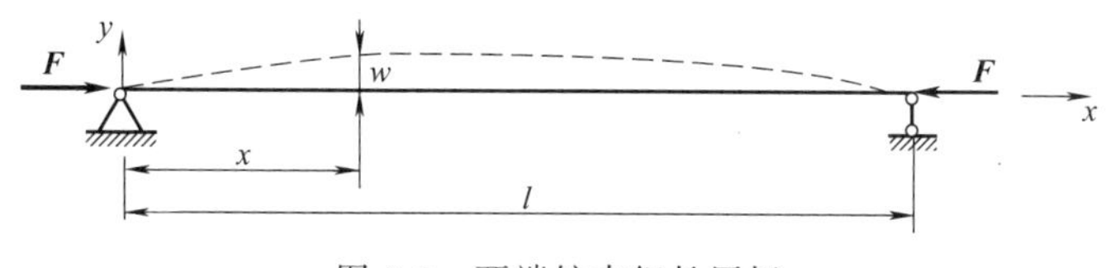

图 6-3　两端铰支细长压杆

选取如图 6-3 所示的坐标系，设距坐标原点为 x 的任意截面的挠度为 w，则该截面上的弯矩为

$$M(x)=-Fw \tag{a}$$

对于小变形，当杆内应力不超过材料的比例极限时，压杆挠曲线的近似微分方程为

$$\frac{\mathrm{d}^2 w}{\mathrm{d}x^2}=\frac{M(x)}{EI} \tag{b}$$

将式（a）代入式（b），得

$$\frac{\mathrm{d}^2 w}{\mathrm{d}x^2}=-\frac{Fw}{EI} \tag{c}$$

上式为二阶微分方程，利用高等数学知识，经过推导后，可得

$$F=\frac{n^2\pi^2 EI}{l^2}$$

式中，n 是任意整数。

上式表明，使杆件保持为曲线平衡的压力，理论上是多值的，其中使压杆保持微弯平衡状态的最小压力，才是临界载荷 F_{cr}。$n=0$ 时，不符合要求。只有取 $n=1$，才得到压力的最小值。于是得临界载荷为

$$F_{cr}=\frac{\pi^2 EI}{l^2} \tag{6-1}$$

这是两端铰支细长压杆临界载荷的计算公式，常称为两端铰支细长压杆临界载荷的欧拉公式。

由式（6-1）可以看出：两端铰支细长压杆的临界载荷与其抗弯刚度 EI 成正比，与杆长 l 的平方成反比。即压杆越细长，临界载荷就越小，压杆越容易失稳。另外，压杆失稳时总是在抗弯能力最小的纵向平面内发生。

6.2.2 其他约束情况下细长压杆的临界载荷

对于其他约束情况下细长压杆的临界载荷，可以按照相同的方法导出，也可通过与两端铰支细长压杆挠曲线形状对比的方法确定，并综合各种不同的约束情况，将欧拉公式写成统一的形式

$$F_{cr}=\frac{\pi^2 EI}{(\mu l)^2} \tag{6-2}$$

式中，μ 为压杆的长度系数，反映杆端约束对临界载荷的影响，几种理想杆端约束情况下的 μ 值见表 6-1；μl 称为压杆的相当长度，即折算成两端铰支细长压杆的长度。

表 6-1 细长压杆不同支承情况下的长度系数

支承情况	两端铰支	一端固定 一端铰支	两端固定	一端固定 一端自由
μ 值	1.0	0.7	0.5	2
挠曲线形状	F_{cr}，l	F_{cr}，$0.7l$，l	F_{cr}，$l/4$，$l/2$，$l/4$	F_{cr}，l

［例 6-1］ 某型柴油机的挺杆是钢制空心圆管，外径 D 和内径 d 分别为 12mm 和 10mm，杆长 l 为 383mm，钢材的弹性模量 $E=210\text{GPa}$，简化为两端铰支的细长压杆，试计算挺杆的临界载荷。

解： 挺杆横截面的惯性矩为

$$I=\frac{\pi}{64}(D^4-d^4)=\frac{\pi}{64}(12^4-10^4)\times10^{-12}=5.27\times10^{-10}(\text{m}^4)$$

根据式（6-1），挺杆的临界载荷为

$$F_{cr}=\frac{\pi^2 EI}{l^2}=\frac{\pi^2\times210\times10^9\times5.27\times10^{-10}}{(383\times10^{-3})^2}=7446.2(\text{N})$$

6.3 压杆的临界应力

6.3.1 细长压杆的临界应力

将压杆的临界载荷 F_{cr} 除以横截面面积 A，所得应力称为临界应力，用 σ_{cr} 表示

$$\sigma_{cr}=\frac{F_{cr}}{A}=\frac{\pi^2 EI}{(\mu l)^2 A}=\frac{\pi^2 E}{(\mu l)^2}\times\frac{I}{A} \tag{a}$$

上式中的 I/A 是一个只与横截面形状和尺寸有关的几何量，将其用 i^2 表示，则有

$$\sigma_{cr}=\frac{\pi^2 E}{(\mu l/i)^2} \tag{b}$$

令 $\lambda=\frac{\mu l}{i}$，代入上式，则得细长压杆的临界应力欧拉公式为

$$\sigma_{cr}=\frac{\pi^2 E}{\lambda^2} \tag{6-3}$$

λ 是一个无量纲量，称为压杆的柔度或长细比。它综合反映了压杆的长度、约束条件、截面尺寸和形状等因素对临界应力 σ_{cr} 的影响。

6.3.2 欧拉公式的适用范围

欧拉公式是由弯曲变形的挠曲线近似微分方程$\frac{d^2 w}{dx^2}=\frac{M(x)}{EI}$推导出来的，而材料服从胡克定律又是上述微分方程的基础，因此欧拉公式只适用于临界应力 σ_{cr} 不超过材料比例极限 σ_P 的情况，即

$$\sigma_{cr}=\frac{\pi^2 E}{\lambda^2}\leqslant\sigma_P \text{ 或 } \lambda\geqslant\sqrt{\frac{\pi^2 E}{\sigma_P}} \tag{c}$$

由式（c）可知，只有当压杆的柔度大于或等于极限值$\sqrt{\frac{\pi^2 E}{\sigma_P}}$时，欧拉公式才能使用。用 λ_p 表示这一极限值，即

$$\lambda_p=\sqrt{\frac{\pi^2 E}{\sigma_P}} \tag{6-4}$$

则仅当 $\lambda\geqslant\lambda_p$ 时，欧拉公式才成立，这就是欧拉公式的适用范围。

λ_p 与材料的力学性能有关，材料不同，λ_p 的数值也不同。例如，对 Q235 钢，$E=206\text{GPa}$，$\sigma_P=200\text{MPa}$，代入式（6-4）得

$$\lambda_p=\sqrt{\frac{\pi^2\times 206\times 10^9}{200\times 10^6}}\approx 100$$

所以，用 Q235 制成的压杆，只有当 $\lambda\geqslant 100$ 时，才能使用欧拉公式计算其临界载荷。满足条件 $\lambda\geqslant\lambda_p$ 的压杆称为大柔度压杆。

6.3.3 临界应力的经验公式

在工程实际中，也有不少压杆的柔度小于λ_p，即为非细长杆，其临界应力σ_{cr}超过材料的比例极限σ_p，欧拉公式不再适用。对这类压杆的临界应力可通过解析方法求得，但通常采用以试验结果为依据的经验公式。常用的经验公式有直线公式与抛物线公式，这里仅介绍直线公式，即

$$\sigma_{cr}=a-b\lambda \tag{6-5}$$

式中，a 和 b 为与材料性质有关的常数，单位为 MPa。表 6-2 中列出了一些常用工程材料的 a 和 b 的数值。

表 6-2　常用工程材料的 a 和 b 数值

材料(σ_s,σ_b 的单位为 MPa)	a/MPa	b/MPa	材料(σ_s,σ_b 的单位为 MPa)	a/MPa	b/MPa
Q235 钢($\sigma_s=235$,$\sigma_b\geqslant327$)	304	1.12	铸铁	332.2	1.454
优质碳素钢($\sigma_s=306$,$\sigma_b\geqslant417$)	461	2.568	强铝	373	2.15
硅钢($\sigma_s=353$,$\sigma_b\geqslant510$)	578	3.744	木材	28.7	0.19
铬钼钢	9807	5.296			

对柔度很小的短杆，如压缩试验用的金属短柱，受压时并不会出现大柔度杆那样的弯曲变形，不存在失稳问题，其破坏主要是因为压应力达到或超过强度极限而破坏。所以，对于由塑性材料制成的压杆，按式（6-5）算出的临界应力不应超过材料的屈服极限σ_s，即

$$\sigma_{cr}=a-b\lambda\leqslant\sigma_s$$

由此解得

$$\lambda\geqslant\frac{a-\sigma_s}{b}$$

令

$$\lambda_s=\frac{a-\sigma_s}{b} \tag{6-6}$$

λ_s 表示当临界应力等于材料屈服极限σ_s时压杆的柔度值，它也是一个与材料的力学性能有关的常数。因此直线公式的适用范围为

$$\lambda_s<\lambda<\lambda_p \tag{6-7}$$

一般把满足公式（6-7）的压杆称为中柔度杆。柔度小于λ_s的压杆称为小柔度杆，又称短粗杆，小柔度杆应按强度问题处理。

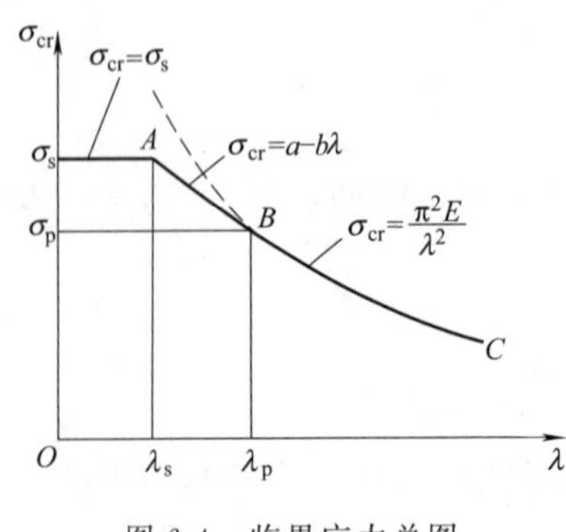

图 6-4　临界应力总图

综上所述，压杆可以根据其柔度的大小分为三类，分别按不同的公式计算临界应力。图 6-4 所示为各类压杆的临界应力σ_{cr}随柔度λ变化的关系曲线，称为临界应力总图。对$\lambda\leqslant\lambda_s$的小柔度杆，应按强度问题计算，在图 6-4 中表示为水平线。对$\lambda\geqslant\lambda_p$的大柔度杆，用欧拉公式（6-3）计算临界应力，在图 6-4

中表示为曲线。对 $\lambda_s<\lambda<\lambda_p$ 的中柔度杆，用经验公式（6-5）计算临界应力，在图 6-4 中表示为斜直线。

6.4　压杆的稳定性设计

6.4.1　压杆的稳定条件

根据前面分析可知，压杆临界载荷和临界应力是压杆失稳的极限值。为了保证压杆具有足够的稳定性，不但要使作用于压杆上的实际工作载荷 F 不超过临界载荷 F_{cr}，而且还要考虑留有一定的安全储备，为此引入稳定安全系数 n_{st}，因此，压杆的稳定性条件为

$$F\leqslant\frac{F_{cr}}{n_{st}} \tag{a}$$

若把临界载荷 F_{cr} 与工作载荷 F 的比值 n 称为压杆的工作安全系数，可以得到用安全系数表示的压杆稳定性条件

$$n=\frac{F_{cr}}{F}\geqslant n_{st} \tag{6-8}$$

稳定安全系数 n_{st} 一般高于强度安全系数，其值可从手册或规范中查到。

需要指出，压杆的稳定性取决于整体杆件的弯曲刚度，而杆截面的局部削弱（开有小孔或沟槽）对整体变形影响很小，所以仍按未削弱的横截面进行稳定性计算。

[例 6-2]　空气压缩机的活塞杆由优质碳素钢制成，其两端可视为铰支座，$E=210\text{GPa}$，$\sigma_s=350\text{MPa}$，$\sigma_p=280\text{MPa}$。长度 $l=703\text{mm}$，直径 $d=45\text{mm}$，最大压力 $F_{max}=41.6\text{kN}$。规定稳定安全系数 $n_{st}=8$，试校核其稳定性。

解：① 计算柔度。由公式（6-4）求出

$$\lambda_p=\sqrt{\frac{\pi^2 E}{\sigma_P}}=\sqrt{\frac{\pi^2\times210\times10^9}{280\times10^6}}=86$$

活塞杆两端简化为铰支座，故 $\mu=1$。活塞杆横截面为圆形，$i=\sqrt{\frac{I}{A}}=\frac{d}{4}$，故柔度为

$$\lambda=\frac{\mu l}{i}=\frac{1\times703\times10^{-3}}{45\times10^{-3}/4}=62.5$$

因为 $\lambda<\lambda_p$，所以不能用欧拉公式计算临界载荷。由式（6-6）

$$\lambda_s=\frac{a-\sigma_s}{b}=\frac{461-350}{2.568}=43.2$$

式中 a 和 b 通过查表 6-2 获得，$a=461\text{MPa}$，$b=2.568\text{MPa}$。

可知活塞杆的 λ 介于 λ_s 和 λ_p 之间（$\lambda_s<\lambda<\lambda_p$），因此是中柔度杆。

② 求临界载荷。由直线公式（6-5）求得

$$\sigma_{cr}=a-b\lambda=461-2.568\times62.5=301\ (\text{MPa})$$

于是

$$F_{cr}=\sigma_{cr}A=\frac{\pi}{4}\times(45\times10^{-3})^2\times301\times10^6=478\times10^3(\mathrm{N})=478\ (\mathrm{kN})$$

③ 校核稳定性。活塞杆的工作安全系数为

$$n=\frac{F_{cr}}{F_{max}}=\frac{478}{41.6}=11.5>n_{st}$$

所以满足稳定性要求。

6.4.2 提高压杆稳定性的措施

提高压杆的承载能力，关键在于提高压杆的临界载荷或临界应力。由以上分析可知，影响压杆稳定性的主要因素有：压杆的长度、横截面的形状和尺寸、约束条件和材料的性能。因此，提高压杆的稳定性应从以下几个方面入手。

(1) 减小压杆的长度，改善压杆两端的约束条件

因柔度 λ 与 μl 成正比，要使柔度 λ 减小，就应尽量减小杆件的长度，如果工作条件不允许减小杆件的长度，可以通过在压杆中间增加约束或改善杆端约束来提高压杆的稳定性。例如，钢铁厂无缝钢管车间的穿孔机的顶杆（图 6-5），为了提高其稳定性，在顶杆中段增加一个抱辊装置，提高了顶杆的稳定性。

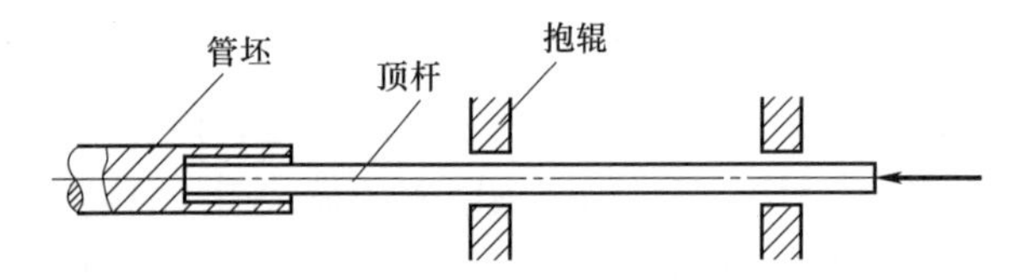

图 6-5 钢管穿孔机顶杆

(2) 选择合理的截面形状

从柔度计算公式 $\lambda=\frac{\mu l}{i}=\mu l/\sqrt{I/A}$ 可知，在压杆其他条件相同的情况下，应尽可能增大截面的惯性矩 I。为此，应使材料远离形心，以取得较大的惯性矩，因此空心截面要比实心截面合理，如图 6-6 所示。

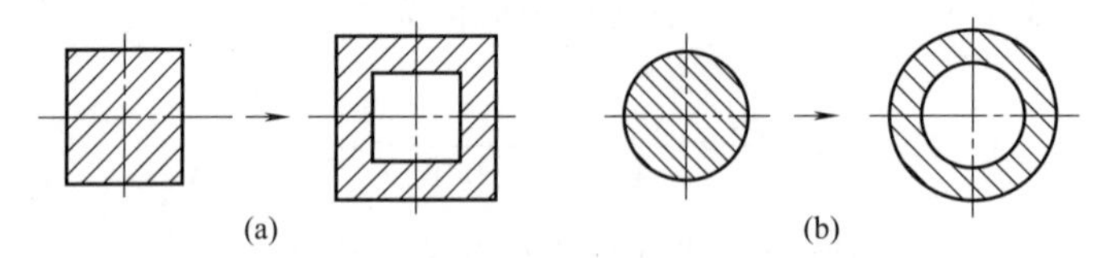

图 6-6 实心截面与空心截面

(3) 合理选择材料

由欧拉公式可知，对于细长压杆，其临界载荷的大小与材料的弹性模量 E 成正比，因而选择弹性模量较高的材料，可以提高大柔度杆的稳定性。然而，就钢材而言，由于各种钢材的弹性模量大致相同，所以选用优质钢材作细长杆是不必要的。然而中等柔度杆的临界应力与材料的强度有关，所以优质钢材在一定程度上可以提高临界应力的数值，有利于提高稳定性。

思考题与习题

6-1　何谓压杆的长度系数？何谓压杆的相当长度？支承情况不同的压杆，压杆的长度系数有何不同？

6-2　何谓柔度？它的大小由哪些因素确定？

6-3　如何区分大、中、小柔度杆？如何确定它们的临界应力？

6-4　有一根两端为球形铰支的矩形截面杆，其截面尺寸为 30mm×50mm，材料的弹性模量 $E=200\text{GPa}$，比例极限 $\sigma_p=200\text{MPa}$。若应用欧拉公式计算临界载荷，试确定此压杆的最小长度尺寸。

6-5　如图 6-7 所示的千斤顶，最大起重量 $F=80\text{kN}$。丝杠长度 $l=375\text{mm}$，螺纹内径 $d=40\text{mm}$，材料为 45 钢，$E=210\text{GPa}$，$\sigma_s=355\text{MPa}$，$\sigma_p=280\text{MPa}$，规定的稳定安全系数 $n_{st}=4$。试校核该丝杠的稳定性。

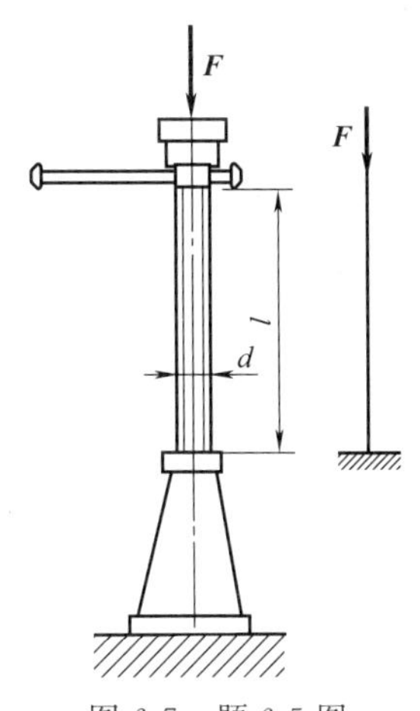

图 6-7　题 6-5 图

第二篇
常用平面机构

在机械设计的一般程序中，当明确了设计要求以后，首先需要做的工作就是确定机械的工作原理、绘制传动示意图、选择机构和设计相关尺寸等，这些正是本篇所要研究和解决的问题。

本篇主要研究平面机构的有关问题，包括平面机构的组成、机构运动简图的绘制、机构自由度的计算、平面连杆机构、凸轮机构、间歇运动机构。

第7章

平面机构的运动简图及自由度

机构是由多个构件连接在一起组合而成，其功能之一就是实现运动传递。若机构在运动过程中，所有构件上的每一个点的运动轨迹是在同一个平面上或一系列相互平行的平面上，则这种机构称为平面机构。否则，称为空间机构。本章仅讨论平面机构。

7.1 运动副及其类型

7.1.1 运动副的概念

运动副是指两个构件直接接触且能产生一定相对运动的连接。如轴和轴承、活塞与活塞缸、相互啮合的一对齿轮之间形成的连接都是运动副。

根据构成运动副的两构件之间的相对运动是平面运动还是空间运动，运动副可分为平面运动副和空间运动副。

7.1.2 平面运动副的类型

(1) 平面低副

两构件通过面接触而构成的运动副称为低副。根据构成低副的两构件间的相对运动特点，平面低副又分成转动副和移动副。

① 转动副。两个构件之间只能作相对转动的低副称为转动副，也称铰链。如图 7-1 所示，构件 1 和构件 2 之间是通过圆柱面接触而构成的转动副，这两个构件只能产生绕 x 轴的相对转动。

② 移动副。两个构件之间只能作相对移动的低副称为移动副。如图 7-2 所示，构件 1 和构件 2 之间通过四个平面接触构成移动副，这两个构件只能产生沿 x 方向的相对直线移动。

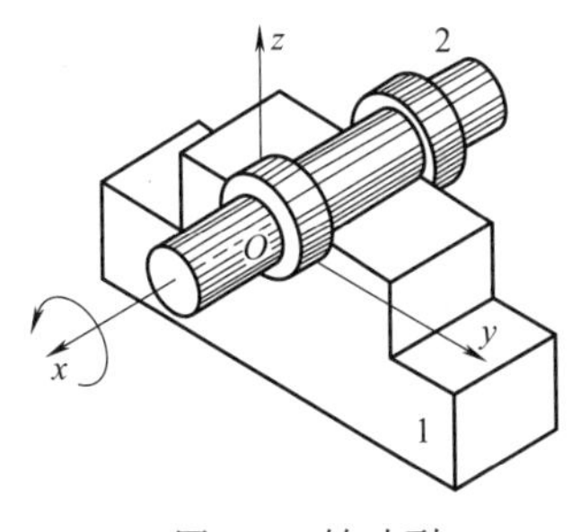

图 7-1　转动副

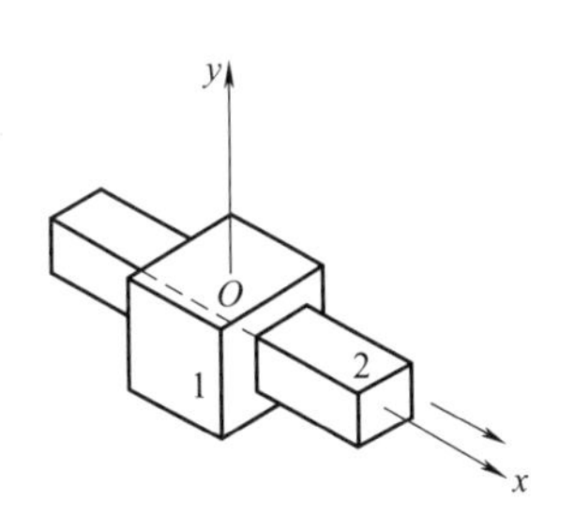

图 7-2　移动副

(2) 平面高副

两构件通过点或线接触而构成的运动副称为高副。凸轮副和齿轮副是最为常见的平面高副，如图 7-3 和图 7-4 所示。这两种运动副均只限制了构件 2 沿接触处公法线 n-n 方向的相对移动，不限制构件 2 相对构件 1 沿接触处公切线 t-t 方向的相对移动，以及绕接触点 A 的相对转动。

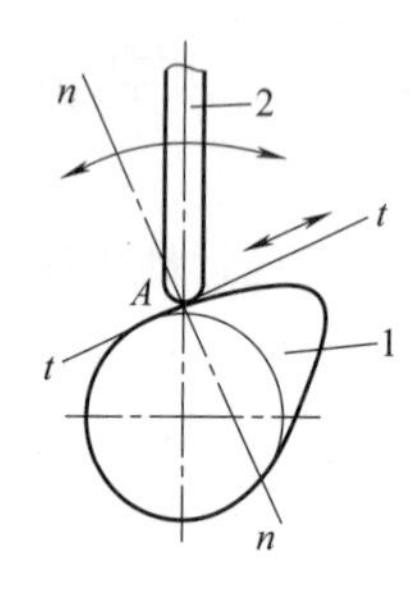

图 7-3 凸轮副

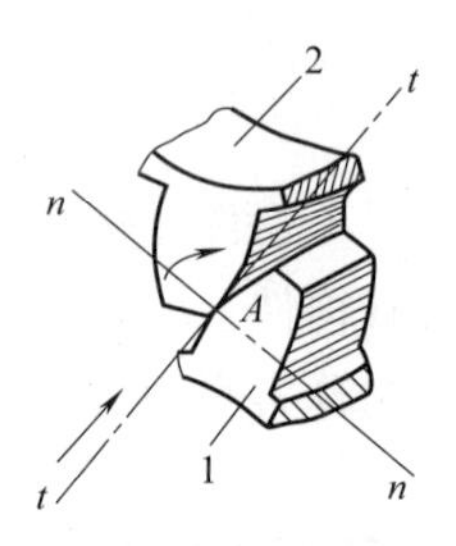

图 7-4 齿轮副

7.2 平面机构运动简图及其绘制

7.2.1 机构运动简图及其作用

基本不考虑机构中诸如构件的外形和截面尺寸、运动副的具体结构等与运动无关的因素，仅用一些简单线条和规定符号表示构件和运动副，并按照一定比例表示各构件及运动副与运动有关的尺寸及相对位置，这种表明机构组成和各构件间真实运动关系的简明图形，称为机构运动简图。

机构运动简图与它所表示的实际机械具有完全相同的运动特性，因此，利用机构运动简图可以对现有机构进行运动特性分析或对新机械进行设计方案的运动特性比较。

若只表示机构的结构和运动情况，而不按严格的比例绘制出各运动副间的相对位置的简图称为机构示意图。

7.2.2 机构运动简图的绘制

机构中包含大量的构件和运动副，要绘制出简明、清晰的机构运动简图，需要熟悉构件的类型、运动副和构件的规定符号，以及绘制机构运动简图的基本步骤。

(1) 构件的类型

机构中的构件有三种类型。其中，固定不动的构件称为机架；运动输入并按给定运动规律运动的构件称为主动件（也称作输入运动的构件）；其余的可动构件均称为从动件。在机构运动简图中，一般要在主动件上画上带箭头的符号，表示其运动方向。在一个机构中，一般只有一个机架、一个或少数几个主动件、若干个从动件。

(2) 运动副及构件符号

如图 7-5 所示为常见的运动副和构件符号。对于轴、杆，通常用一条直线表示，其线宽为两倍粗实线，如图 7-5（a）所示；若两零件固连在一起形成一个构件，则在连接处涂以焊接符号，如图 7-5（b）所示；图 7-5（c）、（d）表示固连的凸轮齿轮和两固连齿轮；图 7-5（e）表示两个构件构成转动副，画阴影线的表示机架，图中小圆圈是转动副的典型表达方式，其圆心与转动副的回转中心重合；对于带有三个转动副的可动构件，通常将构件用三角形表示，并在三角形内加上剖面线或在三个角处涂以焊接符号来表明三角形是一个刚性整体，如图 7-5（f）所示；如果同一可动构件的三个转动副中心在一条直线上，则用图 7-5（g）表示；图 7-5（h）表示两个构件构成移动副，小方块表示构成移动副的构件之一，一般称为滑块；当两构件构成高副时，通常用画出两构件在接触处的轮廓曲线的方法来表示，如图 7-5（i）所示。

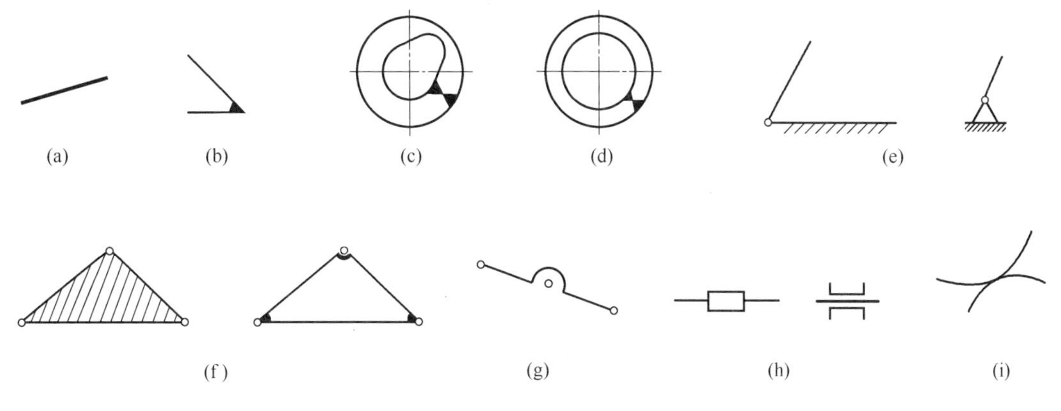

图 7-5　常见的运动副和构件符号

表 7-1 摘录了 GB/T 4460—2013 所规定的部分构件和运动副的表示方法，供绘制机构运动简图时参考。

表 7-1　部分构件和运动副的表示方法

名称		代表符号
机架	基本符号	
	为移动副的一部分	
构件组成部分的永久连接		
双副元素构件		
零件与轴的固定		

名称		代表符号	
轴承	向心轴承	滑动轴承	滚动轴承
	推力轴承	单向推力　双向推力	推力滚动轴承
	向心推力轴承	单向向心推力　双向向心推力	向心推力滚动轴承
联轴器		一般符号	弹性联轴器
离合器		啮合式	摩擦式
制动器			

续表

名称	代表符号	名称	代表符号
在支架上的电动机	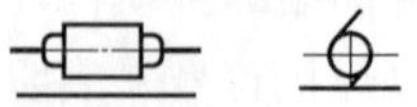	内啮合圆柱齿轮机构	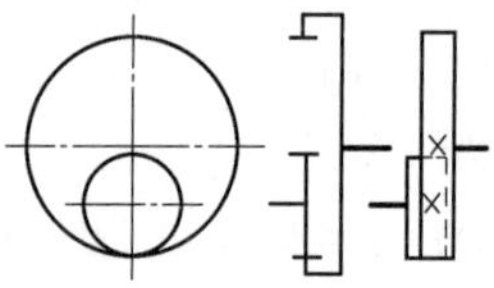
螺杆传动整体螺母		齿轮齿条传动	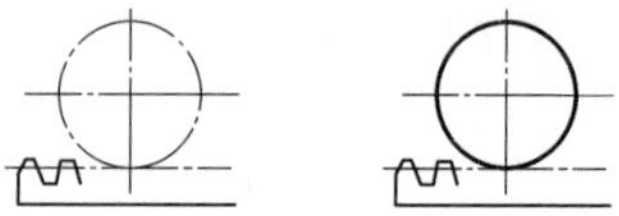
带传动	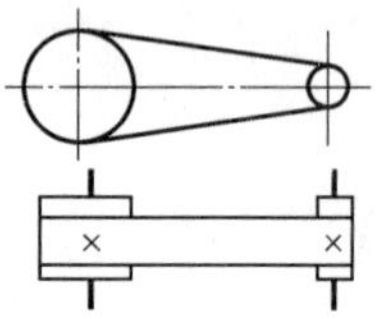	圆锥齿轮机构	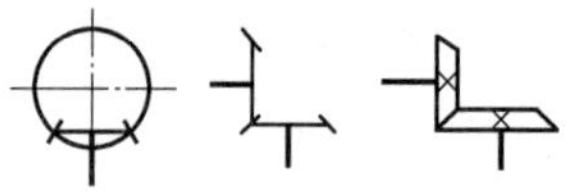
链传动	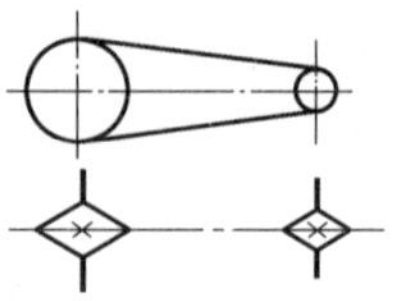	圆柱蜗杆传动	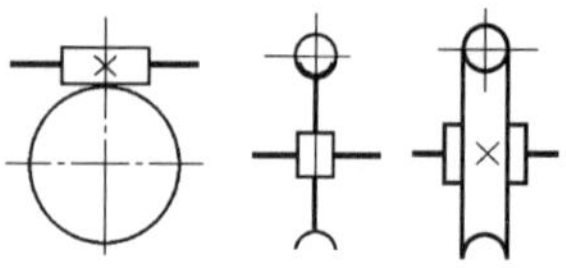
外啮合圆柱齿轮机构	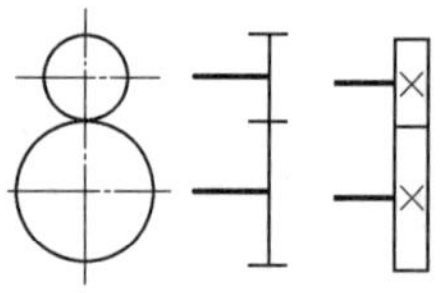	凸轮机构	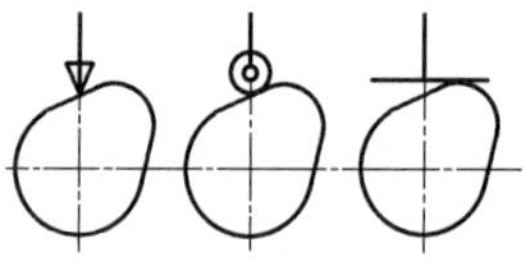

(3) 机构运动简图绘制实例

用实例说明机构运动简图绘制的步骤与方法。

[例 7-1] 绘制图 0-1 所示单缸内燃机机构运动简图。

解： ① 分清机构中构件的类型，即机架、主动件、从动件。

由图 0-1 可知，壳体和气缸体 8 为一个整体，是固定不动的机架；气缸体内的活塞 1 是主动件，其余可动构件为从动件。

② 从主动件开始，循着运动传递路线，仔细分析各构件间相对运动的性质，确定构件的数目、运动副的类型及个数。

该机构的运动由活塞 1 输入，活塞在气缸体内作相对移动，所以活塞 1 与气缸体 8（即机架）构成移动副；活塞和连杆作相对转动，所以活塞 1 与连杆 2 构成转动副。

连杆 2 又将运动传到曲轴 3，连杆 2 和曲轴 3 之间也作相对转动，则连杆 2 与曲轴 3 构成转动副；曲轴 3 和与之固连的齿轮 4 是一个整体，相对机架作转动，因此曲轴 3 与机架 8 也构成转动副。

运动经齿轮 4 传到齿轮 5，齿轮 4 与齿轮 5 之间是线接触，二者构成高副；齿轮 5 在机架 8 中作相对转动，所以齿轮 5 与机架 8 构成转动副；同时，齿轮 5 与凸轮 6 固连成一个整体，运动由凸轮 6 传到顶杆 7，凸轮 6 与顶杆 7 之间是点或者线接触，二者也构成高副；顶杆 7 在机架 8 中作直线上下移动，所以二者构成一个移动副。

综上分析，在内燃机的机构中有六个独立构件，分别为机架，主动件（活塞 1），从动件（连杆 2、曲轴 3 和与之固连的齿轮 4、齿轮 5 和与之固连的凸轮 6、顶杆 7）；有八个运动副，即两个移动副、四个转动副、两个高副。

③ 选择适当的视图平面和主动件位置，以便清楚地表达各构件间的运动关系。通常选择与构件运动平面平行的平面作为视图平面。

此处选择构件的运动平面为视图平面，如图 7-6 所示机构运动瞬时位置为主动件位置。

④ 根据图纸幅面和构件实际尺寸，选择适当的比例尺 μ_l（μ_l = 实际尺寸/图示尺寸），按各运动副间的距离和相对位置，用规定的线条和符号绘制，所得到的图形即为机构运动简图。

内燃机机构运动简图如图 7-6 所示，图中构件 1 上标有箭头，表示该构件是主动件。

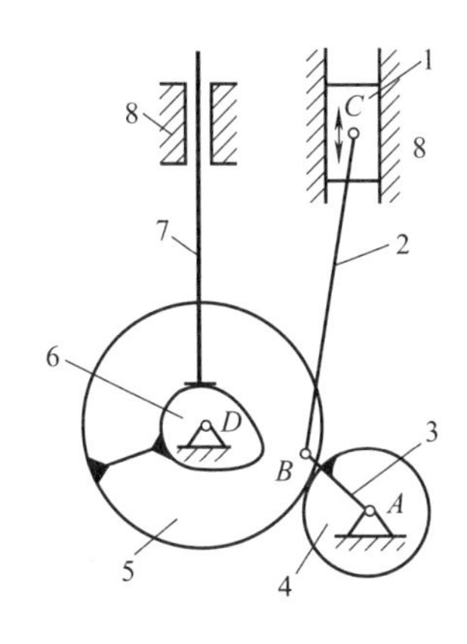

图 7-6　内燃机机构运动简图

M7-1　内燃机机构运动简图绘制讲解

在机构运动简图绘制过程中，撇开各个部分与运动无关的非本质属性而抽取与运动相关的本质属性，是从感性具体发展到理论抽象，从现象深入到本质的过程，这种逻辑方法以及使用该方法得出的科学抽象是十分重要的。

7.3　平面机构的自由度

7.3.1　平面机构自由度及计算

(1) 平面运动构件的自由度

构件的自由度是指构件相对于参考系所具有的独立运动的数目，或定义为在任一瞬时能确定构件位置所需要的一组独立运动参数的数目。

如图 7-7 所示，在 Oxy 坐标系中，有一个作平面运动的自由构件 S，它既可沿 x 轴和 y 轴方向平动，也可绕任意点 A 转动。由此可知，一个作平面运动的自由构件具有三个自由度。若用运动参数来说明构件的自由度，可描述为：在任一瞬时，只要确定了构件上线段 AB 的位置，则构件的位置也就确定了，这是因为构件上其余各点与 AB 线段的相对位置关系是固定的。而要确定线段 AB 的位置，只需要知道 A 点的坐标（x_A，y_A）和

角度 α 就可以了。即任一瞬时，用 x_A、y_A、α 这三个独立运动参数（x_A、y_A 代表构件的平动，α 代表构件的转动）就可确定构件的位置，即该自由构件具有三个自由度。

（2）运动副引入的约束

M7-2 运动副对构件的约束讲解

当一个构件与其他构件通过运动副连接以后，构件间的相互接触势必对彼此的运动产生限制，随之自由度减少。运动副对构件独立运动的限制称为约束。构件自由度减少的个数等于对其施加的约束数目。

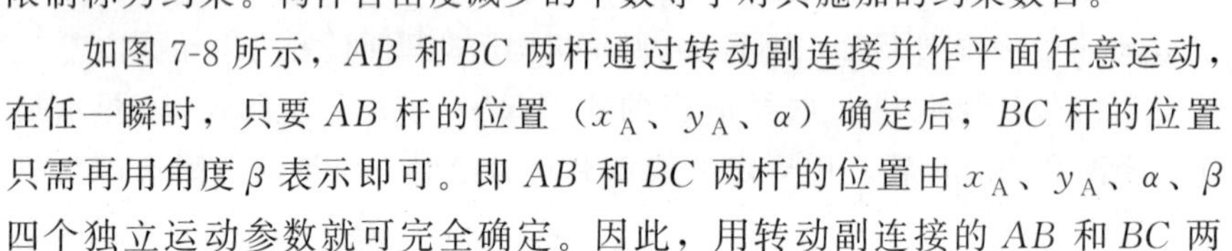

如图 7-8 所示，AB 和 BC 两杆通过转动副连接并作平面任意运动，在任一瞬时，只要 AB 杆的位置（x_A、y_A、α）确定后，BC 杆的位置只需再用角度 β 表示即可。即 AB 和 BC 两杆的位置由 x_A、y_A、α、β 四个独立运动参数就可完全确定。因此，用转动副连接的 AB 和 BC 两杆，其整体具有四个自由度。若 AB 和 BC 两杆没有通过转动副连接，而是在同一平面内各自独立运动，则两杆的自由度共计为 3×2=6。这说明两个构件通过转动副连接后，转动副引入了两个约束，构件系统失去了两个自由度。

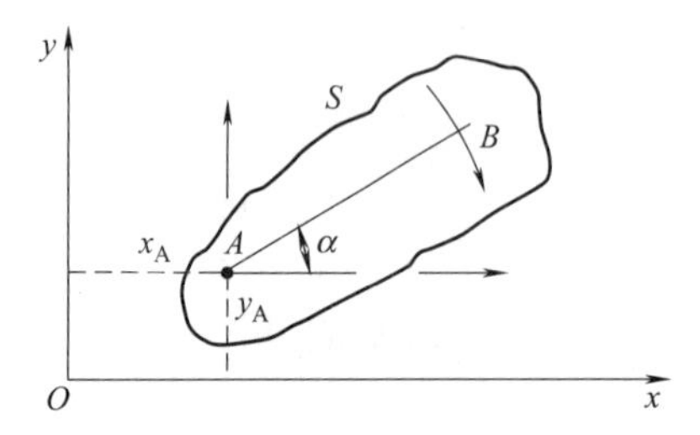

图 7-7 平面运动构件的自由度

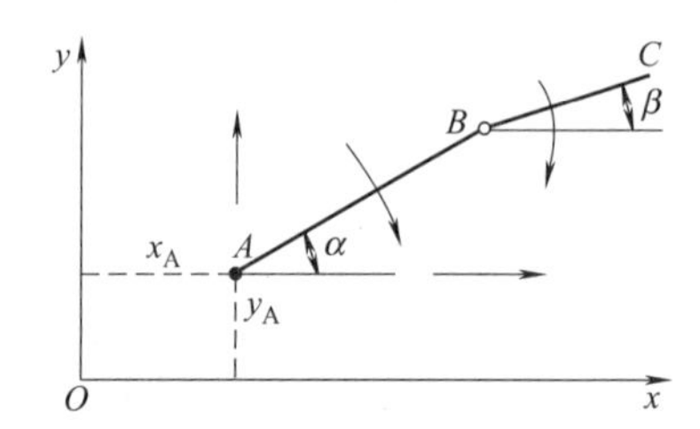

图 7-8 通过转动副连接的两构件

通过类似的分析可知，每个移动副也使构件系统失去两个自由度，即引入两个约束；每个高副使构件系统失去一个自由度，即引入一个约束。

（3）平面机构自由度的计算

平面机构的自由度是指在任一瞬时能确定所有构件位置的独立运动参数的数目。

在一个平面机构中，若可动构件数为 n，低副数为 P_L，高副数为 P_H。n 个可动构件在未用这些运动副连接前共有 $3n$ 个自由度，由于一个平面低副引入两个约束，一个平面高副引入一个约束，而每引入一个约束，构件系统必然要减少一个自由度，所以，平面机构的自由度 F 的计算公式为

$$F=3n-2P_L-P_H \tag{7-1}$$

［例 7-2］ 计算图 7-6 所示内燃机主运动机构的自由度

解： 根据例 7-1 可知，该机构共有 5 个可动构件，即 $n=5$；有 2 个移动副、4 个转动副和 2 个高副，即 $P_L=6$，$P_H=2$。则该机构的自由度 F 为

$$F=3n-2P_L-P_H=3\times5-2\times6-2=1$$

平面机构的自由度反映了构件间的相互联系与相互制约，为了某项特定的输出动作，构件之间彼此协调以完成工作任务，在此过程中，每个构件均失去一定的自由度，只在各自允许的自由度内运动。扩散到社会生活中，个人一定会与他人有着各种各样的联系，人与人之间必然要在团结协作中完成必要的生产和社会活动，这就要求大家遵守规则，遵纪守法，有团队协作精神和大局观念，若每个人都强调绝对的自由，那就会像不受约束的一

堆构件，将无法完成指定的工作任务。

7.3.2　计算平面机构自由度的注意事项

在用公式（7-1）计算平面机构的自由度时，要注意以下几种比较特殊的情况，否则会出现计算结果与实际不相符的情况。

（1）复合铰链

由三个或三个以上的构件在同一处以转动副连接，所构成的运动副称为复合铰链。如图 7-9 所示为三个构件（构件 1、2、3）在同一点处以转动副连接而构成的复合铰链，由图 7-9（b）可以清楚地看出，三个构件共构成了两个转动副。同理，当 m 个构件铰接在一起构成复合铰链时，组成（$m-1$）个转动副。

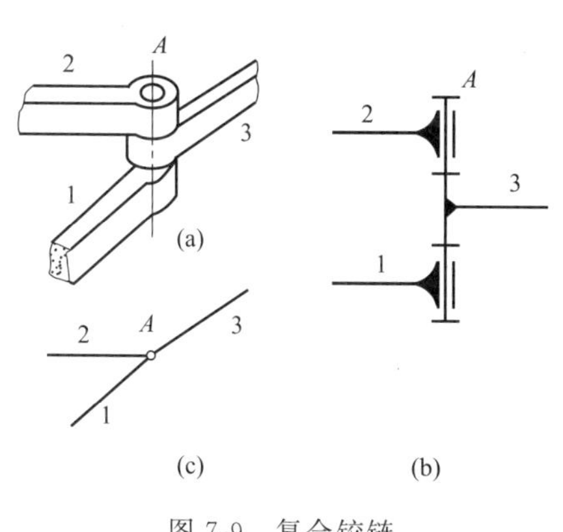

图 7-9　复合铰链

M7-3　复合铰链结构动画

M7-4　复合铰链讲解动画

［例 7-3］　计算图 7-10 所示机构的自由度。

解： 此机构在 C 处为复合铰链，该处由 3 个构件组成了 2 个转动副。所以在该机构中：$n=5$，$P_L=7$，$P_H=0$，由式（7-1）得

$$F=3n-2P_L-P_H=3\times5-2\times7-0=1$$

（2）局部自由度

在机构中个别构件所具有的，只与自身的局部运动有关，而并不影响其他构件运动的自由度，称为局部自由度。

如图 7-11（a）所示的凸轮机构，其可动构件数为 3，低副数为 3，高副数为 1，则其自由度为 2。但是，任一瞬时，确定该机构所有构件位置只需要一个参数即可，如图 7-11（a）中的 α 角或 y 值。实际上，滚子 3 绕其自身轴线转动的自由度不影响凸轮 1 以及从动件 2 的运动，因此该处是局部自由度。

在计算机构的自由度时，应将局部自由度排除。排除的方法是将滚子 3 和从动件 2 看成是一个整体，即作为一个构件来对待，再用式（7-1）来计算机构的自由度。这时可动构件数为 2，低副数为 2，高副数为 1，则该机构的自由度为 1，与实际情况相符。

相对于图 7-11（b）而言，采用图 7-11（a）的结构，滚子与凸轮之间由滑动摩擦变成滚动摩擦，降低了磨损速度，同时滚子磨损均匀，因此在实际中多采用如图 7-11（a）所示的结构。

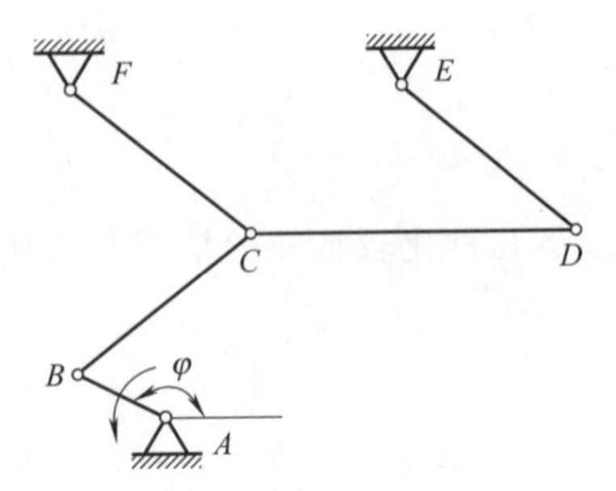

图 7-10 带有复合铰链的机构

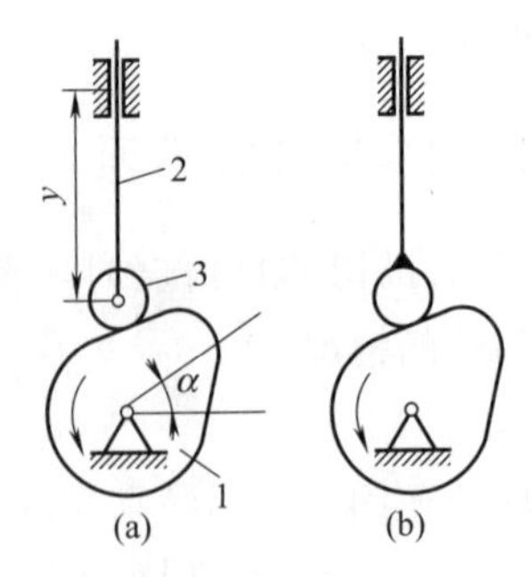

图 7-11 局部自由度

M7-5 局部自由度动画

(3) 虚约束

在机构中，有些运动副引入的约束对机构的运动只起重复限制作用，这类约束称为虚约束。在计算机构的自由度时，应将虚约束除去不计。

虚约束对机构的运动虽不起独立的限制作用，但可增加结构的刚度或使构件受力均衡，因此在实际机构中并不少见。平面机构中虚约束常在下列几种情况下发生。

① 两个构件构成多个同类型的运动副。包括三种情况：

a. 两个构件在多处构成移动副，且导路平行或重合，则有效约束只有一处，其余的为虚约束，如图 7-12 所示。

b. 两个构件在多处构成转动副，且轴线重合，则有效约束只有一处，其余的为虚约束，如图 7-13 所示。

c. 两个构件在多点处构成高副，且各高副在接触点处的公法线重合，只计入一处高副约束，其余的为虚约束，如图 7-14 所示。

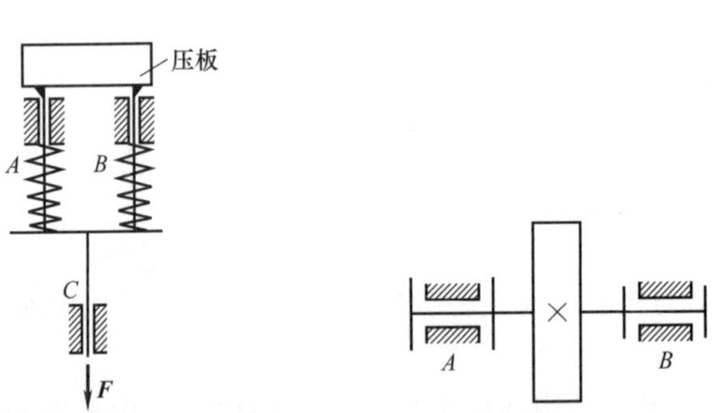

图 7-12 两构件构成三个移动副

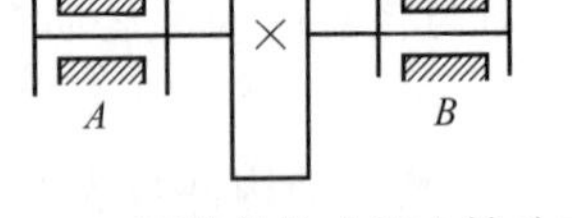

图 7-13 两构件构成两个转动副

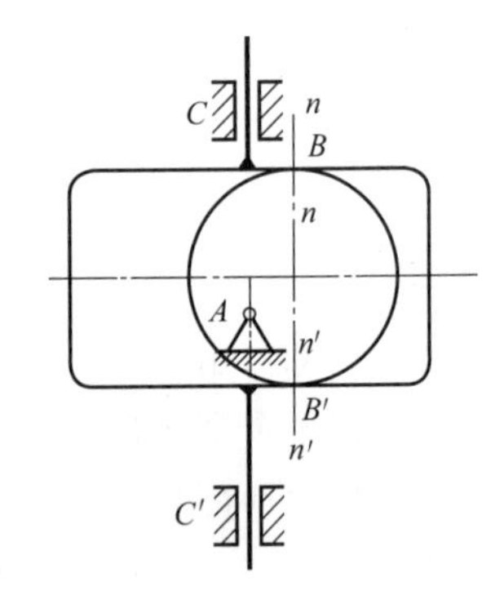

图 7-14 两构件构成两个高副

② 机构中增加了对运动不起作用的对称部分。如图 7-15 所示的轮系，主动齿轮 1 通过三个对称布置的齿轮 2、2′和 2″驱动内齿轮 3，从机构运动传递的角度来说，三个齿轮中仅有一个就可以了，另两个与之对称布置的齿轮不起独立传递运动的作用，但它们会使机构受力均匀，提高承载能力，增加的这两个对称布置的齿轮所带入的约束都是虚约束。

③ 构件上某点在通过运动副连接后的轨迹与未通过运动副连接时的轨迹完全重合。如图 7-16 所示的平行四边形机构，AB、CD、EF 互相平行且长度相等，BC 与 AD 也平行且相等。构件 BE 和构件 EF 上的 E 点在未连接起来之前，其轨迹是重合的，都是以 F 点为圆心、FE 为半径的圆。当构件 EF 通过转动副在 E 点连接以后，构件 BE 上 E 点的

运动轨迹并未改变，故构件 EF 所引入的约束为虚约束。在计算机构的自由度时，应将机构中构成虚约束的构件 EF 连同其上所带的转动副 E、F 除去不计。

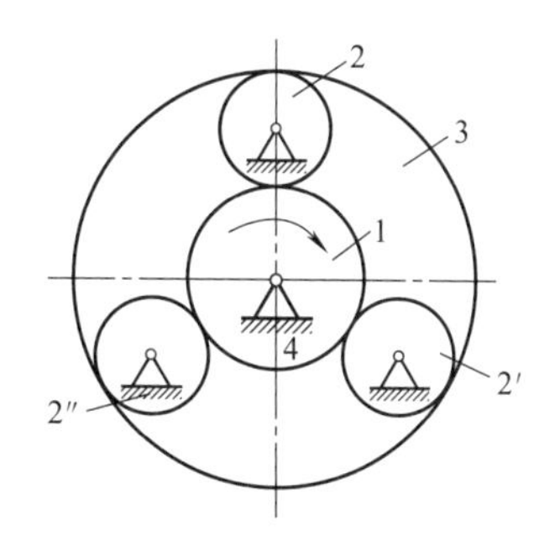

图 7-15　轮系

1—主动齿轮；2,2′,2″—齿轮；3—内齿轮；4—机架

M7-6　虚约束之轮系动画

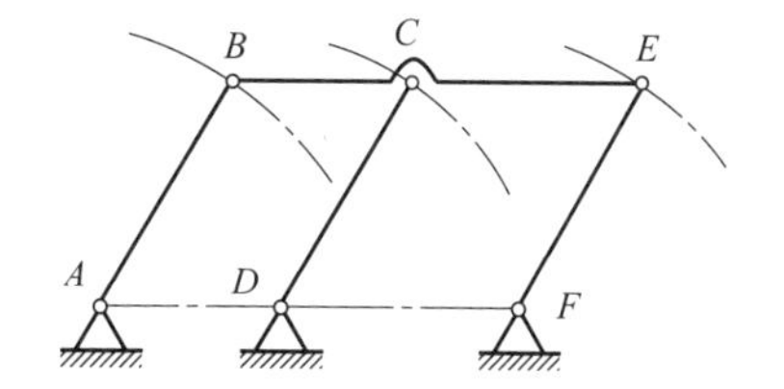

图 7-16　平行四边形机构

M7-7　运动轨迹重合动画

［例 7-4］　计算图 7-17 所示由构件 1～8 组成的大筛机构的自由度。

解： 机构中的滚子具有局部自由度，应将滚子与顶杆 3 看成是连接在一起的一个整体考虑；顶杆 3 与机架 8 在 E 和 E' 组成两个导路平行的移动副，按一个移动副考虑；C 处是复合铰链。因此，该机构的可动构件数为 $n=7$，低副数 $P_L=9$，高副数 $P_H=1$。因此机构的自由度为

$$F=3n-2P_L-P_H=3\times7-2\times9-1=2$$

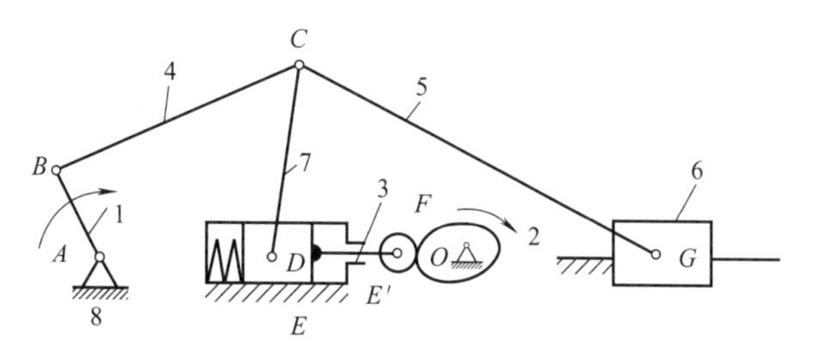

图 7-17　大筛机构

7.3.3　构件组合成为机构的条件

M7-8　构件组合成为机构的条件讲解

构件组合是指通过运动副连接在一起的多个构件。而机构在本质上是包含机架和主动件，且具有确定的相对运动的构件组合。然而，一个包含机架和主动件的构件组合，却并不一定是机构。只有当其满足以下条件时才能成为机构。

① 构件组合的自由度 $F>0$；

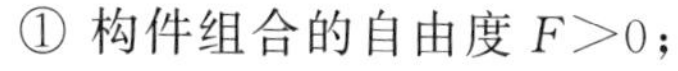

② 主动件的数目和构件组合的自由度相等。

当自由度 $F \leqslant 0$ 时，构件组合是不能动的，也就不能成为机构。如图 7-18 所示的三个构件通过三个转动副连接起来就属于这种情形。

当自由度 $F>0$，且主动件数多于自由度时，构件组合也不能成为机构。如图 7-19 所示，1～4 构件由四个转动副连接起来，其自由度为 1。若将构件 1 和 3 都作为主动件，则构件 2 既要随构件 1 运动，又要随构件 3 运动，其运动发生干涉，该构件组合很快就会破坏。

当自由度 $F>0$，且主动件数少于自由度时，构件组合也不能成为机构。如图 7-20 所示，1～5 构件由五个转动副连接起来，其自由度为 2。若取构件 1 为主动件，当给定 φ_1 角，即给定主动件的一个位置时，构件 2、3、4 既可处在图中实线位置，也可以处在虚线位置（2′、3′、4′），即存在从动件运动不确定的情形。只有给出两个主动件，如使构件 1、4 都处于给定位置，才能使从动件 2、3 具有确定的位置。

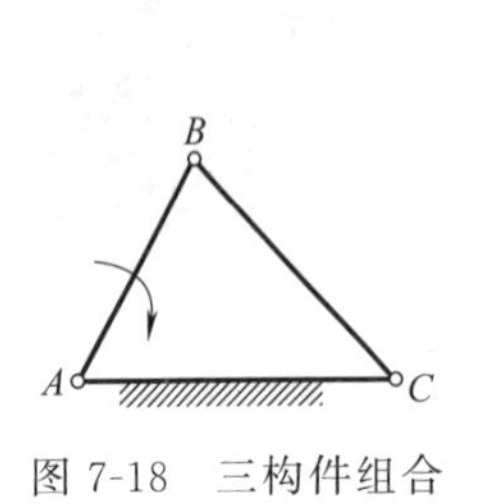

图 7-18 三构件组合

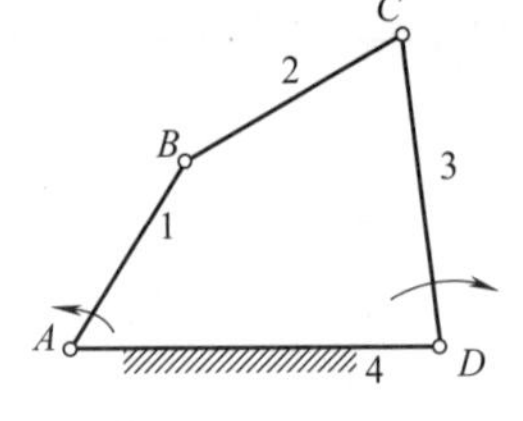

图 7-19 四构件组合

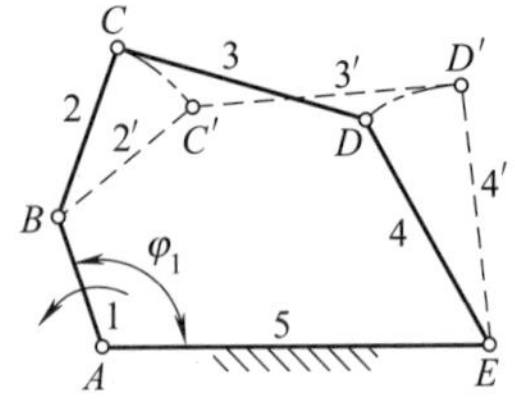

图 7-20 五构件组合

思考题与习题

7-1 何谓运动副？运动副有哪些类型？各有什么特点？

7-2 平面机构中的高副和低副各引入几个约束？

7-3 机构运动简图有什么作用？怎样绘制？

7-4 何谓机构的自由度？在计算平面机构的自由度时，为什么要考虑复合铰链、局部自由度及虚约束？

7-5 要使构件组合具有确定的相对运动，需满足什么条件？

7-6 既然虚约束对机构的运动不起直接的限制作用，为什么在有些机器中还要设计出虚约束？

7-7 绘制图 7-21 所示各机构的运动简图，并计算机构的自由度，图中 1～5 为构件。

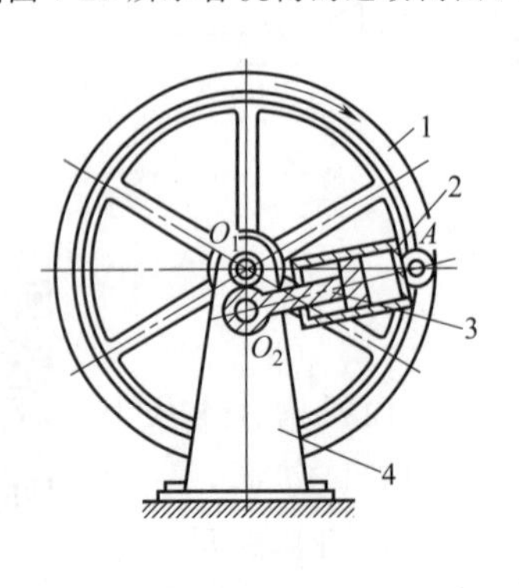

(a) 回转柱塞泵机构

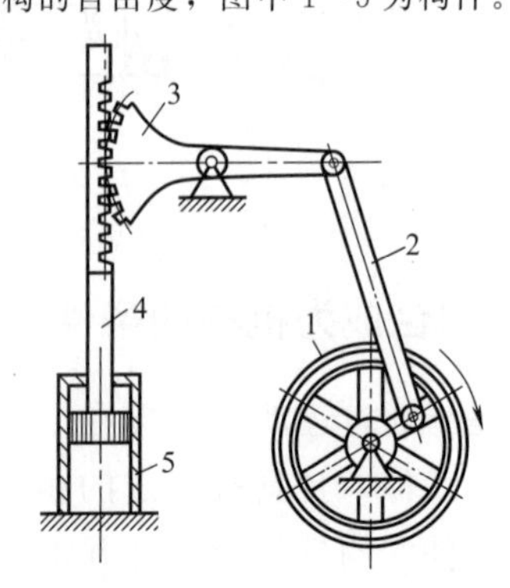

(b) 活塞泵机构

图 7-21 题 7-7 图

7-8　指出图 7-22 所示机构运动简图中的复合铰链、局部自由度和虚约束，计算机构的自由度。

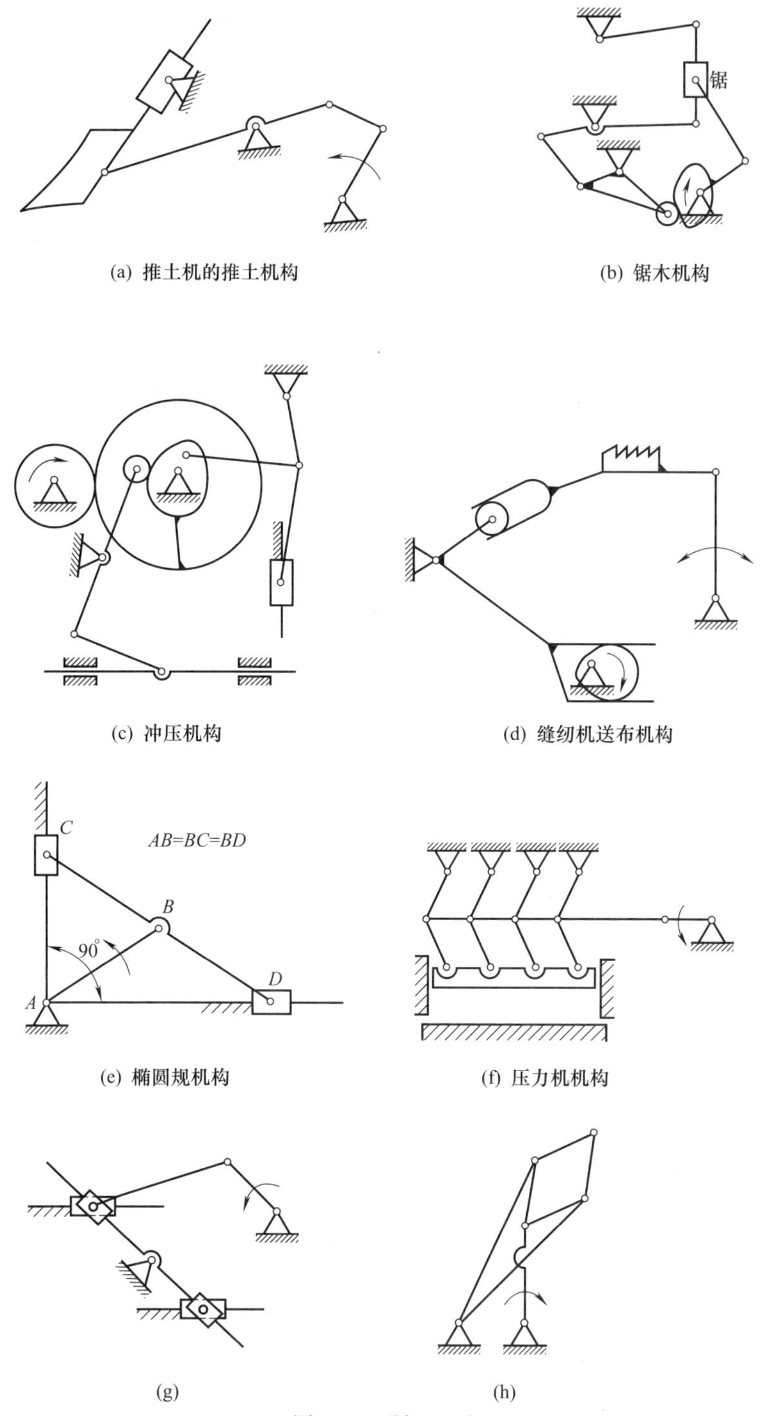

(a) 推土机的推土机构　(b) 锯木机构

(c) 冲压机构　(d) 缝纫机送布机构

(e) 椭圆规机构　(f) 压力机机构

(g)　(h)

图 7-22　题 7-8 图

第8章

平面连杆机构

平面连杆机构是指由若干个构件通过低副连接，且所有构件均在同一平面或相互平行的平面内运动的机构。平面连杆机构有多种形式，其中最简单、应用最广泛的是由四个构件组成的平面四杆机构。

8.1 平面连杆机构的特点及应用

8.1.1 平面连杆机构的特点

平面连杆机构中的各构件通过低副连接，即面接触方式，故传力时压强小，便于润滑，磨损较小，可承受较大载荷；构件多为杆状，加工制造容易；当主动件匀速连续运转时，通过改变各构件的相对长度，使从动件实现多种形式的运动，从而满足多种运动规律的要求，可用于实现已知运动规律和已知轨迹。

平面连杆机构的主要缺点是：由于构件连接处存在一定间隙，而连杆机构的运动要经过中间构件传递，传递路线较长，易产生较大的累积误差，降低运动精度；连杆机构的设计复杂，不易精确实现较复杂的运动规律；机构中作复杂运动和作往复运动的构件所产生的惯性力难以平衡，在高速时将引起较大的振动和动载荷。因此，连杆机构常用在速度较低的场合。

8.1.2 平面连杆机构的应用

由于平面连杆机构具有上述优点，因而广泛应用于各种机械、仪表和机电产品中，如活塞式发动机和空气压缩机中的曲柄滑块机构；雷达天线俯仰角调整机构（图 8-1）、摄影车的升降机构（图 8-2）。

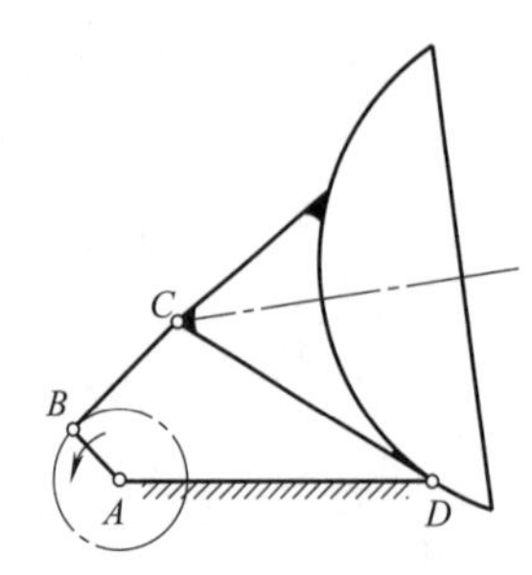

图 8-1 雷达天线俯仰角调整机构

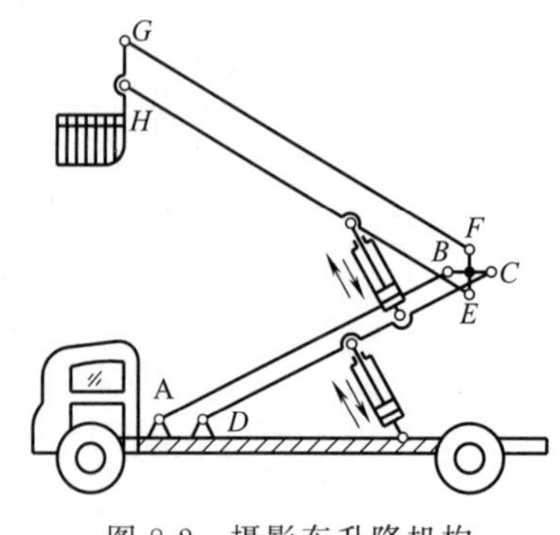

图 8-2 摄影车升降机构

近年来，随着连杆机构设计方法的发展，以及有关设计软件的开发，使连杆机构的设计速度和设计精度有了较大的提高，而且在满足运动学要求的同时，还可兼顾动力学特性，使得连杆机构的使用范围更为广泛。

8.2　铰链四杆机构的基本类型及其判定

8.2.1　铰链四杆机构的基本类型

若平面四杆机构中的低副都是转动副，则称为铰链四杆机构，它是平面四杆机构最基本的形式。如图8-3所示的铰链四杆机构，固定不动的杆4称为机架，与机架相对的杆2称为连杆，与机架通过转动副连接的杆1和杆3称为连架杆。其中，能作整周转动的连架杆1称为曲柄，仅能在某一角度内摆动的连架杆3称为摇杆。

根据两连架杆运动形式的不同，铰链四杆机构分为三种基本类型：曲柄摇杆机构、双曲柄机构和双摇杆机构。

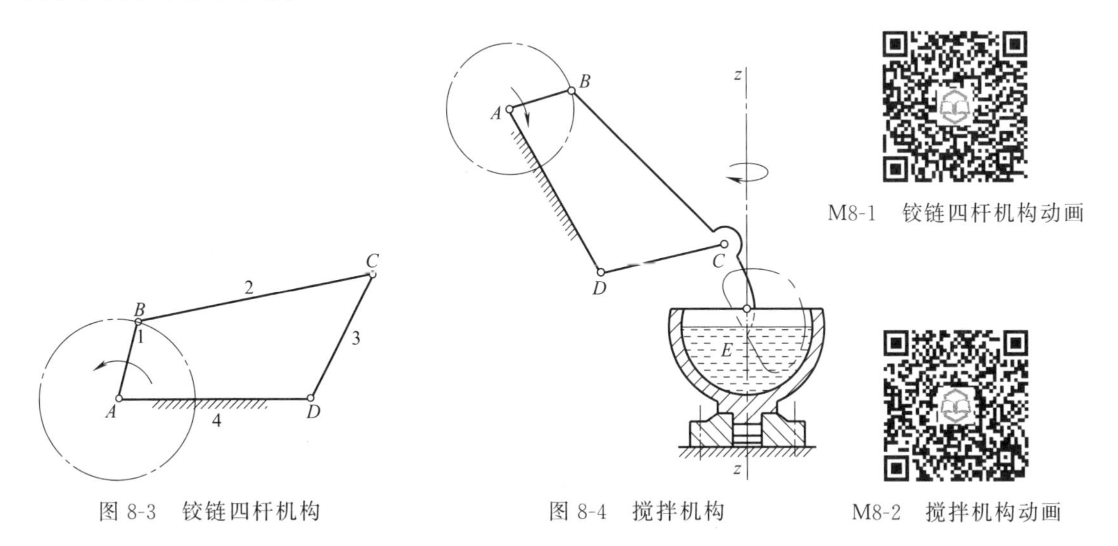

图8-3　铰链四杆机构　　图8-4　搅拌机构

(1) 曲柄摇杆机构

两连架杆中，一个为曲柄，另一个为摇杆的铰链四杆机构称为曲柄摇杆机构，如图8-3所示。一般以曲柄为主动件作匀速转动，摇杆为从动件作变速往复摆动。如图0-2所示的游梁式抽油机，由支架2、游梁5、连杆8和曲柄10等构件构成了曲柄摇杆机构。再如图8-1所示的雷达天线俯仰角调整机构以及图8-4所示的搅拌机构也是其应用实例。

在曲柄摇杆机构中也有以摇杆为主动件而曲柄为从动件的情况，如图8-5所示的缝纫机脚踏机构。

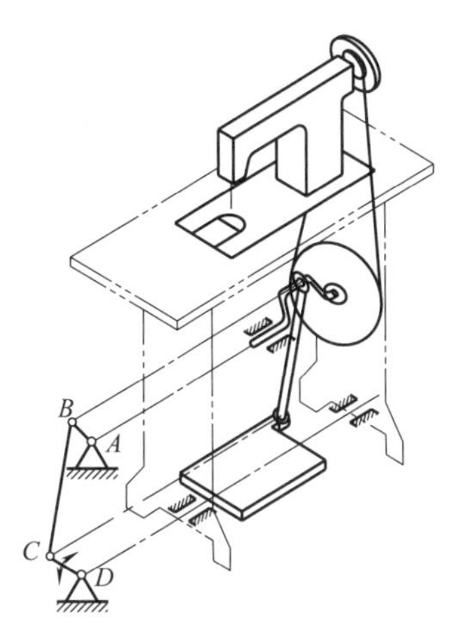

图8-5　缝纫机脚踏机构

(2) 双曲柄机构

两连架杆均为曲柄的铰链四杆机构称为双曲柄

机构。

在双曲柄机构中，通常主动曲柄作匀速转动，从动曲柄作周期性变速转动。如图 8-6 所示的惯性筛机构，当主动曲柄 AB 作匀速转动时，从动曲柄 CD 作周期性变速转动，从而使筛子具有较大变化的加速度，而被筛的物料颗粒则因惯性作用而容易达到分筛的目的。

在双曲柄机构中，若其相对两杆平行且长度相等，则称为平行四边形机构。如图 8-7 所示。这种机构的运动特点是：当两曲柄 1 和 3 以相同的角速度同向转动时，连杆 2 作平动。如图 8-8 所示天平机构和图 8-9 所示机车车轮驱动机构都是平行四边形机构。

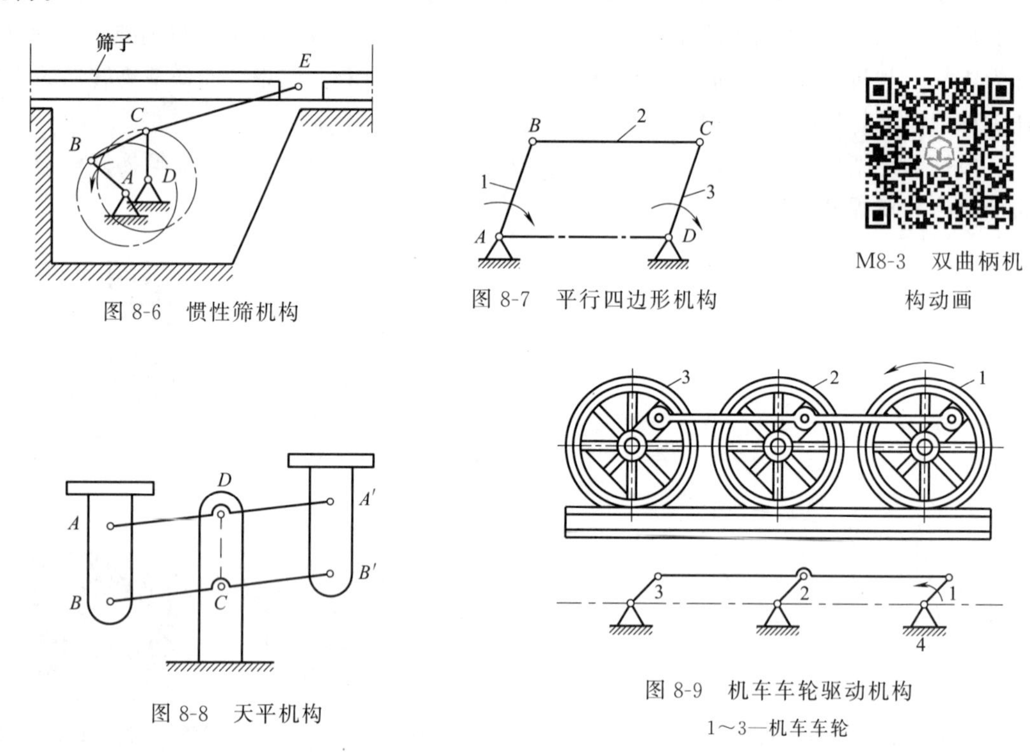

图 8-6 惯性筛机构

图 8-7 平行四边形机构

M8-3 双曲柄机构动画

图 8-8 天平机构

图 8-9 机车车轮驱动机构

1～3—机车车轮

平行四边形机构在运动过程中，当两曲柄与连杆共线时，在主动曲柄转向不变的条件下，从动曲柄会出现转动方向不确定的现象。如图 8-10 所示的平行四边形机构，在曲柄与机架共线时，即 B 点转到 B_1 位置，C 点转至 C_1 位置。当主动曲柄 AB 继续转至 AB_2 位置时，从动曲柄 DC 则可能继续转至 DC_2 位置，也可能反转至 DC_2'位置，这时出现了从动件的运动不确定现象。为消除这种现象，常采取以下措施：①利用从动件本身或其上的飞轮惯性导向；②采用两组相同机构用错位排列的方法，如图 8-11 所示；③添加辅助构件，如图 8-9 所示。

如图 8-12 所示的四杆机构，虽然相对两杆的长度相等，但杆 AD 与杆 BC 不平行，称为反平行四边形机构。如图 8-13 所示的公共汽车车门启闭机构是反平行四边形机构的应用实例，当主动曲柄 AB 转动时，通过连杆 BC 带动从动曲柄朝 CD 相反方向转动，从而保证两扇车门同时开启和关闭。

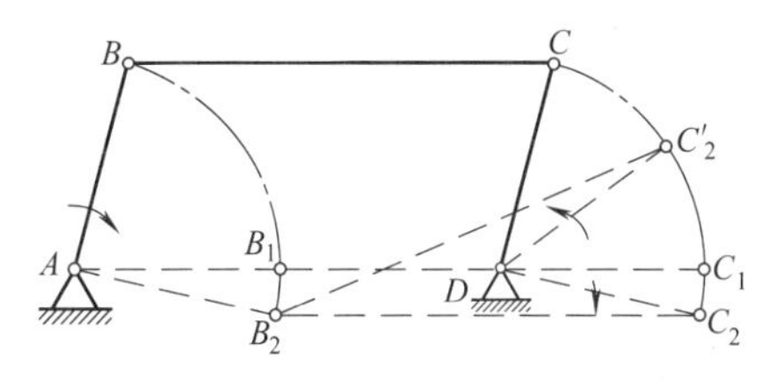

图 8-10　平行四边形机构的运动不确定性

M8-4　平行四边形机构的运动不确定性动画

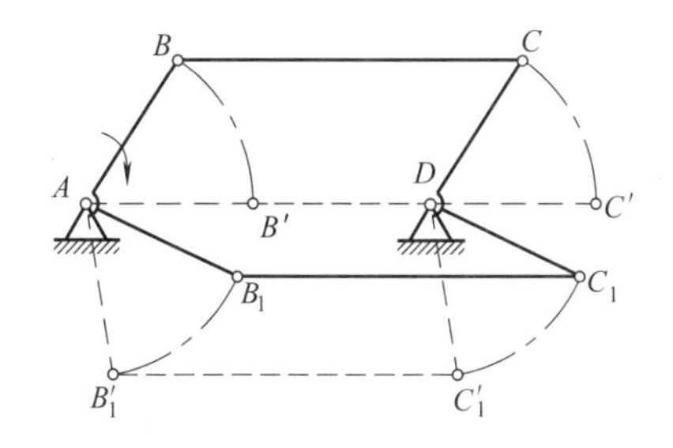

图 8-11　错位排列方法

M8-5　错位排列方法动画

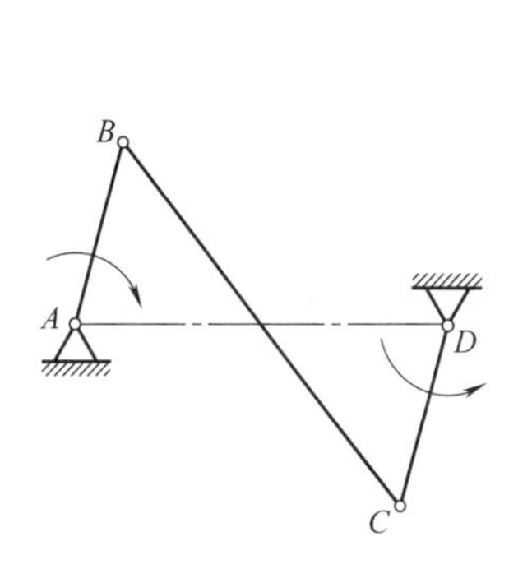

图 8-12　反平行四边形机构

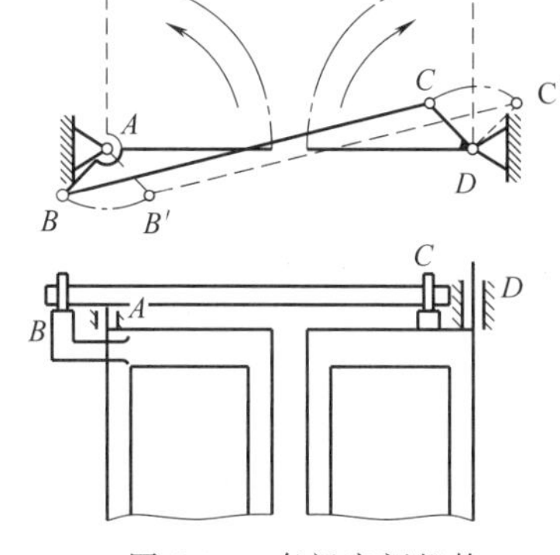

图 8-13　车门启闭机构

M8-6　反平行四边形机构动画

(3) 双摇杆机构

两连架杆均为摇杆的铰链四杆机构称为双摇杆机构。如图 8-14 所示的港口起重机的变幅机构，当摇杆 AB 摆动时，另一摇杆 CD 随之摆动，选用合适的杆长参数，可使悬挂点 M 的轨迹近似为水平直线，避免被吊重物因不必要的升降而额外消耗能量。

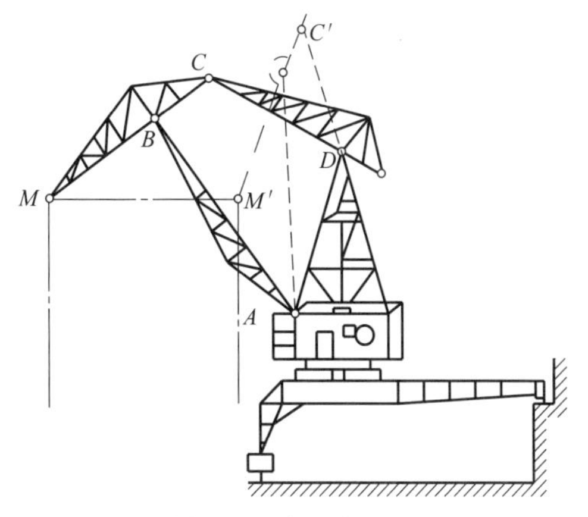

图 8-14　港口起重机

M8-7　港口起重机动画

8.2.2 铰链四杆机构基本类型的判定

铰链四杆机构三种基本类型的区别在于有无曲柄和有几个曲柄，而四根杆的相对长度和机架的选取对机构有无曲柄起着决定的影响。那么在什么情况下才能有曲柄存在呢？下面进行具体分析。

如图 8-15 所示的铰链四杆机构，AB 为曲柄、BC 为连杆、CD 为摇杆、AD 为机架。各杆长度分别为 a、b、c、d。为保证曲柄能作整周回转，必须使曲柄能顺利通过与机架共线的两个位置 AB_1 和 AB_2。

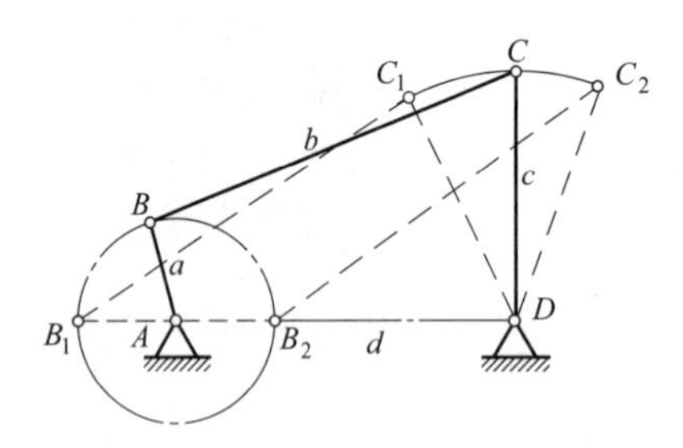

图 8-15 铰链四杆机构存在曲柄的条件

M8-8 铰链四杆机构类型判别的讲解

通过理论推导，得出铰链四杆机构存在曲柄的条件为：

① 连架杆和机架中必有一杆为最短杆；

② 最短杆与最长杆长度之和小于或等于其他两杆长度之和。

其中，条件②又称为格拉肖夫（Grashof）判别式。不同时满足上述两个条件的机构中不可能存在曲柄，只能是双摇杆机构。同时满足上述两个条件的机构要么是曲柄摇杆机构，要么是双曲柄机构。

8.3 铰链四杆机构的演化

在实际机械中，四杆机构的类型多种多样，其中绝大多数是在铰链四杆机构的基础上发展和演化而成，本小节各图中的 1～4 表示四杆机构的各杆。

8.3.1 转动副演化成移动副

(1) 一个转动副的演化

在图 8-16（a）所示的曲柄摇杆机构中，当曲柄 1 绕转动副 A 回转时，摇杆 3 上 C 点的运动轨迹是以 D 为圆心、CD 为半径的圆弧 mm。现将摇杆 3 做成滑块形式［图 8-16（b)］，并使其沿圆弧导轨 mm 往复运动，即构件 3 与构件 4 之间用移动副取代曲柄摇杆机构中的转动副，显然其运动性质并未发生改变，但此时铰链四杆机构已演化为曲线导轨的曲柄滑块机构。

在图 8-16（a）所示的曲柄摇杆机构中，设将摇杆 3 的长度增至无穷大，则 C 点的运动轨迹变为直线，而与之相对应的图 8-16（b）中的曲线导轨将变为直线导轨，于是铰链四杆机构演化为常见的曲柄滑块机构，如图 8-17（a）所示为具有偏距 e 的偏置曲柄滑块机构，图 8-17（b）所示为没有偏距的对心曲柄滑块机构。

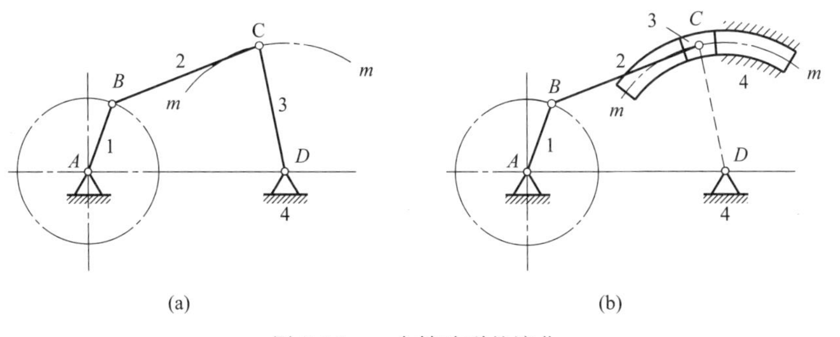

图 8-16　一个转动副的演化

M8-9　一个转动副的演化动画

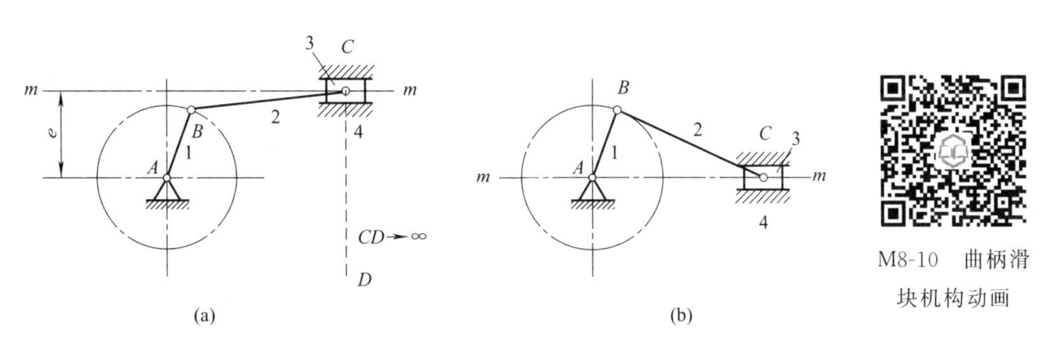

M8-10　曲柄滑块机构动画

图 8-17　曲柄滑块机构

曲柄滑块机构在内燃机、空压机、冲床等机械设备中得到了广泛应用。

(2) 两个转动副的演化

在一个转动副演化后得到的如图 8-18（a）所示的曲柄滑块机构中，由于铰链 B 相对于铰链 C 的运动轨迹为圆弧 mm，如果将连杆 2 做成滑块形式并使之沿圆弧导轨 mm 运动［图 8-18（b）］，原机构演化为一种具有两个移动副的四杆机构。如果将圆弧导轨的半径增至无穷长时，圆弧导轨变成直线导轨［图 8-18（c）］，曲柄滑块机构便演化为具有两个移动副的四杆机构，此机构称为曲柄移动导杆机构。在该机构中，从动件 3 的位移 s 与主动件 1 的转角 φ 的正弦成正比，即 $s=l_1\sin\varphi$（l_1 为杆 1 的长度），故该机构又称为正弦机构。图 8-19 所示的缝纫机刺布机构是这种机构的应用实例。

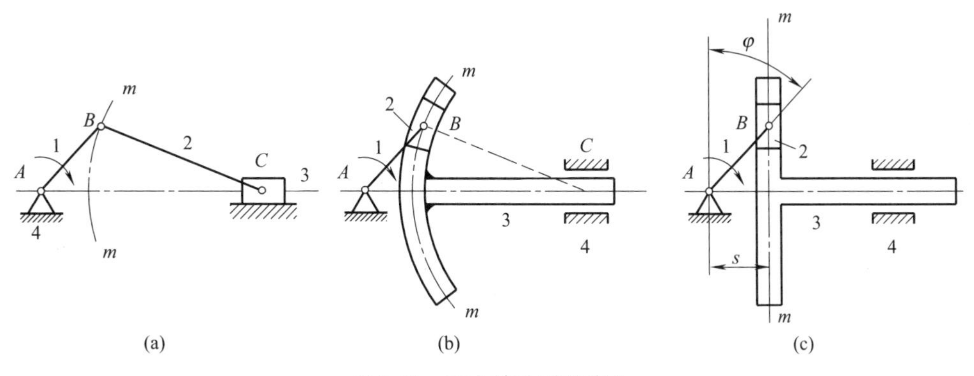

图 8-18　两个转动副的演化

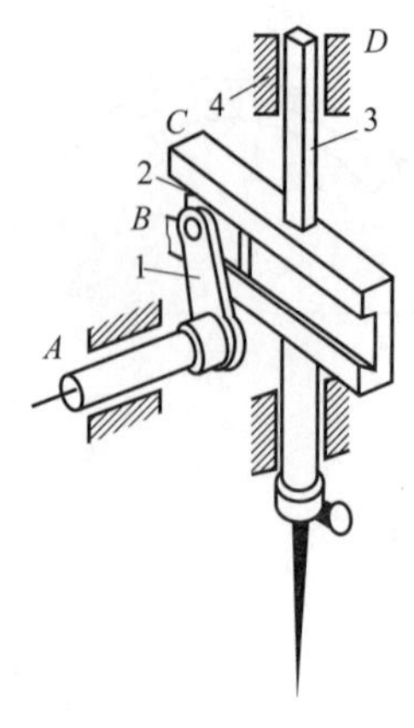

图 8-19 刺布机构

M8-11 两个转动副的演化动画

8.3.2 扩大转动副

如图 8-20（a）所示的曲柄滑块机构，若将转动副 B 的半径逐渐扩大到超过曲柄长度 AB，就得到图 8-20（b）所示的偏心轮机构。此时偏心轮 1 即为曲柄，它与机架形成转动副 A，与连杆形成转动副 B（B 点为偏心轮的几何中心）。当曲柄长度很小时，通常把曲柄做成偏心轮。偏心轮机构广泛应用于传力较大的剪床、冲床、颚式破碎机等机械中。

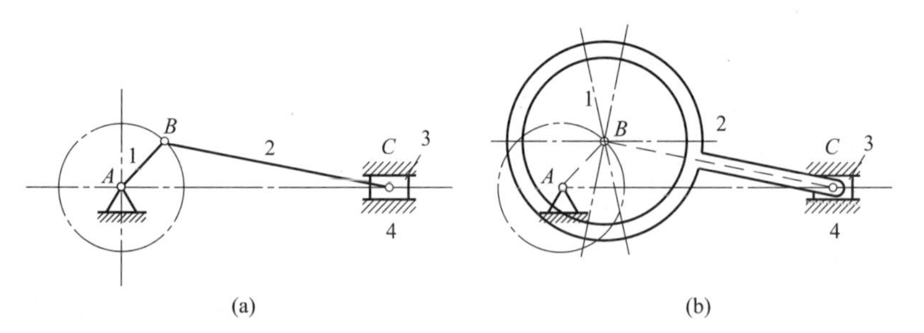

图 8-20 偏心轮机构

M8-12 偏心轮机构动画

8.3.3 取不同构件为机架

(1) 对铰链四杆机构

在图 8-21（a）所示的曲柄摇杆机构中，杆 1 相对于杆 2 和机架 4 均能转过 360°，杆 3 相对于杆 2 和机架 4 均不能转过 360°，而改换不同的构件为机架时，构件间的相对运动是不变的。因此，若取杆 1 为机架，则得到图 8-21（b）所示的双曲柄机构；若取杆 2 为

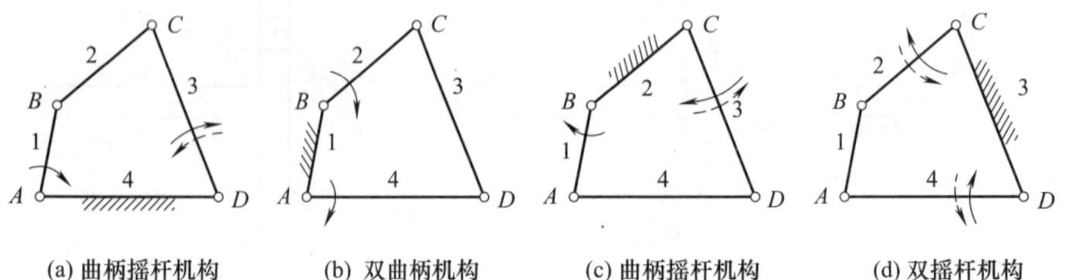

(a) 曲柄摇杆机构　(b) 双曲柄机构　(c) 曲柄摇杆机构　(d) 双摇杆机构

图 8-21 铰链四杆机构取不同构件为机架的演化

M8-13 取不同构件为机架的演化动画

机架，则得到图 8-21（c）所示的另一个曲柄摇杆机构；若取杆 3 为机架，则演化成图 8-21（d）所示的双摇杆机构。

（2）对曲柄滑块机构

在图 8-22 所示的曲柄滑块机构中，若取杆 1 为机架（图 8-23），则杆 4 将绕 A 转动，而杆 3 将以杆 4 为导轨作相对移动，由此演化成的四杆机构称为导杆机构。其中，杆 4 常被称作导杆。当杆 2 比杆 1 长时［图 8-23（a）］，杆 2 和杆 4 均可作整周回转，称为转动导杆机构，图 8-24 所示为该机构在回转式油泵中的应用实例。当杆 2 比杆 1 短时［图 8-23（b）］，则杆 4 只能作往复摆动，称为摆动导杆机构，图 8-25 所示为该机构应用于牛头刨床的实例。

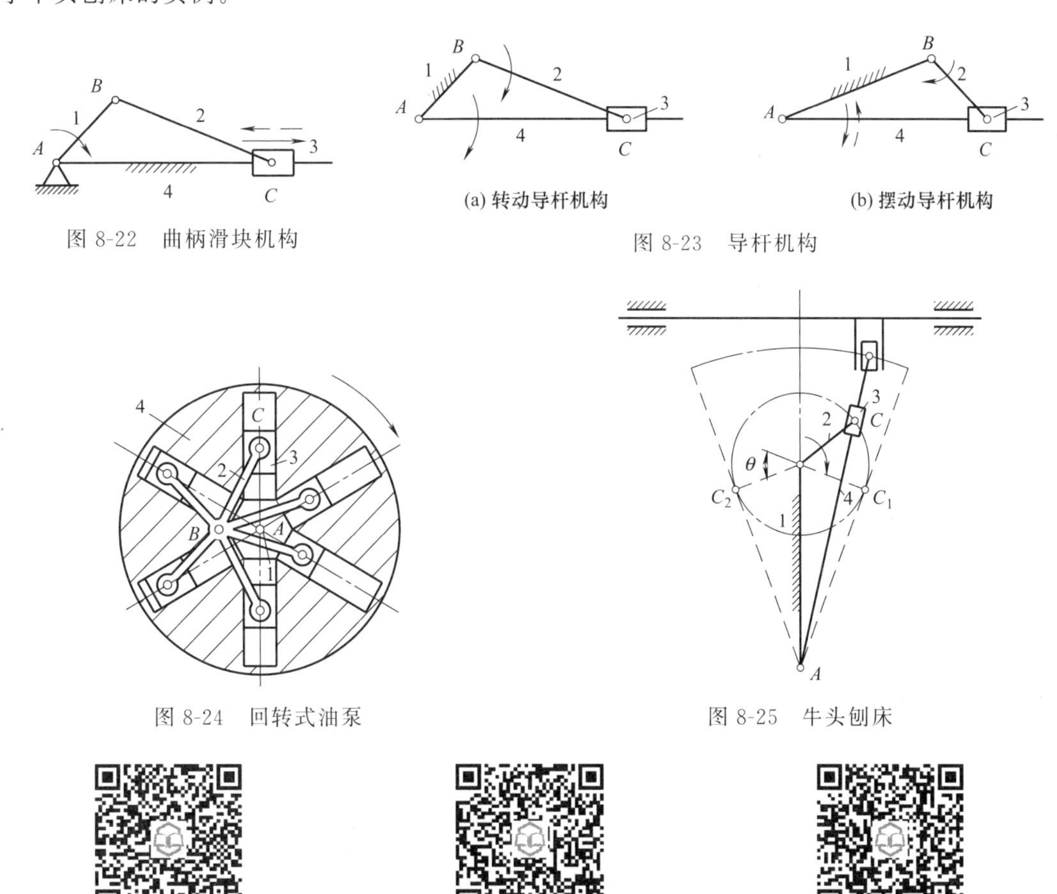

图 8-22　曲柄滑块机构

图 8-23　导杆机构

图 8-24　回转式油泵

图 8-25　牛头刨床

M8-14　转动导杆机构动画

M8-15　摆动导杆机构动画

M8-16　牛头刨床动画

在图 8-22 所示的曲柄滑块机构中，若取杆 2 为机架，则得到图 8-26 所示的摇块机构。图 8-27 所示为摇块机构在自卸卡车举升机构中的应用。

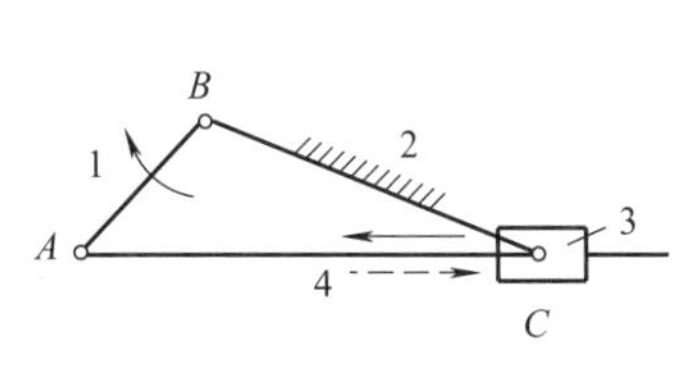

图 8-26　摇块机构

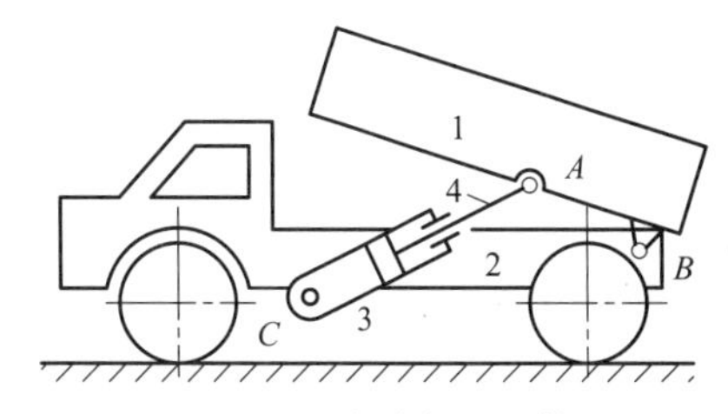

图 8-27　自动卸料机构

在图 8-22 所示的曲柄滑块机构中，若取杆 3 为机架，则演化成固定滑块机构（图 8-28），简称定块机构。这种机构常用于手压唧筒（图 8-29）和抽油泵中。

(3) 对曲柄移动导杆机构

图 8-18（c）所示的曲柄移动导杆机构如果用图 8-30 所示机构表示，并取杆 1 为机架，则演化成图 8-31（a）所示的双转块机构，图 8-31（b）所示滑块联轴器是双转块机构的应用，它可用来连接中心线不重合的两根轴。

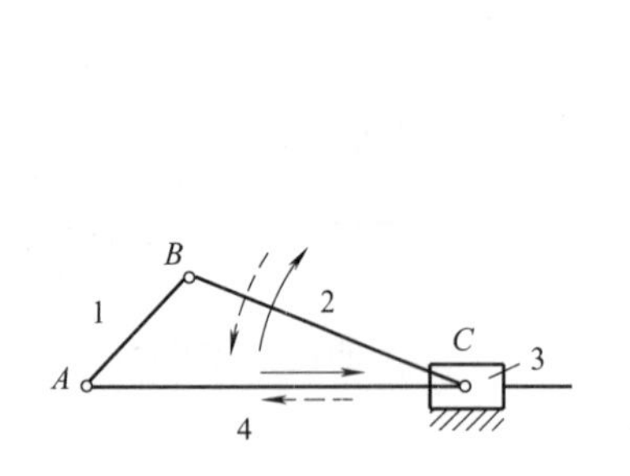

图 8-28 定块机构

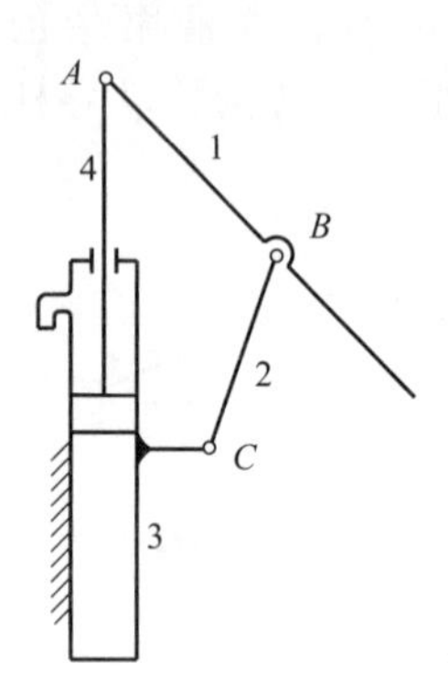

图 8-29 手压唧筒

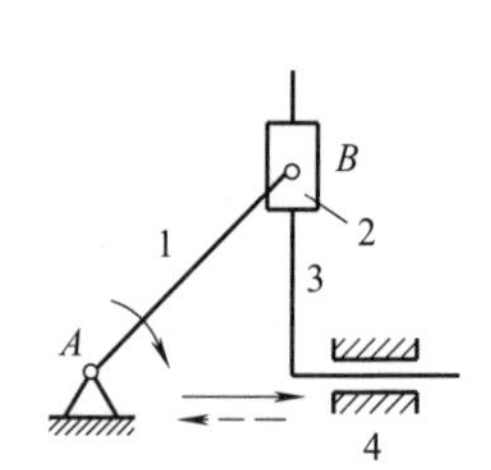

图 8-30 曲柄移动导杆机构

在图 8-30 所示机构中，取杆 3 为机架，则演化成图 8-32（a）所示的双滑块机构。图 8-32（b）所示的椭圆绘图仪是双滑块机构的应用实例，当滑块 2 和滑块 4 沿机架的十字槽滑动时，连杆 1 上（或延长线上）的各点（A、B 及 AB 中点除外）便描绘出长轴、短轴不同的椭圆。

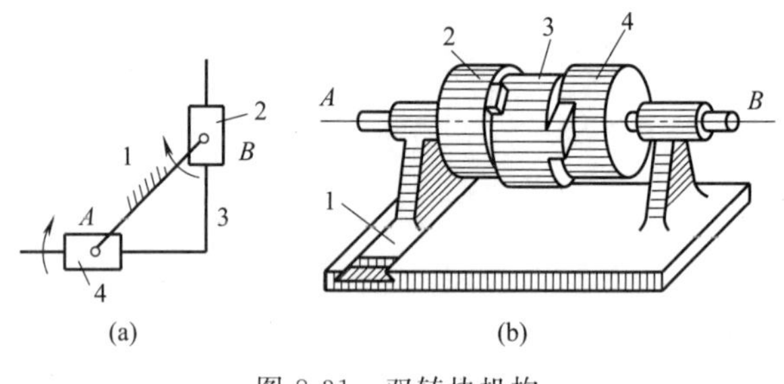

图 8-31 双转块机构

上述各种机构均由铰链四杆机构演化而成，是在原有基础上的创新发明，带给我们如下思考：能否换个角度看问题，是否存在更简捷有效的方法和途径？

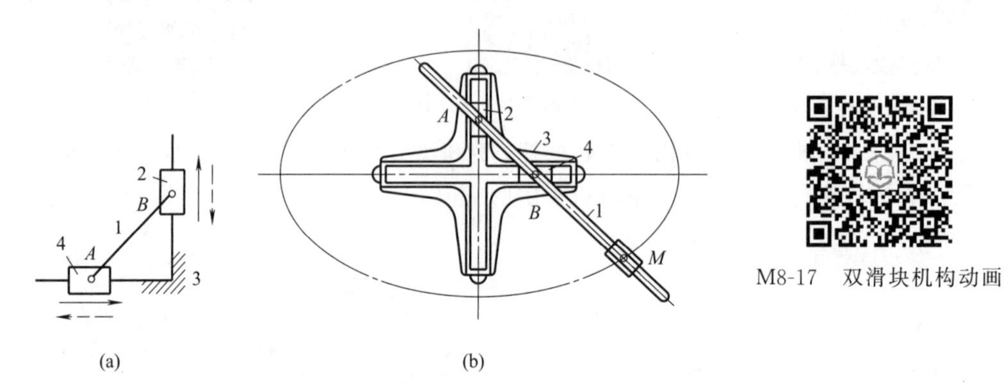

M8-17 双滑块机构动画

图 8-32 双滑块机构

8.4　平面四杆机构的运动特性

8.4.1　急回特性

平面四杆机构中，当主动件（一般为曲柄）等速转动时，输出件作往复运动，且返回空行程的平均速度比工作行程的平均速度要快，这种运动特性称为急回特性。此特性对于缩短机器非生产时间，提高生产效率是有利的。现以曲柄摇杆机构为例，分析其急回特性。

如图8-33所示的曲柄摇杆机构，在曲柄AB转动一周的过程中两次与连杆BC共线，此时摇杆CD分别位于两极限位置C_1D和C_2D，对应这两个极限位置处曲柄相应两位置所夹的锐角θ称为极位夹角。

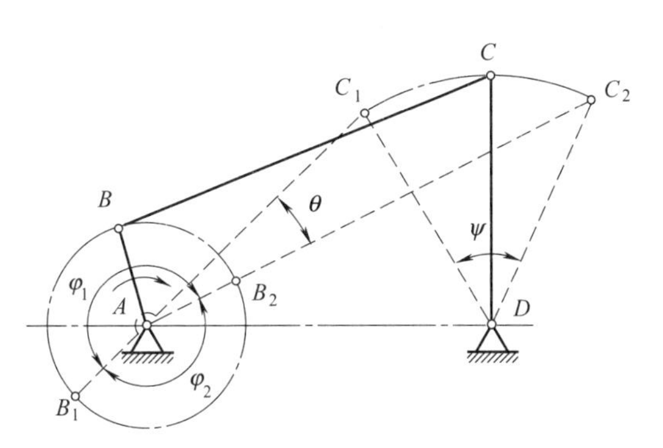

图8-33　曲柄摇杆机构的急回特性

当曲柄由位置AB_1顺时针转到位置AB_2时，曲柄转过的角度$\varphi_1=180°+\theta$，这时摇杆由极限位置C_1D摆到极限位置C_2D，设所需时间为t_1，C点的平均速度为v_1；当曲柄顺时针从AB_2转回到AB_1位置时，转过角度$\varphi_2=180°-\theta$，摇杆由C_2D摆至C_1D，所需时间为t_2，C点的平均速度为v_2。若曲柄做匀速转动，由于$\varphi_1>\varphi_2$，故$t_1>t_2$，从而$v_2>v_1$。这表明摇杆在往复摆动过程中，返回时的平均速度大于前进时的平均速度，因此具有急回特性。

急回特性可用行程速比系数K表示，其定义为v_2与v_1之比，即

$$K=\frac{v_2}{v_1}=\frac{\widehat{C_1C_2}/t_2}{\widehat{C_1C_2}/t_1}=\frac{t_1}{t_2}=\frac{\varphi_1}{\varphi_2}=\frac{180°+\theta}{180°-\theta} \tag{8-1}$$

上式表明，极位夹角θ越大，则行程速比系数K值越大，机构的急回程度也越高，但机构运动的平稳性也越差。因此在设计时，应根据工作要求，恰当地选取K值。在一般机械中$1<K<2$。若$\theta=0°$，则$K=1$，此时机构无急回特性。

式（8-1）变形后，可得极位夹角的计算公式

$$\theta=180°\frac{K-1}{K+1} \tag{8-2}$$

对其他连杆机构，如图8-25所示牛头刨床的导杆机构，当曲柄2两次转到与导杆4垂直时，导杆就摆动到两个极限位置C_1、C_2。由于极位夹角$\theta\neq0$，所以恒具有急回特性。

8.4.2　压力角和传动角

在实际应用中，不仅要求连杆机构能够实现预定的运动规律，同时也希望机构运转灵

活且效率高。

图 8-34 所示为一曲柄摇杆机构，若忽略惯性力、重力和运动副中的摩擦力，则连杆 BC 为二力杆，它作用于从动摇杆 CD 上的力 F 是沿杆 BC 方向。把作用在从动件上的驱动力 F 与该力作用点的绝对速度 v_c 方向之间所夹的锐角 α 称为压力角。力 F 可分解为两个分力：有效分力 $F_t = F\cos\alpha$ 和有害分力 $F_n = F\sin\alpha$。有效分力可使从动件产生有效的回转力矩，因此越大越好；而有害分力不仅无助于从动件的转动，反而增加了从动件转动时的摩擦阻力矩，因此希望越小越好。显然，压力角 α 越小，F_t 越大，机构的传力性能越好，因此压力角是反映机构传力效果好坏的一个重要参数，理想情况是 $\alpha=0°$。

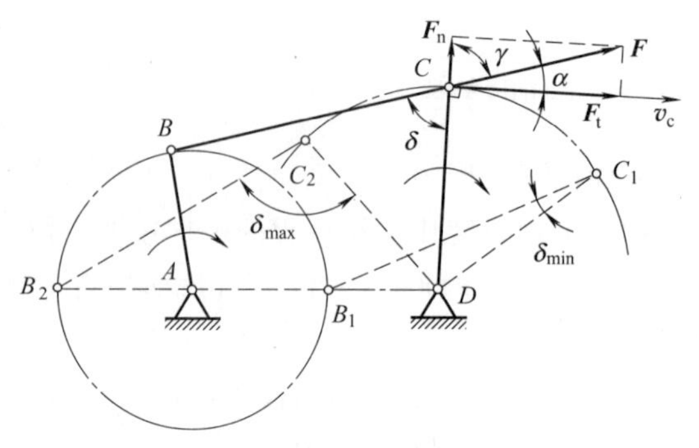

图 8-34 压力角和传动角

在实际应用中，为便于观察和测量，常用压力角的余角来衡量连杆机构传力性能的好坏，称为传动角，用 γ 表示。显然 γ 值越大越好，理想情况是 $\gamma=90°$。

由于压力角和传动角的大小在机构运动过程中是不断变化的，因此，为了保证机构在每一瞬时都具有良好的传力性能，通常应使传动角的最小值 γ_{min} 大于或等于其许用值 $[\gamma]$。一般机械中，推荐 $[\gamma]=40°\sim50°$。

8.4.3 死点

在图 8-35 所示的曲柄摇杆机构中，如果摇杆 CD 为主动件，曲柄 AB 为从动件，若忽略惯性力、重力和运动副中的摩擦力，当连杆 BC 与曲柄 AB 处于两共线位置（图中 AB_1C_1 与 AB_2C_2）之一时，连杆 BC 作用于在从动件 AB 上的驱动力 F 与该力作用点 B 绝对速度 v 方向之间所夹的压力角 $\alpha=90°$，其有效分力 F_t 为零，这时无论连杆 BC 给从动件曲柄 AB 多大的力，都出现不能使曲柄 AB 转动的“顶死”现象，机构的这种位置称为死点。

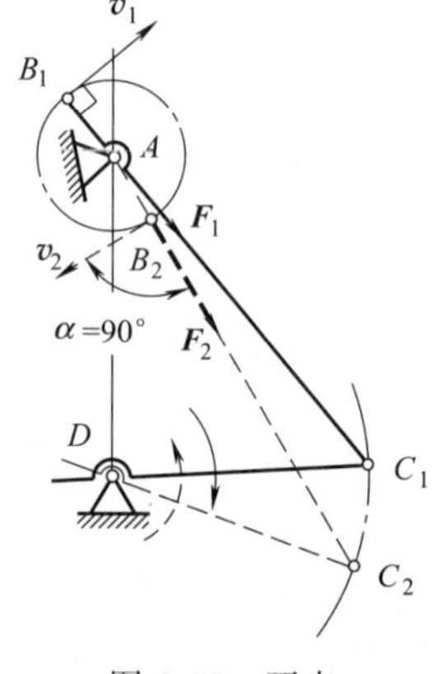

图 8-35 死点

四杆机构中是否存在死点，取决于从动件是否与连杆共线。对曲柄摇杆机构，若以曲柄为主动件，因连杆与从动件（摇杆）无共线位置，故不存在死点。

死点会使机构的从动件出现卡死或运动不确定的现象。出现死点对传动机构来说是一种缺陷，这种缺陷可以利用回转机构的惯性或采用相同机构错位排列等办法来解决。如图 8-5 家用缝纫机的脚踏机构，就是利用皮带轮的惯性作用使机构能顺利通过死点。如图 8-11 所示的机构，将两组机构死点的位置相互错开，当一组机构位于死点时，另一组处于正常转动的位置，可有效地克服死点。多缸内燃机就是几组曲柄摇杆机构的错位排列。

任何事物都具有两面性，在工程实践中，有时也常常利用机构的死点来实现一定的工作要求。如图8-36所示的工件夹紧装置，通过在连杆2的手柄处施加压力F，使连杆BC与摇杆CD成一直线，工件5被夹紧。当撤去主动力$\boldsymbol{F}$后，工作反力$\boldsymbol{N}$经过杆1、杆2传给杆3并通过杆3的转动中心D，故此力不能驱使杆3转动，工件也不会松脱，从而实现夹紧工件的目的。

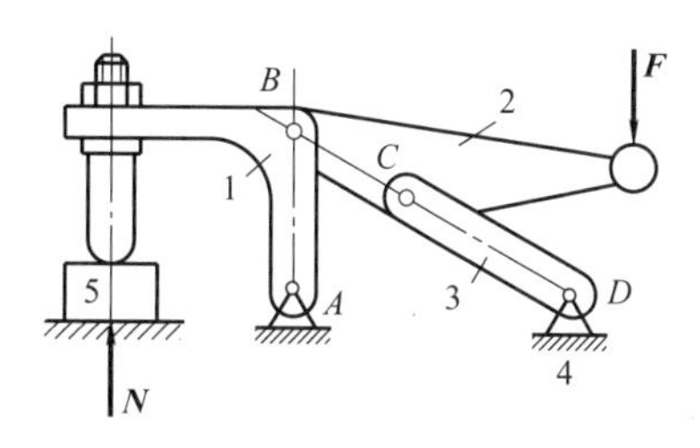

图8-36 利用死点夹紧工件的夹具

1～3—杆；4—机架；5—工件

8.5 平面四杆机构的运动设计

平面四杆机构的运动设计主要是根据从动件（输出构件）所要求的运动规律，确定机构中各构件的几何参数。设计方法一般为图解法、实验法和解析法。

用解析法设计四杆机构的优点是可以得到比较精确的设计结果，而且便于将机构的设计误差控制在许可范围之内，故应用日益广泛。但工程中的许多设计问题，按简便易行的图解法或实验法进行设计，就完全能满足工作需要，因此图解法和实验法仍为重要的设计方法。

8.5.1 图解法

图解法主要解决机构中的某构件在运动过程中处于所要求的位置或一系列给定的位置的设计问题。这种方法简单、直观，能较快得到设计结果，是四杆机构设计的一种基本方法。

［例8-1］ 图8-37（a）所示为加热炉的炉门，要求设计一四杆机构，把炉门从开启位置B_2C_2（炉门水平位置，受热面向下）转变为关闭位置B_1C_1（炉门垂直位置，受热面朝向炉膛）。

本例中，炉门相当于要设计的四杆机构中的连杆。因此设计的主要问题是根据给定的连杆长度及两个位置来确定另外三杆的长度（实际上是确定两连架杆AB及CD的回转中心A和D的位置）。

由于连杆上B点的运动轨迹是以A为圆心，以AB为半径的圆弧，所以A点必在B_1、B_2连线的垂直平分线上，同理可得D点亦必在C_1、C_2连线的垂直平分线上。因此可得设计步骤如下：

① 选取适当的长度比例尺μ_l，按已知条件画出连杆（如本例中的炉门）BC的两个位置B_1C_1、B_2C_2；

② 连接B_1B_2、C_1C_2，分别作B_1B_2、C_1C_2的垂直平分线mm、nn；

③ 分别在直线mm、nn上任意选取一点作为转动中心A、D，如图8-37（b）所示。

由以上做图可见，若只给定连杆的两个位置，则有无穷多个解，一般再根据具体情况由辅助条件（比如最小传动角、各杆尺寸范围或其他结构要求等）得到确定解。如果给定连杆的三个位置（如B_1C_1、B_2C_2、B_3C_3），设计过程与上述相同，但由于三点（如B_1、B_2、B_3）可确定一个圆，故转动中心A、D能够唯一确定，即有唯一解。

［例8-2］ 已知摇杆CD的长度l_{CD}、摆角Ψ和行程速比系数K，试用图解法设计该曲柄摇杆机构。

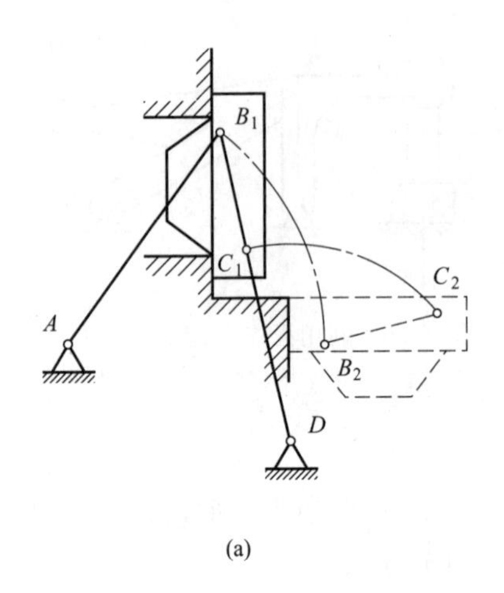

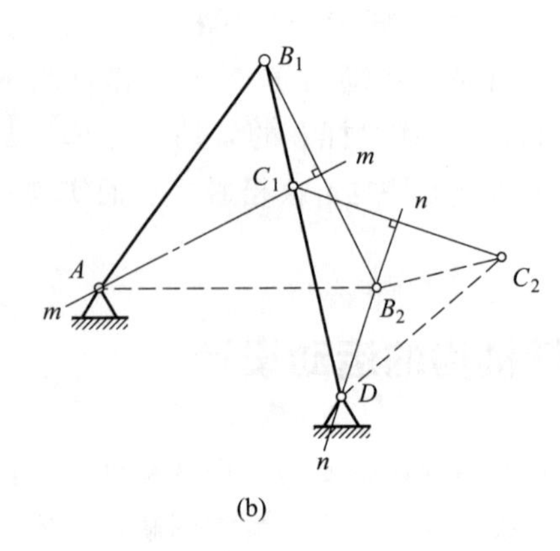

图 8-37 例 8-1 图

M8-18 加热炉门动画

此问题的实质是确定曲柄回转中心 A 的位置，具体设计步骤如下：

① 由给定的行程速比系数 K，按公式（8-2）$\theta=180^{\circ}\dfrac{K-1}{K+1}$计算出极位夹角 θ；

② 选取适当比例尺 μ_1，任选固定铰链中心 D 的位置，按摇杆长度 l_{CD} 和摆角 Ψ 作出摇杆的两极限位置 C_1D 和 C_2D，如图 8-38 所示；

③ 连接 C_1C_2，并作 C_1M 垂直于 C_1C_2；

④ 作 $\angle C_1C_2N=90^{\circ}-\theta$，得 ΔC_1PC_2，以 C_2P 为直径作 ΔC_1PC_2 的外接圆，则 C_1C_2 所对的圆周角为$\angle C_1PC_2=\theta$；

⑤ 在外接圆的圆周上允许范围内任选一点 A 作为曲柄的回转中心，连 AC_1 和 AC_2，因同一圆弧对应的圆周角处处相等，有$\angle C_1AC_2=\angle C_1PC_2=\theta$。

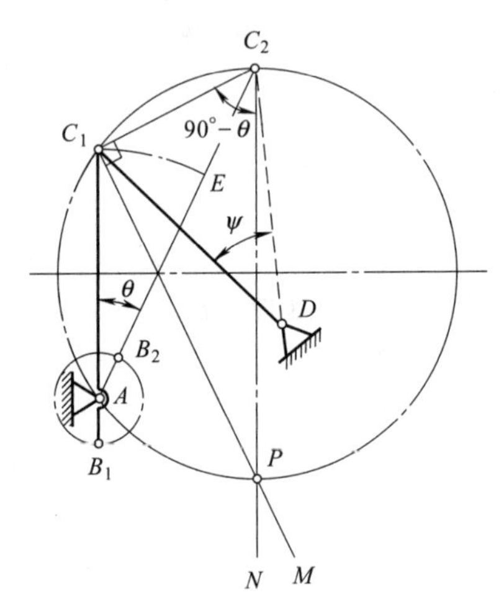

图 8-38 例 8-2 图

⑥ 以 A 为圆心，AC_1 为半径作一圆弧交 AC_2 于 E。再以 A 为圆心，$C_2E/2$ 为半径作一圆，交 AC_2 于 B_2，交 C_1A 的延长线于 B_1。由于摇杆在极限位置时，曲柄与连杆共线，因此 $AC_1=B_1C_1-AB_1=BC-AB$，$AC_2=B_2C_2+AB_2=BC+AB$，故有

$$AB=\frac{AC_2-AC_1}{2}$$

$$BC=\frac{AC_2+AC_1}{2}$$

所以，曲柄、连杆、机架的实际长度分别为

$$l_{AB}=AB_{\mu l}；\ l_{BC}=BC_{\mu l}；\ l_{AD}=AD_{\mu l}。$$

由于 A 点是 ΔC_1PC_2 外接圆上任选的点，所以若仅按行程速比系数 K 设计，可得无穷多的解。但 A 点位置不同，机构传动角的大小也不同，可根据具体情况由辅助条件得到确定解。

8.5.2　实验法

实验法是利用一些简单的工具，按所给的运动要求试找所需结构的运动尺寸，特别是对于按照预定轨迹要求设计四杆机构的问题，用实验法求解，有时显得更为简便，但精确程度稍差。

按照预定的运动轨迹设计四杆机构的方法可利用连杆曲线图谱进行设计。如图 8-39 所示为一描绘连杆曲线的仪器模型。图中四杆机构的各杆的长度是可以调整的，连杆上固连一块不透明的多孔薄板，当曲柄 AB 转动时，板上每个孔的运动轨迹就是一条曲线，可利用光束照射的办法把这些曲线印在感光纸上，这样就得到一组连杆曲线。

如果改变各杆的相对长度比值，作出许多组连杆曲线，将它们顺序整理成册，即成连杆曲线图谱。图 8-40 所示即摘自《四连杆机构分析图谱》中的一张图。图中将主动件（曲柄 2）的长度定义为单位长度，其他各杆（1、3、4）的长度以相对主动曲柄 2 长度的比值表示。

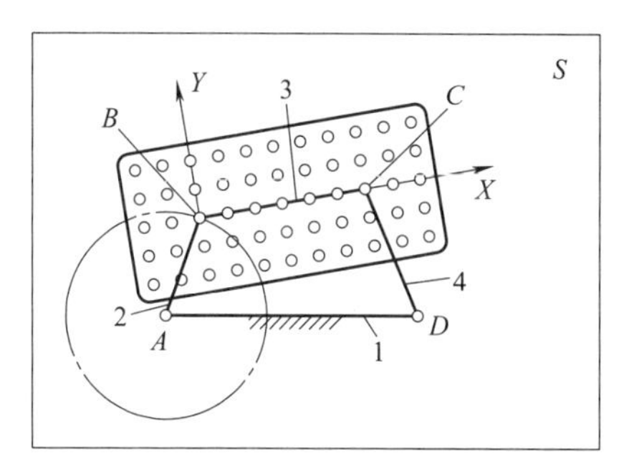

图 8-39　描绘连杆曲线的模型机构

1—机架；2—曲柄；3—连杆；4—摇杆

根据给定运动轨迹设计四杆机构时，可先从图谱中查出与给定轨迹相似的连杆曲线以及描绘曲线的四杆机构各杆长度的比值，然后用缩放仪求出图谱中的连杆曲线与实际给定的轨迹间的倍数，进而求得四杆机构中各杆尺寸。

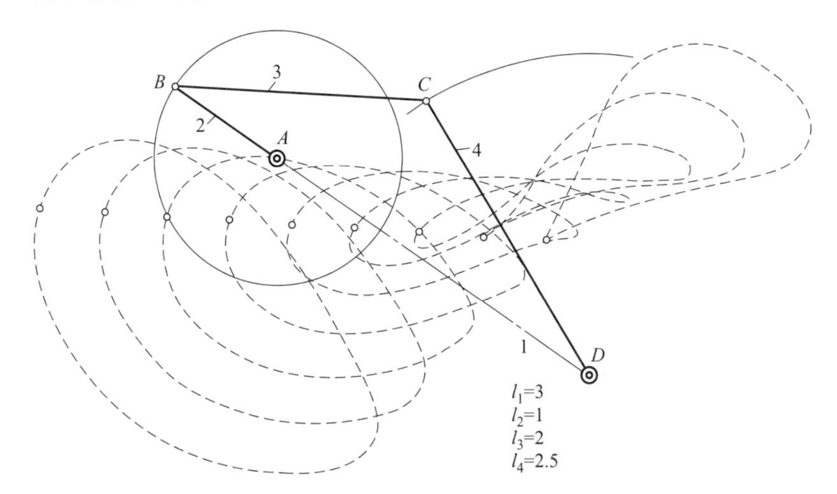

图 8-40　铰链四杆机构的连杆曲线图

思考题与习题

8-1　铰链四杆机构的基本类型是什么？它们各有何区别？

8-2　铰链四杆机构可以通过何种途径演化成其他类型的四杆机构？

8-3　铰链四杆机构中存在曲柄的条件是什么？曲柄一定是机构中的最短杆吗？

8-4　何谓连杆机构的急回特性？何谓极位夹角？在什么条件下机构才具有急回特性？

8-5 何谓连杆机构的压力角和传动角？两者之间有什么联系？其大小对连杆机构的工作有何影响？为什么要规定许用传动角？

8-6 何谓机构的死点？四杆机构在什么条件下出现死点？请举出避免死点和利用死点的例子。

8-7 试根据图 8-41 中注明的尺寸判断下列铰链四杆机构是曲柄摇杆机构、双曲柄机构，还是双摇杆机构。

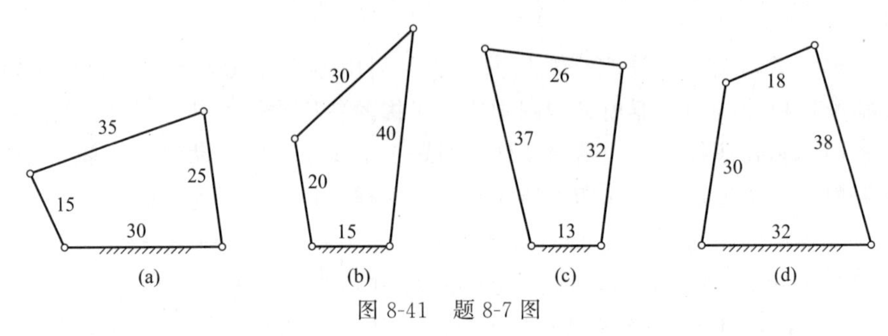

图 8-41 题 8-7 图

8-8 图 8-42 所示的铰链四杆机构中，已知各构件长度：$l_{AB}=50\text{mm}$，$l_{BC}=35\text{mm}$，$l_{CD}=45\text{mm}$，$l_{AD}=20\text{mm}$。试问

① 哪个构件固定可获得曲柄摇杆机构？

② 哪个构件固定可获得双曲柄机构？

③ 哪个构件固定只能得到双摇杆机构？

8-9 已知摇杆 CD 的长度 $l_{CD}=80\text{mm}$，机架 AD 的长度 $l_{AD}=120\text{mm}$，摇杆的一个极限位置与机架间的夹角 $\varphi=45°$（如图 8-43 所示），行程速比系数 $K=1.4$，试用图解法设计该曲柄摇杆机构。

8-10 设计一脚踏轧棉花机的曲柄摇杆机构，如图 8-44 所示。要求踏板 CD 在水平位置上下各摆 10°，已知连杆 CD 的长度 $l_{CD}=500\text{mm}$，机架 AD 的长度 $l_{AD}=1000\text{mm}$，试用图解法确定曲柄 AB 的长度 l_{AB} 和连杆 BC 的长度 l_{BC}。

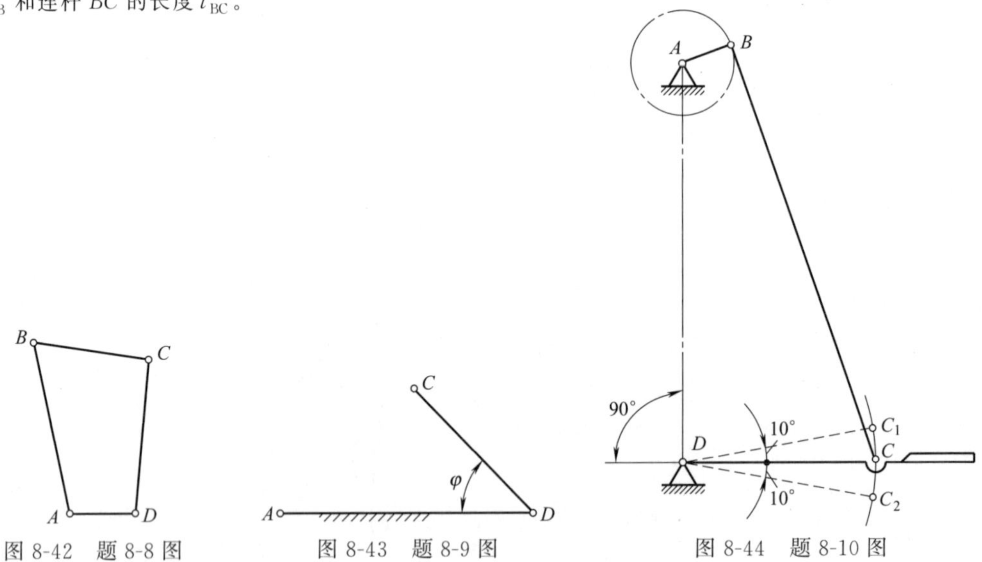

图 8-42 题 8-8 图　　图 8-43 题 8-9 图　　图 8-44 题 8-10 图

第9章

凸轮机构及其设计

凸轮机构是常用机构之一。当主动件作连续运动而要求从动件作间歇运动时，采用凸轮机构非常便捷，因此在一些自动机械和自动控制装置中，凸轮机构得到了广泛应用。本章主要介绍凸轮机构的主要类型、从动件的常用运动规律以及凸轮轮廓的设计。

9.1 凸轮机构的组成、特点及分类

9.1.1 凸轮机构的基本组成和特点

图 9-1 所示为内燃机的配气机构，当主动件凸轮 1 作匀速转动时，其外轮廓驱使从动件阀杆 2 按预期运动规律作上下往复运动，从而实现气阀的开启和关闭。

图 9-2 所示为一自动机床的进刀机构，具有凹槽的构件 1 为凸轮，当凸轮回转时，其轮廓驱使带扇形齿轮的从动件 2 按预定运动规律绕 O 轴作往复摆动，再通过扇形齿轮与齿条 3 的啮合传动，带动与齿条 3 固连在一起的刀架作进刀和退刀运动。

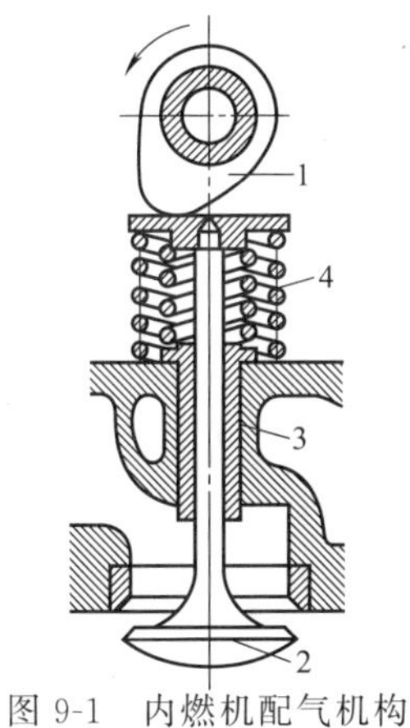

图 9-1 内燃机配气机构

1—凸轮；2—从动件；3—机架；4—弹簧

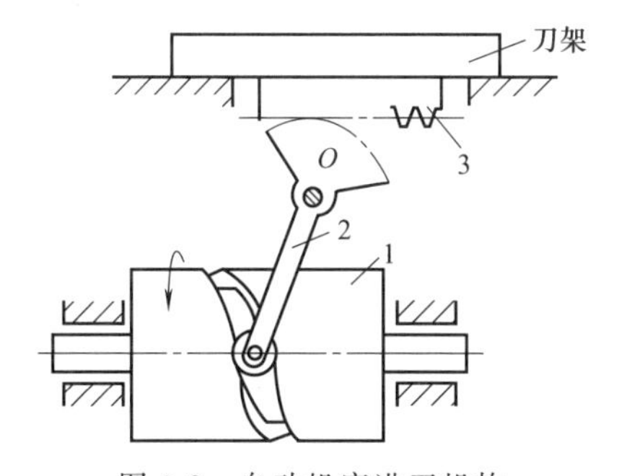

图 9-2 自动机床进刀机构

M9-1 自动机床进刀机构动画

以上两机构中均含有凸轮，凸轮是一个具有某种曲线轮廓或凹槽的构件。含有凸轮的机构称为凸轮机构。

凸轮机构一般由凸轮、从动件和机架这三个基本构件组成。其中，凸轮通常是作连续等速转动的主动件，通过它与从动件的高副接触，带动从动件实现预定的、连续或不连续的往复移动或摆动。

凸轮机构的主要特点：

① 结构简单、紧凑。

② 易于实现从动件预期的运动规律。因为只要设计出适当的凸轮轮廓曲线即可。

③ 凸轮与从动件接触处容易磨损。由于凸轮副是点接触或线接触的高副，故凸轮机构主要用于传力不大的场合。

9.1.2 凸轮机构的类型

工程实际中所使用的凸轮机构形式多种多样，常用以下方法进行分类。

(1) 按凸轮的形状分类

① 盘形凸轮机构：如图 9-1 所示的机构，凸轮轮廓线仅径向尺寸是变化的，凸轮呈板状，称为盘形凸轮，它是凸轮的最基本形式。工作时，通常凸轮绕与其板面垂直的一固定轴线旋转。盘形凸轮机构结构简单，应用最为广泛。

② 移动凸轮机构：当盘形凸轮的回转中心趋于无穷远时，其转动就变成了直线移动，此时盘形凸轮演变为移动凸轮。如图 9-3 所示的靠模车削机构为移动凸轮机构，工件 1 回转，凸轮 3 作为靠模被固定在床身上，当托板 4 作纵向移动时，刀架 2 沿凸轮 3 的靠模曲线作横向运动，从而切削出与靠模曲线一致的工件。

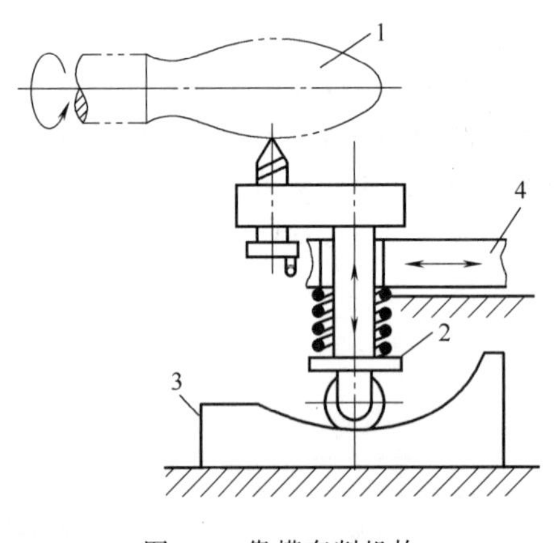

图 9-3 靠模车削机构

M9-2 靠模车削机构动画

③ 圆柱凸轮机构：轮廓曲线位于圆柱面上并绕圆柱轴线旋转的凸轮称为圆柱凸轮，含有圆柱凸轮的机构是空间机构。如图 9-2 所示的自动机床进刀机构为圆柱凸轮机构。

(2) 按从动件的端部形状分类

① 尖顶从动件凸轮机构：如图 9-4（a）所示。尖顶从动件的尖顶易于与任何曲线的凸轮轮廓保持接触，形成高副，从而确保从动件容易实现任意预期的运动规律。但是尖顶易磨损，因此，尖顶从动件仅适用于传力不大的低速凸轮机构中。

② 滚子从动件凸轮机构：如图 9-4（b）所示，滚子从动件通过滚子与凸轮轮廓的接触形成高副。滚子相对凸轮轮廓滚动，产生滚动摩擦，磨损均匀且磨损慢，可承受较大载荷，应用广泛。

③ 平底从动件凸轮机构：如图 9-4（c）所示，平底从动件以平底与凸轮轮廓接触。忽略摩擦时，凸轮施加于从动件的作用力始终垂直于平底，即机构传动角总是 90°，传动

效率高；另外，在凸轮与平底之间的楔形空间易形成油膜，利于润滑并大大降低磨损速度。因此，平底从动件凸轮机构常用于高速场合。但是，当凸轮具有内凹曲线轮廓段时，在运动传递过程中，无法保证平底与该轮廓段的理想接触，导致从动件不能完全实现预期的运动规律，此时平底从动件不适用。

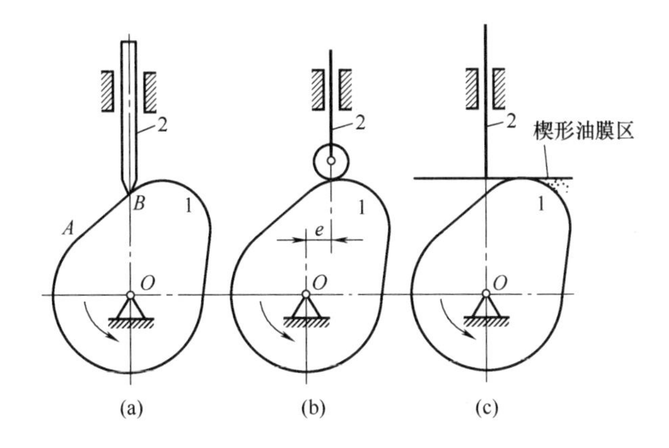

图 9-4　从动件的形状

1—凸轮；2—从动件

M9-3　尖顶从动件凸轮机构动画

M9-4　滚子从动件凸轮机构动画

M9-5　平底从动件凸轮机构动画

(3) 按照从动件的运动形式分类

① 直动从动件凸轮机构：该机构中的从动件只做往复直线移动。直动从动件凸轮机构又可根据其从动件移动时导路中心线是否通过凸轮的转动中心，细分为对心直动从动件凸轮机构和偏置直动从动件凸轮机构两种，分别如图 9-4（a）、（b）所示。

② 摆动从动件凸轮机构：该机构中的从动件只做往复摆动。如图 9-2 所示。

(4) 按照凸轮与从动件维持高副接触的方法分类

① 力封闭型凸轮机构：该机构是利用重力、弹簧力或其他外力使从动件与凸轮轮廓始终保持接触。如图 9-1 所示，从动件阀杆 2 与主动件凸轮 1 之间就是靠弹簧 4 的弹力保持接触。

② 形封闭型凸轮机构：该机构是依靠凸轮或从动件的特殊几何结构使从动件与凸轮轮廓始终保持接触。如图 9-5 所示的等宽凸轮机构，利用凸轮 1 轮廓上任意两条平行切线间的距离保持定值的特点，实现凸轮 1 与从动件 2 的接触。如图 9-6 所示的等径凸轮机构，利用与凸轮 1 轮廓相切的两滚子中心的距离在通过凸轮 1 转动中心的任意径向线上处处相等的特点，保证凸轮 1 与从动件 2 上滚子的接触。

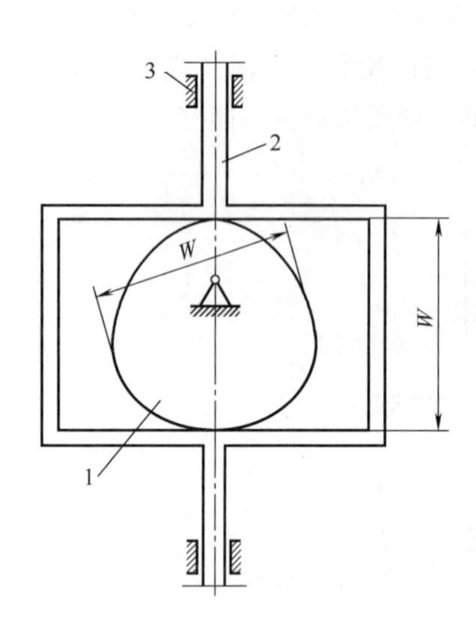

图 9-5 等宽凸轮机构
1—凸轮；2—从动件；3—机架

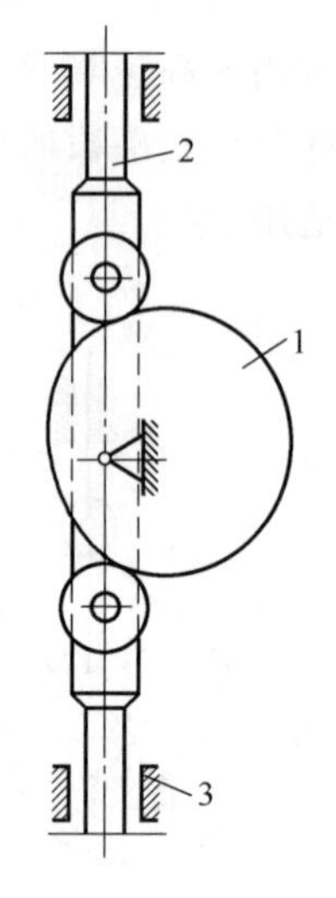

图 9-6 等径凸轮机构

M9-6 等宽凸轮机构动画

M9-7 等径凸轮机构动画

9.2 从动件的运动规律

9.2.1 平面凸轮机构的运动循环和基本概念

在设计凸轮机构时，首先应根据工作要求确定从动件的运动规律，然后根据这一运动规律设计凸轮的轮廓曲线。下面以对心直动尖顶从动件盘形凸轮为例，说明从动件的运动规律与凸轮轮廓曲线之间的关系。

如图 9-7（a）所示，以凸轮的回转中心 O 为圆心，以凸轮轮廓最小向径 r_0 为半径所作的圆称为基圆，r_0 称为基圆半径。假设 A 点为凸轮轮廓曲线的起始点，同时也是从动件尖顶的最低位置点。

当凸轮按顺时针方向转动时，先是凸轮轮廓的 AB 段与从动件的尖顶接触。由于该段轮廓的向径是逐渐增大的，从动件被凸轮推动而远离凸轮回转中心，推杆运动的这一过程称为推程。与之对应的凸轮转角$\angle AOB$ 称为推程运动角，用 Φ 表示。

当凸轮继续转动时，凸轮轮廓上的圆弧段 BC 与从动件的尖顶接触，此时从动件在离凸轮转动中心最远处停止不动，这一过程称为从动件的远休止。对应的凸轮转角$\angle BOC$ 称为远休止角，用 Φ_s 表示。

随凸轮的继续转动，凸轮轮廓上向径逐渐变小的 CD 段曲线与从动件的尖顶接触，从动件就趋近凸轮回转中心，从动件运动的这一过程称为回程，对应的凸轮转角$\angle COD$ 称为回程运动角，用 Φ'表示。从动件在推程或回程中移动的最大距离 h 称为从动件的行程。其中，从动件在推程的行程也称升距。

随凸轮的继续转动，凸轮轮廓上与基圆重合的圆弧段 DA 与从动件尖顶接触，从动件在离凸轮转动中心最近处停止不动，这一过程称为从动件的近休止。对应的凸轮转角

$\angle DOA$ 称为近休止角 Φ_s。

当凸轮再继续转动时，从动件将重复上述的升→停→降→停的运动循环。

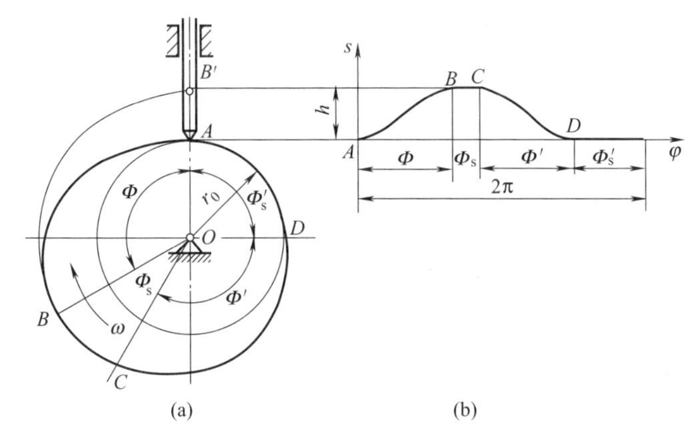

图 9-7　尖顶直移从动件盘形凸轮机构的运动过程

M9-8　凸轮机构的运动过程动画

从动件的运动规律是指从动件的运动参数（即位移 s、速度 v 和加速度 a）随时间而变化的规律。由于凸轮一般作匀速转动，其转角 φ 与时间成正比，所以从动件的运动规律通常表示为从动件的运动参数与凸轮转角 φ 的关系，即 $s=f_1(\varphi)$，$v=f_2(\varphi)$，$a=f_3(\varphi)$，这也称为从动件的运动方程。根据运动方程，可做出位移曲线、速度曲线和加速度曲线，它们统称为从动件的运动规律线图。图 9-7（b）所示为从动件位移曲线。

9.2.2　从动件的常用运动规律

从动件常用的运动规律主要有等速运动规律、等加速等减速运动规律、余弦加速度运动规律、正弦加速度运动规律等。

(1) 等速运动规律

凸轮以角速度 ω 匀速转动时，从动件速度 v 不变，称为等速运动规律。从动件在推程阶段的运动方程可表达为

$$\left.\begin{aligned} s&=\frac{h}{\Phi}\varphi \\ v&=\frac{h}{\Phi}\omega \\ a&=0 \end{aligned}\right\} \quad 0°\leqslant\varphi\leqslant\Phi$$

图 9-8 为推程阶段等速运动规律线图。由图可知，推杆在推程开始和终止的两个瞬时，速度发生有限值突变，从动件的加速度及由此产生的惯性力在理论上将是无穷大。实际上由于材料的弹性变形的缓冲作用，惯性力虽不会达到无穷大，但仍然很大，从而使机构产生强烈的冲击，即所谓“刚性冲击”。因此，等速运动规律一般只适用于低速轻载的场合。

(2) 等加速等减速运动规律

所谓等加速等减速运动规律，即从动件在一个行程的前半个行程先做等加速运动，后半个行程采用等减速运动，且两部分加速度的绝对值通常相等。工程上在空回行程时广泛

采用等加速等减速运动规律。

图 9-9 为推程阶段等加速等减速运动规律线图。其中，位移线图的画法为：将推程运动角 Φ 两等分，再将 $\Phi/2$ 三等分，得 1、2、3 点，过这些点作横坐标的垂线。然后过 O 点作任意斜线 OO'，在其上以适当的单位长度自点 O 按 1∶4∶9 量取对应长度，得 1、4、9 各点。将行程 h 两等分，得 s 轴上 $3''$点。连接 9 和 $3''$点并分别过 4 和 1 点作 $93''$的平行线，分别交 s 轴于 $2''$和 $1''$点。由 $1''$、$2''$、$3''$分别向过 1、2、3 点的垂线投影，得 $1'$、$2'$、$3'$点，最后将这些点连成光滑曲线便得到等加速段的位移线图，等减速段的位移线图可用同样的方法获得。由图可知，推杆在推程开始、等加速向等减速转换和推程结束的三个瞬时，加速度发生有限值的突变，惯性力也将作相应有限突变，使机构产生较平缓的冲击，即所谓“柔性冲击”。因此，这种运动规律往往用于中速轻载的场合。

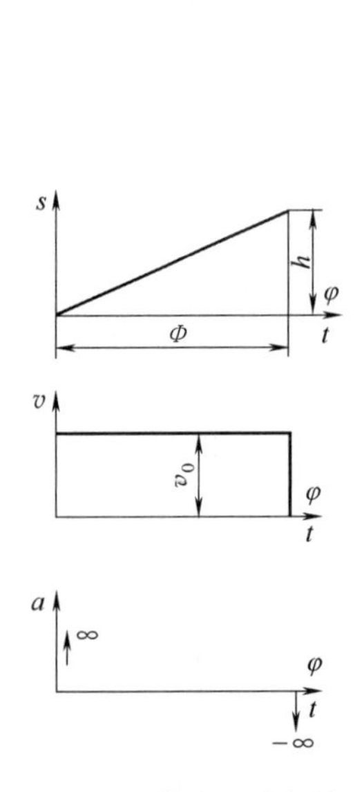

图 9-8 等速运动规律

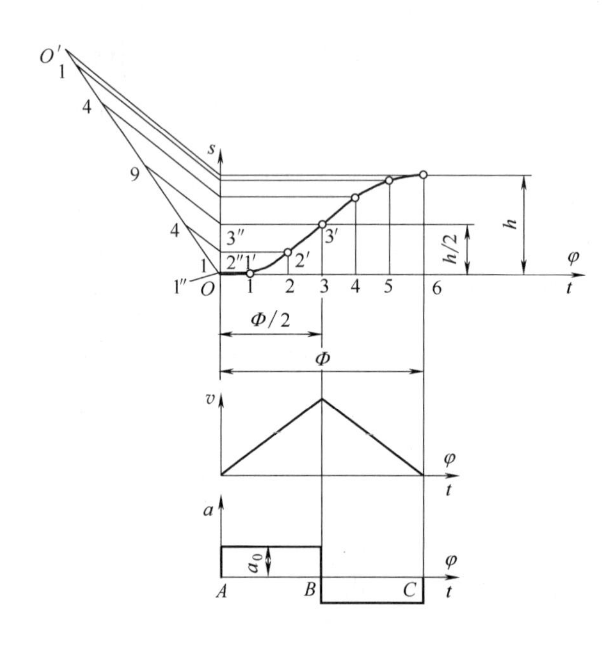

图 9-9 等加速等减速运动规律

(3) 简谐运动规律（余弦加速度运动规律）

从动件按简谐运动规律运动时，其加速度曲线为半个周期的余弦曲线，因此简谐运动规律又称为余弦加速度运动规律。

图 9-10 为推程阶段简谐运动规律线图。由图可知，推杆在推程开始和终止的两个瞬时，加速度发生有限突变，导致机构产生柔性冲击，故这种运动规律可用于中速中载场合。但若从动件作无停歇的升→降→升连续往复运动时，则加速度曲线是连续的余弦曲线，在运动中完全消除了柔性冲击，这种情况下可用于高速传动。

(4) 正弦加速度运动规律

正弦加速度运动规律的加速度方程为整周期的正弦曲线。

图 9-11 为推程阶段正弦加速度规律线图。由图可知，推杆在整个行程中速度和加速度不发生突变，不会使机构产生冲击，因此适用于高速运动场合。

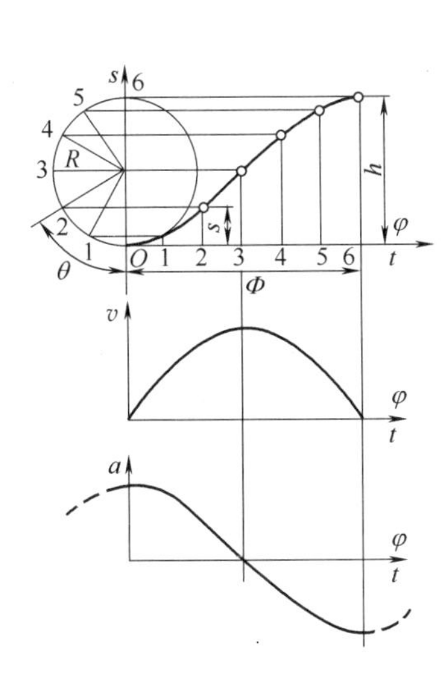

图 9-10　简谐运动规律

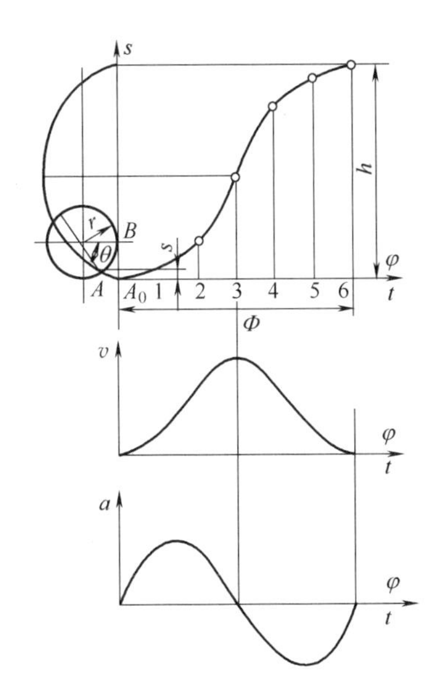

图 9-11　正弦加速度运动规律

需要说明的是，上述几种运动规律只是凸轮机构运动规律的常见形式，它们有各自的优势和不足，在实际应用中，应扬长避短，根据机器的工作要求来合理选择或组合从动件运动规律。例如对于高速凸轮机构，可选择正弦运动规律，也可采用高次多项式的运动规律；对机床中控制刀架进刀的凸轮机构，刀架进刀时作等速运动有利于提高零件表面加工精度，所以应选择以从动件作等速运动的运动规律为主，同时在推程的开始和结束时，用其他运动规律过渡，以消除刚性冲击。

9.3　凸轮轮廓设计

根据工作要求选定了从动件的运动规律后，即可依据选定的基圆半径进行凸轮轮廓曲线的设计。

凸轮轮廓曲线的设计方法有图解法和解析法。图解法简单直观，但精度低，适用于一般工程需要。解析法精度高，但设计计算量大，多用于精密或高速凸轮机构的设计。本节仅介绍图解法，其设计是采用反转法。下面以对心直动尖顶从动件盘形凸轮机构为例进行说明。

如图 9-12 所示为一对心直动尖顶从动件盘形凸轮机构。设凸轮以角速度 ω 绕轴 O 等速转动，从动件相对于导路作直线移动。在凸轮与从动件的相对运动并不改变的前提下，现对整个机构加一公共角速度 $-\omega$，即所谓的“反转”，则凸轮变成静止不动，而从动件一方面与导路一起以等角速度 $-\omega$ 转动，另一方面仍以原来相对于导路的运动规律在导路中移动。由于机构在运动过程中，从动件的尖顶始终与凸轮轮廓接触，因此，反转后从动件尖顶的运动轨迹即为凸轮的轮廓曲线。

9.3.1 对心直动尖顶从动件盘形凸轮轮廓的设计

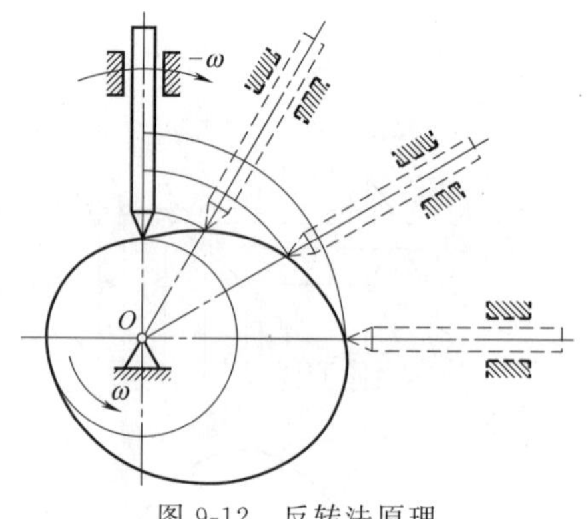

图 9-12 反转法原理

某基圆半径为 r_0 的对心直动尖顶从动件盘形凸轮机构，凸轮以角速度 ω 顺时针转动，其从动件的运动规律为：当凸轮转过推程运动角 Φ 时，从动件等速上升距离 h；凸轮转过远休止角 Φ_s，从动件在最高位置停留不动；凸轮继续转过回程运动角 Φ'，从动件以等加速等减速运动下降距离 h；最后凸轮转过近休止角 Φ_s'，从动件在最低位置停留不动（此时凸轮转动一周）。根据此运动规律，试用图解法绘制该凸轮的轮廓曲线。

轮廓曲线绘制步骤如下：

① 根据预先确定的从动件运动规律，选定适当的长度比例尺与角度比例尺，分别对应纵坐标轴的位移和横坐标轴的转角，画出从动件位移曲线图［图 9-13（b）］。再将横坐标轴的推程运动角和回程运动角分别适当等分，通过各等分点作横坐标轴的垂线并与位移曲线图相交，得到从动件的相应位移 11′、22′、…、1010′。

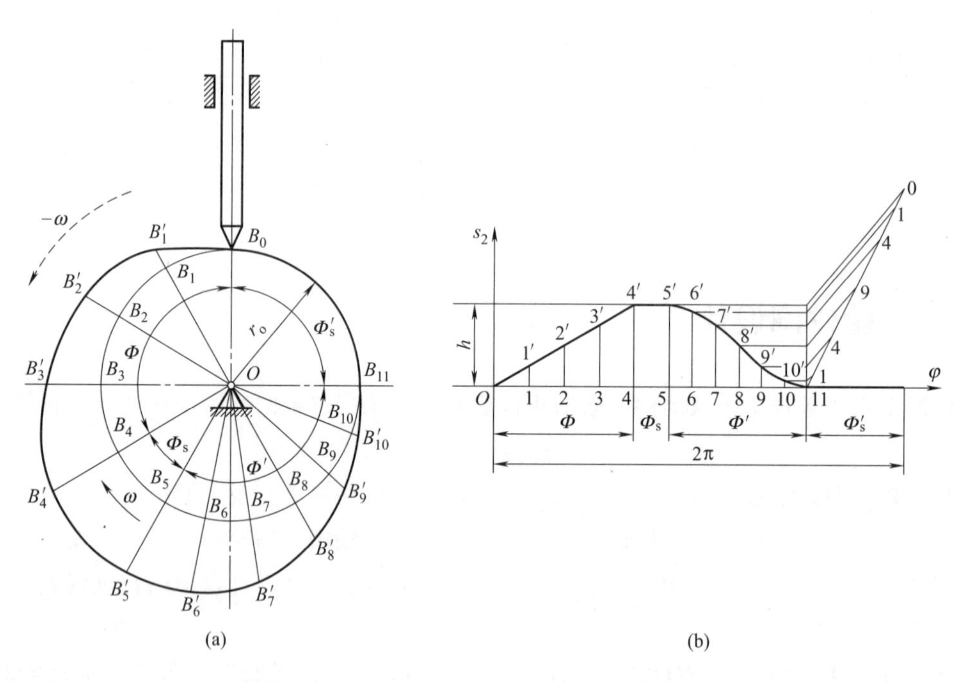

图 9-13 对心直动尖顶从动件盘形凸轮廓线设计

② 按步骤①中所选的长度比例尺，以 O 为圆心，以 r_0 为半径画基圆。此基圆与从动件导路中心线的交点 B_0 即为从动件尖顶的起点。

③ 由 B_0 开始，沿 ω 的相反转向将基圆分成与位移曲线图相对应的份数，得各分点 B_1、B_2、…、B_{11}。连接 OB_1、OB_2、…、OB_{11}，得各径向线并将其延长，这些径向线

即为从动件导路中心线在反转过程中的各个位置。

④ 在各条径向线上自 B_1、B_2、…、B_{11} 各点向外分别截取 $B_1B_1'=11'$、$B_2B_2'=22'$、$B_3B_3'=33'$、…，得 B_1'、B_2'、B_3'、…各点。将 B_0、B_1'、B_2'、B_3'、…各点光滑连接起来，即为所设计的凸轮轮廓曲线，如图 9-13（a）所示。注意，其中的 $B_4'B_5'$、$B_{11}B_0$ 段为圆弧线。

9.3.2　偏置直动尖顶从动件盘形凸轮轮廓的设计

某偏距为 e、基圆半径为 r_0 的偏置直动尖顶从动件盘形凸轮机构，其从动件的位移曲线图如图 9-13（b）所示，凸轮以角速度 ω 顺时针转动。试用图解法绘制该凸轮的轮廓曲线。

轮廓曲线绘制步骤如下：

① 本步骤同对心直动尖顶从动件盘形凸轮轮廓设计的第①步。

② 按①中所选长度比例尺，以 O 为圆心，以偏距 e、基圆半径 r_0 为半径分别作偏距圆和基圆。

③ 在基圆上，选取一点 B_0 作为从动件推程的起始点，并过 B_0 作偏距圆的切线，该切线即是从动件导路的起始位置。

④ 由 B_0 开始，沿 ω 的相反方向将基圆分成与位移曲线图相对应的份数，得各分点 B_1、B_2、…、B_{11}。过 B_1、B_2、B_3、…、B_{11} 各点分别作偏距圆的切线并反向延长，这些切线即为从动件导路中心线在反转过程中的各个位置。

⑤ 在各条切线上自 B_1、B_2、B_3、…各点向外分别截取 $B_1B_1'=11'$、$B_2B_2'=22'$、$B_3B_3'=33'$、…，得 B_1'、B_2'、B_3'、…各点。将 B_0、B_1'、B_2'、B_3'、…各点光滑连接起来，即为所设计凸轮轮廓曲线，如图 9-14 所示。注意，其中的 $B_4'B_5'$、$B_{11}B_0$ 段为以 O 为圆心的圆弧线。

9.3.3　对心直动滚子从动件盘形凸轮轮廓的设计

某基圆半径为 r_0 的对心直动滚子从动件盘形凸轮机构，其从动件的位移曲线图如图 9-13（b）所示，凸轮以角速度 ω 顺时针转动。试用图解法绘制该凸轮的轮廓曲线。

轮廓曲线绘制步骤如下：

① 将滚子中心看作尖顶从动件的尖顶，按前述方法绘制出对心直动尖顶从动件盘形凸轮的轮廓曲线 β_0，该曲线称为凸轮的理论轮廓曲线。

② 以理论轮廓曲线上各点为圆心，以滚子的半径为半径作一系列滚子圆，这些滚子圆的内包络线 β（图中粗实线）便是对心直动滚子从动件盘形凸轮机构的实际轮廓曲线，如图 9-15 所示。

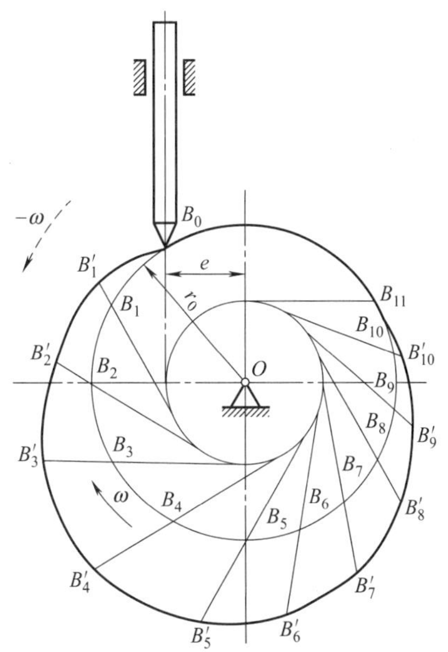

图 9-14　偏置直动尖顶从动件盘形凸轮廓线设计

9.3.4 凸轮设计中的几个问题

设计凸轮机构时，除了要满足从动件的运动规律外，还要求传力性能良好，结构紧凑。因此，还应注意以下几个问题。

(1) 凸轮机构压力角的确定

如图 9-16（a）所示的对心直动尖顶从动件盘形凸轮机构，若不计摩擦，则凸轮施加给从动件的作用力 $\boldsymbol{F}$ 沿凸轮轮廓接触点的法线方向。将力 F 正交分解为两个分力：沿从动件运动方向驱动从动件运动的有用分力 $\boldsymbol{F}_1$ 和导致从动件压紧导路的有害分力 $\boldsymbol{F}_2$。

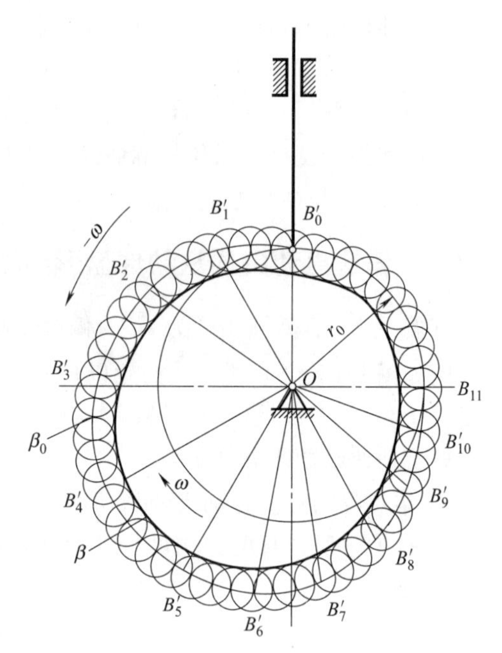

图 9-15 对心直动滚子从动件盘形凸轮廓线设计

图 9-16（a）中，α 角是从动件在接触点所受力的方向与该点速度方向所夹的锐角，称为压力角。凸轮机构压力角的测量，可按图 9-16（b）所示的方法，用量角器直接量取。由图 9-16（a）可知，有用分力 $\boldsymbol{F}_1$ 随压力角的增大而减小，有害分力 $\boldsymbol{F}_2$ 随压力角的增大而增大。当压力角 α 增大到一定值时，由有害分力 $\boldsymbol{F}_2$ 引起的从动件与导路之间的摩擦阻力将超过有用分力 $\boldsymbol{F}_1$，此时，无论凸轮施加给从动件的力 $\boldsymbol{F}$ 有多大，都不能使从动件运动，这种现象称为自锁，显然在设计中应该避免自锁。

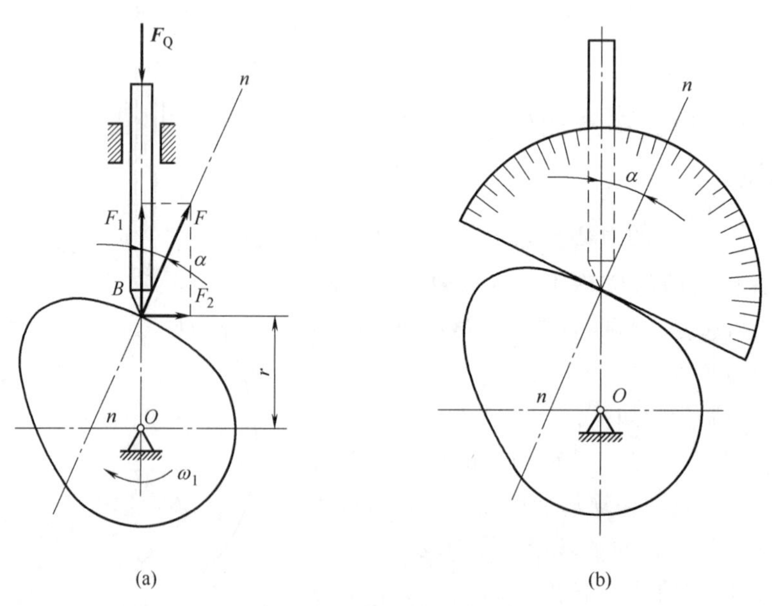

图 9-16 凸轮机构的压力角

由以上分析可知，为改善传力性能，凸轮机构的压力角越小越好。但根据有关运动分析结论可知，当压力角 α 越小时，基圆半径 r_0 就越大，凸轮外形尺寸就越大，凸轮机构的尺寸也随之增大。

综合考虑传力性能和结构尺寸两方面因素，凸轮机构压力角既不能过大，也不能过小。因此，压力角应有一许用值，以 $[\alpha]$ 表示。设计凸轮机构时应使凸轮机构的实际最大压力角 $\alpha_{max} \leqslant [\alpha]$。根据工程实践经验，压力角的许用值 $[\alpha]$ 推荐如下。

推程（工作行程）：直动从动件　$[\alpha]=30°\sim38°$

摆动从动件　$[\alpha]=45°$

回程（空回行程）：因受力较小且无自锁问题，所以 $[\alpha]$ 可取大些，通常取 $[\alpha]=70°\sim80°$。

(2) 基圆半径的确定

基圆半径越小，凸轮尺寸越小，凸轮机构越紧凑，但凸轮机构的压力角会越大，传力性能降低。因此，基圆半径不能过小，也不能过大。

实际设计中，可按经验来确定基圆半径 r_0。当凸轮与轴制成一体时，可取凸轮半径 r_0 略大于轴的半径；当凸轮与轴分开制造时，r_0 由经验公式确定：$r_0=(1.6\sim2)r$，式中 r 是安装凸轮处轴颈的半径。

(3) 滚子半径的确定

如图 9-17 所示，设凸轮理论轮廓曲线的最小曲率半径为 ρ_{min}，滚子半径为 r_T，实际轮廓曲线最小曲率半径为 ρ_a。

对于轮廓曲线的内凹部分［图 9-17（a）］，有 $\rho_a=\rho_{min}+r_T$，不论滚子半径 r_T 多大，ρ_a 总大于零，因此总能作出凸轮实际轮廓。

对于轮廓曲线的外凸部分，有 $\rho_a=\rho_{min}-r_T$。若 $\rho_{min}>r_T$［图 9-17（b）］，同样可作出凸轮实际轮廓；若 $\rho_{min}=r_T$［图 9-17（c）］，则实际轮廓出现尖点，极易磨损；若 $\rho_{min}<r_T$［图 9-17（d）］，则实际轮廓发生交叉，在加工凸轮时，轮廓上的交叉部分（图中阴影部分）将被切去。凸轮实际轮廓上的尖点被磨损或交叉部分被切去后，都将使滚子中心不在理论轮廓曲线上，造成从动件的运动不再完全符合预先确定的运动规律，即出现运动

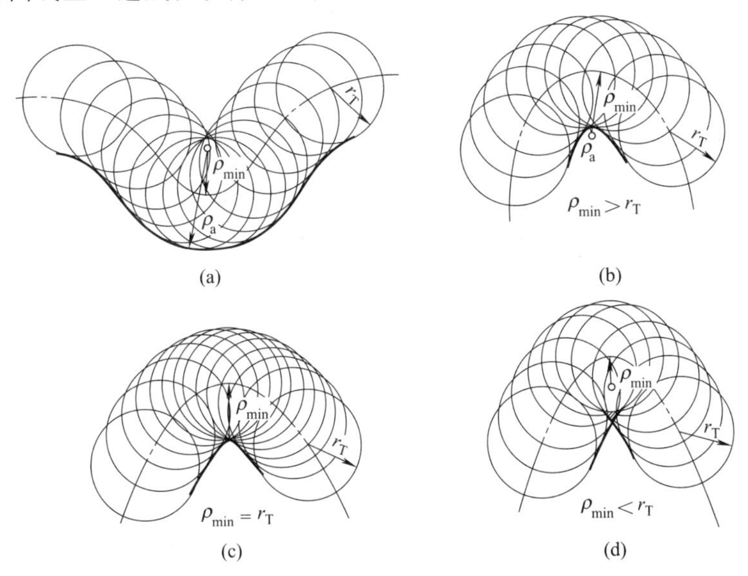

图 9-17　滚子半径与凸轮轮廓曲线曲率半径的关系

失真现象。

根据上述分析可知，滚子半径 r_T 必须小于外凸理论廓线最小曲率半径 ρ_{min}，内凹部分则无此要求。设计时一般要求 $r_T \leqslant 0.8\rho_{min}$。实际选用的滚子半径的大小还要受到强度、结构等的限制，不能做得太小，否则将会增加滚子与凸轮之间的接触应力，而且使滚子的装拆不方便，通常取 $r_T=(0.1\sim0.5)r_0$。若不满足强度及上述尺寸要求，则应加大基圆半径，重新设计。

思考题与习题

9-1 在凸轮机构中，常见的凸轮形状和从动件的结构形式分别有哪几种？

9-2 试比较尖顶、滚子、平底从动件的优缺点，并说明它们的适用场合。

9-3 在凸轮机构中，从动件的常用运动规律有哪几种？各有何特点？各适用什么场合？

9-4 在绘制尖顶和滚子从动件盘形凸轮机构的凸轮轮廓曲线时，有哪些相同和不同之处？

9-5 何谓凸轮机构的压力角？设计凸轮机构时，为什么要控制压力角的最大值 α_{max}？

9-6 盘形凸轮基圆半径的选择与哪些因素有关？

9-7 在设计滚子从动件盘形凸轮机构时，滚子半径过大和过小分别会带来什么问题？

9-8 图 9-18 所示为一偏置直动从动件盘形凸轮机构。已知 AB 段为凸轮的推程廓线，试在图上标注推程运动角 Φ。

9-9 图 9-19 所示为偏置直动从动件盘形凸轮机构。已知凸轮是以 C 为中心的圆盘，当轮廓上 D 点与尖顶接触时，试用作图法标出压力角。

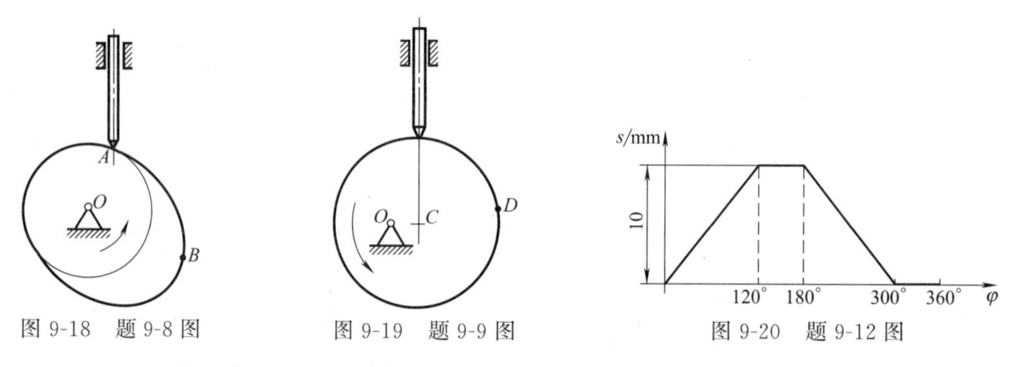

图 9-18 题 9-8 图　　图 9-19 题 9-9 图　　图 9-20 题 9-12 图

9-10 用图解法设计一对心直移尖顶从动件盘形凸轮机构。凸轮顺时针匀速转动，基圆半径 $r_0=40$mm，行程 $h=30$mm，从动件的运动规律如下表：

凸轮转角 Φ	0°～90°	90°～180°	180°～240°	240°～360°
从动件运动规律	等速上升	停止	等加速等减速下降	停止

9-11 若将 9-10 题中的尖顶从动件改为滚子从动件，并已知滚子半径 $r_T=10$mm，试用图解法设计其凸轮的实际轮廓曲线。

9-12 已知一偏置直动从动件盘形凸轮机构的基圆半径 $r_0=40$mm、偏距 $e=20$mm 以及从动件的位移曲线图如图 9-20 所示。试用图解法设计该凸轮机构的凸轮轮廓。

第10章 间歇运动机构

10.1 棘轮机构

10.1.1 棘轮机构的工作原理

如图 10-1 所示为典型的棘轮机构。棘轮 3 固连在传动轴上，摇杆 2 空套在传动轴上，弹簧 5 用来保持止动爪 4 和棘轮 3 的接触。当摇杆 2 逆时针方向摆动时，棘爪 1 便插入棘轮 3 的齿槽中，推动棘轮 3 跟着转过一定角度，此时止动爪 4 在棘轮 3 的齿背上滑动；当摇杆 2 顺时针方向摆动时，棘爪 1 在棘轮 3 齿背上滑动，止动爪 4 则阻止棘轮 3 发生顺时针方向转动，因此，棘轮 3 静止不动。综上可知，当摇杆 2 作连续的往复摆动时，棘轮 3 作单向的间歇运动。

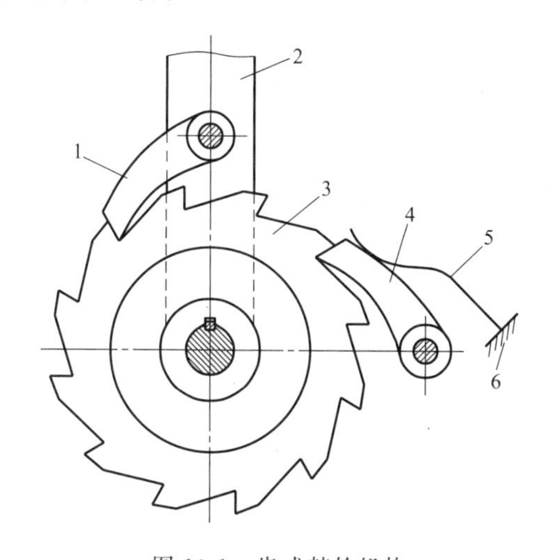

图 10-1 齿式棘轮机构

1—棘爪；2—摇杆；3—棘轮；4—止动爪；5—弹簧；6—机架

M10-1 齿式棘轮机构动画

10.1.2 棘轮机构的类型

根据棘轮机构的结构和工作原理，可以将棘轮机构分为齿式棘轮机构和摩擦式棘轮机构。

(1) 齿式棘轮机构

齿式棘轮机构是靠棘爪和棘轮之间齿的啮合来传递运动的。棘轮上的齿大多数做在外缘上，棘爪安装在棘轮的外部（图 10-1），称为外啮合棘轮机构；若做在内缘上（图 10-2），称为内啮合棘轮机构。

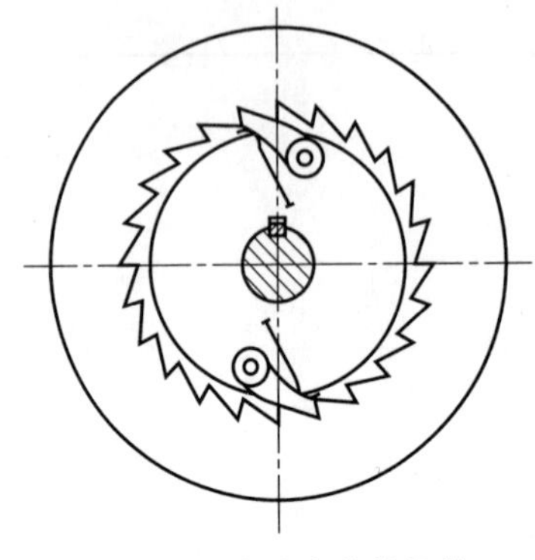

图 10-2 内啮合棘轮机构

M10-2 内啮合棘轮机构动画

根据棘轮的运动形式，可分为单动式、双动式和双向式棘轮机构。

① 单动式棘轮机构：如图 10-1 所示，当主动摇杆向某一方向摆动时，才能推动棘轮沿同一方向转过一定的角度；而当主动摇杆向另一方向摆动时，棘轮则静止不动。

② 双动式棘轮机构：图 10-3 所示的棘轮机构具有两个棘爪，在摇杆往复摆动时都可使棘轮沿同一方向转动。

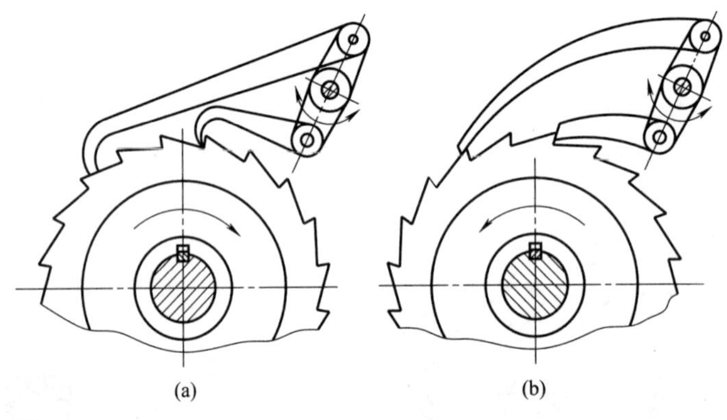

(a) (b)

图 10-3 双动式棘轮机构

③ 双向式棘轮机构：如图 10-4（a）所示的棘轮机构，其棘爪端部制成两边对称的外形，并且可翻转，棘轮的齿通常制成矩形。在图示实线位置，棘爪 1 推动棘轮 2 作逆时针方向的单向间歇转动；若将棘爪 1 翻转到图示虚线位置，则可推动棘轮 2 作顺时针方向的单向间歇转动。

图 10-4（b）所示为具有回转棘爪的棘轮机构，当棘爪在图示位置时，棘轮将沿逆时针作单向间歇转动；若将棘爪提起并绕自身轴线转 180°后再插入棘轮齿槽时，棘轮将作顺时针单向间歇运动。所以，双向式棘轮机构的棘轮可根据工作需要，在正、反两个方向都可以实现间歇运动。

(2) 摩擦式棘轮机构

摩擦式棘轮机构是靠无齿的棘轮和棘爪之间产生摩擦力来传递运动的。

图 10-5 所示为一摩擦式棘轮机构，当摇杆 1 逆时针摆动时，棘爪（扇形楔块）2 在摩

擦力的作用下楔紧棘轮 3，与之成为一体，从而使棘轮 3 也随之同向转动；当摇杆 1 顺时针摆动时，棘爪 2 在棘轮 3 的表面上滑过，此时止动棘爪 4 楔紧，防止棘轮反转，于是棘轮静止不动。这样，随着摇杆的往复运动，棘轮 3 作单向间歇运动。

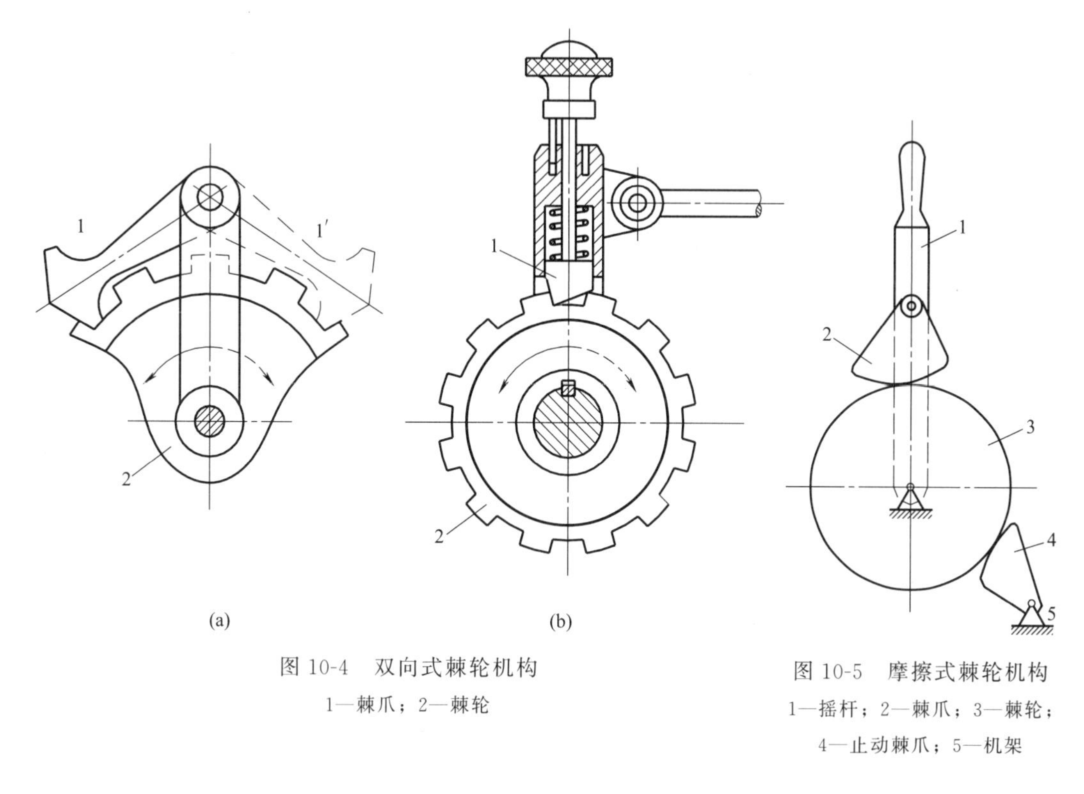

图 10-4　双向式棘轮机构

1—棘爪；2—棘轮

图 10-5　摩擦式棘轮机构

1—摇杆；2—棘爪；3—棘轮；4—止动棘爪；5—机架

M10-3　双向式棘轮机构动画

M10-4　摩擦式棘轮机构动画

10.1.3　棘轮机构的特点和应用

齿式棘轮机构结构简单、制造方便、运动可靠，而且棘轮的转角在很大范围内可调。但棘爪在棘轮齿背滑动时将引起噪声；在棘爪和棘轮齿开始接触和脱离的瞬时会发生冲击，运动平稳性差；棘轮齿容易磨损，传动精度不高，传力不大。因此，棘轮机构常用于低速、轻载的场合。

图 10-6 所示为提升机中使用的棘轮制动器，重物 W 被提升后，由于棘轮 1 受到止动棘爪 2 的制动作用，卷筒不会在重力作用下反转，棘轮机构起到防止机构逆转的作用。这类制动器广泛用于卷扬机、提升机以及运输机等设备中。

棘轮机构还常用于实现“超越运动”（主动件不动而从动件继续运动）。如图 10-7 所示为自行车后轮轴上的棘轮机构，当用脚踏动脚蹬时，经链轮 1 和链条 2 带动具有内棘齿的后链轮 3 转动，通过固定在后轮轴 5 上的棘爪 4 的啮合，推动后轮轴转动，于是自行车向前行驶。在自行车行驶过程中，如果脚蹬不动，链条和链轮都停止运动，但后轮由于惯性的作用，使后车轮带动棘爪 4 转动，此时棘爪 4 在链轮内的棘齿背上滑过，使后轮与链条脱开。

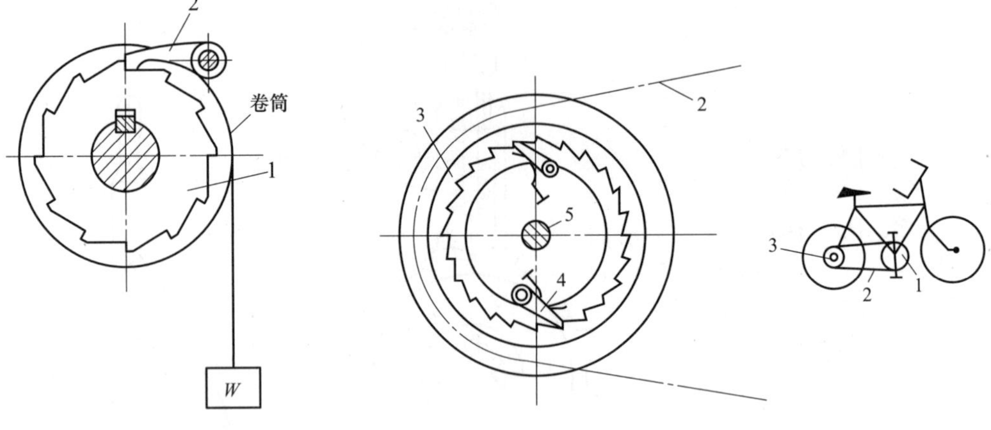

图 10-6 棘轮制动器

1—棘轮；2—止动棘爪

图 10-7 自行车后轮轴上的棘轮机构

1—链轮；2—链条；3—链轮；4—棘爪；5—后轮轴

10.2 槽轮机构

10.2.1 槽轮机构的组成和工作原理

槽轮机构又称马耳他机构，是另一种主要的单向间歇运动机构。常用的槽轮机构如图 10-8 所示，它由带有圆柱销 A 的主动拨盘 1、带有直槽的从动槽轮 2 及机架组成。拨盘 1 以等角速度 ω_1 连续转动，当圆柱销 A 未进入槽轮的径向槽时，槽轮上的内凹锁止弧 β 被

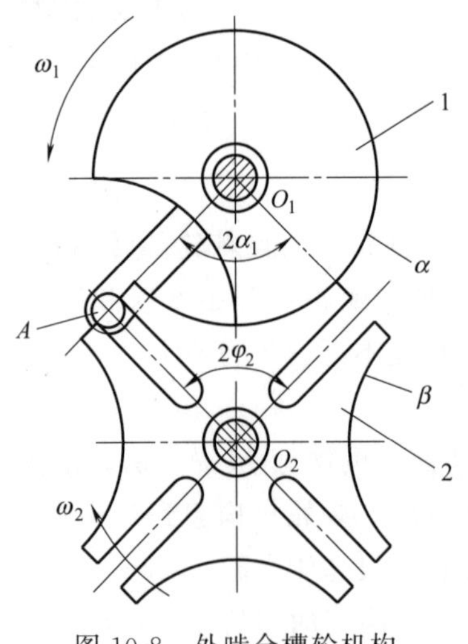

图 10-8 外啮合槽轮机构

1—拨盘；2—槽轮

M10-5 外啮合槽轮机构动画

拨盘上的外凸锁止弧 α 卡住，槽轮静止不动；当圆柱销 A 开始进入槽轮的径向槽时，两锁止弧脱开，槽轮在圆柱销的驱动下转动；当圆柱销 A 开始脱离径向槽时，槽轮上的下一个内凹锁止弧 β 又被拨盘上的外凸锁止弧 α 卡住，槽轮又静止不动。依次下去，槽轮重复着以上的运动循环，即作单向间歇转动。

10.2.2　槽轮机构的类型

槽轮机构有两种基本型式：外啮合槽轮机构（图 10-8）和内啮合槽轮机构（图 10-9）。前者拨盘与槽轮的转向相反，后者拨盘与槽轮的转向相同。

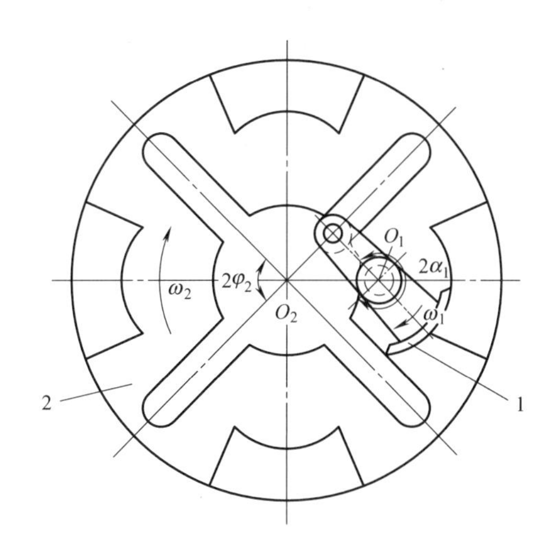

图 10-9　内啮合槽轮机构

1—拨盘；2—槽轮

M10-6　内啮合槽轮机构动画

10.2.3　槽轮机构的特点与应用

槽轮机构的优点：能准确控制转角，且结构简单、制造容易、尺寸紧凑、工作可靠、机械效率高，与棘轮机构相比，工作平稳性较好。其缺点：槽轮机构的结构要比棘轮机构复杂，加工精度要求较高，因此制造成本上升；槽轮在圆柱销进入和脱离径向槽时存在冲击，所以一般不宜用于高速转动的场合。

槽轮机构在各种自动机械中应用很广泛，主要应用于自动机床、轻工机械、食品机械和仪器仪表等。图 10-10 所示的六角车床刀架转位机构。刀架（与槽轮固连）的六个孔中装有六种刀具（图中未画出），相应的轮槽上有六个径向槽。拨盘转动一周，圆柱销 A 将拨动轮槽转过六分之一圆周，刀架也随之转过 60°，从而将下一工序的刀具转换到工作位置。图 10-11 所示的电影放映机间歇抓片机构，当拨盘 1 转动一周时，槽轮 2 转过 90°，影片移动一个画面，并停留一定时间（即放映一个画面）。拨盘继续转动，重复上述运动。利用人眼的视觉暂留特性，当每秒放映 24 幅画面时，即可使人看到连续的画面。

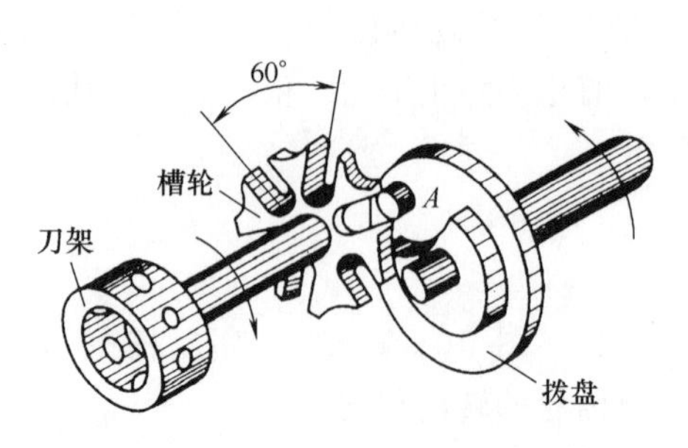

图 10-10 六角车床刀架转位机构

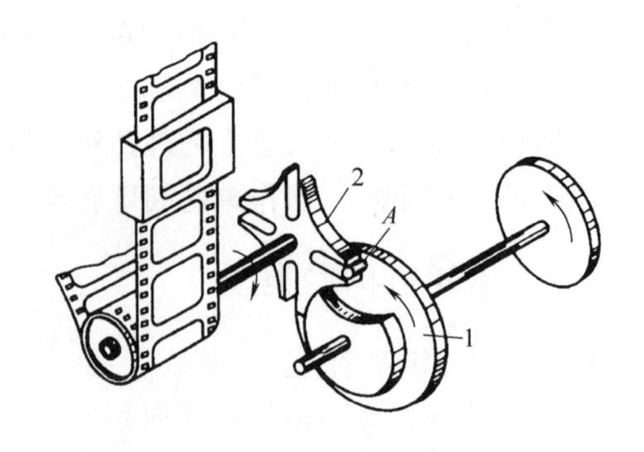

图 10-11 电影胶片卷片槽轮机构
1—拨盘；2—槽轮

10.3 不完全齿轮机构

10.3.1 不完全齿轮机构的组成和工作原理

不完全齿轮机构是由渐开线齿轮机构演变而来的一种间歇运动机构，如图 10-12 所示。它是由一个或几个齿的主动轮 1、具有正常齿和带锁止弧的从动轮 2 及机架组成。在主动轮 1 等速连续转动中，当主动轮 1 上的轮齿与从动轮 2 上的正常齿相啮合时，主动轮推动从动轮转动；当主动轮 1 的锁止弧 S_1 与从动轮 2 的锁止弧 S_2 接触时，此时两轮轮缘上的凸、凹起定位作用，从动轮 2 可靠停歇，从而实现从动轮时转时停的间歇运动。如图 10-12（a）所示的不完全齿轮机构的主动轮每转 1 周，从动轮只转 1/6。

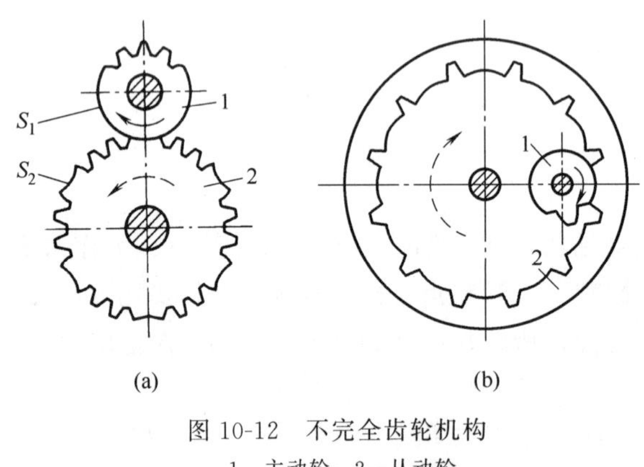

图 10-12 不完全齿轮机构
1—主动轮；2—从动轮

M10-7 外啮合不完全齿轮机构动画

M10-8 内啮合不完全齿轮机构动画

10.3.2 不完全齿轮的类型

不完全齿轮机构有两种基本型式：外啮合［图 10-12（a）］和内啮合［图 10-12（b）］。前者主动轮与从动轮的转向相反，后者主动轮与从动轮的转向相同。

10.3.3 不完全齿轮的特点与应用

不完全齿轮机构结构简单，工作可靠，与槽轮机构相比，从动轮的停歇次数、运动时间及每次运动转过的角度等选择范围较大，故设计更灵活。其缺点是加工工艺复杂，而且从动轮在运动开始和终止时会因速度突变而产生刚性冲击。故一般用于低速、轻载的场合。

不完全齿轮机构常应用于多工位自动机和半自动机工作台的间歇转位及某些间歇进给机构中，如电表、煤气表中的计数器。

思考题与习题

10-1　棘轮机构是如何实现间歇运动的？棘轮机构有哪些类型？

10-2　槽轮机构是如何实现间歇运动的？

10-3　不完全齿轮机构有何特点？

第三篇 常用机械传动

机械传动在机械工程中应用非常广泛，主要是指利用机械方式传递运动和动力的传动。按工作原理的不同分为摩擦传动和啮合传动两类。前者是依靠构件间直接接触产生的摩擦力来传递运动和动力，如直接接触的摩擦轮传动，有中间件的带传动；后者是依靠主动件与从动件啮合或借助中间件啮合传递运动和动力，如直接接触的齿轮传动，有中间件的链传动。

本篇介绍带传动、链传动、齿轮传动、蜗杆传动和轮系的基本知识、基本原理和基本设计方法。在选择传动类型时，需要考虑各种传动的功率、效率、速度、成本等多种因素，现将各种传动传递功率的范围和效率概值列于表 1 和表 2，供设计者参考。

表 1　各种传动传递功率的范围

传动类型		功率 P/kW	
		使用范围	常用范围
带传动	平带	1～3500	20～30
	V 带	可达 1000	50～100
	同步带	可达 300	10 以下
链传动		可达 4000	100 以下
圆柱齿轮及锥齿轮传动(单级)		极小～60000	—
蜗杆传动		可达 800	20～50

表 2　各种传动的效率概值

传动类型	传动形式	效率	备注
圆柱齿轮传动(单级)	6～7 级精度齿轮传动	0.98～0.99	良好磨合、稀油润滑
	8 级精度圆柱齿轮传动	0.97	稀油润滑
	9 级精度圆柱齿轮传动	0.96	稀油润滑
	切制齿、开式齿轮传动	0.94～0.96	干油润滑
	铸造齿、开式齿轮传动	0.90～0.93	
蜗杆传动	自锁蜗杆	0.40～0.45	润滑良好
	非自锁的，单头蜗杆	0.70～0.75	
	双头蜗杆	0.75～0.82	
	三头和四头蜗杆	0.80～0.92	
	圆弧面蜗杆	0.85～0.95	
带传动	平带	0.90～0.98	
	V 带	0.92～0.97	
	同步带	0.95～0.98	
链传动	闭式传动	0.97～0.98	
	开式传动	0.92～0.95	

第11章

带传动和链传动

11.1 带传动概述

带传动是一种常用的机械传动形式，一般是由主动带轮1、从动带轮2和紧套在两轮上的传动带3组成（图11-1），其主要作用是传递转矩和改变转速。根据传动原理不同，带传动可分为摩擦型带传动和啮合型带传动。图11-1（a）所示为摩擦型带传动，当原动机驱动主动带轮转动时，在带与带轮间的摩擦力作用下，使从动带轮一起转动，从而实现运动和动力的传递。图11-1（b）所示为啮合型带传动，靠带内周上的横向齿与带轮上齿槽的啮合实现传动，带和带轮之间无相对滑动，因此能够保证严格传动比，故又称为同步带传动。工程实际中摩擦型带传动应用最广，啮合型带传动常用于要求传动比准确的中小功率传动的场合。

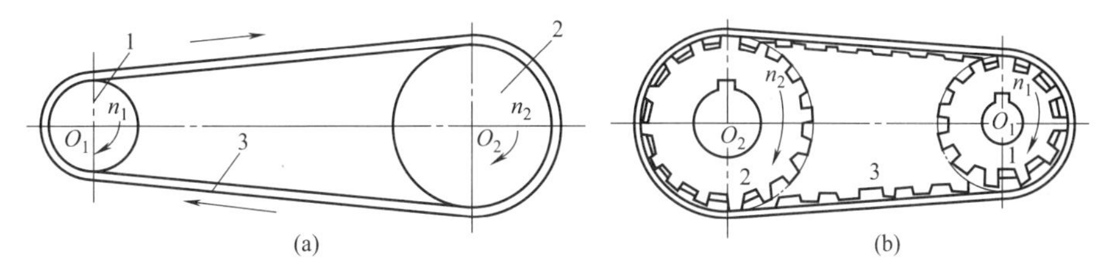

图11-1　摩擦型与啮合型带传动

1—主动带轮；2—从动带轮；3—传动带

11.1.1 摩擦型带传动的类型

M11-1　带传动的组成和工作原理讲解

M11-2　啮合型带传动动画

工程中，根据传动带的截面形状不同，可分为以下几种类型。

① 平带传动。平带的横截面形状为矩形，其内表面为工作面，如图11-2（a）所示，多用于传动中心距较大的场合。

② V带传动。V带的截面形状为等腰梯形，两侧面为工作表面，如图11-2（b）所示。在同样压紧力F_Q作用下，V带的摩擦力比平带大，传递的功率也较大。因此，在传递同样功率的情况下，V带传动的结构更为紧凑，且大多数V带已标准化，因此获得了广泛的应用。

③ 多楔带传动。多楔带是以平带为基体，内表面具有等距纵向楔的环形传动带，如

图 11-2（c）所示。多楔带可以看成是由若干根 V 带组成的，工作面为楔的侧面，可传递很大的功率。多楔带传动用于要求结构紧凑的场合。

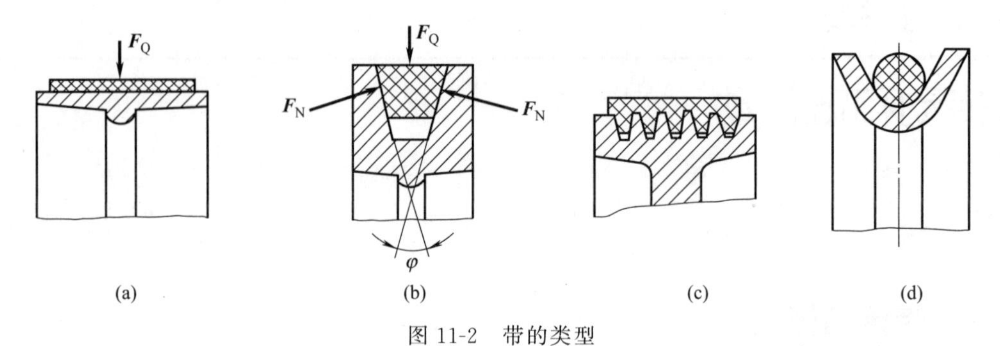

图 11-2 带的类型

④ 圆形带传动。横截面为圆形，如图 11-2（d）所示。多用于小功率传动，如家用缝纫机的传动。

M11-3 圆形带传动动画

11.1.2 摩擦型带传动的特点和应用

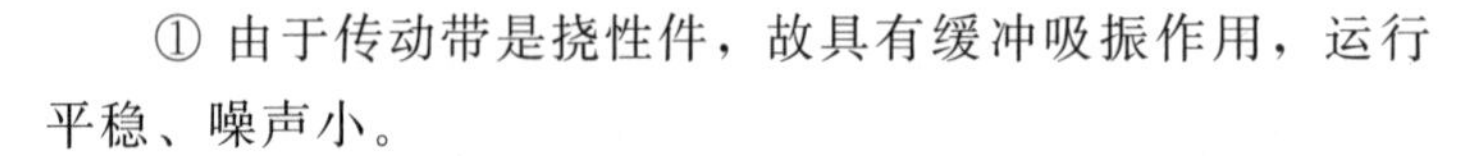

① 由于传动带是挠性件，故具有缓冲吸振作用，运行平稳、噪声小。

② 过载时，带在带轮上打滑，能保护其他零件免遭损坏，起到过载保护作用。

③ 带传动结构简单，制造方便，制造、安装精度要求不高，适于远距离传动。

④ 工作时带会产生弹性滑动，传动比不准确。

⑤ 张紧力较大，作用在轴上的压力较大，带的寿命较短。

⑥ 带与带轮间摩擦放电，不适宜高温、易燃、易爆的场合。

带传动主要用于 70kW 以下的中、小功率，传动比 i 一般不超过 7，带速通常为 $v=5\sim25\text{m/s}$，传动比不要求准确的机械中。目前 V 带传动应用最广。以下主要介绍 V 带传动。

11.2 V 带和 V 带轮

11.2.1 V 带的结构和标准

V 带根据其结构分为包边 V 带和切边 V 带两种。图 11-3 所示为包边 V 带的横截面结构示意图，它由胶帆布（顶布）、顶胶、缓冲胶、抗拉体、底胶等部分组成。抗拉体是承受负载拉力的主体，其上下的顶胶和底胶分别承受弯曲时的拉伸和压缩。

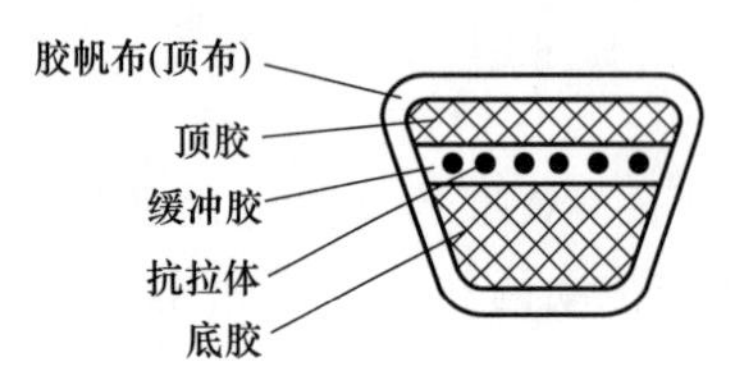

图 11-3 包边 V 带结构

当 V 带受纵向弯曲时，顶部伸长，底部缩短，在两者之间必存在长度不变的中性层，称为节面。节面宽度称为节宽（以 b_p 表示）。V 带可分为普通 V 带、窄 V 带、宽 V 带、联组 V 带等多种类型，以普通 V 带应用最广。普通 V 带都制成无接头的环形，且已标准化，按截面尺寸由小到大分为 Y、Z、A、B、C、D、E 七种型号，其横截面尺寸见表 11-1。其中，Y 型 V 带截面尺寸最小，用于只传递运动、不传递动力的机构中。

表 11-1　普通 V 带的横截面尺寸和单位长度质量 q（摘自 GB/T 13575.1—2008）

型号	Y	Z	A	B	C	D	E
节宽 b_p/mm	5.3	8.5	11	14	19	27	32
顶宽 b/mm	6.0	10.0	13.0	17.0	22.0	32.0	38.0
高度 h/mm	4.0	6.0	8.0	11.0	14.0	19.0	23.0
横截面面积 A/mm^2	18	47	81	143	237	476	722
楔角 α	40°						
q/(kg/m)	0.023	0.060	0.105	0.170	0.300	0.630	0.970

在 V 带轮上，与所配 V 带的节宽相对应的带轮直径称为基准直径 d_d。在规定的张紧力下，位于带轮基准直径上的 V 带周线长度称为带的基准长度 L_d。L_d 是 V 带的公称长度，用于带传动的几何计算和带的标记。普通 V 带基准长度 L_d 见表 11-2。

M11-4　带的基准长度讲解（说明：包括中性层、节宽、基准直径、基准长度）

表 11-2　普通 V 带的基准长度 L_d 及带长修正系数（摘自 GB/T 13575.1—2008）

Y		Z		A		B		C		D		E	
L_d/mm	K_L	L_d/mm	K_L	L_d/mm	K_L	L_d/mm	K_L	L_d/mm	K_L	L_d/mm	K_L	L_d/mm	K_L
200	0.81	405	0.87	630	0.81	930	0.83	1565	0.82	2740	0.82	4660	0.91
224	0.82	475	0.90	700	0.83	1000	0.84	1760	0.85	3100	0.86	5040	0.92
250	0.84	530	0.93	790	0.85	1100	0.86	1950	0.87	3330	0.87	5420	0.94
280	0.87	625	0.96	890	0.87	1210	0.87	2195	0.90	3730	0.90	6100	0.96
315	0.89	700	0.99	990	0.89	1370	0.90	2420	0.92	4080	0.91	6850	0.99
355	0.92	780	1.00	1100	0.91	1560	0.92	2715	0.94	4620	0.94	7650	1.01
400	0.96	920	1.04	1250	0.93	1760	0.94	2880	0.95	5400	0.97	9150	1.05
450	1.00	1080	1.07	1430	0.96	1950	0.97	3080	0.97	6100	0.99	12230	1.11
500	1.02	1330	1.13	1550	0.98	2180	0.99	3520	0.99	6840	1.02	13750	1.15
		1420	1.14	1640	0.99	2300	1.01	4060	1.02	7620	1.05	15280	1.17
		1540	1.54	1750	1.00	2500	1.03	4600	1.05	9140	1.08	16800	1.19
				1940	1.02	2700	1.04	5380	1.08	10700	1.13		
				2050	1.04	2870	1.05	6100	1.11	12200	1.16		
				2200	1.06	3200	1.07	6815	1.14	13700	1.19		
				2300	1.07	3600	1.09	7600	1.17	15200	1.21		
				2480	1.09	4060	1.13	9100	1.21				
				2700	1.10	4430	1.15	10700	1.24				
						4820	1.17						
						5370	1.20						
						6070	1.24						

普通V带的标记由型号、基准长度和标准号组成，一般标注在传动带的顶面上，以便选用和识别。例如：A型带，基准长度为1430mm，标记为A1430 GB/T 1171—2017。

11.2.2 V带轮的材料和结构

带轮材料常采用灰铸铁、钢、铝合金和工程塑料等。其中，灰铸铁应用最广。当带速 $v<25\text{m/s}$ 时用HT150；带速 $v=25\sim30\text{m/s}$ 时，采用HT200。带速更高以及特别重要的场合可用钢制带轮；小功率传动可用铸铝或塑料。

带轮由轮缘、腹板（轮辐）和轮毂三部分组成。轮缘是带轮的工作部分，其上制有梯形轮槽，轮槽的结构尺寸和数目应与所用V带的型号和根数相对应。轮槽尺寸可根据表11-3查得。表中轮槽角 φ 都小于40°，而V带楔角为40°，这是考虑到带绕在带轮上发生弯曲时，其截面变形，楔角变小，所以轮槽角也相应地变小，以保证接触良好。轮毂是带轮与轴的连接部分，轮缘与轮毂则用轮辐（腹板）连接成一整体。V带轮按腹板（轮辐）结构的不同分为以下型式，如图11-4所示。

表11-3 普通V带轮槽尺寸（摘自GB/T 10412—2002） 单位：mm

		槽型	Y	Z	A	B	C	D	E
		b_d	5.3	8.5	11	14	19	27	32
		h_{amin}	1.6	2.0	2.75	3.5	4.8	8.1	9.6
		h_{fmin}	4.7	7.0	8.7	10.8	14.3	19.9	23.4
		e	8±0.3	12±0.3	15±0.3	19±0.4	25.5±0.5	37±0.6	44.5±0.7
		f_{min}	6	7	9	11.5	16	23	28
		δ_{min}	5	5.5	6	7.5	10	12	15
		B	$B=(z-1)e+2f$（z 为轮槽数）						
		d_a	$d_a=d_d+2h_a$						
轮槽角 φ	32°	相应的基准直径 d_d	≤60	—	—	—	—	—	—
	34°		—	≤80	≤118	≤190	≤315	—	—
	36°		>60	—	—	—	—	≤475	≤600
	38°		—	>80	>118	>190	>315	>475	>600

① 实心式。适用于带轮基准直径 $d_d\leqslant2.5d$（d 为轴孔直径），如图11-4（a）所示。

② 腹板式或孔板式。适用于带轮基准直径 $d_d\leqslant300\text{mm}$，如图11-4（b）所示为孔板式带轮，同时要求 $d_r-d_h\geqslant100\text{mm}$。若腹板上不开孔，则为腹板式带轮。

③ 轮辐式。适用于 $d_d>300\text{mm}$，如图11-4（c）所示，轮辐剖面为椭圆形，其长轴与回转平面重合。其尺寸可查阅机械设计手册。

$d_h=(1.8\sim2)d$，$D_0=\dfrac{d_h+d_r}{2}$，$S=(0.2\sim0.3)B$，$S_1\geqslant1.5S$，$S_2\geqslant0.5S$，$d_0=(0.2\sim0.3)(d_r-d_h)$，$L=(1.5\sim2)d$，当 $d<1.5d$ 时，取 $L=B$。

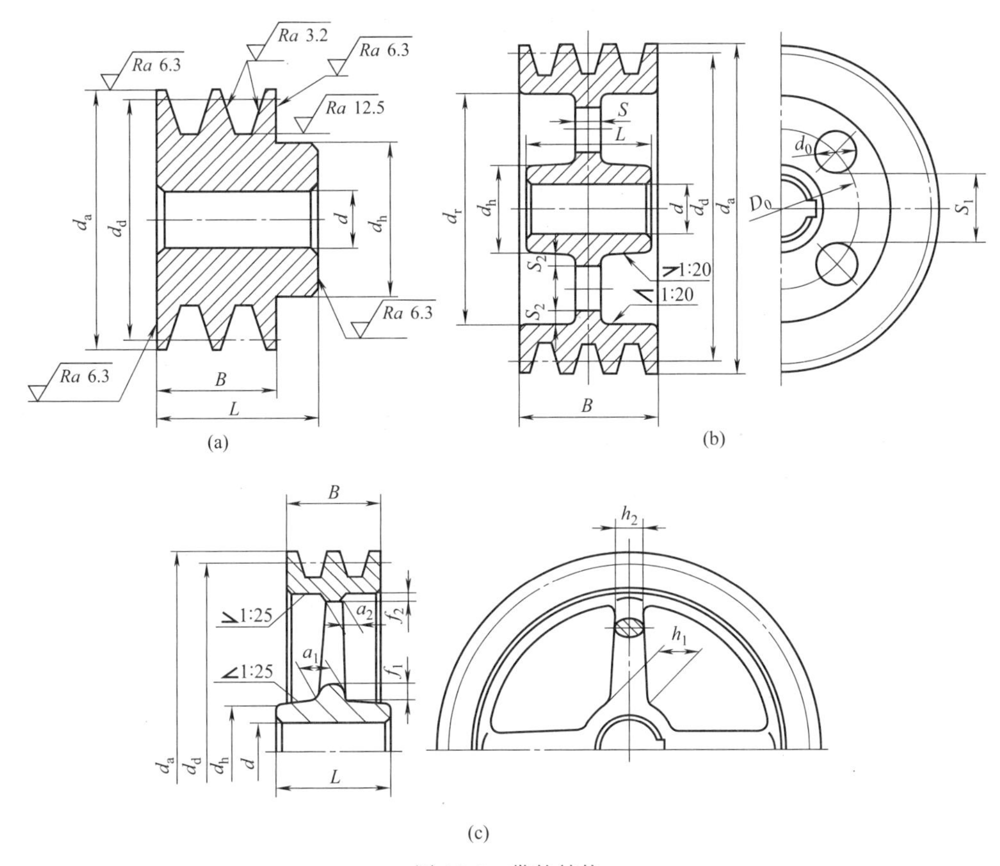

图 11-4　带轮结构

11.3　带传动工作情况的分析

11.3.1　带传动的受力分析

带传动是靠带和带轮间的摩擦力传递运动和动力，所以挠性带必须以一定的初拉力 F_0 张紧在带轮上。不工作时，带两边承受相等的初拉力 F_0，如图 11-5（a）所示。

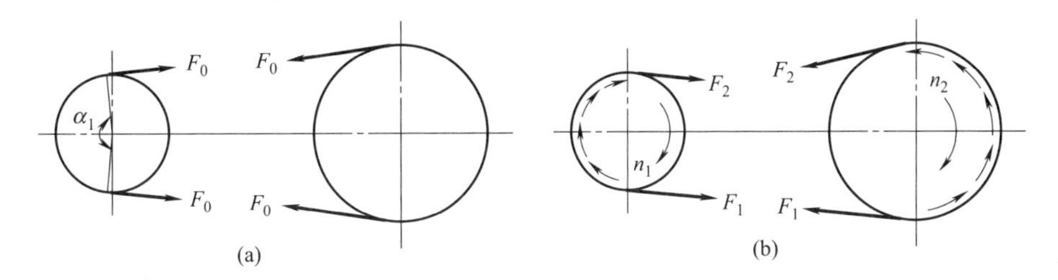

图 11-5　带传动的工作原理

当主动轮受驱动转矩的作用开始工作时，由于受到主、从动轮接触面之间静摩擦力的作用，带两边的拉力不再相等，如图 11-5（b）所示。带的一边被拉紧，拉力由 F_0 增大到 F_1，称为紧边；一边被放松，拉力由 F_0 减少到 F_2，称为松边。假设环形带的总长度

不变，则紧边拉力的增加量 F_1-F_0 应等于松边拉力的减少量 F_0-F_2，即

$$F_1-F_0=F_0-F_2$$

整理得

$$F_0=(F_1+F_2)/2 \tag{11-1}$$

带两边的拉力之差 F 称为带传动的有效拉力，F 也是带传动所传递的圆周力，即

$$F=F_1-F_2 \tag{11-2}$$

有效拉力 F 与带传动所传递的功率 P 的关系为

$$P=\frac{Fv}{1000} \tag{11-3}$$

式中，P 为传递功率，kW；F 为有效拉力，N；v 为带的速度，m/s。

在最大静摩擦力范围内，带传动的有效拉力 F 与传动带工作表面上的总摩擦力相等。

11.3.2 带传动的打滑与弹性滑动

(1) 打滑

在一定的初拉力 F_0 作用下，带与带轮接触面间的摩擦力总和有一极限值，当带所传递的圆周力超过这一极限值时，带与带轮间将发生明显的相对滑动，这种现象称为打滑。打滑会加剧带的磨损，使从动轮的转速急剧下降，甚至使传动失效。故应极力避免这种情况的发生。

M11-5 打滑与弹性滑动讲解

摩擦型带传动的有效拉力 F 的数值与带和带轮接触面之间的摩擦因数 f、包角 α 及初拉力 F_0 的大小有关。显然，f、α、F_0 大，F 也大。在一定的条件下，f 为定值，若 F_0 不变，则 F 取决于小带轮的包角 α_1。为了保证带传动的承载能力，α_1 不能太小（对于 V 带传动，一般要求 $\alpha_1 \geqslant 120°$）。若 f 和 α_1 不变，则 F 取决于 F_0，但 F_0 过大，会使带过分拉伸而降低其使用寿命，同时使作用在轴上的压力过大。

(2) 弹性滑动

带是弹性体，受到拉力作用时会产生弹性伸长，其伸长量随拉力大小的变化而不同。带由紧边绕过主动轮进入松边时，带的拉力由 F_1 逐渐减小到 F_2，其弹性伸长量也由 δ_1 逐渐减小到 δ_2。这说明带在绕过带轮的过程中，相对于轮面向后退缩了 $(\delta_1-\delta_2)$，带与带轮面间出现局部相对滑动，导致带的速度逐步小于主动轮的圆周速度。同样，当带由松边绕过从动轮进入紧边时，拉力逐渐增加，带逐渐被拉长，沿轮面产生向前的弹性滑动，使带的速度逐渐大于从动轮的圆周速度。这种由于带的弹性变形而引起的带与带轮间的微量滑动称为带传动的弹性滑动。

(3) 弹性滑动与打滑的区别

弹性滑动和打滑是两个截然不同的概念。打滑是由过载引起的全面滑动，是可以避免的。而弹性滑动是由紧、松边拉力差引起的，只要传递圆周力，就必然会发生弹性滑动，所以弹性滑动是无法避免的。

(4) 滑动率

设 d_{d1}、d_{d2} 为主、从动轮的基准直径，mm；n_1、n_2 为主、从动轮的转速，r/min，则两轮的圆周速度分别为

$$v_1=\frac{\pi d_{d1}n_1}{60\times1000}\ (\mathrm{m/s}) \qquad v_2=\frac{\pi d_{d2}n_2}{60\times1000}\ (\mathrm{m/s})$$

由于弹性滑动是不可避免的，所以 v_2 总是低于 v_1。带轮圆周速度的相对变化量可以用滑动率 ε 来评价，即

$$\varepsilon=\frac{v_1-v_2}{v_1}\times100\%=\frac{d_{d1}n_1-d_{d2}n_2}{d_{d1}n_1}\times100\%$$

因此，带传动的传动比

$$i=\frac{n_1}{n_2}=\frac{d_{d2}}{d_{d1}(1-\varepsilon)} \tag{11-4}$$

V 带传动的滑动率 $\varepsilon=1\%\sim2\%$，其值不大，在一般计算中可不予考虑，故取传动比为

$$i=\frac{n_1}{n_2}\approx\frac{d_{d2}}{d_{d1}} \tag{11-5}$$

11.3.3 带传动的应力分析

带传动工作时，在带中将产生三种应力：由拉力产生的拉应力 σ；由离心力产生的拉应力 σ_c；带绕过带轮时产生的弯曲应力 σ_b。其中，σ_c 在带全长范围内均相同；紧边拉应力 σ_1 大于松边拉应力 σ_2；带在小带轮上的弯曲应力 σ_{b1} 大于带在大带轮上的弯曲应力 σ_{b2}。

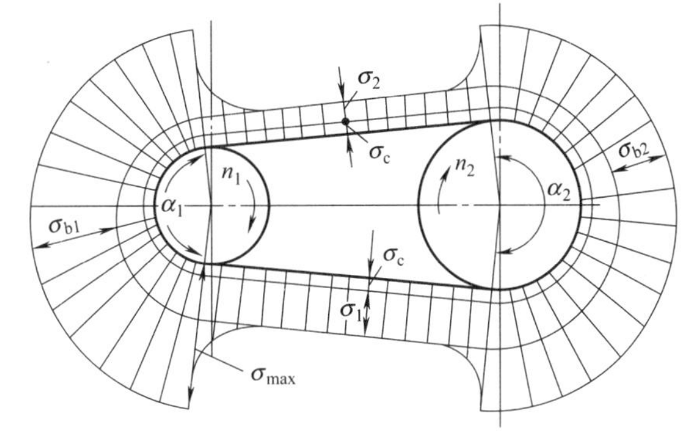

图 11-6 带传动工作时带中的应力分布

图 11-6 表示带传动工作时的应力分布情况。瞬时最大应力发生在紧边刚绕入小带轮处，其值为

$$\sigma_{max}=\sigma_1+\sigma_c+\sigma_{b1} \tag{11-6}$$

由图 11-6 可见，带在运动过程中，带中的应力是变化的。带每绕转一周，任一截面上的应力周期性地变化一次。当应力循环次数达到一定值时，带就会产生疲劳破坏。

11.4 普通 V 带传动的设计计算

11.4.1 带传动的失效形式及设计准则

带传动的失效形式是带在带轮上打滑或带发生疲劳损坏（脱层、撕裂或拉断）。因此带传动的设计准则为：在保证带传动不打滑的条件下，使带具有足够的疲劳强度。

11.4.2 单根 V 带的额定功率

带传动在不打滑又有一定寿命的条件下所能传递的功率，可以通过 GB/T 11355—2008 给定的公式进行计算。

为了设计方便，将特定条件下（传动比 $i=1$，包角 $\alpha=180°$，特定基准长度，载荷平稳），单根普通 V 带在既不打滑又具有一定疲劳强度和使用寿命时所能传递的功率称为基本额定功率 P_1，其值可查相关国家标准，表 11-4 节选了 Z、A、B、C、D 型的 P_1 值。

带传动的实际工作条件与上述特定条件不同时，应对 P_1 值加以修正。修正后即得到实际工作条件下单根普通 V 带所能传递的功率，称为单根普通 V 带的额定功率 P_r，即

$$P_r=(P_1+\Delta P_1)K_\alpha K_L \tag{11-7}$$

式中，ΔP_1 为功率增量，kW，考虑传动比 $i\neq1$ 时，带在大轮上的弯曲应力较小，在寿命相同的条件下，可增大传动功率，其值见表 11-5。K_α 为包角修正系数，考虑包角 $\alpha\neq180°$时对传动能力的影响，其值见表 11-6；K_L 为长度修正系数，考虑带长不等于特定基准长度时对传动能力的影响，其值见表 11-2。

表 11-4 单根普通 V 带的基本额定功率 P_1（GB/T 13575.1—2008） 单位：kW

型号	小带轮基准直径 d_{d1}/mm	小带轮转速 n_1/(r/min)												
		400	700	800	950	1200	1450	1600	2000	2400	2800	3200	3600	4000
Z	50	0.06	0.09	0.10	0.12	0.14	0.16	0.17	0.20	0.22	0.26	0.28	0.30	0.32
	56	0.06	0.11	0.12	0.14	0.17	0.19	0.20	0.25	0.30	0.33	0.35	0.37	0.39
	63	0.08	0.13	0.15	0.18	0.22	0.25	0.27	0.32	0.37	0.41	0.45	0.47	0.49
	71	0.09	0.17	0.20	0.23	0.27	0.30	0.33	0.39	0.46	0.50	0.54	0.58	0.61
	80	0.14	0.20	0.22	0.26	0.30	0.35	0.39	0.44	0.50	0.56	0.61	0.64	0.67
	90	0.14	0.22	0.24	0.28	0.33	0.36	0.40	0.48	0.54	0.60	0.64	0.68	0.72
A	75	0.26	0.40	0.45	0.51	0.60	0.68	0.73	0.84	0.92	1.00	1.04	1.08	1.09
	90	0.39	0.61	0.68	0.77	0.93	1.07	1.15	1.34	1.50	1.64	1.75	1.83	1.87
	100	0.47	0.74	0.83	0.95	1.14	1.32	1.42	1.66	1.87	2.05	2.19	2.28	2.34
	112	0.56	0.90	1.00	1.15	1.39	1.61	1.74	2.04	2.30	2.51	2.68	2.78	2.83
	125	0.67	1.07	1.19	1.37	1.66	1.92	2.07	2.44	2.74	2.98	3.16	3.26	3.28
	140	0.78	1.26	1.41	1.62	1.96	2.28	2.45	2.87	3.22	3.48	3.65	3.72	3.67
	160	0.94	1.51	1.69	1.95	2.36	2.73	2.54	3.42	3.80	4.06	4.19	4.17	3.98
	180	1.09	1.76	1.97	2.27	2.74	3.16	3.40	3.93	4.32	4.54	4.58	4.40	4.00
B	125	0.84	1.30	1.44	1.64	1.93	2.19	2.33	2.64	2.85	2.96	2.94	2.80	2.51
	140	1.05	1.64	1.82	2.08	2.47	2.82	3.00	3.42	3.70	3.85	3.83	3.63	3.24
	160	1.32	2.09	2.32	2.66	3.17	3.62	3.86	4.40	4.75	4.89	4.80	4.46	3.82
	180	1.59	2.53	2.81	3.22	3.85	4.39	4.68	5.30	5.67	5.76	5.52	4.92	3.92
	200	1.85	2.96	3.30	3.77	4.50	5.13	5.46	6.13	6.47	6.43	5.95	4.98	3.47
	224	2.17	3.47	3.86	4.42	5.26	5.97	6.33	7.02	7.25	6.95	6.05	4.47	2.14
	250	2.50	4.00	4.46	5.10	6.04	6.82	7.20	7.87	7.89	7.14	5.60	5.12	—
	280	2.89	4.61	5.13	5.85	6.90	7.76	8.13	8.60	8.22	6.80	4.26	—	—
C	200	2.41	3.69	4.07	4.58	5.29	5.84	6.07	6.34	6.02	5.01	3.23	—	—
	224	2.99	4.64	5.12	5.78	6.71	7.45	7.75	8.06	7.57	6.08	3.57	—	—
	250	3.62	5.64	6.32	7.04	8.21	9.04	9.38	9.62	8.75	6.56	2.93	—	—
	280	4.32	6.76	7.52	8.49	9.81	10.72	11.06	11.04	9.50	6.13	—	—	—
	315	5.14	8.09	8.92	10.05	11.53	12.46	12.72	12.14	9.43	4.16	—	—	—
	355	6.05	9.50	10.46	11.73	13.31	14.12	14.19	12.59	7.98	—	—	—	—
	400	7.06	11.02	12.10	13.48	15.04	15.53	15.24	11.95	4.34	—	—	—	—
	450	8.20	12.63	13.80	15.23	16.59	16.47	15.57	9.64	—	—	—	—	—

续表

型号	小带轮基准直径 d_{d1}/mm	小带轮转速 n_1/(r/min)												
		400	700	800	950	1200	1450	1600	2000	2400	2800	3200	3600	4000
D	355	9.24	13.70	14.83	16.15	17.25	16.77	15.63	—	—	—	—	—	—
	400	11.45	17.07	18.46	20.06	21.20	20.15	18.31	—	—	—	—	—	—
	450	13.85	20.63	22.25	24.01	24.84	22.02	19.59	—	—	—	—	—	—
	500	16.20	23.99	25.76	27.50	26.71	23.59	18.88	—	—	—	—	—	—
	560	18.95	27.73	29.55	31.04	29.67	22.58	15.13	—	—	—	—	—	—
	630	22.05	31.68	33.38	34.19	30.15	18.06	6.25	—	—	—	—	—	—
	710	25.45	35.59	36.87	36.35	27.88	7.99	—	—	—	—	—	—	—
	800	29.08	39.14	39.55	36.76	21.32	—	—	—	—	—	—	—	—

表 11-5 $i \neq 1$ 时，单根普通 V 带基本额定功率增量 ΔP_1 单位：kW

<table>
<tr><th rowspan="2">型号</th><th rowspan="2">传动比 i</th><th colspan="13">小带轮转速 n_1/(r/min)</th></tr>
<tr><th>400</th><th>700</th><th>800</th><th>950</th><th>1200</th><th>1450</th><th>1600</th><th>2000</th><th>2400</th><th>2800</th><th>3200</th><th>3600</th><th>4000</th></tr>
<tr><td rowspan="9">Z</td><td>1.02～1.04</td><td rowspan="9">0.00</td><td rowspan="5">0.00</td><td rowspan="3">0.00</td><td rowspan="2">0.00</td><td>0.00</td><td>0.00</td><td rowspan="4">0.01</td><td rowspan="2">0.01</td><td colspan="3">0.01</td><td>0.02</td><td>0.02</td></tr>
<tr><td>1.05～1.08</td><td rowspan="4">0.01</td><td rowspan="3">0.01</td><td rowspan="3">0.02</td><td rowspan="2">0.02</td><td rowspan="5">0.03</td><td rowspan="3">0.03</td><td>0.03</td></tr>
<tr><td>1.09～1.12</td><td rowspan="4">0.01</td><td rowspan="4">0.02</td><td rowspan="3">0.04</td></tr>
<tr><td>1.13～1.18</td><td rowspan="4">0.01</td><td rowspan="3">0.03</td></tr>
<tr><td>1.19～1.24</td><td rowspan="4">0.02</td><td rowspan="3">0.02</td><td rowspan="3">0.03</td><td rowspan="3">0.04</td></tr>
<tr><td>1.25～1.34</td><td rowspan="3">0.01</td><td rowspan="3">0.02</td><td rowspan="2">0.05</td></tr>
<tr><td>1.35～1.50</td><td rowspan="3">0.02</td><td rowspan="2">0.03</td><td rowspan="3">0.04</td><td rowspan="2">0.04</td></tr>
<tr><td>1.51～1.99</td><td rowspan="2">0.02</td><td rowspan="2">0.03</td><td rowspan="2">0.04</td><td rowspan="2">0.05</td><td rowspan="2">0.06</td></tr>
<tr><td>≥2</td><td>0.02</td><td colspan="2">0.03</td><td>0.04</td><td>0.05</td></tr>
<tr><td rowspan="9">A</td><td>1.02～1.04</td><td>0.01</td><td>0.01</td><td>0.01</td><td>0.01</td><td>0.02</td><td>0.02</td><td>0.02</td><td>0.03</td><td>0.03</td><td>0.04</td><td>0.04</td><td>0.05</td><td>0.05</td></tr>
<tr><td>1.05～1.08</td><td>0.01</td><td>0.02</td><td>0.02</td><td>0.03</td><td>0.03</td><td>0.04</td><td>0.04</td><td>0.06</td><td>0.07</td><td>0.08</td><td>0.09</td><td>0.10</td><td>0.11</td></tr>
<tr><td>1.09～1.12</td><td>0.02</td><td>0.03</td><td>0.03</td><td>0.04</td><td>0.05</td><td>0.06</td><td>0.06</td><td>0.08</td><td>0.10</td><td>0.11</td><td>0.13</td><td>0.15</td><td>0.16</td></tr>
<tr><td>1.13～1.18</td><td>0.02</td><td>0.04</td><td>0.04</td><td>0.05</td><td>0.07</td><td>0.08</td><td>0.09</td><td>0.11</td><td>0.13</td><td>0.15</td><td>0.17</td><td>0.19</td><td>0.22</td></tr>
<tr><td>1.19～1.24</td><td>0.03</td><td>0.05</td><td>0.05</td><td>0.06</td><td>0.08</td><td>0.09</td><td>0.11</td><td>0.13</td><td>0.16</td><td>0.19</td><td>0.22</td><td>0.24</td><td>0.27</td></tr>
<tr><td>1.25～1.34</td><td>0.03</td><td>0.06</td><td>0.06</td><td>0.07</td><td>0.10</td><td>0.11</td><td>0.13</td><td>0.16</td><td>0.19</td><td>0.23</td><td>0.26</td><td>0.29</td><td>0.32</td></tr>
<tr><td>1.35～1.51</td><td>0.04</td><td>0.07</td><td>0.08</td><td>0.08</td><td>0.11</td><td>0.13</td><td>0.15</td><td>0.19</td><td>0.23</td><td>0.26</td><td>0.30</td><td>0.34</td><td>0.38</td></tr>
<tr><td>1.52～1.99</td><td>0.04</td><td>0.08</td><td>0.09</td><td>0.10</td><td>0.13</td><td>0.15</td><td>0.17</td><td>0.22</td><td>0.26</td><td>0.30</td><td>0.34</td><td>0.39</td><td>0.43</td></tr>
<tr><td>≥2</td><td>0.05</td><td>0.09</td><td>0.10</td><td>0.11</td><td>0.15</td><td>0.17</td><td>0.19</td><td>0.24</td><td>0.29</td><td>0.34</td><td>0.39</td><td>0.44</td><td>0.48</td></tr>
<tr><td rowspan="9">B</td><td>1.02～1.04</td><td>0.01</td><td>0.02</td><td>0.03</td><td>0.03</td><td>0.04</td><td>0.05</td><td>0.06</td><td>0.07</td><td>0.08</td><td>0.10</td><td>0.11</td><td>0.13</td><td>0.14</td></tr>
<tr><td>1.05～1.08</td><td>0.03</td><td>0.05</td><td>0.06</td><td>0.07</td><td>0.08</td><td>0.10</td><td>0.11</td><td>0.14</td><td>0.17</td><td>0.20</td><td>0.23</td><td>0.25</td><td>0.28</td></tr>
<tr><td>1.09～1.12</td><td>0.04</td><td>0.07</td><td>0.08</td><td>0.10</td><td>0.13</td><td>0.15</td><td>0.17</td><td>0.21</td><td>0.25</td><td>0.29</td><td>0.34</td><td>0.38</td><td>0.42</td></tr>
<tr><td>1.13～1.18</td><td>0.06</td><td>0.10</td><td>0.11</td><td>0.13</td><td>0.17</td><td>0.20</td><td>0.23</td><td>0.28</td><td>0.34</td><td>0.39</td><td>0.45</td><td>0.51</td><td>0.56</td></tr>
<tr><td>1.19～1.24</td><td>0.07</td><td>0.12</td><td>0.14</td><td>0.17</td><td>0.21</td><td>0.25</td><td>0.28</td><td>0.35</td><td>0.42</td><td>0.49</td><td>0.56</td><td>0.63</td><td>0.70</td></tr>
<tr><td>1.25～1.34</td><td>0.08</td><td>0.15</td><td>0.17</td><td>0.20</td><td>0.25</td><td>0.31</td><td>0.34</td><td>0.42</td><td>0.51</td><td>0.59</td><td>0.68</td><td>0.76</td><td>0.84</td></tr>
<tr><td>1.35～1.51</td><td>0.10</td><td>0.17</td><td>0.20</td><td>0.23</td><td>0.30</td><td>0.36</td><td>0.39</td><td>0.49</td><td>0.59</td><td>0.69</td><td>0.79</td><td>0.89</td><td>0.99</td></tr>
<tr><td>1.52～1.99</td><td>0.11</td><td>0.20</td><td>0.23</td><td>0.26</td><td>0.34</td><td>0.40</td><td>0.45</td><td>0.56</td><td>0.68</td><td>0.79</td><td>0.90</td><td>1.01</td><td>1.13</td></tr>
<tr><td>≥2</td><td>0.13</td><td>0.22</td><td>0.25</td><td>0.30</td><td>0.38</td><td>0.46</td><td>0.51</td><td>0.63</td><td>0.76</td><td>0.89</td><td>1.01</td><td>1.14</td><td>1.27</td></tr>
</table>

续表

型号	传动比 i	小带轮转速 n_1/(r/min)												
		400	700	800	950	1200	1450	1600	2000	2400	2800	3200	3600	4000
C	1.02～1.04	0.04	0.07	0.08	0.09	0.12	0.14	0.16	0.20	0.23	—	—	—	—
	1.05～1.08	0.08	0.14	0.16	0.19	0.24	0.28	0.31	0.31	0.47	—	—	—	—
	1.09～1.12	0.12	0.21	0.23	0.27	0.35	0.42	0.47	0.59	0.70	—	—	—	—
	1.13～1.18	0.16	0.27	0.31	0.37	0.47	0.58	0.63	0.78	0.94	—	—	—	—
	1.19～1.24	0.20	0.34	0.69	0.47	0.59	0.71	0.78	0.98	1.18	—	—	—	—
	1.25～1.34	0.23	0.41	0.47	0.56	0.70	0.85	0.94	1.17	1.41	—	—	—	—
	1.35～1.51	0.27	0.48	0.55	0.65	0.82	0.99	1.10	1.37	1.65	—	—	—	—
	1.52～1.99	0.31	0.55	0.63	0.74	0.94	1.14	1.25	1.57	1.88	—	—	—	—
	≥2	0.35	0.62	0.71	0.83	1.06	1.27	1.41	1.76	2.12	—	—	—	—
D	1.02～1.04	0.10	0.24	0.28	0.33	0.42	0.51	0.56	—	—	—	—	—	—
	1.05～1.08	0.21	0.49	0.56	0.66	0.84	1.01	1.11	—	—	—	—	—	—
	1.09～1.12	0.31	0.73	0.83	0.99	1.25	1.51	1.67	—	—	—	—	—	—
	1.13～1.18	0.42	0.97	1.11	1.32	1.67	2.02	2.23	—	—	—	—	—	—
	1.19～1.24	0.52	1.22	1.39	1.60	2.09	2.52	2.78	—	—	—	—	—	—
	1.25～1.34	0.62	1.46	1.67	1.92	2.50	3.02	3.33	—	—	—	—	—	—
	1.35～1.51	0.73	1.70	1.95	2.31	2.92	3.52	3.89	—	—	—	—	—	—
	1.52～1.99	0.83	1.95	2.22	2.64	3.34	4.03	4.45	—	—	—	—	—	—
	≥2	0.94	2.19	2.50	2.97	3.75	4.53	5.00	—	—	—	—	—	—

表 11-6 包角修正系数 K_α（摘自 GB/T 13575.1—2008）

小轮包角 α_1	180°	175°	170°	165°	160°	155°	150°	145°	140°	135°	130°	125°	120°	110°	100°	90°
K_α	1.00	0.99	0.98	0.96	0.95	0.93	0.92	0.91	0.89	0.88	0.86	0.84	0.82	0.78	0.74	0.69

11.4.3 普通 V 带传动的设计计算及参数选择

普通 V 带传动设计的主要内容是：确定在给定的工作条件下 V 带的型号、基准长度和根数；带轮的材料、结构和尺寸；传动中心距 a；作用在轴上的压力 F_Q 等。

普通 V 带传动的设计步骤和方法如下：

(1) 计算设计功率 P_d，选择 V 带型号

$$P_d = K_A P \tag{11-8}$$

式中，P_d 称为设计功率，kW；K_A 为工作情况系数，由表 11-7 选取；P 为带传动的额定功率，kW。

表 11-7 工作情况系数 K_A

工况		K_A					
		空载、轻载启动			重载启动		
		每天工作小时数/h					
		<10	10～16	>16	<10	10～16	>16
载荷变动最小	液体搅拌机、通风机和鼓风机（≤7.5kW）、离心式水泵和压缩机、轻负荷输送机	1.0	1.1	1.2	1.1	1.2	1.3

续表

工况		K_A					
		空载、轻载启动			重载启动		
		每天工作小时数/h					
		<10	10～16	>16	<10	10～16	>16
载荷变动小	带式输送机(不均匀负荷)、通风机(>7.5kW)、旋转式水泵和压缩机(非离心式)、发电机、金属切削机床、印刷机、旋转筛、锯木机和木工机械	1.1	1.2	1.3	1.2	1.3	1.4
载荷变动较大	制砖机、斗式提升机、往复式水泵和压缩机、起重机、磨粉机、冲剪机床、橡胶机械、振动筛、纺织机械、重载输送机	1.2	1.3	1.4	1.4	1.5	1.6
载荷变动很大	破碎机(旋转式、颚式等)、磨碎机(球磨、棒磨、管磨)	1.3	1.4	1.5	1.5	1.6	1.8

注：1. 空载，轻载启动——电动机（交流启动、三角启动、直流并励）、四缸以上的内燃机、装有离心式离合器、液力联轴器的动力机。

2. 重载启动——电动机（联机交流启动、直流复励或串励）、四缸以下的内燃机。

3. 反复启动、正反转频繁、工作条件恶劣等场合，K_A 值应乘以 1.2。

4. 在增速传动场合，K_A 值应乘以下列系数：当 $1.25\leqslant 1/i\leqslant 1.74$ 时为 1.05；$1.75\leqslant 1/i\leqslant 2.49$ 时为 1.11；$2.50\leqslant 1/i\leqslant 3.49$ 时为 1.18；$1/i\geqslant 3.50$ 时为 1.25。

普通 V 带的型号根据设计功率和小带轮的转速按图 11-7 选取。

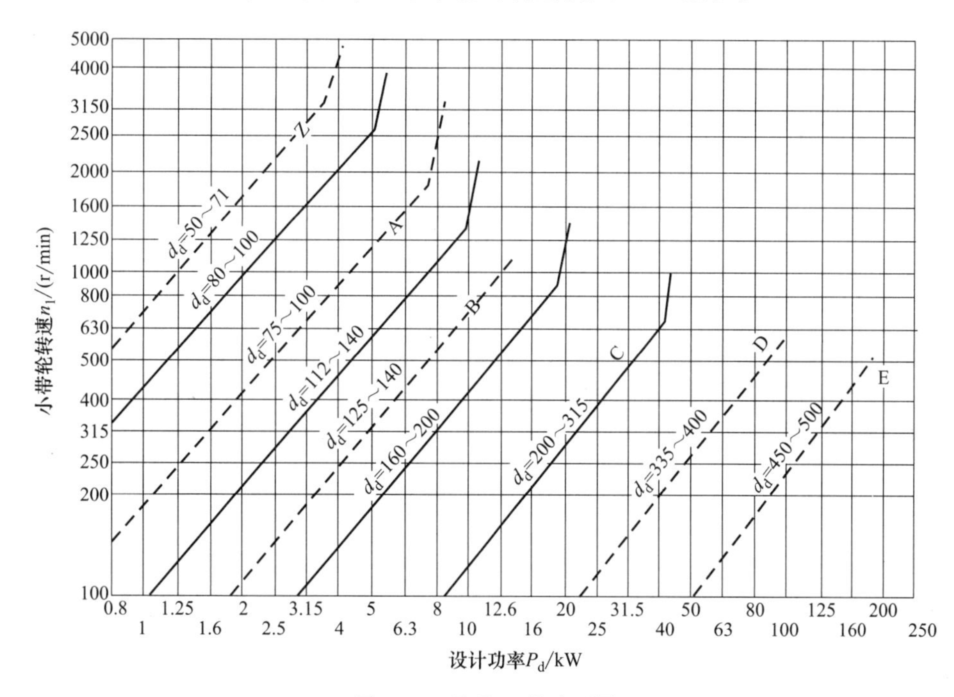

图 11-7 普通 V 带选型图

(2) 确定带轮基准直径 d_d，验算带速误差

带轮直径小可使传动紧凑，但会增加带的弯曲应力，降低带的使用寿命，且在一定转矩下带的有效拉力增大，使带的根数增多，所以带轮直径不宜过小。各种型号的 V 带都规定了最小基准直径，设计时，应使小带轮的基准直径 $d_{d1} \geqslant d_{dmin}$，$d_{dmin}$ 值由表 11-8 查取。大带轮直径一般可按 $d_{d2}=id_{d1}$ 计算，并圆整成表 11-8 中的直径系列值。

确定了带轮基准直径后，要验算转速误差是否在允许范围内，通常取转速误差为 ±5%。

表 11-8 普通 V 带轮的最小基准直径 d_{dmin} 及基准直径系列 单位：mm

V 带轮槽型	Y	Z	A	B	C	D	E
d_{dmin}	20	50	75	125	200	355	500
带型	基准直径 d_d						
Y	20,22.4,25,28,31.5,35.5,40,45,50,56,80,90,100,112,125						
Z	50,56,63,71,75,80,90,100,112,125,132,140,150,160,180,200,224,250,280,315,355,400,500,630						
A	75,80,85,90,95,100,106,112,118,125,132,140,150,160,180,200,224,250,280,315,355,400,450,500,560,630,710,800						
B	125,132,140,150,160,170,180,200,224,250,280,315,355,400,450,500,560,600,630,710,750,800,900,1000,1120						
C	200,212,224,236,250,265,280,300,315,335,355,400,450,500,560,600,630,710,750,800,900,1000,1120,1250,1400,1600,2000						
D	355,375,400,425,450,475,500,560,600,630,710,750,800,900,1000,1060,1120,1250,1400,1500,1600,1800,2000						
E	500,530,560,600,630,670,710,800,900,1000,1120,1250,1400,1500,1600,1800,2000,2240,2500						

(3) 验算带速 v

$$v=\frac{\pi d_{d1} n_1}{60 \times 10^3} \tag{11-9}$$

式中，v 为带速，m/s；d_{d1} 为主动轮的基准直径，mm；n_1 为主动轮的转速，r/min。

带速过高，使离心力过大，则会降低带与带轮间的正压力，从而降低摩擦力和传动能力；带速过低，则在传递相同功率的条件下所需有效拉力 F 较大，要求带的根数较多。故一般应使带的工作速度在 5～25m/s 范围内，最大不超过 30m/s，以 v 在 10～20m/s 之间为宜。

(4) 确定 V 带的基准长度 L_d

中心距小，结构较为紧凑，但带长也小，单位时间内带绕过带轮的次数多，带的寿命短；中心距过大，传动的外廓尺寸大，且高速运转时易引起带的颤动，影响正常工作。因此，带长要适中，设计时应根据带传动的设计要求或者按下式初选中心距 a_0

$$0.7(d_{d1}+d_{d2}) \leqslant a_0 \leqslant 2(d_{d1}+d_{d2})$$

式中，a_0 为初选的带传动中心距，mm。

初选 a_0 后，可根据几何关系得到带的长度 L_0 的计算公式

$$L_0=2a_0+\frac{\pi}{2}(d_{d1}+d_{d2})+\frac{(d_{d2}-d_{d1})^2}{4a_0} \tag{11-10}$$

根据 L_0 和带的型号，由表 11-2 选取相近的 V 带基准长度 L_d。

(5) 计算带传动中心距 a

根据带的基准长度 L_d 以及带轮的基准直径，可得传动的实际中心距 a 的计算公式为

$$a=A+\sqrt{A^2-B} \tag{11-11}$$

式中，$A=\frac{L_d}{4}-\frac{\pi(d_{d1}+d_{d2})}{8}$，mm；$B=\frac{(d_{d2}-d_{d1})^2}{8}$，$mm^2$。

考虑到安装、调整和补偿初拉力等方面的需要，中心距 a 要有一定的调整范围，一般为

$$a_{min}=a-0.015L_d$$
$$a_{max}=a+0.03L_d$$

(6) 校核小带轮包角 α_1

$$\alpha_1=180^\circ-\frac{d_{d2}-d_{d1}}{a}\times 57.3^\circ \tag{11-12}$$

为保证传动能力，小带轮的包角 α_1 不能太小，一般应使 $\alpha_1\geqslant 120^\circ$。若不满足此条件，可增大中心距或减小两带轮的直径差使小带轮的包角 α_1 增大。

(7) 确定 V 带根数 z

$$z\geqslant\frac{P_d}{P_r}=\frac{P_d}{(P_1+\Delta P_1)K_\alpha K_L} \tag{11-13}$$

带的根数应根据计算结果圆整为整数。为使每根带受力比较均匀，带的根数不宜过多，一般取 $z=3\sim6$。若计算结果超出此范围，应增大带轮直径，甚至改选带型重新计算。各种型号 V 带推荐的最多使用根数见表 11-9。

表 11-9　V 带最多使用根数 z_{max}

V 带型号	Y	Z	A	B	C	D	E
z_{max}	1	2	5	6	8	8	9

(8) 计算 V 带的初拉力 F_0

适当的初拉力是保证带传动正常工作的重要条件。初拉力过小易发生打滑，初拉力过大则带的寿命降低，且对轴和轴承的压力大。单根 V 带合适的初拉力 F_0 可按下式计算

$$F_0=\frac{500P_d}{zv}\left(\frac{2.5}{K_\alpha}-1\right)+qv^2 \tag{11-14}$$

式中，q 为带的单位长度质量，kg/m，其值由表 11-1 查取；其余各符号的意义同前。

(9) 计算带对轴的压力 F_Q

带对轴的压力 F_Q 是设计带轮所在轴和轴承的依据。为简化计算，F_Q 可近似地按带两边的初拉力 F_0 的合力来计算，由图 11-8 可得

$$F_Q=2zF_0\sin\frac{\alpha_1}{2} \tag{11-15}$$

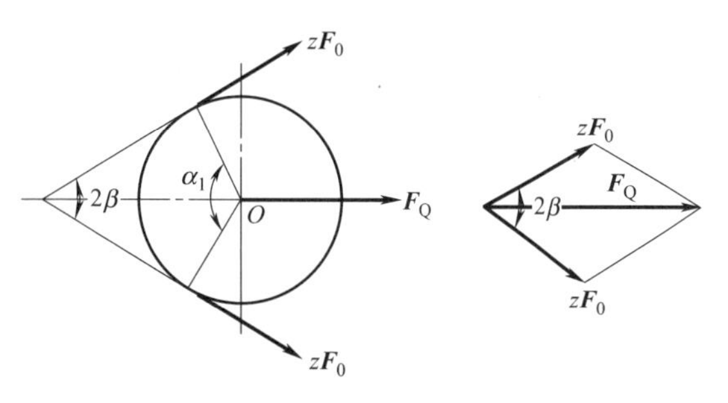

图 11-8　带对轴的压力

(10) 带轮结构设计

V 带的设计计算完成后，还要进行

带轮的结构设计，并绘制其零件图。

[例 11-1] 设计附录带式运输机传动装置中的 V 带传动。已知异步电动机的额定功率为 5.5kW，主动带轮转速 $n_1=960\text{r/min}$，从动轮转速 $n_2=298.1\text{r/min}$，$i=3.22$，单班制。

解： 将设计计算步骤列表 11-10。

表 11-10 例 11-1 设计计算步骤

设计步骤	设计说明与设计计算内容	设计结果
①确定设计功率 P_d，选定带型	由表 11-7 查得工作情况系数 $K_A=1.1$ 则设计功率为 $P_d=K_A\cdot P=1.1\times5.5=6.05(\text{kW})$ 根据设计功率 P_d 和小带轮转速 n_1，由图 11-7 选用 A 型 V 带	$K_A=1.1$ $P_d=6.05\text{kW}$ 选 A 型 V 带
②确定带轮基准直径 d_{d1}、d_{d2}，验算转速误差	根据图 11-7，推荐的小带轮基准直径为 112～140mm。查表 11-8，取小带轮基准直径 $d_{d1}=140\text{mm}$ 则 $d_{d2}=\frac{n_1}{n_2}d_{d1}=\frac{960}{298.1}\times140=450.9(\text{mm})$ 由表 11-8，取 $d_{d2}=450\text{mm}$ 实际从动轮转速 $n_2'=n_1\frac{d_{d1}}{d_{d2}}=960\times\frac{140}{450}=298.7(\text{r/min})$ 转速误差为 $\left\lvert\frac{n_2-n_2'}{n_2}\times100\%\right\rvert=\left\lvert\frac{298.1-298.7}{298.1}\times100\%\right\rvert=0.2\%<5\%$ 误差在允许范围内	$d_{d1}=140\text{mm}$ $d_{d2}=450\text{mm}$
③验算带速 v	由式(11-9)得带速 v 为 $v=\frac{\pi d_{d1}n_1}{60\times1000}=\frac{3.14\times140\times960}{60\times1000}=7.03(\text{m/s})$ 在(5～25)m/s 范围内，带速合适	$v=7.03\text{m/s}$ 带速合适
④确定 V 带基准长度 L_d	由中心距 a_0 的推荐值 $0.7(d_{d1}+d_{d2})\leqslant a_0\leqslant2(d_{d1}+d_{d2})$，可得 $0.7\times(140+450)\leqslant a_0\leqslant2\times(140+450)$ 即 $413\leqslant a_0\leqslant1180$ 初选中心距 $a_0=700\text{mm}$，由式(11-10)，得相应的带长 L_0 为 $L_0=2a_0+1.57(d_{d1}+d_{d2})+\frac{(d_{d2}-d_{d1})^2}{4a_0}$ $=2\times700+1.57\times(140+450)+\frac{(450-140)^2}{4\times700}$ $=2361(\text{mm})$ 由表 11-2，选用带的基准长度 $L_d=2300\text{mm}$	$L_d=2300\text{mm}$
⑤确定带传动中心距 a	由式(11-11)得实际中心距 a $a=A+\sqrt{A^2-B}$ 其中，$A=\frac{L_d}{4}-\frac{\pi(d_{d1}+d_{d2})}{8}=\frac{2300}{4}-\frac{3.14\times(140+450)}{8}=343.4$ (mm) $B=\frac{(d_{d2}-d_{d1})^2}{8}=\frac{(450-140)^2}{8}=12012.5(\text{mm}^2)$ 因此 $a=343.4+\sqrt{343.4^2-12012.5}=668.8(\text{mm})$ 留出中心距的调整范围为 $a_{min}=a-0.015L_d=668.8-0.015\times2300=634.3(\text{mm})$ $a_{max}=a+0.03L_d=668.8+0.03\times2300=737.8(\text{mm})$	$a=668.8\text{mm}$

续表

设计步骤	设计说明与设计计算内容	设计结果
⑥校核小带轮包角 α_1	由式(11-12)得小带轮包角 α_1 为 $$\alpha_1=180°-\frac{d_{d2}-d_{d1}}{a}\times 57.3°$$ $$=180°-\frac{450-140}{668.8}\times 57.3°$$ $$=153.4°>120°$$ 小带轮包角合适	$\alpha_1=153.4°$ 包角合适
⑦确定V带根数 z	由式(11-13)　$z\geqslant\frac{P_d}{P_r}=\frac{P_d}{(P_1+\Delta P_1)K_\alpha K_L}$ 由表11-4查得 $P_1=1.63$kW（线性插值），由表11-5查得 $\Delta P_1=0.11$kW。 由表11-6，根据线性插值法得 $K_\alpha=0.927$，由表11-2查得 $K_L=1.07$。则 $$z\geqslant\frac{6.05}{(1.63+0.11)\times 0.927\times 1.07}=3.5$$ 选用4根V带	$z=4$
⑧计算初拉力 F_0	由式(11-14)　$F_0=\frac{500P_d}{zv}\left(\frac{2.5}{K_\alpha}-1\right)+qv^2$ 查表11-1，A型普通V带每米质量 $q=0.105$kg/m。 因此　$F_0=\frac{500\times 6.05}{4\times 7.03}\left(\frac{2.5}{0.927}-1\right)+0.105\times 7.03^2\approx 188$(N)	$F_0=188$ N
⑨计算带对轴的压力 F_Q	由式(11-15) $$F_Q=2zF_0\sin\frac{\alpha_1}{2}=2\times 4\times 188\times\sin\frac{153.4°}{2}\approx 1464\text{(N)}$$	$F_Q=1464$N
⑩带轮结构设计	略	

11.5　带传动的张紧、安装与维护

11.5.1　带传动的张紧

(1) 张紧目的

① 根据带的摩擦传动原理，带必须在预张紧后才能正常工作。

② 带传动工作一段时间以后，带因塑性变形和磨损而松弛，导致张紧力减小，传动能力下降，因此要及时地调整张紧力。

(2) 张紧装置

① 定期张紧装置：对两轴平面为水平或接近水平的布置［图11-9（a）］，通过调整螺杆使装有带轮的电动机沿滑道移动，以增大中心距；对两轴平面为垂直或接近垂直的布置［图11-9（b）］，通过调整螺杆使装有带轮的电动机架摆动，以增大中心距，从而达到张紧的目的。

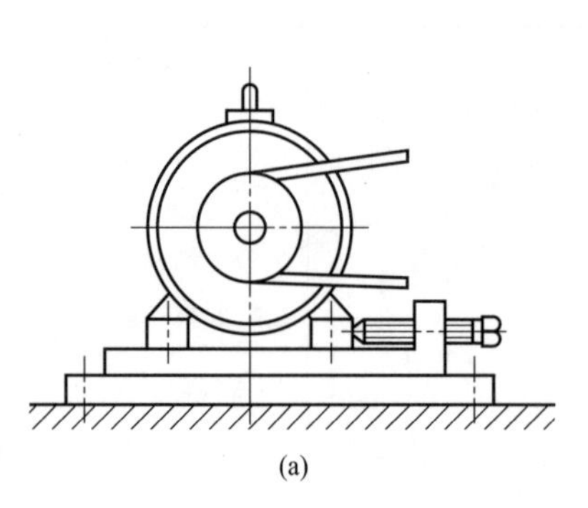

(a)

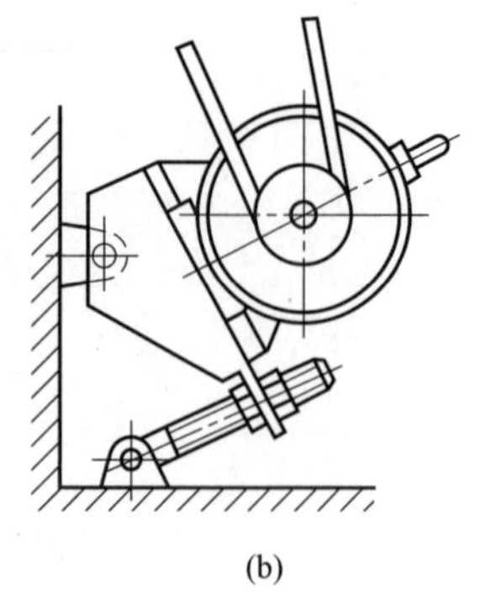

(b)

M11-6 定期张紧装置动画 1

M11-7 定期张紧装置动画 2

图 11-9 定期张紧装置

② 自动张紧装置：如图 11-10 所示，将装有带轮的电动机安装在浮动的摆架上，利用电动机的自重，使带轮随同电动机绕固定轴转动，以自动保持初拉力。此方法常用于中小功率的带传动。

③ 张紧轮装置：当中心距不能调节时，可采用如图 11-11 所示的张紧轮装置，张紧轮一般安装在带的松边内侧，并尽量靠近大带轮，以避免带承受双向弯曲应力以及小带轮包角 α_1 减少过多。同时，张紧轮的轮槽尺寸与带轮的相同，且直径要小于小带轮的直径。

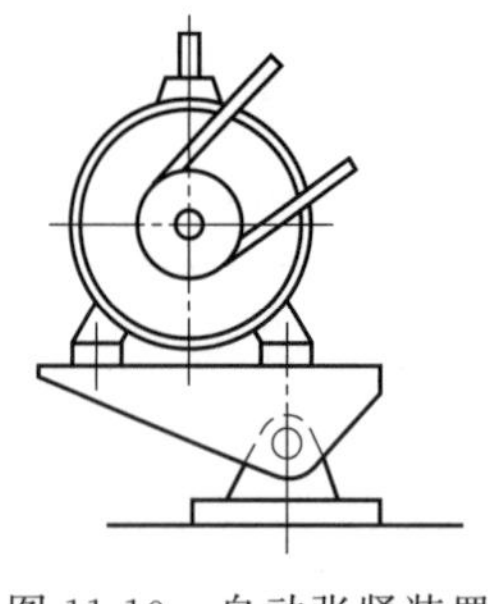

图 11-10 自动张紧装置

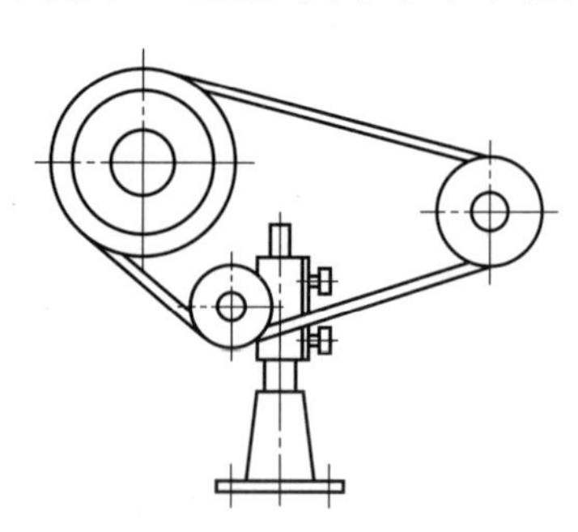

图 11-11 张紧轮装置

11.5.2 带传动的安装与维护

为保证 V 带传动的正常运转，延长带的使用寿命，必须掌握正确地安装、使用和维护的方法，一般注意以下几点。

①安装时，两轮轴线必须保持平行（如图 11-12），两轮轮槽应对齐，否则将加速带的磨损，甚至使带从带轮上脱落。

② 安装带时应先缩小中心距，然后再套上 V 带，最后按适当的初拉力 F_0 张紧。初拉力 F_0 可采用如图 11-13 所示的试验方法确定，即在带与两轮切点的跨度中点处，施加一垂直带边的载荷 G，使带沿跨度每 100mm 处产生 1.6mm 挠度时的初拉力 F_0 作为合适值。载荷 G 的计算方法参见 GB/T 13575.1—2008。在装拆 V 带时不能硬撬，以免损坏胶带。

③ 为了使每根带受力尽量均匀，同组使用的 V 带型号、基准长度、公差等级及生产厂家应相同。新旧不同的 V 带不能混用。

④ 带不应与油、酸、碱等腐蚀性物质接触，工作温度不宜超过 60℃。

⑤ 带传动装置应加防护罩，以免发生意外事故。

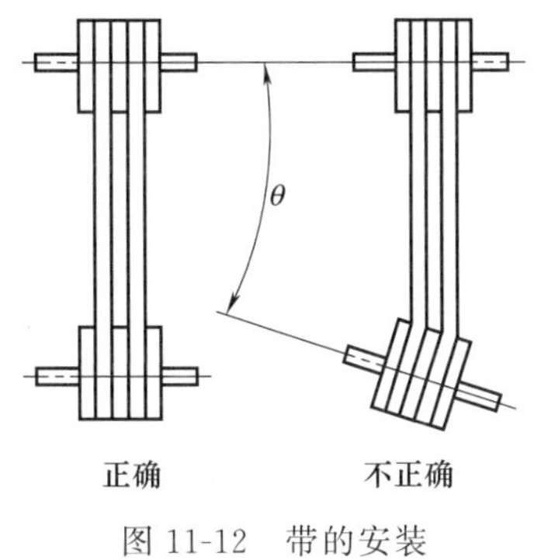

图 11-12　带的安装

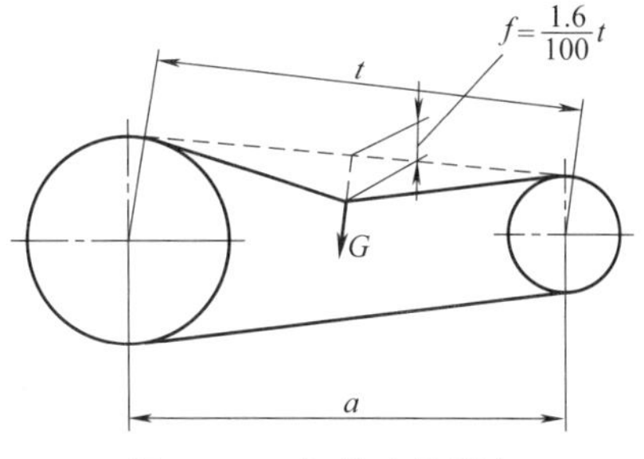

图 11-13　初拉力的测定

11.6　链传动简介

11.6.1　链传动的组成、特点和应用

链传动是由装在平行轴上的主动链轮 1、从动链轮 2 和绕在链轮上的链条 3 组成的一种挠性传动，如图 11-14 所示。工作时，它依靠链轮轮齿和链条链节的啮合来传递运动和动力。链条按用途不同可分为传动链、牵引链和起重链。其中，传动链主要有滚子链（图 11-14）和齿形链（图 11-15）两种。滚子链应用最广，常用于传动系统的低速级，一般传递的功率在 $P \leqslant 100\text{kW}$，传动比 $i \leqslant 7$，链速 $v \leqslant 15\text{m/s}$ 的场合。齿形链运转较平稳，噪声小，但重量大，成本较高，一般用于高速传动，链速可达 40m/s。

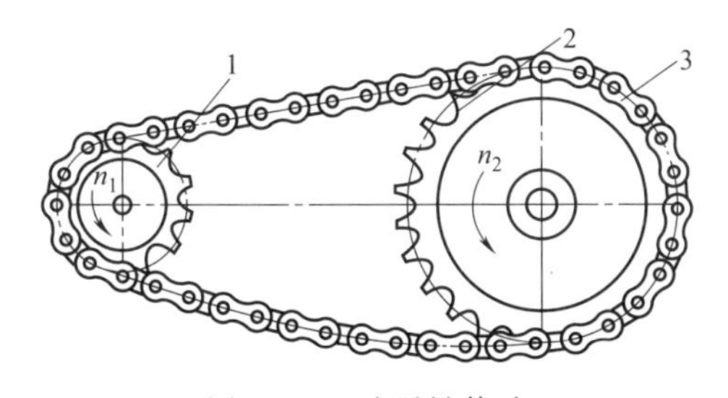

图 11-14　滚子链传动

1—主动链轮；2—从动链轮；3—链条

图 11-15　齿形链

1—齿形链；2—链轮

链传动具有如下特点：

① 由于是啮合传动，所以平均传动比准确，传动效率较高，约为 0.94～0.97。

② 有中间挠性件，故传动中心距较大。

③ 与带传动相比，链传动所需张紧力小或无须张紧，故作用于轴上的径向压力小，这可减小轴和轴承的受力，并减轻轴承的磨损。

④ 可以在高温、油污、潮湿等恶劣环境中工作。

⑤ 运转时不能保持恒定的瞬时传动比，因而传动平稳性较差，工作时有噪声且链速不宜过高。

链传动适用于两平行轴间中心距较大，要求平均传动比准确，工作环境恶劣的中、低速场合。广泛应用于矿山机械、农用机械、石油机械及摩托车等机械传动中。

11.6.2 滚子链与链轮

(1) 滚子链

如图 11-16 所示，滚子链由滚子 1、套筒 2、销轴 3、内链板 4、外链板 5 组成。内链板与套筒、外链板与销轴之间均为过盈配合；套筒与销轴、滚子与套筒之间均为间隙配合，这样使内外链节间、滚子和套筒间构成可自由回转的运动副，并减少链条与链轮间的摩擦和磨损。为减轻重量和使链板各截面强度接近相等，链板一般制成“∞”字形。

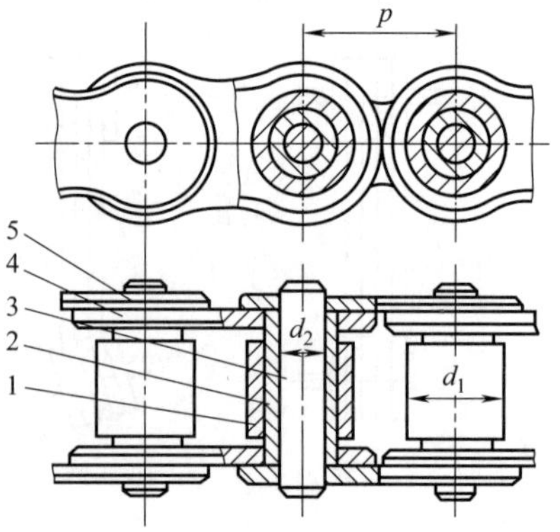

图 11-16 滚子链的结构

1—滚子；2—套筒；3—销轴；4—内链板；5—外链板

链条相邻销轴中心距称为节距，用 p 表示，它是链的重要参数。链的节距越大，链的尺寸就越大，其承载能力也越高。

滚子链已标准化，分为 A、B 两个系列，常用的滚子链的主要参数和尺寸可以查阅标准或设计手册，表 11-11 列出了 A 系列滚子链的主要参数。

表 11-11 A 系列滚子链的主要参数

链号	节距 p/mm	排距 p_t/mm	滚子外径 d_{1max}/mm	极限拉伸载荷 F_{Qmin}/kN	单排链每米质量 $q\approx$/(kg/m)
08A	12.70	14.38	7.95	13.8	0.60
10A	15.875	18.11	10.16	21.8	1.00
12A	19.05	22.78	11.91	31.2	1.50
16A	25.40	29.29	15.88	55.6	2.60
20A	31.75	35.76	19.05	88.7	3.80
24A	38.10	45.44	22.23	124.5	5.60
28A	44.45	48.87	25.40	169.0	7.50
32A	50.80	58.55	28.58	222.8	10.10
40A	63.50	71.55	39.68	346.7	16.00
48A	76.20	87.83	47.63	500.1	22.60

注：1. 极限拉伸载荷也可用 kgf 表示，取 1kgf=9.8N。
2. 使用过渡链节时，其极限载荷按表列数值 80%计算。

滚子链在使用时封闭为环形。当链节数为偶数时，链条一端的外链节正好与另一端的内链节相连，可直接用销轴穿过内外链板销孔，再用开口销［图 11-17（a）］或弹簧卡片［图 11-17（b）］锁紧。若链节数为奇数，则须采用过渡链节［图 11-17（c）］连接，在链条受拉时，过渡链节的弯链板承受附加弯矩的作用，因此，设计时链节数应尽最避免取奇数。

滚子链有单排链和多排链之分。图 11-18 所示为双排链。多排链用于较大功率的传动，由于制造和装配的误差，当排数多时，各排受载不易均匀，所以一般不超过 4 排。

滚子链的标记方法是：链号-排数-整链链节数 标准编号。例如，链号为 08A、单排、

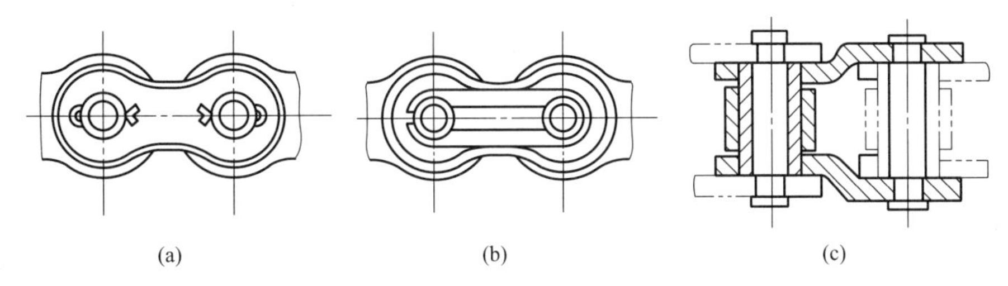

图 11-17　滚子链的接头形式

87 节的滚子链标记为：08A-1-87 GB/T 1243—2006。

(2) 链轮

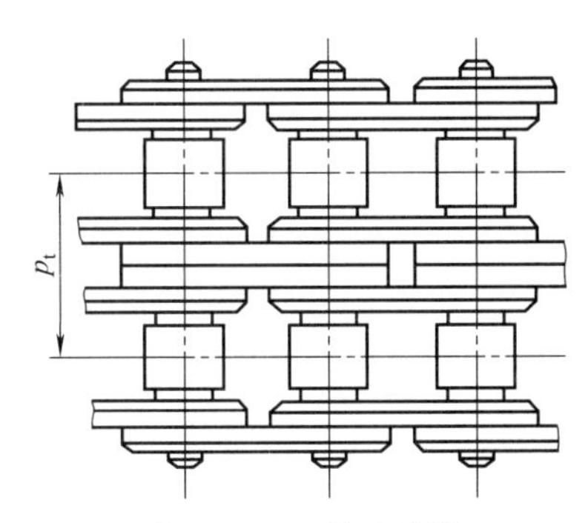

图 11-18　双排滚子链

① 链轮的齿形。链轮的齿形应保证链节能平稳自如地进入和退出啮合，啮合时应保证接触良好，且齿形要便于加工。在国家标准 GB/T 1243—2006 中没有规定具体的链轮齿形，仅规定了链轮端面齿廓最大和最小的齿槽形状（图 11-19）及其极限参数，实际端面齿形应在最大和最小齿槽形状之间，这使轮齿齿廓曲线设计有很大的灵活性。

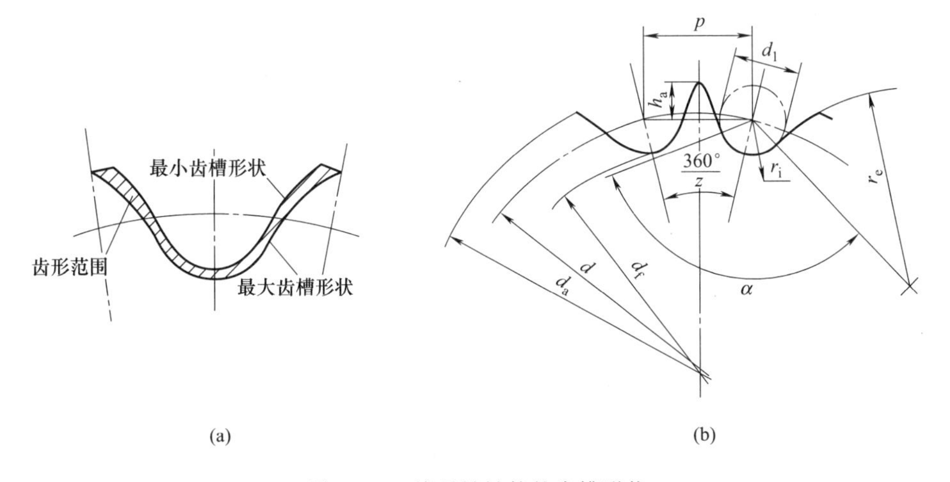

图 11-19　滚子链链轮的齿槽形状

② 链轮的主要参数。链轮的主要参数为齿数 z，节距 p（与链节距相同）和分度圆直径 d。其中，分度圆是指链轮上能被相配链条节距等分的圆。各参数的基本关系如下。

分度圆直径
$$d=\frac{p}{\sin(180^\circ/z)} \tag{11-16}$$

齿顶圆直径
$$d_a=p\left(0.54+\cot\frac{180^\circ}{z}\right) \tag{11-17}$$

齿根圆直径
$$d_f=d-d_1 \quad (d_1\text{ 为滚子直径}) \tag{11-18}$$

③ 链轮的结构。图 11-20 为链轮的几种常用结构。小直径的链轮制成整体实心式结构［图 11-20（a)］；中等直径的链轮多采用腹板式［图 11-20（b)］；大直径的链轮常采用组合式，齿圈与轮芯可用不同材料制成，用焊接［图 11-20（c)］或螺栓连接［图 11-20

(d)] 成一体，后者齿圈磨损后便于更换。

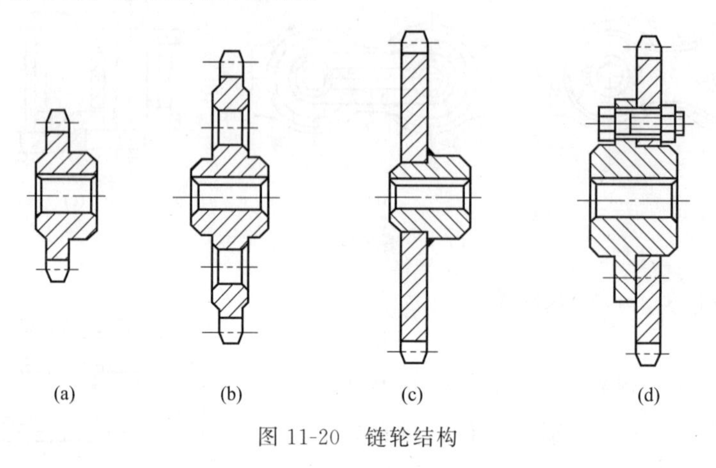

图 11-20 链轮结构

11.6.3 链传动的运动特性

在链传动中，链条缠绕在链轮上如同缠绕在两正多边形的轮子上，正多边形的边长等于链条的节距 p（图 11-21）。当链轮每转过一圈，带动链条移动的距离为一正多边形的周长。设 z_1、z_2 分别为两轮齿数；n_1、n_2 为两链轮转速，r/min，由于链传动为啮合传动，故平均传动比为

$$i_{12}=\frac{n_1}{n_2}=\frac{z_2}{z_1}=\text{常数} \tag{11-19}$$

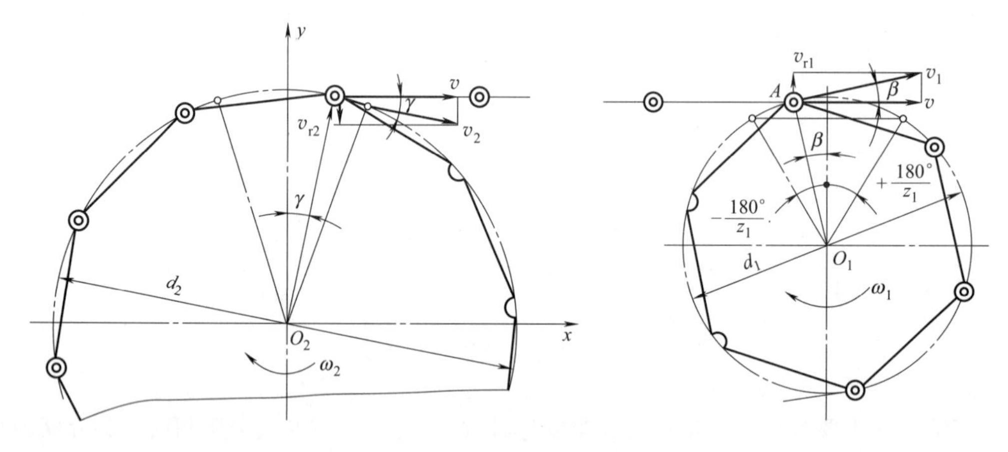

图 11-21 链传动的平均速度和瞬时速度

但应注意，链速和链传动比在每一瞬时都是变化的。如图 11-21 所示，位于主动链轮分度圆上的铰链 A 正在牵引链条沿直线运动，绕在主动链轮上的其他铰链并不直接牵引链条，因此，链条的运动速度完全由铰链 A 的运动所决定。假设链条的紧边成水平位置，由图可知，铰链 A 的线速度为 $v_1=d_1\omega_1/2$，方向垂直于 AO_1，与链条直线运动方向的夹角为 β。因此，铰链 A 在链条前进方向的分速度（即链速）为

$$v=v_1\cos\beta=\frac{d_1\omega_1}{2}\cos\beta \tag{11-20}$$

式中，d_1 为主动链轮的分度圆直径，m。

由图 11-21 可见，在每一个链节进入啮合直至退出啮合的过程中，β 角的大小随链轮的转动而变化。显然，链轮每转过一齿，链条的瞬时速度 v 周期性地变化一次。这种由于围绕在链轮上的链条形成了正多边形这一特点，造成了链传动速度不均匀性的现象称为链传动的多边形效应。

由于紧边链条链速 v 任一点速度相等，所以

$$v_1\cos\beta=v_2\cos\gamma \tag{11-21}$$

式中，v_2 为从动轮 2 分度圆上的线速度，$v_2=\dfrac{d_2\omega_2}{2}$

由此可推得链传动的瞬时传动比 i' 为

$$i'=\frac{\omega_1}{\omega_2}=\frac{d_2\cos\gamma}{d_1\cos\beta} \tag{11-22}$$

可见，链传动的瞬时传动比将随 β 角和 γ 角的变化而变化。

在链速 v 变化的同时，铰链 A 还带动链条上下运动，其上下运动的链速为

$$v_{r1}=v_1\sin\beta=\frac{d_1\omega_1}{2}\sin\beta \tag{11-23}$$

由式（11-23）可知，链条上下运动的链速也随链节呈周期性变化。

根据以上分析可知，链传动工作时，瞬时链速和瞬时传动比都是变化的，因此不可避免地要产生振动、冲击和动载荷，故链传动不宜放在高速级。当链速 v 一定时，采用较多轮齿和较小节距的链传动，可有效减小冲击和动载荷。

11.6.4　链传动的布置、张紧和润滑

(1) 链传动的布置

链传动的布置一般遵守下列原则：两链轮轴线应平行，两链轮应位于同一平面内，尽量采用水平或接近水平的布置，一般应使紧边在上，松边在下，以免在上的松边下垂量过大而阻碍链轮的顺利运转。具体布置情况参看表 11-12。

表 11-12　链传动的安装布置

传动参数	正确布置	不正确布置	说　　明
$i=2\sim3$ $a=(30\sim50)p$			两轮轴线处于同一水平面，安装时紧边在上、在下均可。但必要时也可紧边在下面
$i>2$ $a<30p$			链条松边不能在上，否则因松边下垂量增大，链条易与小轮卡死
$i<1.5$ $a>60p$			链条松边不能在上，以免松边下垂碰撞紧边

续表

传动参数	正确布置	不正确布置	说　明
i、a 为任意值			尽量不要垂直布置。否则松边易与轮齿松脱，当必须垂直布置时，应能经常调整张紧，即使垂直布置时，也应考虑张紧装置

(2) 链传动的张紧

链传动靠链条和链轮的啮合传递动力，不需要很大的张紧力，张紧主要是为了避免链条的松边垂度过大引起啮合不良。设计链传动时一般使中心距可调，通过调整中心距来控制张紧程度；也可采用张紧装置。

(3) 链传动的润滑

链传动的工作能力和寿命与润滑状况密切相关。良好的润滑能减少链条铰链的磨损，缓和冲击，防止铰链胶合，延长使用寿命。链传动润滑方法可按表 11-13 选择。

表 11-13　链传动润滑方法

链速/(m/s)	润滑方法
<3～4	人工定期润滑[图 11-22(a)]，每隔 15～25h 加油一次，加于链条松边。对于野外作业开式传动机构采用油脂润滑
4～6	定期浸油润滑[图 11-22(b)]，进行注油或采用滴油润滑，每分钟滴油 5～20 滴
6～8	油池润滑[图 11-22(c)]，链条浸油深度 6～12mm
>8	溅油润滑[图 11-22(d)]，采用甩油盘溅油，甩油盘浸油深度 12～15mm，线速度大于 3m/s。压力喷油润滑[图 11-22(e)]，喷口对准链条松边啮合处。喷油量 1～3ml/min

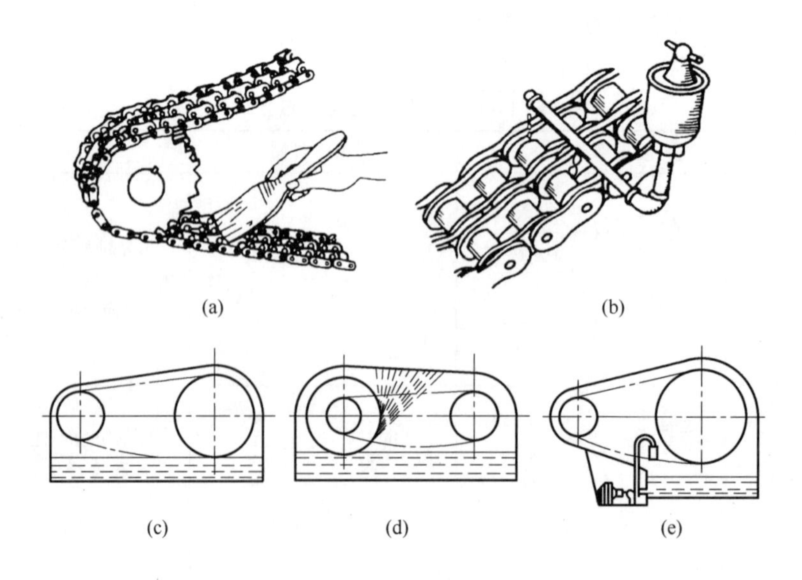

图 11-22　链传动的润滑

思考题与习题

11-1　摩擦型带传动的工作原理和主要特点是什么？

11-2　何谓弹性滑动和打滑？对带传动有什么影响？能否避免？

11-3　如图 11-23 所示的 V 带在轮槽中的三种安装情况，哪种正确？为什么？

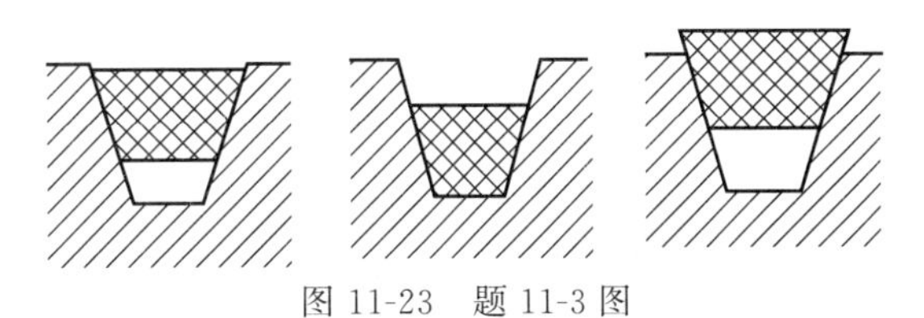

图 11-23　题 11-3 图

11-4　在 V 带传动设计中，为何要校验小带轮的包角？

11-5　为什么带传动的带速不宜过高也不宜过低？

11-6　在 V 带传动中，为什么带的根数不宜过多？如设计计算中根数过多，如何解决？

11-7　在 V 带传动中，为什么 V 带传动需要张紧？其张紧方法有哪些？

11-8　与带传动相比，链传动有何特点？

11-9　链传动的速度不均匀性是如何产生的？如何减轻这种不均匀性？

11-10　设计振动筛的 V 带传动。已知电动机额定功率 $P=1.7\text{kW}$，转速 $n_1=1430\text{r/min}$，工作机转速 $n_2=285\text{r/min}$，每天工作 16h。

第12章

齿轮传动

12.1 齿轮传动的特点和类型

齿轮传动是现代机械中应用最广泛的传动形式之一。它是由主动齿轮、从动齿轮和机架等组成，依靠轮齿间的直接啮合来传递两轴间的运动和动力。

齿轮传动具有下列优点：

① 瞬时传动比恒定；

② 传递的功率和适应的圆周速度范围大；

③ 结构紧凑，工作可靠；

④ 传动效率高，使用寿命长。

其主要缺点是：

① 制造、安装精度要求较高，故成本也较高；

② 当两轴间距离较远时，采用齿轮传动较笨重。

齿轮传动的类型很多，可以根据不同的方法进行分类。

① 按照齿轮轴线的相对位置和齿线方向的不同，齿轮传动可分为以下几种类型。

- 齿轮传动
  - 平行轴齿轮传动
    - 直齿圆柱齿轮传动
      - 外啮合传动［图 12-1（a）］
      - 内啮合传动［图 12-1（b）］
      - 齿轮齿条传动［图 12-1（c）］
    - 斜齿圆柱齿轮传动
      - 外啮合传动［图 12-1（d）］
      - 内啮合传动
      - 齿轮齿条传动
    - 人字齿轮传动［图 12-1（e）］
  - 相交轴齿轮传动——圆锥齿轮传动［图 12-1（f）］
  - 交错轴齿轮传动
    - 螺旋齿轮传动［图 12-1（g）］
    - 蜗杆蜗轮传动［图 12-1（h）］

② 按照齿轮传动工作条件的不同，分为开式齿轮传动、闭式齿轮传动和半开式齿轮传动三种。开式齿轮传动的齿轮外露，灰尘、杂质易进入齿轮工作面，齿面容易磨损；闭式齿轮传动的齿轮被密闭在箱体内，有良好的润滑；半开式齿轮传动介于开式齿轮传动和闭式齿轮传动之间，齿轮大多浸入油池，上面加防护罩，不封闭。

③ 按照齿轮齿廓形状的不同，可分为渐开线齿轮传动、圆弧齿轮传动和摆线齿轮传动等。其中，应用最广泛的是渐开线齿轮传动。

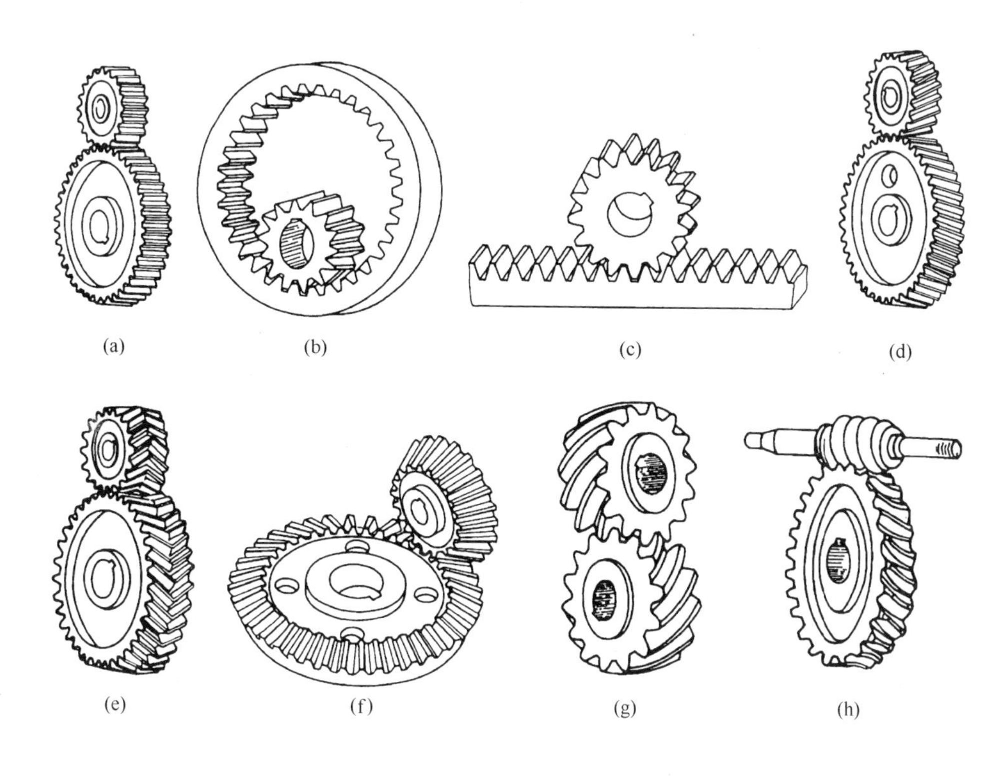

图 12-1　齿轮传动类型

M12-1　齿轮齿条传动动画

M12-2　斜齿圆柱齿轮传动动画

M12-3　螺旋齿轮传动动画

12.2　渐开线直齿圆柱齿轮

M12-4　渐开线的形成和性质讲解

12.2.1　渐开线的形成和性质

如图 12-2 所示，当动直线 NK 沿半径为 r_b 的圆作纯滚动时，此动直线上任一点 K 的轨迹称为该圆的渐开线。这个圆称为渐开线的基圆，动直线 NK 称为渐开线的发生线。

由渐开线的形成过程可知，渐开线具有以下性质：

① 发生线沿基圆滚过的长度等于基圆上被滚过的相应弧长，即 $NK=\overset{\frown}{NA}$。

② 渐开线上任一点的法线必然与基圆相切。由于发生线 NK 沿基圆作纯滚动，因此它与基圆的切点 N 就是渐开线 K 点的曲率中心。NK 既是基圆的切线，又是渐开线在点 K 的法线。

③ 如图 12-3 所示，当两渐开线齿轮在 K 点啮合时，一齿轮的齿廓在 K 点处受另一

齿轮作用的正压力方向（即渐开线在 K 点的法线方向）与该点速度方向所夹的锐角 α_K 称为渐开线齿廓在 K 点的压力角。可知

$$\cos\alpha_K=\frac{r_b}{r_K} \tag{12-1}$$

式中，r_b 为渐开线的基圆半径；r_K 为渐开线上 K 点的向径。

由上式可知，渐开线上各点压力角不相等，越靠近基圆压力角越小，基圆上的压力角为零。

④ 渐开线的形状只取决于基圆的大小。如图 12-4 所示，基圆愈小，渐开线愈弯曲；基圆愈大，渐开线愈平直。当基圆半径为无穷大时，渐开线将成为一条直线，即为渐开线齿条的齿廓。

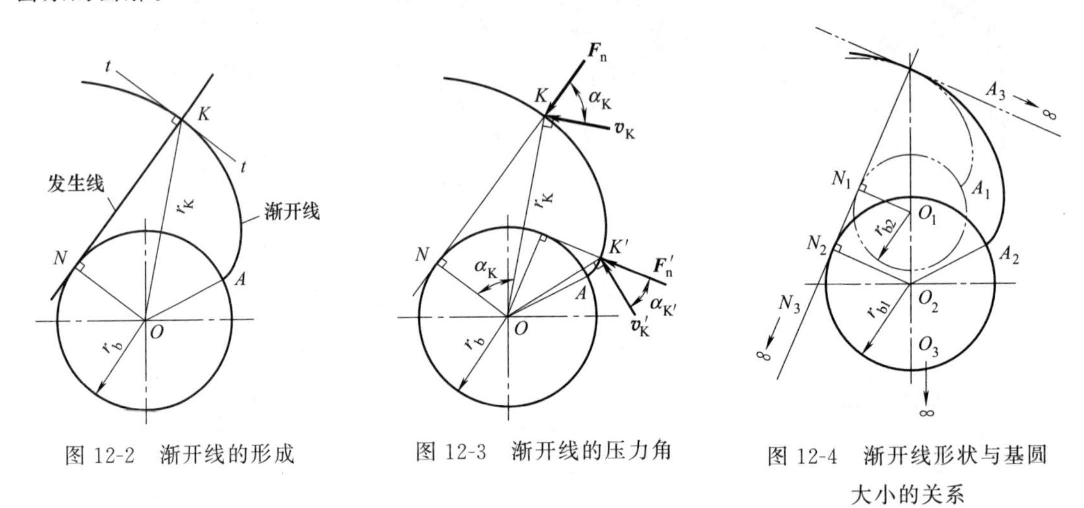

图 12-2 渐开线的形成

图 12-3 渐开线的压力角

图 12-4 渐开线形状与基圆大小的关系

⑤ 基圆内无渐开线。由于渐开线是由基圆开始向外展开的，所以基圆内无渐开线。

12.2.2 渐开线齿廓的啮合特点

(1) 瞬时传动比恒定

如图 12-5 所示，一对互相啮合的渐开线齿廓 E_1 和 E_2 在任意点 K 接触，K 点称为啮合点。过 K 点作两齿廓的公法线 nn，此公法线与两齿轮的连心线交于点 C，根据渐开线的性质可知，nn 必定与两基圆相切，切点分别记为 N_1 和 N_2。

在齿廓啮合过程中，无论两齿廓在何处接触，由于两轮的连心线 O_1O_2 为定线段，又因两轮基圆为定圆，故两基圆在同一方向上的内公切线 N_1N_2 只有一条，因此 O_1O_2 和 N_1N_2 的交点 C 为定点，此定点称为节点。以点 O_1、点 O_2 为圆心，过节点 C 所作的两个相切的圆，称为节圆，通常用 r_1'、r_2' 表示两个节圆的半径。

根据两齿轮在 C 点的线速度相同，即两齿轮的节圆在 C 点处作相对纯滚动，因此

$$\omega_1 r_1'=\omega_2 r_2'$$

得传动比 i_{12} 为

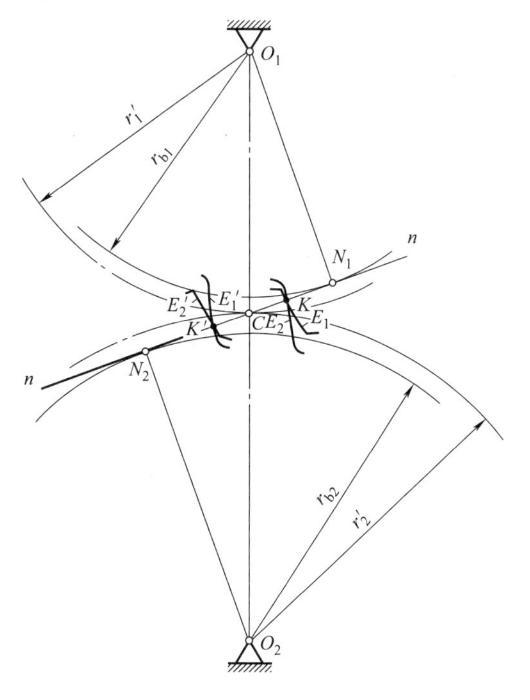

图 12-5　渐开线齿廓的啮合

M12-5　渐开线齿廓的啮合特点讲解

$$i_{12}=\frac{\omega_1}{\omega_2}=\frac{r_2'}{r_1'}$$

上式表明，一对传动齿轮在任一瞬时的传动比，等于该瞬时两轮连心线被齿廓接触点公法线所分成的两线段长度的反比，这一规律称为齿廓啮合基本定律。

考虑到 $\Delta O_1N_1C \backsim \Delta O_2N_2C$，所以传动比 i_{12} 可进一步写为

$$i_{12}=\frac{\omega_1}{\omega_2}=\frac{r_2'}{r_1'}=\frac{r_{b2}}{r_{b1}}=\text{常数} \tag{12-2}$$

式（12-2）表明，渐开线齿廓能保证瞬时传动比恒定。

(2) 中心距具有可分性（即中心距的变动不影响传动比）

相互啮合的一对齿轮制造完成后，其基圆大小便完全确定，由式（12-2）可知，传动比是一定值。即使由于制造、安装、磨损、受力变形等原因，造成两齿轮中心距略有改变时，也不会改变传动比的大小，这就是渐开线齿轮传动中心距的可分性。由于中心距具有可分性，为齿轮的设计、制造和安装带来了极大方便，这也是渐开线齿轮传动得到广泛应用的重要原因。

(3) 齿廓间的正压力方向不变

由前述可知，一对渐开线齿轮无论在何位置啮合，所有啮合点均在 N_1N_2 上，因此直线 N_1N_2 是两齿廓啮合点的轨迹，称为渐开线齿轮传动的啮合线。两齿轮传动时，相互啮合齿廓间的正压力沿公法线 N_1N_2 方向，由于 N_1N_2 位置固定，因此正压力方向始终保持不变，这对齿轮传动的平稳性十分有利。

12.2.3 渐开线直齿圆柱齿轮的名称、参数及几何尺寸计算

M12-6 齿轮各部分名称及符号讲解

(1) 齿轮各部分名称及符号

图 12-6 所示为直齿圆柱齿轮的一部分，其中图 12-6（a）为外齿轮，图 12-6（b）为内齿轮。轮齿的两侧面齿廓是由形状相同而方向相反的渐开线曲面组成。其各部分的名称和符号如下：

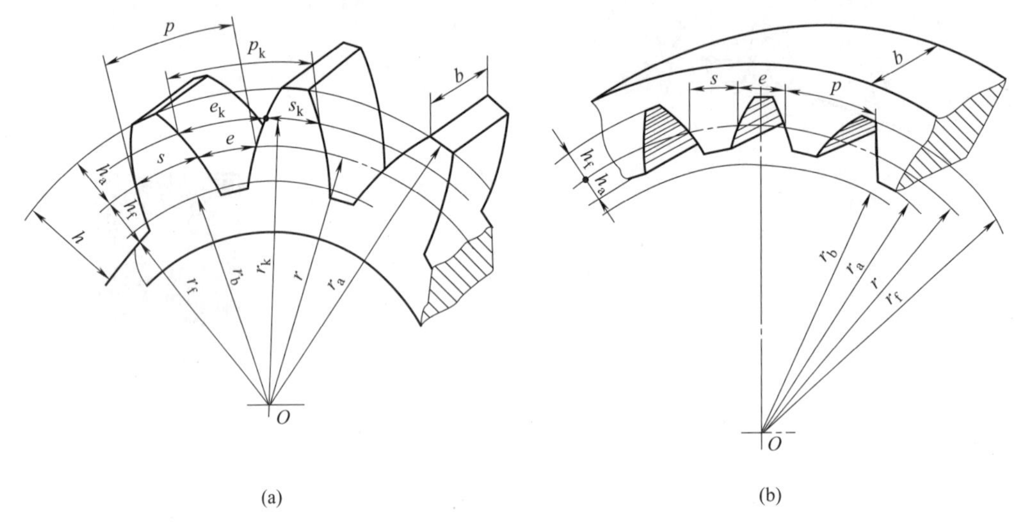

图 12-6 齿轮各部分的名称及符号

① 齿顶圆：在圆柱齿轮上，齿顶圆柱面与端平面所交的圆，其半径用 r_a 表示。

② 齿根圆：在圆柱齿轮上，齿根圆柱面与端平面所交的圆，其半径用 r_f 表示。

③ 齿槽宽：相邻两轮齿之间的空间称为齿槽。在半径为 r_k 的圆周上，齿槽两侧齿廓间的弧长称为该圆上的齿槽宽，用 e_k 表示。

④ 齿厚：在半径为 r_k 的圆周上，同一轮齿两侧齿廓间的弧长称为该圆上的齿厚，用 s_k 表示。

⑤ 齿距：在半径为 r_k 的圆周上，相邻两轮齿同侧齿廓间的弧长称为该圆周上的齿距，用 p_k 表示。显然，在同一圆周上，$p_k=e_k+s_k$。

⑥ 分度圆：为了便于计算齿轮各部分的尺寸，在齿顶圆与齿根圆之间规定一个圆作为计算基准，此圆称为分度圆。在分度圆上的半径、齿槽宽、齿厚和齿距分别用 r、e、s、p 表示。对于标准齿轮，$e=s$。

⑦ 齿顶高：分度圆与齿顶圆之间的径向距离称为齿顶高，用 h_a 表示。

⑧ 齿根高：分度圆与齿根圆之间的径向距离称为齿根高，用 h_f 表示。

⑨ 齿高：齿顶圆与齿根圆之间的径向距离称为齿高，用 h 表示。显然 $h=h_a+h_f$。

⑩ 齿宽：齿轮齿部沿两端面之间度量的长度，用 b 表示。

(2) 基本参数

① 齿数 z：齿轮在整个圆周上轮齿的总数，用 z 表示。

② 压力角 α：根据渐开线性质可知，同一渐开线齿廓上各点的压力角不同，为了便于设计、制造和互换使用，规定分度

M12-7 齿轮基本参数讲解

圆上的压力角为标准值。我国国家标准（GB/T 1356—2001）规定分度圆上的压力角 $\alpha=20°$。

③ 模数 m：齿轮的分度圆周长 l 为 $l=\pi d=pz$，于是 $d=\frac{p}{\pi}z$。由于 π 是无理数，为便于设计计算、制造和检验，把 p/π 人为规定成标准值，用 m 表示，称为齿轮的模数。模数的单位为 mm。表 12-1 为我国国家标准中的标准模数系列。

表 12-1 标准模数系列（GB/T 1357—2008） 单位：mm

第一系列	1,1.25,1.5,2,2.5,3,4,5,6,8,10,12,16,20,25,32,40,50
第二系列	1.125，1.375，1.75,2.25,2.75,3.5,4.5,5.5,(6.5),7,9,11,14,18,22,28,36,45

注：1. 优先采用第一系列，其次是第二系列，括号内的模数应尽可能不用。
2. 适用于通用机械和重型机械用直齿和斜齿渐开线圆柱齿轮的法向模数。
3. 不适用于汽车齿轮。

根据上述分析，齿轮分度圆可定义为：在齿轮上具有标准模数和标准压力角的圆。分度圆的直径为

$$d=mz \tag{12-3}$$

④ 齿顶高系数 h_a^* 和顶隙系数 c^*：齿轮的齿顶高和齿根高都与模数 m 成正比，其关系为

$$h_a=h_a^* m$$

$$h_f=(h_a^*+c^*)m$$

式中，h_a^* 为齿顶高系数；c^* 为顶隙系数。

国家标准规定：对于标准齿轮，$h_a^*=1$，$c^*=0.25$。

⑤ 顶隙：顶隙是当一对齿轮啮合时，一齿轮齿顶与另一齿轮齿根间的径向距离。

$$c=c^* m$$

顶隙的存在不仅可避免传动时轮齿相互顶撞，而且有利于贮存润滑油。

(3) 标准直齿圆柱齿轮几何尺寸的计算

标准齿轮是指模数 m、压力角 α、齿顶高系数 h_a^* 和顶隙系数 c^* 均为标准值，且其分度圆上的齿厚 s 等于齿槽宽 e 的齿轮。标准直齿圆柱齿轮几何尺寸的计算公式见表 12-2。

表 12-2 标准直齿圆柱齿轮几何尺寸的计算公式

名称	符号	公式
分度圆直径	d	$d=mz$
基圆直径	d_b	$d_b=d\cos\alpha$
齿顶高	h_a	$h_a=h_a^* m$
齿根高	h_f	$h_f=(h_a^*+c^*)m$
齿高	h	$h=h_a+h_f=(2h_a^*+c^*)m$
齿顶圆直径	d_a	$d_a=d\pm 2h_a=(z\pm 2h_a^*)m$
齿根圆直径	d_f	$d_f=d\mp 2h_f=[z\mp(2h_a^*+2c^*)]m$

续表

名称	符号	公式
齿距	p	$p=\pi m$
基圆齿距	p_b	$p_b=\pi m\cos\alpha$
齿厚	s	$s=\pi m/2$
齿槽宽	e	$e=\pi m/2$
中心距	a	$a=\frac{1}{2}(d_1\pm d_2)=\frac{1}{2}(z_1\pm z_2)m$

注：同一式中有“±”或“∓”号者，上面的符号用于外啮合，下面的符号用于内啮合。

(4) 标准直齿圆柱齿轮的公法线长度

在检验齿轮的制造精度时，常需测量齿轮的公法线长度，用以控制轮齿齿侧间隙公差。在齿轮上跨过 k 个轮齿所量得的渐开线间的法线距离，称为齿轮的公法线长度，用 W 表示。直齿圆柱齿轮的公法线长度常用游标卡尺或公法线千分尺进行测量。

如图 12-7 所示为齿轮的公法线长度的测量方式，测量时必须保证卡尺的两个卡脚与两条反向渐开线相切。公法线长度的计算公式为

$$W=(k-1)p_b+s_b$$

对于标准直齿圆柱齿轮，公法线长度的计算公式可整理为

$$W=m[2.9521(k-0.5)+0.014z]$$

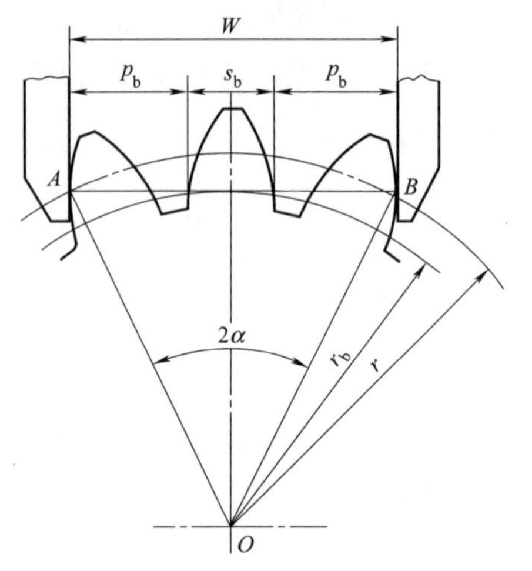

图 12-7 公法线长度的测量

在测量时，应尽量使卡尺的两个卡脚卡在齿廓分度圆附近，以保证测量的准确性。对于标准直齿圆柱齿轮，跨齿数 k 的计算公式为

$$k=\frac{z}{9}+0.5=0.111z+0.5 \tag{12-4}$$

实际测量时，跨齿数应为整数，因此需对计算出的跨齿数 k 进行圆整。

12.3 渐开线标准直齿圆柱齿轮的啮合传动

12.3.1 正确啮合条件

如图 12-8 所示为一对渐开线直齿圆柱齿轮的啮合传动。由于两轮齿廓的啮合点是沿啮合线 N_1N_2 移动的，因此当前一对轮齿在 K 点啮合时，后一对轮齿同时在 K'点啮合，为保证两齿廓均在啮合线上相接触，则必须使相邻两齿同侧齿廓在 N_1N_2 上的距离都等于 KK'。由渐开线的性质可知，KK'既等于主动轮上的基圆齿距 p_{b1}，又等于从动轮上的基圆齿距 p_{b2}。故要使两齿轮能正确啮合，必须满足

$$p_{b1}=p_{b2}$$

而

$$p_b=\pi m\cos\alpha$$

故有

$$m_1\cos\alpha_1=m_2\cos\alpha_2$$

由于模数 m 和压力角 α 都已标准化，所以要满足上式，必须使

$$\left.\begin{aligned}m_1=m_2=m\\ \alpha_1=\alpha_2=\alpha\end{aligned}\right\} \tag{12-5}$$

即一对渐开线直齿圆柱齿轮正确啮合的条件是：两齿轮的模数和压力角应分别相等。

这样，一对渐开线齿轮的传动比公式（12-2）可写为

$$i_{12}=\frac{\omega_1}{\omega_2}=\frac{r_2'}{r_1'}=\frac{r_{b2}}{r_{b1}}=\frac{d_2}{d_1}=\frac{z_2}{z_1} \tag{12-6}$$

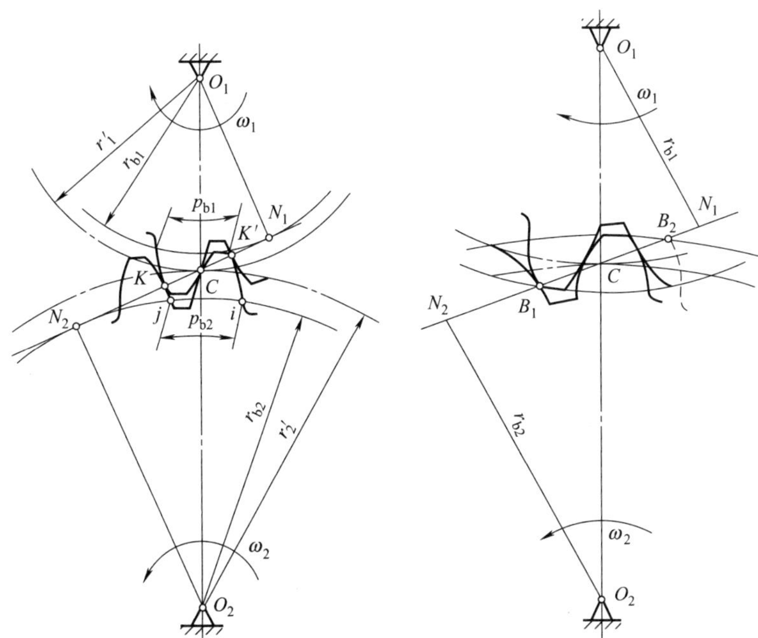

图 12-8　正确啮合条件

图 12-9　连续传动条件

M12-8　连续传动条件讲解

12.3.2 连续传动条件

如图 12-9 所示，一对齿廓的传动是由主动轮 1 的齿根与从动轮 2 的齿顶（虚线位置）接触点 B_2 开始进入啮合，到主动齿轮的齿顶与从动齿轮的齿根接触点 B_1 啮合终止，B_2B_1 称为实际啮合线。要使齿轮实现连续传动，则必须保证前一对轮齿在脱离啮合时，后一对轮齿及时进入啮合，即保证 $B_2B_1\geqslant p_b$。

实际啮合线 B_2B_1 与基圆齿距 p_b 的比值称为齿轮传动的重合度，用 ε 表示。故渐开线齿轮连续传动的条件为

$$\varepsilon=\frac{B_2B_1}{p_b}\geqslant 1 \tag{12-7}$$

理论上，当重合度 $\varepsilon=1$ 就能保证齿轮的连续传动，但考虑到齿轮的加工和装配误差，为确保齿轮传动的连续，必须使 $\varepsilon>1$。对标准直齿圆柱齿轮，在标准安装时，$1<\varepsilon<2$，标准齿轮传动均能满足连续传动条件。且齿数越多，重合度就越大，传动越平稳。

12.3.3 标准中心距

一对啮合传动的齿轮，为避免齿轮反转时出现空程和发生冲击，理论上按照齿廓间没有侧向间隙（而实际上考虑轮齿受热膨胀、润滑和安装的要求，轮齿间存在微小的侧向间隙由制造公差予以控制）计算齿轮的名义尺寸。

由于标准齿轮分度圆上的齿厚等于齿槽宽，只要使标准齿轮的分度圆与节圆重合，就可实现无侧隙啮合，这种安装称为标准安装。如图 12-10 所示，标准安装时的中心距称为标准中心距，用 a 表示，即

$$a=\frac{1}{2}(d_1+d_2)=\frac{m}{2}(z_1+z_2) \tag{12-8}$$

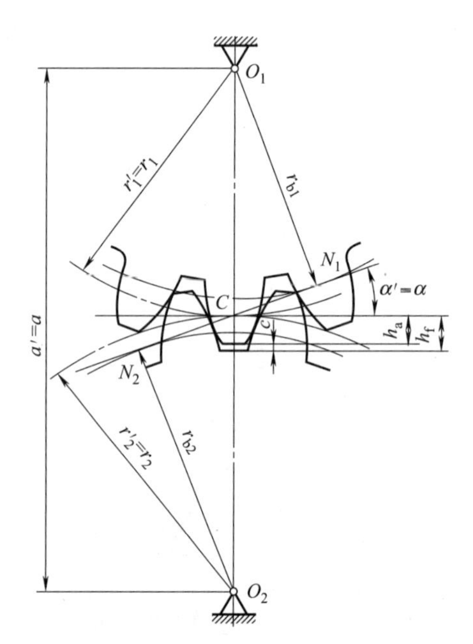

图 12-10 渐开线齿轮的标准中心距

12.4 渐开线齿轮轮齿的加工方法和根切

12.4.1 轮齿的加工方法

齿轮轮齿的加工方法很多，如铸造、热轧、冲压、粉末冶金和切削加工法等，其中最常用的是切削加工法。按加工原理来分，切削加工法可分为仿形法和展成法。

(1) 仿形法

仿形法是用与被加工齿轮齿槽形状相同的成型刀具加工轮齿的方法。通常在普通铣床上用盘状铣刀［图 12-11（a）］或指状铣刀［图 12-11（b）］辅以分度头进行加工。铣完一个齿槽后，分度头将齿坯转过（$360/z$）°，再铣下一个齿槽，直到铣出所有的齿槽。

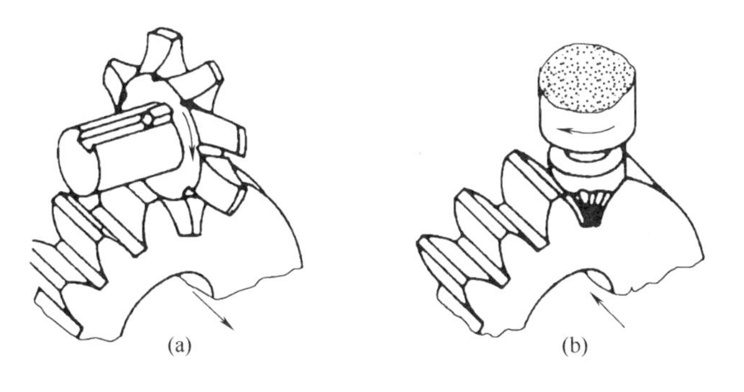

图 12-11 仿形法切齿

由于渐开线齿廓形状取决于基圆（$d_b = mz\cos20°$）的大小，故其齿廓形状与齿轮的模数、齿数有关。当用仿形法加工时，对每一种模数、齿数的齿轮配一把刀具，显然无法实现。为了减少刀具的数量，对同一模数的铣刀采用 8 把（或 15 把）为一套，每把铣刀铣制一定齿数范围的齿轮。表 12-3 是 8 把一套铣刀的具体规定。表中每号铣刀是按该组齿数中最少齿数的齿形制作的，因而对其他齿数的齿轮来说，其齿廓是近似的。

表 12-3 盘形铣刀刀号及加工齿数的范围

刀号	1	2	3	4	5	6	7	8
加工齿数范围	12～13	14～16	17～20	21～25	26～34	35～54	55～134	≥135

仿形法生产率低、精度低（分度误差和齿形误差大），仅适用于单件或小批量生产，且精度要求不高的齿轮。

(2) 展成法

展成法是利用一对齿轮（或齿轮和齿条）啮合时，其齿廓互为包络线的原理来加工轮齿的方法。常用的有插齿加工和滚齿加工两种方法。图 12-12 所示为齿轮插刀加工齿轮，

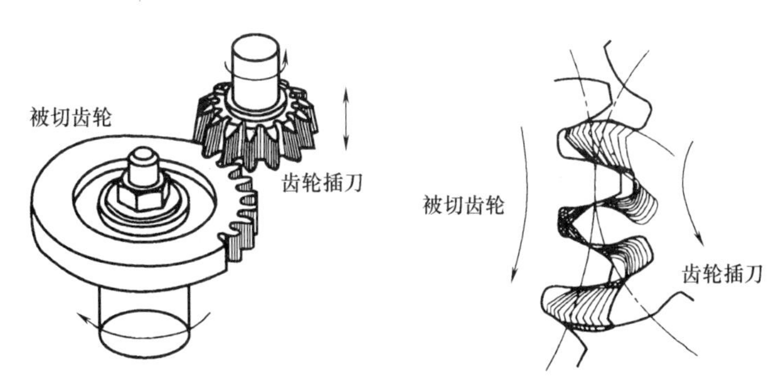

图 12-12 齿轮插刀切齿

图 12-13 所示为齿条插刀加工齿轮，图 12-14 为齿轮滚刀加工齿轮。用展成法加工齿轮，加工精度较高，生产率也较高，主要用于成批、大量生产。

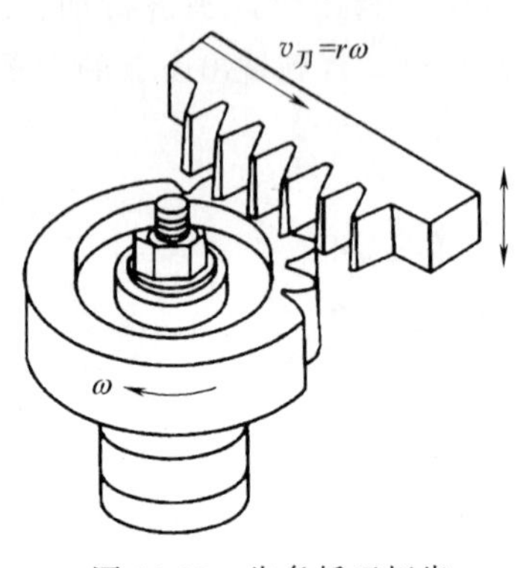

图 12-13 齿条插刀切齿

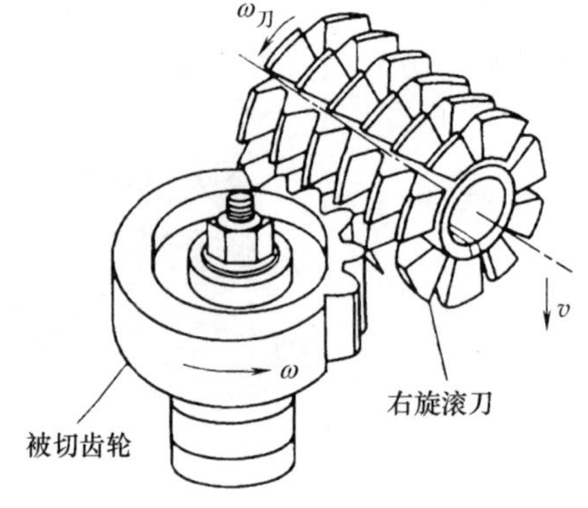

图 12-14 齿轮滚刀切齿

12.4.2 根切

用展成法加工标准直齿轮时，以齿条刀具切削标准齿轮为例（如图 12-15 所示），若刀具的齿顶线超过啮合极限点 N_1 时，由于基圆内无渐开线，因此超过点 N_1 的刀刃不仅不能展成渐开线齿廓，而且会把已加工好的渐开线齿廓切去一部分，则齿轮发生根切。根切不仅使轮齿强度降低，而且使重合度减小，影响传动的平稳性，因此应尽量避免。

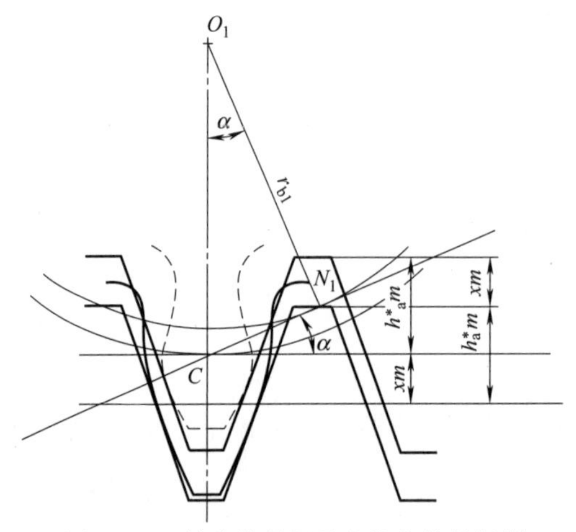

图 12-15 轮齿的根切及变位齿轮的切制

M12-9 轮齿的根切动画

对标准直齿圆柱齿轮而言，产生根切与否取决于被切齿轮齿数的多少，为了避免用展成法加工齿轮时产生根切，应使所设计的齿轮的齿数大于或等于不产生根切的最少齿数 $z_{\min}$。对 $\alpha=20°$、$h_a^*=1$、$c^*=0.25$ 的齿轮，$z_{\min}=17$。

避免根切的另一种办法是采用变位齿轮，所谓变位齿轮是相对标准齿轮而言的。由于根切的原因在于刀具的齿顶线超过啮合极限点 N_1，所以要避免根切就必须使刀具的齿顶线不超过啮合极限点 N_1，即将刀具自轮坯中心至少向外移一段距离 xm，使刀具齿顶线正好通过或低于啮合极限点 N_1，这种通过改变刀具与轮坯相对位置的方法加工出的齿轮称为变位齿轮。

12.5　齿轮的失效形式与设计准则

12.5.1　齿轮的失效形式

由于齿轮的主要工作部位是轮齿，故其失效一般发生在轮齿上，而齿轮的其他部分（如齿圈、轮辐、轮毂等）很少失效。轮齿的失效形式主要有以下几种。

(1) 轮齿折断

齿轮在啮合时，轮齿的受力与悬臂梁的受力情况相似，在齿根处的弯曲应力最大，同时齿根处存在应力集中，因此轮齿折断主要发生在齿根部分，如图 12-16 所示。轮齿折断分为两种情况：一种是由于短时过载或冲击载荷而发生的突然折断，称为过载折断；另一种是由于轮齿反复受载，当齿根的循环弯曲应力超过齿轮材料的弯曲疲劳极限时，在齿根部分出现疲劳裂纹，随着裂纹不断扩展，进而由量变产生质变，导致轮齿发生疲劳折断。

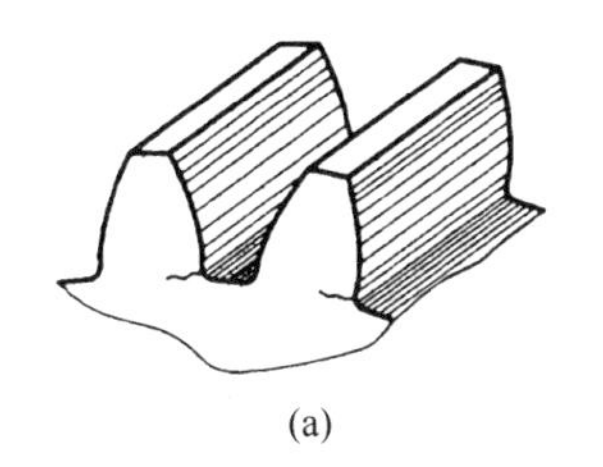
(a)

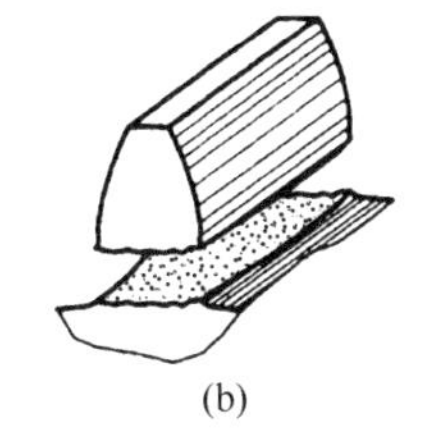
(b)

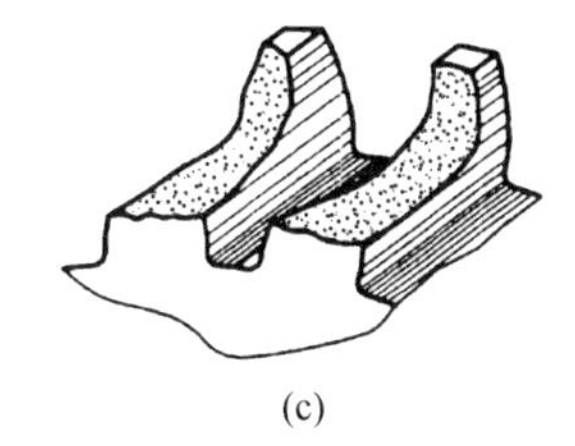
(c)

图 12-16　轮齿折断

轮齿折断是齿轮最严重的失效形式。通过增大齿根过渡圆角半径，降低齿根表面粗糙度，在齿根部分进行表面强化处理（如喷丸、滚压等），以及采用合适的热处理方法使齿芯材料具有足够的韧性等措施，从而提高轮齿的抗折断能力。

(2) 齿面点蚀

齿轮工作时，在齿面接触处产生循环变化的接触应力，当接触应力超过齿面的接触疲劳极限时，齿面表层就会产生微小裂纹，裂纹扩展并相互连接，导致表层的金属颗粒剥落而形成凹坑或麻点，发生疲劳点蚀，如图 12-17 所示。实践表明，疲劳点蚀一般发生在靠近节线的齿根面上。一方面由于节线附近同时啮合的轮齿对数少，轮齿受力最大；另一方面，由于在此区间齿面间相对滑动速度低，润滑油膜不易形成。

齿面点蚀是闭式软齿面齿轮传动的主要失效形式。通过提高齿面硬度，降低齿面粗糙度和增大润滑油黏度等措施，可提高轮齿的抗点蚀能力。

(3) 齿面磨损

齿面磨损是开式齿轮传动的主要失效形式。

由于轮齿在啮合过程中存在相对滑动，当沙粒、金属屑等磨料性物质进入啮合的齿面后，引起齿面磨损，如图 12-18 所示。齿面磨损使轮齿失去正确的齿形，严重时还会导致因轮齿过薄而折断。

将开式齿轮传动变为闭式齿轮传动是防止齿面磨损的最有效方法。此外提高齿面硬度、降低齿面粗糙度以及保持润滑油清洁等措施，均可减轻齿面磨损。

(4) 齿面胶合

在高速重载的齿轮传动中，由于啮合齿面间压力大，啮合区温度高，引起润滑失效，从而使两齿面出现峰点黏着现象。随着齿面间的相对滑动，黏着点被撕脱，于是在齿面上沿相对滑动方向形成沟纹，这种现象称为齿面胶合，如图 12-19 所示。

图 12-17 齿面点蚀

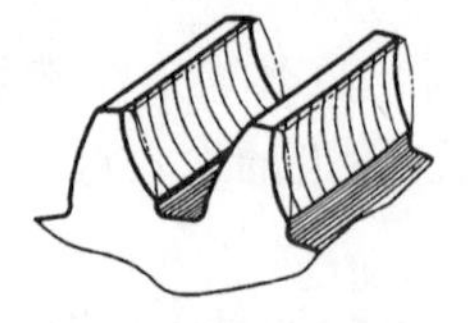

图 12-18 齿面磨损

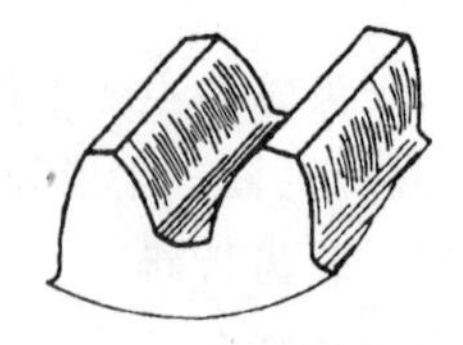

图 12-19 齿面胶合

在低速重载的齿轮传动中，由于齿面间压力很高，导致润滑油膜破裂，也可能产生齿面胶合。

减小模数和降低齿高，从而降低相对滑动速度；提高齿面硬度和降低齿面粗糙度；在润滑油中加入抗胶合能力强的极压添加剂；选用抗胶合性能好的齿轮材料和适当硬度差的配对齿轮等措施，都可以防止或减轻齿面胶合。

(5) 塑性变形

当齿轮材料过软且载荷较大时，齿面材料在过大的摩擦力作用下发生塑性流动，从而破坏了齿面的正确轮廓曲线，如图 12-20 (a) 所示。此外，当材料较软的齿轮轮齿受过大的冲击载荷时，还可能使整个轮齿产生塑性变形，如图 12-20 (b) 所示。

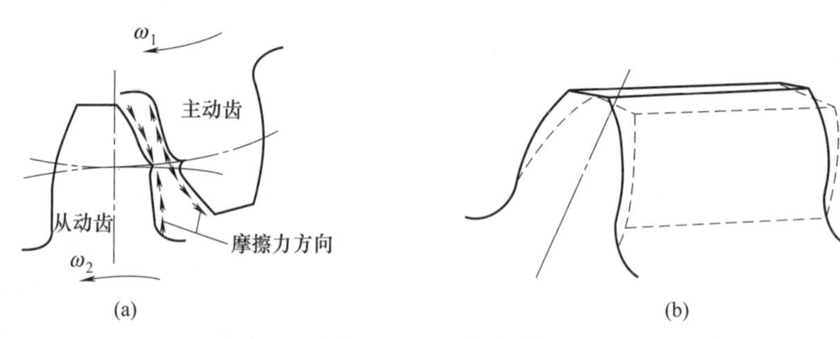

图 12-20 塑性变形

塑性变形多发生在启动频繁或严重过载的软齿面齿轮传动中。适当提高齿面硬度；采用高黏度的润滑油；尽量避免频繁启动和过载等，可以防止或减轻轮齿产生塑性变形。

12.5.2 齿轮的设计准则

齿轮传动的设计准则取决于齿轮可能出现的失效形式。

① 对于闭式软齿面（齿面硬度≤350HBW）齿轮传动，主要失效形式是齿面点蚀，故设计准则为：按齿面接触疲劳强度设计齿轮的主要参数，再用齿根弯曲疲劳强度进行校核。

② 对于闭式硬齿面（齿面硬度＞350HBW）和铸铁齿轮传动，主要失效形式是轮齿疲劳折断，故设计准则为：按齿根弯曲疲劳强度设计齿轮的主要参数，再用齿面接触疲劳强度进行校核。

③ 对于开式（半开式）齿轮传动，主要失效形式是齿面磨损，因目前没有适当的计算方法，故通常按照齿根弯曲疲劳强度进行设计计算，确定齿轮的模数后，考虑磨损因素，再将计算出的模数加大10%～20%，对此类传动，无须校核齿面接触疲劳强度。

12.6 齿轮的常用材料及许用应力

12.6.1 齿轮的常用材料

最常用的齿轮材料是钢，其次是铸铁，有时采用非金属材料。

(1) 钢

钢材是应用最广泛的齿轮材料，这主要是因为钢材的韧性好，耐冲击，还可以通过热处理或化学热处理改善其力学性能和提高齿面的硬度。常用锻钢和铸钢制作齿轮。

① 锻钢。除尺寸过大或是结构形状复杂只宜铸造外，一般都采用锻钢制造齿轮。常用的是优质碳素钢和合金钢。

② 铸钢。用于尺寸较大（如齿顶圆直径 $d_a \geqslant 400$mm）和结构形状复杂的齿轮。铸钢的耐磨性及强度均较好，但齿坯铸造后，常须进行正火处理以消除内应力。

(2) 铸铁

低速、轻载场合的齿轮可以制成铸铁齿坯。当尺寸大于500mm时，可制成大齿圈或轮辐式齿轮。

铸铁齿轮具有良好的铸造和切削性能，其抗点蚀、抗胶合性能均较好，但弯曲强度和抗冲击性能较差。球墨铸铁的力学性能和抗冲击性能远强于灰铸铁，可代替某些钢制大齿轮。

(3) 非金属材料

在高速轻载及精度要求不高的齿轮传动中，为了降低噪声，可用非金属材料制造齿轮。常用夹布塑胶、尼龙等。

常用的齿轮材料及其力学性能见表12-4。

表12-4 常用的齿轮材料及其力学性能

材料牌号	热处理方法	力学性能			应用范围
		强度极限 σ_b/MPa	屈服极限 σ_s/MPa	硬度	
45	正火	580	290	169～217HBW	低速轻载
	调质	650	360	217～255HBW	低速中载
	表面淬火	750	450	40～50HRC	高速中载或低速重载，冲击很小
40Cr	调质	700	550	240～285HBW	中速中载
	表面淬火	900	650	48～55HRC	高速中载，无剧烈冲击
35SiMn	调质	750	450	217～269HBW	高速中载，无剧烈冲击
20Cr	渗碳淬火	650	400	56～62HRC	高速中载，可承受冲击
20CrMnTi	渗碳淬火	1100	850	56～62HRC	高速中载，可承受冲击

续表

材料牌号	热处理方法	力学性能			应用范围
		强度极限 σ_b/MPa	屈服极限 σ_s/MPa	硬度	
40MnB	调质	735	490	241～286HBW	高速中载,中等冲击
ZG310-570	正火	580	320	160～200HBW	中速、中载、大直径
ZG340-640	正火	650	350	170～230HBW	
	调质	700	380	240～270HBW	
QT600-3	正火	600	—	190～270HBW	低、中速轻载,小冲击
HT300	时效	300	—	180～250HBW	低速轻载,冲击很小

12.6.2 齿轮的许用应力

齿轮的许用应力是以试验齿轮在特定条件下，按失效概率1%经疲劳试验测得疲劳极限应力，并对此疲劳极限应力进行适当修正而得出。

(1) 齿面接触疲劳许用应力 $[\sigma_H]$

齿面接触疲劳许用应力 $[\sigma_H]$ 的计算公式为

$$[\sigma_H]=\frac{\sigma_{Hlim}Z_{NT}}{S_H} \tag{12-9}$$

式中 σ_{Hlim}——试验齿轮的接触疲劳极限应力；

Z_{NT}——接触疲劳寿命系数；

S_H——齿面接触疲劳强度安全系数，其值应大于或等于最小安全系数 S_{Hlim}。S_{Hlim} 的数值见表12-5。

表12-5 齿面接触疲劳强度和齿根弯曲疲劳强度的最小安全系数 S_{Hlim}、S_{Flim} 参考值

可靠度	安全系数	
	S_{Hlim}	S_{Flim}
低可靠度(90%)	0.85	1.00
一般可靠度(99%)	1.00～1.10	1.25
较高可靠度(99.9%)	1.25～1.30	1.60
高可靠度(99.99%)	1.50～1.60	2.00

试验齿轮的接触疲劳极限应力 σ_{Hlim} 可通过查图12-21获得。由于材料的成分、性能、热处理的质量等都不能一致，故该应力值不是一个定值，而是有很大的离散区。在一般情况下，可取中间值，即 MQ 线。

接触疲劳寿命系数 Z_{NT} 是考虑齿轮可承受的接触应力随应力循环次数 N 作相应变化的系数，其值查图12-22。设 n 为齿轮的转速（单位为r/min）；j 为齿轮每转一圈时，同一侧齿面啮合的次数（双向工作时，按啮合次数较多的一侧计算）；t_h 为齿轮的工作寿命（单位为h），则齿轮的工作应力循环次数 N 按下式计算

$$N=60njt_h \tag{12-10}$$

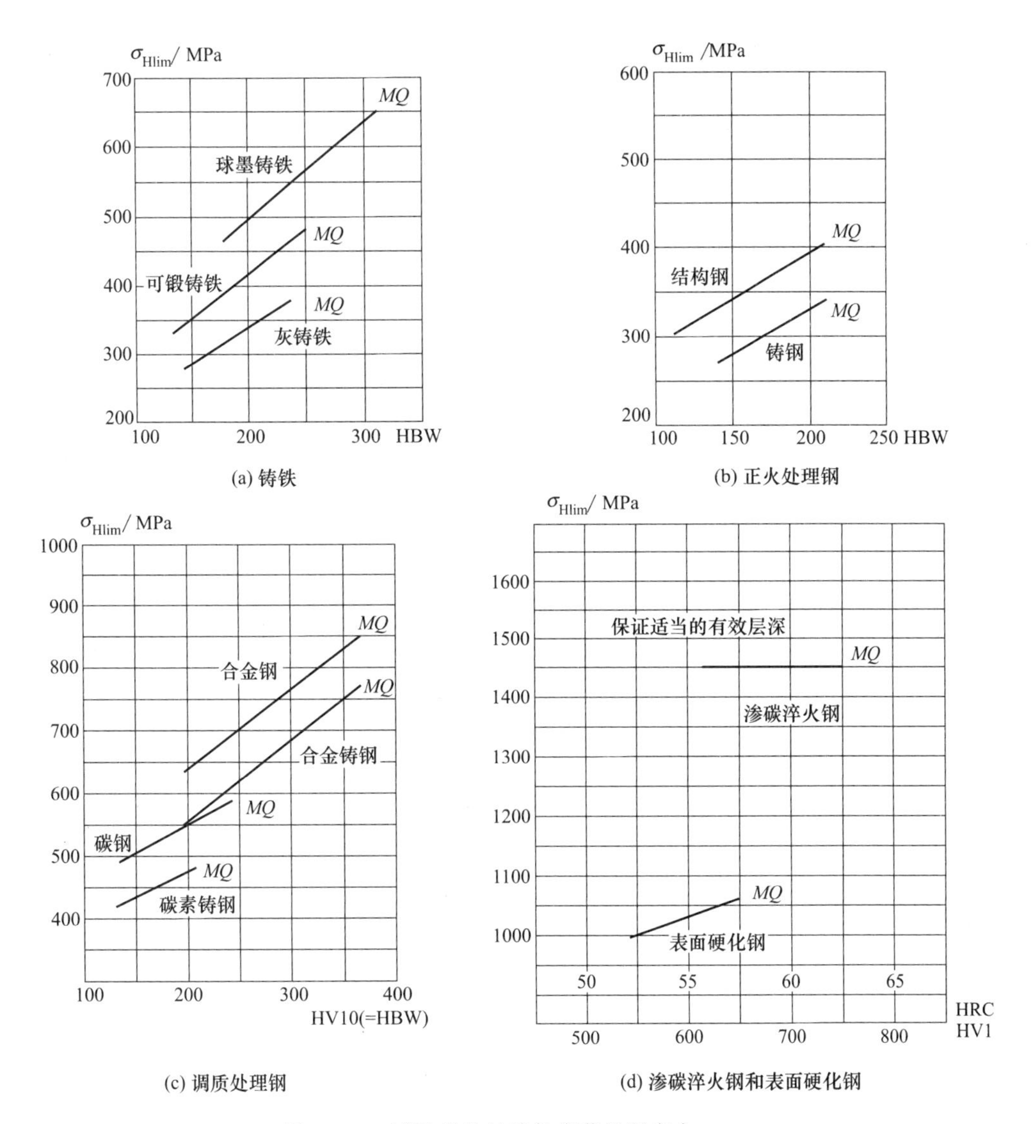

图 12-21 试验齿轮的接触疲劳极限应力 σ_{Hlim}

(2) 齿根弯曲疲劳许用应力 $[\sigma_F]$

齿根弯曲疲劳许用应力 $[\sigma_F]$ 的计算公式为

$$[\sigma_F]=\frac{\sigma_{Flim}Y_{NT}Y_{ST}}{S_F} \tag{12-11}$$

式中 σ_{Flim}——试验齿轮的弯曲疲劳极限应力，查图 12-23；

Y_{NT}——弯曲疲劳寿命系数，其值根据应力循环次数 N 由图 12-24 查取。N 按公式（12-10）计算；

Y_{ST}——试验齿轮的应力修正系数，是考虑齿根应力集中而对 σ_{Flim} 进行修正的系数，$Y_{ST}=2$；

S_F——齿根弯曲疲劳强度安全系数，其值应大于或等于最小安全系数 S_{Flim}。S_{Flim} 的数值查表 12-5。

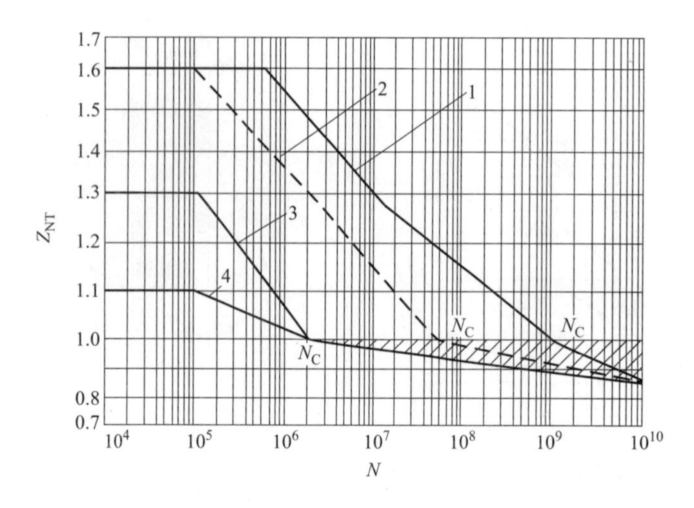

1——允许一定点蚀时的结构钢，调质钢，球墨铸铁（珠光体、贝氏体），珠光体可锻铸铁，渗碳淬火钢的渗碳钢；

2——材料同1，不允许出现点蚀；火焰或感应淬火的钢；

3——灰铸铁，球墨铸铁（铁素体），渗氮的渗氮钢，调质钢、渗碳钢；

4——碳氮共渗的调质钢，渗碳钢。

图 12-22 接触疲劳寿命系数 Z_{NT}

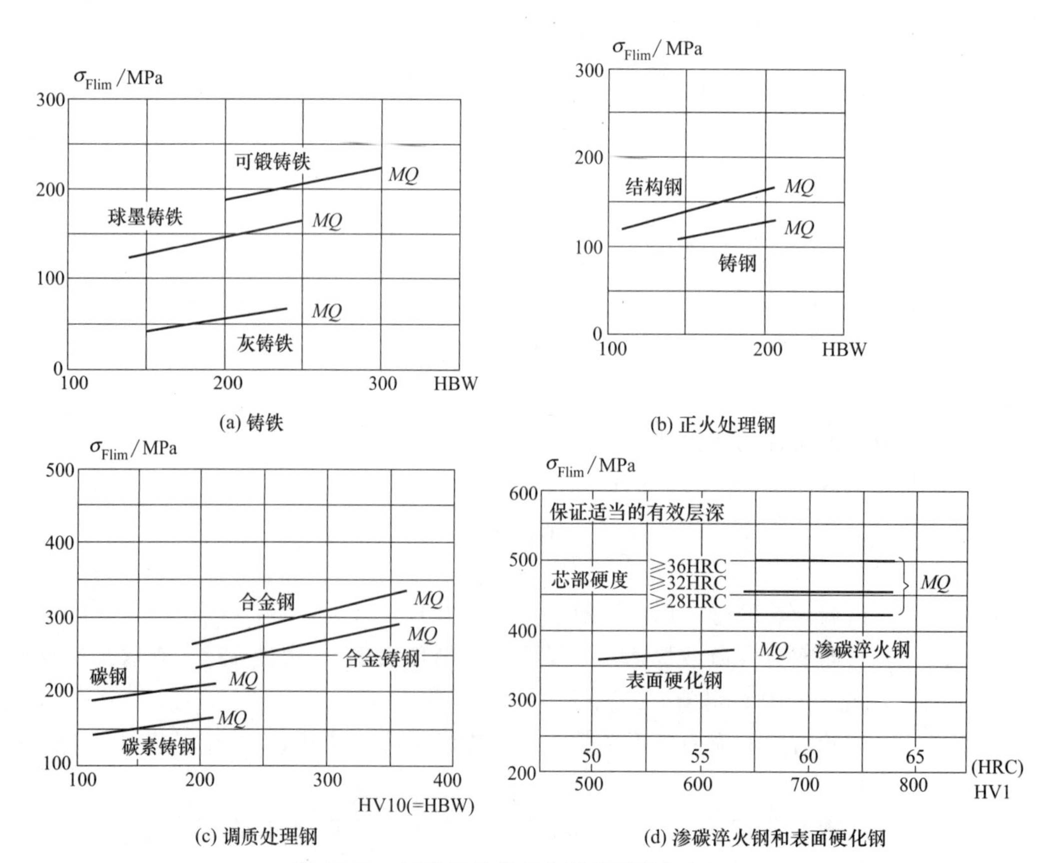

图 12-23 试验齿轮的弯曲疲劳极限应力 σ_{Flim}

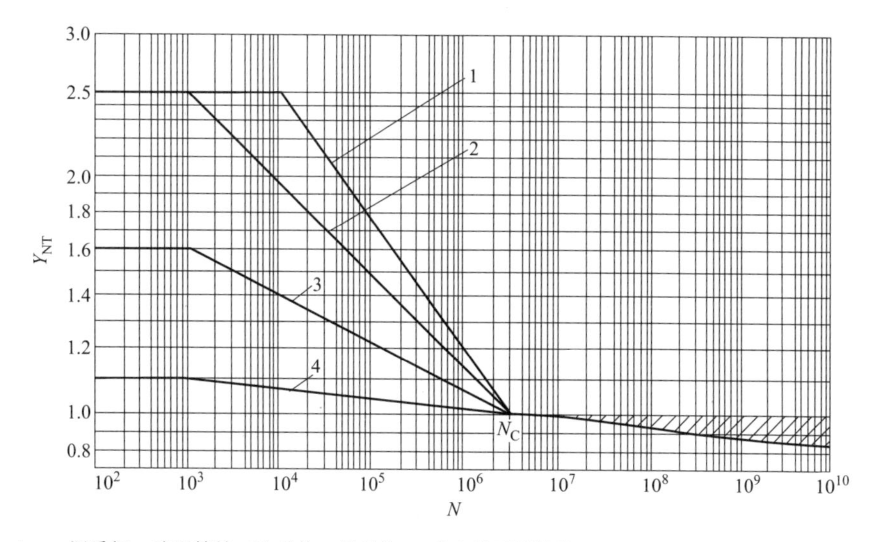

1——调质钢，球墨铸铁（珠光体、贝氏体），珠光体可锻铸铁；

2——渗碳淬火的渗碳钢，火焰或感应表面淬火的钢、球墨铸铁；

3——渗氮的渗氮钢，球墨铸铁（铁素体），结构钢，灰铸铁；

4——碳氮共渗的调质钢，渗碳钢。

图 12-24　弯曲疲劳寿命系数 Y_{NT}

12.7　渐开线标准直齿圆柱齿轮传动的设计

12.7.1　轮齿的受力分析

由于齿轮传动一般均加以润滑，故啮合轮齿间的摩擦力通常很小，在计算轮齿受力时，摩擦力可不予考虑。因此，在一对啮合的齿面上，只作用着沿啮合线方向的法向力 F_n（图 12-25）。此法向力 F_n 可分解成互相垂直的两个分力：圆周力 F_t 和径向力 F_r。对于小齿轮，各力的大小分别为

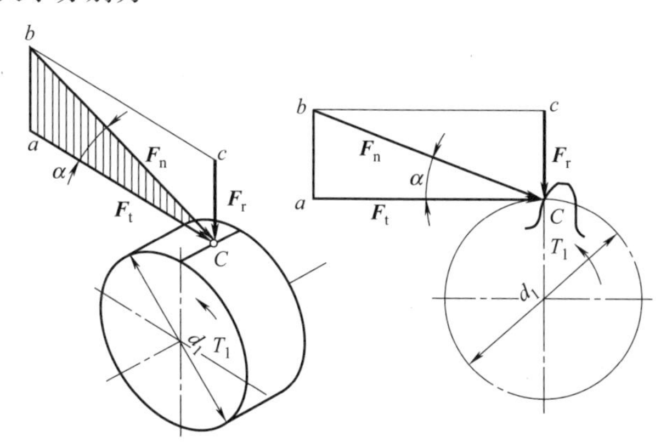

图 12-25　直齿轮受力分析

$$F_{t1}=\frac{2T_1}{d_1} \tag{12-12}$$

$$F_{r1}=F_{t1}\tan\alpha \tag{12-13}$$

$$F_{n1}=\frac{F_{t1}}{\cos\alpha} \tag{12-14}$$

式中 d_1——小齿轮的分度圆直径，mm；

α——分度圆压力角，20°；

T_1——小齿轮传递的转矩，N·mm。若已知主动轮传递的功率为 P（kW），转速为 n_1（r/min），则 $T_1=9.55\times10^6 P_1/n_1$。

主动轮上的圆周力是阻力，方向与转动方向相反；径向力指向主动轮的轮心。从动轮上所受的力根据作用力与反作用力关系求出，即从动轮上的圆周力方向与其转动方向相同，径向力指向从动轮轮心。

12.7.2 轮齿的计算载荷

上述对轮齿的受力分析是在理想的平稳工作条件下进行的，其载荷称为名义载荷。然而在齿轮传动过程中，由于受到多种因素的影响，轮齿所受的载荷要比名义载荷大，为了使计算的齿轮受载情况尽可能符合实际，引入载荷系数 K 对名义载荷进行修正，得到计算载荷 $F_{nc}=KF_n$。在齿轮强度计算中，以计算载荷 F_{nc} 代替名义载荷 F_n。

在国家标准中，规定载荷系数 K 的计算公式为

$$K=K_A K_V K_\alpha K_\beta \tag{12-15}$$

式中 K_A——使用系数，是考虑由于齿轮啮合外部因素引起附加载荷影响的系数；

K_V——动载系数，是考虑基节和齿形误差等的影响而产生的系数；

K_α——齿间载荷分配系数，是考虑同时啮合的各对轮齿间载荷分配不均匀对轮齿应力影响的系数；

K_β——齿向载荷分布系数，是考虑沿齿宽方向载荷分布不均匀对轮齿应力影响的系数。

载荷系数 K 中各参数的确定可参考机械设计手册。为简化计算，本教材的载荷系数 K 由表 12-6 查取。

表 12-6 载荷系数 K

载荷特性	原动机			工作机举例
	电动机	多缸内燃机	单缸内燃机	
均匀、轻微冲击	1～1.2	1.2～1.6	1.6～1.8	均匀加料的运输机和喂料机、发电机、压缩机、轻型卷扬机、机床辅助传动
中等冲击	1.2～1.6	1.6～1.8	1.8～2.0	不均匀加料的运输机和喂料机、重型卷扬机、球磨机、多缸往复式压缩机、机床主传动
较大冲击	1.6～1.8	1.9～2.1	2.2～2.4	冲床、剪床、钻床、轧机、破碎机、挖掘机、单缸往复式压缩机

注：斜齿、圆周速度低、精度高、齿宽系数小，齿轮在两轴承间对称布置时取小值。直齿、圆周速度高、精度低、齿宽系数大，齿轮在两轴承间不对称布置时取大值。

12.7.3 齿面接触疲劳强度的计算

齿面接触疲劳强度计算的目的是防止齿面在预定寿命期限内发生疲劳点蚀。计算准则

是：应使最大接触应力不超过齿轮材料的接触疲劳许用应力，即 $\sigma_H \leqslant [\sigma_H]$。

根据齿轮啮合原理，考虑直齿圆柱齿轮在节点处单齿对啮合情况，相对滑动速度为零，润滑条件不良，因而最容易发生点蚀，所以在设计时以节点处的接触应力为计算依据。

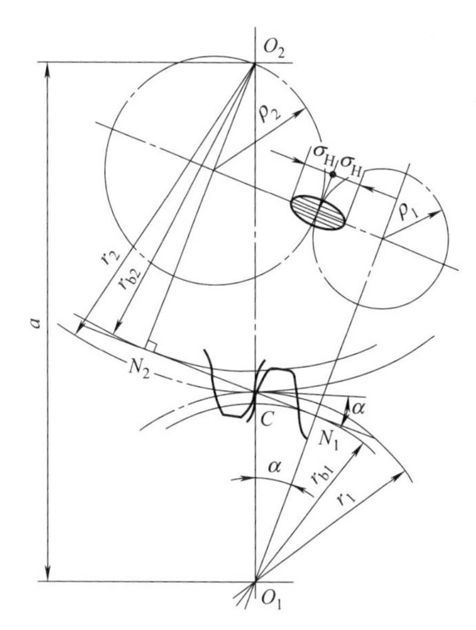

图 12-26 轮齿的接触应力

图 12-26 所示为一对渐开线标准直齿圆柱齿轮，两齿廓在节点 C 处接触。在 C 点处两齿廓的曲率半径分别为 ρ_1 和 ρ_2，该点处的接触应力可近似等于半径为 ρ_1 和 ρ_2 的两圆柱在法向力 F_n 作用下的接触应力。由弹性力学中的赫兹公式经推导并整理简化，可得渐开线标准直齿圆柱齿轮齿面接触疲劳强度的校核公式为

$$\sigma_H = 2.49 Z_E \sqrt{\frac{KF_t}{bd_1} \cdot \frac{u \pm 1}{u}} \leqslant [\sigma_H] \qquad (12\text{-}16)$$

令 $\psi_d = \dfrac{b}{d_1}$，称 ψ_d 为齿宽系数，将 $b = \psi_d d_1$ 代入式（12-16），可得标准直齿圆柱齿轮齿面接触疲劳强度的设计公式为

$$d_1 \geqslant \sqrt[3]{\frac{2KT_1}{\psi_d} \cdot \frac{u \pm 1}{u} \left(\frac{2.49 Z_E}{[\sigma_H]}\right)^2} \qquad (12\text{-}17)$$

式中 σ_H——最大接触应力，MPa；

Z_E——材料弹性系数，$\sqrt{\text{MPa}}$，查表 12-7；

K——载荷系数，查表 12-6；

F_t——圆周力，N；

T_1——小齿轮传递的转矩，N·mm；

b——齿宽，mm；

d_1——小齿轮分度圆直径，mm；

u——大齿轮与小齿轮的齿数比，$u = z_2/z_1$；

$[\sigma_H]$——齿面接触疲劳许用应力，MPa；

±——“+”外啮合，“−”内啮合。

应用上述公式应注意：

① 两齿轮的齿面接触应力大小相等，即 $\sigma_{H1} = \sigma_{H2}$，故在校核强度时，大小齿轮不用分别校核，只需选择齿轮副中较弱的那个齿轮进行校核即可。

② 式（12-16）和式（12-17）对小齿轮和大齿轮都是适用的，但由于两齿轮的材料和齿面硬度并不相同，因此 $[\sigma_H]_1 \neq [\sigma_H]_2$，在设计公式（12-17）中应代入较小值。

表 12-7 材料弹性系数 Z_E 单位：$\sqrt{\text{MPa}}$

齿轮材料	锻钢	铸钢	球墨铸铁	灰铸铁	尼龙
锻钢	189.8	188.9	181.4	162.0	56.4

续表

齿轮材料	锻钢	铸钢	球墨铸铁	灰铸铁	尼龙
铸钢	—	188.0	180.5	161.4	—
球墨铸铁		180.5	173.9	156.6	—
灰铸铁		—	—	143.7	—

12.7.4 齿根弯曲疲劳强度的计算

齿根弯曲疲劳强度计算的目的是防止齿轮在预定寿命期限内发生轮齿疲劳折断。计算准则是：应使最大弯曲应力不超过齿轮材料的齿根弯曲疲劳许用应力，即 $\sigma_F \leqslant [\sigma_F]$。

当载荷作用于单对齿上时，如图 12-27 所示，将轮齿看作宽度为 b 的悬臂梁，该梁在齿根处弯曲应力最大，且过渡圆角部分又有应力集中，故齿根是弯曲强度的薄弱环节。确定危险截面的简便方法为：作与轮齿对称中心线成 30°夹角，并与齿根过渡曲线相切的两条线，切点分别为 A、B，此两切点的连线 AB 即为齿根处的危险截面。

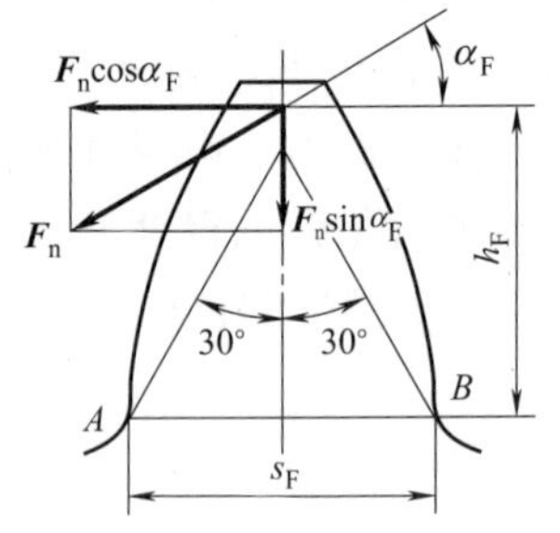

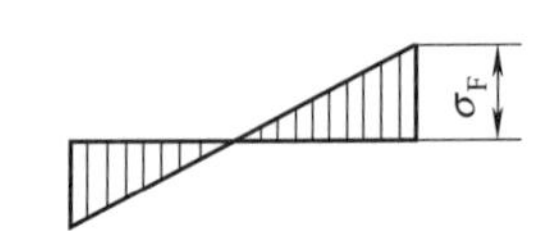

图 12-27 轮齿的弯曲强度

作用于齿顶的法向力 F_n 可分解为相互垂直的圆周力 $F_n\cos\alpha_F$ 和径向力 $F_n\sin\alpha_F$。圆周力使齿根产生弯曲正应力和切应力，径向力使齿根产生压应力。其中切应力和压应力起的作用很小，为简化计算，在公式推导中略去切应力和压应力，只研究起主要作用的弯曲正应力。应用材料力学中的弯曲正应力公式，并考虑到其他因素的影响，引入齿形系数 Y_F 和应力修正系数 Y_S 对公式进行修正，可得渐开线标准直齿圆柱齿轮齿根弯曲疲劳强度的计算公式为

校核公式
$$\sigma_F = \frac{KF_t}{bm} Y_F Y_S \leqslant [\sigma_F] \tag{12-18}$$

设计公式
$$m \geqslant \sqrt[3]{\frac{2KT_1}{\psi_d z_1^2} \cdot \frac{Y_F Y_S}{[\sigma_F]}} \tag{12-19}$$

式中 Y_F——齿形系数，反映轮齿几何形状对 σ_F 的影响。对于标准齿轮，取决于齿数 z，其值见表 12-8；

Y_S——应力修正系数，考虑齿根过渡圆角处的应力集中和除弯曲正应力以外的其他应力对齿根应力的影响，其值见表 12-8；

m——模数，mm；

z_1——主动轮齿数；

$[\sigma_F]$——齿根弯曲疲劳许用应力，MPa。

应用上述公式应注意：

① 由于大小两齿轮材料或热处理不同，两齿轮的齿根弯曲疲劳许用应力也不同，所以，校核时应分别验算大小齿轮齿根的弯曲疲劳强度。

② 由于两齿轮的 $\frac{Y_F Y_S}{[\sigma_F]}$ 可能因齿形和材料的不同而不相等，因此应将 $\frac{Y_{F1}Y_{S1}}{[\sigma_F]_1}$ 和 $\frac{Y_{F2}Y_{S2}}{[\sigma_F]_2}$

两者中较大的值代入设计公式计算。

表 12-8　标准外齿轮的齿形系数 Y_F 及应力修正系数 Y_S

z	17	18	19	20	21	22	23	24	25	26	27	28	29
Y_F	2.97	2.91	2.85	2.80	2.76	2.72	2.69	2.65	2.62	2.60	2.57	2.55	2.53
Y_S	1.52	1.53	1.54	1.55	1.56	1.57	1.575	1.58	1.59	1.595	1.60	1.61	1.62
z	30	35	40	45	50	60	70	80	90	100	150	200	∞
Y_F	2.52	2.45	2.40	2.35	2.32	2.28	2.24	2.22	2.20	2.18	2.14	2.12	2.06
Y_S	1.625	1.65	1.67	1.68	1.70	1.73	1.75	1.77	1.78	1.79	1.83	1.865	1.97

注：基准齿形的参数为 $\alpha=20°$，$h_a^*=1$，$c^*=0.25$，$\rho=0.38m$（m 为齿轮模数，ρ 为齿根圆角曲率半径）。

12.7.5　齿轮传动主要参数的选择

（1）模数 m 和齿数 z

模数 m 主要影响齿根弯曲疲劳强度。m 越大，轮齿的尺寸越大，齿根弯曲疲劳强度越高。m 越小，在中心距不变的前提下，齿数越多，重合度越大，传动越平稳；同时随着模数的减小，齿高随之降低，于是减少了金属切削量，节省制造费用。因此设计时，在保证齿根弯曲疲劳强度的前提下，应取较多的齿数。对于传递动力的齿轮，为防止因过载而断齿，一般应使 $m\geqslant(1.5\sim2)$ mm。

在闭式软齿面的齿轮传动中，齿轮的失效形式主要是齿面点蚀。按齿面接触疲劳强度设计计算后得出 d_1，然后选取 z_1，则 $m=d_1/z_1$。闭式齿轮传动一般转速较高，为提高传动的平稳性，以齿数多些为好，通常小齿轮的齿数取 $z_1=20\sim40$，对高速传动，$z_1\geqslant25$。

在闭式硬齿面的齿轮传动中，齿轮的失效形式主要是轮齿的疲劳折断。按齿根弯曲疲劳强度设计计算后得出模数 m，为使齿轮传动尺寸不致过大，宜取较少齿数，一般可取 $z_1=17\sim20$。

小齿轮齿数 z_1 确定后，按齿数比 $u=z_2/z_1$ 确定大齿轮齿数 z_2。为了使轮齿磨损均匀，一般使 z_1 和 z_2 互为质数。

（2）齿数比 u

齿数比 u 是大齿轮齿数与小齿轮齿数之比值，其值恒大于等于 1。而传动比 i 为主动轮转速与从动轮转速之比值，其值可能大于 1，也可能小于 1。所以在数值上：减速传动时，$u=i$；增速传动时，$u=1/i$。设计时，为避免齿轮直径过大，对于直齿圆柱齿轮传动通常 $u\leqslant5$；若 $u>5$，可采用多级传动。

一般齿轮传动中，若对传动比不作严格要求时，则实际传动比 i 与理论传动比允许有 $\pm2.5\%$（$i\leqslant4.5$ 时）或 $\pm4\%$（$i>4.5$ 时）的误差。

（3）齿宽系数 ψ_d

由齿轮的强度计算公式可知，轮齿越宽，承载能力越强，但齿宽越大，载荷沿齿宽的分布越不均匀，造成偏载而降低传动能力，因此应合理选择齿宽系数。圆柱齿轮齿宽系数 ψ_d 的取值见表 12-9。

表 12-9 圆柱齿轮的齿宽系数 ψ_d

齿轮相对于轴承位置	工作齿面硬度	
	软齿面(≤350HBW)	硬齿面(>350HBW)
对称布置	0.8～1.4	0.4～0.9
非对称布置	0.6～1.2	0.3～0.6
悬臂布置	0.3～0.4	0.2～0.25

注：1. 直齿圆柱齿轮取小值，斜齿轮取大值，人字齿可取更大值。
2. 载荷平稳、轴刚度大时取大值，反之取小值。
3. 对于开式传动，可取 $\psi_d=0.3\sim0.5$。

为防止大小圆柱齿轮因装配误差产生轴向错位而导致实际啮合齿宽减小，从而增大轮齿的工作应力，设计时常使小齿轮的齿宽 b_1 比大齿轮的齿宽 b_2 增加 5～10mm，但在强度计算时须将大齿轮齿宽 b_2 代入公式计算。

12.7.6 齿轮精度等级的选择

在 GB/T 10095—2008《圆柱齿轮　精度制》中，规定了 0～12 级共 13 个精度等级，其中 0 级最高，精度依次降低，12 级最低。常用 6～9 级。

齿轮精度等级的选择，应根据齿轮的用途、工作条件、传递功率、圆周速度和其他技术、经济指标等要求决定，一般采用类比法。表 12-10 为常见机器中齿轮精度等级的选用范围，表 12-11 为常用精度等级的齿轮的加工方法及其应用范围。

表 12-10 常见机器中齿轮的精度等级

机器名称	精度等级	机器名称	精度等级
汽轮机	3～6	通用减速器	6～8
金属切削机床	3～8	锻压机床	6～9
轻型汽车	5～8	起重机	7～10
载重汽车	7～9	矿山用卷扬机	8～10
拖拉机	6～8	农业机械	8～11

表 12-11 常用精度等级的齿轮的加工方法及其应用范围

<table>
<tr><td colspan="3" rowspan="2"></td><td colspan="4">齿轮的精度等级</td></tr>
<tr><td>6 级(高精度)</td><td>7 级(较高精度)</td><td>8 级(普通)</td><td>9 级(低精度)</td></tr>
<tr><td colspan="3">加工方法</td><td>用展成法在精密机床上精磨或精剃</td><td>用展成法在精密机床上插齿或精滚</td><td>用展成法插齿或滚齿</td><td>用展成法粗滚或仿形法加工</td></tr>
<tr><td colspan="3">齿面粗糙度 Ra 的最大值/μm</td><td>0.80～1.60</td><td>1.60～3.2</td><td>3.2～6.3</td><td>6.3</td></tr>
<tr><td colspan="3">用途</td><td>用于分度机构或高速重载的齿轮，如机床、精密仪器、汽车、船舶、飞机中的重要齿轮</td><td>用于高、中速重载齿轮，如机床、汽车、内燃机中的较重要齿轮、标准系列减速器中的齿轮</td><td>一般机械中的齿轮，不属于分度系统的机床齿轮、飞机、拖拉机中不重要的齿轮，纺织机械、农业机械中重要齿轮</td><td>轻载传动的不重要齿轮，或低速传动、对精度要求低的齿轮</td></tr>
<tr><td rowspan="3">圆周速度/(m/s)</td><td rowspan="2">圆柱齿轮</td><td>直齿</td><td>≤15</td><td>≤10</td><td>≤5</td><td>≤3</td></tr>
<tr><td>斜齿</td><td>≤25</td><td>≤17</td><td>≤10</td><td>≤3.5</td></tr>
<tr><td>圆锥齿轮</td><td>直齿</td><td>≤9</td><td>≤6</td><td>≤3</td><td>≤2.5</td></tr>
</table>

12.7.7　齿轮的结构

(1) 齿轮轴

对于齿根圆直径与轴颈相差不大的齿轮（图12-28），若齿根圆到键槽底部的距离 $e \leqslant (2 \sim 2.5)m$ 时，应将齿轮和轴做成一体，称为齿轮轴，如图12-29所示。齿轮轴的刚性好，且简化了装配，但由于整体长度大，给轮齿加工带来不便，并且齿轮损坏时，轴也随之报废。因此，当 e 值超过上述尺寸时，应将齿轮和轴分开制造。

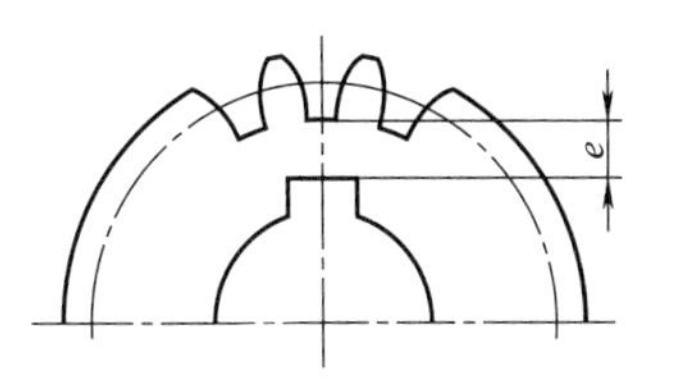

图12-28　齿根圆与键槽底距离

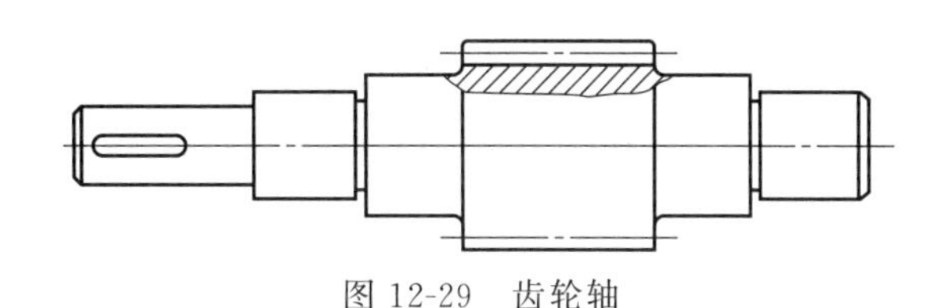

图12-29　齿轮轴

(2) 实心式齿轮

对齿顶圆直径 $d_a \leqslant 160$mm 的齿轮，一般做成实心式结构，如图12-30所示。

(3) 腹板式或孔板式齿轮

对齿顶圆直径 $160\text{mm} < d_a \leqslant 500\text{mm}$ 的齿轮，一般采用腹板式结构。为减轻重量和节省材料，在腹板上常制出圆孔，即采用孔板式结构，开孔的数目按结构尺寸大小及需要而定，如图12-31所示。

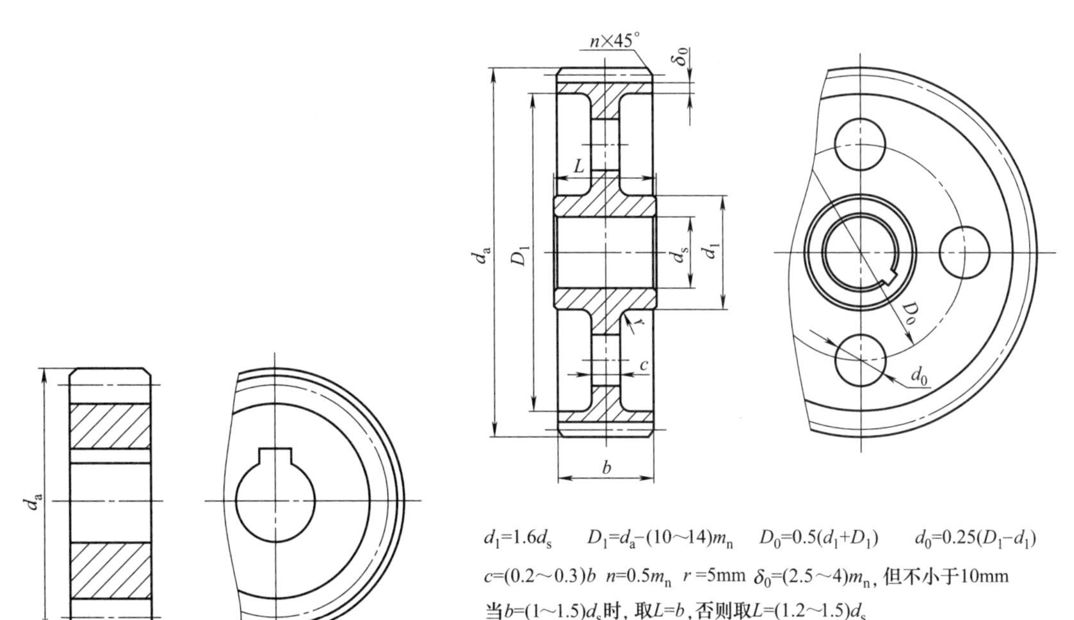

图12-30　实心式齿轮

图12-31　孔板式齿轮

(4) 轮辐式齿轮

对齿顶圆直径 $400\text{mm} < d_a < 1000\text{mm}$ 的齿轮，为减轻重量和节省材料，通常采用轮

辐式结构，如图 12-32 所示。

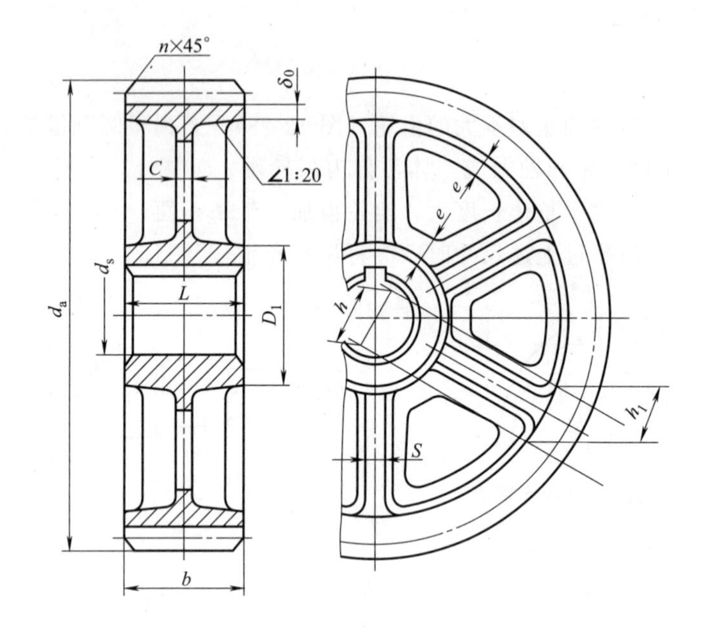

$D_1=1.6d_s$(铸钢)　$D_1=1.8d_s$(铸铁)　$L=(1.2\sim1.5)d_s$　$h=0.8d_s$

$h_1=0.8h$　$C=0.2h$　$S=\frac{h}{6}$，但不小于10mm

$n=0.5m_n$　$\delta_0=(2.5\sim4)m_n$，但不小于8mm　$e=0.8\delta_0$

图 12-32　轮辐式齿轮

12.7.8　齿轮传动的润滑

润滑对于齿轮传动十分重要。润滑不仅可以减小摩擦、减轻磨损，还可以起到冷却、防锈、降低噪声、改善齿轮的工作状况和提高齿轮的使用寿命等作用。

对开式及半开式齿轮传动，因速度较低，通常采用人工定期加油润滑，或在齿面上涂抹润滑脂，并定期补抹。

对闭式齿轮传动，其润滑方式一般根据齿轮的圆周速度而定。当齿轮的圆周速度 $v<$ 12m/s 时，可采用浸油润滑。通常是将大齿轮浸入油池［图 12-33（a)］，浸入深度约为一个齿高，但不应小于 10mm。多级齿轮传动中［图 12-33（b)］，可采用带油轮将润滑油带

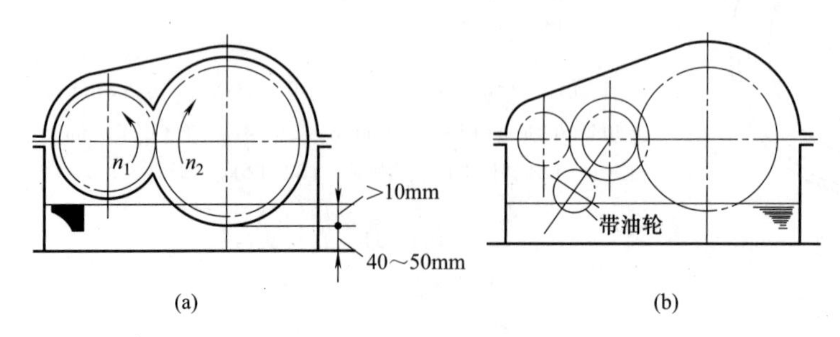

图 12-33　浸油润滑

M12-10　浸油润滑动画

到没有浸入油池内的齿轮齿面上。

当齿轮的圆周速度 $v>12\text{m/s}$ 时，若采用浸油润滑，因圆周速度大使搅油剧烈，同时因离心力大容易使齿面上的油被甩掉，故不宜采用浸油润滑，可采用喷油润滑（图 12-34）。即由油泵或中心供油站以一定的压力供油，借助喷嘴将润滑油喷到轮齿的啮合面上。

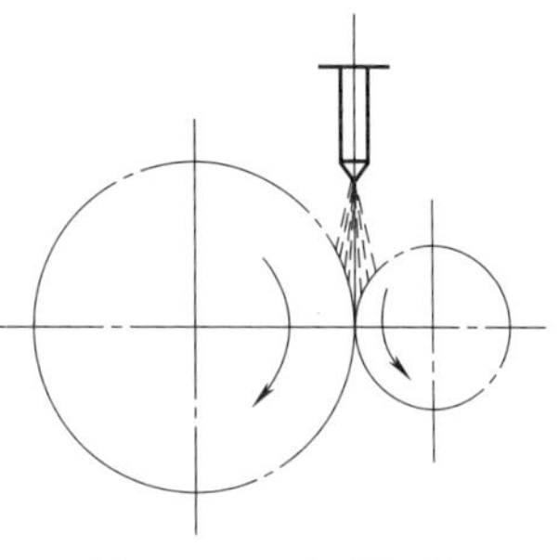
图 12-34 喷油润滑

［例 12-1］ 设计附录中减速器的一对标准直齿圆柱齿轮传动。已知：传递功率 $P=4.42\text{kW}$、小齿轮转速 $n_1=298.1\text{r/min}$、传动比 $i=3.9$，大、小齿轮对称布置，单班制。使用期限：10 年；生产条件：中等规模机械厂；齿轮加工精度：7～8 级。

解： 1）选择齿轮材料及精度等级

考虑此对齿轮传递的功率不大，故大、小齿轮都选用软齿面。由于小齿轮轮齿的受载循环次数比大齿轮多，因此，应使小齿轮齿面硬度比大齿轮的齿面硬度高 25～50HBW。小齿轮选用 45 优质碳素钢，调质，齿面硬度为 220HBW；大齿轮选用 45 优质碳素钢，正火，齿面硬度 190HBW。因是减速器用齿轮，且速度不高，由表 12-10 选 8 级精度。

2）按齿面接触疲劳强度设计

因两齿轮均为钢制齿轮，由式（12-17）

$$d_1 \geqslant \sqrt[3]{\frac{2KT_1}{\psi_d} \cdot \frac{u \pm 1}{u} \cdot \left(\frac{2.49 z_E}{[\sigma_H]}\right)^2}$$

确定有关参数如下：

① 齿数 z 和齿宽系数 ψ_d。

取小齿轮齿数 $z_1=21$，则大齿轮齿数 $z_2=iz_1=81.9$，圆整 z_2，取 $z_2=82$。

实际传动比 $$i_0=\frac{z_2}{z_1}=\frac{82}{21}=3.905$$

传动比误差 $\left|\frac{i-i_0}{i}\times 100\%\right|=\left|\frac{3.9-3.905}{3.9}\times 100\%\right|=0.1\%<2.5\%$，可用。

齿数比 $$u=i_0=3.9$$

由表 12-9，取齿宽系数 $\psi_d=1.1$（因对称布置及软齿面）。

② 转矩 T_1。

$$T_1=9.55\times 10^6 \frac{P_1}{n_1}=9.55\times 10^6\times\frac{4.42}{298.1}=1.42\times 10^5(\text{N}\cdot\text{mm})$$

③ 载荷系数 K。

由表 12-6，取 $K=1.5$。

④ 许用接触应力 $[\sigma_H]$。由式（12-9）

$$[\sigma_H]=\frac{\sigma_{\text{Hlim}} Z_{\text{NT}}}{S_H}$$

由图 12-21，查得 $\sigma_{\text{Hlim1}}=570\text{MPa}$，$\sigma_{\text{Hlim2}}=380\text{MPa}$。

由式（12-10）计算应力循环次数 N_L

$$N_{L1}=60n_1 j t_h=60\times 298.1\times 1\times(8\times 365\times 10)=5.2\times 10^8$$

$$N_{L2}=\frac{N_{L1}}{i}=\frac{5.2\times10^{8}}{3.905}=1.3\times10^{8}$$

由图 12-22，根据齿轮实际工况选用曲线 1，查得接触疲劳寿命系数 $Z_{NT1}=1.04$，$Z_{NT2}=1.13$。

通用齿轮和一般工业齿轮，按一般可靠度要求选取安全系数 $S_H=1.0$。所以两齿轮的许用接触应力

$$[\sigma_H]_1=\frac{\sigma_{Hlim1}\cdot Z_{NT1}}{S_H}=\frac{570\times1.04}{1.0}=593\ (\mathrm{MPa})$$

$$[\sigma_H]_2=\frac{\sigma_{Hlim2}\cdot Z_{NT2}}{S_H}=\frac{380\times1.13}{1.0}=429\ (\mathrm{MPa})$$

⑤ 材料弹性系数 Z_E。由表 12-7 查得 $Z_E=189.8\sqrt{\mathrm{MPa}}$。

因此

$$d_1\geqslant\sqrt[3]{\frac{2KT_1}{\psi_d}\times\frac{u\pm1}{u}\left(\frac{2.49Z_E}{[\sigma_H]}\right)^2}=\sqrt[3]{\frac{2\times1.5\times1.42\times10^5}{1.1}\times\frac{3.9+1}{3.9}\times\left(\frac{2.49\times189.8}{429}\right)^2}$$

$$=83.9\ (\mathrm{mm})$$

计算模数 $$m=\frac{d_1}{z_1}=\frac{83.9}{21}=4.0\ (\mathrm{mm})$$

由表 12-1 取标准模数 $m=4\mathrm{mm}$

3）计算大、小齿轮的几何尺寸

分度圆直径 $$d_1=mz_1=4\times21=84\ (\mathrm{mm})$$

$$d_2=mz_2=4\times82=328\ (\mathrm{mm})$$

齿顶圆直径 $$d_{a1}=d_1+2h_a=m(z_1+2h_a^*)=4\times(21+2\times1)=92\ (\mathrm{mm})$$

$$d_{a2}=m(z_2+2h_a^*)=4\times(82+2\times1)=336\ (\mathrm{mm})$$

齿根圆直径 $$d_{f1}=m(z_1-2ha^*-2c^*)=4\times(21-2\times1-2\times0.25)=74\ (\mathrm{mm})$$

$$d_{f2}=m(z_2-2ha^*-2c^*)=4\times(82-2\times1-2\times0.25)=318\ (\mathrm{mm})$$

4）校核齿根弯曲疲劳强度

由式（12-18） $$\sigma_F=\frac{KF_t}{bm}Y_FY_S\leqslant[\sigma_F]$$

确定有关参数和系数

① 由表 12-8 查得，$Y_{F1}=2.76$，$Y_{F2}=2.22$，$Y_{S1}=1.56$，$Y_{S2}=1.77$

② 齿宽。$b=\psi_d d_1=1.1\times84=92.4$（mm），取 $b_1=100\mathrm{mm}$，$b_2=95\mathrm{mm}$。

③ 圆周力 F_t。

由式（12-12）得

$$F_t=F_{t1}=F_{t2}=\frac{2T_1}{d_1}=\frac{2T_2}{d_2}=\frac{2\times1.42\times10^5}{84}=3381\ (\mathrm{N})$$

④ 许用弯曲应力 $[\sigma_F]$。由式（12-11）

$$[\sigma_F]=\frac{\sigma_{Flim}Y_{ST}Y_{NT}}{S_F}$$

由图 12-23 查得 $\sigma_{Flim1}=220\mathrm{MPa}$，$\sigma_{Flim2}=165\mathrm{MPa}$。

由图12-24查得 $Y_{NT1}=0.91$，$Y_{NT2}=0.93$

试验齿轮的应力修正系数 $Y_{ST}=2$

由表12-5查得 $S_F=1.25$（一般可靠度）

$$[\sigma_F]_1=\frac{\sigma_{Flim1}Y_{ST}Y_{NT1}}{S_F}=\frac{220\times2\times0.91}{1.25}=320.3\ (\text{MPa})$$

$$[\sigma_F]_2=\frac{\sigma_{Flim2}Y_{ST}Y_{NT2}}{S_F}=\frac{165\times2\times0.93}{1.25}=245.5\ (\text{MPa})$$

将以上各参数代入式（12-18）

$$\sigma_{F1}=\frac{KF_t}{bm}Y_{F1}Y_{S1}=\frac{1.5\times3381}{95\times4}\times2.76\times1.56=57.5\text{MPa}<[\sigma_F]_1$$

$$\sigma_{F2}=\frac{KF_t}{bm}Y_{F2}Y_{S2}=\frac{1.5\times3381}{95\times4}\times2.22\times1.77=52.4\text{MPa}<[\sigma_F]_2$$

故齿轮的齿根弯曲疲劳强度足够。注：在强度计算时按大齿轮齿宽 b_2 代入公式计算。

5）计算齿轮传动的中心距 a

$$a=\frac{1}{2}(d_1+d_2)=\frac{1}{2}\times(84+328)=206\ (\text{mm})$$

6）计算齿轮的圆周速度 v

$$v=\frac{\pi d_1 n_1}{60\times1000}=\frac{3.14\times84\times298.1}{60\times1000}=1.3\ (\text{m/s})$$

$v<5$ m/s，对照表12-11可知齿轮选8级精度合适。

7）结构设计及绘制齿轮零件图

以大齿轮为例，因其齿顶圆直径大于160mm，而又小于500mm，故采用孔板式结构。其他有关尺寸按图12-31选取，并绘制大齿轮零件图如附图3所示。

12.8 平行轴标准斜齿圆柱齿轮传动

12.8.1 齿廓曲面的形成及其啮合

如图12-35所示，直齿轮齿廓曲面的形成是一发生面在基圆柱上作纯滚动时，发生面上与基圆柱母线 NN 平行的任一直线 KK 的轨迹。当直齿轮的一对轮齿进入啮合或脱离啮合时，载荷皆沿齿宽突然加上或卸掉。因此直齿轮传动的平稳性较差，容易产生冲击和噪声，一般不适合用于高速、重载的传动。

斜齿轮齿廓曲面的形成如图12-36所示，当发生面沿基圆柱作纯滚动时，其上与基圆柱母线 NN 成一倾斜角 β_b 的斜直线 KK 在空间所走过的轨迹为渐开线螺旋面，该螺旋面即为斜齿圆柱齿轮的齿廓曲面，β_b 称为基圆柱上的螺旋角。当一对斜齿轮传动时，齿面的接触线与齿轮轴线相倾斜，齿廓沿着齿宽逐渐进入啮合，齿面接触线的长度由短变长，到达某一啮合位置后，又由长变短并逐渐脱离啮合，如图12-37所示，因此，斜齿轮在啮合时所受的载荷是逐渐加上，再逐渐卸掉的，所以传动平稳、噪声小、承载能力大，故适用于高速、重载场合。

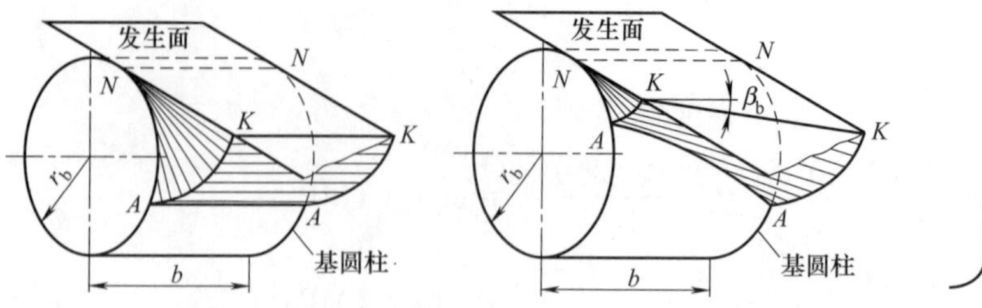

图 12-35 直齿轮齿廓曲面的形成 图 12-36 斜齿轮齿廓曲面的形成

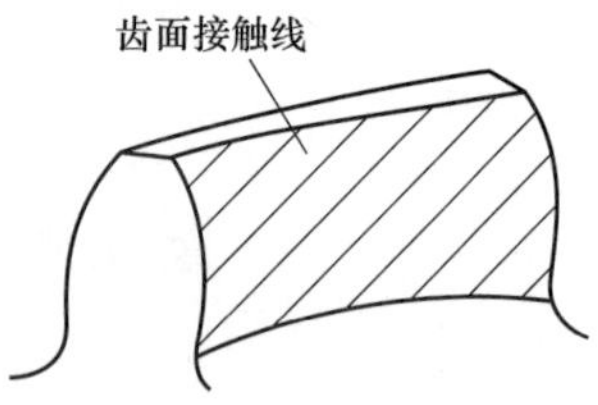

图 12-37 斜齿轮齿面接触线

12.8.2 主要参数及几何尺寸

(1) 螺旋角

如图 12-38 所示，将斜齿轮沿分度圆柱面展开，该圆柱面上的螺旋线展开后为一条直线，该直线与齿轮轴线之间的夹角，称为螺旋角，用 β 表示。螺旋角 β 越大，重合度越大，传动的平稳性越好，但轴向力增大，通常取 $\beta=8^{\circ}\sim20^{\circ}$。斜齿轮根据螺旋线的方向，有左旋和右旋之分。

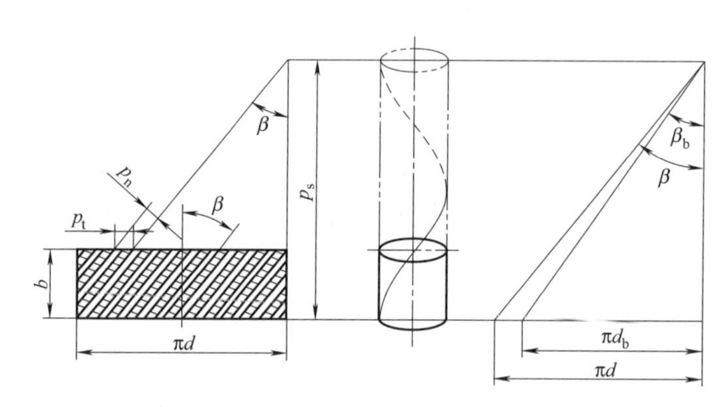

图 12-38 斜齿轮展开图

(2) 模数

斜齿轮的轮齿为螺旋形，在垂直于齿轮轴线的端面（下标以 t 表示）和垂直于齿廓螺旋面的法向（下标以 n 表示）上有不同的参数，因此斜齿轮有端面模数 m_t 和法向模数 m_n 之分。在切制斜齿轮时，由于刀具是沿着轮齿的螺旋线齿槽方向运动，且刀具的齿形参数为标准值，所以齿轮法向参数 m_n、α_n、h_{an}^*、c_n^* 为标准值且与直齿圆柱齿轮的参数标准值相同。

尽管斜齿轮的法向参数是标准值，但计算齿轮几何尺寸时是在端面上进行的，因此须将法向模数转换为端面模数，即

$$m_t=\frac{m_n}{\cos\beta}$$

(3) 标准斜齿轮几何尺寸计算

一对斜齿轮的啮合，在端面上相当于一对直齿轮的啮合，因此可将斜齿轮的端面模数参数代入直齿轮几何尺寸的计算公式，就可得到斜齿轮的相应尺寸，见表 12-12。

表 12-12　外啮合渐开线标准斜齿圆柱齿轮的几何尺寸计算

名称	符号	计算公式
螺旋角	β	一般取 $\beta=8^\circ\sim20^\circ$
法向模数	m_n	根据强度计算确定,并取标准值
端面模数	m_t	$m_t=m_n/\cos\beta$
法向压力角	α_n	20°
端面压力角	α_t	$\tan\alpha_t=\tan\alpha_n/\cos\beta$
分度圆直径	d	$d=m_t z=\dfrac{m_n z}{\cos\beta}$
齿顶圆直径	d_a	$d_a=d+2h_a=m_n\left(\dfrac{z}{\cos\beta}+2h_{an}^*\right)$
齿根圆直径	d_f	$d_a=d-2h_f=m_n\left(\dfrac{z}{\cos\beta}-2h_{an}^*-2c_n^*\right)$
标准中心距	a	$a=\dfrac{d_1+d_2}{2}=\dfrac{m_n}{2\cos\beta}(z_1+z_2)$

12.8.3　斜齿圆柱齿轮的当量齿数

用仿形法加工斜齿圆柱齿轮时，需按轮齿的法向齿廓来选择刀具，因此必须知道法向齿形。

如图 12-39 所示为斜齿轮的分度圆柱，过任意齿的齿厚中点 C 作垂直于分度圆柱螺旋线的法面 n-n，此法面与分度圆柱的截交线为一椭圆，该椭圆在 C 点的曲率半径为 ρ。若以 ρ 为分度圆半径，以斜齿轮的法向模数 m_n 和法向压力角 α_n 为主参数，作出一个假想的直齿圆柱齿轮，其齿廓与斜齿轮的法向齿廓最为接近。这个虚拟的直齿轮称为斜齿轮的当量齿轮，它的齿数称为当量齿数，用 z_v 表示。当量齿数 $z_v=\dfrac{z}{\cos^3\beta}$。式中，$z$ 为斜齿轮的实际齿数。铣刀刀号就是根据当量齿数选择的。

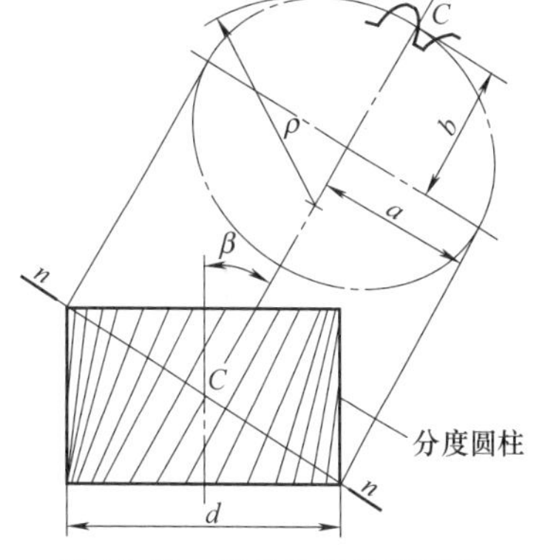

图 12-39　斜齿轮的分度圆柱

12.9　直齿圆锥齿轮传动

12.9.1　直齿圆锥齿轮传动的传动比

圆锥齿轮传动是用来传递空间两相交轴之间运动和动力的一种齿轮传动，其轮齿分布在截圆锥体上，轮齿从大端到小端逐渐缩小。为计算和测量方便，通常取大端参数为标准值。一对圆锥齿轮两轴线间的夹角 Σ 称为轴交角。其值可根据传动需要任意选取，在一般机械中，多取 $\Sigma=90^\circ$。如图 12-40 所示为一对正确安装的标准直齿圆锥齿轮，节圆锥面与分度圆锥面重合，两齿轮的分锥角分别为 δ_1

M12-11　直齿圆锥齿轮传动动画

和 δ_2，大端分度圆直径分别为 d_1 和 d_2，$\Sigma=\delta_1+\delta_2=90°$，其传动比为

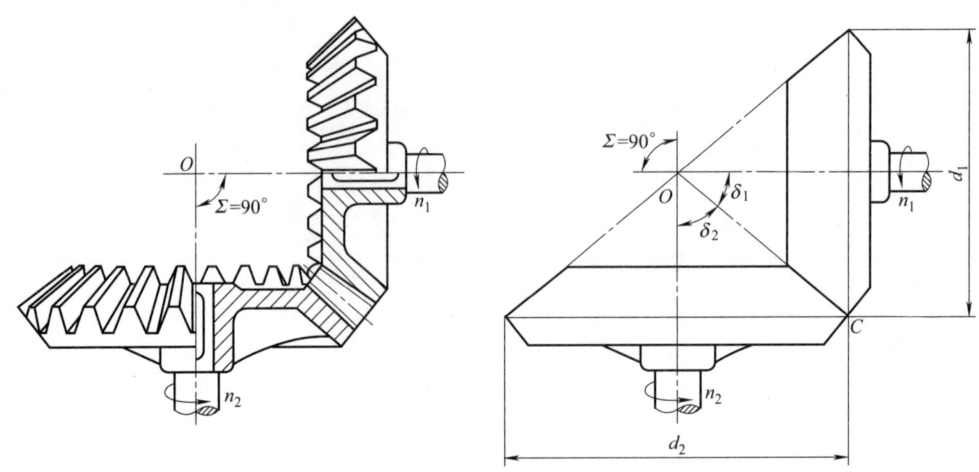

图 12-40 直齿圆锥齿轮传动

$$i_{12}=\frac{n_1}{n_2}=\frac{d_2}{d_1}=\frac{z_2}{z_1}=\cot\delta_1=\tan\delta_2$$

12.9.2 主要参数及几何尺寸计算

如图 12-41 所示为一对标准直齿圆锥齿轮。它的各部分名称和几何尺寸计算公式见表 12-13。

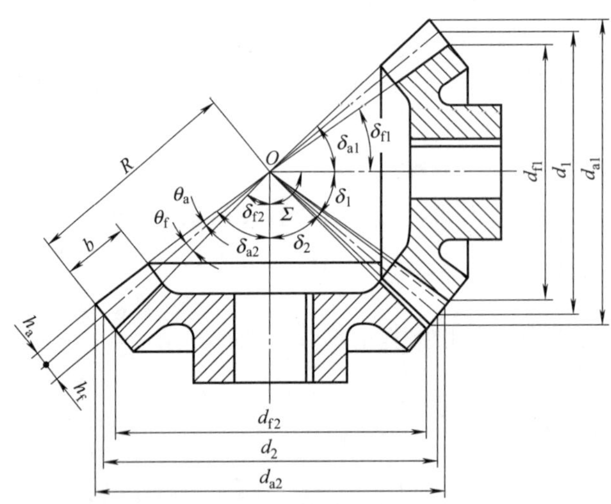

图 12-41 直齿圆锥齿轮的几何尺寸

表 12-13 直齿圆锥齿轮的几何尺寸计算

名称	符号	计算公式
模数	m	大端模数为标准值，按 GB/T 12368—1990 选取
分锥角	δ	$\delta_2=\arctan(z_2/z_1)$，$\delta_1=90°-\delta_2$
压力角	α	大端分度圆压力角为标准值，20°
锥距	R	$R=mz/(2\sin\delta)=m\sqrt{z_1^2+z_2^2}/2$

续表

名称	符号	计算公式
分度圆直径	d	$d=mz$
齿顶圆直径	d_a	$d_a=d+2h_a\cos\delta=(z+2h_a^*\cos\delta)m$
齿根圆直径	d_f	$d_f=d-2h_f\cos\delta=[z-(2h_a^*+2c^*)\cos\delta]m$
顶锥角	δ_a	$\delta_a=\delta+\theta_a=\delta+\arctan(h_a^* m/R)$
根锥角	δ_f	$\delta_f=\delta-\theta_f=\delta-\arctan[(h_a^*+c^*)m/R)]$

思考题与习题

12-1 渐开线是怎样形成的？它具有哪些性质？渐开线齿轮有哪些主要特性？

12-2 渐开线直齿圆柱齿轮的分度圆与节圆有何不同？在什么情况下分度圆与节圆重合？

12-3 渐开线齿轮正确啮合与连续传动的条件是什么？

12-4 在圆柱齿轮减速器中，为何小齿轮的齿宽大于大齿轮的齿宽？在强度计算时要代入哪个齿宽值？

12-5 齿轮传动润滑方式有哪些？各种润滑方式的适用范围？

12-6 一对齿轮传动时，大、小齿轮齿根处的弯曲应力是否相等？齿面上的接触应力是否相等？

12-7 已知一对外啮合标准直齿圆柱齿轮传动，标准中心距 $a=120$mm，传动比 $i=3$，模数 $m=3$mm。试计算大齿轮的几何尺寸 d、d_a、d_f、d_b、p、s、h_a 和 h_f。

12-8 一对标准直齿圆柱齿轮的齿数比 $u=1.5$，模数 $m=2.5$mm，中心距 $a=125$mm，求齿数 z_1、z_2。

12-9 现有一对闭式标准直齿圆柱齿轮传动，已知小齿轮材料为45钢调质处理，齿面硬度220HBW，大齿轮材料为ZG310－570正火处理，齿面硬度190HBW，$z_1=24$，$z_2=71$，$m=3$mm，$b_1=65$mm，$b_2=60$mm，传递功率 $P=5$kW，小齿轮转速 $n_1=720$r/min，单向运转，中等载荷，齿轮相对轴承为非对称布置。试校核该对齿轮的强度。

12-10 设计一单级直齿圆柱齿轮减速器中的齿轮传动。已知所传递的功率为 $P=4$kW，小齿轮转速为 $n_1=1450$r/min，要求传动比 $i=3.5$，齿轮单向运转，载荷平稳，使用寿命5年，两班制（每年300天），齿轮相对轴承为对称布置，电动机驱动。

第13章

蜗杆传动

13.1 蜗杆传动的特点与类型

蜗杆传动（图13-1）主要由蜗杆1和蜗轮2组成，用于传递空间两交错轴之间的运动和动力。两轴交错角可为任意值，最常用的为90°。蜗杆传动通常用于减速装置，且蜗杆为主动件。

蜗杆类似于螺杆，也可看成是齿数很少的宽斜齿轮，它和螺纹一样有左旋和右旋之分，分别称为左旋蜗杆和右旋蜗杆。除特殊要求外，一般常用右旋蜗杆。蜗轮的形状像斜齿轮，其轮齿沿齿宽方向弯曲成圆弧形，以便与蜗杆更好地啮合。

蜗杆传动广泛应用于机床、起重及矿山机械、仪器仪表等工业领域中。

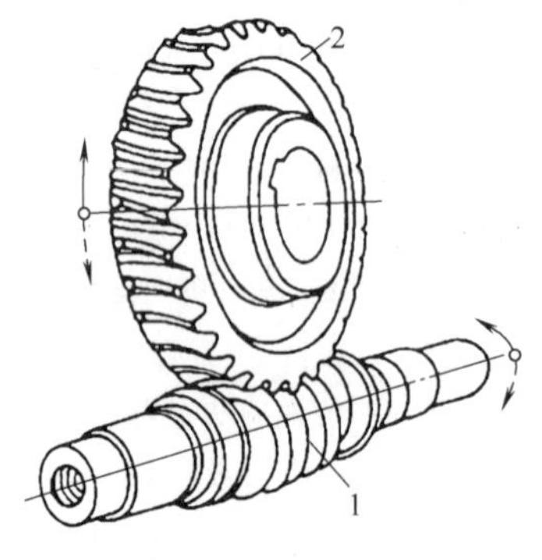

图13-1 蜗杆传动

M13-1 蜗杆传动动画

13.1.1 蜗杆传动的特点

① 传动比大，结构紧凑。由于蜗杆的头数少，所以单级传动就可获得较大的传动比。在仅传递运动（如分度机构）时，传动比甚至可达1000。在动力传动中，传动比通常为5～80。即单级蜗杆传动就可达到多级齿轮传动的传动比，因此蜗杆传动结构紧凑。

② 传动平稳，噪声小。因为蜗杆的齿是连续的螺旋齿，与蜗轮逐渐进入和逐渐退出啮合，且同时啮合的齿对较多，所以蜗杆传动平稳，噪声小。

③ 可具有自锁性。当蜗杆的导程角小于啮合轮齿间的当量摩擦角时，蜗杆传动便具有自锁性，即只能由蜗杆带动蜗轮转动，而不能由蜗轮带动蜗杆。

④ 传动效率低，摩擦磨损较大。在啮合传动时，蜗杆和蜗轮的轮齿间存在较大的相对滑动速度，故摩擦损耗大，传动效率低且易发热，一般效率只有70%～80%；具有自

锁性时，其效率在50%以下。故蜗杆传动不宜用于大功率长时间连续工作场合。

⑤ 制造成本高。为了减少齿面间由于相对滑动产生的磨损，蜗轮常使用减摩耐磨性能良好的有色金属材料（如铜合金），使得材料成本较高。同时，为了将摩擦产生的发热及时散失，蜗杆传动还需要有良好的润滑和散热装置，进一步提高了制造成本。

13.1.2 蜗杆传动的主要类型

蜗杆传动种类繁多，根据蜗杆形状的不同可分为圆柱蜗杆传动［图13-2（a)］、环面蜗杆传动［图13-2（b)］和锥面蜗杆传动［图13-2（c)］。

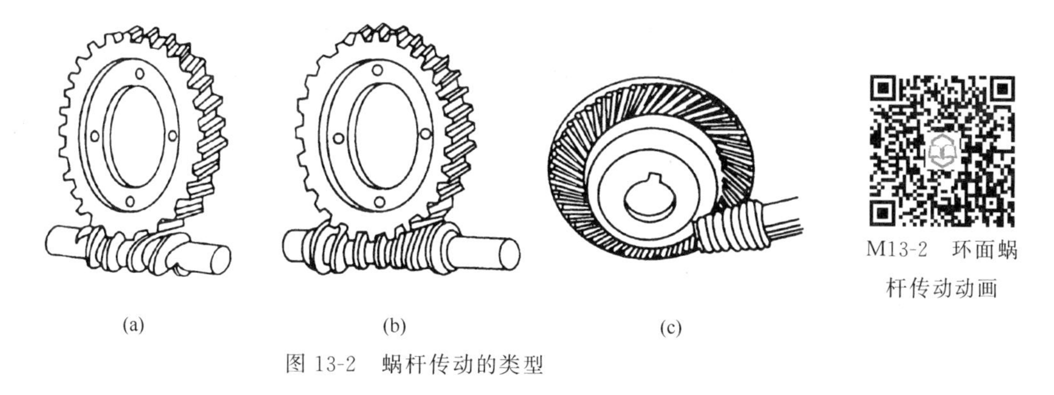

图13-2　蜗杆传动的类型

圆柱蜗杆按照螺旋面的形状又可分为阿基米德蜗杆（ZA蜗杆）、渐开线蜗杆（ZI蜗杆）等，括号中Z表示圆柱蜗杆，A、I为蜗杆齿形标记。

阿基米德蜗杆如图13-3所示，在垂直于蜗杆轴线的截面内（即端面）齿廓为阿基米德螺旋线，在通过轴线的平面内（即轴面）齿廓为直线，法向齿廓为外凸曲线。其加工与普通梯形螺纹相似，可在车床上用直刃车刀车制，应使切削刃顶面通过蜗杆的轴线。这种蜗杆加工和测量方便，车削工艺性好，但磨削困难，不易获得较高精度。阿基米德圆柱蜗杆一般用于头数较少，载荷较小，不太重要的传动中。

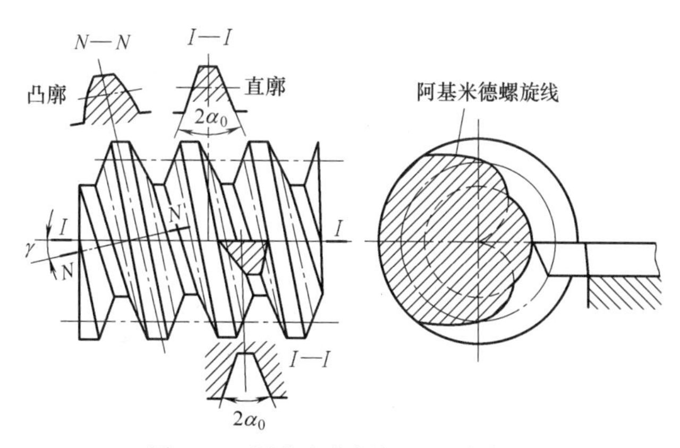

图13-3　阿基米德蜗杆（ZA蜗杆）

渐开线蜗杆如图13-4所示，端面齿廓为渐开线，可用两把直线刀刃的车刀在车床上加工，加工时刀具切削刃切于基圆；也可用齿轮滚刀加工。这种蜗杆磨削方便，制造精度较高，缺点是要采用专用设备加工，适用于高速大功率和较精密的传动。

本章仅讨论轴交角 $\Sigma=90°$的阿基米德蜗杆传动。

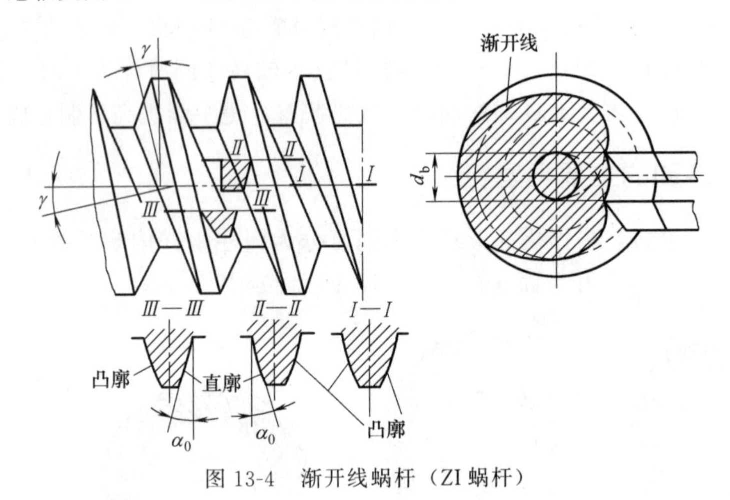

图 13-4 渐开线蜗杆（ZI 蜗杆）

13.2 蜗杆传动的主要参数和几何尺寸

如图 13-5 所示的阿基米德蜗杆传动，通过蜗杆轴线并垂直于蜗轮轴线的平面称为中间平面。对于蜗杆，中间平面是轴面，而对于蜗轮则是端面。在中间平面上，蜗杆传动就相当于渐开线齿轮和齿条的啮合传动。因此，在设计蜗杆传动时，都以中间平面上的参数和尺寸为基准。

M13-3 中间平面动画

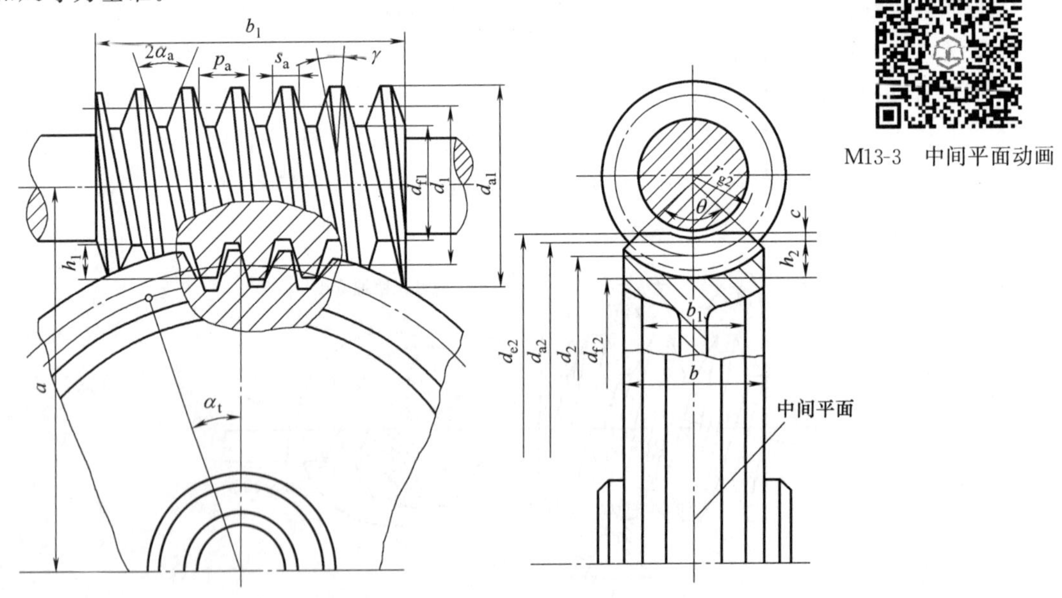

图 13-5 蜗杆传动的主要参数和几何尺寸

13.2.1 蜗杆传动的主要参数

(1) 模数 m 和压力角 α

参考一对渐开线齿轮的正确啮合条件，可知蜗轮蜗杆啮合时，在中间平面上，蜗杆的

轴向模数 m_{a1}、轴向压力角 α_{a1} 分别与蜗轮的端面模数 m_{t2} 和端面压力角 α_{t2} 相等，即

$$m_{a1}=m_{t2}=m$$

$$\alpha_{a1}=\alpha_{t2}=20°$$

蜗杆模数 m 值应查阅 GB/T 10088—2018，表 13-1 列出了部分蜗杆模数 m 值。

表 13-1　蜗杆的基本尺寸和参数（摘自 GB/T 10085—2018）

模数 m/mm	分度圆直径 d_1/mm	蜗杆头数 z_1	直径系数 q	m^2d_1/mm^3	模数 m/mm	分度圆直径 d_1/mm	蜗杆头数 z_1	直径系数 q	m^2d_1/mm^3
2	(18)	1,2,4	9.000	72	5	(40)	1,2,4	8.000	1000
	22.4	1,2,4,6	11.200	89.6		50	1,2,4,6	10.000	1250
	(28)	1,2,4	14.000	112		(63)	1,2,4	12.600	1575
	(35.5)	1	17.750	142		**90**	1	18.000	2250
2.5	(22.4)	1,2,4	8.960	140	6.3	(50)	1,2,4	7.936	1985
	28	1,2,4,6	11.200	175		63	1,2,4,6	10.000	2500
	(35.5)	1,2,4	14.200	221.9		(80)	1,2,4	12.698	3175
	45	1	18.000	281		**112**	1	17.778	4445
3.15	(28)	1,2,4	8.889	278	8	(63)	1,2,4	7.875	4032
	35.5	1,2,4,6	11.270	352		80	1,2,4,6	10.000	5376
	45	1,2,4	14.286	447.5		(100)	1,2,4	12.500	6400
	56	1	17.778	556		**140**	1	17.500	8960
4	(31.5)	1,2,4	7.875	504	10	(71)	1,2,4	7.100	7100
	40	1,2,4,6	10.000	640		90	1,2,4,6	9.000	9000
	(50)	1,2,4	12.500	800		(112)	1,2,4	11.200	11200
	71	1	17.750	1136		160	1	16.000	16000

注：1. 表中模数均系第一系列。$m<2$mm 和 $m>10$mm 的均未列入。

2. 表中蜗杆分度圆直径 d_1 均属于第一系列。

3. 模数和分度圆直径均应优先选用第一系列，括号中的数字尽可能不采用。

4. 表中 d_1 值为黑体的蜗杆为 $\gamma<3°30'$的自锁蜗杆。

(2) 蜗杆的导程角 γ

若将蜗杆的分度圆柱面展开，如图 13-6 所示，用 γ 表示该圆柱面上螺旋线升角即导程角。蜗杆同螺纹一样，旋转一周的周长为 πd_1，其螺旋线沿轴线上升的距离为 z_1p_{a1}（即蜗杆的轴向齿距），则有

$$\tan\gamma=\frac{z_1p_{a1}}{\pi d_1}=\frac{z_1\pi m}{\pi d_1}=\frac{z_1m}{d_1} \tag{13-1}$$

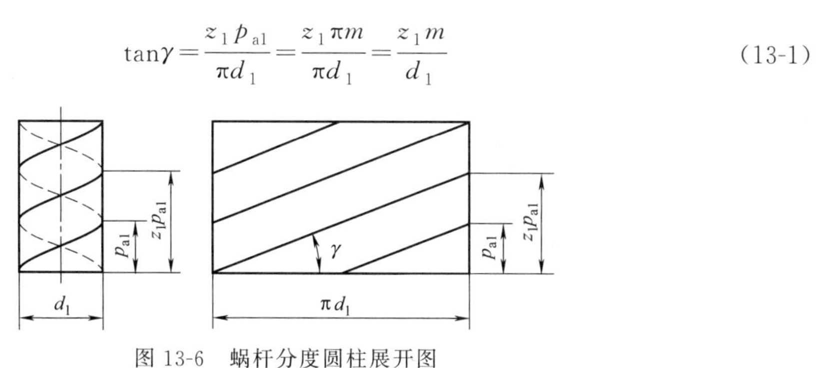

图 13-6　蜗杆分度圆柱展开图

当一对蜗杆蜗轮啮合时，蜗杆的导程角 γ 与蜗轮的螺旋角 β 大小相等，且旋向相同，才能相互吻合。

综上所述，蜗杆传动的正确啮合条件为

$$\left.\begin{array}{l} m_{a1}=m_{t2}=m \\ \alpha_{a1}=\alpha_{t2}=\alpha=20^{\circ} \\ \beta=\gamma \end{array}\right\} \tag{13-2}$$

(3) 蜗杆的分度圆直径 d_1

加工蜗轮时，为了保证蜗杆与蜗轮的正确啮合，所使用的蜗轮滚刀的参数与蜗轮相啮合的蜗杆相同。区别在于蜗轮滚刀有刃槽，且外径比蜗杆稍大，以便切出蜗杆传动的顶隙。由式（13-1）可得蜗杆分度圆直径

$$d_1=\frac{z_1 m}{\tan\gamma} \tag{13-3}$$

式（13-3）表明蜗杆的分度圆直径 d_1 不仅与模数 m 有关，而且与蜗杆的头数 z_1 和导程角 γ 有关。即同一模数，可以有很多不同直径的蜗杆，这也意味着每一模数就要配备很多蜗轮滚刀，显然很不经济。为了减少蜗轮滚刀的数量且利于滚刀的标准化，对每一标准模数 m 规定了一定数量的蜗杆分度圆直径 d_1，并把 d_1 与 m 的比值称为蜗杆直径系数 q，即

$$q=\frac{d_1}{m} \tag{13-4}$$

d_1 和 q 的标准值见表 13-1。

因此，蜗杆的分度圆直径计算公式为

$$d_1=mq \tag{13-5}$$

(4) 蜗杆头数 z_1、蜗轮齿数 z_2 和传动比 i

蜗杆头数（即螺旋线条数）通常为 1、2、4。当要求自锁或大传动比时，多采用单头蜗杆，即 $z_1=1$，但此时传动效率较低；要求蜗杆传动具有较高的传动效率时，取 $z_1=2$、4。蜗杆头数越多，加工精度越难保证。

当蜗杆为主动件时，传动比为

$$i=\frac{n_1}{n_2}=\frac{z_2}{z_1} \tag{13-6}$$

式中，n_1 和 n_2 分别为蜗杆和蜗轮的转速，r/min；z_1 为蜗杆的头数；z_2 为蜗轮的齿数。

注意：蜗杆传动比 i 不等于蜗轮和蜗杆分度圆直径之比。

蜗轮齿数 $z_2=iz_1$，一般取 $z_2=28\sim80$。

z_1、z_2 可根据传动比 i 参考表 13-2 选取。

表 13-2　蜗杆头数 z_1 与蜗轮齿数 z_2 推荐值

传动比 i	7～13	14～27	28～40	>40
蜗杆头数 z_1	4	2	2、1	1
蜗轮齿数 z_2	28～52	28～54	28～80	>40

13.2.2　蜗杆传动的几何尺寸计算

标准普通圆柱蜗杆传动的主要几何尺寸（图13-5）计算公式见表13-3。

表13-3　圆柱蜗杆传动几何尺寸计算公式（$\Sigma=90°$）

名称	计算公式	
	蜗杆	蜗轮
齿顶高	$h_{a1}=m$	$h_{a2}=m$
齿根高	$h_{f1}=1.2m$	$h_{f2}=1.2m$
分度圆直径	$d_1=mq$	$d_2=mz_2$
齿顶圆直径	$d_{a1}=m(q+2)$	$d_{a2}=m(z_2+2)$
齿根圆直径	$d_{f1}=m(q-2.4)$	$d_{f2}=m(z_2-2.4)$
顶隙	$c=0.2m$	
蜗杆导程角	$\gamma=\arctan\dfrac{z_1}{q}$	
蜗轮螺旋角		$\beta=\gamma$
中心距	$a=\dfrac{m}{2}(q+z_2)$	

［例13-1］　测得一双头蜗杆的轴向齿距$p_{a1}=6.28$mm，齿顶圆直径$d_{a1}=30$mm，求蜗杆的模数m、直径系数q及导程角γ。

解：由$p_{a1}=\pi m$，得$m=\dfrac{p_{a1}}{\pi}=\dfrac{6.28}{\pi}=2$（mm）

由$d_{a1}=m(q+2)$，得$q=\dfrac{d_{a1}}{m}-2=\dfrac{30}{2}-2=13$

因为$\tan\gamma=\dfrac{z_1}{q}=\dfrac{2}{13}=0.153846$，所以$\gamma=8.746°=8°44'46''$

［例13-2］　设蜗轮的齿数$z_2=40$，分度圆直径$d_2=320$mm，与一单头蜗杆相啮合。求：①蜗轮的端面模数m_{t2}和蜗杆的轴面模数m_{a1}；②蜗杆的分度圆直径d_1；③中心距a。

解：①由$d_2=mz_2$，得$m=\dfrac{d_2}{z_2}=\dfrac{320}{40}=8$（mm），则$m_{a1}=m_{t2}=m=8$mm。

②查表13-1，取$d_1=80$mm，$q=10$

③$a=\dfrac{d_1+d_2}{2}=\dfrac{80+320}{2}=200$（mm）

13.3　蜗轮旋转方向的确定

蜗杆传动中蜗轮的旋转方向可通过蜗轮的受力方向确定。当蜗杆为主动件时，右旋蜗杆所受轴向力的方向由右手法则确定［图13-7（a）］，左旋蜗杆所受轴向力的方向由左手法则确定［图13-7（b）］。所谓右（左）手法则，是指右（左）手握拳时，以四指所示的方向表示蜗杆的回转方向，则拇指伸直时所指的方向就表示蜗杆所受轴向力的方向。而蜗轮所受的圆周力是蜗杆轴向力的反作用力，由于该圆周力是蜗轮的驱动力，因此其作用方向就表示了蜗轮的转动方向。

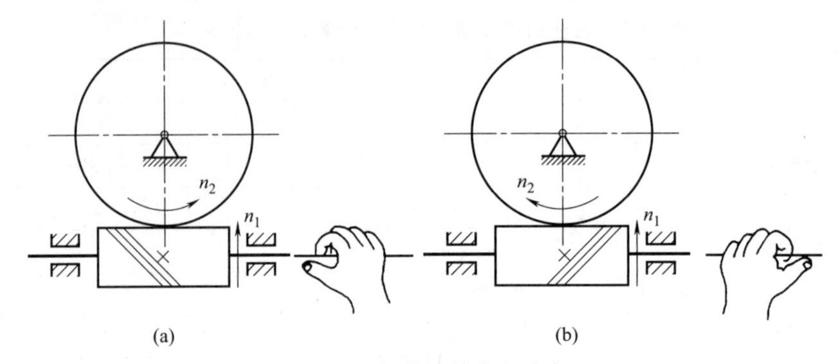

图 13-7 蜗轮旋转方向确定

13.4 蜗杆传动的失效形式和常用材料

13.4.1 蜗杆传动的失效形式

如图 13-8 所示为轴交角为 90°的蜗杆传动，在啮合点 C 处，蜗杆的圆周速度 v_1 和蜗轮的圆周速度 v_2 相互垂直，所以蜗杆与蜗轮啮合传动时，齿廓间沿蜗杆齿面螺旋线的切线方向有较大的相对滑动速度 v_s，其大小为：

$$v_s=\sqrt{v_1^2+v_2^2}=\frac{v_1}{\cos\gamma} \qquad (13\text{-}7)$$

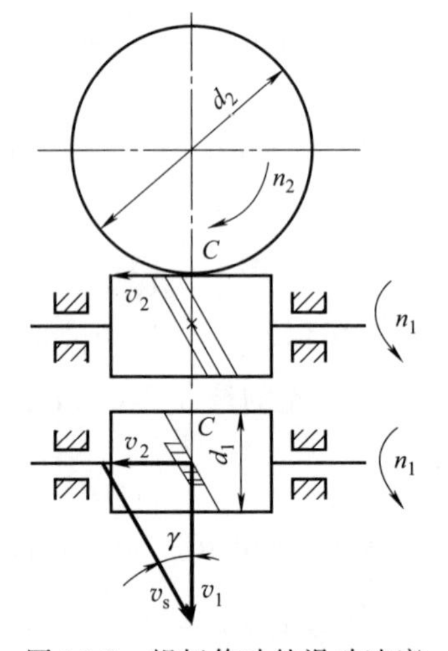

图 13-8 蜗杆传动的滑动速度

蜗杆传动的失效形式类似于齿轮传动，有胶合、磨损、疲劳点蚀和轮齿折断等。但由于蜗杆传动轮齿齿面间相对滑动速度较大，发热量大、温升高、效率低，更易发生磨损和胶合失效。由于蜗杆是连续的螺旋齿，且蜗杆材料比蜗轮材料的强度高，所以失效常发生在蜗轮的轮齿上。当润滑条件差及散热不良时，闭式蜗杆传动极易出现胶合。开式传动以及润滑油不清洁的闭式传动中，轮齿磨损是其主要失效形式。

13.4.2 蜗杆传动的常用材料

由蜗杆传动的主要失效形式可知，蜗杆和蜗轮的材料不但要有一定的强度，而且要有良好的减摩性、耐磨性和抗胶合的能力。

蜗杆一般用碳素钢或合金钢制成。最常用的蜗杆材料为 45 钢，对于低速、轻载、中载、不重要传动可做调质处理，硬度为 220～300HBW；对中速、中载、一般传动、载荷稳定时，可表面淬火到 45～55HRC，并应磨削。而高速、重载、重要传动、载荷变化大时可采用 15Cr 或 20Cr，经渗碳淬火，硬度为 40～55HRC，并应磨削。

蜗轮常用材料为青铜和铸铁。锡青铜耐磨性及抗胶合性能较好，但价格较贵，常用的有 ZCuSn10P1（铸锡磷青铜）、ZCuSn5Pb5Zn5（铸锡锌铅青铜）等，用于滑动速度较高的场合。铝铁青铜的力学性能较好，但抗胶合性略差，常用的有 ZCuAl9Fe4Ni4Mn2（铸铝铁镍青铜）等，用于滑动速度较低的场合。灰铸铁只用于滑动速度 $v_s \leqslant 2$m/s 的传动中。

常用的蜗杆蜗轮的配对材料见表 13-4。

表 13-4　蜗杆蜗轮配对材料

相对滑动速度 v_s/(m/s)	蜗轮材料	蜗杆材料
≤25	ZCuSn10P1	20CrMnTi　渗碳淬火　56～62 HRC 20Cr
≤12	ZCuSn5Pb5Zn5	45 钢　高频淬火　40～50 HRC 40Cr　50～55 HRC
≤10	ZCuAl9Fe4Ni4Mn2 ZCuAl19Mn2	45 钢　高频淬火　45～50 HRC 40Cr　50～55 HRC
≤2	HT150 HT200	45 钢　调质　220～250HBW

13.5　蜗杆与蜗轮的结构

13.5.1　蜗杆结构

蜗杆的直径较小，常与轴做成一体，称为蜗杆轴，如图 13-9 所示。螺旋部分常用车削加工，也可用铣削加工。车削加工时需有退刀槽，蜗杆轴的刚性较差。

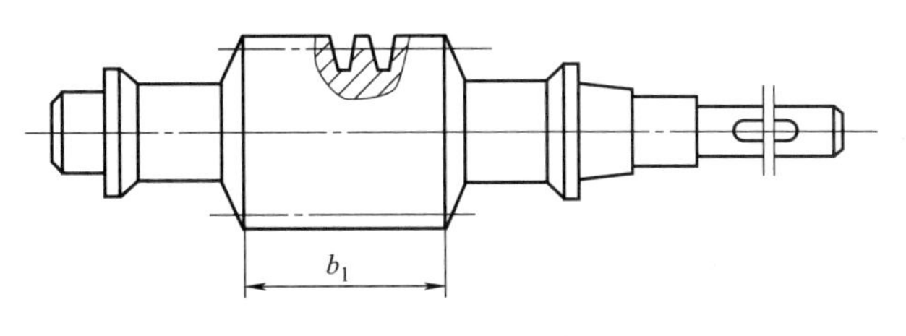

图 13-9　蜗杆轴

13.5.2　蜗轮结构

蜗轮的结构分为整体式和组合式。

铸铁蜗轮或直径小于 100mm 的青铜蜗轮可做成整体式，如图 13-10（a）所示。

直径较大的蜗轮，由于青铜成本较高，为节省贵重的有色金属，常采用组合式，即齿圈用有色金属制造，而轮芯用钢或铸铁制成。齿圈和轮芯的连接方式有以下三种：

① 齿圈压配式。齿圈和轮芯用过盈连接，为使连接更可靠，可在接缝处加装 4～6 个紧定螺钉。由于青铜较软，为避免将孔钻偏，应将螺钉中心线向较硬的轮芯偏移 2～3mm。此结构多用于尺寸不大或工作温度变化较小的场合，如图 13-10（b）所示。

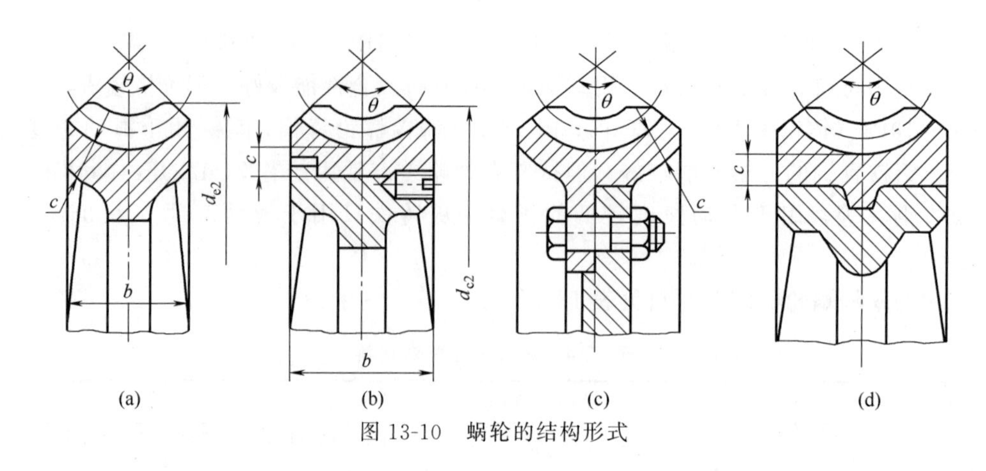

图 13-10 蜗轮的结构形式

② 螺栓连接式。齿圈与轮芯用铰制孔用螺栓连接，螺栓与孔采用过渡配合。由于装拆方便，这种结构常用于尺寸较大或磨损后需要更换齿圈的蜗轮，如图 13-10（c）所示。

③ 浇注式。在轮芯上预制出榫槽，浇注上青铜轮缘并切齿。该结构适用于大批生产，如图 13-10（d）所示。

思考题与习题

13-1 蜗杆传动的传动比如何计算？能否用分度圆直径之比表示传动比？

13-2 与其他齿轮传动相比较，蜗杆传动的失效形式有何特点？为什么？

13-3 何谓蜗杆传动的中间平面？中间平面上的参数在蜗杆传动中有何重要意义？

13-4 何谓蜗杆传动的相对滑动速度？它对蜗杆传动有何影响？

13-5 蜗杆传动的效率为何比平行轴齿轮传动的效率低得多？

13-6 蜗杆传动时，为什么蜗轮轮缘一般选用青铜制造而蜗杆常用钢制造？

13-7 测得一圆柱蜗杆传动的蜗杆轴向齿距 $p_a=19.70\text{mm}$，蜗杆齿顶圆直径 $d_{a1}=92.6\text{mm}$，蜗杆头数 $z_1=2$，蜗轮齿数 $z_2=30$。试确定模数 m，蜗杆直径系数 q，蜗杆和蜗轮分度圆直径 d_1、d_2，蜗轮螺旋角 β，传动中心距 a 和传动比 i。

13-8 有一阿基米德蜗杆传动，已知 $m=8\text{mm}$，$z_1=1$，$q=10$，$\alpha=20°$，$h_a^*=1$，$c^*=0.2$，$z_2=48$。试计算该蜗杆传动的主要几何尺寸。

13-9 如图 13-11 所示为圆柱蜗杆-圆锥齿轮传动，已知输入轴上的圆锥齿轮 4 的转向，且圆锥齿轮轴向力的方向为分别沿各自的轴线并指向轮齿的大端，为使中间轴上的轴向力互相抵消一部分，试确定：蜗杆、蜗轮的转向及螺旋线方向。

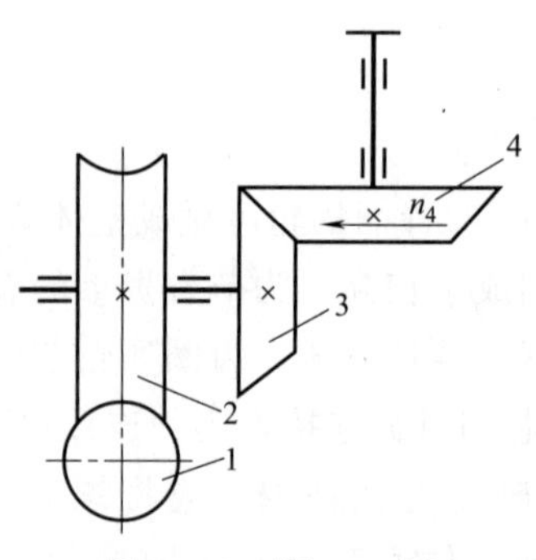

图 13-11 题 13-9 图

第14章 轮 系

14.1 轮系的类型

在实际机械传动中，仅用一对齿轮往往不能满足生产上的多种要求，经常采用一系列相互啮合的齿轮传动系统来达到目的。这种多齿轮的传动系统称为齿轮系，简称轮系。

轮系通常分为定轴轮系和行星轮系两大类。

(1) 定轴轮系

当轮系运转时，若其上各齿轮的几何轴线相对于机架的位置都是固定的，这种轮系称为定轴轮系，如图 14-1 所示，图中 1～3、2′分别表示齿轮。本章图中的数字均表示齿轮。

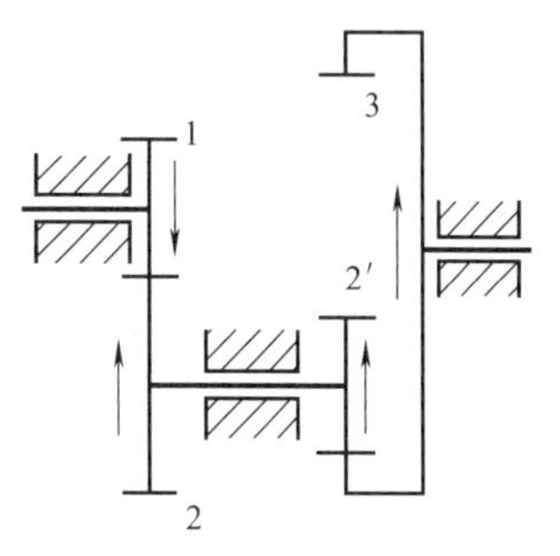

图 14-1 定轴轮系

(2) 行星轮系

在轮系运转时，若其中至少有一个齿轮的几何轴线相对于机架的位置并不固定，而是绕着其他齿轮的固定几何轴线回转，这种轮系称为行星轮系。如图 14-2 所示为行星轮系结构，图 14-3 为行星轮系的简图。

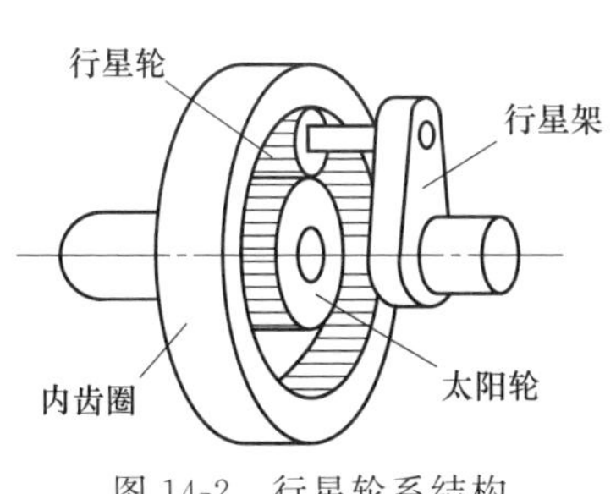

图 14-2 行星轮系结构

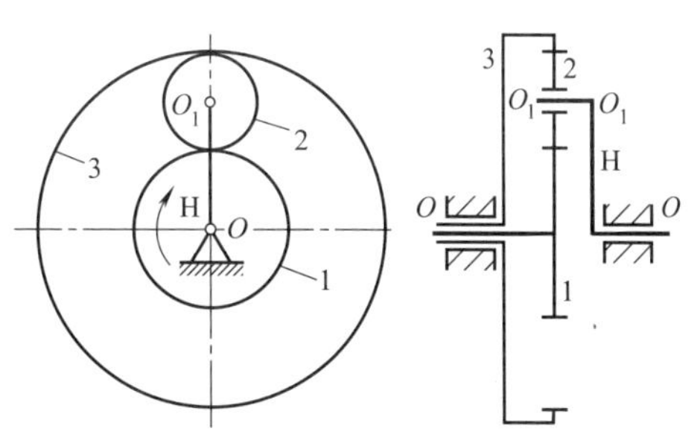

图 14-3 行星轮系简图

在行星轮系中，活套在构件 H 上的齿轮 2，一方面绕自身的轴线 O_1O_1 回转（自转），另一方面又随构件 H 绕固定轴线 OO 回转（公转），犹如天体中的行星，兼有自转和公转，故将齿轮 2 称为行星轮。支承行星轮的构件 H 称为行星架或系杆。与行星轮相啮合且轴线固定的齿轮 1 和 3 称为中心轮。其中外齿中心轮称为太阳轮，内齿中心轮称为内齿圈。

行星轮系按其自由度不同可分为两大类：自由度为 2 的行星轮系称为差动行星轮系，习惯称为差动轮系，如图 14-3 所示。自由度为 1，即有一个中心轮固定的行星轮系称为简单行星轮系，如图 14-4 所示。

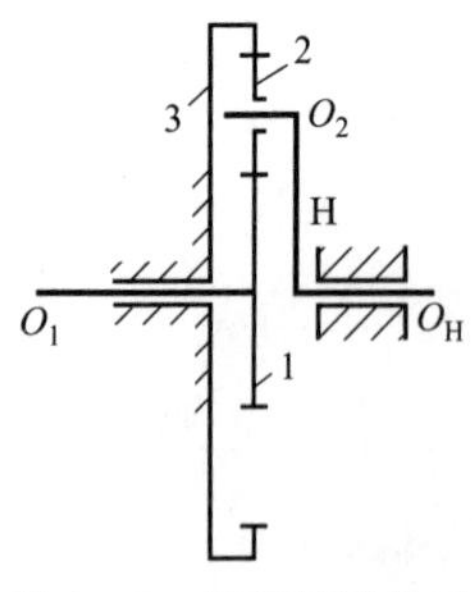

图 14-4 简单行星轮系

M14-1 差动轮系动画

M14-2 简单行星轮系动画

按结构复杂程度不同，行星轮系可分为以下三类：

① 单级行星轮系。是指由一级行星齿轮传动机构构成的轮系。该轮系中只有一个行星架。

② 多级行星轮系。是指由二级或二级以上同类型单级行星齿轮传动机构组成的轮系，如图 14-5 所示。

③ 复合行星轮系。是指由一级或多级行星齿轮传动机构与其他类型的齿轮传动机构组成的轮系，如图 14-6 所示。

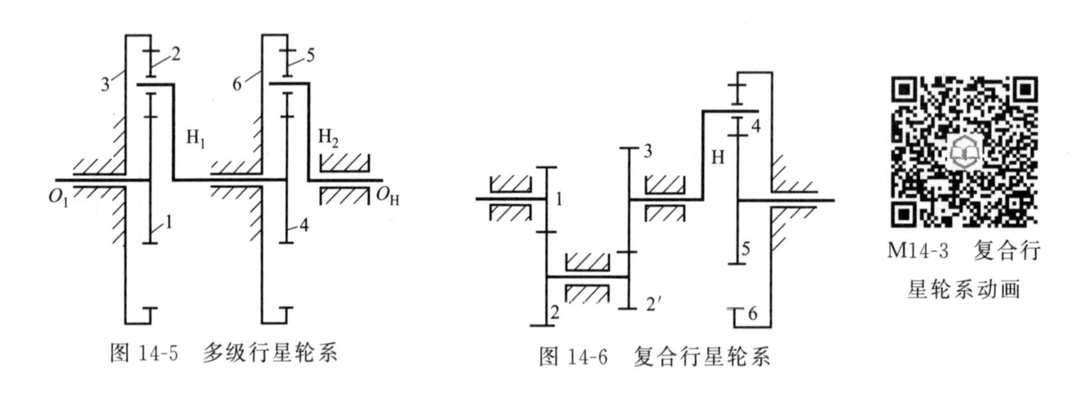

图 14-5 多级行星轮系

图 14-6 复合行星轮系

M14-3 复合行星轮系动画

14.2 轮系的传动比

在轮系中，首轮和末轮的角速度（或转速）之比，称为轮系的传动比，常用 i_{ak} 表示，下标 a、k 分别为输入轴与输出轴的代号。由于角速度有方向性，因此计算轮系的传动比不但要确定其大小，还要确定两轴的相对转动方向。

14.2.1 一对齿轮啮合的传动比的表示

如图 14-7 所示，分别为一对外（内）啮合圆柱齿轮传动，设主动轮 1 的转速为 n_1，齿数为 z_1；从动轮 2 的转速为 n_2，齿数为 z_2，则传动比可表示为

$$i_{12}=\frac{n_1}{n_2}=\mp\frac{z_2}{z_1} \tag{14-1}$$

式中，“$-$”号表示两轮转向相反，为外啮合圆柱齿轮传动；“$+$”号表示两轮转向相同，为内啮合圆柱齿轮传动。

两轮的转向也可用画箭头的方法表示。对外啮合齿轮，可用反方向箭头表示

[图 14-7（a）]；内啮合时，则用同方向箭头表示 [图 14-7（b）]。对圆锥齿轮传动，可用两箭头同时指向或背离啮合处来表示两轴的实际转向 [图 14-7（c）]。至于蜗杆传动，应先判断蜗轮的圆周力方向再判定其转向，具体方法按第 13 章所述规则确定。

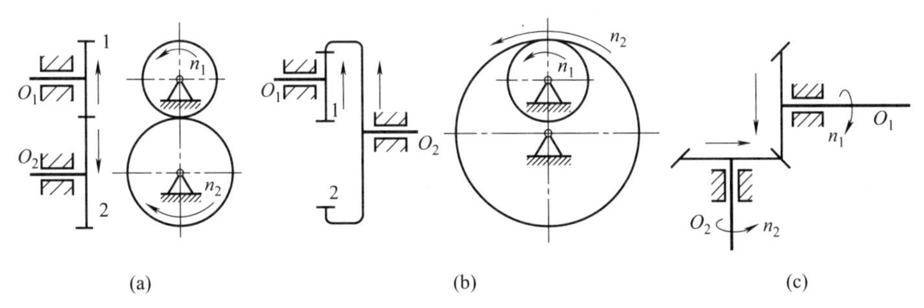

图 14-7　定轴轮系的传动比

14.2.2　定轴轮系传动比的计算

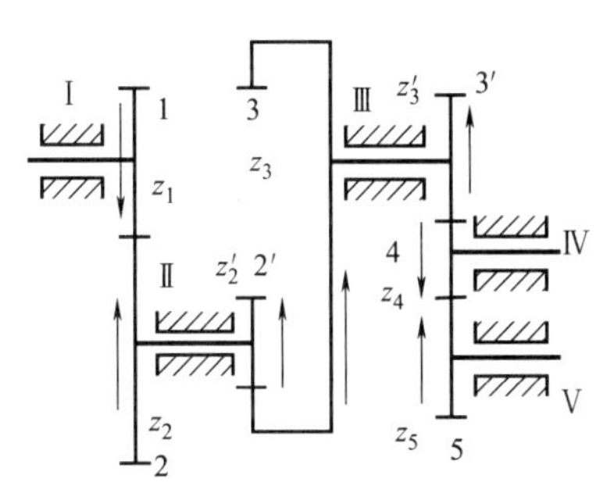

图 14-8　定轴轮系的传动比计算

图 14-8 所示为一定轴轮系，设Ⅰ轴为输入轴，Ⅴ轴为输出轴，各轮齿数分别为 z_1、z_2、z_2'、z_3、z_3'、z_4、z_5；轴Ⅰ、Ⅱ、Ⅲ、Ⅳ、Ⅴ轴的转速分别为 n_1、n_2、n_3、n_4、n_5。

为确定该定轴轮系传动比的大小，首先求出该轮系中各对齿轮的传动比。即

$$i_{12}=\frac{n_1}{n_2}=-\frac{z_2}{z_1};\quad i_{2'3}=\frac{n_{2'}}{n_3}=+\frac{z_3}{z_{2'}};\quad i_{3'4}=\frac{n_{3'}}{n_4}=-\frac{z_4}{z_{3'}};\quad i_{45}=\frac{n_4}{n_5}=-\frac{z_5}{z_4}$$

由于齿轮 2、2′，3、3′同轴，则 $n_2=n_2'$、$n_3=n_3'$。

该轮系的传动比为

$$i_{15}=\frac{n_1}{n_5}=\frac{n_1}{n_2}\times\frac{n_{2'}}{n_3}\times\frac{n_{3'}}{n_4}\times\frac{n_4}{n_5}=i_{12}i_{2'3}i_{3'4}i_{45}$$

将上述各对齿轮的传动比公式代入上式，化简后得

$$i_{15}=i_{12}i_{2'3}i_{3'4}i_{45}=(-1)^3\ \frac{z_2z_3z_5}{z_1z_{2'}z_{3'}}$$

轮系中各齿轮的转向，通过画箭头的方法确定。即根据输入轴的已知转向，按其传动路线，逐一画箭头表示出转向关系，最后就可确定轴Ⅴ的转向，如图 14-8 所示。

由以上分析可推得定轴轮系传动比的一般计算公式。设轮 1 为首轮，轮 k 为末轮，其间共有（k-1）对相互啮合齿轮，则

① 定轴轮系的传动比等于组成该轮系的各对齿轮传动比的连乘积。

② 定轴轮系传动比的大小，等于各对啮合齿轮中所有从动轮齿数的连乘积与所有主动轮齿数的连乘积之比，即

$$i_{1k}=\frac{\omega_1}{\omega_k}=\frac{n_1}{n_k}=\frac{\text{所有从动齿轮齿数的连乘积}}{\text{所有主动齿轮齿数的连乘积}}\tag{14-2}$$

③ 定轴轮系主、从动轮的转向，可通过画箭头的方法或用外啮合次数确定。其中，

用外啮合次数确定转向的方法仅适用于所有齿轮轴线平行的轮系。由于有一对外啮合齿轮，两轴方向就改变一次，若有 m 对外啮合齿轮，则两轴方向改变 m 次。因此，轮系传动比的符号可用外啮合次数来确定，即

$$i_{1k}=\frac{\omega_1}{\omega_k}=\frac{n_1}{n_k}=(-1)^m\ \frac{z_2z_3z_4\cdots z_k}{z_1z_{2'}z_{3'}\cdots z_{(k-1)}}=(-1)^m\ \frac{\text{所有从动轮齿数连乘积}}{\text{所有主动轮齿数连乘积}} \quad (14\text{-}3)$$

若轮系中包含空间齿轮传动，则只能用画箭头的方法确定主、从动轮的转向。如图 14-9 所示的定轴轮系。

注意：图 14-8 所示的齿轮 4 同时与齿轮 3′、5 相啮合，它既是前一对齿轮中的从动轮，又是后一对齿轮中的主动轮，在轮系的传动比计算结果中，齿数 z_4 对轮系传动比的大小没有影响，但增加了外啮合次数，改变了传动比符号，使轮系中从动轮的转向改变。这种不影响传动比大小，但影响传动比符号（即改变轮系末轮转向）的齿轮，称为惰轮。

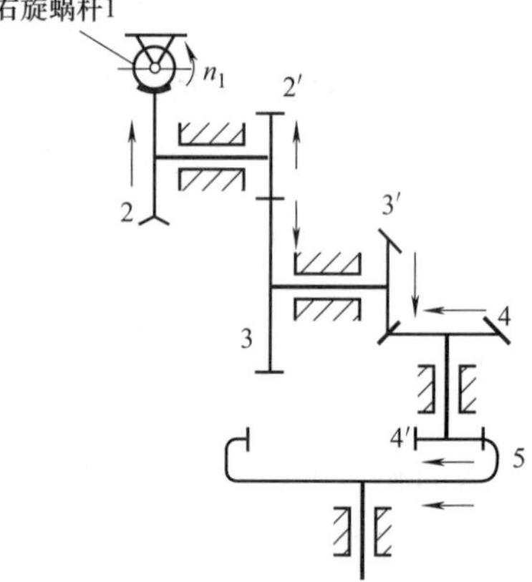

图 14-9　包含空间齿轮传动的定轴轮系

[例 14-1]　图 14-9 所示的轮系中，蜗杆 1 为右旋，转向如图所示，$z_1=2$，$z_2=40$，$z'_2=18$，$z_3=36$，$z'_3=20$，$z_4=40$，$z'_4=18$，$z_5=45$。若蜗杆转速 $n_1=1000\text{r/min}$，求内齿轮 5 的转速 n_5 的大小和转向。

解： 该轮系为定轴轮系，传动比 i_{15} 的大小为

$$i_{15}=\frac{n_1}{n_5}=\frac{z_2z_3z_4z_5}{z_1z_{2'}z_{3'}z_{4'}}=\frac{40\times36\times40\times45}{2\times18\times20\times18}=200$$

因此内齿轮 5 的转速 n_5 为

$$n_5=\frac{n_1}{i_{15}}=\frac{1000}{200}=5\ (\text{r/min})$$

因轮系中包含空间齿轮传动，故用画箭头方法确定转向，内齿轮 5 的转向如图 14-9 所示。

14.2.3　行星轮系传动比的计算

(1) 单级行星轮系传动比的计算

行星轮系与定轴轮系的本质区别在于行星轮的轴线不固定，因此其传动比的计算不能直接利用定轴轮系传动比的计算公式。但如果能在保持轮系各构件之间相对运动关系不变的前提下，将行星轮系转化为“定轴轮系”，便可利用定轴轮系传动比的计算公式。

图 14-10 (a) 所示为一行星轮系，根据辨证唯物主义的静止的相对性，假想给整个齿轮系加上一个与行星架 H 的转速 n_H 大小相等、方向相反的附加转速“$-n_H$”，则行星架可视为静止不动，而各构件间的相对运动关系不变。这样原来的行星轮系就转化为一个假想的定轴轮系，如图 14-10 (b) 所示。这个假想的定轴轮系称为原行星轮系的转化机构。这种方法称为转化机构法。

现将轮系中各构件在转化前后的转速列于表 14-1 中。

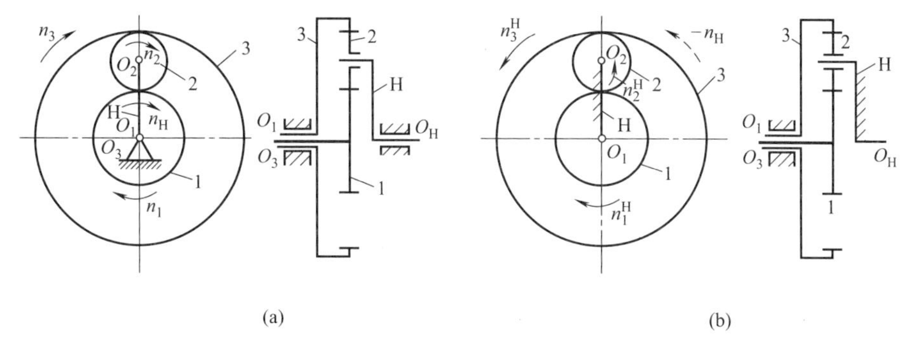

图 14-10　差动轮系及其转化机构

表 14-1　轮系中各构件在转化前后的转速

构件名称	原轮系中的转速	在转化机构中的转速
太阳轮 1	n_1	$n_1^H=n_1-n_H$
行星轮 2	n_2	$n_2^H=n_2-n_H$
太阳轮 3	n_3 ·	$n_3^H=n_3-n_H$
行星架 H	n_H	$n_H^H=n_H-n_H=0$

表 14-1 中 n_1^H、n_2^H、n_3^H、n_H^H 分别表示转化机构中各构件相对于行星架 H 的转速。

由于转化机构是“定轴轮系”，因此转化机构的传动比 i_{13}^H 则可用定轴齿轮系传动比的计算方法求出，即

$$i_{13}^H=\frac{n_1^H}{n_3^H}=\frac{n_1-n_H}{n_3-n_H}=-\frac{z_2z_3}{z_1z_2}=-\frac{z_3}{z_1}$$

式中，z_1、z_2、z_3 为各轮齿数；“－”表示齿轮 1 和齿轮 3 在转化机构中的转向相反。

上式虽没有直接表示出该行星轮系的传动比，但式中已包含了各基本构件转速与各轮齿数之间的关系。在计算齿轮系传动比时各轮齿数一般是已知的，若在 n_1、n_3、n_H 三个运动参数中已知任意两个（包括大小和方向），就可确定第三个，从而可求出该行星轮系中任意两轮的传动比。

推广到一般的行星轮系中，设首轮 1、末轮 k 和行星架 H 的绝对转速分别为 n_1、n_k、n_H，m 表示齿轮 1 到 k 的外啮合次数，则其转化机构的相对传动比表达式为

$$i_{1k}^H=\frac{n_1-n_H}{n_k-n_H}=(-1)^m\frac{\text{所有从动轮的齿数连乘积}}{\text{所有主动轮的齿数连乘积}} \tag{14-4}$$

公式说明：

① 首轮 1、末轮 k 和行星架 H 这三个构件的轴线应互相平行或重合，其原因在于公式推导过程中附加转速“$-n_H$”与各构件原来的转速是代数相加的。

② 将 n_1、n_k、n_H 的值代入式（14-4）计算时，必须带正负号（如未给定方向，可先设某方向为正）。

③ 齿数比的前面必须有正负号，确定方法与定轴轮系的判断方法相同。

④ $i_{1k}^H\neq i_{1k}$。i_{1k}^H 是转化机构的传动比；$i_{1k}=\frac{n_1}{n_k}$是行星轮系的传动比，根据由转化机

构确定的 n_1 和 n_k（包括大小和转向）代入计算，由计算结果确定其大小和方向。

[例 14-2] 图 14-11 所示的行星轮系，已知 $z_1=100$，$z_2=101$，$z_{2'}=100$，$z_3=99$。试求传动比 i_{H1}。

解：由式（14-4）可得

$$i_{13}^{H}=\frac{n_1-n_H}{n_3-n_H}=(-1)^2\ \frac{z_2z_3}{z_1z_{2'}}$$

由图可知，$n_3=0$，代入上式得

$$i_{13}^{H}=1-\frac{n_1}{n_H}=1-i_{1H}$$

于是有

$$i_{1H}=1-i_{13}^{H}=1-(-1)^2\ \frac{z_2z_3}{z_1z_{2'}}=1-\frac{101\times99}{100\times100}=\frac{1}{10000}$$

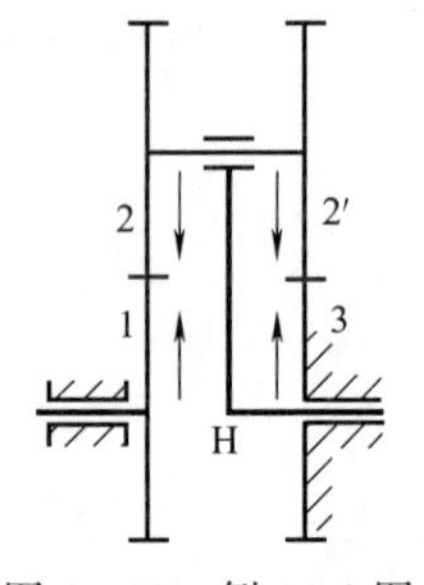

图 14-11 例 14-2 图

因此
$$i_{H1}=\frac{1}{i_{1H}}=1000$$

这说明当行星架 H 转 10000 转时，轮 1 才转 1 转，可见其传动比极大，轮 1 的转向与行星架的转向相同。此行星轮系在仪表中用来测量高速转动或作为精密的微调机构。

若将 z_3 的齿数由 99 改为 100，则 $i_{H1}=-100$。也就是说，当行星架 H 转 100 转时，轮 1 反向转 1 转。可见行星轮系中从动轮的转向不仅与主动轮的转向有关，而且与轮系中各轮的齿数有关。

(2) 复合行星轮系传动比的计算

在计算复合行星轮系传动比时，既不能将整个轮系作为定轴轮系来处理，也不能对整个机构采用转化机构的办法。正确的方法是：

① 首先将复合行星轮系分解成基本轮系（定轴轮系和单级行星轮系）。先确定行星轮，再找出支承行星轮的行星架，以及与行星轮相啮合的中心轮。这组行星轮、行星架、中心轮就是一个单级行星轮系。剩余轮系再继续分解，直到全部分解为基本轮系。

② 分别列出各基本轮系传动比的公式。

③ 找出各基本轮系之间的联系，将各传动比关系式联立求解，即可求得复合行星轮系的传动比。

[例 14-3] 已知图 14-12 所示轮系，各轮齿数为 $z_1=17$，$z_2=22$，$z_{2'}=16$，$z_3=23$，$z_{3'}=25$，$z_4=15$，$z_5=55$。试求该轮系的传动比 i_{1H}。

解：（1）划分基本轮系

图中的虚线将该轮系划分为由齿轮 3′-4-5-H 组成的单级行星轮系和齿轮 1-2-2′-3 组成的定轴轮系。

（2）计算各轮系传动比

① 定轴轮系的传动比

$$i_{13}=\frac{n_1}{n_3}=(-1)^2\ \frac{z_2z_3}{z_1z_{2'}}=\frac{22\times23}{17\times16}=1.86$$

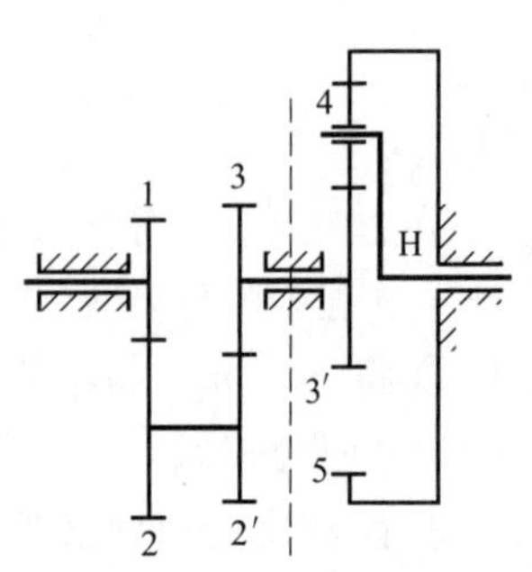

图 14-12 例 14-3 图

② 单级行星轮系 3′-4-5-H 的传动比

$$i_{3'5}^{H}=\frac{n_{3'}-n_H}{n_5-n_H}=-\frac{z_5}{z_{3'}}=-\frac{55}{25}=-2.2$$

由图可知，$n_5=0$，代入上式，有

$$\frac{n_{3'}}{-n_H}+1=-2.2$$

于是

$$i_{3'H}=\frac{n_{3'}}{n_H}=3.2$$

（3）联立求解

由于 $n_3=n_{3'}$

所以

$$i_{1H}=\frac{n_1}{n_H}=\frac{n_1}{n_3}\cdot\frac{n_{3'}}{n_H}=i_{13}\cdot i_{3'H}=5.95$$

14.3 轮系的应用

工程实际中轮系应用广泛，其主要功能可概括为以下几个方面：

(1) 获得大的传动比

一对外啮合圆柱齿轮传动，其传动比一般可为 $i\leqslant5\sim7$。如果传动比较大，应采用轮系。如［例 14-2］中的少齿差行星轮系，其传动比 $i=10000$，且结构紧凑。

(2) 实现较远距离的传动

当两轴相距较远时，如果仅用一对齿轮来传动（图 14-13 中双点画线所示的齿轮 1、2)，则两轮的尺寸将很大，不但给制造、安装带来不便，而且浪费材料，若改用图中所示的四个尺寸比较小的齿轮组成的轮系，则可克服上述缺点。

(3) 实现变速与换向传动

如图 14-14 所示的齿轮系，齿轮 1、1′为双联齿轮，可沿其轴线滑动。当齿轮 1 与齿轮 2 啮合，输出一转速；当齿轮 1′与 2′啮合时，输出另一转速，实现了变速传动。

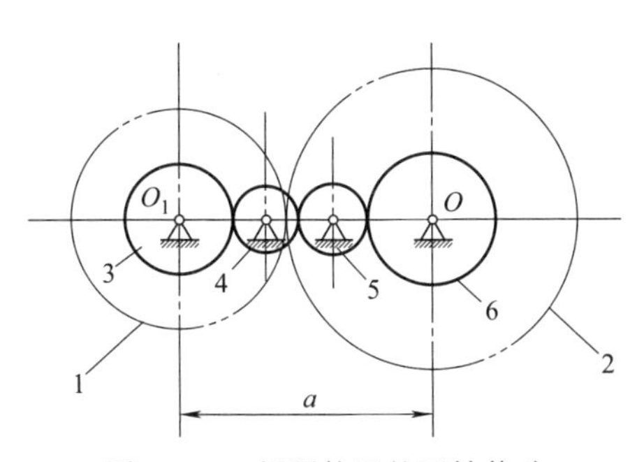

图 14-13　相距较远的两轴传动

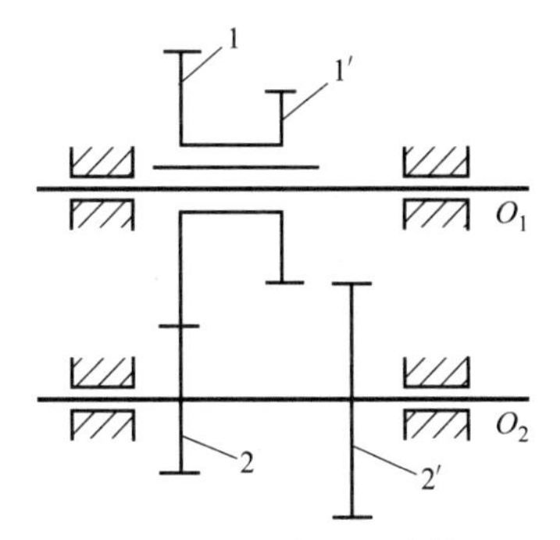

图 14-14　可变速的齿轮系

图 14-15（a）所示的轮系，主动齿轮 1 的转动经过惰轮 3 传到从动轮 4，轮 4 与轮 1 转向相同；若搬动手柄，如图 14-15（b）所示，主动齿轮 1 的转动则经过惰轮 2、3 传到从动轮 4，轮 4 与轮 1 转向相反，从而使从动轴实现了换向传动。

(4) 实现分路传动

利用轮系，可通过主动轴上的若干齿轮分别把运动传递给若干个从动轴（工作部位），从而实现分路传动。如图 14-16 所示的钟表传动机构，拧紧的发条带动齿轮 1 转动，经过轮系传动，使秒针 S、分针 M、时针 H 分别获得不同的转动速度，通过配置各轮齿数，实现秒、分、时的准确传动比关系。

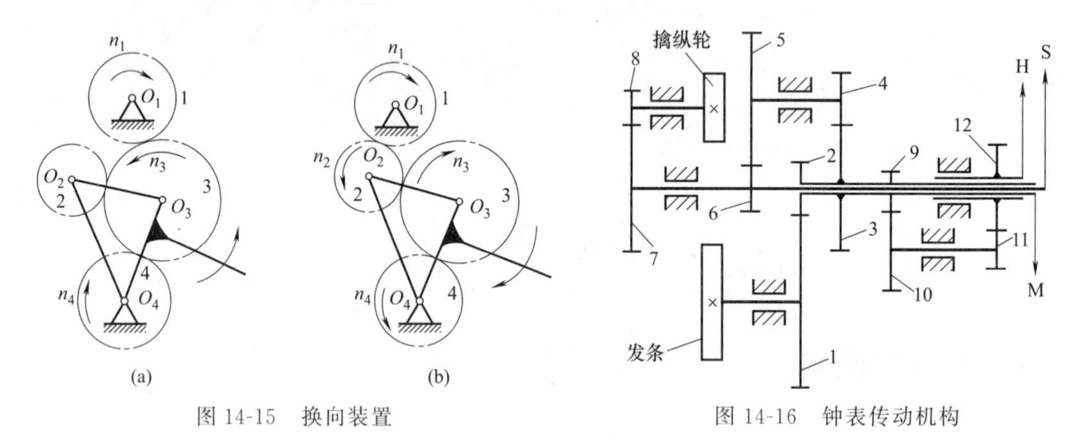

图 14-15 换向装置

图 14-16 钟表传动机构

(5) 实现运动的合成与分解

机械中常用具有两个自由度的差动轮系来实现运动的合成与分解。如图 14-17 所示的锥齿轮差动轮系，可以将两个构件 1、3 的独立运动合成为另一个构件 H 的运动并输出。如图 14-18 所示的汽车后桥差速器，利用差动轮系将汽车发动机传到锥齿轮的运动分解成两车轮的独立转动，在汽车转向时两侧车轮处于不同转速，保证了每个车轮与地面间均为纯滚动的要求。

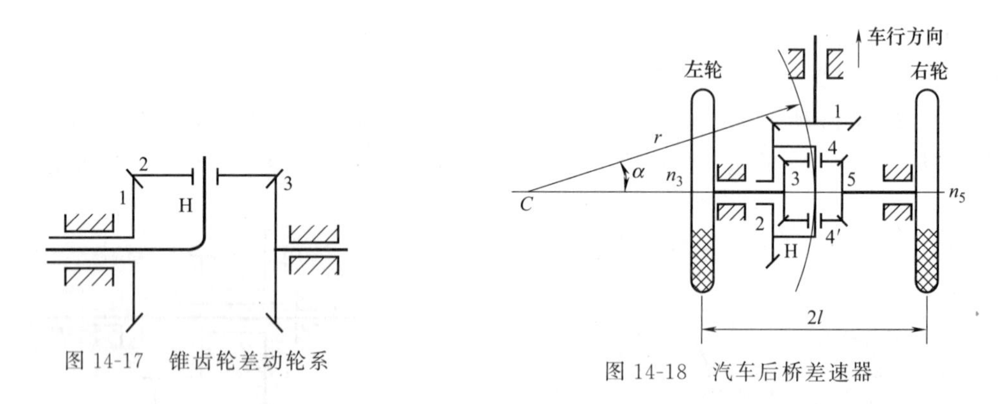

图 14-17 锥齿轮差动轮系

图 14-18 汽车后桥差速器

思考题与习题

14-1 定轴轮系中，主、从动轮之间的传动比与齿轮的齿数有什么关系？如何确定从动轮的转向？

14-2 如何计算行星轮系的传动比？

14-3 图 14-19 所示为手摇提升装置，其中各轮齿数均为已知，试求传动比 i_{15}，并指出当提升重物时手柄的转向。

14-4 怎样求复合行星轮系的传动比？分解复合行星轮系的关键是什么？

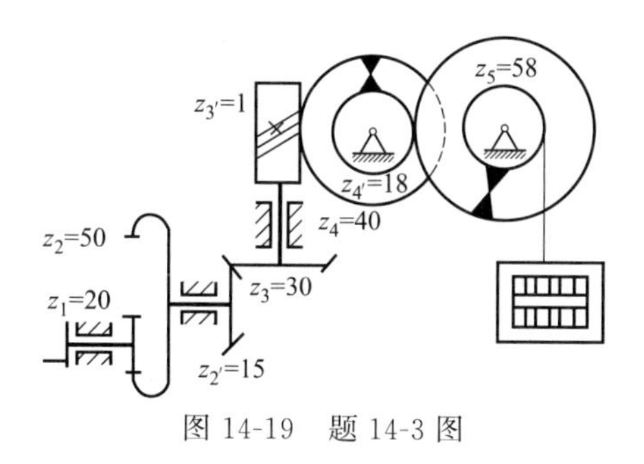

图 14-19 题 14-3 图

14-5 在图 14-20 所示的轮系中，已知 $z_1=20$，$z_2=30$，$z_3=18$，$z_4=68$，齿轮 1 的转速 $n_1=150\text{r/min}$，试求行星架 H 的转速 n_H 的大小和方向。

14-6 如图 14-21 所示为电动卷扬机卷筒机构。已知各轮齿数 $z_1=24$，$z_2=48$，$z_{2'}=30$，$z_3=102$，$z_{3'}=40$，$z_4=20$，$z_5=100$，主动轮 1 的转速为 $n_1=1240\text{r/min}$，动力由卷筒 H 输出，求卷筒的转速。

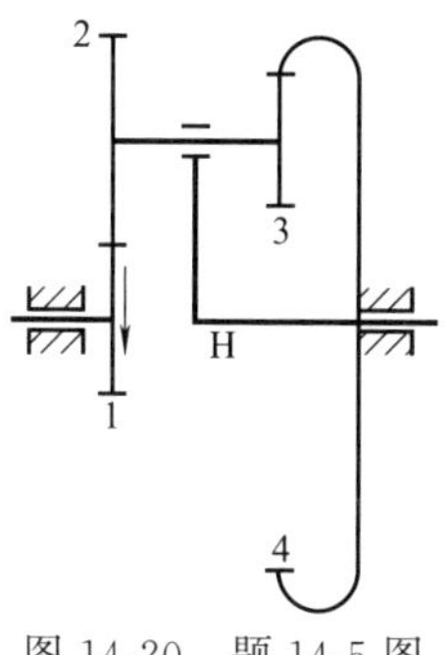

图 14-20 题 14-5 图

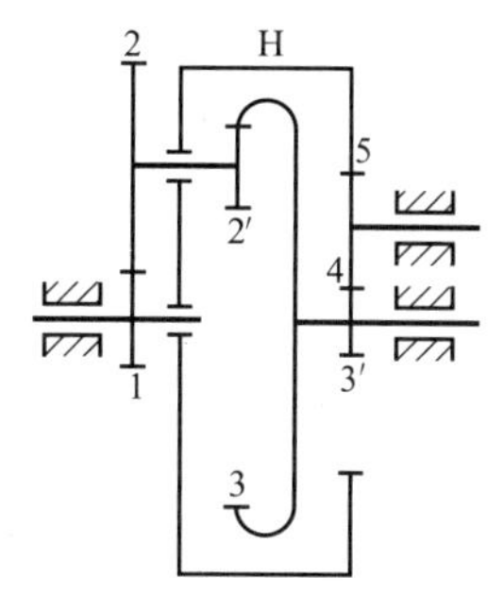

图 14-21 题 14-6 图

14-7 齿轮系都可以应用在哪些场合？有什么功用？

第四篇
常用机械零部件

在机器中，由于制造、装配、维修和运输的需要，常常把结构复杂、尺寸庞大或容易损坏的构件设计、加工成若干个简单的机械零件，然后把它们连接起来。本篇介绍螺纹连接、轴毂连接的结构组成、工作原理、设计或选用方法等，考虑到螺旋传动的内容涉及螺纹的相关知识，故在本篇加以介绍。

另外，轴、轴承、联轴器和离合器是机器的重要零部件，在本篇中主要介绍其工作原理、特点和基本设计计算方法。

在零部件设计计算中，需要考虑轴承和螺旋传动的效率，现将其列于下表，供设计者参考。

表　轴承和螺旋传动的效率概值

传动类型	传动形式	效率	备注
滑动轴承	—	0.94	润滑不良
	—	0.97	润滑正常
	—	0.99	液休摩擦
滚动轴承	球轴承	0.99	稀油润滑
	滚子轴承	0.98	稀油润滑
螺旋传动	滑动螺旋	0.30～0.80	—
	滚动螺旋	0.85～0.95	—

第15章

螺纹连接与螺旋传动

螺纹连接和螺旋传动都是利用具有螺纹的零件进行工作的，前者把需要相对固定在一起的零件用螺纹零件连接起来，作为紧固件用，这种连接称为螺纹连接；后者利用螺纹零件可以实现回转运动与直线运动间的转换，作为传动件用，该连接称为螺旋传动。

螺纹连接是可拆连接，其结构简单、拆卸方便、连接可靠，且多数螺纹连接件已标准化，成本低廉，因而得到广泛采用。

15.1 螺纹的主要参数和常用类型

15.1.1 螺纹的形成和分类

(1) 螺纹的形成

如图 15-1 所示，将一底边长为 πd_2 的直角三角形 abc 绕在直径为 d_2 的圆柱体表面上，则三角形的斜边 amc 在圆柱体表面上形成一条螺旋线 am_1c_1。若取一平面图形，使该图形所在平面始终通过圆柱体的轴线并沿着螺旋线运动，则这个平面图形在空间形成一个连续凸起的牙体，称为螺纹。

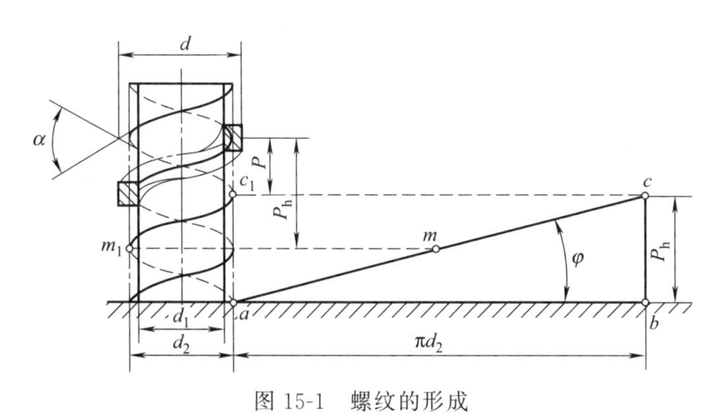

图 15-1 螺纹的形成

M15-1 螺纹的形成动画

(2) 螺纹的分类

① 按螺纹在轴向剖面内的形状（即牙型）：可分为三角形螺纹、矩形螺纹、梯形螺纹和锯齿形螺纹，如图 15-2 所示。三角形螺纹主要用于连接，矩形、梯形和锯齿形螺纹主要用于传动。其中，除矩形螺纹外，其余都已标准化。

② 按螺纹在圆柱体的位置：可分为内螺纹和外螺纹，如螺母的螺纹为内螺纹，螺栓的螺纹为外螺纹。

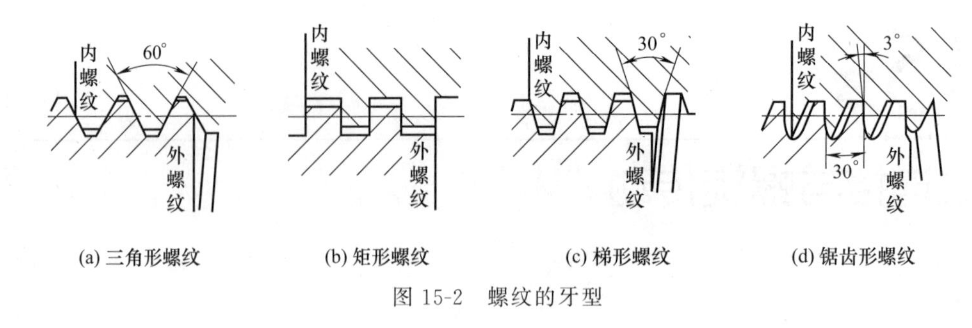

(a) 三角形螺纹 (b) 矩形螺纹 (c) 梯形螺纹 (d) 锯齿形螺纹

图 15-2 螺纹的牙型

③ 按螺旋线绕行的方向：可分为左旋螺纹和右旋螺纹，如图 15-3 所示。通常采用右旋螺纹，有特殊要求时，才采用左旋螺纹。

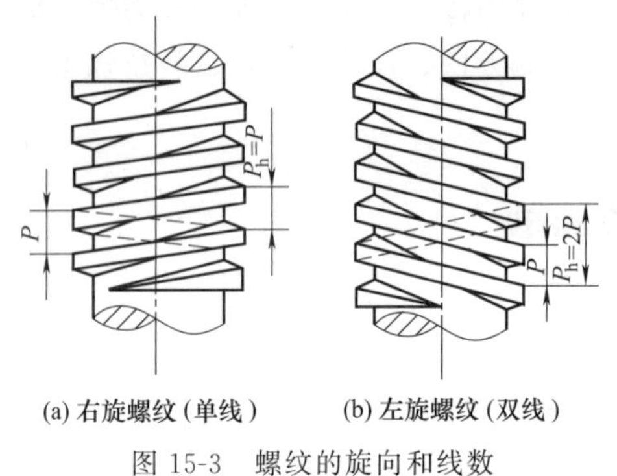

(a) 右旋螺纹（单线） (b) 左旋螺纹（双线）

图 15-3 螺纹的旋向和线数

M15-2 螺纹的旋向讲解

④ 按螺纹的线数：可分为单线螺纹［图 15-3（a）］和多线螺纹［图 15-3（b）］。单线螺纹是沿一条螺旋线形成的螺纹；多线螺纹是沿两条或两条以上的等距螺旋线形成的螺纹。图 15-1 所示的螺纹有两条螺旋线，线头相隔 180°。常用的连接螺纹要求自锁性，故多用单线螺纹；传动螺纹要求传动效率高，故多用双线或三线螺纹。为了便于制造，螺纹的线数一般不超过 4。

此外，螺纹还可分为米制螺纹和英制螺纹、圆柱螺纹和圆锥螺纹、标准螺纹和非标螺纹等。

15.1.2 螺纹的主要参数

现以三角形螺纹为例介绍螺纹的主要参数，如图 15-4 所示。

① 大径 d——螺纹的最大直径，即与外螺纹牙顶相切的假想圆柱的直径。标准中规定大径为螺纹的公称直径。

② 小径 d_1——螺纹的最小直径，即与外螺纹牙底相切的假想圆柱的直径。在强度计算中小径作为危险截面的计算直径。

③ 中径 d_2——在轴向剖面内，牙厚与牙槽宽相等处的假想圆柱的直径。其尺寸近似等于螺纹的平均

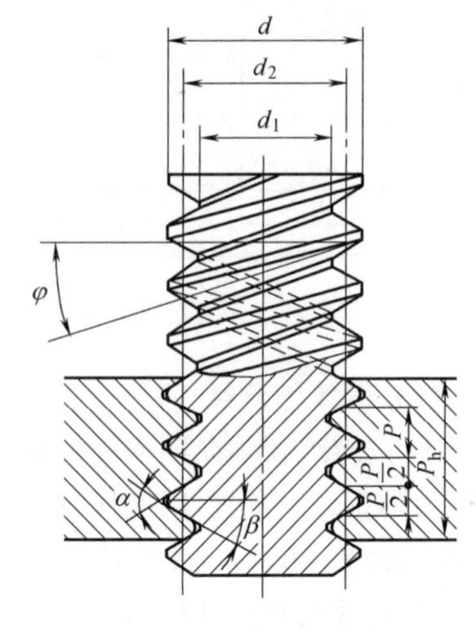

图 15-4 螺纹的主要参数

直径。中径是确定螺纹几何参数和配合性质的直径。

④ 螺距 P——相邻两牙在中径线上对应两点间的轴向距离。

⑤ 导程 P_h——同一螺旋线上相邻两牙在中径线上对应两点间的轴向距离。导程 P_h、螺距 P、线数 n 之间关系为 $P_h=nP$。

⑥ 螺纹升角 φ——在中径圆柱上，螺旋线的切线与垂直于螺纹轴线的平面间的夹角。由图 15-1 可得螺纹升角的计算公式为

$$\varphi=\arctan\frac{P_h}{\pi d_2}=\arctan\frac{nP}{\pi d_2}$$

⑦ 牙型角 α——在轴向剖面内，螺纹牙型两侧边的夹角。

⑧ 牙侧角 β——在轴向剖面内，螺纹牙型的侧边与垂直于螺纹轴线的平面间的夹角。

15.1.3　几种常用螺纹的特点及应用

(1) 三角形螺纹

公制三角形螺纹的牙型为等边三角形，牙型角 $\alpha=60°$，牙侧角 $\beta=30°$。螺纹牙根部较厚，牙根强度较高，当量摩擦因数较大，主要用于各种紧固连接。同一公称直径下有多种螺距，其中螺距最大的为粗牙螺纹，其余为细牙螺纹。细牙螺纹的螺距小、螺纹升角小，因而自锁性能好，多用于薄壁零件以及受冲击、振动和变载荷的连接中，但细牙螺纹牙浅、不耐磨、易滑扣，故一般连接多用粗牙螺纹。

(2) 管螺纹

最常用的管螺纹是英制管螺纹，牙型为等腰三角形，其牙型角 $\alpha=55°$，牙顶有较大的圆角，以管子的内径（英寸）表示尺寸代号，以每英寸轴向长度内所包含的螺纹牙数表示螺距。分为 55°非密封管螺纹［图 15-5（a)］和 55°密封管螺纹［图 15-5（b)］。

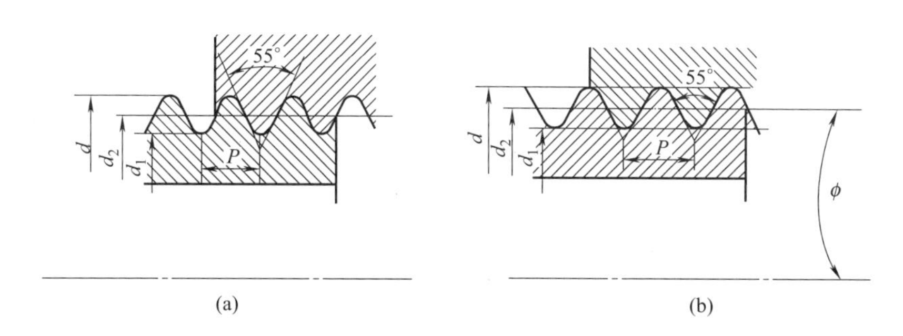

图 15-5　管螺纹

55°非密封管螺纹本身不具有密封性，若要求连接后具有密封性，可在螺纹副间添加密封物或压紧被连接件螺纹副外的密封面。55°密封管螺纹的外螺纹分布在锥度为 1∶16 的圆锥管壁上，不用填料即能保证连接的密封性。

管螺纹适用于管接头、旋塞、阀门及其他螺纹连接的附件。

(3) 矩形螺纹

牙型为正方形，牙型角 $\alpha=0°$。矩形螺纹的当量摩擦因数小，传动效率较其他螺纹高，但牙根强度较低，螺纹副磨损后，间隙难以修复和补偿，传动精度较低，且加工困

难。矩形螺纹未标准化，目前很少应用，已逐渐被梯形螺纹所替代。

(4) 梯形螺纹

牙型为等腰梯形，牙型角 $\alpha=30°$，牙侧角 $\beta=15°$。内外螺纹以锥面贴紧不易松动，且工艺性好，牙根强度高，螺纹副对中性好，虽然传动效率略低于矩形螺纹，但采用剖分螺母时可消除因磨损产生的间隙。因此，梯形螺纹是最常用的传动螺纹。

(5) 锯齿形螺纹

牙型为不等腰梯形，工作面的牙侧角 $\beta=3°$，非工作面的牙侧角 $\beta=30°$。它兼有矩形螺纹传动效率高和梯形螺纹牙根强度高的特点，但只能用于单方向受力的螺纹连接或螺旋传动中。

15.2 螺纹连接的基本类型和螺纹连接件

15.2.1 螺纹连接的基本类型

常用螺纹连接的基本类型有螺栓连接、双头螺柱连接、螺钉连接、紧定螺钉连接等。

(1) 螺栓连接

螺栓连接又分为普通螺栓连接和铰制孔用螺栓连接两种，普通螺栓连接［图 15-6 (a)］的结构特点是被连接件上的通孔和螺栓杆间留有间隙，故孔的加工精度要求低，结构简单，装拆方便，适用于被连接件不太厚和两边都有足够的装配空间的场合。铰制孔用螺栓连接［图 15-6 (b)］的孔和螺杆间多采用基孔制过渡配合（H7/m6、H7/n6），故杆与孔的加工精度要求高，应用于利用螺杆承受横向载荷或被连接件相对位置需精确固定的场合。

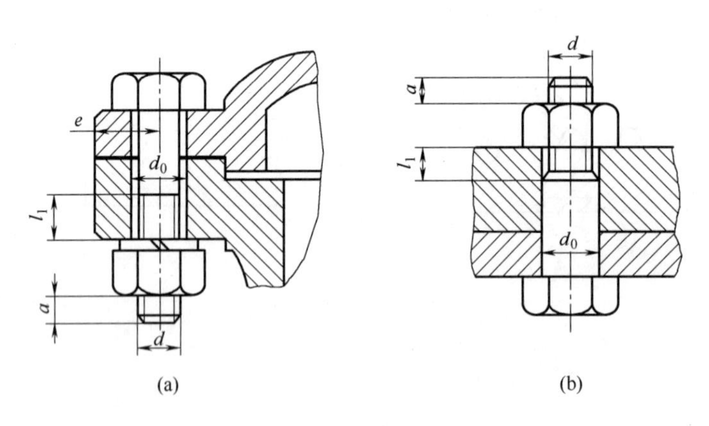

图 15-6 螺栓连接

图 15-6 中螺纹余留长度 l_1：静载荷 $l_1 \geqslant (0.3\sim0.5)d$；变载荷 $l_1 \geqslant 0.75d$；冲击、弯曲载荷 $l_1 \geqslant d$；铰制孔用螺栓连接 l_1 尽可能小。

螺纹伸出长度 a：$a \approx (0.2\sim0.3)d$。

螺栓轴线到被连接件边缘的距离 e：$e=d+(3\sim6)\text{mm}$。

通孔直径 d_0：普通螺栓连接按 GB/T 5277—1985 加工。

(2) 双头螺柱连接

双头螺柱连接是将螺柱一端螺纹完全旋入被连接件螺孔内，直至旋紧为止（旋紧的目的是为了保证在松开螺母时，双头螺柱在螺孔中不转动），另一端穿过另一被连接件的孔，并用螺母拧紧。拆卸时仅拆下螺母，不用拆下螺柱，故被连接件的螺纹孔不易损坏。适用于结构上不能采用螺栓连接（被连接件之一太厚或不宜制成通孔）而又需要经常拆装的场合，其结构如图 15-7 所示。

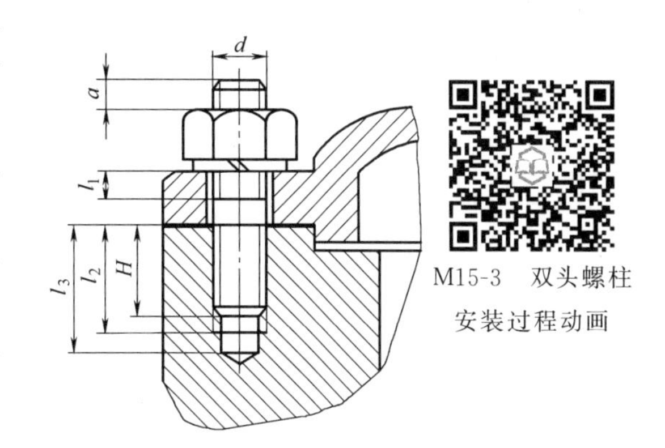

图 15-7　双头螺柱连接

图 15-7 中，拧入深度 H，当螺纹孔零件为：钢或青铜 $H=d$；铸铁 $H=(1.25\sim1.5)d$；铝合金 $H=(1.5\sim2.5)d$。

螺纹孔深度 l_2：$l_2=H+(2\sim2.5)p$。

钻孔深度 l_3：$l_3=l_2+(0.5\sim1)d$。

l_1、a 同螺栓连接。

(3) 螺钉连接

当被连接件之一较厚或不宜制成通孔时，也可采用螺钉连接。这种连接不用螺母，是将螺钉直接拧入被连接件的螺纹孔中，如图 15-8 所示，各尺寸同双头螺栓连接。螺钉连接结构简单，使用方便，但多次装拆易使被连接件上的螺纹磨损，故多用于受力不大又不经常拆装的场合。

(4) 紧定螺钉连接

如图 15-9 所示为紧定螺钉连接，将紧定螺钉旋入被连接件的螺纹孔中，并以其末端顶紧另一零件表面或顶入相应的凹坑中，以固定两零件相对位置，并可传递不大的力或转矩。

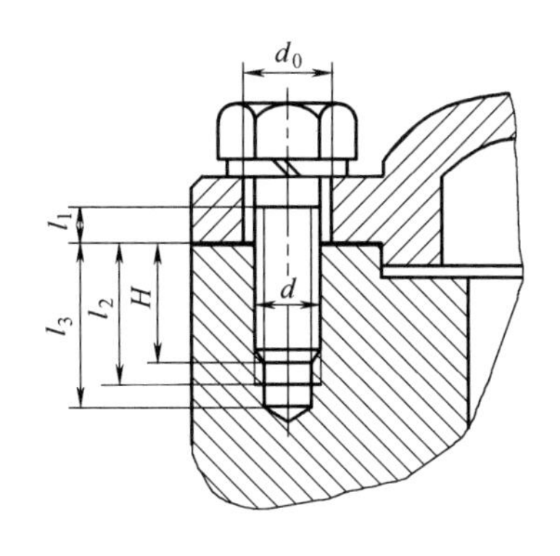

图 15-8　螺钉连接

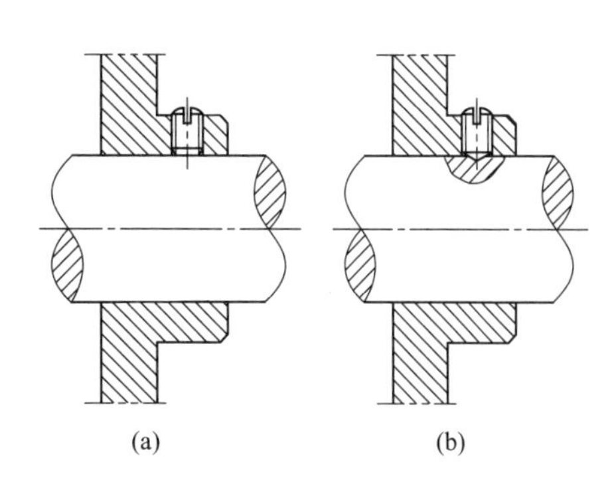

图 15-9　紧定螺钉连接

除上述螺纹连接的基本类型外，还有其他的螺纹连接形式，如用于把机架或机座固定在地基上的地脚螺栓连接（图 15-10）、便于起吊机器的吊环螺钉连接（图 15-11）以及用于工装设备中的 T 形槽螺栓连接（图 15-12）等。

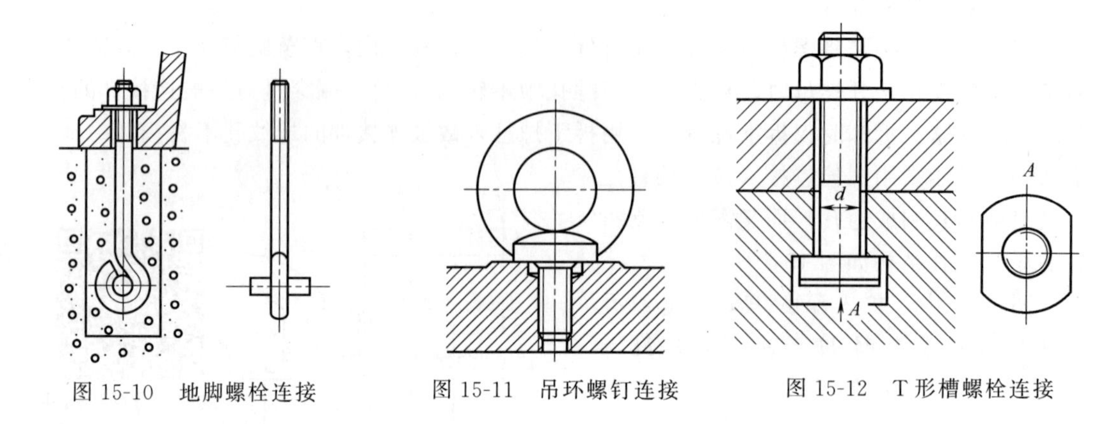

图 15-10 地脚螺栓连接　　图 15-11 吊环螺钉连接　　图 15-12 T 形槽螺栓连接

15.2.2 标准螺纹连接件

螺纹连接件的类型很多，且大都标准化，一般是根据设计结果和相关标准选用。下面简单介绍一些在各种机械中常用的螺纹连接标准件。

(1) 螺栓

螺栓的类型很多，以六角头螺栓应用最广。六角头螺栓的螺纹精度分 A、B、C 三级，通常用 C 级，螺栓杆部可制出一段螺纹或全螺纹，螺纹可用粗牙和细牙。六角头螺栓按头部大小分为标准六角头螺栓［图 15-13（a）］和小六角头螺栓两种，后者重量轻但不宜用于被连接件抗压强度低和经常拆卸的场合。图 15-13（b）为六角头铰制孔用螺栓。

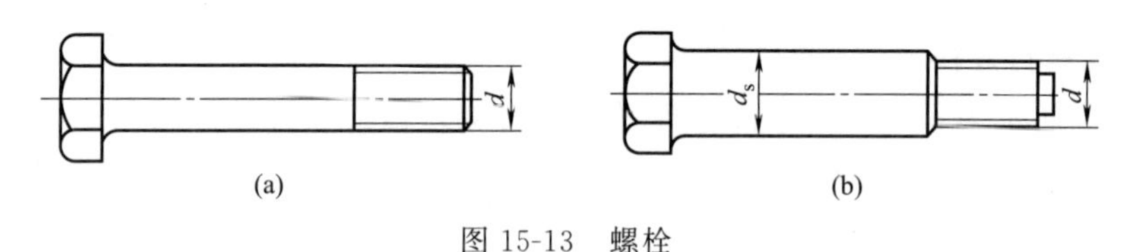

图 15-13 螺栓

(2) 双头螺柱

双头螺柱两端都有螺纹，两端的螺纹可相同也可不同。双头螺柱有 A 型和 B 型两种结构，如图 15-14 所示。与被连接零件螺纹孔相配合的一端称为座端，另一端与螺母相配合，称为螺母端。

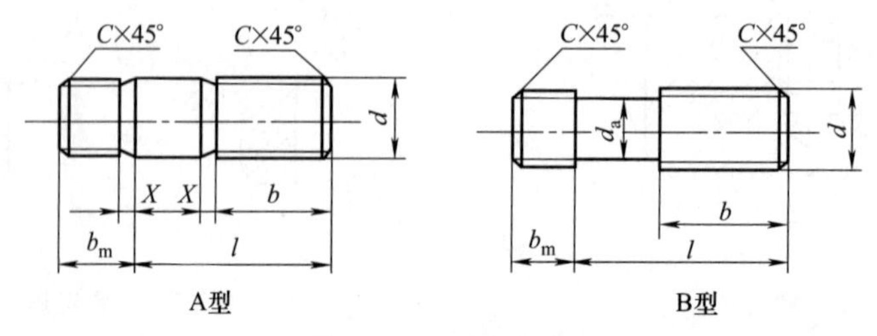

图 15-14 双头螺柱

(3) 连接用螺钉

连接用螺钉的结构与螺栓大致相同，但头部形状较多（图 15-15），以适应扳手、螺丝刀的形状。

(4) 紧定螺钉

紧定螺钉的头部和末端有多种结构形状（图15-16），能适应各种不同的要求。如末端为锥端适用于被顶紧的零件表面硬度较低或不常拆卸的场合；末端为平端适用于顶紧硬度较高的平面或经常拆卸的场合。

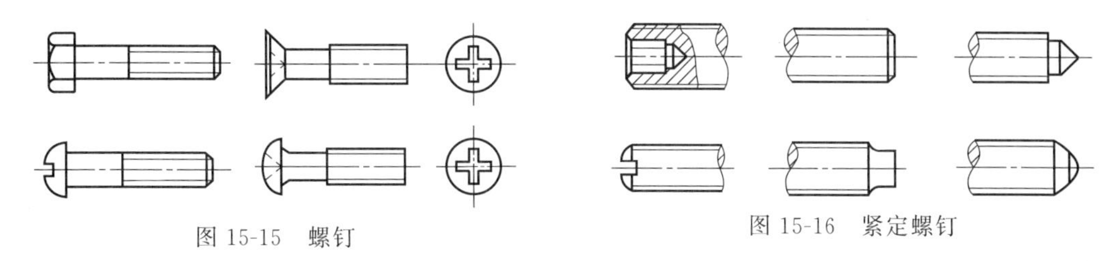

图15-15　螺钉

图15-16　紧定螺钉

(5) 螺母

螺母是带有内螺纹的连接件，如图15-17所示。螺母按形状不同分为六角螺母、圆螺母、方螺母三类，以六角螺母［图15-17（a）］应用最普遍，圆螺母［图15-17（b）］常用于轴上零件的轴向固定。六角螺母按其薄厚又分为标准六角螺母、六角扁螺母和六角厚螺母。螺母的制造精度和螺栓相同，分为A、B、C三级，分别与相同级别的螺栓配用。

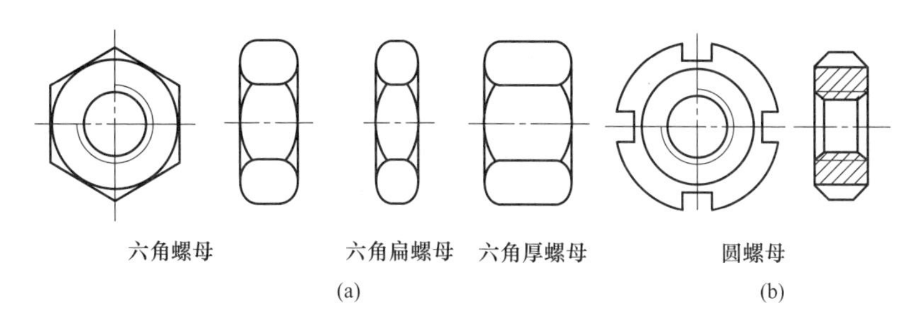

图15-17　螺母

(6) 垫圈

垫圈是螺纹连接中不可缺少的附件，常放置在螺母与被连接件之间，以防止拧紧螺母时被连接件表面受到损伤，同时还可增大接触面积，减小接触面上的压强。垫圈有平垫圈、斜垫圈和弹簧垫圈三种（图15-18）。用于同一螺纹直径的平垫圈又分为特大、大、普通和小四种规格。斜垫圈主要用在倾斜的支承面上。弹簧垫圈主要用于要求防松的场合。

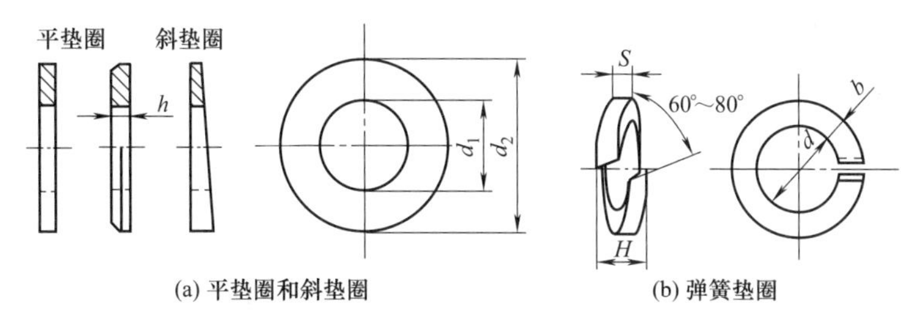

图15-18　垫圈

15.3 螺纹连接的预紧与防松

15.3.1 螺纹连接的预紧

绝大多数螺纹连接在装配时都需要拧紧，通常称为预紧。由于预紧而使螺栓受到的拉力，称为预紧力，用 F_0 表示。预紧的目的是防止工作时连接出现缝隙或发生相对滑移，以保证连接的紧密性和可靠性。如果预紧力过小，则连接不可靠；若预紧力过大又会导致连接过载甚至被拉断。因此为保证所需的预紧力又不使螺纹连接件过载，对重要的螺纹连接，在装配时要设法控制预紧力。

一般情况下，螺栓连接件在预紧力作用下产生的预紧应力不得超过其材料屈服强度的80%。对于一般连接用的钢制螺栓连接，预紧力 F_0 推荐按下列关系确定：

$$\left.\begin{aligned}&\text{碳钢螺栓} && F_0 \leqslant (0.6\sim0.7)\,\sigma_s A_1\\&\text{合金钢螺栓} && F_0 \leqslant (0.5\sim0.6)\,\sigma_s A_1\end{aligned}\right\} \tag{15-1}$$

通常是借助测力矩扳手（图 15-19）或定力矩扳手（图 15-20）来控制预紧力。测力矩扳手的工作原理是利用扳手上的弹性元件在拧紧力的作用下所产生的弹性变形的大小来指示拧紧力矩的大小。定力矩扳手的工作原理是当拧紧力矩超过规定值时，弹簧 3 被压缩，扳手卡盘 1 与圆柱销 2 之间打滑，使拧紧力矩控制在规定值内。拧紧力矩的大小是通过螺钉 4 调整弹簧压紧力来加以控制。对于常用的 M10～M68 粗牙普通螺纹的钢制螺栓，拧紧力矩 T 与预紧力 F_0 及螺纹公称直径 d 之间的关系可近似表示为

$$T \approx 0.2 F_0 d \tag{15-2}$$

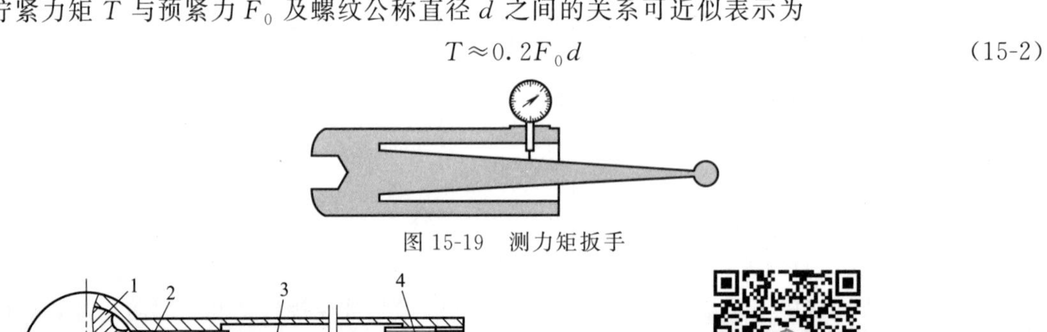

图 15-19 测力矩扳手

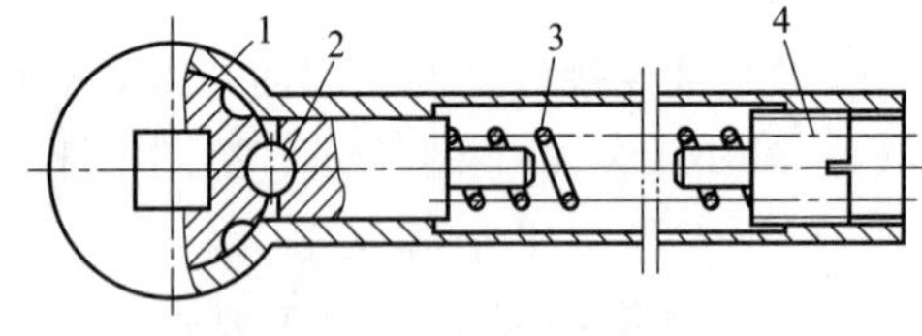

图 15-20 定力矩扳手

M15-4 定力矩扳手动画

当所要求的预紧力 F_0 为一定值时，则可由式（15-2）确定扳手的拧紧力矩。对于重要的螺栓连接，当无法控制预紧力大小的情况下，宜使用不小于 M12 的螺栓，以免发生过载拧断。但对于一般的螺纹连接，可凭经验来控制预紧力的大小。

对于大型的螺栓连接以及需要精确控制预紧力的螺纹连接，可通过测定螺栓伸长量的方法来控制预紧力。

15.3.2 螺纹连接的防松

(1) 螺纹连接自锁的条件

螺纹连接被拧紧后，如不加反向外力矩，不论轴向力多么大，螺母也不会自动松开，

则称螺纹具有自锁性能。根据理论推导可得螺纹副的自锁条件：螺纹升角 φ 小于或等于螺纹副接触表面间的当量摩擦角 φ_v。其中，当量摩擦角 $\varphi_v=\tan^{-1}(f/\cos\beta)$，$f$ 为接触表面间的摩擦因数，β 为牙侧角。

(2) 防松原因

连接用螺纹一般采用单线三角形螺纹，其螺纹升角（$\varphi=1°42'\sim3°2'$）小于螺纹副的当量摩擦角（$\varphi_v=6.5°\sim10.5°$）。因此，连接螺纹都满足自锁条件，在常温静载情况下不会发生连接松动的现象。但在冲击、振动或变载荷的作用下，螺纹副间的摩擦力可能减少甚至瞬间消失，这种现象多次重复后，就会使连接松脱。另外，在高温或温度变化较大的情况下，由于螺纹连接件和被连接件的材料发生蠕变和应力松弛，也会使连接中的预紧力和摩擦力逐渐减小，最终将导致连接失效。螺纹连接一旦失效，可能导致意外停机，降低生产效率，甚至发生重大事故，造成巨大经济损失。例如：2010 年 6 月 29 日，深圳华侨城娱乐设施中的太空舱垮塌，造成 6 人死亡，10 人受伤，事故原因是一个螺栓的松动。因此工程质量意识、安全意识时刻不能放松，必要时要对机器中的螺纹连接采取有效的防松措施。

(3) 防松方法

螺纹连接防松的根本问题在于防止螺纹副发生相对转动。防松原理就是消除（或限制）螺纹副之间的相对运动，或增大相对运动的难度。防松的方法按工作原理可分为摩擦防松、机械防松和变为不可拆连接三类。常用的防松方法见表 15-1。

表 15-1 螺纹连接常用的防松方法

防松方法		结构形式	防松原理	应用范围
摩擦防松	弹簧垫圈		拧紧螺母后弹簧垫圈被压平，因而产生一定反弹力，使螺纹间总保持一定的压紧力从而防止螺纹副松动。垫圈切口处的尖角也可防止螺母松脱，因此，应注意切口方向	结构简单，工作可靠，应用广泛。但在冲击或振动较大的情况下，防松效果不十分可靠
	对顶螺母		利用主、副螺母的对顶作用，在两螺母间的螺栓杆内产生附加拉力。即使外载荷消失，该拉力仍存在，可以防止松脱	结构简单，多用于载荷平稳的低速重载场合。不适宜用于剧烈振动或高速场合
	自锁螺母		螺母一端制成非圆形收口或开缝后径向收口，当螺母拧紧后，收口胀开，利用收口的弹力使旋合螺纹间横向压紧而防松	结构简单，防松可靠，可多次装拆而不降低防松能力。一般用于重要场合

续表

防松方法		结构形式	防松原理	应用范围
机械防松	开口销与槽形螺母	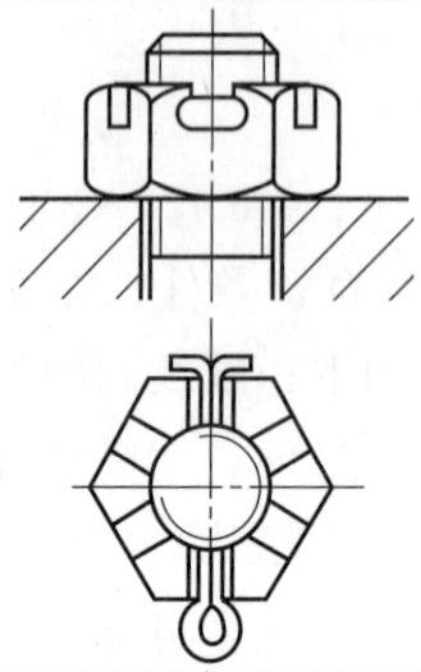	在螺栓上钻孔，采用槽形螺母。拧紧螺母后，开口销通过螺母槽插入螺栓孔中并将尾部掰开，使螺母与螺栓杆之间不能相对转动而防松	安全可靠，应用较广。但安装较费工时，不经济，故只在承受较大振动或冲击载荷场合下的连接中应用
	止动垫片	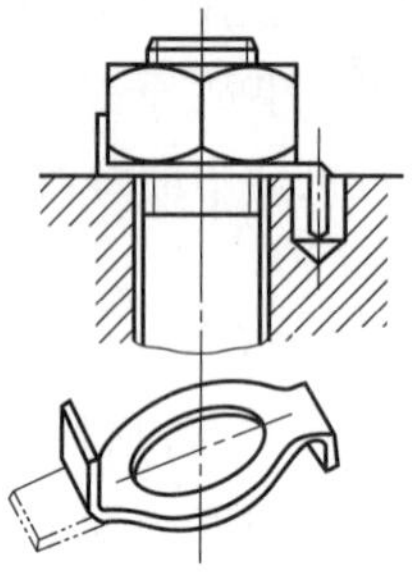	螺母拧紧后，将止动垫片的边缘弯折贴紧在螺母和被连接件上，以固定相对位置而实现防松	防松简单可靠，经济性也较好，应用广泛
	圆螺母用带翅垫片	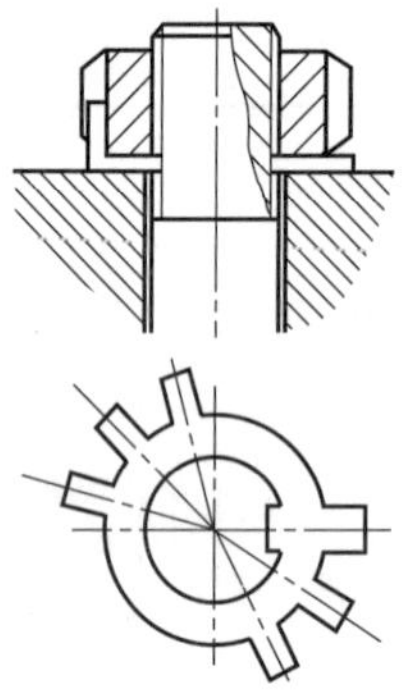	将垫片的内翅嵌入螺栓杆（或轴）的槽内，拧紧螺母后再将外翅之一折嵌于螺母对应的槽内从而实现防松	防松简单可靠，经济性也较好，应用广泛
变为不可拆连接	黏结	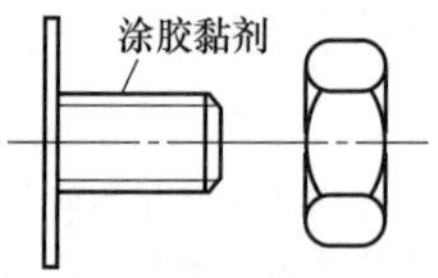 涂胶黏剂	使用胶黏剂涂敷在螺纹上，旋紧螺母即粘为一体，如欲拆卸需加热，使黏结剂分解后方可拆卸	安全可靠、但不适于高温下工作
	冲点	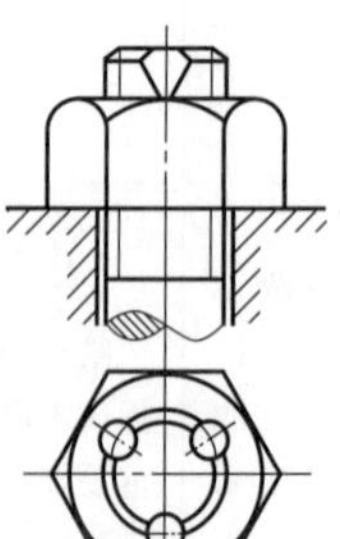	拧紧螺母后，利用冲头在螺栓末端与螺母的旋合缝处打2～3个冲点而实现防松	防松安全可靠，适用于不需拆卸的场合

续表

防松方法		结构形式	防松原理	应用范围
变为不可拆连接	铆合		螺栓杆末端外露长度为(1～1.5)P(螺距)，当螺母拧紧后把螺栓末端伸出部分铆死	防松可靠，适用于不需拆卸的场合
	焊接		拧紧螺母后，在螺栓末端与螺母的旋合缝处的2～3个位置进行焊接而实现防松	防松安全可靠，适用于不需拆卸的场合

15.4　螺栓连接的强度计算

螺栓连接的强度计算，应首先确定螺栓的受力情况及其失效形式，再按强度条件进行计算。计算的目的有两种：一种是确定螺纹小径 d_1（此为危险截面尺寸），进而按照标准选择螺纹公称直径（大径）d，以及螺母和垫圈等连接零件的尺寸；另一种是对连接进行强度校核。当确定了螺纹小径 d_1 后，一般无须校核其他部位，因为螺栓的结构尺寸是根据等强度条件及使用经验规定的。

螺栓连接的失效形式随所受载荷性质的不同而不同。受静载荷的螺栓连接，其失效形式多为螺纹部分的塑性变形或螺栓被拉断；受变载荷的螺栓连接，其失效形式多为螺栓的疲劳断裂；受横向载荷的铰制孔用螺栓连接，其失效形式主要是螺栓光杆部分和被连接件孔壁贴合面上出现压溃或螺栓光杆部分被剪断；当螺纹硬度较低或连接经常拆卸时，其失效形式多为螺纹的磨损滑扣。

15.4.1　松螺栓连接

图 15-21 所示为起重滑轮的连接螺栓，装配时不需要拧紧螺母。在承受工作载荷之前，螺栓不受力（自重一般很小，强度计算时可忽略），工作时受轴向拉力 **F** 的作用。显然，这是简单的轴向拉伸问题，其螺纹部分的强度条件为

$$\sigma=\frac{F}{A}=\frac{F}{\pi d_1^2/4}\leqslant[\sigma] \tag{15-3}$$

式中　d_1——螺纹小径，mm；

$[\sigma]$——螺栓材料的许用拉应力，MPa，其值可查表 15-2。

根据式（15-3）可得这种连接的设计公式为

$$d_1\geqslant\sqrt{\frac{4F}{\pi[\sigma]}} \tag{15-4}$$

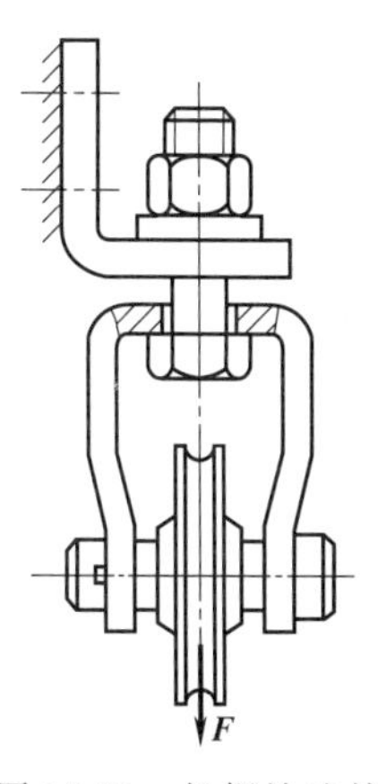

图 15-21　松螺栓连接

表 15-2 螺纹连接件静载荷下的许用应力和安全系数

<table>
<tr><td>受载情况</td><td>许用应力</td><td colspan="6">安全系数 S</td></tr>
<tr><td rowspan="6">受拉螺栓</td><td rowspan="6">$[\sigma]=\frac{\sigma_s}{S}$</td><td>松连接</td><td colspan="5">1.2～1.7</td></tr>
<tr><td rowspan="5">紧连接</td><td>控制预紧力</td><td colspan="4">1.2～1.5</td></tr>
<tr><td rowspan="4">不控制预紧力</td><td rowspan="2">材料</td><td colspan="3">螺栓直径</td></tr>
<tr><td>M6～M16</td><td>M16～M30</td><td>M30～M60</td></tr>
<tr><td>非合金钢</td><td>4～3</td><td>3～2</td><td>2～1.3</td></tr>
<tr><td>合金钢</td><td>5～4</td><td>4～2.5</td><td>2.5</td></tr>
<tr><td rowspan="2">受剪螺栓</td><td>$[\tau]=\frac{\sigma_s}{S_\tau}$</td><td colspan="2">剪切</td><td colspan="4">2.5</td></tr>
<tr><td>$[\sigma_{bs}]=\frac{\sigma_s}{S_{bs}}$
$[\sigma_{bs}]=\frac{\sigma_b}{S_{bs}}$</td><td colspan="2">挤压</td><td colspan="4">2.5(被连接件材料为钢)
2～2.5(被连接件材料为铸铁)</td></tr>
</table>

15.4.2 紧螺栓连接

(1) 承受横向载荷的紧螺栓连接

如图 15-22 所示的普通螺栓连接，因螺栓杆与螺栓孔间有间隙，须施加预紧力 $\boldsymbol{F}_0$，使得接合面间产生了摩擦力，以此来平衡横向外载荷 $\boldsymbol{F}$。另一方面，因螺纹中阻力矩的作用而使螺栓承受扭转作用，因此，在螺栓危险截面上既有拉应力，又有扭转切应力。理论计算表明，紧螺栓连接虽然同时承受拉伸和扭转的联合作用，但对于 M10～M64 普通螺纹的钢制紧螺栓连接，在计算时可以将其所受的拉力增大 30%来考虑扭转的影响。因此，螺纹部分的强度条件为

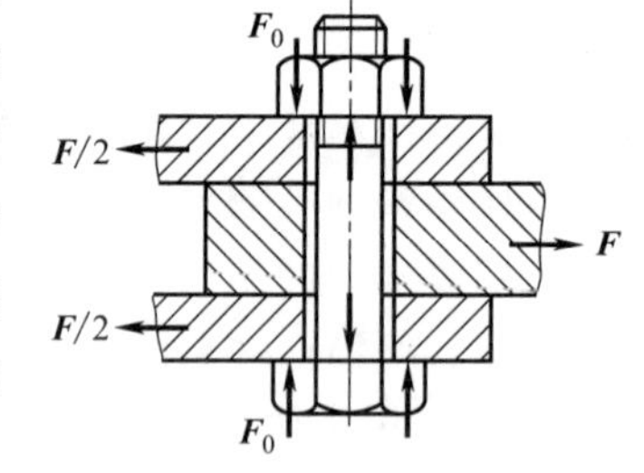

图 15-22 承受横向载荷的普通螺栓连接

$$\sigma_{ca}=\frac{1.3F_0}{\pi d_1^2/4}\leqslant[\sigma] \tag{15-5}$$

式中 σ_{ca}——计算应力，MPa；

F_0——螺栓所受的预紧力，N。其余符号意义及单位同前。

设计公式为

$$d_1\geqslant\sqrt{\frac{4\times1.3F_0}{\pi[\sigma]}} \tag{15-6}$$

假设各螺栓所需的预紧力 F_0 均相同，由于接合面间的最大摩擦力大于或等于横向载荷，则 F_0 可按下式计算

$$fF_0zm\geqslant K_sF$$

$$\text{或}\quad F_0\geqslant\frac{K_sF}{fzm} \tag{15-7}$$

式中，f 为接合面的摩擦因数，见表 15-3；z 为连接螺栓的数目；m 为接合面数(图 15-22 中，$m=2$)；K_s 为防滑系数，通常取 $K_s=1.1$～1.3。

表 15-3　连接结合面的摩擦因数

被连接件	接合面的表面状态	摩擦因数 f
钢或铸铁零件	干燥的加工表面	0.10～0.16
	有油的加工表面	0.06～0.10
钢结构件	轧制表面，钢丝刷清理浮锈	0.30～0.35
	涂富锌漆	0.35～0.40
	喷砂处理	0.45～0.55
铸铁对砖料、混凝土或木材	干燥表面	0.40～0.45

这种连接方式仅靠摩擦力来承受横向外载荷，要求保持较大的预紧力，因此螺栓的尺寸较大，且可靠性较差（特别是受动载荷作用时）。为了避免上述缺点可以采用铰制孔用螺栓连接来承受横向载荷。

(2) 承受轴向载荷的紧螺栓连接

图 15-23 所示为压力容器的螺栓连接，这类螺栓连接不仅要有足够的强度，还要保证连接的紧密性。因此，在轴向载荷 $\boldsymbol{F}$ 作用之前[图 15-24 (a)]，先要拧紧螺母，使螺栓和被连接件都受到预紧力 $\boldsymbol{F}_0$ 的作用[图 15-24 (b)]，此时螺栓受拉伸，被连接件受压缩。当螺栓受到容器内的液体或气体的压力作用而承受轴向载荷 $\boldsymbol{F}$ 时[图 15-24 (c)]，螺栓被进一步拉伸，而此时被连接件则相应回弹变形，被连接件受到的压力也要由 F_0 减小为 F_0'，F_0'称为残余预紧力。此时螺栓受到的总拉力 F_Σ 等于工作载荷 F 与残余预紧力 F_0'之和，即

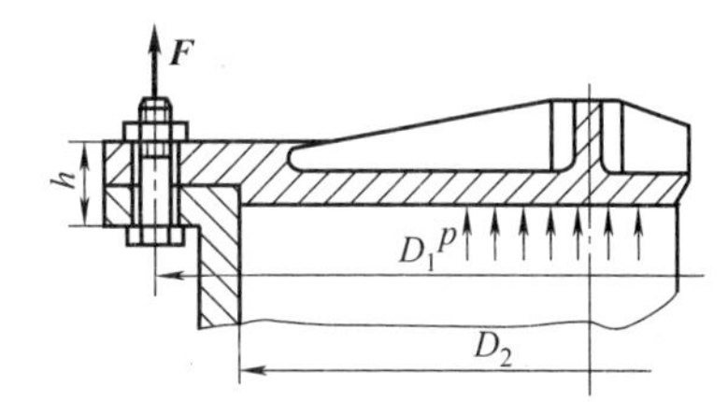

图 15-23　压力容器的螺栓连接

$$F_\Sigma = F + F_0' \tag{15-8}$$

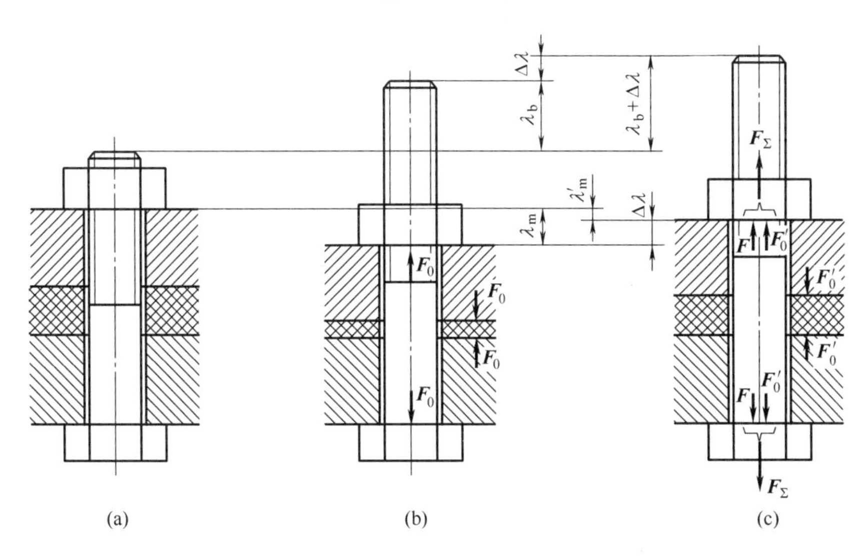

图 15-24　螺栓和被连接件的受力与变形

为保证连接的紧密性，防止连接受载后接合面间产生缝隙，应使 $F_0'>0$。在不同的工作场合，对残余预紧力 F_0'有不同的要求，一般按以下的经验公式确定：①对于一般连

接，工作载荷稳定时，$F_0'=(0.2\sim0.6)F$；工作载荷有变化时，$F_0'=(0.6\sim1.0)F$。②对于有紧密性要求的连接（如压力容器），$F_0'=(1.5\sim1.8)F$。

上述螺栓和被连接件的受力与变形关系，还可以用图 15-25 所示的线图表示。图 15-25（a）、（b）分别表示螺栓和被连接件的受力与变形关系，其中，图 15-25（b）中被连接件的压缩变形量由坐标原点 O_m 向左量起。为分析方便，将图 15-25（a）、（b）合并成图 15-25（c）。

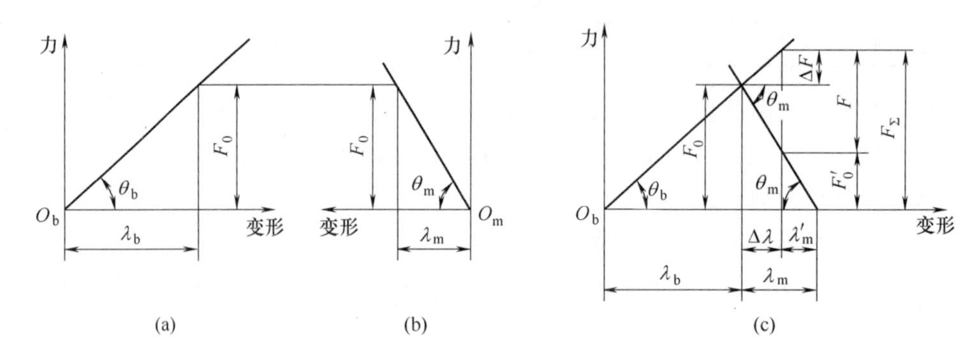

图 15-25 单个紧螺栓连接受力变形线图

当螺栓和被连接件均在弹性变形范围内，其所受的力与变形成正比。在预紧力 $\boldsymbol{F}_0$ 作用下，螺栓的伸长量为 λ_b，被连接件的压缩量为 λ_m。当被连接件承受工作载荷 F 时，螺栓进一步伸长 $\Delta\lambda$，被连接件相应回弹 $\Delta\lambda$。此时，螺栓总伸长量为 $\lambda_b+\Delta\lambda$，对应的载荷值为 F_Σ；被连接件总压缩量为 $\lambda_m-\Delta\lambda=\lambda_m'$，对应的载荷值为 F_0'。其中，螺栓伸长量 $\Delta\lambda$ 对应的载荷为 ΔF。由图 15-25（c）可知

$$F_\Sigma=F_0+\Delta F \tag{a}$$

$$\Delta\lambda=\Delta F\cdot\tan\theta_b=(F-\Delta F)\cdot\tan\theta_m \tag{b}$$

$$\tan\theta_b=\frac{F_0}{\lambda_b}=C_b \qquad \tan\theta_m=\frac{F_0}{\lambda_m}=C_m \tag{c}$$

式中，C_b、C_m 分别表示螺栓和被连接件的刚度。

由式（b）变形，有

$$\frac{\Delta F}{F-\Delta F}=\frac{\tan\theta_b}{\tan\theta_m} \tag{d}$$

将式（c）代入式（d），得

$$\Delta F=\frac{C_b}{C_b+C_m}F \tag{e}$$

将式（e）代入式（a），得

$$F_\Sigma=F_0+\frac{C_b}{C_b+C_m}F \tag{15-9}$$

式（15-9）是螺栓总拉力的另一种表达形式。

上式中$\frac{C_b}{C_b+C_m}$称为螺栓的相对刚度，其值与螺栓和被连接件的材料、结构尺寸、垫片、工作载荷的作用位置等因素有关，可通过计算或实验确定。对于钢制被连接件，可根

据垫片材料的不同使用下列推荐数据：金属垫片或无垫片，0.2～0.3；皮革垫片，0.7；铜皮石棉垫片，0.8；橡胶垫片，0.9。

考虑到扭转切应力的影响，可得这种螺栓连接的强度条件为

$$\sigma=\frac{1.3F_{\Sigma}}{\pi d_1^2/4}\leqslant[\sigma] \tag{15-10}$$

设计公式为

$$d_1\geqslant\sqrt{\frac{4\times1.3F_{\Sigma}}{\pi[\sigma]}} \tag{15-11}$$

式中各符号的意义及单位同前。

15.4.3　铰制孔用螺栓连接

如图 15-26 所示为受横向载荷的铰制孔用螺栓连接，这种连接的预紧力较小，主要依靠螺栓杆的剪切以及螺栓杆与被连接件孔壁的挤压来传递横向载荷 $\boldsymbol{F}_{\mathrm{R}}$，因此应分别按剪切和挤压强度条件进行计算。

螺栓的剪切强度条件为

$$\tau=\frac{F_{\mathrm{R}}}{\pi d_0^2/4}\leqslant[\tau] \tag{15-12}$$

螺栓与被连接件孔壁间的挤压强度条件为

$$\sigma_{\mathrm{bs}}=\frac{F_{\mathrm{R}}}{d_0 l_{\min}}\leqslant[\sigma_{\mathrm{bs}}] \tag{15-13}$$

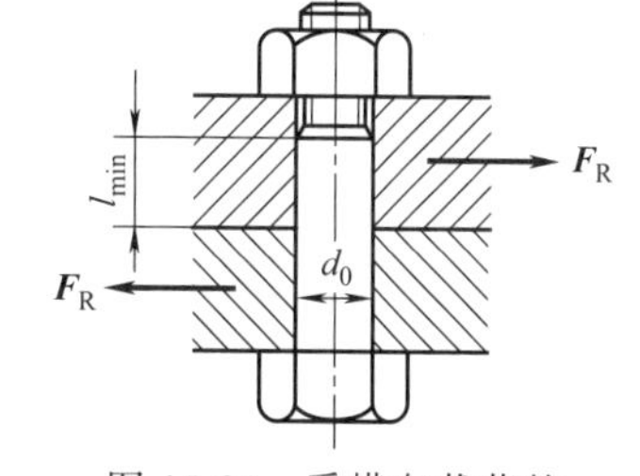

图 15-26　受横向载荷的铰制孔用螺栓连接

上两式中，F_{R} 为横向载荷，N；d_0 为螺杆无螺纹部分（可取为螺栓孔）的直径，mm；$l_{\min}$ 为被连接件中受挤压孔壁的最小长度，mm；$[\tau]$ 为螺栓材料的许用切应力，MPa，其值可查表 15-2；$[\sigma_{\mathrm{bs}}]$ 为螺栓与被连接件中较弱材料的许用挤压应力，MPa，其值可查表 15-2。

根据式（15-12）和式（15-13），可分别得到满足剪切强度和挤压强度条件的螺栓设计公式。

15.5　螺纹连接结构设计注意事项

工程中的螺纹连接件通常是成组使用的，在布置螺栓时，应考虑连接受力合理，便于加工和装配等，为此应注意以下几方面的问题。

① 螺栓组的布置应尽可能对称，以使接合面受力较均匀。通常将被连接零件接合面设计成轴对称的几何形状，如图 15-27 所示。

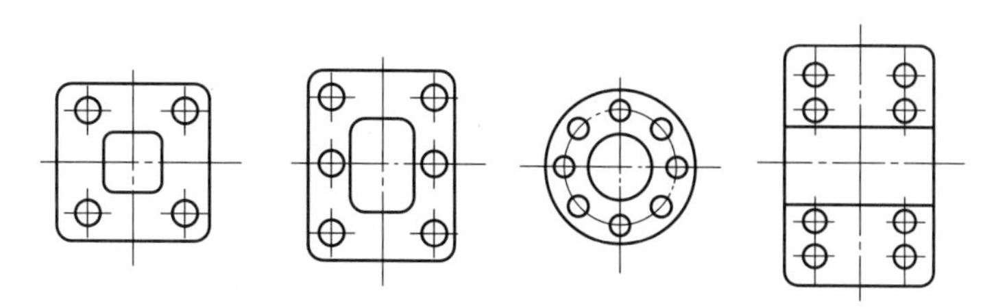

图 15-27　螺栓的布置

② 布置螺栓时应使各螺栓受力均匀并尽量减少其所承受的载荷。对于受力矩作用的螺栓组，螺栓的布置应尽量远离对称轴。对于承受较大横向载荷的普通螺栓连接，可采用销钉、套筒、键等减载装置来分担横向载荷，以减小螺栓尺寸（图 15-28）。为便于加工，分布在同一圆周上螺栓的数目应选用 3、4、6、8 等易于等分的数。

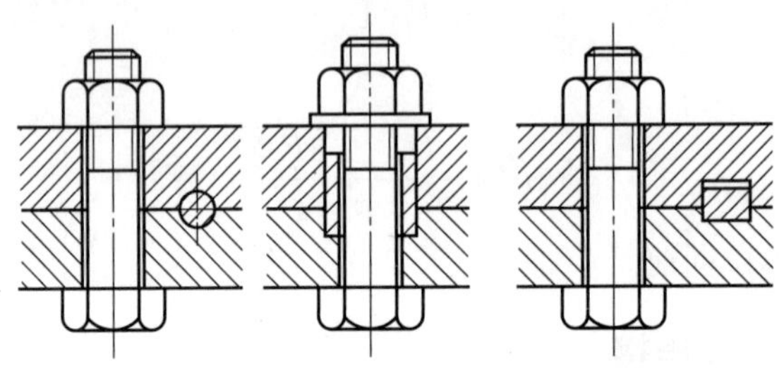

图 15-28 减载装置

③ 螺栓布置应有合适的间距和边距。一般是根据扳手的操作空间尺寸来确定各螺栓中心的间距和螺栓中心到机体壁间的最小距离（图 15-29）。扳手空间尺寸可查阅有关标准。对于压力容器等紧密性要求较高的重要连接，螺栓的间距 t_0 不应大于表 15-4 中所推荐的数值。

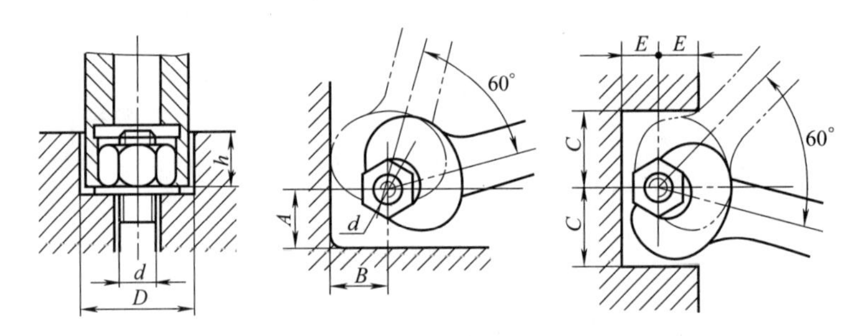

图 15-29 扳手空间尺寸

表 15-4 压力容器的螺栓间距 t_0

	工作压力 p/MPa	t_0	工作压力 p/MPa	t_0
	≤1.6	$7d$	>10～16	$4d$
	>1.6～4.0	$5.5d$	>16～20	$3.5d$
	>4.0～10	$4.5d$	>20～30	$3d$

注：表中的 d 为螺纹公称直径。

④ 避免螺栓承受附加弯曲载荷。当采用钩头螺栓，或被连接件因刚度不够而弯曲，以及被连接件、螺母或螺栓头部的支承面粗糙和倾斜时，都会使螺栓产生附加弯曲载荷，如图 15-30 所示。为此，在粗糙表面上采用凸台或沉头座；或采用球面垫圈及斜垫圈等措施，如图 15-31 所示。

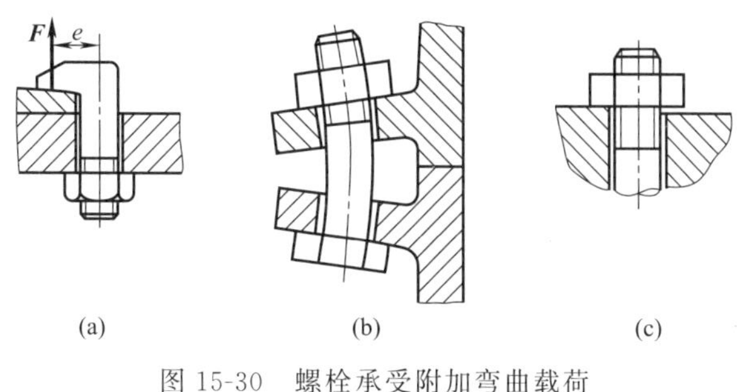

图 15-30　螺栓承受附加弯曲载荷

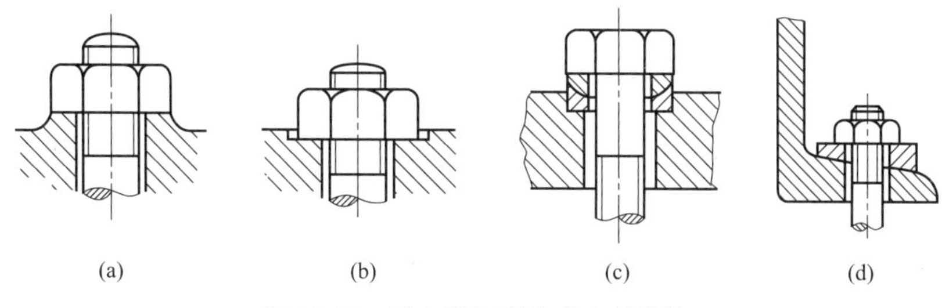

图 15-31　减少附加弯曲应力的措施

⑤ 同组螺栓中各螺栓的材料和直径应相同。为使结构具有良好的工艺性并尽量减少螺栓规格，同组螺栓一般都相同，即各螺栓的材料、直径、长度相同，都是按组内受载荷最大的螺栓来设计确定的。

⑥ 改善螺纹牙间的载荷分布。采用普通螺母时，轴向载荷在旋合螺纹各圈间的分布是不均匀的（图 15-32），从螺母支承面算起，螺栓上旋合螺纹各圈所受载荷自下而上各圈递减，到第 8～10 圈后，螺纹牙几乎不受载荷。且厚螺母上各圈间的载荷分布更不均匀。

为改善螺纹牙间载荷分配不均，可采用悬置螺母［图 15-33（a)］、环槽螺母［图 15-33（b)］等非标螺母，此时螺母变成受拉状态，有助于减少螺母与螺栓的螺距变化差，从而改善螺纹牙间载荷分布不均匀的情况。

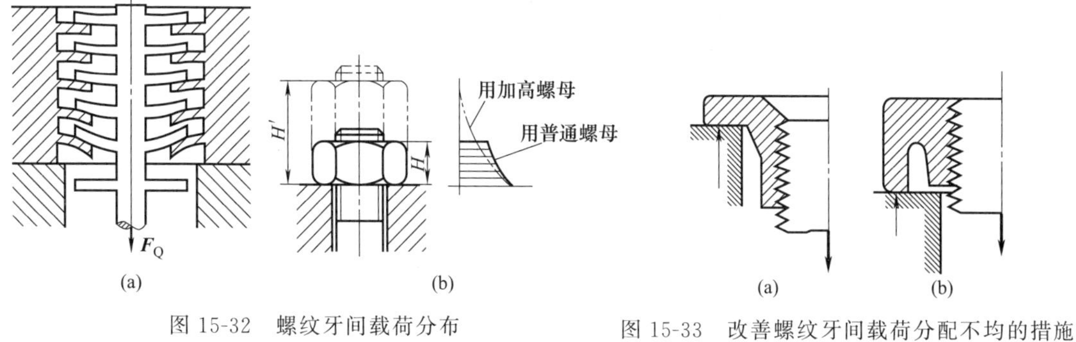

图 15-32　螺纹牙间载荷分布

图 15-33　改善螺纹牙间载荷分配不均的措施

15.6　螺旋传动简介

螺旋传动是利用螺旋副传递运动和动力的一种传动形式，由螺杆和螺母组成。主要用于将旋转运动变换为直线运动，有时也用于将直线运动变换为旋转运动。

按照螺纹旋向的不同，螺旋副有左螺旋和右螺旋之分。一般右螺旋应用较多，只有在特殊要求下才应用左螺旋。

图 15-34 所示为最简单的三构件螺旋机构，它由螺杆 1、螺母 2 和机架 3 组成。图 15-34（a）为单螺旋机构，其中 B 为螺旋副，其导程为 P_{hB}，A 为转动副，C 为移动副。当螺杆转过 ϕ 角时，螺母 2 沿螺杆 1 的轴向位移 s 为

$$s=P_{hB}\frac{\phi}{2\pi} \tag{15-14}$$

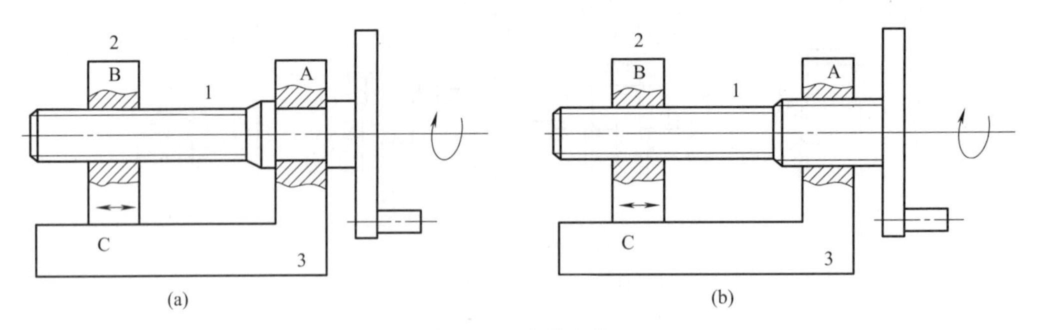

图 15-34 螺旋机构

1—螺杆；2—螺母；3—机架

如果把图 15-34（a）中的转动副 A 换成导程为 P_{hA} 的螺旋副，便得到图 15-34（b）所示的双螺旋机构。若螺旋副 A 和 B 的旋向相同，则当螺杆 1 转过 ϕ 角时，螺母 2 的轴向位移为两个螺旋副移动量之差，即

$$s=(P_{hA}-P_{hB})\frac{\phi}{2\pi} \tag{15-15}$$

当上式中的两个导程 P_{hA} 和 P_{hB} 相差很小时，则位移量 s 可以达到很小，这种螺旋机构称为差动螺旋。利用这一特性，可将差动螺旋应用于各种微动装置中。如测微仪、分度机构以及精密机床。

如果图 15-34（b）中的螺旋副 A 和 B 的旋向相反（即一个为右螺旋，另一个为左螺旋)，且当导程大小相等时，则螺母 2 的位移为

$$s=(P_{hA}+P_{hB})\frac{\phi}{2\pi} \tag{15-16}$$

这种情况下螺母 2 的位移比单螺旋机构下的位移大一倍，即可使螺母 2 产生很快的移动，这种螺旋称为复式螺旋。复式螺旋常用于绘图仪器、螺旋拉紧装置（图 15-35）和车辆连接装置（图 15-36）等，使被连接的两构件很快地接近或分开。

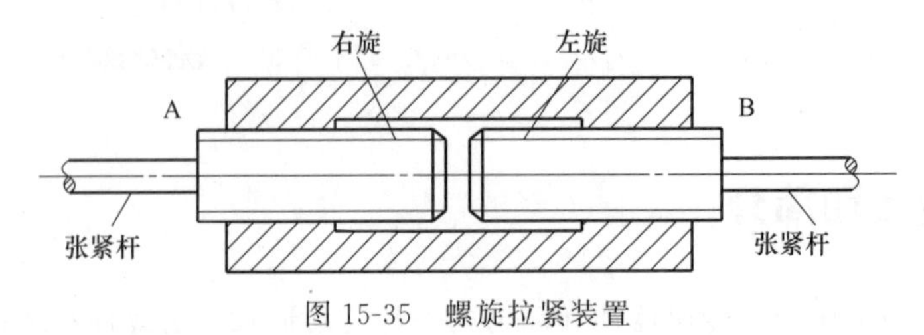

图 15-35 螺旋拉紧装置

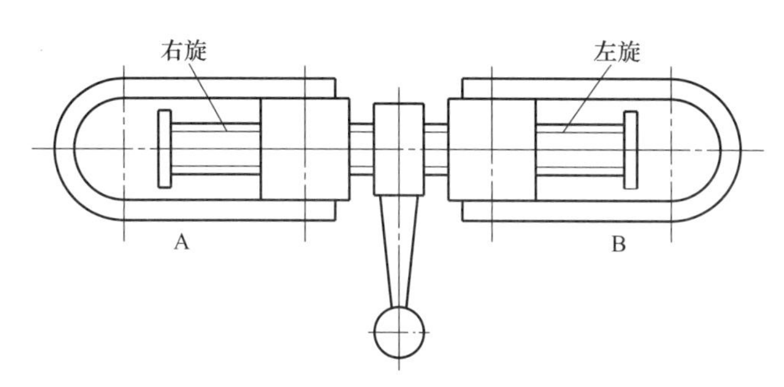

图 15-36　车辆连接装置

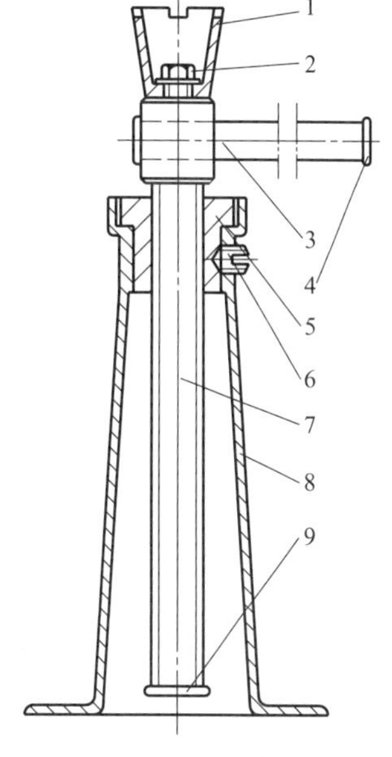

图 15-37　螺旋千斤顶

1—托杯；2—螺钉；3—手柄；4—挡环；5—螺母；6—紧定螺钉；7—螺杆；8—底座；9—挡环

按照螺旋传动用途的不同，可分为三种类型：

① 传力螺旋：以传递动力为主。一般速度不高，可连续工作，通常要求具有自锁性能。如螺旋千斤顶（图 15-37）、螺旋压力机、台钳等。

② 传导螺旋：以传递运动为主。要求较高的运动精度，运转轻便灵活，一般工作速度较高，如金属切削机床的进给机构。

③ 调整螺旋：用以调整并固定零件的相对位置。如机床卡盘、差动螺旋等。这类螺旋一般受力较小、要求微量或快速地调整零件的相对位置。

按照螺旋副之间摩擦状态的不同，还可分为：

① 滑动螺旋：螺母的内螺旋面与螺杆的外螺旋面直接接触，当螺母与螺杆作相对运动时，在接触的螺旋面上产生的摩擦为滑动摩擦，这种螺旋传动称为滑动螺旋传动。滑动螺旋传动多采用梯形、矩形或锯齿形螺纹副。其特点是结构简单、加工方便、自锁性好，但传动效率低（一般小于 40%）、摩擦阻力大、磨损快，有侧向间隙，反向时有空行程。

② 滚动螺旋：在螺母和螺杆之间有滚道，滚道中填满钢球，当螺杆（或螺母）旋转时，钢球沿螺旋滚道滚动并带动螺母（或螺杆）作直线运动，形成滚动螺旋传动。钢球是靠循环返回通道实现循环运动的。

钢球的循环分为外循环式和内循环式两种，如图 15-38 所示。内循环是指在螺母上开有侧孔，孔内装有反向器将相邻两螺旋滚道连接起来形成循环回路，钢球从螺旋滚道进入反向器，越过螺杆牙顶进入相邻螺旋滚道。因此一个循环回路里只有一圈钢球，设置一个反向器，一个螺母常装配 2～4 个反向器，这些反向器均匀分布在圆周上。外循环是指在螺母外表面上装有螺旋形弯管，管的两端插入螺母并和螺母上螺旋的进、出口滚道相切，形成钢球返回通道，并利用管的端部做挡球器，引导钢球顺利出入。外循环螺母只需前后各设置一个反向器。

滚动螺旋的优点是：摩擦阻力小，效率比滑动螺旋高 2～4 倍，可达 90%以上；传动平稳，灵敏度高；磨损小，精度易保持，寿命长；通过预紧消除螺旋副轴向间隙后，可得到较高的轴向刚度；具有运动的可逆性。其缺点是：不能自锁；结构和制造工艺均较复杂，成本高。

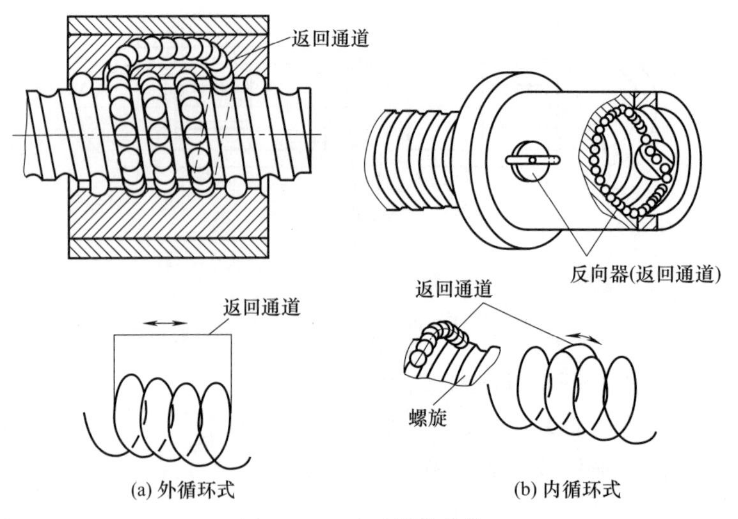

图 15-38 滚动螺旋机构

滚动螺旋在各种传动装置中被广泛应用。

③ 静压螺旋：在内外螺旋面之间利用油泵注入压力油，使螺杆与螺母之间被静压油隔开，金属表面不直接接触，当螺杆与螺母作相对运动时，产生液体摩擦，这种螺旋称为静压螺旋。在静压螺旋中，螺杆仍为一具有梯形螺纹的普通螺杆，但在螺母每圈螺纹牙两侧面的中径处，各均匀分布三个油腔，且各同侧油腔连接在一起，由节流器予以控制。

如图 15-39（a）所示，当螺杆不受力时，螺杆的螺纹牙位于螺母螺纹牙的中间位置，牙两侧的间隙和油腔压力都相等。当螺杆受轴向力 $\boldsymbol{F}_a$ 而向左移时，间隙 h_1 减小，h_2 增大，使牙左侧压力大于右侧压力，从而产生一平衡 $\boldsymbol{F}_a$ 的液压力。在图 15-39（b）中，当螺杆受径向力 $\boldsymbol{F}_r$ 而下移时，油腔 A 侧间隙减小，压力增高，B 和 C 侧间隙增大，压力降低，从而产生一平衡 $\boldsymbol{F}_r$ 的液压力。当螺杆受弯曲力矩时，也有平衡的能力。

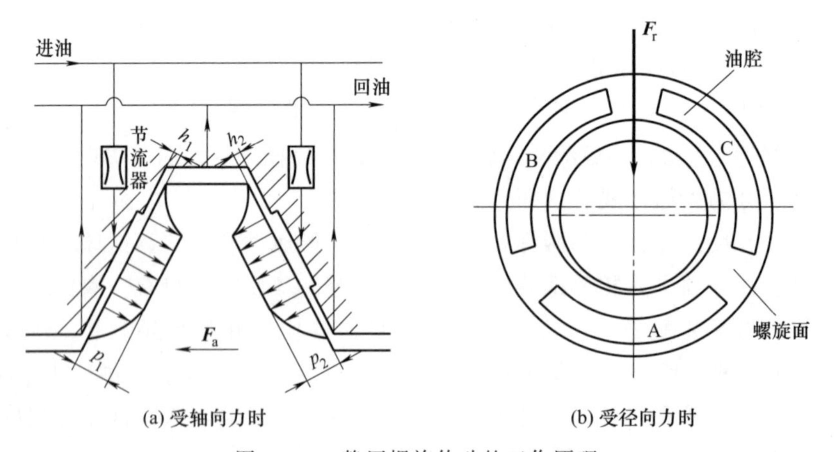

图 15-39 静压螺旋传动的工作原理

静压螺旋的优点是：液体摩擦因数小，启动力矩小，机械效率高（可高达 99%）；由于螺纹表面不直接接触，能长时间保持工作精度；在螺旋副间隙中存在压力油膜，因而具有良好的消振性；承载能力强，轴向刚度大，传动平稳；能正反向工作，反向时无空行程，工作精度高。其缺点是：需要一套可靠的供油系统，并且螺母结构复杂，加工困难；安装调试困难；不能自锁。

静压螺旋常应用于传动精度高、定位精度准确和传动效率要求较高的重要传动场合，如精密机床中的进给和分度机构等。

思考题与习题

15-1　常用螺纹的种类有哪些？各用于何种场合？

15-2　如何判别左旋螺纹和右旋螺纹？

15-3　连接用螺纹和传动用螺纹各有哪些牙型？各有哪些特点？

15-4　按工作原理不同，螺纹连接防松的方法可分为哪几类？各有何特点？

15-5　在实际应用中，绝大多数螺纹连接都要预紧，预紧的目的是什么？如何控制预紧力？

15-6　螺纹连接的失效形式有哪些？失效主要发生在什么部位？

15-7　在紧螺栓连接的强度计算中，为什么要将螺栓所受的总载荷增加 30%？

15-8　铰制孔用螺栓连接有何特点？用于承受何种载荷？

15-9　螺栓组连接设计中应注意哪些问题？

15-10　试找出图 15-40 中螺纹连接结构的错误并改正之。(a) 普通螺栓连接，(b) 双头螺柱连接，(c) 螺钉连接。已知被连接材料均是 Q235，标准连接件（螺栓、螺母、垫圈等）尺寸可查手册。

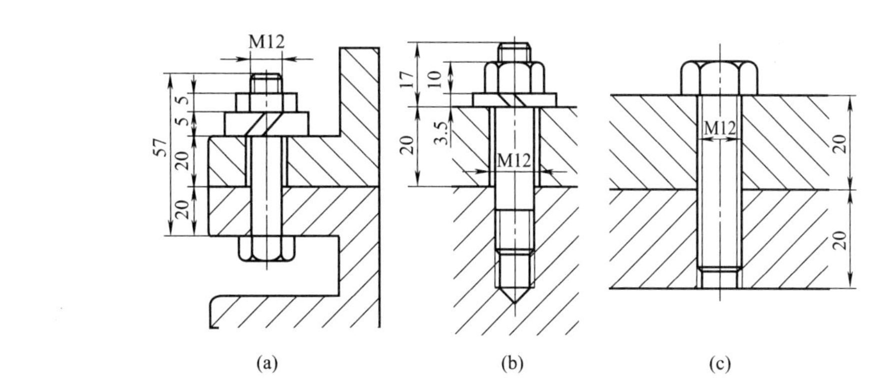

图 15-40　题 15-10 图

第16章 轴和轴毂连接

轴是机器中非常重要且应用广泛的零件之一，其主要功用是支承作回转运动的零件（如齿轮、带轮等）并传递运动和动力。

轮毂与轴之间的连接称为轴毂连接，常用的有键连接和花键连接，此外还有销连接、型面连接等，这些连接均属于可拆连接。

16.1 轴的类型及材料

16.1.1 轴的类型

(1) 按承载情况分类

按承载情况的不同，轴可分为芯轴、传动轴和转轴三种类型。

① 芯轴：工作中只承受弯矩而不承受扭矩的轴。如图 16-1 所示的自行车前轴为不转动的芯轴，称为固定芯轴；图 4-1（a）所示的火车轮轴随车轮一起旋转，称为转动芯轴。

② 传动轴：工作中只承受扭矩而不承受弯矩（或承受很小的弯矩）的轴。如图 3-1（a）所示的汽车变速箱与后桥之间的轴。

③ 转轴：工作中既承受弯矩又承受扭矩的轴。如图 16-2 所示的齿轮减速器中的各轴。这类轴在各种机器中最为常见。

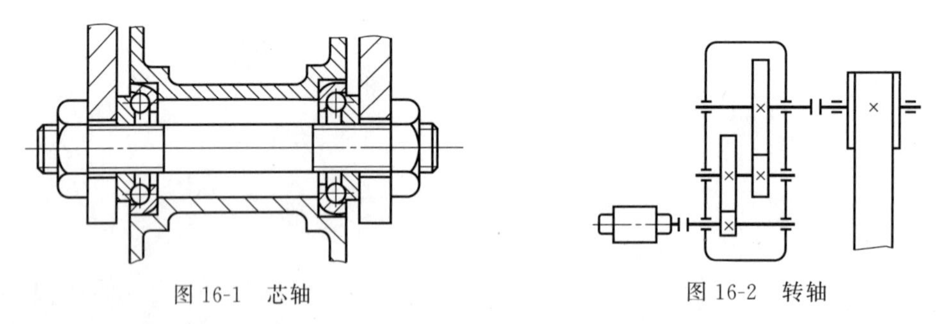

图 16-1　芯轴　　　图 16-2　转轴

(2) 按轴线几何形状分类

按轴线几何形状的不同，通常把轴分成直轴、曲轴和挠性轴三种。

① 直轴：轴线为直线的轴称为直轴，直轴按其外形不同又可分为光轴（图 16-3）和阶梯轴（图 16-4）。光轴形状简单，加工容易，但轴上的零件不易定位；阶梯轴各轴段的截面尺寸不同，这种结构可使轴上的零件易于拆装和固定，故应用极为广泛。

直轴多为实心轴，但为减轻重量或满足结构上的特殊要求，有时做成空心轴，如车床主轴。

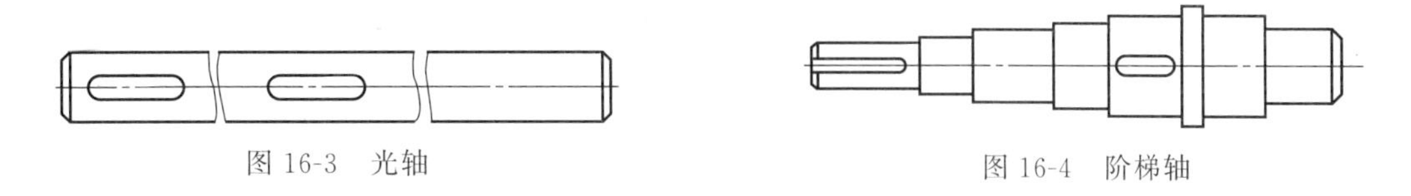

图 16-3　光轴　　　　图 16-4　阶梯轴

② 曲轴：各轴段轴线不为同一直线的轴称为曲轴，如图 16-5 所示。曲轴常用于往复式机器（如空气压缩机、内燃机等）和行星轮系中。

③ 挠性轴：轴线可按使用要求变化的轴称为挠性轴，如图 16-6 所示。工作时轴线为曲线，可绕过障碍 A、B 将转矩和旋转运动传递到所需的位置，常用于医疗机械、仪表中。

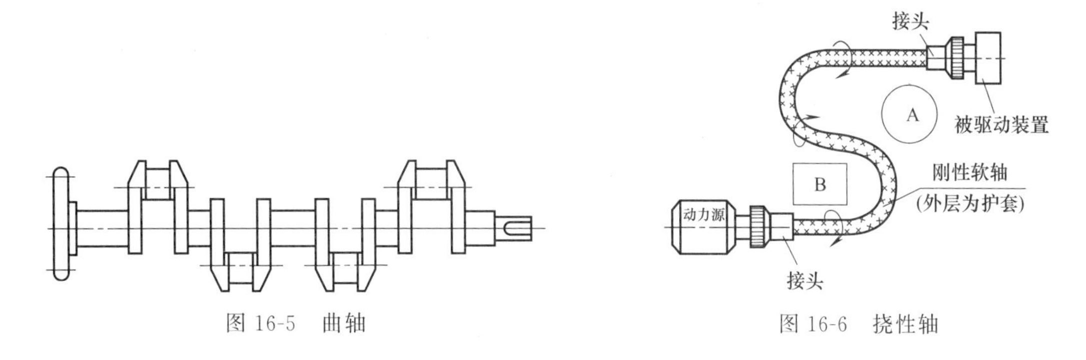

图 16-5　曲轴　　　　图 16-6　挠性轴

16.1.2　轴的常用材料及选择

轴在工作时，产生的应力多为交变应力，其失效形式主要是疲劳破坏。因此，轴的材料应具有足够的强度、硬度和韧性，且对应力集中的敏感性要低；轴与滑动轴承发生相对运动的表面应具有足够的耐磨性；同时还应考虑加工工艺性和经济性等。

轴的常用材料主要有碳素钢和合金钢。钢轴的毛坯一般采用轧制圆钢和锻件。

碳素钢比合金钢价廉，对应力集中的敏感性低，经热处理后可改善其综合机械性能，加工工艺性好，故应用最广。常用 35、40、45 等优质碳素钢，其中 45 钢应用最普遍。对不太重要或受力较小的轴，可选用 Q235A、Q275A 等普通碳素钢。

合金钢比碳素钢具有更好的力学性能，但对应力集中比较敏感，且价格较贵，多用于对强度和耐磨性有特殊要求的轴。如 20Cr、20CrMnTi 等低碳合金钢，经渗碳处理后可提高耐磨性；20CrMoV、38CrMoAlA 等合金钢，有良好的高温机械性能，常用于高温、高速和重载条件下工作的轴。

除碳素钢和合金钢外，有时也使用球墨铸铁作为轴的材料。球墨铸铁适用于形状复杂的轴，可用来代替合金钢（如内燃机中的曲轴、凸轮轴等），它具有吸振性好、对应力集中敏感性低等优点，但铸件质量不易控制。

轴的常用材料及其主要力学性能如表 16-1 所示。

表 16-1　轴的常用材料及其主要力学性能

材料及热处理	毛坯直径 /mm	硬度 /HBW	强度极限 σ_b/MPa	屈服极限 σ_s/ MPa	持久极限 σ_{-1}/ MPa	应用
Q235A			440	240	200	用于不重要或载荷不大的轴
Q275A			580	280	230	

续表

材料及热处理	毛坯直径/mm	硬度/HBW	强度极限 σ_b/MPa	屈服极限 σ_s/MPa	持久极限 σ_{-1}/MPa	应用
35 正火	≤100	143～187	520	270	250	用于一般的轴
45 正火	≤100	170～217	600	300	275	用于较重要的轴，应用最广
45 调质	≤200	217～255	650	360	300	
40Cr 调质	≤100	241～286	750	550	350	用于载荷较大、无很大冲击的重要轴
40MnB 调质	≤200	241～286	750	500	335	性能接近于40Cr，用于重要的轴
35CrMo 调质	≤100	207～269	750	550	390	用于重载荷的轴
20Cr 渗碳淬火回火	≤60	表面 56～62 HRC	650	400	280	用于要求强度、韧性及耐磨性均较高的轴

16.2 动载荷与交变应力

16.2.1 动载荷与交变应力的概念

(1) 动载荷

在前述对构件进行受力分析和承载能力分析时，都是把构件所受外载荷的大小和方向看成不随时间变化的，即认为是静载荷。而在工程实际中，大多数构件在工作时所受的载荷是随时间明显变化的，或者在短时间内有突变，这种载荷称为动载荷。如内燃机中的连杆、游梁式抽油机（图 0-2）的游梁等构件在工作时所受的载荷均为动载荷。

(2) 交变应力

构件在动载荷作用下所产生的应力也是随时间变化的，这种应力称为交变应力或动应力。在机械设备中，很多构件的交变应力随时间发生周期性的变化。

交变应力从最大变到最小、再从最小变到最大这样的变化过程（或周期）称为应力循环，如图 16-7 所示，应力变化周期的次数称为应力循环次数。

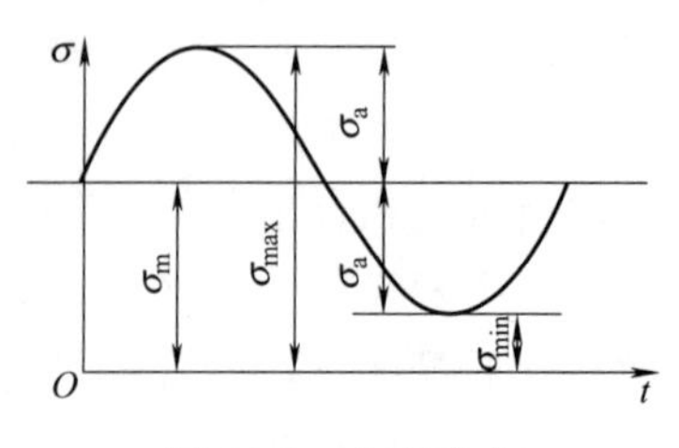

图 16-7 交变应力

① 交变应力的参数。

a. 最大应力与最小应力：交变应力中具有最大代数值的应力称为最大应力，用 σ_{max} 表示；具有最小代数值的应力称为最小应力，用 σ_{min} 表示。

b. 应力比（或循环特征）：应力循环中的最小应力 σ_{min} 和最大应力 σ_{max} 的比值称为应力比，一般用 r 表示，即

$$r=\frac{\sigma_{min}}{\sigma_{max}} \tag{16-1}$$

c. 平均应力：最大应力与最小应力的代数平均值，用 σ_m 表示，即

$$\sigma_m=\frac{\sigma_{max}+\sigma_{min}}{2} \tag{16-2}$$

d. 应力幅：在平均应力的基础上，应力发生变化的幅度，用 σ_a 表示，即

$$\sigma_a=\frac{\sigma_{max}-\sigma_{min}}{2} \tag{16-3}$$

② 交变应力的类型。

a. 对称循环应力：应力的大小和方向都随时间而变化，且最大应力与最小应力数值相等、方向相反。

b. 非对称循环应力：应力的大小和方向均随时间而变化，但最大应力与最小应力在数值上不存在相等的关系。

c. 脉动循环应力：只有应力的大小随时间变化而方向不变，且最小应力为零。

d. 静应力：大小和方向都不随时间而变化的应力。为便于比较，一般把静应力作为交变应力的特例也列入交变应力的类型中。

表 16-2 列出了几种典型的交变应力变化过程及参数。

表 16-2　几种典型的应力循环特性

交变应力类型	应力循环图	σ_{max} 与 σ_{min}	循环特性
对称循环	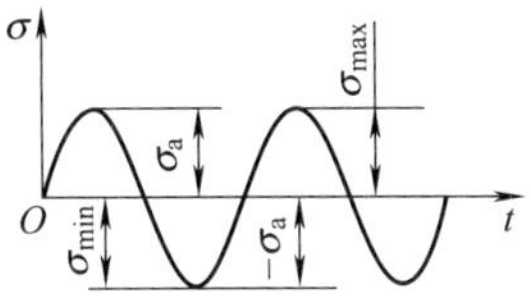	$\sigma_{max}=-\sigma_{min}$	$r=-1$
非对称循环	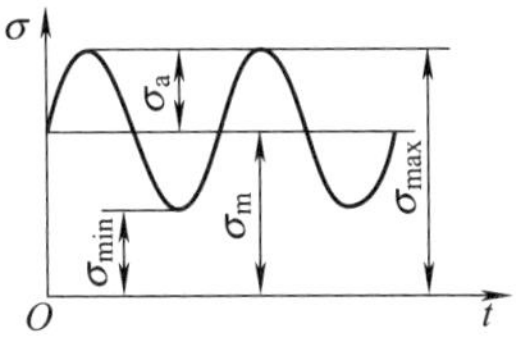	$\sigma_{max}=\sigma_m+\sigma_a$ $\sigma_{min}=\sigma_m-\sigma_a$	$-1<r<1$ $r\neq0$
脉动循环	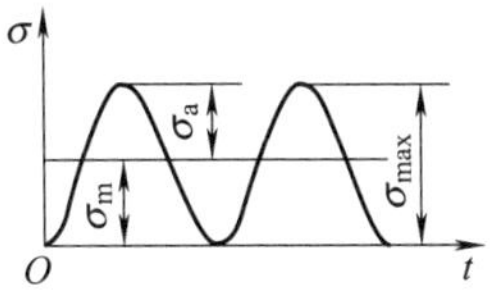	$\sigma_{max}\neq0,\sigma_{min}=0$	$r=0$
静应力	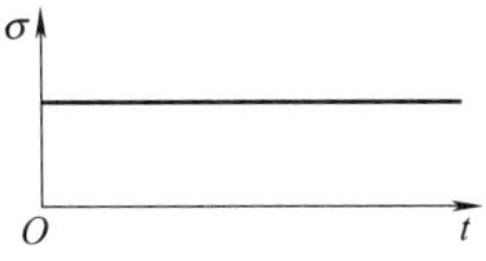	$\sigma_{max}=\sigma_{min}$	$r=1$

16.2.2　疲劳失效与疲劳极限

(1) 疲劳失效

在交变应力作用下发生的失效称为疲劳失效或疲劳破坏。与静应力下的失效相比，疲劳失效有以下特点：

① 发生破坏时，最大应力远低于材料在静应力下的屈服极限。

② 即使是塑性较好的材料，经过多次应力循环后，也会和脆性材料一样发生突然断裂，断裂前没有明显的塑性变形。

③ 在断口的断面上，有明显的两个区域：光滑区和粗糙区，如图 16-8 所示。

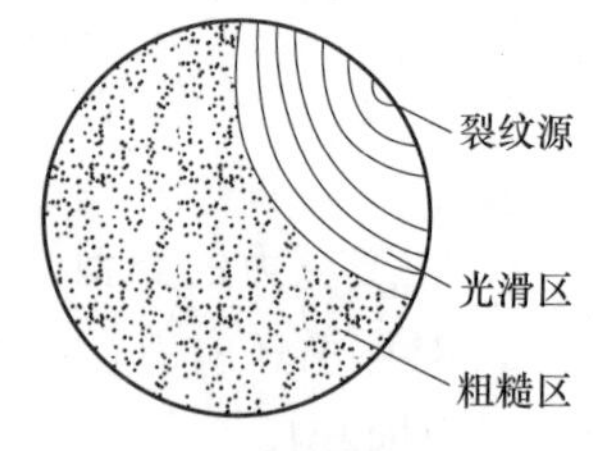

图 16-8 疲劳断裂的断口

形成疲劳断裂的断口特征的原因是：当交变应力超过一定限度并经历了足够多次的反复循环后，在构件的应力最大处或材料薄弱处产生细微裂纹，随着应力循环次数的继续增加，裂纹逐渐扩展，并且在这一过程中，存在裂纹的两表面时压时离，产生相对摩擦，由此形成断口表面的光滑区。随着裂纹的继续扩展，构件横截面的承载面积逐渐减小，应力随之增大，直到超过极限值时，便发生脆性断裂，形成断口表面的粗糙区。

实践表明，因疲劳失效造成破坏的零件占多数，而且极易造成重大事故。因此，要对工作在交变应力状态下的构件进行疲劳强度分析。

(2) 疲劳极限

由上述分析可知，构件发生疲劳失效时，最大应力低于静载条件下材料的屈服极限或强度极限，所以不能用静载荷作用下的强度指标作为疲劳强度的衡量标准，要用试验的方法测得材料试样在交变应力下的极限应力值，即以材料的疲劳极限作为疲劳强度指标。

通常情况下，应力循环中最大应力越大，试样疲劳破坏之前所经历的循环次数越少；反之，应力循环中最大应力越小，试样疲劳破坏之前所经历的循环次数越多；当应力循环中最大应力小于某值时，无论经过多少次应力循环，试样都不会发生疲劳破坏。材料的疲劳极限就是指材料试样经过无穷多次应力循环而不发生破坏时，应力循环中最大应力的极值，又称为持久极限。

若交变应力为对称循环，则疲劳极限用 σ_{-1} 表示；若为脉动循环则用 σ_0 表示。几种金属材料的持久极限 σ_{-1} 见表 16-1，而有色金属大多数无持久极限。

通过试验对比可知，几种循环交变应力分别作用时，对称循环交变应力作用下材料的疲劳极限值最低，这说明对称循环的交变应力对构件来说最危险。

16.3 轴的结构组成及设计

16.3.1 轴的结构组成

轴没有标准结构。图 16-9 所示为一阶梯轴的典型结构，轴上与动力输入或输出零件相配合的轴段称为轴头；与轴承配合的轴段称为轴颈；长度较小且直径最大的轴段称为轴环；其余轴段为轴身。轴段与轴段之间直径突变的部分称为轴肩。

16.3.2 轴的结构设计

轴的结构设计是确定轴的合理形状和全部结构尺寸。其主要要求有：

① 定位要求：轴和轴上零件应有准确的工作位置。

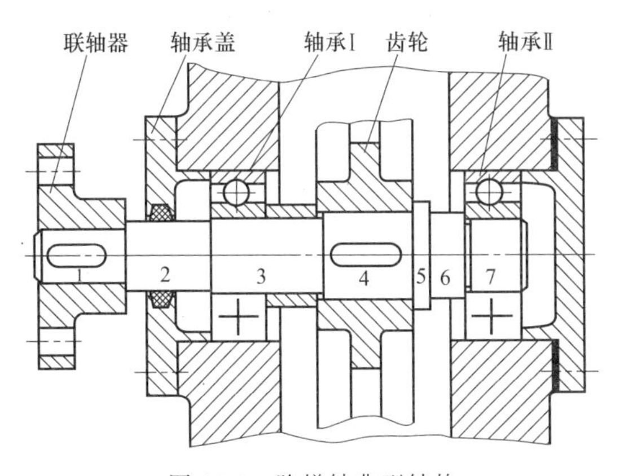

图 16-9　阶梯轴典型结构

1，4—轴头；2，6—轴身；3，7—轴颈；5—轴环

② 固定要求：轴上各零件应有可靠的相对固定。

③ 尺寸要求：各轴段的直径和长度等尺寸应合理。

④ 工艺要求：良好的制造和装配工艺性。

⑤ 疲劳强度要求：形状和尺寸应尽量减少应力集中等。

(1) 零件在轴上的定位与固定

零件在轴上的定位与固定有轴向和周向之分。

① 零件在轴上的轴向定位与固定。常用的零件在轴上的轴向定位与固定方法及特点如表 16-3 所示。

表 16-3　常用的零件在轴上的轴向定位与固定方法及特点

轴向定位与固定方法及结构简图		特点与应用	设计注意点
轴肩与轴环	Ⅰ　Ⅱ　h　d　b　R　r　C	简单可靠，不需附加零件，能承受较大轴向力。该方法会使轴径增大，阶梯处产生应力集中，且阶梯过多不便于加工 广泛用于各种轴上零件	为保证零件与定位面靠紧，轴上过渡圆角半径 r 应小于零件圆角半径 R 或倒角尺寸 C，即 $r<R<h$，$r<C<h$
套筒	B　l	简单可靠，简化了轴的结构且不削弱轴的强度 常用于轴上距离较近两零件间的相对固定。不宜用于高转速轴	套筒内径与轴一般为动配合，套筒结构、尺寸可视需要灵活设计，套筒一般壁厚大于 3mm

续表

轴向定位与固定方法及结构简图		特点与应用	设计注意点
轴端挡圈	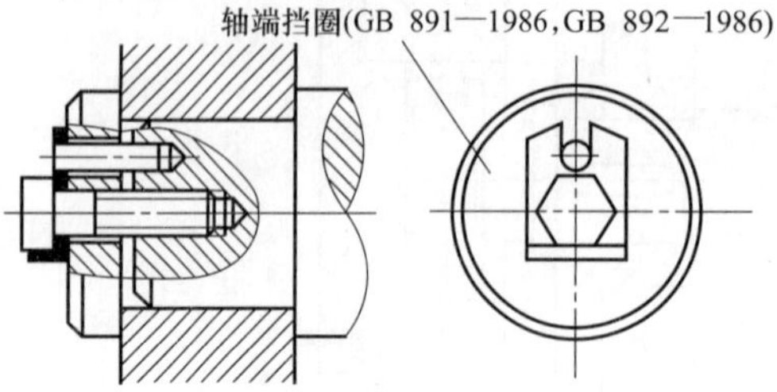 轴端挡圈(GB 891—1986,GB 892—1986)	固定可靠,能承受较大轴向力,广泛应用于轴端	应采用止动垫片等防松措施
圆锥面	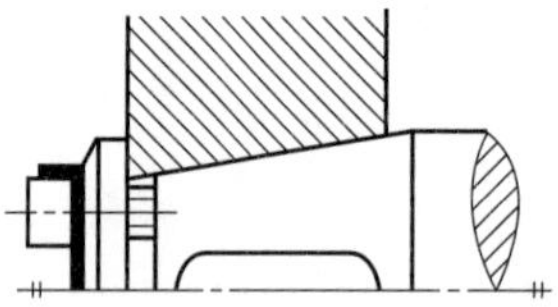	拆装方便。用于高速、有冲击及对中性要求高的场合	常与轴端挡圈联合使用,实现零件的双向固定
圆螺母	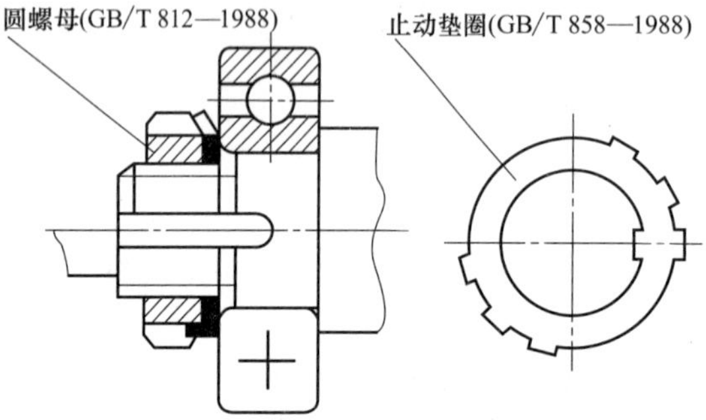 圆螺母(GB/T 812—1988) 止动垫圈(GB/T 858—1988)	固定可靠,能承受较大轴向力,能实现轴上零件的间隙调整 常用于轴上两零件间距较大、而需要对其中之一定位的场合,也可用于轴端,应用广泛	为减少对轴强度的削弱,常用细牙螺纹 为防松需加止动垫片或采用双螺母
弹性挡圈	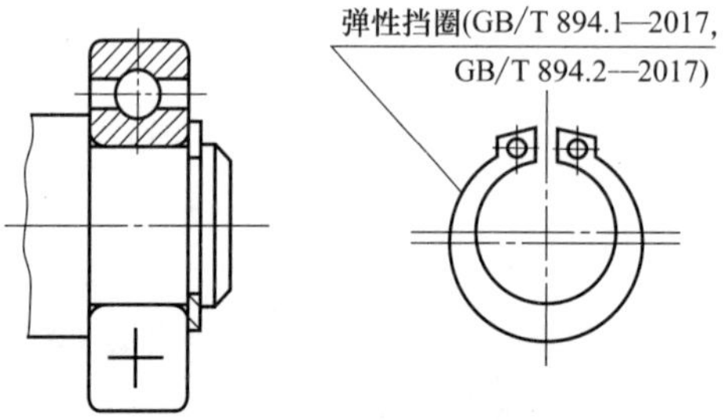 弹性挡圈(GB/T 894.1—2017, GB/T 894.2—2017)	结构紧凑、简单,拆装方便,但能承受的载荷较小,且在轴上切槽会引起应力集中 常用于轴承的固定	轴上切槽尺寸见 GB/T 894.1—2017
紧定螺钉与锁紧挡圈	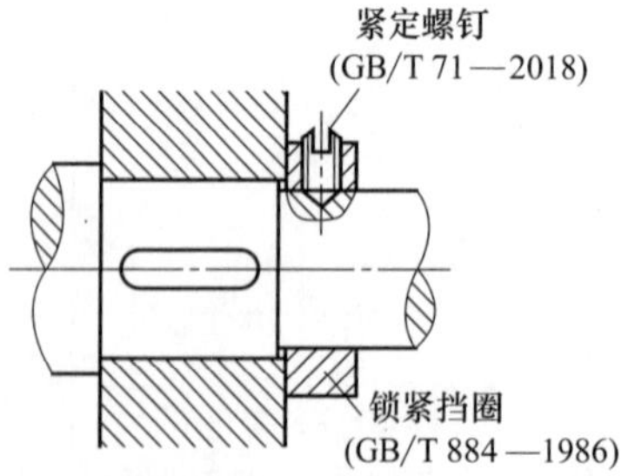 紧定螺钉 (GB/T 71—2018) 锁紧挡圈 (GB/T 884—1986)	结构简单,但能承受的载荷较小,且高速场合不适用	

② 零件在轴上的周向定位和固定。零件在轴上的周向定位和固定方法主要有键连接、花键连接、销连接、型面连接和过盈连接,如图 16-10 所示。其中,销连接还可起到轴向定位与固定的作用。此外,紧定螺钉也可起到周向定位与固定的作用。

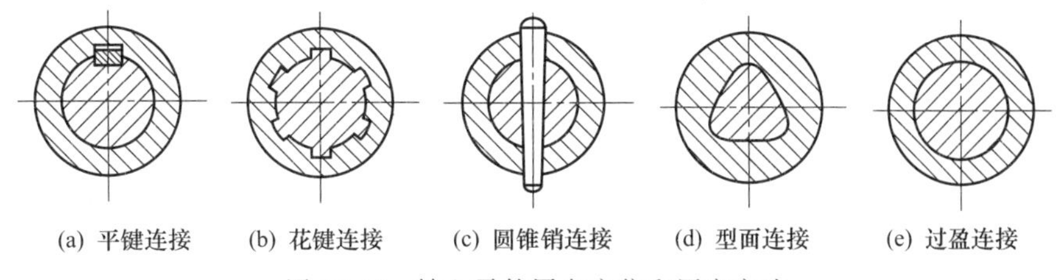

图 16-10　轴上零件周向定位和固定方法

(2) 轴段尺寸的确定

① 轴段直径的确定。

a. 轴肩高度。如图 16-11 所示，定位轴肩高度 h 必须大于与之相配的零件毂孔端部的圆角半径 R 或倒角尺寸 C，通常取 $h=(0.07\sim0.1)d$，或取 $h=(2\sim3)C$。其中，安装滚动轴承处的轴肩高度应与轴承的安装高度相一致，具体要求可查阅轴承标准。非定位轴肩是为了加工和装配方便而设置的，通常取为 $h=1\sim3\text{mm}$。轴和零件上的倒角和圆角尺寸的常用范围见表 16-4。

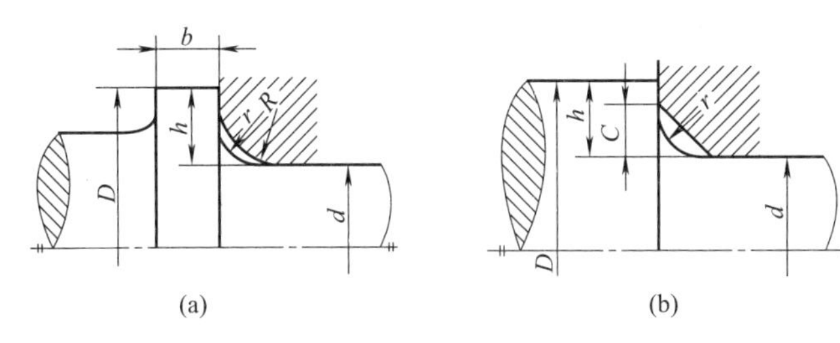

图 16-11　定位轴肩高度

M16-1　过渡圆角半径讲解

表 16-4　与直径 d 相应的倒角 C 和圆角半径 r、R 的推荐值

（摘自 GB/T 6403.4—2008）　　单位：mm

直径 d	>6～10	>10～18	>18～30	>30～50	>50～80	>80～120	>120～180
r、C 或 R	0.6	0.8	1.0	1.6	2.0	2.5	3.0

注：两零件配合时，若轴上的圆角半径 r 根据上表选取，则与之相配合的零件尺寸 $R>r$，$C>r$。

b. 与轴承配合的轴段直径，必须符合轴承内径的标准系列。

c. 安装联轴器的轴头直径应与联轴器的孔径相适应。

d. 轴上有螺纹部分的直径，必须符合螺纹直径的标准系列。

e. 无配合轴段的直径应圆整。

② 轴段长度的确定。

a. 为使套筒、轴端挡圈、圆螺母等能可靠地压紧在轴上零件的端面，轴段的长度通常比轮毂宽度小 1～3mm，见表 16-3。

b. 安装滚动轴承的轴段长度，按轴承宽度确定。

c. 轴环宽度一般取为 $b\geqslant1.4h$，见图 16-11（a）。

(3) 轴的结构工艺性

① 轴的形状应便于轴上零件的装拆。

a. 轴通常做成阶梯型。如图 16-12 所示的轴，轴环直径最大，其两侧各轴段的直径依次逐渐减小，其上零件的装拆就很方便。轴环左侧的齿轮和齿轮左侧的零件，可依次从左

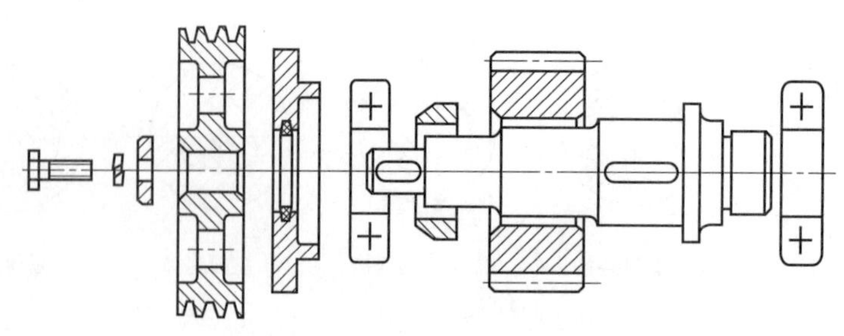

图 16-12 轴上零件的装拆顺序

侧装拆，齿轮右侧的零件从右侧装拆。

b. 轴端及轴肩处通常应有 45°倒角或圆角，如图 16-12 所示。

c. 用轴肩、轴环或套筒实现轴承轴向定位时，其高度必须小于轴承内圈厚度，以便留出拆卸轴承时放置工具的空间。

② 轴的结构应便于轴的加工。

a. 轴上的所有倒角尺寸应尽量一致，所有圆角半径应尽可能相同，以减少刀具数量和换刀时间。

b. 不同轴段均有键槽时，应尽可能布置在同一条母线上，以减少轴的装夹次数。如图 16-12 所示的两个键槽均在同一条母线上。

c. 轴上需磨削的轴段和车制螺纹的轴段，应分别留出砂轮越程槽（图 16-13）和螺纹退刀槽（图 16-14）。

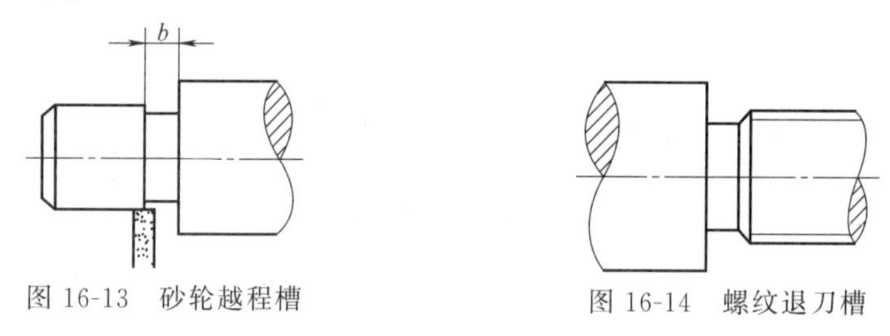

图 16-13 砂轮越程槽　　图 16-14 螺纹退刀槽

(4) 提高轴的疲劳强度的措施

应力集中是影响轴疲劳强度的重要因素，进行轴的结构设计时，应减少应力集中的影响，主要措施有：

① 尽量减少阶梯数。

② 轴肩处的径向尺寸变化尽量小，且要有过渡圆角。

16.4 轴的设计计算

轴的设计计算通常为设计之初估算轴的最小直径，以及结构设计初步完成后对轴进行的强度和刚度校核。对于芯轴，应按弯曲强度和刚度条件计算；对于传动轴，可按扭转强度和刚度条件计算；对于转轴，则应按弯扭组合强度和刚度条件计算。下面仅介绍转轴的设计计算方法。

16.4.1 按扭转强度估算轴的最小直径

由于转轴工作时，同时受弯矩和扭矩作用，在设计之初，轴的长度、支承跨距均未知，所以无法计算弯矩，也就不能通过弯扭组合强度来精确计算出轴的各段直径。因此，一般是根据已知的转矩，按照扭转强度条件，初步估算轴的最小直径，但必须把轴的许用扭转切应力［τ］值适当降低，以考虑弯矩的影响。

根据第 3 章中圆轴扭转的强度条件，即式（3-7）

$$\tau_{max}=\left(\frac{T}{W_p}\right)_{max}\leqslant[\tau]$$

将圆截面的抗扭截面系数 $W_p=\pi d^3/16\approx 0.2d^3$ 代入，整理后，得到按扭转强度条件估算的轴的最小直径 d

$$d\geqslant\sqrt[3]{\frac{9.55\times10^6 P}{0.2[\tau]n}}=C\sqrt[3]{\frac{P}{n}}\ (\mathrm{mm}) \tag{16-4}$$

式中，P 为轴传递的功率，kW；n 为轴的转速，r/min；［τ］为许用扭转切应力，MPa；C 为由轴的材料和受载情况而决定的常数，其值见表 16-5。

表 16-5　轴常用材料的［τ］值和 C 值

轴的材料	35	45	40Cr，35SiMn
$[\tau]$/MPa	20～30	30～40	40～52
C	135～118	118～107	107～98

注：当作用在轴上的弯矩比扭矩小或只受扭矩作用时，C 取较小值，否则取较大值。

需要特别指出的是，若最小轴段有键槽时，应将上式计算出的直径适当增大，以补偿键槽对轴强度的削弱。当 $d\leqslant$100mm 时，有一个键槽，直径增大 5%～7%，有两个键槽时，直径增大 10%～15%；当 $d>$100mm 时，有一个键槽，直径增大 3%，有两个键槽时，直径增大 7%，然后取标准直径。

16.4.2　按弯扭组合强度校核

通过初步计算得到转轴的最小直径后，就可对轴进行结构设计。结构设计完成后，轴的跨距和长度及支点位置等均为已知，就能够对转轴进行弯扭组合强度校核和刚度校核。

对于钢制轴，根据第三强度理论求出危险截面的当量应力 σ_e，强度条件［参看式（5-11）］为

$$\sigma_e=\sqrt{\sigma_b^2+4\tau^2}\leqslant[\sigma_b] \tag{16-5}$$

式中，σ_b 为危险截面上转轴的弯曲应力，MPa；τ 为扭转切应力，MPa；［σ_b］为许用弯曲应力，MPa。

由弯矩所产生的弯曲应力 σ_b 通常为对称循环变应力，而由扭矩所产生的扭转切应力 τ 的循环特性可能与 σ_b 不同，为此引入折合系数 α，以考虑两者循环特性不同的影响。注意到圆轴的 $W_P=2W\approx 0.2d^3$，则上式可进一步写为

$$\sigma_e=\sqrt{\sigma_b^2+4(\alpha\tau)^2}=\sqrt{\left(\frac{M}{W}\right)^2+4\left(\frac{\alpha T}{W_P}\right)^2}=\frac{\sqrt{M^2+(\alpha T)^2}}{W}$$

于是，轴的强度条件为

$$\sigma_e=\frac{M_e}{W}=\frac{\sqrt{M^2+(\alpha T)^2}}{0.1d^3}\leqslant[\sigma_{-1b}] \tag{16-6}$$

式中，M_e 为当量弯矩，N·mm；M 为合成弯矩，$M=\sqrt{M_H^2+M_V^2}$，M_H 为水平面的弯矩，M_V 为铅垂面的弯矩，N·mm；W 为危险截面的抗弯截面系数，mm^3；T 为扭矩，N·mm；$[\sigma_{-1b}]$ 为对称循环下轴的许用弯曲应力，MPa；折合系数 α 的值按下面情况确定：

扭转切应力为静应力时 $\alpha=\dfrac{[\sigma_{-1b}]}{[\sigma_{+1b}]}\approx 0.3$

扭转切应力为脉动循环交变应力时 $\alpha=\dfrac{[\sigma_{-1b}]}{[\sigma_{0b}]}\approx 0.6$

扭转切应力为对称循环交变应力时 $\alpha=1$

式中，$[\sigma_{-1b}]$、$[\sigma_{0b}]$、$[\sigma_{+1b}]$ 分别为对称循环、脉动循环和静应力状态下材料的许用弯曲应力，其值见表 16-6。

表 16-6 轴的许用弯曲应力 单位：MPa

材料	σ_b	$[\sigma_{+1b}]$	$[\sigma_{0b}]$	$[\sigma_{-1b}]$	材料	σ_b	$[\sigma_{+1b}]$	$[\sigma_{0b}]$	$[\sigma_{-1b}]$
碳素钢	400	130	70	40	合金钢	900	300	140	80
	500	170	75	45		1000	330	150	90
	600	200	95	55	铸钢	400	100	50	30
	700	230	150	65		500	120	70	40
合金钢	800	270	130	75					

16.4.3 刚度校核

有些机械装置对转轴有刚度要求，在此情况下，还要对轴进行刚度校核，也就是确定转轴的挠度 y、转角 θ 及扭转角 φ 是否超过许用值，即

$$\left.\begin{aligned} y&\leqslant[y]\\ \theta&\leqslant[\theta]\\ \varphi&\leqslant[\varphi]\end{aligned}\right\} \tag{16-7}$$

[例 16-1] 设计附录中减速器的从动轴。已知：从动轴传递的功率 $P=4.24$kW，转速 $n=76.4$r/min，轴上齿轮的参数见表 12-1。

解：

(1) 选择轴的材料并确定许用应力

轴选用 45 钢正火处理，由表 16-1 查得强度极限 $\sigma_b=600$MPa，再由表 16-5 查得许用弯曲应力 $[\sigma_{-1b}]=55$MPa。

(2) 按扭转强度估算轴的最小直径

由式（16-4）

$$d\geqslant C\sqrt[3]{\frac{P}{n}}$$

查表 16-4，取 $C=110$。

则
$$d\geqslant 110\times\sqrt[3]{\frac{4.24}{76.4}}=42(\text{mm})$$

考虑到轴的最小直径处要安装联轴器，会有一个键槽存在，直径取增大 5%，则 $d=$

$42\times(1+5\%)=44.1(\mathrm{mm})$。

此段轴的直径和长度应和联轴器相匹配，选取 LT8 型弹性套柱销联轴器，由 GB/T 4323—2017 查联轴器的标准孔径为 50mm，故轴的最小直径取为 50mm。半联轴器长度为 112mm，半联轴器与轴配合的毂孔长度为 84mm。

(3) 轴的结构设计

① 确定轴上零件的定位、固定和装配。

如图 16-15 所示。单级减速器中，可将齿轮布置在箱体的中央。由于浸油齿轮的圆周速度为 1.3m/s（例 12-1 的结果），小于 2m/s，因此滚动轴承采用脂润滑。同时，为防止润滑脂流失，在箱体内侧装挡油环。为保证齿轮有足够的活动空间，齿轮端面与箱体内壁间应留有距离 a，a 一般为 10～20mm；对脂润滑的轴承，按挡油环的经验数据设计；为了保证联轴器顺利装拆与运动，联轴器与轴承端盖间应留有距离 l，l 一般取 20～40mm。

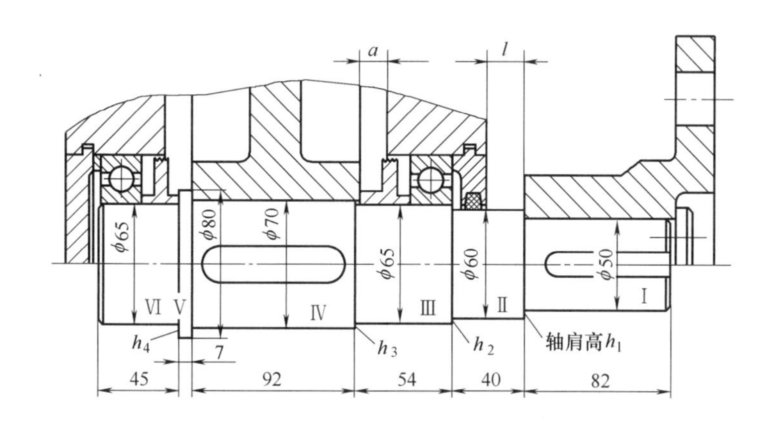

图 16-15　从动轴结构

齿轮的左端用轴肩定位，右端用挡油环轴向固定，周向固定采用平键连接，为保证齿轮与轴有良好的对中性，故采用 H7/r6 的配合。两轴承分别以挡油环的端面定位，轴承的周向固定采用过渡配合或过盈配合。轴承的外圈由轴承盖及调整垫片限位。

轴做成阶梯型，左轴承、左挡油环从左端装入，齿轮、右挡油环、右轴承和联轴器依次从右端装到轴上。

② 确定轴各段直径。如图 16-15 所示，该轴分为六段来确定尺寸。

Ⅰ段：即最小直径部分，根据估算轴颈，并考虑联轴器孔径，选 $d_1=50\mathrm{mm}$。

Ⅱ段：$d_2=d_1+2h_1$，h_1 为联轴器定位的轴肩，可取为 $h_1=(0.07\sim0.1)d_1=(0.07\sim0.1)\times50(\mathrm{mm})=(3.5\sim5)\ (\mathrm{mm})$，取 $h_1=5\mathrm{mm}$，故 $d_2=d_1+2h_1=60\mathrm{mm}$，此直径也符合毡圈密封标准轴颈。

Ⅲ段：$d_3=d_2+2h_2$，h_2 为非定位轴肩，一般取 1～3mm，该段须安装轴承，根据 h_2 算得的 d_3 应与所选轴承内孔尺寸一致。现取 $h_2=2.5\mathrm{mm}$，算得 $d_3=65\mathrm{mm}$，选 6213 型深沟球轴承，轴承的内径为 65mm，外径为 120mm，宽度为 23mm。

Ⅳ段：$d_4=d_3+2h_3$，h_3 为非定位轴肩，取 $h_3=2.5\mathrm{mm}$，则 $d_4=70\mathrm{mm}$。

Ⅴ段：$d_5=d_4+2h_4$，h_4 为定位轴肩，用于齿轮定位，查表 16-4，取该轴肩处的圆角半径为 2mm，齿轮的内孔倒角 $C=2.5\mathrm{mm}$，则 $h_4=(2\sim3)C=(5\sim7.5)\ (\mathrm{mm})$，取 $h_4=5\mathrm{mm}$，

故 $d_5=80\text{mm}$。

Ⅵ段：因与轴段Ⅲ装有同样的轴承，故 $d_6=d_3=65\text{mm}$。

③ 确定轴各段的长度。

Ⅰ段：该段安装联轴器，其长度应比半联轴器毂孔长度略短一些，以便于联轴器轴向定位，取 $L_1=82\text{mm}$。

Ⅱ段：$L_2=$轴承盖宽度$+l$，轴承盖宽度应根据箱体等结构尺寸确定，l 通常取 20～40mm。综上，该轴段长度取 40mm。

Ⅲ段：为便于挡油环给齿轮轴向定位，该轴段左侧台阶相对齿轮右端面缩进 3mm；考虑齿轮端面和箱体内壁应有一定距离 a，a 取为 15mm；考虑有挡油环，箱体内壁与挡油环右侧距离取 13mm；轴承宽度为 23mm，故 $L_3=3+15+13+23=54$（mm）。

Ⅳ段：$L_4=$齿轮轮毂宽度$-3\text{mm}=92\text{mm}$。

Ⅴ段：$L_5=1.4h_4=7\text{mm}$。

Ⅵ段：$L_6=$轴承宽度$+$挡油环宽度，并综合考虑齿轮在轴承间的对称性等因素，取 $L_6=45\text{mm}$。

(4) 轴的强度校核

① 绘制轴的计算简图，如图 16-16（a）所示。在作图时，轴简化为梁，轴承为铰链支座。将齿轮处的分布载荷简化为集中载荷，作用在载荷分布段的中点上。由联轴器引起的扭矩，一般从联轴器轮毂宽度的中点算起。梁上约束反力的作用点取在深沟球轴承宽度的中点，由其他类型轴承引起的约束反力的作用点可参阅相关资料。

根据例 12-1 可知，$F_t=3381\text{N}$，则 $F_r=F_t\tan\alpha=3381\times\tan20°=1231$（N）。又根据附录可知，扭矩 $T-530\text{N}\cdot\text{m}$

② 绘制水平面内弯矩图。

轴水平面受力简图如图 16-16（b）所示，其两支承端的约束反力为

$$F_{hA}=F_{hB}=\frac{F_t}{2}=1690.5(\text{N})$$

截面 C 的弯矩为

$$M_{hC}=F_{hA}\cdot\frac{L}{2}=1690.5\times\frac{0.174}{2}=147.07(\text{N}\cdot\text{m})$$

所绘制的水平面内弯矩图如图 16-16（c）所示。

③ 绘制铅垂面内弯矩图。

轴铅垂面受力简图如图 16-16（d）所示，其两支承端的约束反力为

$$F_{vA}=F_{vB}=\frac{F_r}{2}=\frac{1231}{2}=615.5(\text{N})$$

截面 C 的弯矩为

$$M_{vC}=F_{vA}\cdot\frac{L}{2}=615.5\times\frac{0.174}{2}=53.55(\text{N}\cdot\text{m})$$

所绘制的铅垂面内弯矩图如图 16-16（e）所示。

④ 绘制合成弯矩图。

截面 C 的合成弯矩为

$$M_C=\sqrt{M_{hC}^2+M_{vC}^2}=\sqrt{147.07^2+53.55^2}=156.52(\text{N}\cdot\text{m})$$

所绘制的合成弯矩图如图 16-16（f）所示。

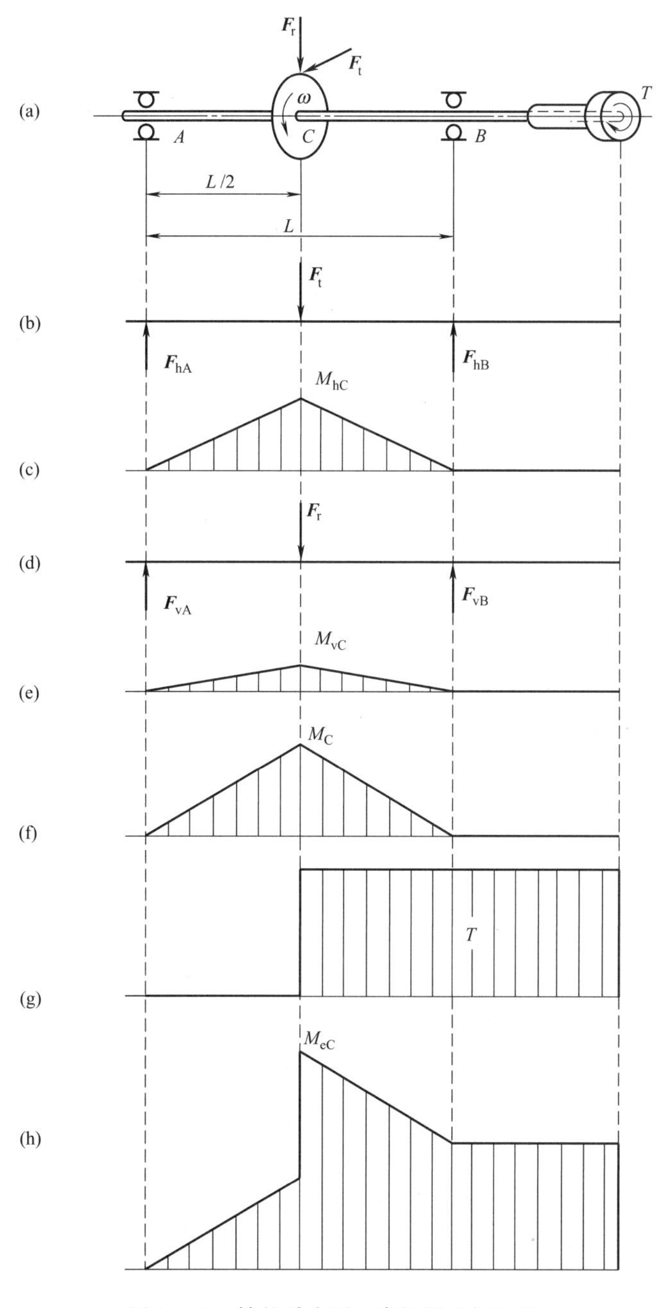

图 16-16　轴的受力图、弯矩图和扭矩图

⑤ 绘制扭矩图，如图 16-16（g）所示。

齿轮与联轴器之间的扭矩 T 为 530N・m

⑥ 绘制当量弯矩图。

因为轴为单向转动，所以扭矩为脉动循环，折合系数取 $\alpha=0.6$，危险截面 C 处的当量弯矩为

$$M_{eC}=\sqrt{M_C^2+(\alpha T)^2}=\sqrt{156.52^2+(0.6\times530)^2}=354.4(\text{N}\cdot\text{m})$$

所绘制的当量弯矩图如图 16-16（h）所示。

⑦ 计算危险截面 C 处的轴径。

由公式（16-6）

$$\sigma_e=\frac{M_e}{W}=\frac{\sqrt{M^2+(\alpha T)^2}}{0.1d^3}\leqslant[\sigma_{-1b}]$$

得
$$d\geqslant\sqrt[3]{\frac{M_{eC}}{0.1[\sigma_{-1b}]_{-1}}}=\sqrt[3]{\frac{354.4\times10^3}{0.1\times55}}=40.09(\text{mm})$$

由于 C 处有键槽，故将轴径加大 5%，即 40.09×1.05＝42.09mm。而在结构设计中，该处的轴径为 70mm，故该轴强度足够。

（5）绘制轴的工作图，如附录中附图 4 所示。

16.5 轴毂连接

在轴的结构设计中已介绍过轴上零件周向固定的方式，即为轴毂连接的常见形式，本节重点讨论键连接和花键连接。

16.5.1 键连接

键连接在机械中应用极为广泛，主要用于轴和轴上零件的周向固定并传递运动和转矩，有的键也可同时用来实现轴上零件的轴向固定和作为轴上零件移动的导向装置。由于键是标准件，因此通常先根据工作特点选择键的类型，再根据轴的直径和轮毂长度确定键的尺寸，必要时还应对键进行强度校核。

M16-2 键的功用讲解

键连接根据装配时是否需要施加力分为松键连接和紧键连接两大类。

（1）松键连接

松键连接主要包括平键连接和半圆键连接。

① 平键连接。平键的两侧面为工作面，上表面和轮毂键槽底面之间留有间隙，工作时依靠两侧面的挤压传递转矩。平键连接具有结构简单、装拆方便、对中性好等优点，因而应用最广，但它不能实现轴上零件的轴向固定。平键连接又可分为普通平键连接、导向平键连接和滑键连接。

a. 普通平键连接。普通平键连接是应用最广泛的键连接，如图 16-17 所示。键的端部形状有圆头（A 型）、方头（B 型）和单圆头（C 型）三种。圆头键的轴上键槽用指状铣刀在立式铣床上加工，键在槽中固定较好；方头键的轴上键槽用盘状铣刀在卧式铣床上加工，轴的应力集中较小；单圆头键多用于轴端。

普通平键连接的主要失效形式是连接部分强度较弱零件的工作面压溃，除非严重过载，一般很少出现键被剪断，所以对普通平键一般只须校核挤压强度。一般情况下，平键的长度 L 和截面尺寸（键宽度 b 和高度 h）分别根据轮毂长度和轴的直径从标准中选取，参见表 16-7。特别重要的场合，在键选取以后，应按例 2-8 所示的方法进行剪切强度及挤压强度的校核。

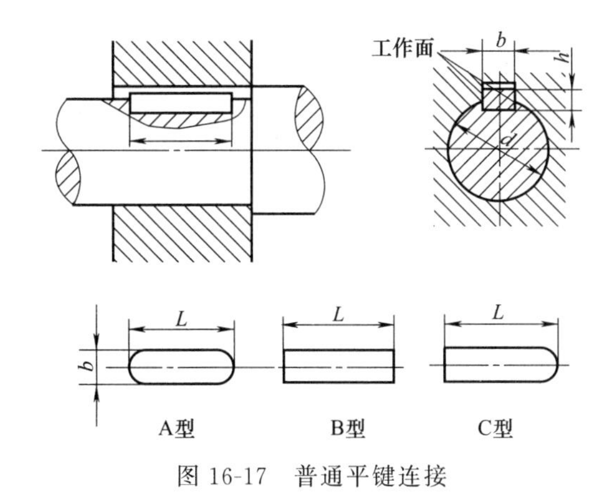

图 16-17　普通平键连接

M16-3　平键尺寸确定的讲解

表 16-7　平键连接尺寸（摘自 GB/T 1095—2003　GB/T 1096—2003）

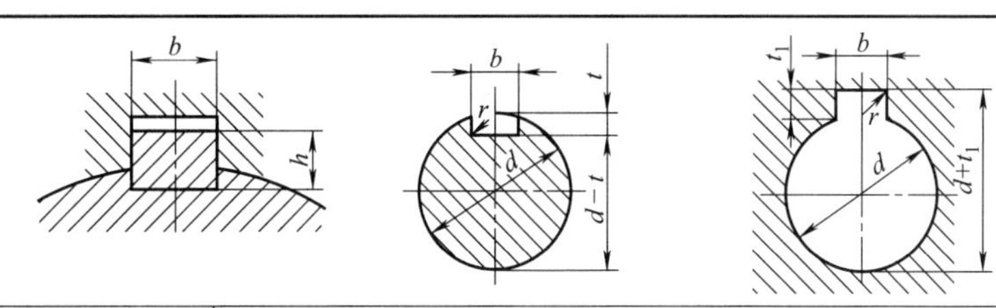

轴径 d	键的公称尺寸		键槽尺寸 b						
			一般键连接		轴 t		毂 t_1		半径 r
	b (h8)	h (h8、h11)	轴 N9	毂 JS9	基本尺寸	公差	基本尺寸	公差	
自 6～8	2	2	−0.004 −0.029	±0.0125	1.2	+0.1 0	1	+0.1 0	0.08～0.16
>8～10	3	3			1.8		1.4		
>10～12	4	4	0	±0.015	2.5		1.8		
>12～17	5	5			3.0		2.3		0.16～0.25
>17～22	6	6			3.5		2.8		
>22～30	8	7	0	±0.018	4.0	+0.2 0	3.3	+0.2 0	
>30～38	10	8			5.0		3.3		0.25～0.4
>38～44	12	8	0	±0.0215	5.0		3.3		
>44～50	14	9			5.5		3.8		
>50～58	16	10			6.0		4.3		
>58～65	18	11			7.0		4.4		
>65～75	20	12	0	±0.026	7.5		4.9		0.4～0.6
>75～85	22	14			9.0		5.4		
键的长度系列	6,8,10,12,14,16,18,20,22,25,28,32,36,40,45,50,56,63,70,80,90,100,110,125,140,160,180,200,220,250,280,320,360								

注：1. 在工作图中，轴槽深用 d-t 标注，其公差为上偏差 0、下偏差为负值；毂深用 $d+t$ 标注。

2. 键标记示例：键 B16×100　GB/T 1096—2003，表示普通平键 B 型、b=16mm、L=100mm。A 型键可省略字母 A。

3. GB/T 1096—2003 中没有给出相应的轴颈尺寸，此数据取自旧国家标准，供选键时参考。

b. 导向平键连接和滑键连接。通常用于轴上传动零件相对轴作轴向移动并进行运动和动力传递的场合。例如，机床主轴箱中用于实现变速的滑移齿轮，就要满足这种要求。导向平键是加长的普通平键，用螺钉固定在轴的键槽中。为了便于装拆，在键上应加工出起键螺孔，如图 16-18 所示。如果轴上零件的移动距离很大，就应采用滑键连接，如图 16-19 所示。滑键是固定在轮毂上的，随传动零件沿键槽移动，如车床上光轴与溜板箱的连接多采用滑键连接。

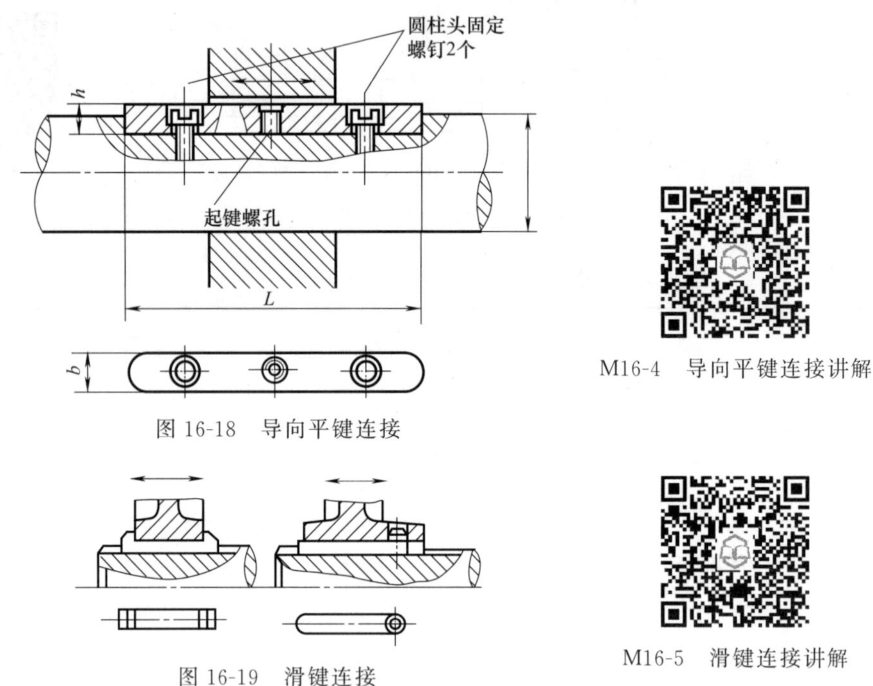

图 16-18 导向平键连接

M16-4 导向平键连接讲解

图 16-19 滑键连接

M16-5 滑键连接讲解

② 半圆键连接 半圆键连接的工作情况和平键相同，不同的是半圆键可在轴的键槽内摆动，以适应轮毂键槽底面的斜度，如图 16-20（a）所示。由于轴上键槽过深，对轴的强度削弱较大，适用于传递载荷较小的场合，多用于锥形轴端的连接［图 16-20（b）］。

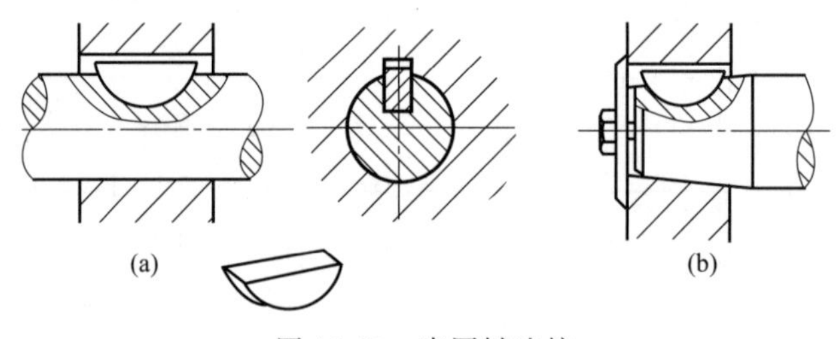

图 16-20 半圆键连接

(2) 紧键连接

紧键连接主要有楔键连接和切向键连接。

① 楔键连接。楔键的上表面与轮毂键槽底面各有 1∶100 的斜度，如图 16-21 所示。楔键装入键槽后，上下面受很大的楔紧压力作用。工作时，靠楔紧后的摩擦力传递转矩，并能承受单向轴向力，起到轴向固定作用。但楔紧力会使轴毂产生偏心，故多用于对中要求不高和转速较低的场合。常用的楔键有普通楔键［图 16-21（a）、（b）］和钩头楔键

［图 16-21（c）］两种。在轴端使用时，应加以固定。

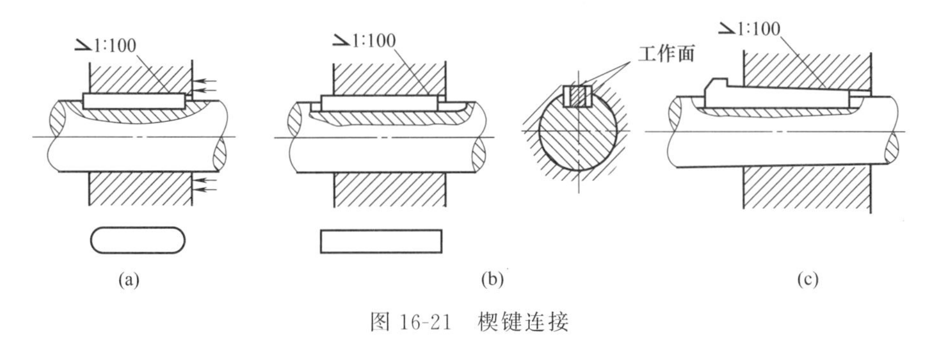

图 16-21　楔键连接

② 切向键连接。如图 16-22 所示，切向键由一对普通楔键组成，装配时，将两键楔紧。楔紧后，其上下平行的两窄面为工作面，其中一个工作面在通过轴心线的平面上，工作压力作用于轴的切向方向，能传递很大的转矩。一对切向键只能传递单向转矩。要传递双向转矩，需要两对键，并分布成 120°～130°角。这种键连接多用于重型机械及矿山机械。

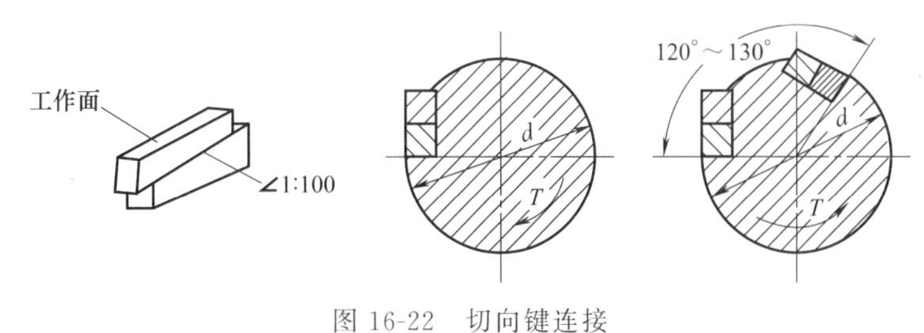

图 16-22　切向键连接

16.5.2　花键连接

如果要求传递的转矩很大，普通平键不能满足要求时，应采用花键连接。花键连接是由具有周向均匀分布的多个键齿的花键轴和具有同样键齿槽的轮毂组成的。其承载能力高，定心性与导向性好，对轴的强度削弱小，适用于载荷较大和定心精度要求较高的静连接和动连接。花键有时需用专门设备加工，成本较高。花键连接在汽车、拖拉机和机床中需换挡的轴毂连接中应用广泛。

花键按齿形不同，可分为矩形花键和渐开线花键两种。其中，矩形花键最为常见，如图 16-23 所示。按齿高的不同，矩形花键的齿形尺寸分为轻系列和中系列。花键按定心方式的不同，可分为小径定心、大径定心和齿侧定心。两种花键的特点和应用如表 16-8 所示。

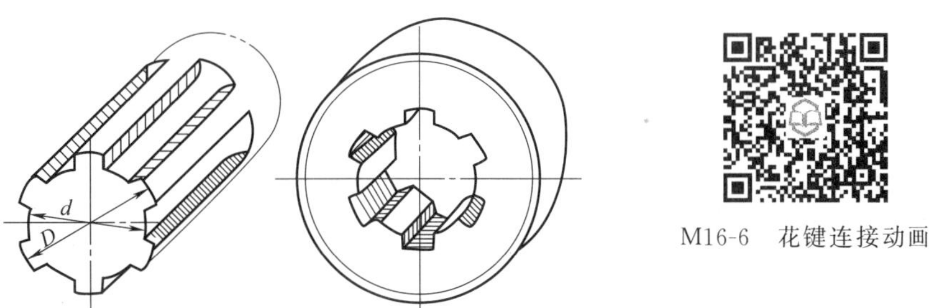

图 16-23　花键连接

表 16-8 花键连接的类型、特点和应用

类 型	特 点	应 用
矩形花键	定心精度高，定心稳定性好，轴和孔的花键齿在热处理后引起的变形可用磨削的方法消除	应用很广
渐开线花键	齿廓为渐开线，应力集中比矩形花键小，齿根处齿厚增加，强度高。受载时齿上有径向分力，能起自动定心作用，使各齿承载均匀，寿命长 加工工艺与齿轮相同，刀具比较经济，同一把滚刀或插刀可加工模数相同，齿数不同的内、外花键，易获得较高的精度和互换性	用于载荷较大、定心精度要求较高以及尺寸较大的连接

16.5.3 销连接

销按用途可分为定位销、连接销和安全销。定位销［图 16-24（a）、（b）］主要用来固定零件间的相互位置，它是组合加工和装配时的重要辅助零件。连接销［图 16-24（c）］用于连接轴与轴上零件，但只可传递不大的载荷。安全销［图 16-24（d）］可作为安全装置中的过载切断元件。

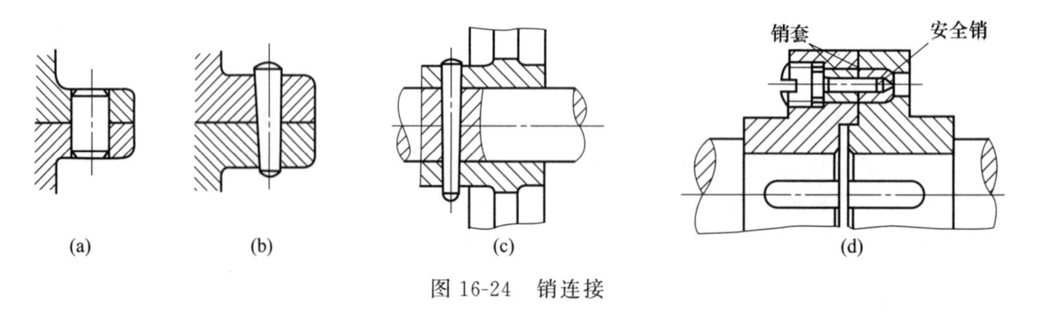

图 16-24 销连接

销为标准件，可根据其用途选择材料。常用的材料有 35、45 钢。圆柱销配合精度高，但不宜经常装拆，否则会降低定位精度和连接的紧固性。圆锥销有 1∶50 的锥度，装拆方便，可自锁，并能多次装拆。

思考题与习题

16-1 轴的主要功用是什么？举出日常生活中所见到的轴的例子。

16-2 轴的常用材料有哪些？说明它们的特点。

16-3 为什么大多数轴做成阶梯轴？

16-4 轴的结构设计应考虑哪几方面的问题？

16-5 常用轴上零件的轴向固定和周向固定方法有哪些？各有何特点？各适用于何种场合？

16-6 在齿轮减速器中，为什么高速轴的直径较小而低速轴的直径较大？

16-7　公式 $d \geqslant C\sqrt[3]{\frac{P}{n}}$ 计算出的 d 应作为轴上哪一部分的直径？公式中的 C 值取决于什么？

16-8　何谓交变应力？试列举出受交变应力作用的构件的工程实例，并指出其循环特性。

16-9　疲劳断裂构件的断口有何特征？其原因有哪些？

16-10　键怎样分类？其工作表面分别有哪些？如何选择键？

16-11　图16-25所示的 AB 轴上安装两个带轮，C 轮上带沿铅垂方向，E 轮上带为水平方向。已知：

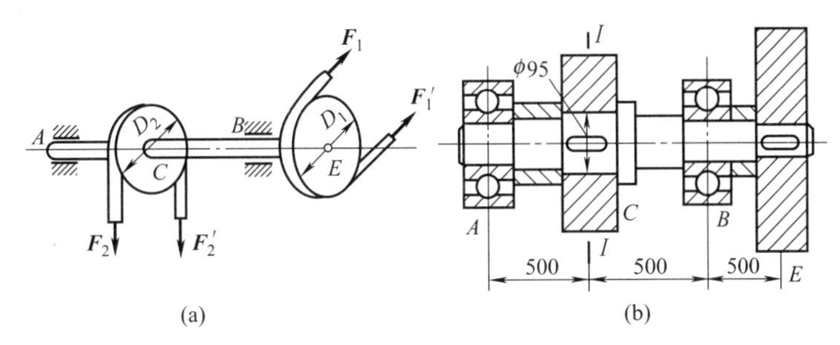

图16-25　题16-11图

$F_1 = 5\text{kN}$，$F_1' = 3\text{kN}$，$D_1 = 800\text{mm}$；$F_2 = 8\text{kN}$，$F_2' = 4\text{kN}$，$D_2 = 400\text{mm}$。轴的材料为45钢，$I-I$ 截面［图16-25（b）］处的许用应力为 $[\sigma_{-1}] = 45\text{MPa}$，折合系数 $\alpha = 0.6$。试校核 AB 轴 $I-I$ 截面的疲劳强度。

16-12　标注出图16-26中轴及齿轮各部结构要素的尺寸。

（1）$R' =$ ____________，$h' =$ ____________；

（2）$d =$ ____________，$R'' =$ ____________，$h'' =$ ____________；

（3）$C_1 =$ ____________；

（4）$d_1 =$ ____________，$s =$ ____________，$R =$ ____________。

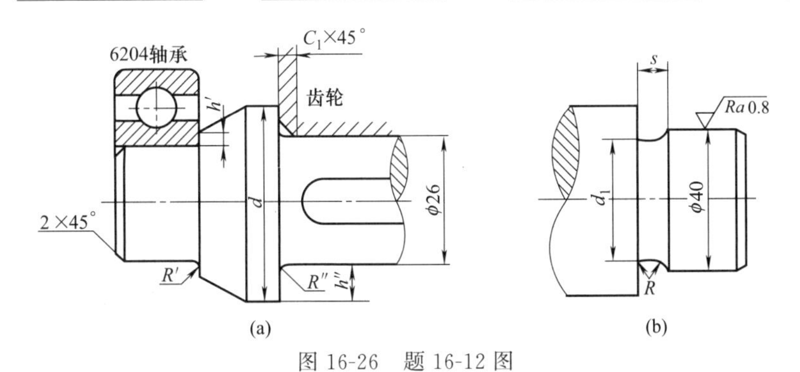

图16-26　题16-12图

16-13　图16-27所示为齿轮减速器的输出轴。试说明轴的结构不合理处，并绘制改正后的结构。

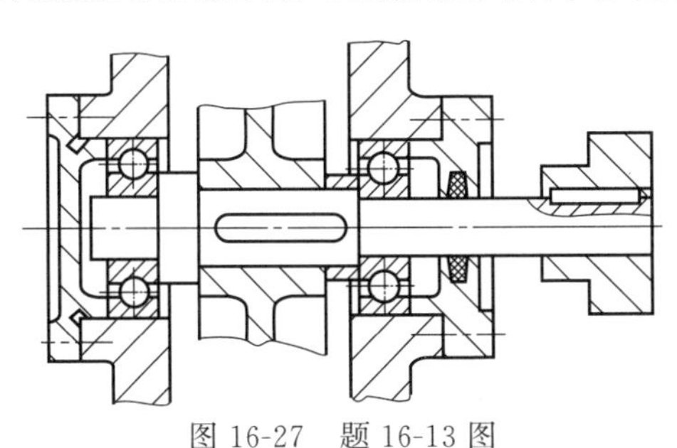

图16-27　题16-13图

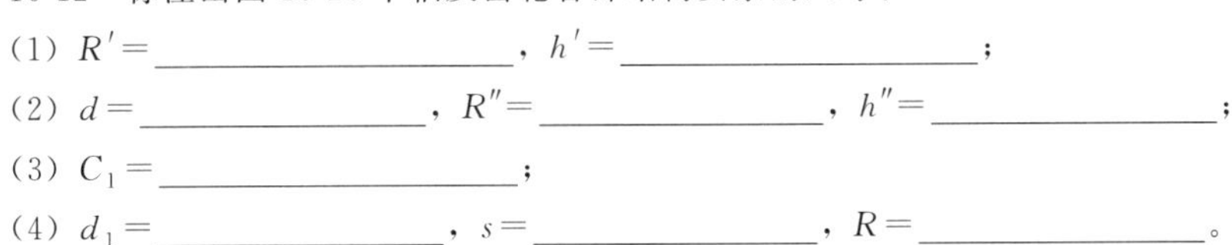

16-14 试设计图 16-28 所示减速器的输出轴。已知输出轴传递的功率 $P=13\text{kW}$，输入轴的转速 $n_1=980\text{r/min}$，齿轮分度圆直径为 $d_2=400\text{mm}$，所受的圆周力 $F_{t2}=2500\text{N}$，径向力 $F_{r2}=1000\text{N}$，轮毂宽度为 90mm，联轴器轮毂宽度为 70mm，建议采用轻窄系列单列向心球轴承，工作时单向转动。

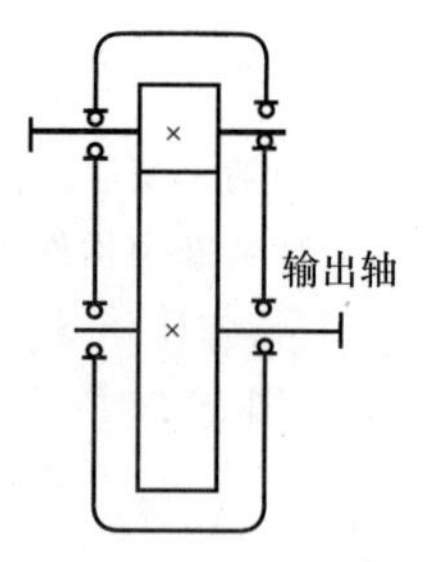

图 16-28 题 16-14 图

16-15 某装置输出轴安装有凸缘联轴器。已知稳定的工作转矩为 $T=4000\text{N}\cdot\text{m}$，联轴器材料为 HT200，轮毂长度为 $L_1=90\text{mm}$，与其相配合的轴的直径为 $d=45\text{mm}$。选择平键的类型和几何尺寸，并校核联轴器的强度。

第17章 轴　承

轴承的功用是支承轴及轴上零件，保持轴的旋转精度，减少轴与支承之间的摩擦和磨损。根据支承处相对运动表面的摩擦性质，轴承分为滑动摩擦轴承和滚动摩擦轴承两大类，分别简称为滑动轴承和滚动轴承。

17.1 滑动轴承概述

滑动轴承与滚动轴承相比，包含元件少，元件间一般存在润滑油膜且为面接触，故其具有承载能力大、回转精度高、抗冲击、低噪声以及工作平稳可靠等优点，因而在机械中得到广泛应用。但对非液体摩擦滑动轴承而言，摩擦阻力较大，磨损严重。

17.1.1 滑动轴承的类型

滑动轴承按其所能承受载荷方向的不同，可分为径向滑动轴承（主要承受径向载荷）和止推滑动轴承（主要承受轴向载荷）。

滑动轴承按相对运动表面间摩擦状态的不同，可分为非液体摩擦滑动轴承和液体摩擦滑动轴承两类。液体摩擦滑动轴承根据相对运动表面间承载的流体膜形成原理的不同，又分为液体动压滑动轴承和液体静压滑动轴承。

17.1.2 滑动轴承的结构

(1) 径向滑动轴承

① 整体式滑动轴承。图17-1所示为一种常见的整体式滑动轴承。由于轴承座和轴套

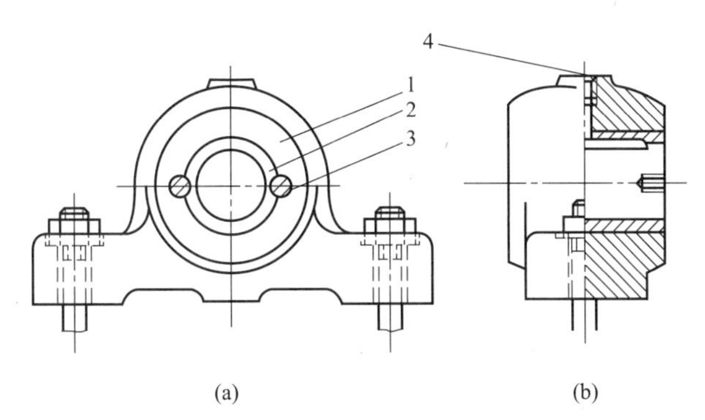

图 17-1　整体式滑动轴承

1—轴承座；2—轴套；3—骑缝螺钉；4—油杯螺纹孔

M17-1　整体式滑动轴承动画

都是整体的，所以结构简单、制造方便、成本低廉。但装拆时轴和轴承需轴向移动，故装拆不便；另外，轴承磨损后轴颈与轴瓦之间的间隙无法调整，只有更换。此类轴承多用于低速、轻载、间歇工作的机器上。

② 对开式滑动轴承。图 17-2 所示为对开式滑动轴承。轴承盖与轴承座的对开面常做成阶梯形，以便安装时对中和防止工作时产生错动。在轴瓦对开面间放入垫片，当轴瓦磨损后，可通过更换垫片来调整轴颈与轴瓦之间的间隙。对开式滑动轴承装拆方便，轴瓦磨损后间隙容易调整，因此应用较广。

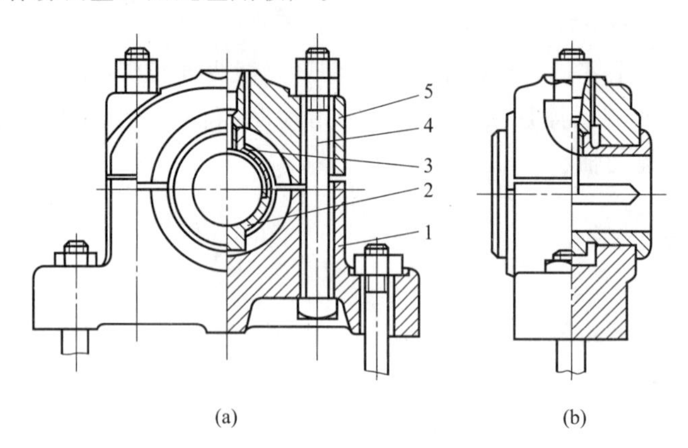

图 17-2 对开式滑动轴承

1—轴承座；2，3—轴瓦；4—螺栓；5—轴承盖

M17-2 对开式滑动轴承动画

③ 自动调心式滑动轴承。图 17-3 所示为自动调心式滑动轴承，其轴瓦外表面做成球面，与轴承盖及轴承座的球形内表面相配合，可以自动调心以适应轴颈的偏斜，避免轴颈与轴瓦两端由于轴颈倾斜引起“边缘接触”（图 17-4 所示）而造成的局部迅速磨损。当轴承的宽度与直径的比值大于 1.5、或轴的刚度较小、或两轴难于保证同心时，宜采用自动调心式滑动轴承。

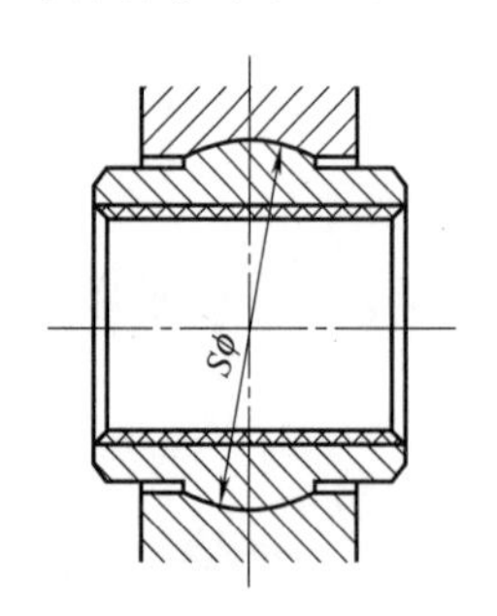

图 17-3 自动调心式滑动轴承

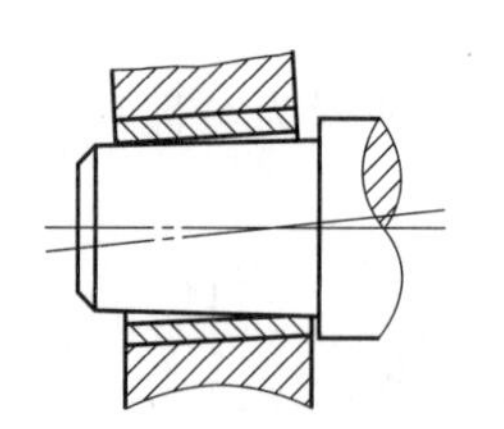

图 17-4 轴颈倾斜引起“边缘接触”

M17-3 自动调心式滑动轴承动画

(2) 止推滑动轴承

图 17-5 所示为止推滑动轴承。轴的端面和止推轴瓦是轴承的主要工作部分，止推轴瓦的底部与轴承座通过球面接触，可以自动调整位置，以保证轴承摩擦表面的良好接触。销钉 5 用来防止止推轴瓦随轴转动。工作时润滑油由下部注入，从上部油管导出。

图 17-6 所示为止推滑动轴承轴颈的几种常见型式。载荷较小时可采用空心端面止推轴颈［图 17-6（a)］和环形轴颈［图 17-6（b)］，载荷较大时宜采用多环止推轴颈［图 17-6（c)］。

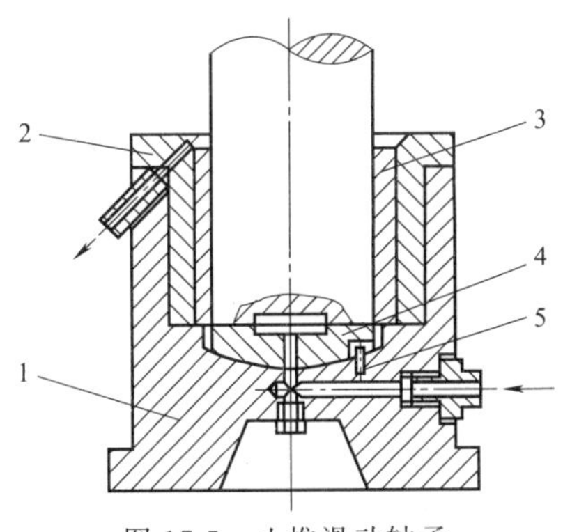

图 17-5　止推滑动轴承

1—轴承座；2—衬套；3—径向轴瓦；4—止推轴瓦；5—销钉

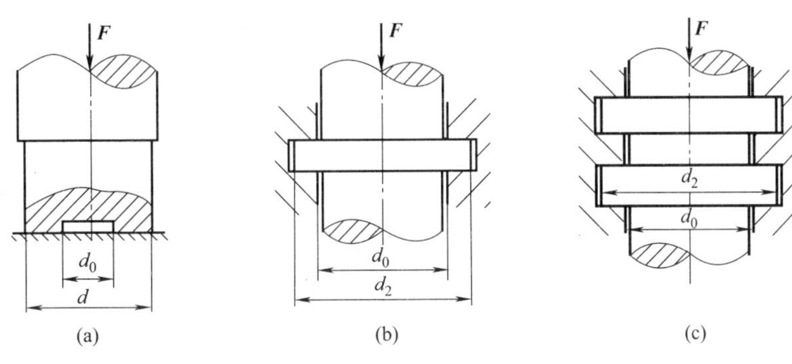

图 17-6　止推滑动轴承轴颈型式

17.1.3　轴瓦

轴瓦（包括轴套、轴承衬）直接与轴颈接触，其结构以及材料选择的合理性直接影响滑动轴承的工作能力和使用寿命。

(1) 轴瓦的结构

轴瓦可以制成整体式和对开式两种。整体式轴瓦又称为轴套，如图 17-7（a）所示。对开式轴瓦在其两端常设计出凸肩，以防止轴瓦的轴向窜动，并能承受一定的轴向力，如图 17-7（b）所示。轴瓦一般需要用耐磨性、减摩性都好的材料制造。为了提高轴瓦的承载能力，节约贵重金属，常在轴瓦的内表面浇注一层或两层耐磨性和减摩性更好的金属材料，称为轴承衬，此时的轴瓦称为双金属轴瓦或三金属轴瓦。

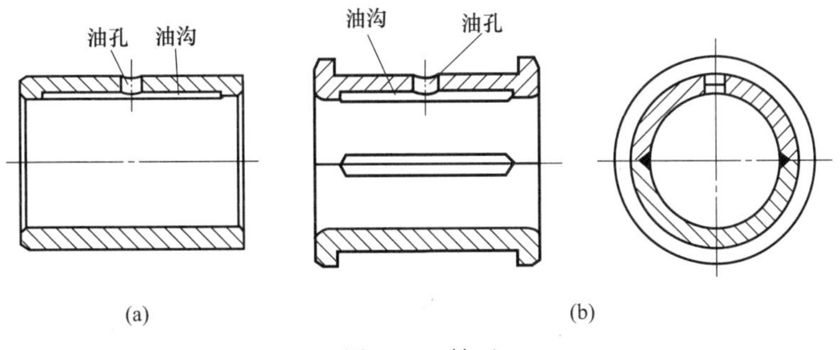

图 17-7　轴瓦

为了使润滑油能够很好地分布到轴瓦的整个工作表面，在轴瓦的非承载区内要制出油沟和油孔。常见的油沟型式如图 17-8 所示。

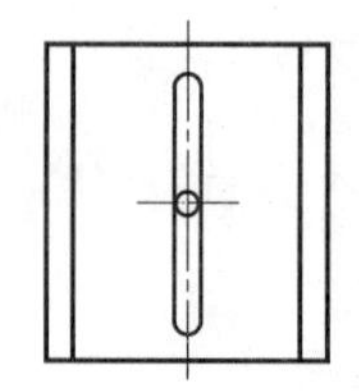 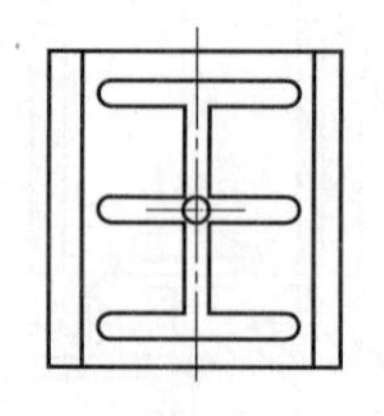 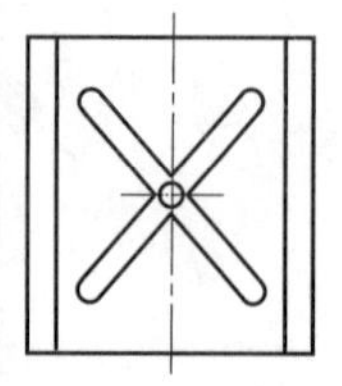

图 17-8 油沟型式

(2) 轴瓦的材料

轴瓦的材料应具有以下性能：

① 足够的抗压强度、抗疲劳能力和抗冲击能力。

② 良好的减摩性、耐磨性和磨合性。

③ 导热性好，线胀系数小。

此外，轴瓦材料还应具有嵌藏性（容纳异物的能力）、耐腐蚀性以及价格低廉等特点。常用金属轴瓦材料及其性能见表 17-1。

表 17-1 常用金属轴瓦材料及其性能

轴承材料		最大许用值①			最高工作温度/℃	硬度② HBS	备注
		[p]/MPa	[v]/m·s^{-1}	[pv]/(MPa·m·s^{-1})			
锡基轴承合金	ZSnSb11Cu6	平稳载荷			150	$\frac{150}{20\sim30}$	用于高速、重载下工作的重要轴承。变载荷下易于疲劳。价贵
		25(40)	80	20(100)			
	ZSnSb8Cu4	冲击载荷			150	$\frac{150}{20\sim30}$	
		20	60	15			
铅基轴承合金	ZPbSb16Sn16Cu	12	12	10(50)	280	$\frac{200}{50\sim100}$	用于中速、中等载荷的轴承，不宜受显著冲击。可作为锡锑轴承合金的代用品
	ZPbSb15Sn5Cu3	5	8	5			
锡青铜	ZCuSn10P1	15	10	15(25)	280	$\frac{300}{40\sim280}$	用于中速、重载及受变载荷的轴承。用于中速、中载轴承
	ZCuSn5Pb5Zn5	8	3	15			
铅青铜	ZCuPb30	25	12	30(90)	280	$\frac{200}{100\sim120}$	用于高速重载轴承，能承受变载和冲击
铝青铜	ZCuAl9Fe4Ni4Mn2	15 (30)	4 (10)	12 (60)	280	$\frac{200}{80\sim150}$	最宜用于润滑充分的低速重载轴承
	ZCuAlFeNiMn2	20	5	15			
黄铜	ZCuAlFeNiMn2	10	1	10	140	$\frac{300}{45\sim50}$	用于高速、中载轴承，是较新的轴承材料。强度高、耐腐蚀、表面性能好
铸铁	HT150～250	2～4	0.5～1	1～4		$\frac{200\sim250}{160\sim180}$	宜用于低速、轻载的不重要轴承，价廉

① 括号内为极限值，其余为一般值（润滑良好）。对于液体动压轴承，限制［pv］值无甚意义，因与散热等条件关系很大。

② 分子为最小轴颈硬度，分母为合金硬度。

17.1.4　滑动轴承的润滑

轴承的润滑是为了减少摩擦、减轻磨损，同时还有散热冷却、缓冲吸振和防锈等作用。

(1) 润滑剂

常用的润滑剂有润滑油和润滑脂。对油润滑的轴承，高速轻载时应选用黏度小的润滑油，低速重载时应选用黏度大的润滑油。润滑脂主要应用在速度低（轴颈圆周速度小于1～2m/s）、载荷大、不经常加油、使用要求不高等场合。润滑油和润滑脂的牌号可参阅机械设计手册及相关技术资料。

此外，也可选用石墨、二硫化钼等固体润滑剂。固体润滑剂适用于低速或高温（温度低于400℃）工作的轴承，也常与润滑油、润滑脂混合使用。

(2) 润滑方式

滑动轴承的润滑方式可按下式求得的 k 值选取。

$$k=\sqrt{pv^3}$$

式中，p 为轴颈上的平均压强，MPa；v 为轴颈的圆周速度，m/s。

当 $k\leqslant 2$ 时，润滑剂一般为间歇供应。若采用润滑脂润滑，可用旋盖式油杯（图17-9）手工加油。此外，也可用黄油枪向轴承中补充润滑脂。若采用润滑油润滑，可用图17-10所示的压配式压注油杯或图17-11所示的旋套式注油杯定期加油。

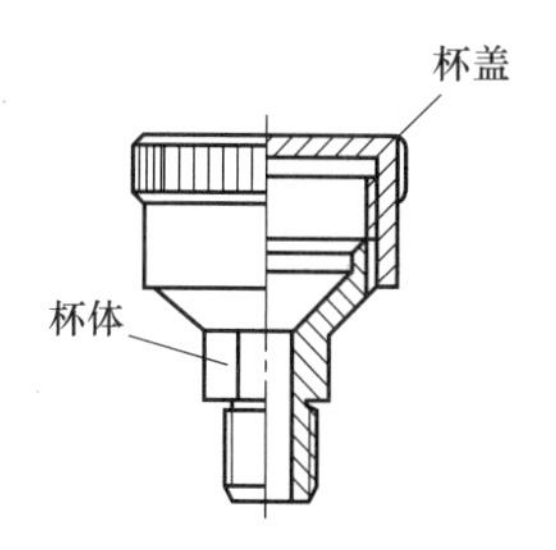

图17-9　旋盖式油杯

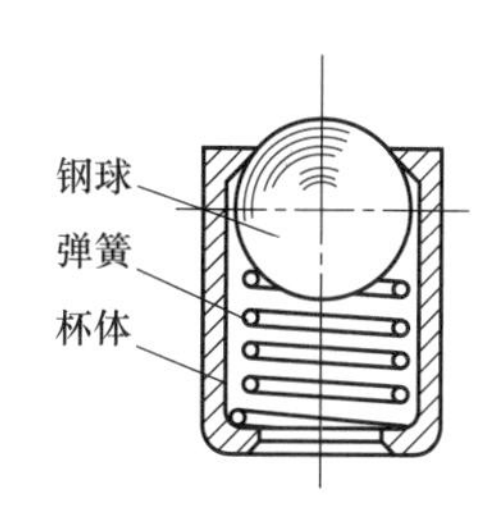

图17-10　压配式压注油杯

当 $2<k\leqslant 16$ 时，采用连续供油方式。可用如图17-12所示的针阀式注油杯或如图17-13所示为油芯式油杯润滑。针阀式注油杯可间歇供油，也可连续供油。

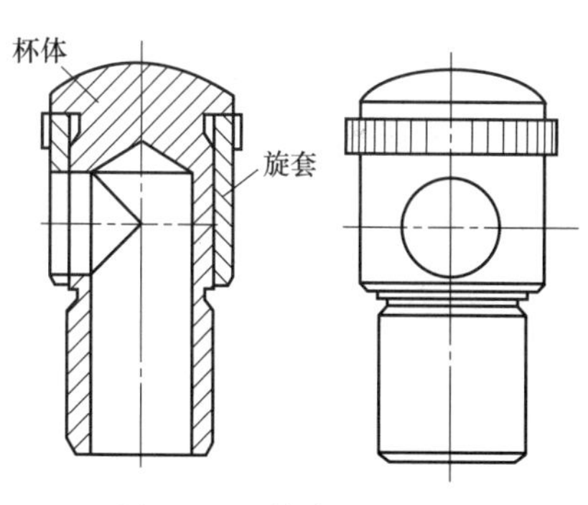

图17-11　旋套式注油杯

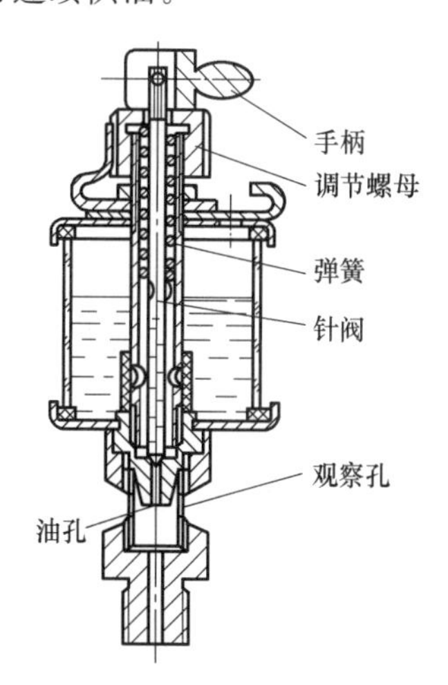

图17-12　针阀式注油杯

当 16<k≤32 时，必须采用连续供油方式。可用图 17-14 所示的油环带油润滑，或采用飞溅润滑、压力循环润滑等方式。

当 k>32 时，必须采用压力循环的供油方式进行润滑。

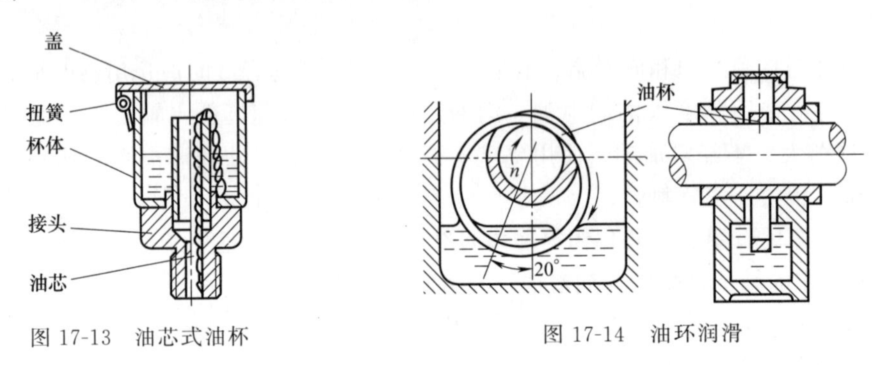

图 17-13 油芯式油杯

图 17-14 油环润滑

17.2 液体摩擦滑动轴承简介

17.2.1 液体动压滑动轴承

利用轴颈自身回转时的泵油作用，把油带入摩擦表面之间，形成足够的压力油膜将摩擦面隔开，从而承受载荷，用这种方法实现液体摩擦的轴承称为液体动压滑动轴承。

(1) 液体动压滑动轴承的基本原理

图 17-15 (a) 所示为轴处于静止状态，轴颈位于轴承孔最下方的位置，轴颈与轴承孔之间有一弯曲的楔形间隙，间隙内充满润滑油。当轴开始转动时 [17-15 (b)]，由于油的黏性而被带进楔形间隙，并从小间隙处挤出，因而形成压力，但此压力还不足以将轴抬起。随着转速的增加，带进的油量增大，轴颈与轴承孔下部逐渐形成压力油膜，当该油膜的厚度大于两接触表面不平度之和时，轴颈与轴承孔之间就完全被油膜所隔开 [图 17-15 (c)]。此时，摩擦力迅速下降，在压力油膜各点压力的合力作用下，轴颈便向左下方漂移。随着压力的继续增高，楔形间隙中压力逐渐加大，当油膜压力与外载荷平衡时 [图 17-15 (d)]，进入稳定运转状态。由于液体动压滑动轴承必须在一定的运转速度下才能产生压力油膜，从而实现纯液体摩擦，因此对运转速度低的主轴部件不适用。

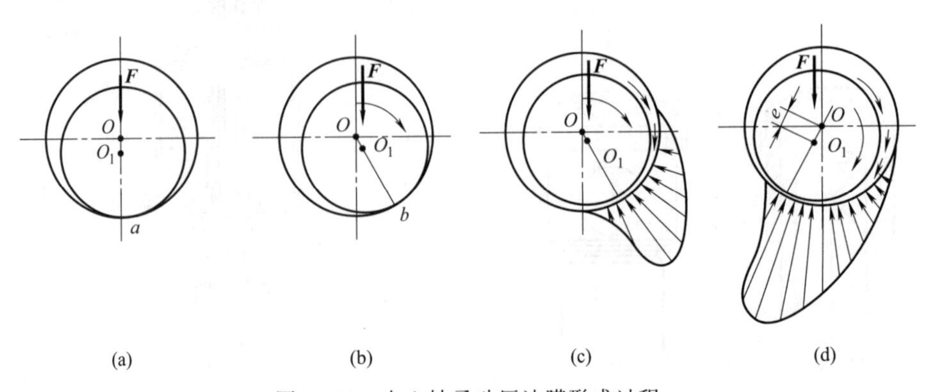

图 17-15 向心轴承动压油膜形成过程

(2) 液体动压滑动轴承的形成条件

雷诺方程描述了油膜场中各点油压 p 的分布规律，它是液体润滑理论的基础（关于雷诺方程的详细内容见相关书籍）。根据雷诺方程的相关结论，液体动压滑动轴承形成压力油膜必须具备如下条件：

① 存在收敛性的楔形间隙；

② 楔形间隙的两表面要有一定的相对转速；

③ 有适当黏度的润滑油，且润滑油供应充分。

这三条通常称为形成动压油膜的必要条件，缺少其中任何一条都不可能形成动压效应。

17.2.2 液体静压滑动轴承

液体静压滑动轴承是依靠一套给油装置，将高压油压入轴承的间隙中，强制形成油膜，保证轴承在液体摩擦状态下工作。

如图 17-16 所示，液体静压滑动轴承的轴瓦内表面上一般有四个对称的油腔，由一台油泵供给压力油。

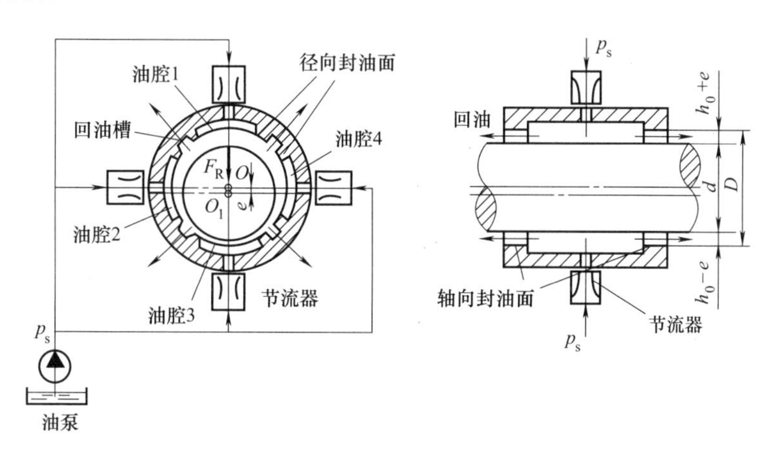

图 17-16　静压轴承的工作原理

由于静压轴承的油膜形成与相对速度无关，承载能力主要取决于油泵的供油压力，因此静压轴承在高速、低速、轻载、重载下都能胜任工作。但由于需附加一套可靠的供油系统，所以成本较高，一般用于低速、重载或要求高精度的机械设备中，如各种重型机床、高精度机床等。

17.3 滚动轴承概述

滚动轴承具有摩擦阻力小、传动效率高、润滑简便、装拆方便和互换性好等优点，在各类机械中应用广泛。常用的滚动轴承绝大多数已经标准化，设计者可以根据需要直接选用。

17.3.1 滚动轴承的结构

滚动轴承一般由内圈 1、外圈 2、滚动体 3 和保持架 4 组成，如图 17-17 所示。多数情况下，外圈不转动，内圈与轴一起转动。当内外圈之间相对旋转时，滚动体沿着滚道滚动，形成滚动接触并支撑回转零件和传递载荷。保持架使滚动体均匀分布在滚道上，并减少滚动体之间的碰撞和磨损。

常见的滚动体有：球、圆柱滚子、圆锥滚子、鼓形滚子、滚针等，如图 17-18 所示。

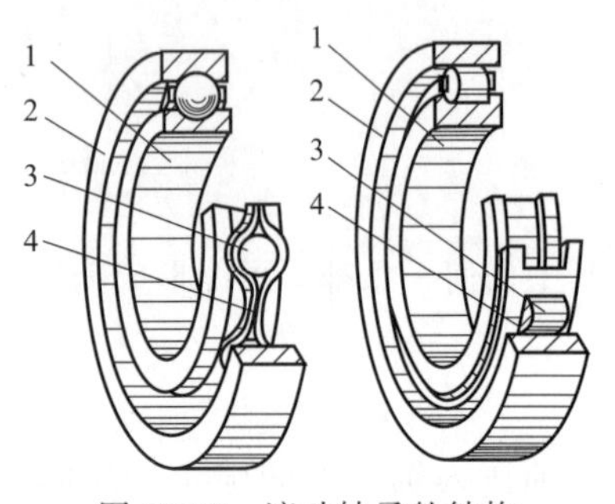

图 17-17 滚动轴承的结构

1—内圈；2—外圈；3—滚动体；4—保持架

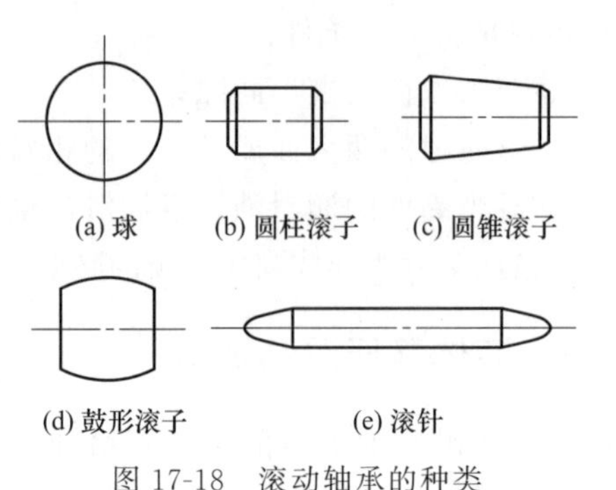

图 17-18 滚动轴承的种类

17.3.2 滚动轴承的类型及选择

(1) 滚动轴承的类型

按滚动体的形状不同，分为球轴承和滚子轴承两大类。

按滚动体的列数不同，分为单列、双列和多列轴承。

按所能承受载荷的方向或公称接触角 α 的不同，分为向心轴承和推力轴承两大类，见表 17-2。

表 17-2 各类球轴承的公称接触角

轴承类型	向心轴承（主要用于承受径向载荷，$0°\leqslant\alpha\leqslant45°$）		推力轴承（主要用于承受轴向载荷，$45°<\alpha\leqslant90°$）	
	径向接触轴承	角接触向心轴承	角接触推力轴承	轴向接触轴承
公称接触角 α	$\alpha=0°$	$0°<\alpha\leqslant45°$	$45°<\alpha<90°$	$\alpha=90°$
图例		α	α	α

公称接触角 α 是指滚动体和外圈接触处的法线与轴承径向平面（垂直轴承轴心线的平面）的夹角。公称接触角是滚动轴承的一个主要参数，其值越大，轴承承受轴向载荷的能力越强。

常用滚动轴承的主要类型、尺寸系列代号及性能特点见表 17-3。

(2) 滚动轴承类型的选择

选择轴承类型时，在对各类轴承的性能特点充分了解的基础上，根据载荷的大小、方向和性质，转速高低，结构尺寸的限制，刚度要求，调心要求等因素，按以下原则进行选择：

表 17-3 常用滚动轴承主要类型、尺寸系列代号及性能特点

类型名称	简图、承载方向及结构代号	类型代号	尺寸系列代号	极限转速比①	主要性能及应用
调心球轴承	10000	1	39,(1)0,30,(0)2,22,(0)3,23	中	能自动调心,内外圈轴线间允许偏斜2°～3°。可承受径向载荷及较小的双向轴向载荷,但不宜承受纯轴向载荷。适用于轴变形较大及不能精确对中的支承处
调心滚子轴承	20000	2	38,48,39,49,30,40,31,41,22,32,23	低	主要性能与调心球轴承类似。但径向承载能力较大,内外圈轴线间允许偏斜1.5°～2.5°。适用在长轴或受载荷作用后,轴有较大的弯曲变形及多支点的轴上
圆锥滚子轴承	30000	3	29,20,30,31,02,22,32,03,13,23	中	可同时承受较大的径向及轴向载荷。承载能力大于“7”类轴承。外圈可分离,装拆方便,一般需成对使用。适用于转速不太高,轴的刚度较好的场合
推力球轴承	51000	5	11,12,1314	低	只能承受轴向载荷,而且载荷作用线必须与轴线相重合,不允许有角偏差。极限转速低,是分离型轴承。适用于轴向载荷大,转速不高处
双向推力球轴承	52000	5	22,23,24	低	能承受双向轴向载荷,中间圈为紧圈,其余与推力轴承相同

续表

类型名称	简图、承载方向及结构代号	类型代号	尺寸系列代号	极限转速比①	主要性能及应用
深沟球轴承	60000	6	17,37,18 19,(0)0 (1)0 (0)2 (0)3 (0)4	高	主要承受径向载荷，亦能承受一定的双向轴向载荷。内、外圈轴线间允许角偏位为8′～16′。高速旋转时，可用来承受纯轴向载荷
角接触球轴承	70000C型 (α=15°) 70000AC型 (α=25°) 70000B型 (α=40°)	7	18,19 (1)0 (0)2 (0)3 (0)4	高	可同时承受径向及轴向载荷，也可用来承受纯轴向载荷。承受轴向载荷的能力由接触角α的大小决定，α大，承受轴向载荷的能力强。由于存在接触角α，承受纯轴向载荷时，会产生内部轴向力，使内外圈有分离的趋势，因此这类轴承都成对使用，可以分装于两个支点或同装于一个支点上
推力滚子轴承	80000	8	11,12	低	只能承受单向轴向载荷，承载能力很大，极限转速低
圆柱滚子轴承	(外圈无挡边) N0000	N	10,(0)2 22,(0)3 23,(0)4	高	只能承受径向载荷，承载能力大，抗冲击能力强。内外圈可分离，对轴的偏斜敏感，极限转速较高。适用于刚性较大、与支承座孔能很好对中的轴的支承
滚针轴承	NA0000	NA	48,49,69	低	径向尺寸小，只能承受径向载荷，极限转速低，一般不带保持架，摩擦因数大。适用于径向尺寸受限制的部件中

① 指各种轴承极限转速与深沟球轴承极限转速之比；高——相当于100%～90%；中——相当于90%～60%；低——相当于60%以下。

注：“（）”内的数字在组合代号中可以省略。

① 载荷较大或有冲击载荷时，宜用滚子轴承；否则应用球轴承。

② 当只受径向载荷或只受轴向载荷时宜分别选用径向接触轴承和轴向接触轴承；径向、轴向载荷都较大，采用角接触轴承。

③ 当转速较高时，宜用球轴承。

④ 当支承刚度要求较高时，宜用滚子轴承。

⑤ 当轴的挠曲变形大或两孔轴心偏差较大或支承跨度大时，宜选用调心轴承。

⑥ 为便于轴承的装拆，宜选用内、外圈可分离的轴承。

⑦ 经济上，球轴承比滚子轴承便宜；精度低的轴承比精度高的轴承便宜；普通结构轴承比特殊结构轴承便宜。

17.3.3 滚动轴承的代号

滚动轴承是标准件，在 GB/T 272—2017 中规定了代号方法。我国滚动轴承代号由基本代号、前置代号和后置代号构成，见表 17-4。

表 17-4 滚动轴承代号的构成

<table>
<tr><td>前置代号</td><td colspan="5">基本代号</td><td colspan="8">后置代号</td></tr>
<tr><td rowspan="4">成套轴承的分部件代号</td><td>第五位</td><td>第四位</td><td>第三位</td><td>第二位</td><td>第一位</td><td rowspan="4">内部结构代号</td><td rowspan="4">密封与防尘套圈类型代号</td><td rowspan="4">保持架及其材料代号</td><td rowspan="4">轴承材料代号</td><td rowspan="4">公差等级代号</td><td rowspan="4">游隙代号</td><td rowspan="4">配置代号</td><td rowspan="4">其他代号</td></tr>
<tr><td colspan="3">轴承系列</td><td colspan="2" rowspan="3">内径代号</td></tr>
<tr><td rowspan="2">类型代号</td><td colspan="2">尺寸系列代号</td></tr>
<tr><td>宽度系列代号</td><td>直径系列代号</td></tr>
</table>

(1) 基本代号

基本代号表示轴承的基本类型、结构和尺寸，是轴承代号的基础。除滚针轴承外，基本代号由轴承类型代号、尺寸系列代号、内径代号构成。

① 类型代号：类型代号用数字或字母表示，见表 17-3。当用字母表示时，则类型代号与右边的数字之间空半个汉字距。

② 尺寸系列代号：尺寸系列代号由轴承的宽度（推力轴承中称为高度）系列代号和直径系列代号组合而成，一般用两位数字表示，个别情况在组合代号中省略不标，常用轴承省略情况及组合代号见表 17-3。轴承的宽度系列常用的代号有 0、1、2、3、4、5、6 等（宽度尺寸依次递增），轴承的直径系列常用的代号有 0、2、3、4 等（高度尺寸依次递增）。尺寸系列代号表示公称内径相同时，轴承的外径、宽度等的变化，如图 17-19 所示。

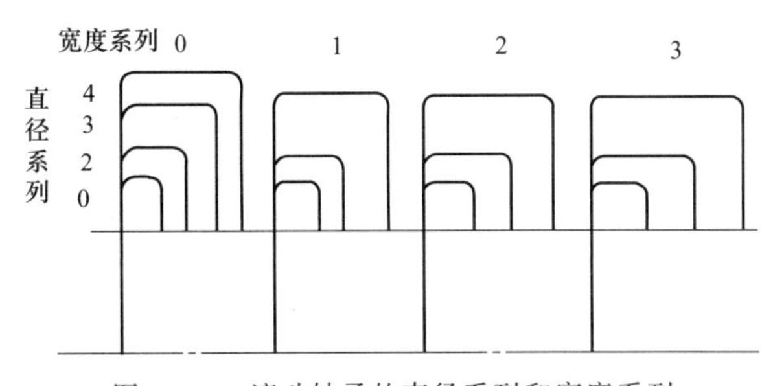

图 17-19 滚动轴承的直径系列和宽度系列

③ 内径代号：内径代号表示轴承的公称内径 d。10mm≤d<500mm 的内径代号见表 17-5；d 为 500mm 以上以及 22 mm、28 mm、32mm 特殊值时，内径代号直接用公称内径表示，加“/”与尺寸系列代号分开；d<10mm 的轴承代号查阅 GB/T 272—2017 或轴承手册。

表 17-5 内径代号

内径代号	00	01	02	03	04～99
内径/mm	10	12	15	17	代号×5

(2) 前置、后置代号

前置、后置代号是轴承在结构形状、尺寸、公差、技术要求等有改变时，在其基本代号左右添加的补充代号。其排列见表 17-4。

① 前置代号：前置代号用字母表示，经常用于表示轴承分部件（轴承组件）。如圆柱滚子轴承代号 LN207 中的 L 表示可分离轴承的可分离内圈或外圈。

② 后置代号：后置代号用字母（或加数字）表示。后置代号置于基本代号的右边并与基本代号空半个汉字距（代号中用“—”“/”符号的除外）。当具有多组后置代号，按表 17-4 所列从左到右的顺序排列。

其中，滚动轴承的公差等级规定为 0 级、6 级、6X 级、5 级、4 级、2 级，分别用公差等级代号/P0、/P6、/P6X、/P5、/P4、/P2 表示。/P0 在轴承代号中省略不标。

更详细的前置代号和后置代号的含义及表示方法参见 GB/T 272—2017。

［例 17-1］ 说明轴承代号 6208 和 71908/P5 的意义。

解：6208——6 为类型代号，表示深沟球轴承；2 为尺寸系列代号（宽度系列 0 省略，直径系列 2）；08 为内径代号，内径 $d=8\times5=40$（mm）。

71908/P5——7 为类型代号，表示角接触球轴承；19 为尺寸系列代号，1 为宽度系列，9 为直径系列；08 为内径代号，内径 $d=40$mm；/P5 为后置代号，表示公差等级为 5 级。

17.4 滚动轴承的寿命计算

17.4.1 滚动轴承的失效形式与计算准则

滚动轴承的失效形式主要为疲劳点蚀和塑性变形。

① 疲劳点蚀。滚动轴承在工作过程中，滚动体相对内圈（或外圈）不断地转动，因此滚动体与滚道的接触表面受交变应力。工作一定时间后，其接触表面就可能发生疲劳点蚀，致使轴承不能正常工作。

② 塑性变形。转速很低或间歇往复摆动的轴承，在很大静载荷或冲击载荷作用下，会使轴承滚道和滚动体接触处产生局部塑性变形（如形成凹坑），从而使轴承在运转中振动和噪声增大，导致轴承不能正常工作。

另外，在密封不严、润滑不良或使用维护不当的情况下，也能引起轴承早期磨损、胶合、内外圈和保持架破损等不正常失效。

在选择滚动轴承类型后还要进一步确定其型号和尺寸，为此应针对轴承的主要失效形式进行计算。其计算准则为：

① 对于一般转速的轴承，轴承的主要失效形式为点蚀，应以疲劳强度计算为依据进

行轴承的寿命计算。

② 对于高速轴承，轴承的主要失效形式除点蚀外，工作面的过热也是重要的失效形式，因此除进行寿命计算外还应校验其极限转速。

③ 对于低速轴承，其失效形式为塑性变形，应进行以不发生塑性变形为准则的静强度计算。

17.4.2 基本额定寿命与基本额定动载荷

① 单个轴承的寿命是指轴承的一个套圈或滚动体出现疲劳点蚀前，相对于另一个套圈旋转的转数。

大量实验表明，对于同一型号的轴承，即使在完全相同的条件下工作，各轴承的寿命并不相同，有时相差甚至达数十倍。因此，不能以单个轴承的寿命作为选用轴承的依据，而是以基本额定寿命作为选择轴承的标准。

② 基本额定寿命是指一批相同的轴承在相同条件下运转，其中90%的轴承不发生疲劳点蚀前的总转数。用 L_{10}（单位为 10^6 转）表示。

③ 基本额定动载荷是指一套滚动轴承理论上所能承受的恒定的载荷，在该载荷作用下，轴承的基本额定寿命为一百万转。如果轴承承受的是恒定的轴向载荷，称为轴向基本额定动载荷，用 C_a 表示；如果轴承承受的是恒定的径向载荷，则称为径向基本额定动载荷，用 C_r 表示。

17.4.3 当量动载荷

滚动轴承的基本额定动载荷是在一定载荷条件下得到的。而轴承工作时的受载条件往往与之不同，因此应将实际作用于轴承的载荷换算为当量动载荷 P，才能与基本额定动载荷相互比较。当量动载荷 P 是一假定的载荷，在其作用下，轴承的寿命与实际载荷作用下的寿命相同。当量动载荷的计算公式为

$$P=f_d(XF_r+YF_a) \tag{17-1}$$

式中，f_d 为载荷系数，是考虑机器工作时振动、冲击对轴承寿命影响的系数，可由表17-6查取；F_r 为实际的径向载荷；F_a 为实际的轴向载荷；X、Y 分别为径向载荷系数和轴向载荷系数，其值可查滚动轴承产品样本或设计手册。对于深沟球轴承，当 $F_a/F_r>e$ 时，可由表17-7查出 X 和 Y 的数值；当 $F_a/F_r\leqslant e$ 时，轴向力的影响可以忽略不计（这时表中 $X=1$、$Y=0$）。e 值列于轴承标准中，其值与轴承类型和 F_a/C_{or} 比值有关。以上 X、Y、e、C_{or} 诸值由制定轴承标准的部门根据试验确定，初学者不必深究。

对于只承受纯径向载荷的向心轴承，当量动载荷

$$P=f_dF_r \tag{17-2}$$

对于只承受纯轴向载荷的推力轴承，当量动载荷为

$$P=f_dF_a \tag{17-3}$$

表17-6 载荷系数 f_d

载荷性质	机器举例	f_d
无冲击或轻微冲击	电动机，汽轮机，水泵，通风机	1.0～1.2
中等冲击或中等惯性冲击	车辆，机床，传动装置，起重机，冶金设备，内燃机，减速器	1.2～1.8
强大冲击	破碎机，轧钢机，石油钻机，振动筛	1.8～3.0

表 17-7 向心轴承当量动载荷的 X、Y 值

<table>
<tr><th colspan="2" rowspan="2">轴承类型</th><th rowspan="2">F_a/C_{or} ①</th><th rowspan="2">e</th><th colspan="2">$F_a/F_r>e$</th><th colspan="2">$F_a/F_r\leqslant e$</th></tr>
<tr><th>X</th><th>Y</th><th>X</th><th>Y</th></tr>
<tr><td colspan="2" rowspan="9">深沟球轴承
(60000 型)</td><td>0.014</td><td>0.19</td><td rowspan="9">0.56</td><td>2.30</td><td rowspan="9">1</td><td rowspan="9">0</td></tr>
<tr><td>0.028</td><td>0.22</td><td>1.99</td></tr>
<tr><td>0.056</td><td>0.26</td><td>1.71</td></tr>
<tr><td>0.084</td><td>0.28</td><td>1.55</td></tr>
<tr><td>0.11</td><td>0.30</td><td>1.45</td></tr>
<tr><td>0.17</td><td>0.34</td><td>1.31</td></tr>
<tr><td>0.28</td><td>0.38</td><td>1.15</td></tr>
<tr><td>0.42</td><td>0.42</td><td>1.04</td></tr>
<tr><td>0.56</td><td>0.44</td><td>1.00</td></tr>
<tr><td rowspan="11">角接触球轴承</td><td rowspan="9">7000C 型
($\alpha=15°$)</td><td>0.015</td><td>0.38</td><td rowspan="9">0.44</td><td>1.47</td><td rowspan="9">1</td><td rowspan="9">0</td></tr>
<tr><td>0.029</td><td>0.40</td><td>1.40</td></tr>
<tr><td>0.058</td><td>0.43</td><td>1.30</td></tr>
<tr><td>0.087</td><td>0.46</td><td>1.23</td></tr>
<tr><td>0.12</td><td>0.47</td><td>1.19</td></tr>
<tr><td>0.17</td><td>0.50</td><td>1.12</td></tr>
<tr><td>0.29</td><td>0.55</td><td>1.02</td></tr>
<tr><td>0.44</td><td>0.56</td><td>1.00</td></tr>
<tr><td>0.58</td><td>0.56</td><td>1.00</td></tr>
<tr><td>7000A 型
($\alpha=25°$)</td><td>—</td><td>0.68</td><td>0.41</td><td>0.87</td><td>1</td><td>0</td></tr>
<tr><td>7000B 型
($\alpha=40°$)</td><td>—</td><td>1.14</td><td>0.35</td><td>0.57</td><td>1</td><td>0</td></tr>
<tr><td colspan="2">圆锥滚子轴承(单列)(30000)</td><td>—</td><td>e ②</td><td>0.4</td><td>Y ②</td><td>1</td><td>0</td></tr>
</table>

① C_{or} 是轴承的径向基本额定静载荷，见机械设计手册或产品目录。

② 根据轴承型号查机械设计手册或产品目录。

17.4.4 寿命计算公式

滚动轴承所承受载荷与寿命的关系可用图 17-20 表示，此曲线用公式表示为

$$P^{\varepsilon}L_{10}=\text{常数} \qquad (17\text{-}4)$$

式中，P 为轴承的当量动载荷，N；L_{10} 为轴承的基本额定寿命，10^6r；ε 为寿命指数，球轴承取 $\varepsilon=3$，滚子轴承取 $\varepsilon=10/3$。

当轴承的基本额定寿命 $L_{10}=1\times(10^6 \text{r})$，可靠度为 90%时，该轴承能承受的

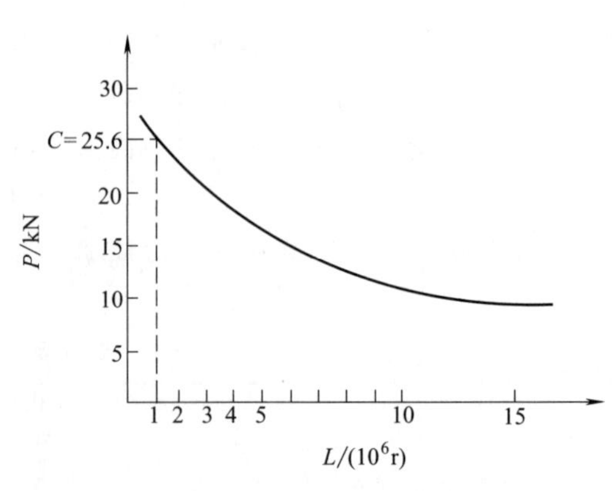

图 17-20 滚动轴承疲劳曲线

载荷就是基本额定动载荷 C，因此有

$$P^{\varepsilon}L_{10}=C^{\varepsilon}\times 1 \tag{17-5}$$

由此可得轴承的寿命计算公式为

$$L_{10}=\left(\frac{C}{P}\right)^{\varepsilon} \tag{17-6}$$

在实际计算时，用工作小时数 L_h 表示轴承的寿命比较方便，若轴的转速为 n（r/min)，则以小时数表示的轴承基本额定寿命 L_h 为

$$L_h=\frac{L_{10}}{60n}=\frac{10^6}{60n}\left(\frac{C}{P}\right)^{\varepsilon} \tag{17-7}$$

当轴承温度高于 120℃时，基本额定动载荷 C 值将降低，则应引入温度系数 f_t 加以修正，f_t 由表 17-8 查取，此时轴承的基本额定寿命公式变为

$$L_h=\frac{10^6}{60n}\left(\frac{f_t C}{P}\right)^{\varepsilon}$$

若已知轴承的当量动载荷 P 和转速 n，并给定了预期寿命 $[L_h]$，也可根据待选轴承需具有的基本额定动载荷 C' 对轴承进行选型或校核，计算公式为

$$C'=\frac{P}{f_t}\left(\frac{60n}{10^6}[L_h]\right)^{1/\varepsilon} \tag{17-8}$$

表 17-9 中的轴承预期寿命荐用值可供参考。一般地，可将机器的中修或大修年限作为轴承的预期寿命。当计算出的轴承寿命 L_h 小于预期寿命 $[L_h]$ 时，应重选轴承型号重新进行计算。

表 17-8 温度系数 f_t

轴承工作温度/℃	≤120	125	150	175	200	225	250	300	350
f_t	1	0.95	0.9	0.85	0.8	0.75	0.70	0.60	0.50

表 17-9 轴承预期寿命 $[L_h]$ 的荐用值

机器种类		预期寿命/h
不经常使用的仪器及设备，如闸门开闭装置等		300～3000
间断使用的机器	中断使用不致引起严重后果的手动机械、农业机械等	3000～8000
	中断使用会引起严重后果，如升降机、运输机、吊车等	8000～12000
每天工作 8 小时的机器	利用率不高的齿轮传动、电动机等	12000～20000
	利用率较高的通风设备、机床等	20000～30000
连续工作 24 小时的机器	一般可靠性的空气压缩机、电动机、水泵等	50000～60000
	高可靠性的电站设备，给排水装置等	100000～200000

[例 17-2] 在例 16-1 中，附录中减速器输出轴的轴承选用 6213 型深沟球轴承，工作温度正常，要求轴承的预期寿命与齿轮寿命相同，试校核此轴承是否满足寿命要求。

解：①因主要承受径向载荷，故选用深沟球轴承合理。

②对 6213 型轴承，由轴承手册查得其基本额定动载荷 $C_r=57.2$kN，基本额定静载荷 $C_{0r}=40$kN。

③计算当量动载荷 P。

查表 17-6，取载荷系数 $f_d=1.5$。

根据例 16-1 可知，轴承所受的径向力 F_r 为

$$F_r=\sqrt{F_{hA}^2+F_{vA}^2}=\sqrt{1690.5^2+615.5^2}=1799(\mathrm{N})$$

由式（17-2）得

$$P=f_dF_r=1.5\times1799=2698.5(\mathrm{N})$$

④计算轴承工作所需要的径向基本额定动载荷。因为要求轴承的预期寿命与齿轮寿命相同，故由例 12-1 可知，轴承工作时所需的总转数为 1.3×10^8 转。

由式（17-6）得

$$L_{10}=\left(\frac{C}{P}\right)^{\varepsilon}=\left(\frac{57.2\times10^3}{2698.5}\right)^3=9524(10^6\mathrm{r})=95.24\times10^8(\mathrm{r})$$

由于计算的轴承寿命远大于预期寿命，故可知所选 6213 轴承能够满足要求。

17.4.5 角接触轴承轴向载荷计算

(1) 内部轴向力 F_S

角接触轴承由于存在着接触角 α，在承受径向载荷 $\boldsymbol{F}_R$ 时，设在承载区内第 i 个滚动体上的法向力为 $\boldsymbol{F}_i$，将其分解为径向分力 $\boldsymbol{F}_{Ri}$ 和轴向分力 $\boldsymbol{F}_{Si}$（图 17-21）。各受载滚动体的轴向分力之和用 F_S 表示。由于此轴向力是因轴承的内部结构特点伴随径向载荷而产生的，故称其为轴承的内部轴向力。

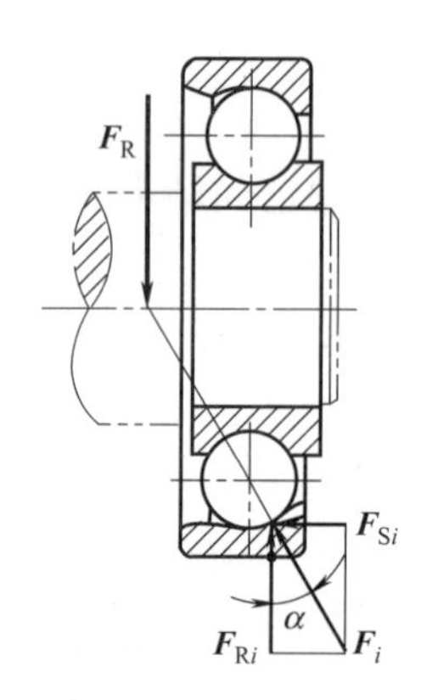

图 17-21 角接触轴承的受力

F_S 的计算公式列于表 17-10。内部轴向力的作用线在轴线上，方向由外圈的宽边指向窄边。

表 17-10 角接触轴承的内部轴向力 F_S

角接触球轴承			圆锥滚子轴承
70000C	70000AC	70000B	70000
$F_S=eF_R$	$F_S=0.63F_R$	$F_S=1.14F_R$	$F_R/(2Y)$ （Y 是 $F_A/F_R>e$ 时的轴向系数）

(2) 轴向载荷 F_A 的计算

确定角接触轴承的轴向载荷 F_A 时，既要考虑由径向力引起的内部轴向力 F_S，也要考虑作用于轴上的其他轴向力（如斜齿轮、蜗轮等产生的轴向力 F_a）。

图 17-22（a）为面对面安装的角接触球轴承，F_{R1}、F_{R2} 为两轴承的径向载荷（F_R 的作用点距轴承外侧距离可查轴承手册，一般也可认为作用于轴承宽度中点），相应产生的内部轴向力分别为 F_{S1} 与 F_{S2}，轴上斜齿轮作用于轴的轴向力为 F_a。作用于轴上的各轴向力如图 17-22（b）所示。

根据轴的力平衡关系，按下列两种情况进行分析。

① 若 $F_{S1}+F_a>F_{S2}$［图 17-22（c）］，则轴有向右移动的趋势，使轴承Ⅲ被“压紧”，

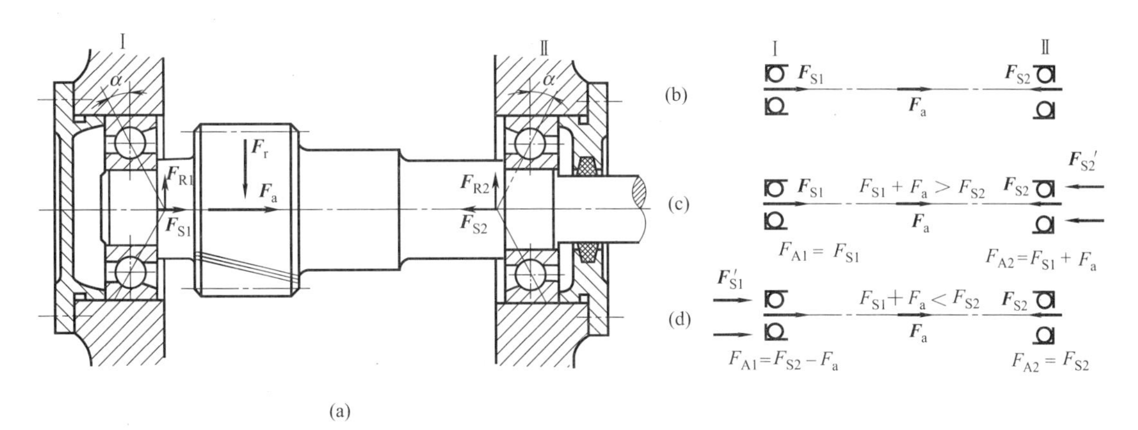

图 17-22 角接触轴承的轴向力

轴承Ⅰ被“放松”。由于轴承外圈已被端盖轴向定位，不能右移，故轴承Ⅱ处将经轴承端盖、外圈给轴一个向左的约束反力 F'_{S2}，根据轴沿轴线方向的力平衡条件

$$F_{S1}+F_a=F'_{S2}+F_{S2}$$

由此可得轴承Ⅱ的轴向载荷 F_{A2} 为

$$F_{A2}=F_{S2}+F'_{S2}=F_{S1}+F_a \tag{17-9}$$

因轴承Ⅰ只受内部轴向力，故

$$F_{A1}=F_{S1} \tag{17-10}$$

② 若 $F_{S1}+F_a<F_{S2}$（图 17-22d)，则轴有向左移动的趋势，轴承Ⅰ被“压紧”，轴承Ⅱ被“放松”。此时，轴的左端将受到经轴承Ⅰ处的轴承端盖、外圈给轴的一个向右的约束反力 F'_{S1}，根据轴沿轴线方向的力平衡条件

$$F_{S1}+F_a+F'_{S1}=F_{S2}$$

由此，轴承的轴向载荷分别为

$$F_{A1}=F_{S1}+F'_{S1}=F_{S2}-F_a \tag{17-11}$$

$$F_{A2}=F_{S2} \tag{17-12}$$

综上可知，计算角接触轴承轴向载荷的方法可归纳为：

① 判断轴上全部轴向力（外载荷 $\boldsymbol{F}_a$ 及轴承的内部轴向力 $\boldsymbol{F}_S$）之合力的指向，再根据轴承安装形式，找出被“压紧”的轴承及被“放松”的轴承；

② 被“压紧”的轴承的轴向载荷等于自身内部轴向力以外的其余各轴向力的代数和；

③ 被“放松”的轴承的轴向载荷等于自身的内部轴向力。

17.4.6 滚动轴承静强度计算

对于转速很低（$n\leqslant 10$r/min）或缓慢摆动的滚动轴承，其失效形式是由于滚动接触面上的接触应力过大而产生的过大塑性变形，这时滚动轴承应按静强度计算。

按静强度选择轴承时，应满足的计算式为

$$C_0\geqslant S_0P_0 \tag{17-13}$$

式中，C_0 为基本额定静载荷；S_0 为静强度安全系数，其值可查表 17-11；P_0 为当量静载荷。

表 17-11 静强度安全系数 S_0 推荐值（GB/T 4662—2012）

工作条件		S_{0min}	
		球轴承	滚子轴承
运转条件平稳，运转平稳、无振动、旋转精度高		2	3
运转条件正常，运转平稳、无振动、正常旋转精度		1	1.5
承受冲击载荷条件，显著的冲击载荷	冲击载荷大小可精确确定	1.5	3
	冲击载荷大小未知	>1.5	>3

基本额定静载荷是指轴承套圈相对转速为零，使受载最大的滚动体与滚道接触中心处产生总永久变形量约为滚动体直径万分之一时的载荷。如果静载荷为径向，称为径向基本额定静载荷，用 C_{0r} 表示；如果静载荷为轴向，则称为轴向基本额定静载荷，用 C_{0a} 表示。其值可查设计手册。

当轴承同时承受径向载荷和轴向载荷时，应将实际载荷转化假想的当量静载荷 P_0，在此载荷作用下，滚动体与滚道处的接触应力与实际载荷作用相同。以向心球轴承为例，其径向当量静载荷 P_{0r} 为下列两式中的较大值。

$$\left.\begin{aligned}P_{0r}&=X_0F_r+Y_0F_a\\P_{0r}&=F_r\end{aligned}\right\}\qquad(17\text{-}14)$$

式中，X_0，Y_0 分别为当量静载荷的径向系数和轴向系数，其值可查轴承手册。

17.5 滚动轴承的组合设计

为了保证轴承在机器中正常工作，除合理选择轴承类型和型号外，还要解决轴承的定位、装拆、预紧、与其他零件的配合、润滑与密封等一系列问题，也就是还要合理地进行组合设计。

17.5.1 轴系的轴向定位

轴系在机器中的位置是靠轴两端支承处的轴承来定位的。轴工作时，既要防止轴系发生轴向窜动，又要保证滚动体不致因轴受热膨胀而卡死。根据两端轴承的支承结构不同，轴系的轴向定位有以下三种组合形式。

(1) 两端单向固定

两端单向固定是指两端支承处的轴承各限制轴系一个方向的轴向移动，如图17-23所示。为补偿轴的受热伸长，在一端的外圈和端盖间留有轴向补偿间隙 a（一般取 $a=0.25\sim0.4$mm），间隙量常用一组垫片调节。

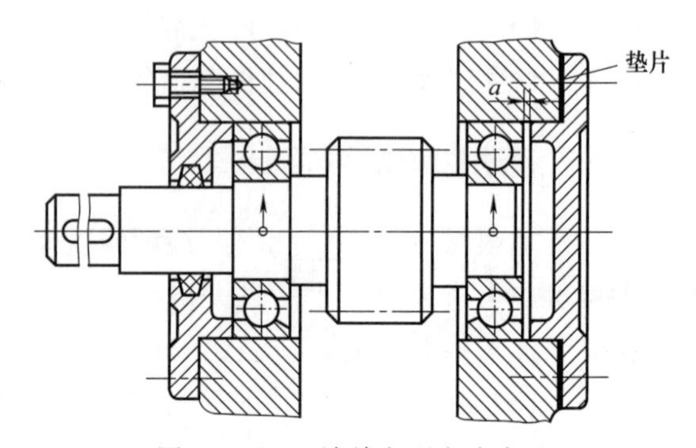

图 17-23 两端单向固定式支承

两端单向固定支承结构简单，适用于工作温度变化不大的短轴（跨距 $L\leqslant$ 350mm）。

(2) 一端固定、一端游动

当轴的跨距较大（$L>350$mm）或工作温度较高（$t>70$℃）时，可采用一端轴承双向固定，另一端轴承游动的形式。如图 17-24 所示，轴系左端的轴承内、外圈均双向固定，从而使整个轴系双向定位，右端轴承的外圈和机座孔采用间隙配合，外圈的两端面均不固定，从而保证轴系的轴向游动。

(3) 两端游动

图 17-25 为人字齿轮传动，大齿轮轴系采用两端单向固定式支承，从而保证该轴系在箱体中有确定的位置。与其相啮合的小齿轮两端都选用圆柱滚子轴承，滚动体与外圈间可轴向移动，从而使该轴系能左右微量轴向游动。该结构可避免人字齿轮传动中，由于加工误差（轮齿两侧螺旋角的制造）导致轮齿干涉甚至卡死现象。

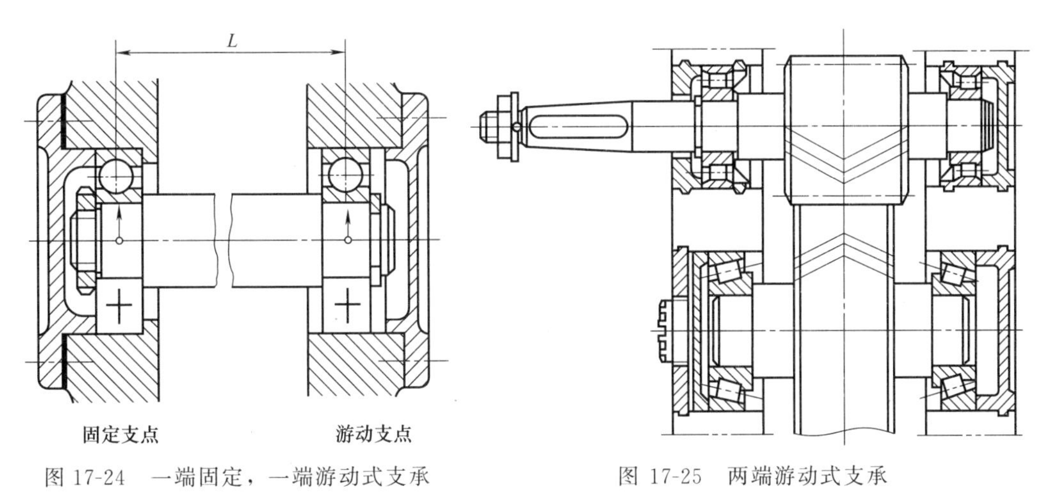

图 17-24 一端固定，一端游动式支承

图 17-25 两端游动式支承

17.5.2 轴向位置及轴承游隙的调整

(1) 轴向位置的调整

当轴上零件在安装时需要有准确的工作位置时，如锥齿轮传动要求两齿轮节锥顶点相重合；蜗杆传动要求蜗轮中间平面通过蜗杆的轴线等，可通过调整轴的轴向位置来加以保证。图 17-26 中的圆锥齿轮，套杯轴向位置的调整是利用增、减套杯与箱体间的一组垫片来实现的。

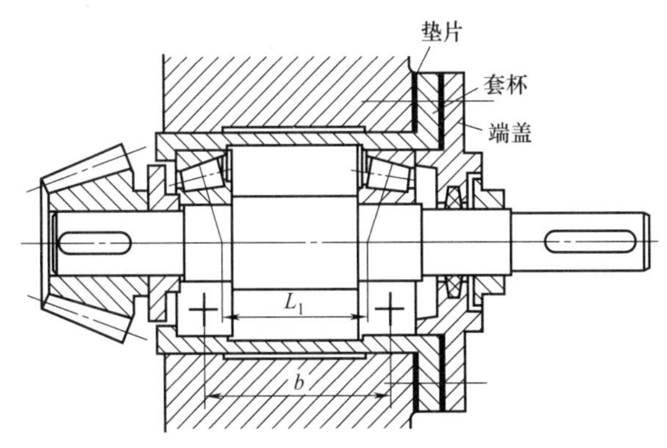

图 17-26 轴承组合位置的调整

(2) 轴承游隙的调整

图 17-26 所示是利用端盖和套杯间的一组垫片来调整轴承游隙。图 17-27（a）是利用轴上的圆螺母来调整轴承游隙，但由于轴上有螺纹，轴的强度会削弱。图 17-27（b）是利用螺钉使可调压盖移动，对轴承外圈位置进行调整，调整之后，用螺母锁紧防松。此外，还可利用端盖与轴承间安装不同厚度的调整环来调整轴承的游隙［图 17-27（c）］。

对某些可调游隙式轴承，在安装时可给予一定的轴向作用力，使内外圈产生相对位移而消除游隙，并在套圈和滚动体接触处产生弹性预变形，从而提高轴的旋转精度和刚度，这种方法称为轴承的预紧。常用的预紧方法有：弹簧预紧［图 17-28（a）］；在内外圈间加金属垫片预紧［图 17-28（b）］；磨窄套圈预紧［图 17-28（c）］；在内外圈间加长度不等的套筒预紧［图 17-28（d）］等。

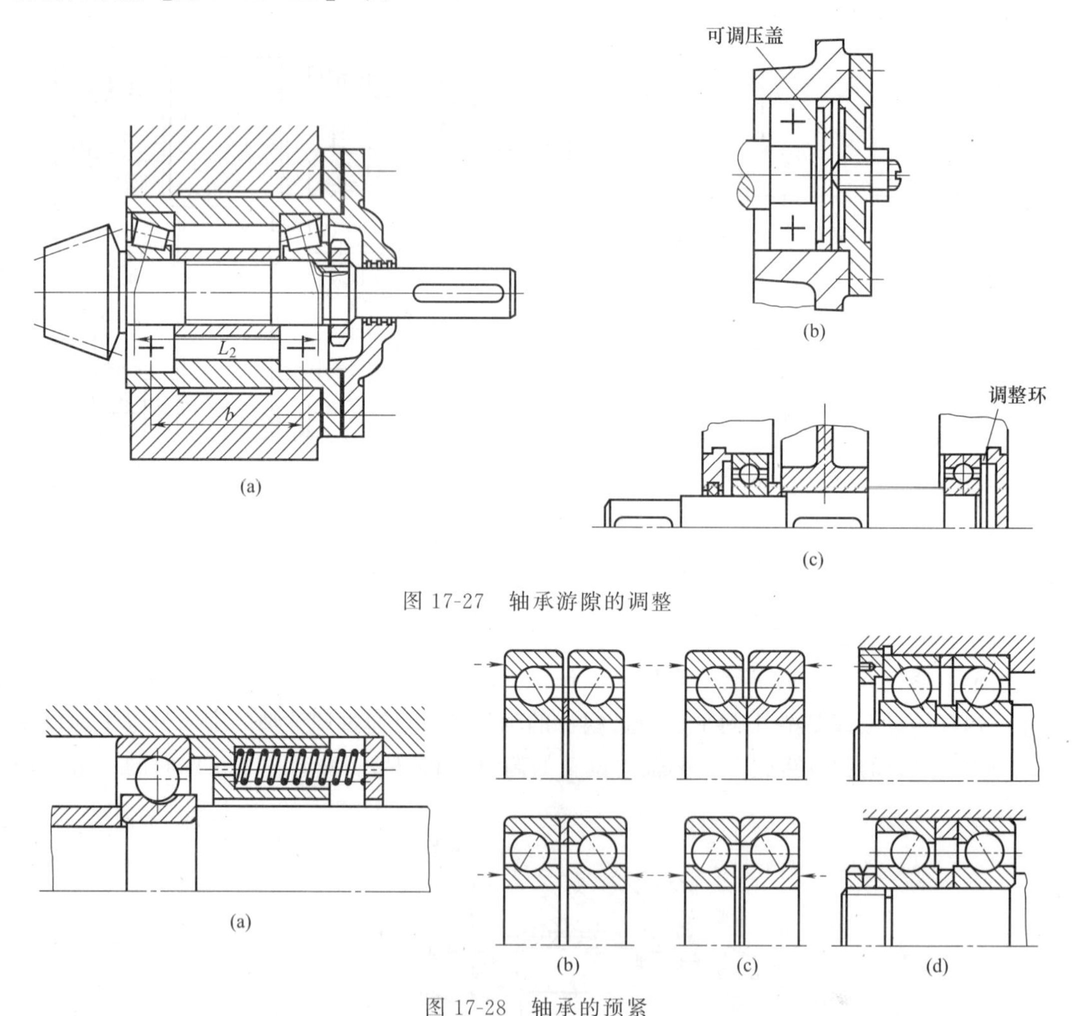

图 17-27 轴承游隙的调整

图 17-28 轴承的预紧

17.5.3 轴承的配合与装拆

(1) 滚动轴承的配合

滚动轴承的配合是指外圈与轴承座孔、内圈与轴颈的配合。由于滚动轴承是标准件，故规定内圈与轴颈的配合采用基孔制，而外圈与轴承座孔的配合采用基轴制。

配合的松紧直接影响轴承游隙的大小，不能过紧也不能过松。配合太紧，使轴承内部游隙减少甚至完全消失，造成滚动体的运转不灵活甚至被卡死；配合过松，则会降低轴承的旋转精度和降低轴承的承载能力。一般情况下，转动圈常采用过盈配合，固定圈采用间隙或过盈不大的配合。轴承配合的选择，还应考虑载荷的大小、方向和性质，转速的高低，工作温度等因素。转速越高、载荷越大、冲击振动越严重时，采用的配合应越紧；当轴承安装于薄壁外壳或空心轴上时，应采用较紧的配合；开式外壳与轴承外圈的配合，应采用较松的配合；如果机器工作时有较大的温度变化，工作温度较高时，内圈与轴的配合应较紧，外圈与孔的配合应较松。

一般机械，向心轴承的内圈与轴常采用过盈配合，轴颈的公差常取 k6、m5、m6、n6、p6；外圈与座孔的配合常采用间隙配合，座孔的公差常取 H7、K7、J7、M7。

滚动轴承配合时公差带的选择可参考国家标准 GB/T 275—2015。

(2) 滚动轴承的安装与拆卸

滚动轴承是精密组件，其装拆方法必须规范，否则会降低轴承旋转精度，甚至损坏轴承和其他零部件。装拆时应使滚动体不受力，装拆力应对称均匀作用在轴承套圈的端面上。

在安装轴承之前，应仔细检查配合表面，确认无问题后用煤油或汽油把配合表面清洗干净，并涂上润滑剂。轴承内圈与轴颈的配合通常较紧，对于中小型轴承一般用冷压法安装，可用手锤通过套管打入轴颈，如图 17-29 所示。对于尺寸较大的轴承，可采用热套法，即先将轴承放入温度为 80～100℃的油池中预热，使内孔胀大，然后用压力机装到轴颈上。

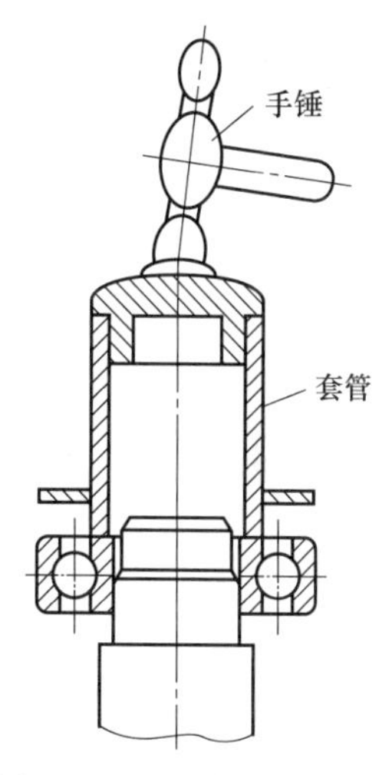

图 17-29　用手锤安装轴承

拆卸轴承一般可用压力机或专用的拆卸工具（图 17-30）。为便于拆卸，轴上定位轴

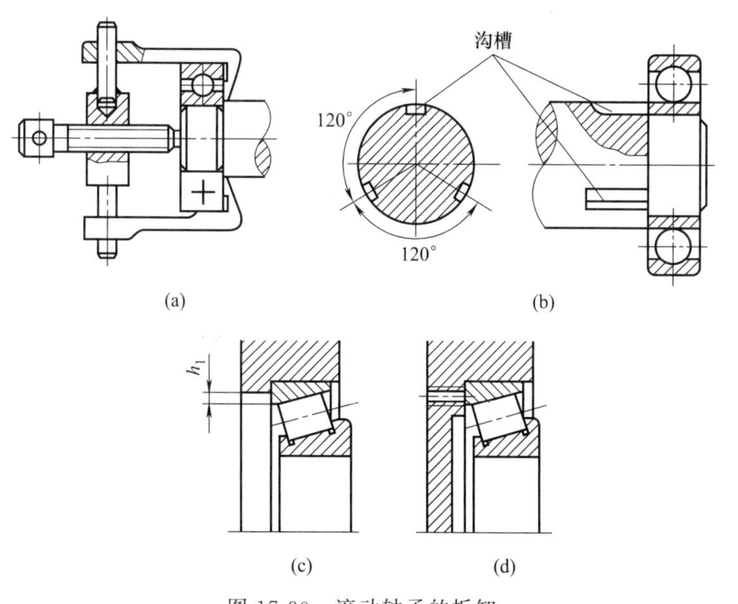

图 17-30　滚动轴承的拆卸

M17-4　拆卸轴承动画

承的轴肩高度应低于轴承内圈高度，否则拆卸工具的钩头就无法钩住内圈端面［图 17-30 (a)］。若轴肩高度无法降低，则应在轴肩处开槽，以便放入拆卸工具［图 17-30 (b)］。合理的轴肩高度可参看机械零件设计手册。为了拆卸外圈，应留出拆卸高度 h_1［图 17-30 (c)］或在机体上做出能拧进拆卸用螺钉的螺孔［图 17-30 (d)］。

17.5.4 滚动轴承的润滑

滚动轴承常用的润滑方式有油润滑及脂润滑。此外，也有使用固体润滑剂润滑的。润滑方式的选取可根据滚动轴承的速度因素 dn 值（d 为滚动轴承内径，mm；n 为轴承转速，r/min）确定。

(1) 脂润滑

大多数轴承采用脂润滑。脂润滑承载能力大，结构简单，易于密封，且一次加脂可以运转较长时间，但摩擦阻力大，散热效果差。润滑脂一般在装配时加入，且装填润滑脂时一般不超过轴承空隙的 1/3～1/2。常用于速度较低、不便经常添加润滑剂的装置或那些不允许润滑油流失污染产品的机械中。

(2) 油润滑

油润滑的优点是比脂润滑的摩擦阻力小，散热效果好，但需要密封装置和供油设备。主要用于高速或工作温度较高的轴承，或轴承附近具有润滑油源的场合（如减速器）。润滑方式有人工加油、滴油、油浴、飞溅、喷油和油雾等。油浴润滑是把轴承局部浸入润滑油中，油面不应高于最下方滚动体中心，以免因搅油造成能量损失较大，使轴承过热，此种方法不适于高速。飞溅润滑是一般闭式齿轮传动中常用方法，即利用齿轮的转动把润滑齿轮的油甩到箱体的四周壁面上，然后通过适当的油沟把油引到轴承中去，要求齿轮圆周速度满足（1.5～3）m/s＜v＜12m/s。而高速轴承可采用喷油或油雾润滑。

表 17-12 是根据 dn 值确定的具体的润滑方式。

表 17-12 适用于脂润滑和油润滑的 dn 值的界限（表值×10^4）

单位：mm・r/min

轴承类型	脂润滑	油润滑			
		浸油	滴油	喷油(循环油)	油雾
深沟球轴承	≤16	25	40	60	＞60
调心球轴承	≤16	25	40		
角接触球轴承	≤16	25	40	60	＞60
圆柱滚子轴承	≤12	25	40	60	＞60
圆锥滚子轴承	≤10	16	23	30	
调心滚子轴承	≤8	12	20	25	
推力球轴承	≤4	6	12	15	

17.5.5 滚动轴承的密封

滚动轴承密封的目的是为了阻止灰尘、水分和其他杂物侵入轴承，同时也为了防止润滑剂的流失。密封方法分接触式和非接触式两大类。常用的密封方式及其应用见表 17-13。

表 17-13　滚动轴承常用密封方式及其应用

接触式密封	非接触式密封
毡圈密封 $v \leqslant 4 \sim 5 \mathrm{m/s}$ 用于脂润滑，工作温度小于 90℃，结构简单，但毡圈易磨损	**间隙密封** 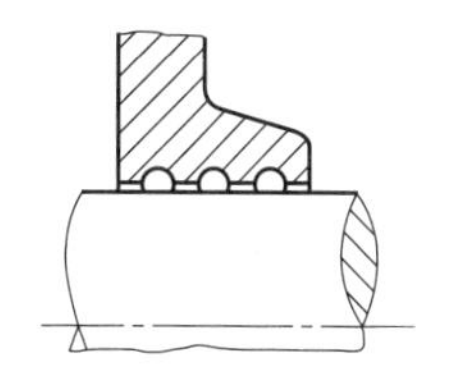 $v \leqslant 5 \sim 6 \mathrm{m/s}$ 用于脂润滑，工作温度不高，污物及潮气不太严重的环境可用。结构简单，端盖与轴颈的间隙约为 0.1～0.3mm，油沟内须填充润滑脂
密封圈油封 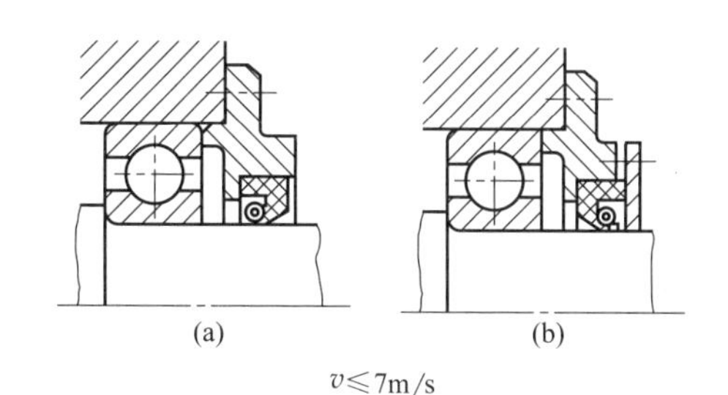 (a)　(b) $v \leqslant 7 \mathrm{m/s}$ 脂润滑、油润滑均可使用，工作温度 −40～100℃，使用方便，密封效果比毡圈好。密封圈用皮革或耐油橡胶制成，有的有金属骨架，有的没有骨架，密封圈是标准件。安装时密封唇应朝向密封的部位，图(a)目的是防漏油；图(b)目的是防灰尘、杂质进入	**迷宫式密封** 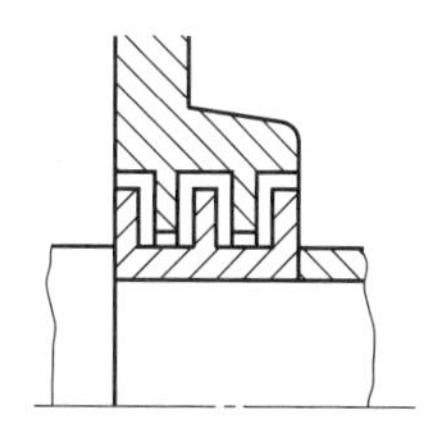 **速度不限** 脂润滑、油润滑均可使用，工作温度不高于密封用脂的滴点。特别是当环境比较恶劣时，应用迷宫式密封比较可靠。将旋转件与静止件之间的间隙做成迷宫（曲路）形式，隙缝宽度约为 0.2～0.5mm，缝隙内填充润滑脂以加强密封效果。工作寿命较长，但结构较复杂，安装要求极高

思考题与习题

17-1　滑动轴承的常见结构有哪几种？分别适用于什么场合？

17-2　对轴瓦和轴承衬的材料有何要求？常用的材料有哪几类？

17-3　试分析液体动压滑动轴承和液体静压滑动轴承液体摩擦的机理，并比较其优缺点？

17-4　按照轴承所受载荷的方向的不同，滚动轴承可分为哪几类？它们在承载上各有何特点？

17-5　说明下列滚动轴承代号的含义：60210/P5，N2312，51308。

17-6　选择滚动轴承时，应考虑哪些因素？

17-7　滚动轴承的主要失效形式有哪些？产生原因是什么？其相应设计准则是什么？

17-8　何谓滚动轴承的基本额定寿命、基本额定动载荷和当量动载荷？

17-9　常见的滚动轴承轴系定位方式有哪几种？它们分别适用于什么场合？

17-10　如何选择滚动轴承的配合？怎样装拆滚动轴承？

17-11　一 6214 型滚动轴承的工作条件为：径向载荷 $F_r = 5000\mathrm{N}$，转速 $n = 970\mathrm{r/min}$，工作中有中等冲击，温度低于 100℃，试计算该轴承的寿命。

17-12　一农用水泵，决定选用深沟球轴承，轴颈直径 $d = 35\mathrm{mm}$，转速 $n = 2900\mathrm{r/min}$，径向载荷 $F_r = 1770\mathrm{N}$，轴向载荷 $F_a = 720\mathrm{N}$，预期寿命 $[L_h] = 6000\mathrm{h}$，试选择轴承的型号。

第18章

联轴器和离合器

联轴器和离合器主要用于轴与轴之间的连接，使它们一起回转并传递转矩。联轴器和离合器的区别在于：用联轴器连接的两根轴，只有在机器停车后，经过拆卸才能使其分开；而用离合器连接的两根轴，在机器工作中就能方便地使其分离或接合。

联轴器、离合器都是常用部件，多数已经实现标准化。本章将介绍常用联轴器、离合器的结构、特点、应用场合及选择方法。

18.1 联轴器

用联轴器连接的两轴轴线在理论上应该是严格对中的，但由于制造及安装误差或工作中的磨损、受载变形等原因，往往不能保证被连接的两轴严格对中，常产生轴向位移 x、径向位移 y、角度位移 α 和这些位移组合的综合位移（图 18-1）。另外，有些联轴器常在振动、冲击的环境下工作，因此要求联轴器在传递转矩的同时，还应具有一定的补偿轴线偏移、缓冲吸振的能力。

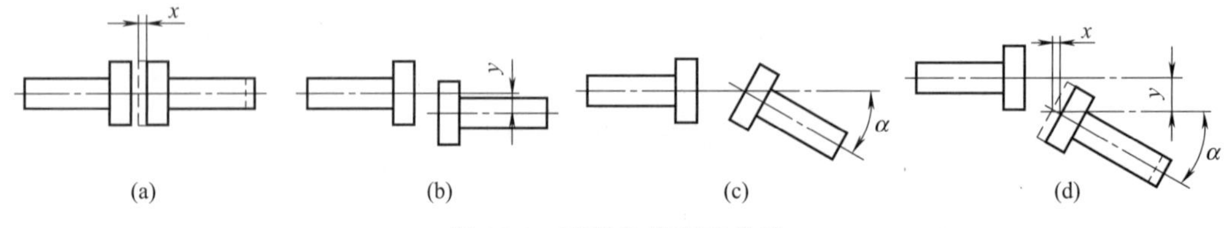

图 18-1　两轴轴线相对位移

根据有无补偿相对位移的能力，联轴器可分为刚性联轴器和挠性联轴器。挠性联轴器又按是否具有弹性元件分为无弹性元件的和有弹性元件的两类。

18.1.1 刚性联轴器

(1) 套筒联轴器

如图 18-2 所示，套筒联轴器是由一公用套筒及键或销等连接方式将两轴连接。这种联轴器的结构简单，径向尺寸小，制作方便，但其安装、拆卸时须作轴向移动，适用于两轴直径小、同轴度较高、轻载荷、低转速、工作平稳的场合。

(2) 凸缘联轴器

凸缘联轴器是应用最广的刚性联轴器，如图 18-3 所示。图 18-3（a）采用两个半联轴器的凸缘肩和凹槽对中，依靠两个半联轴器接触面间的摩擦力传递转矩，两个半联轴器用普通螺栓 3 连接。图 18-3（b）采用铰制孔对中，直接利用螺栓 3 与螺栓孔壁之间的挤压传递转矩。凸缘联轴器使用方便，能传递较大转矩，主要用于刚性较好、转速较低、载荷平稳及两轴对中性好的场合。

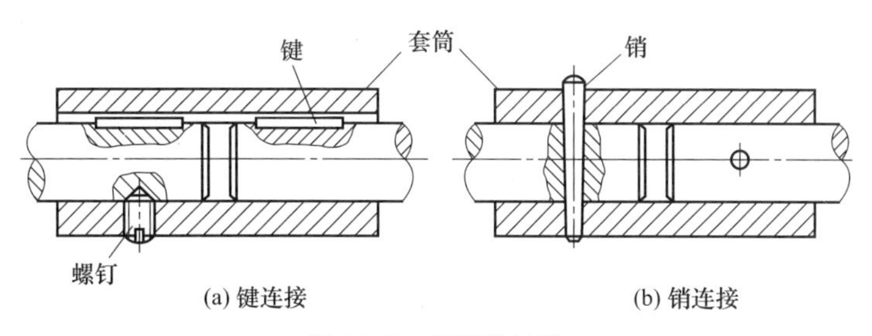

图 18-2　套筒联轴器

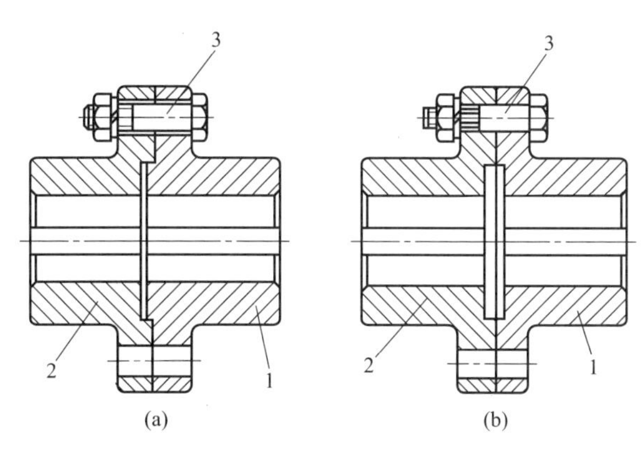

图 18-3　凸缘联轴器

1，2—半联轴器；3—螺栓

18.1.2　挠性联轴器

(1) 无弹性元件挠性联轴器

这类联轴器的组成元件间构成的动连接具有某一方向或几个方向的活动度，因此能补偿两轴的相对位移。常用的有齿式联轴器、十字滑块联轴器和十字销万向联轴器等。

① 齿式联轴器。如图 18-4 所示，齿式联轴器是由两个内齿圈 2、3 和两个外齿轮轴套 1、4 组成。安装时两内齿圈用螺栓连接，两外齿轮轴套通过过盈（或键）与轴连接，并通过内、外齿轮的啮合传递转矩。

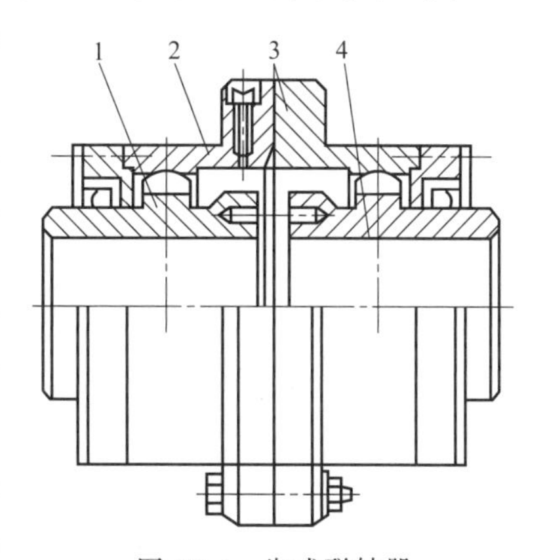

图 18-4　齿式联轴器

1，4—外齿轮轴套；2，3—内齿圈

齿式联轴器能传递很大的转矩和补偿适量的综合位移，因此常用于重型机械中，但结构笨重，造价较高。

② 滑块联轴器。如图 18-5 所示，滑块联轴器是由两个端面开有径向凹槽的半联轴器 1、3 和两端各具凸榫的中间圆盘 2 所组成。中间圆盘两端面上的凸榫相互垂直，分别嵌装在两个半联轴器的凹槽中，构成

移动副。如果两轴线不对中或偏斜，运转时凸榫将在凹槽内滑动，从而补偿两轴的径向位移。当转速较高时，由于滑块的偏心将会产生较大的离心力和磨损，并给轴和轴承带来附加动载荷，因此它只适用于轴线间相对位移较大，无剧烈冲击且低速的场合。

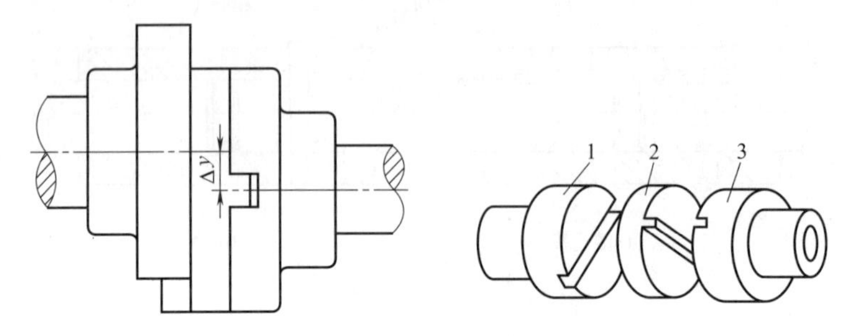

图 18-5 滑块联轴器

1，3—半联轴器；2—中间圆盘

③ 十字销万向联轴器。如图 18-6（a）所示，十字销万向联轴器是由分别装在两轴端的叉形接头 1、3 以及与叉头相连的十字销 2 组成。这种联轴器主要用于两轴间夹角 α 较大（最大可达 35°～45°）或工作中角位移较大的传动，但 α 过大会使传动效率显著降低。

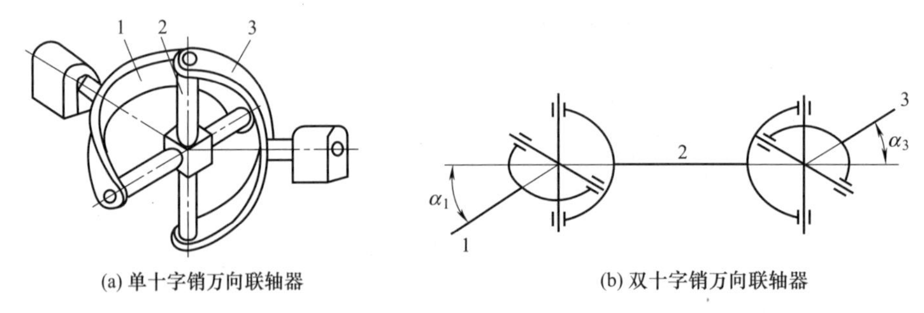

图 18-6 十字销万向联轴器

1，3—叉形接头；2—十字销

当使用单十字销万向联轴器时，如果主动轴作等角速度转动，从动轴却作变角速度转动，从而引起附加动载荷。为避免这种现象，常将十字销万向联轴器成对使用，使两次角速度变化的影响相互抵消，从而使从动轴和主动轴同步转动，如图 18-6（b）所示。

(2) 有弹性元件挠性联轴器

挠性联轴器包含有弹性元件，能补偿两轴的相对位移，并具有缓冲和吸振的能力。常用的有弹性套柱销联轴器和弹性柱销联轴器等。

① 弹性套柱销联轴器。如图 18-7 所示，弹性套柱销联轴器在结构上和凸缘联轴器很近似，但是两个半联轴器的连接不用螺栓，而是用带橡胶弹性套的柱销。为了使更换橡胶套时简便而不必拆移机器，设计中应注意留出距离 A；为了补偿轴向位移，安装时应注意留出相应大小的间隙 C，利用弹性套的弹性变形来补偿两轴的偏移，吸收、减小振动和冲击，因此在正反向变化多、启动频繁的高速轴上应用十分广泛。

② 弹性柱销联轴器。如图 18-8 所示，弹性柱销联轴器是利用弹性柱销（通常用尼龙柱销）将两个半联轴器连接起来，为了防止柱销滑出，在柱销两端配置挡板。弹性柱销联轴器的结构简单，更换柱销方便，对偏移量的补偿不大，其应用与弹性套柱销联轴器类似。

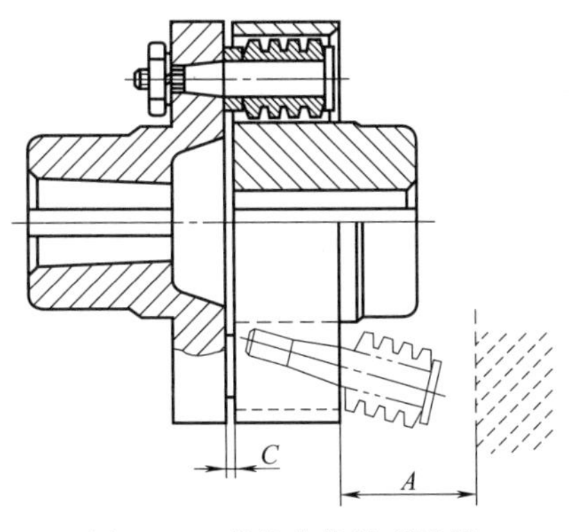

图 18-7　弹性套柱销联轴器

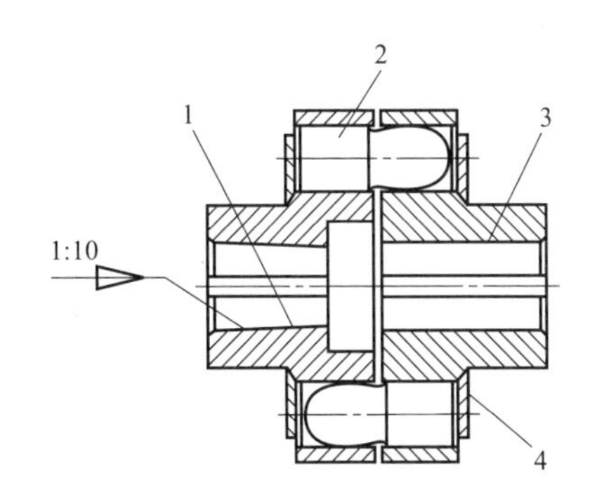

图 18-8　弹性柱销联轴器

1，3—半联轴器；2—尼龙柱销；4—挡板

18.1.3 联轴器的选择

联轴器的选用，首先按工作条件和使用要求选择合适的类型，然后根据轴的直径 d、转速 n 和计算转矩 T_c，从标准中选择所需的型号和尺寸。

选择的型号应满足以下要求：

① 计算转矩 T_c 应小于所选联轴器的许用转矩 $[T]$；

② 转速 n 应小于所选联轴器的许用转速 $[n]$；

③ 轴的直径 d 应在所选联轴器允许的孔径范围内。

考虑到机器启动和制动时的惯性以及工作过程中过载等不利因素的影响，选择型号时所用的计算转矩按下式计算

$$T_c = KT$$

$$T = 9.55 \times 10^3 \frac{P}{n}$$

式中，K 为工作情况系数，见表 18-1；T 为理论工作转矩，N·m；P 为联轴器传递的功率，kW；n 为轴的转速，r/min。

表 18-1　工作情况系数 K

K(原动机为电动机时)	工　作　机
1.3	转矩变化很小的机械，如发电机、小型通风机、小型离心泵
1.5	转矩变化较小的机械，如汽轮压缩机、木工机械、运输机
1.7	转矩变化中等的机械，如搅拌机、增压机、有飞轮的压缩机
1.9	转矩变化和冲击载荷中等的机械，如织布机、水泥搅拌机、拖拉机
2.3	转矩变化和冲击载荷大的机械，如挖掘机、起重机、碎石机、造纸机械

[例 18-1]　在附录中的带式运输机传动装置中，减速器的输出轴与卷筒轴之间采用联轴器连接，已知减速器从动轴的功率 $P=4.24$kW，转速 $n=76.4$r/min，按扭转强度估算减速器轴从动轴的直径 $d_{min}=44$mm，试选择所需的联轴器。

解：①选择联轴器类型。因带式运输机应尽量传动平稳，为缓冲减振，选用弹性套柱销联轴器。

②选择联轴器型号。查表 18-1，取工作情况系数 $K=1.5$。

计算转矩

$$T_{c}=K \cdot T=K\times 9550\times \frac{P}{n}=1.5\times 9550\times \frac{4.24}{76.4}=795(\mathrm{N\cdot m})$$

按计算转矩、转速和减速器从动轴的最小直径，由 GB/T 4323—2017 中选用孔径为 50mm 的 LT8 型联轴器，主动端为 J 型轴孔，从动端为 Y 型轴孔。其公称转矩 $[T]=1120\mathrm{N\cdot m}$，许用转速 $[n]=3000\mathrm{r/min}$，均满足要求。

18.2 离合器

离合器在工作时需随时分离或接合被连接的两轴，不可避免地出现摩擦、发热、冲击、磨损等情况。因此对离合器的基本要求是：接合平稳、分离迅速，操纵省力方便，同时要结构简单、散热好、耐磨损、寿命长等。

根据实现离合动作的方式不同，离合器分为操纵离合器和自控离合器两大类。

18.2.1 操纵离合器

操纵离合器是通过各种操纵方式使两轴接合或分离的离合器。根据操纵方式不同，分为机械离合器、电磁离合器、液压离合器和气压离合器四种。根据工作原理不同，有嵌合式和摩擦式之分。

(1) 嵌合式离合器

如图 18-9 所示为嵌合式离合器的一种，即牙嵌离合器，它由两个端面带牙的套筒所组成，其中套筒 1 用平键与主动轴连接，而套筒 3 可以沿导向平键 5 在另一根轴上移动。利用操纵杆移动滑环 4 可使两个套筒接合或分离。为使两轴对中，在套筒 1 上固定有对中环 2，从动轴端深入到对中环中并自由转动。

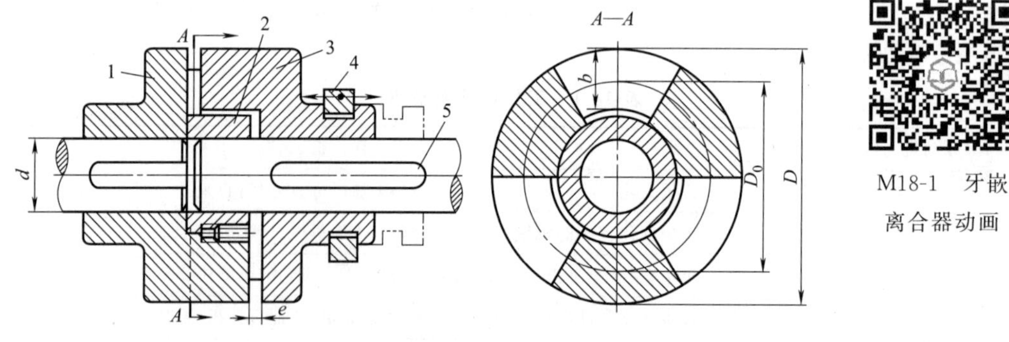

M18-1 牙嵌离合器动画

图 18-9 牙嵌离合器

1，3—套筒；2—对中环；4—滑环；5—导向平键

牙嵌离合器常用的牙形有三角形、梯形、锯齿形和矩形。三角形牙接合和分离容易，但齿强度弱，多用于传递小转矩；梯形和锯齿形牙强度高，多用于传递大转矩，其中，锯齿形牙只能单向工作；矩形牙制造容易，但接合时较困难，故应用较少。

牙嵌离合器的接合，应在两轴不回转或两轴转速差很小时进行，否则牙与牙会发生很大的冲击，影响牙的寿命。

(2) 摩擦式离合器

摩擦式离合器是依靠主、从动半离合器接触表面之间的摩擦力来传递转矩。

① 单盘摩擦离合器。如图 18-10 所示为单盘摩擦离合器的简图，圆盘 3 紧固在主动轴 1 上，圆盘 4 可以沿导向平键 2 在从动轴上移动，移动滑环 5 可使两圆盘接合或分离。工作时，轴向压力 F_a 使两圆盘的工作表面间产生摩擦力，从而传递转矩。单盘摩擦离合器结构简单，分离彻底，但径向尺寸较大，多用于传递转矩较小的轻型机械。

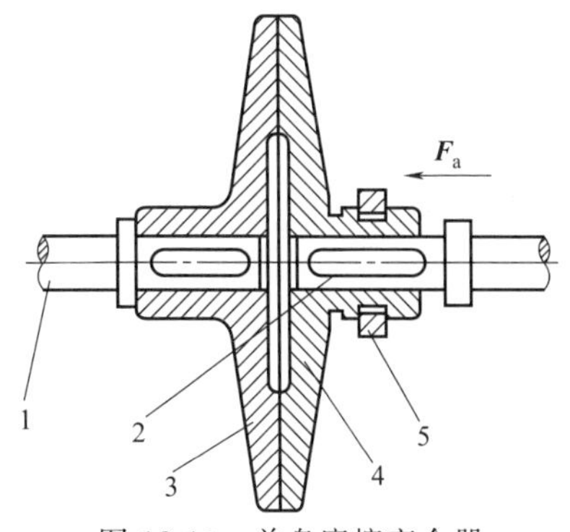

图 18-10　单盘摩擦离合器

1—主动轴；2—导向平键；3，4—圆盘；5—滑环

② 多片摩擦离合器。如图 18-11 (a) 所示为多片摩擦离合器，它有两组交错排列的摩擦片，外摩擦片 4 [图 18-11 (b)] 通过外缘上的凸齿插入外壳 2 的内齿槽内，与外壳 2 及主动轴 1 一起转动，其内孔不与任何零件接触。内摩擦片 5 [如图 18-11 (c)] 随从动轴 10 一起转动，其外缘不与任何零件接触。从动轴 10 与套筒 9 相连接，套筒上装有一组滑环 7 由操纵机构控制。当滑环向左移动时，使杠杆 8 绕支点顺时针转动，通过压板 3 将两组摩擦片压紧，实现接合；滑环向右移动，则实现离合器分离。摩擦片间的压力由螺母 6 调节。当传递的转矩较大时，往往采用多片摩擦离合器。

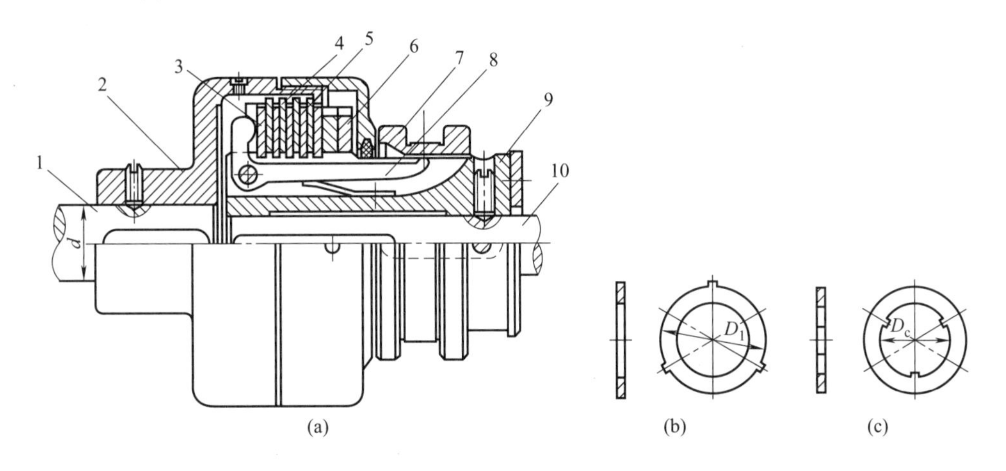

图 18-11　多片摩擦离合器

1—主动轴；2—外壳；3—压板；4—外摩擦片；5—内摩擦片；6—螺母；7—滑环；8—杠杆；9—套筒；10—从动轴

M18-2　多片摩擦离合器安装动画

M18-3　多片摩擦离合器工作原理动画

与嵌合式离合器比较，摩擦式离合器具有下列优点：

① 在任何不同转速条件下两轴都可以进行接合；

② 过载时摩擦面间将发生打滑，可以防止损坏其他零件；

③ 接合较平稳，冲击和振动较小。

18.2.2 自控离合器

自控离合器利用离心力或弹力等限定所传递转矩的大小，自动控制两轴接合与分离。自控离合器分为超越离合器、离心离合器和安全离合器三类。这里仅介绍两种自控离合器。

(1) 滚柱离合器

如图 18-12 所示为超越离合器的一种，即滚柱离合器。星轮 1 与主动轴相连，当主动轴顺时针回转时，滚柱 3 受摩擦力作用滚向空隙的狭窄部位，并楔紧星轮 1 和外环 2，使外环 2 随星轮 1 同向回转，离合器即进入接合状态。当星轮 1 逆时针回转时，滚柱 3 滚向空隙的宽敞部位，外环 2 不与星轮 1 同转，离合器自动分离。

(2) 牙嵌安全离合器

如图 18-13 所示为安全离合器的一种，即牙嵌安全离合器，此离合器的左半部分 2 和右半部分 3 的端面带牙，靠弹簧 1 嵌合压紧以传递转矩。当从动轴 4 上的载荷过大时，牙面 5 上产生的轴向分力将超过弹簧的压力，迫使离合器发生跳跃式的滑动，使从动轴 4 自动停转。调节螺母 6 可改变弹簧压力，从而改变离合器传递转矩的大小。

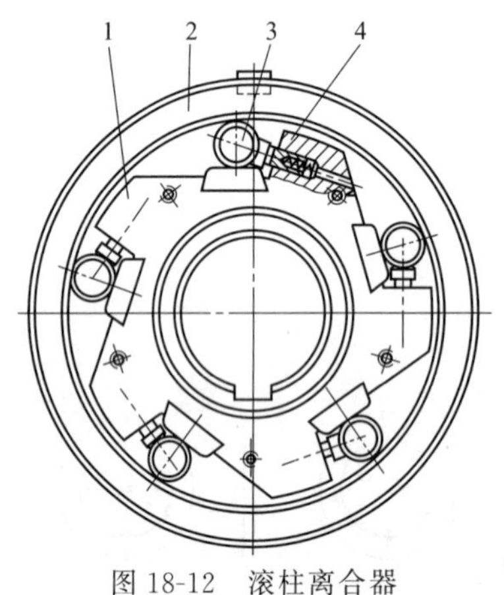

图 18-12 滚柱离合器

1—星轮；2—外环；3—滚柱；4—弹簧顶杆

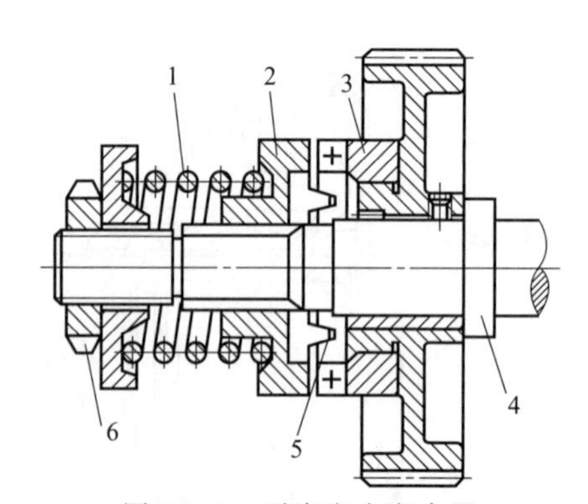

图 18-13 牙嵌安全离合器

1—弹簧；2—左半部分；3—右半部分；4—从动轴；5—牙面；6—调节螺母

思考题与习题

18-1 试说明联轴器和离合器的功用及区别。

18-2 摩擦式离合器和嵌合式离合器的工作原理有何不同？

18-3 齿式联轴器与弹性套柱销联轴器的使用场合是否相同？这两种联轴器在安装时是否要求限制两轴间的同轴度？

18-4 一齿轮减速器的输出轴用联轴器与破碎机的输入轴连接，传递功率 $P=40\text{kW}$，转速 $n=140\text{r/min}$，轴的直径 $d=80\text{mm}$，试选择联轴器的型号。

附　录

带式运输机传动装置的设计

如附图 1 所示为一带式运输机的传动方案，已知运输带的工作拉力 $F=2800\text{N}$，运输带工作速度 $v=1.4\text{m/s}$，卷筒直径 $D=350\text{mm}$，使用期限为 10 年，单班制工作，连续单向传动，中等冲击，生产条件为中等规模机械厂，齿轮加工精度为 7～8 级。试设计该传动装置。

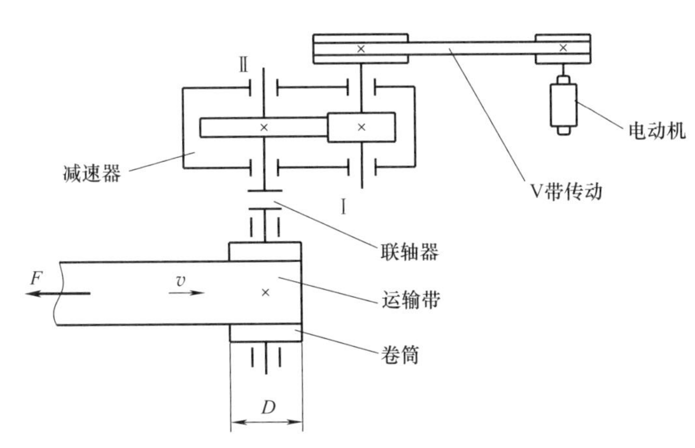

附图 1　带式运输机传动简图

解： 此传动装置的设计包括以下几部分内容：

① 传动装置的总体设计。选择电动机型号（包括确定总传动比和分配各级传动比等）；计算传动装置的运动和动力参数。

② 传动件的设计计算。设计计算各级传动件的参数和主要尺寸，选择滚动轴承和零件图绘制型号等。

③ 装配图的绘制，零件图设计。

具体内容如下：

一、传动装置的总体设计

1. 电动机的选择

（1）类型和结构形式的选择

一般工厂都采用三相交流电，因而多采用交流电动机，其中应用最广的是 Y 系列自扇冷式笼型三相异步电动机。其结构简单，启动性能好，工作可靠，价格低廉，维护方便。根据工作条件和要求，本传动装置选用 Y 系列三相异步电动机。

（2）确定电动机的功率

确定电动机功率的原则是电动机的额定功率 P_{cd} 等于或稍大于工作要求的功率

P_d，即

$$P_{cd} \geqslant P_d \tag{1}$$

工作机所需要的电动机输出功率 P_d 为

$$P_d = \frac{P_w}{\eta} \tag{2}$$

式中，P_w 为工作机所需的输入功率，kW；η 为电动机至工作机的总效率。

工作机所需的输入功率 P_w 由机器的工作阻力和运动参数求得

$$P_w = \frac{Fv}{1000\eta_w} \tag{3}$$

式中，F 为工作机工作阻力，N；v 为工作机的线速度，m/s；η_w 为工作机的效率，查机械设计手册，η_w 取 0.96。

所以 $$P_w = \frac{2800 \times 1.4}{1000 \times 0.96} = 4.08(\text{kW})$$

电动机至工作机的总效率 η 为

$$\eta = \eta_1 \cdot \eta_2 \cdot \eta_3^3 \cdot \eta_4 \tag{4}$$

式中，η_1、η_2、η_3、η_4 分别为传动装置中 V 带传动、齿轮、轴承、联轴器的效率。查机械设计手册，有 $\eta_1 = 0.96$　$\eta_2 = 0.97$　$\eta_3 = 0.99$　$\eta_4 = 0.99$。

因此 $$\eta = 0.96 \times 0.97 \times 0.99^3 \times 0.99 = 0.89$$

将上述数值代入公式（2），得 $$P_d = \frac{p_w}{\eta} = \frac{4.08}{0.89} = 4.6\ (\text{kW})$$

(3) 确定电动机的转速

卷筒轴的工作转速为

$$n_w = \frac{60 \times 1000v}{\pi D} = \frac{60 \times 1000 \times 1.4}{\pi \times 350}(\text{r/min}) = 76.4(\text{r/min})$$

按推荐的合理传动比范围，即 v 带的传动比 $i_1' = 2 \sim 4$，一级圆柱齿轮减速器传动比 $i' = 3 \sim 5$，则合理总传动比的范围 $i_a' = 6 \sim 20$，故电动机转速的可选范围为

$$n_d' = i_a' \cdot n_w = (6 \sim 20) \times 76.4(\text{r/min}) = 458 \sim 1528(\text{r/min})$$

符合这一范围的电动机同步转速有 750r/min、1000r/min、1500r/min，再根据前面计算出的电动机输出功率 P_d，由机械设计手册查出有三种适用的电动机型号，其技术参数及传动装置传动比的比较情况见表 1。

附表 1　三种适用电动机技术参数及传动装置传动比的比较

方案	电动机型号	额定功率/kW	电动机转速/(r/min)		传动装置的传动比		
			同步	满载	总传动比 i_a	带传动 i_1	减速器 i
1	Y160M2-8	5.5	750	720	9.42	3	3.14
2	Y132M2-6	5.5	1000	960	12.57	3.22	3.9
3	Y132S-4	5.5	1500	1440	18.85	4	4.71

综合考虑电动机和传动装置的尺寸、带传动和减速器的传动比，比较 3 个方案可知：方案 1 的电动机转速较低，外廓尺寸及质量较大，价格较高，虽然总传动比不大，但因电

动机转速低，导致传动装置尺寸较大。方案 3 电动机转速较高，但总传动比大，传送装置尺寸较大。方案 2 适中，电动机各参数均比较符合设计要求，因此电动机型号选为 Y132M2-6，其额定功率 $P_{cd}=5.5\text{kW}$，满载转速 $n_m=960\text{r/min}$，总传动比和各级传动比适中，传动装置结构紧凑。

2. 传动装置的运动和动力参数

1. 各轴的转速

电动机轴 $$n_m=960\text{r/min}$$

Ⅰ轴 $$n_{\text{I}}=\frac{n_m}{i_1}=\frac{960}{3.22}\ (\text{r/min})=298.1\ (\text{r/min})$$

Ⅱ轴 $$n_{\text{II}}=\frac{n_1}{i}=\frac{298.1}{3.9}\ (\text{r/min})=76.4\ (\text{r/min})$$

卷筒轴 $$n_w=n_{\text{II}}=76.4\text{r/min}$$

2. 各轴输入功率

Ⅰ轴 $$P_{\text{I}}=P_d\eta_1=4.6\times0.96\ (\text{kW})=4.42\ (\text{kW})$$

Ⅱ轴 $$P_{\text{II}}=P_{\text{I}}\eta_2\eta_3=4.42\times0.97\times0.99=4.24\ (\text{kW})$$

卷筒轴 $$P_{筒}=P_{\text{II}}\eta_3\eta_4=4.24\times0.99\times0.99=4.16\ (\text{kW})$$

3. 各轴的输入转矩

电动机轴 $$T_d=\frac{9550P_d}{n_m}=\frac{9550\times4.6}{960}\ (\text{N}\cdot\text{m})=45.76\ (\text{N}\cdot\text{m})$$

Ⅰ轴 $$T_{\text{I}}=9550\frac{P_{\text{I}}}{n_{\text{I}}}=9550\times\frac{4.42}{298.1}\text{N}\cdot\text{m}=141.6\text{N}\cdot\text{m}$$

Ⅱ轴 $$T_{\text{II}}=9550\frac{P_{\text{II}}}{n_{\text{II}}}=9550\times\frac{4.24}{76.4}\text{N}\cdot\text{m}=530\text{N}\cdot\text{m}$$

卷筒轴 $$T_w=9550\frac{P_{筒}}{n_w}=9550\times\frac{4.16}{76.4}\text{N}\cdot\text{m}=520\text{N}\cdot\text{m}$$

二、传动件的设计计算

① 键的强度校核见第 2 章的例 2-8。

② 带传动的设计计算见第 11 章的例 11-1。

③ 齿轮的设计计算见第 12 章的例 12-1。

④ 输出轴的设计计算见第 16 章的例 16-1。

⑤ 滚动轴承的选择见第 17 章的例 17-2。

⑥ 联轴器的选择见第 18 章的例 18-1。

三、减速器的装配图

M 附 1　减速器动画

① 减速器的装配图见附图 2。

② 大齿轮的零件图见附图 3。

③ 从动轴的零件图见附图 4。

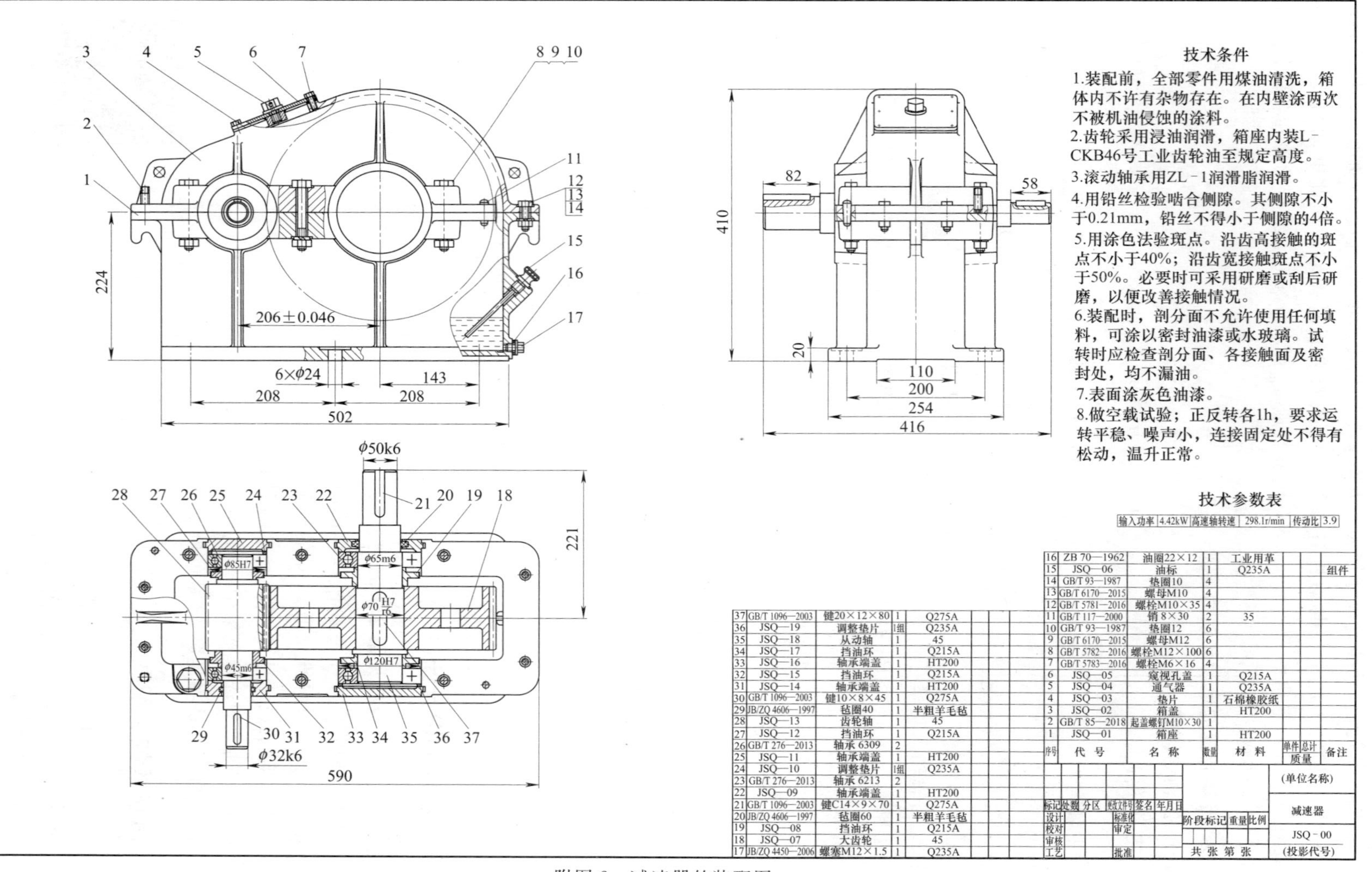

序号	代号	名称	数量	材料	单件质量	总计质量	备注
37	GB/T 1096—2003	键20×12×80	1	Q275A			
36	JSQ—19	调整垫片	1组	Q235A			
35	JSQ—18	从动轴	1	45			
34	JSQ—17	挡油环	1	Q215A			
33	JSQ—16	轴承端盖	1	HT200			
32	JSQ—15	挡油环	1	Q215A			
31	JSQ—14	轴承端盖	1	HT200			
30	GB/T 1096—2003	键10×8×45	1	Q275A			
29	JB/ZQ 4606—1997	毡圈40	1	半粗羊毛毡			
28	JSQ—13	齿轮轴	1	45			
27	JSQ—12	挡油环	1	Q215A			
26	GB/T 276—2013	轴承 6309	2				
25	JSQ—11	轴承端盖	1	HT200			
24	JSQ—10	调整垫片	1组	Q235A			
23	GB/T 276—2013	轴承 6213	2				
22	JSQ—09	轴承端盖	1	HT200			
21	GB/T 1096—2003	键C14×9×70	1	Q275A			
20	JB/ZQ 4606—1997	毡圈60	1	半粗羊毛毡			
19	JSQ—08	挡油环	1	Q215A			
18	JSQ—07	大齿轮	1	45			
17	JB/ZQ 4450—2006	螺塞M12×1.5	1	Q235A			
16	ZB 70—1962	油圈22×12	1	工业用革			
15	JSQ—06	油标	1	Q235A			组件
14	GB/T 93—1987	垫圈10	4				
13	GB/T 6170—2015	螺母M10	4				
12	GB/T 5781—2016	螺栓M10×35	4				
11	GB/T 117—2000	销 8×30	2	35			
10	GB/T 93—1987	垫圈12	6				
9	GB/T 6170—2015	螺母M12	6				
8	GB/T 5782—2016	螺栓M12×100	6				
7	GB/T 5783—2016	螺栓M6×16	4				
6	JSQ—05	窥视孔盖	1	Q215A			
5	JSQ—04	通气器	1	Q235A			
4	JSQ—03	垫片	1	石棉橡胶纸			
3	JSQ—02	箱盖	1	HT200			
2	GB/T 85—2018	起盖螺钉M10×30	1				
1	JSQ—01	箱座	1	HT200			

附图 2　减速器的装配图

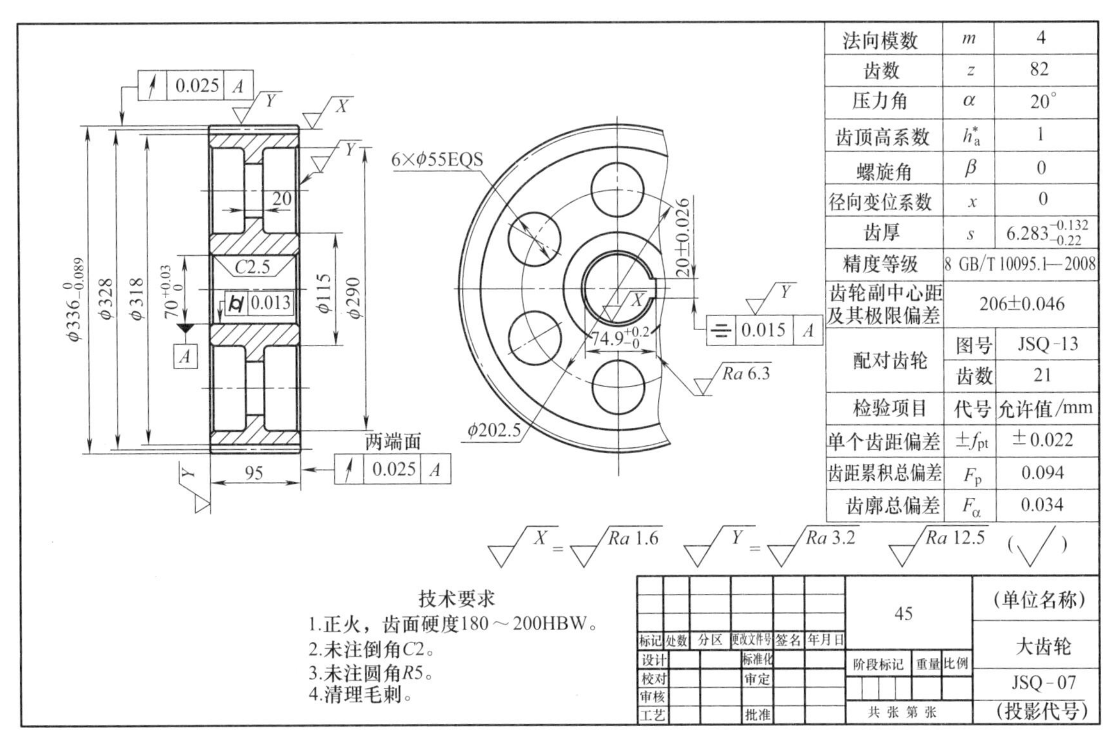

附图 3　大齿轮

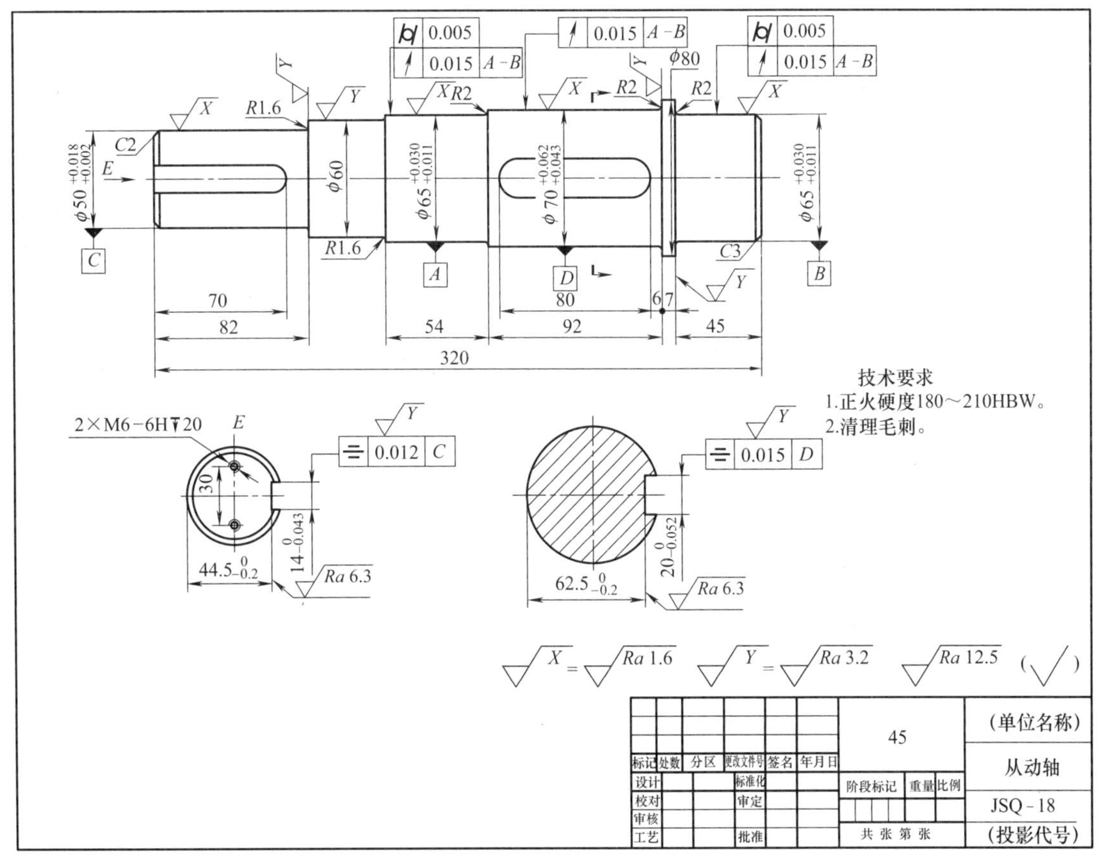

附图 4　从动轴

参考文献

[1] 濮良贵，陈国定，吴立言. 机械设计. 10版. 北京：高等教育出版社，2019.
[2] 刘鸿文. 材料力学Ⅰ. 6版. 北京：高等教育出版社，2017.
[3] 孙桓，陈作模，葛文杰. 机械原理. 8版. 北京：高等教育出版社，2013.
[4] 哈尔滨工业大学理论力学教研室. 理论力学（Ⅰ）. 8版. 北京：高等教育出版社，2016.
[5] 丁洪生，荣辉. 机械原理. 北京：北京理工大学出版社，2016.
[6] 范钦珊，殷雅俊，唐靖林. 材料力学. 3版. 北京：清华大学出版社，2014.
[7] 黄丽华. 工程力学. 北京：高等教育出版社，2019.
[8] 邓昭铭，张莹. 机械设计基础. 3版. 北京：高等教育出版社，2013.
[9] 胡家秀. 机械设计基础. 3版. 北京：机械工业出版社，2020.
[10] 吴宗泽，冼建生. 机械零件设计手册. 2版. 北京：机械工业出版社，2013.
[11] [美] A. H. 伯尔. 机械分析与机械设计. 汪一麟，等，译. 北京：机械工业出版社，1988.
[12] [美] Robert L. Mott. Machine Elements in Mechanical Design. Fourth Edition. 钱瑞明缩编. 北京：电子工业出版社，2007.